Java高并发核心编程

卷1

·加强版·

NIO、Netty、Redis、ZooKeeper

尼恩 陈健 徐明冠 岳阳博 著

清華大学出版社

北京

内 容 简 介

本书从操作系统底层的IO原理入手讲解Java高并发核心编程知识，同时提供高性能开发的实战案例，是一本Java高并发编程的基础原理和实战图书。

本书共15章。第1~4章为高并发基础，浅显易懂地剖析高并发IO的底层原理，图文并茂地介绍Java异步回调模式，细致地讲解Reactor高性能模式。这些原理方面的基础知识非常重要，会为读者打下坚实的基础，也是日常开发Java后台应用时解决实际问题的金钥匙。第5~8章为Netty的原理和实战，是本书的重中之重，主要介绍高性能通信框架Netty、Netty的重要组件、单体IM的实战设计和模块实现。第9~12章从TCP、HTTP入手，介绍客户端与服务端、服务端与服务端之间的高性能HTTP通信和WebSocket通信。第13~15章对ZooKeeper、Curator API、Redis、Jedis API的使用进行详尽的说明，以提升读者设计和开发高并发、可扩展系统的能力。

本书兼具基础知识和实战案例，既可作为对Java NIO、高性能IO、高并发编程感兴趣的大专院校学生以及初、中级Java工程师的自学图书，也可作为在生产项目中需要用到Netty、Redis、ZooKeeper三大框架的架构师或项目人员的参考书。

图书在版编目（CIP）数据

Java高并发核心编程：加强版. 卷1，NIO、Netty、Redis、ZooKeeper/尼恩等著. —北京：清华大学出版社，2022.11（2023. 12重印）
ISBN 978-7-302-62211-6

Ⅰ. ①J… Ⅱ. ①尼… Ⅲ. ①JAVA语言－程序设计 Ⅳ. ①TP312.8

中国版本图书馆CIP数据核字（2022）第221027号

责任编辑：赵　军
封面设计：王　翔
责任校对：闫秀华
责任印制：沈　露

出版发行：清华大学出版社
网　　址：https://www.tup.com.cn, https://www.wqxuetang.com
地　　址：北京清华大学学研大厦A座　　邮　　编：100084
社 总 机：010-83470000　　邮　　购：010-62786544
投稿与读者服务：010-62776969，c-service@tup.tsinghua.edu.cn
质 量 反 馈：010-62772015，zhiliang@tup.tsinghua.edu.cn

印 装 者：三河市君旺印务有限公司
经　　销：全国新华书店
开　　本：190mm×260mm　　印　张：33　　字　　数：890千字
版　　次：2022年12月第1版　　印　　次：2023年12月第2次印刷
定　　价：138.00元

产品编号：100239-01

前　　言

5G 时代、物联网时代的大幕已经开启，新时代提升了对 Java 应用的高性能、高并发的要求，也抬高了 Java 工程师的技术台阶和面试门槛。

很多公司的面试题从某个侧面反映了生产场景的技术要求。之前只有 BAT 等大公司才有高并发技术相关的面试题，现在与 Java 项目相关的整个行业基本都涉及此类面试题。本书着重介绍 Java NIO、Reactor 模式、高性能通信框架 Netty、ZooKeeper 分布式锁、分布式 ID、Redis 分布式缓存、分布式 IM 方面的内容，以帮助读者快速掌握 Java 高并发的底层通信知识和分布式架构知识。

本书内容

本书是三卷本《Java 高并发核心编程》的第 1 卷，旨在帮助读者掌握 Netty、Redis、ZooKeeper、TCP、HTTP、分布式 IM 的原理，为读者打下 Java 高并发技术的知识基础。

第 1~4 章从操作系统的底层原理开始，浅显易懂地揭秘高并发 IO 的底层原理，并介绍如何让单体 Java 应用支持百万级的高并发，从传统的阻塞式 OIO 开始，细致地解析 Reactor 高性能模式，介绍高性能网络开发的基础知识。这些非常底层的原理知识和基础知识非常重要，是开发过程中解决 Java 实际问题必不可少的。

第 5~8 章重点讲解 Netty。目前 Netty 是高性能通信框架皇冠上当之无愧的明珠，是支撑其他众多著名的高并发、分布式、大数据框架底层的框架。这几章从 Reactor 模式入手，以“四两拨千斤”的方式为读者介绍 Netty 的原理。同时，还将介绍如何通过 Netty 来解决网络编程中的重点难题，如 Protobuf 序列化问题、半包问题等。

第 9~12 章从 TCP、HTTP 入手，介绍客户端与服务端、服务端与服务端之间的高性能 HTTP 通信和 WebSocket 通信。这几章深入浅出地介绍 TCP、HTTP、WebSocket 三大常用的协议，以及如何基于 Netty 实现 HTTP、WebSocket 高性能通信。

第 13 章对 ZooKeeper 进行详细的介绍。除了全面地介绍 Curator API 之外，还从实战的角度出发介绍如何使用 ZooKeeper 设计分布式 ID 生成器，并详细介绍重要的 SnowFlake 算法。另外，还结合小故事以图文并茂的方式浅显易懂地介绍分布式锁的基本原理。

第 14 章从实战开发层面对 Redis 进行介绍，详细介绍 Redis 的 5 种数据类型、客户端操作指令、Jedis Java API。另外，还通过 spring-data-redis 来完成数据分布式缓存的实战案例，详尽地介绍 Spring 的缓存注解以及涉及的 SpEL。

第 15 章通过 CrazyIM 项目为读者介绍一个亿级流量的高并发 IM 系统模型，这个高并发架构的系统模型不仅限于 IM 系统，通过简单的调整和适配就可以应用于当前主流的 Java 后台系统。

读者对象

- 对 Java NIO、高性能 IO、高并发编程感兴趣的大专院校学生。
- 需要学习 Java 高并发技术和高并发架构的初、中级 Java 工程师。
- 生产项目中需要用到 Netty、Redis、ZooKeeper 三大框架的架构师或者项目人员。

本书源代码下载

本书的源代码可以扫描以下二维码下载：

若下载有问题，请发送电子邮件至 booksaga@126.com，邮件主题为“Java 高并发核心编程 卷 1（加强版）下载资源”。

勘误和支持

由于作者水平和能力有限，不妥之处在所难免，希望读者批评指正。

致 谢

感谢疯狂创客圈社群中的小伙伴们，他们中有很多非常有前途的技术狂人，他们对 Java 高并发技术的狂热喜爱让笔者惊叹不已。技术狂人们也获得了丰厚的回报，比如专科毕业的第 76 号、第 453 号技术狂人，已经顺利走向技术自由，成为 P7 级以上的技术专家，尤其是第 76 号卷王，两年之内薪资涨 3 倍，可喜可贺。

欢迎读者进入疯狂创客圈社群积极“砸”问题，虽然有的技术难题笔者不一定能给出最佳的解决方案，但坦诚、纯粹的技术交流能够相互启发，产生技术灵感，拓展技术视野，并最终提升技术水平。

尼 恩

2022 年 11 月

自　序

身边常常有小伙伴问我怎样提高Java技术水平。下面给出两个简单的例子：

小伙伴A（6年经验）说：尼恩，使用Java编程时，我在思路和速度上都赶不上小伙伴B（5年经验），尤其是在解决复杂问题的时候，我该怎么办？

小伙伴C（12年经验）说：尼恩，我们公司刚刚引进了一位高薪的Java核心架构师，他的薪酬令人心动，如何才能提高我的Java技术水平，成为核心架构师呢？

遇到这类问题，我一概回答："多读书、多画图、多实操。就目前看来，这是一条快捷、经济、有效地提高Java水平的途径。"

为什么这么说呢？首先，以我本人为例，身为核心架构师，我在技术能力方面早已得到团队认可，在团队内长期居于Bug排除榜前列，专门负责解决复杂、困难的技术问题。实际上，方法很简单，就是多阅读专业图书，我家里的技术书都可以用汗牛充栋来形容了。其次，给读者简单地分析一下具体原因。目前学习技术的途径大致有三种：1. 阅读博文；2. 观看视频；3. 阅读图书。通过途径1（阅读博文）获得的知识往往过于碎片化，难成系统。这种途径更适用于了解技术趋势、解决临时的技术问题。通过途径2（观看视频）获取知识需要耗费大量的时间，而且很多视频是填鸭式的知识灌输。所以，途径2更适合初学者，或者用来掌握某个完整的知识体系。对于有经验、能动性高的Java工程师来说，途径2的不足之处在于效率太低、时间成本高。通过途径3（阅读图书）获取知识有一个显著的优势：图书能以很小的体积承载巨量知识，而且所承载的是系统化、层次化的知识。

上述三种途径各有优劣，鉴于Java高并发所涉及的核心技术比较多，包括Spring Cloud、Netty、Nginx、JUC、JMM、Kafka、ElasticSearch等，我将结合博文、视频、图书三种形式，为读者提供一个立体的、全方位的Java高并发核心编程知识仓库。在疯狂创客圈（我发起的Java高并发交流社群）中，我将已出版的、在写的、规划中的图书整合成一个高并发核心编程的图书系列，大致清单如下：

（1）《Java高并发核心编程 卷1（加强版）：NIO、Netty、Redis、ZooKeeper》：从操作系统底层IO模式和原理、Reactor高并发IO模式入手，介绍Java分布式、高并发通信原理，并指导读者进行高并发IM实战。

卷1详细介绍Reactor模式、Netty、ZooKeeper、Redis、TCP、HTTP、WebSocket、NIO等Java高性能通信的核心原理和编程知识，并引导读者编写一个高并发的分布式IM实战程序——CrazyIM。

（2）《Java高并发核心编程 卷2（加强版）：多线程、锁、JMM、JUC、高并发设计模式》：聚焦Java高并发基础知识，内容包括多线程、线程池、JMM内存模型、JUC并发包、AQS同步器、高并发容器类、高并发设计模式等。

卷2为读者建立高并发、高性能Java应用的底层知识体系，是本系列图书中最为基础、最为核心的一卷书。

（3）《Java 高并发核心编程 卷 3（加强版）：亿级用户 Web 应用架构与实战》：从亿级用户的Web应用架构入手，介绍高并发所涉及的理论知识体系和核心实操知识，涵盖Spring Cloud、Nginx 的核心原理和编程知识，并引导读者编写一个高并发的秒杀实战程序。

卷 3 通过高并发架构的介绍和实操指导，引导读者建立架构师知识框架体系，以及做一些架构师必备的实操。

编写 Java 高并发核心编程系列图书的初衷是为读者奉上一系列 Java 高并发方面的原理级、思想级图书，帮助读者轻松、切实、快捷地获取 Java 高并发核心知识，从而稳固自己的知识底盘，提升自己的开发内功。

由于本书的篇幅有限，高并发知识体系又非常庞大，因此笔者还编写了大量博客文章作为本书的配套知识和补充知识，请加入疯狂创客圈社群以获取具体的博客内容。

尼　恩

2022 年 11 月

目　　录

第 1 章 高并发时代的必备技能

随着 5G 应用、多终端应用、物联网应用、工业互联应用、大数据应用、人工智能应用的飞速发展，高并发开发时代已然到来，能够驾驭高并发和大数据的物联网架构师、高并发架构师、大数据架构师、Java 高级工程师在人才市场已经成为“香饽饽”，Netty、Redis、ZooKeeper、高性能 HTTP 服务器组件（如 Nginx）、高并发 Java 组件（JUC 包）等已经成为广大 Java 工程师必须掌握的开发技能。

1.1 Netty 为何这么火

Netty 是 JBOSS 提供的一个 Java 开源框架，是基于 NIO 的客户端/服务器编程框架，它既能快速开发高并发、高可用、高可靠的网络服务器程序，也能开发高可用、高可靠的客户端程序。

说明 这里的 NIO 是指非阻塞输入输出（Non-Blocking IO），也称非阻塞 IO。另外，本书为了行文上的一致性，把输入输出的英文缩写统一为 IO，而不用 I/O。

1.1.1 Netty 火热的程度

Netty 已经有了成百上千的分布式中间件、各种开源项目以及各种商业项目的应用。例如，火爆的 Kafka 和 RocketMQ 等消息中间件、火热的 ElasticSearch 开源搜索引擎、大数据处理 Hadoop 的 RPC 框架 Avro、分布式通信框架 Dubbo 都使用了 Netty。总之，使用 Netty 开发的项目已经有点数不过来了。

Netty 之所以受青睐，是因为 Netty 提供异步的、事件驱动的网络应用程序框架和工具。作为一个异步框架，Netty 的所有 IO 操作都是异步非阻塞的，通过 Future-Listener 机制，可以方便用户主动获取或者通过通知机制获得 IO 操作结果。

与 JDK 原生 NIO 相比，Netty 提供了相对简单易用的 API，因而非常适合网络编程。Netty 主要是基于 NIO 来实现的，在 Netty 中也可以提供阻塞 IO 的服务。

Netty 之所以这么火，与它的众多优点密不可分，大致可以总结如下：

- API 使用简单，开发门槛低。
- 功能强大，预置了多种编解码功能，支持多种主流协议。
- 定制能力强，可以通过 ChannelHandler 对通信框架进行灵活扩展。
- 性能高，与其他业界主流的 NIO 框架对比，Netty 的综合性能最优。
- 成熟、稳定，Netty 修复了已经发现的所有 JDK NIO 中的 Bug，业务开发人员不需要再为 NIO 的 Bug 而烦恼。
- 社区活跃，版本迭代周期短，发现的 Bug 可以及时被修复。

1.1.2 Netty 是面试的必杀器

Netty 是互联网中间件领域使用最广泛、最核心的网络通信框架之一，几乎所有 Java 互联网中间件或者大数据中间件的高性能通信与传输均离不开 Netty。所以，Netty 是一名初中级工程师迈向高级工程师需要掌握的重要技能之一。

目前，主要的互联网公司，例如阿里巴巴、腾讯、美团、新浪、淘宝等，在高级工程师的面试过程中经常会问一些高性能通信框架方面的问题，还会问“你有没有读过什么著名框架的源代码？”之类的问题。

如果掌握了 Netty 相关的技术，或者更进一步，能全面地阅读和掌握 Netty 源代码，相信面试大公司时，一定底气十足，成功在握。

1.2 高并发利器 Redis

任何高并发的系统不可或缺的就是缓存。Redis 缓存目前已经成为缓存的事实标准。

1.2.1 什么是 Redis

Redis（Remote Dictionary Server，远程字典服务器）最初是作为数据库的工具来使用的，是目前使用广泛、高效的开源缓存。Redis 使用 C 语言开发，将数据保存在内存中，可以看成是一款纯内存的数据库，所以它的数据存取速度非常快。一些经常用并且创建时间较长的内容可以缓存到 Redis 中，而应用程序能以极快的速度存取这些内容。举例来说，如果某个页面经常会被访问到，而创建页面时需要多次访问数据库，造成网页内容的生成时间较长，那么就可以使用 Redis 将这个页面缓存起来，从而减轻网站的负担，降低网站的延迟。

Redis 通过键-值对（Key-Value Pair）的形式来存储数据，类似于 Java 中的 Map（映射）。Redis 的 Key（键）只能是 String（字符串）类型，Value（值）可以是 String 类型、Map 类型、List（列表）类型、Set（集合）类型、SortedSet（有序集合）类型。

Redis 的主要应用场景是缓存（数据查询、短连接、新闻内容、商品内容等）、分布式会话（Session）、聊天室的在线好友列表、任务队列（秒杀、抢购、12306 等）、应用排行榜、访问统计、数据过期处理（可以精确到毫秒）等。

1.2.2 Redis 成为缓存事实标准的原因

相对于其他的键-值对内存数据库（如 Memcached）而言，Redis 具有如下特点：

（1）速度快。不需要等待磁盘的 IO，而是在内存之间进行数据存储和查询，速度非常快。当然，缓存的数据总量不能太大，因为受到物理内存空间大小的限制。

（2）丰富的数据结构，有 String、List、Hash、Set、SortedSet 五种类型。

（3）单线程，避免了线程切换和锁机制的性能消耗。

（4）可持久化。支持 RDB 与 AOF 两种方式，将内存中的数据写入外部的物理存储设备。

（5）支持发布/订阅。

（6）支持 Lua 脚本。

（7）支持分布式锁。在分布式系统中，不同的节点需要访问同一个资源时，往往需要通过互斥机制来防止彼此干扰，并且保证数据的一致性。在这种情况下，就需要用到分布式锁。分布式锁和 Java 的锁用于实现不同线程之间的同步访问，原理上是类似的。

（8）支持原子操作和事务。Redis 事务是一组命令的集合。一个事务中的命令要么都执行，要么都不执行。如果命令在运行期间出现错误，则不会自动回滚。

（9）支持主-从（Master-Slave）复制与高可用（Redis Sentinel）集群（3.0 版本以上）。

（10）支持管道。Redis 管道是指客户端可以将多个命令一次性发送到服务器，然后由服务器一次性返回所有结果。管道技术的优点是，在批量执行命令的应用场景中，可以大大减少网络传输的开销，提高性能。

1.3 分布式利器 ZooKeeper

单体应用在达到了性能瓶颈之后，就必须靠分布式集群解决高并发问题，而集群的分布式架构和集群节点之间的交互一定少不了可靠的分布式协调工具，ZooKeeper 就是目前极为重要的分布式协调工具。

1.3.1 什么是 ZooKeeper

ZooKeeper 最早起源于雅虎公司研究院的一个研究小组。当时，研究人员发现，在雅虎内部很多大型的系统需要依赖一个类似的系统进行分布式协调，但是这些系统往往存在分布式单点问题，所以雅虎的开发人员就试图开发一个通用的无单点问题的分布式协调框架。

此框架的命名过程也是非常有趣的。在项目初期给这个项目命名时，准备和很多项目一样，按照雅虎公司的惯例使用动物的名字来命名（例如著名的 Pig 项目）。在探讨取什么名字的时候，研究院的首席科学家 Raghu Ramakrishnan 开玩笑说："再这样下去，我们这里就变成动物园了。"此话一出，大家纷纷表示新框架就叫动物园管理员吧，于是，ZooKeeper（动物园管理员）诞生了。而 ZooKeeper 正好是用来协调分布式环境不同节点的，形象地说，可以理解为协调各个以动物命名的分布式组件，所以 ZooKeeper 这个名字也就"名副其实"了。

1.3.2 ZooKeeper 的优势

ZooKeeper 的核心优势是实现了分布式环境的数据一致性，简单地说，每时每刻我们访问 ZooKeeper 的树结构时，不同的节点返回的数据都是一致的。也就是说，对 ZooKeeper 进行数据访问时，无论是什么时间，都不会引起“脏读”“幻读”“不可重复读”问题。

“脏读”“幻读”“不可重复读”是数据库事务的概念，当然，ZooKeeper 也可以理解为一种简单的分布式数据库。“脏读”是指一个事务中访问到了另一个事务未提交的数据。“不可重复读”是指在一个事务内根据同一个条件对数据进行多次查询，但是结果却不一致，原因是其他事务对该数据进行了修改。“幻读”是指当两个完全相同的查询执行时，第二次查询所返回的结果集和第一个查询所返回的结果集不相同，原因也是另一个事务新增、删除了第一个事务结果集中的数据。

说明 “不可重复读”和“幻读”的区别是：“不可重复读”关注的重点在于记录的更新操作，同样的记录，再次读取出来后发现返回的数据值不一样了；“幻读”关注的重点在于记录新增或者删除操作（数据条数发生了变化），同样条件下的第一次和第二次查询出来的记录数不一样了。

ZooKeeper 对不同系统环境的支持都很好，在绝大多数主流的操作系统上都能够正常运行，如 GNU/Linux、Sun Solaris、Win32 以及 MacOS 等。但是，ZooKeeper 官方文档中特别强调，由于 FreeBSD 系统的 JVM 实现对 Java 的 NIO Selector（选择器）支持得不是很好，因此不建议在 FreeBSD 系统上部署 ZooKeeper 生产服务器。

可以说，ZooKeeper 提供的是分布式系统中非常底层且必不可少的基本功能，如果开发者自己来实现这些功能，而且要达到高吞吐、低延迟，同时还要保持一致性和可用性，实际上是非常困难的。因此，借助 ZooKeeper 提供的这些功能，开发者就可以轻松在 ZooKeeper 上构建自己的各种分布式系统。

1.4 高性能 HTTP 通信技术

和传统的 Web 应用有所不同，高并发的 5G 应用、物联网应用、工业互联应用、大数据应用、人工智能应用基本上都是大流量应用，QPS（Query Per Second，每秒查询率）在十万级甚至上千万级，在这些高并发应用中，如何使用高并发 HTTP 通信技术去提升内部各个节点的通信性能，对于提升分布式系统整体的吞吐量有着非常重大的作用。

1.4.1 十万级以上高并发场景中的高并发 HTTP 通信技术

十万级 QPS 的 Web 应用架构大致如图 1-1 所示。

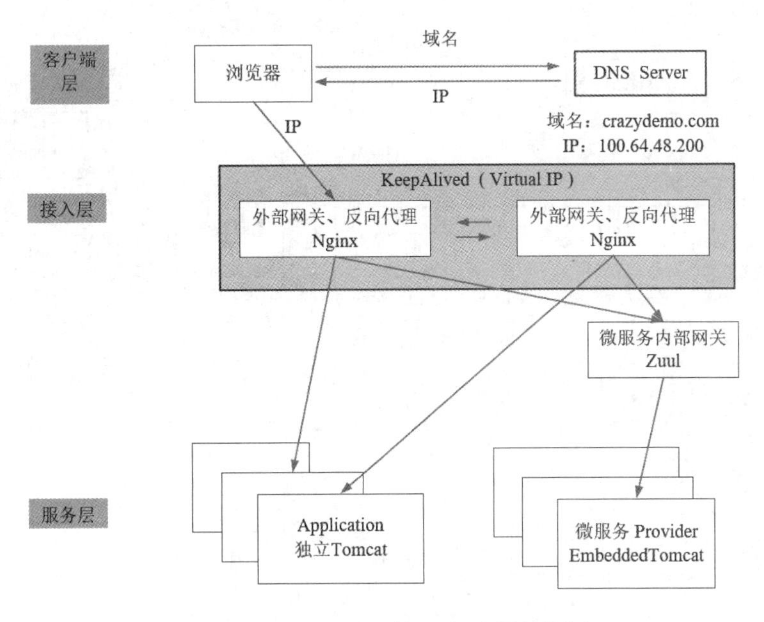

图 1-1　十万级 QPS 的 Web 应用架构图

对于十万级流量的系统应用而言，其架构一般可以分为三层：服务层、接入层和客户端层。

服务层一般执行的是 Java 应用程序，可以细分为传统的单体应用和目前主流的 Spring Cloud 分布式应用。传统的单体 Java 应用执行在 Tomcat 服务器上，目前主流的 Spring Cloud 微服务应用执行在内嵌的 Tomcat 服务器上。

接入层主要完成鉴权、限流、反向代理和负载均衡等功能。由于在静态资源、登录验证等简单逻辑的处理性能上 Nginx 和 Tomcat 不可同日而语（一般在 10 倍以上），因此接入层基本上都是使用 Nginx+Lua 扩展作为接入服务器。另外，为了保证 Nginx 接入服务器的高可用，会搭建有冗余的接入服务器，然后使用 KeepAlived 中间件进行高可用监控管理并且虚拟出外部 IP，供外部访问。

说明　Nginx 是一个强大的 Web 服务器软件，用于处理高并发的 HTTP 请求和作为反向代理服务器进行负载均衡，具有高性能、轻量级、内存消耗少、强大的负载均衡能力等优势。有关 Nginx 的原理知识，请参考笔者的另一本书《Java 高并发核心编程 卷 3（加强版）：亿级用户 Web 应用架构与实战》。

对于十万级 QPS 流量的 Web 应用，如果流量增长到百万级，可以对接入层 Nginx 进行横向扩展，甚至可以引入 LVS 进行负载均衡。

千万级 QPS 的 Web 应用架构大致如图 1-2 所示。

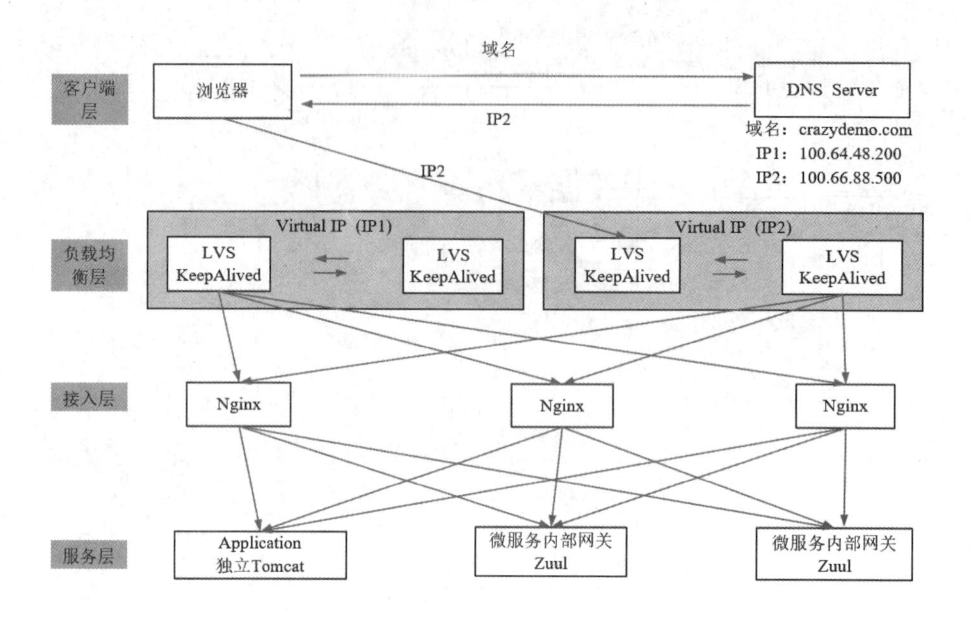

图 1-2 千万级 QPS 的 Web 应用架构图

对于千万级 QPS 的 Web 应用，除了服务层的独立 Tomcat 或者 Spring Cloud 微服务节点需要进行不断的横向扩展之外，还需要进行以下两大增强：

（1）引入 LVS 负载均衡层，进行请求分发和接入层的负载均衡。

（2）引入 DNS 服务器的负载均衡，可以在域名下面添加多个 IP，由 DNS 服务器进行多个 IP 之间的负载均衡，甚至可以按照就近原则为用户返回最近的服务器 IP 地址。

总之，如何抵抗十万级甚至千万级 QPS 访问洪峰，涉及大量的开发知识、运维知识。对于开发人员来说，并不一定需要掌握太多的操作系统层面（如 LVS）的运维知识，主要原因是术业有专攻，一般会有专业的运维人员去解决系统的运行问题。但是对千万级 QPS 系统中所涉及的高并发方面的开发知识，则是必须掌握的。

在十万级甚至千万级 QPS 的 Web 应用架构中，如何提高平台内部的接入层 Nginx 和服务层 Tomcat（或者其他 Java 容器）之间的 HTTP 通信能力，涉及高并发 HTTP 通信这个核心技术问题，本书后面的章节会从 TCP、HTTP 层面出发重点剖析和解读这个问题。

1.4.2 微服务之间的高并发 RPC 技术

在基于 Spring Cloud 技术架构的分布式 Web 应用中，微服务 Provider（服务节点）之间存在的大量 RPC 调用如图 1-3 所示。

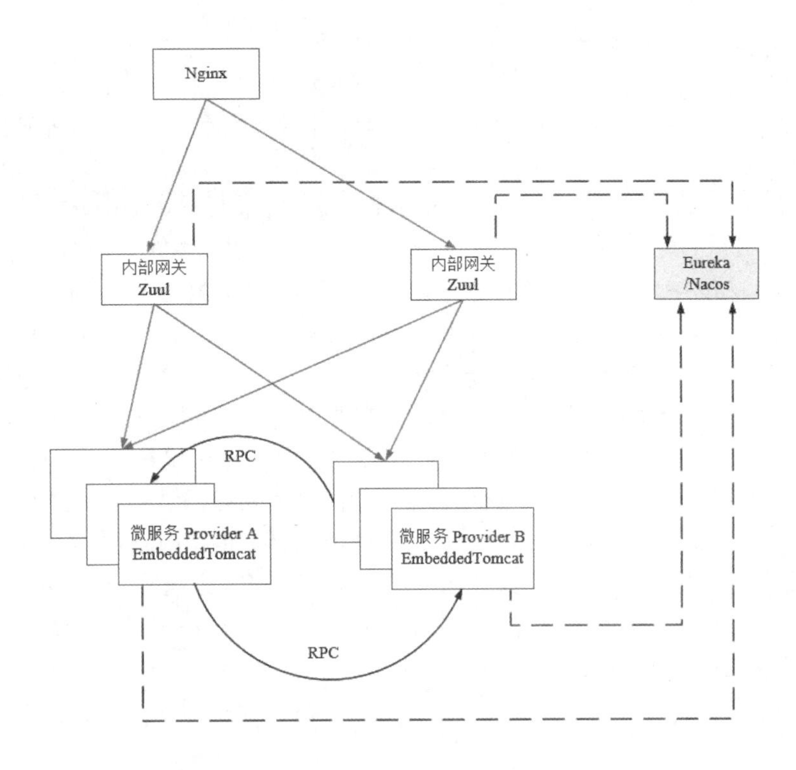

图 1-3　微服务 Provider（服务节点）之间的 RPC 调用示意图

微服务 Provider 实例之间的 RPC 调用在 Spring Cloud 全家桶技术体系中是由 Feign 基于 Ribbon 完成的，并由 Hystrix 组件提供 RPC 的熔断、回退、限流等保护。

说明　分布式微服务架构目前已经成为 Java 应用的主流架构，分布式微服务架构在接入层同样会与 Nginx 结合，所以常常是 Nginx+Spring Cloud 架构，有关该架构的原理知识，具体请参考笔者的另一本书《Java 高并发核心编程 卷 3（加强版）：亿级用户 Web 应用架构与实战》。

Spring Cloud 并没提供高性能 RPC 通信（HTTP 通信）的技术方案，通过配置可以借助 Apache HttpClient 或者 OkHttp 等通信组件实现 HTTP 高性能通信。由于 HTTP 高性能通信涉及底层 Socket 连接（TCP 连接）的复用管理，甚至涉及 TCP、HTTP 等一系列非常基础、原理的知识，因此在《Java 高并发核心编程 卷 3（加强版）：亿级用户 Web 应用架构与实战》一书中并没有对高并发 HTTP 通信进行介绍，而是将这些知识放在本书中。

1.5　高并发 IM 的综合实践

为了方便交流和学习，笔者组织了一帮高性能、高并发的发烧友，成立了一个高性能社群——“疯狂创客圈”。同时，牵头组织社群的小伙伴们应用 Netty、Redis、ZooKeeper 持续迭代了一个高并发学习项目——CrazyIM。

1.5.1 高并发 IM 的学习价值

为什么在成为Java高级工程师甚至架构师的学习路上建议大家完成一个高并发IM（即时通信）项目呢？

首先，通过实战完成一个分布式、高并发的 IM 系统具有相当的技术挑战性。对于传统企业级 Web 开发者来说，这相当于进入了一片全新的天地。企业级 Web 的 QPS 峰值可能在 1000 以内，甚至在 100 以内，没有多少技术挑战性和含金量，属于重复性的 CRUD（Create，创建；Retrieve，查询；Update，更新；Delete，删除）的体力活。一个分布式、高并发的 IM 系统面临的 QPS 峰值可能在十万、百万、千万甚至上亿级别。层次化、递进的高并发需求将无极限地考验系统的性能，从通信协议到系统的架构需要不断地进行优化，这对技术能力是一种非常极致的考验和训练。

其次，就具有不同 QPS 峰值规模的 IM 系统而言，它们所处的用户需求环境是不一样的。这就造成了不同用户规模的 IM 系统各自具有一定的市场需求和实际需要，因而它们不一定都需要上亿级的高并发。但是，作为一个顶级的架构师，应该具备全栈式的架构能力，对不同用户规模、差异化的应用场景构建出相匹配的高并发 IM 系统。也就是说，IM 系统综合性相对较强，相关的技术需要覆盖到满足各种不同应用场景的网络传输、分布式协调、分布式缓存、服务化架构等方面。

接下来具体看看高并发 IM 的应用场景。

1.5.2 庞大的应用场景

可以说，大部分的高并发实时通信、消息推送的应用场景都需要高并发 IM。随着移动互联网、AI 的飞速发展，高性能、高并发 IM 有着非常广泛的应用场景。

高并发 IM 典型的应用场景有私信、聊天、大规模推送、弹幕、实时定位、在线教育、智能家居、互动游戏、抽奖等，如图 1-4 所示。

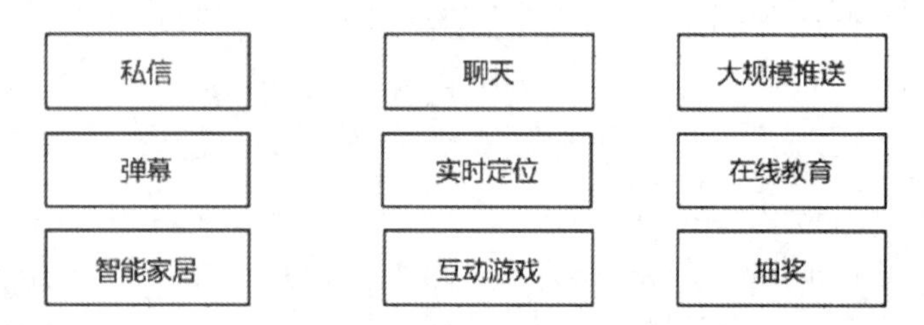

图 1-4 高并发 IM 典型的应用场景

尤其是对于 App 开发的小伙伴们来说，IM 已经成为大多数 App 的标配。在移动互联网时代，推送（Push）服务成为 App 应用不可或缺的重要组成部分，可以提升用户的活跃度和留存率。我们的手机每天接收到各种各样的广告和提示消息等，其中大多数都是通过推送服务实现的。

随着 5G 时代物联网的发展，未来所有接入物联网的智能设备都将是 IM 系统的客户端，这就意味着推送服务会在未来面临海量的设备和终端接入。为了支持这些百万级、上亿级的终端，一定需要强悍的后台系统。

有这么多的应用场景，对于想成为 Java 高手的小伙伴们，高并发 IM 是一个绕不开的技术难题。对于想在后台有所成就的小伙伴们，高并发 IM 实践更是在成为顶级工程师甚至架构师的道路上必须经历的。

第 2 章 高并发 IO 的底层原理

本书的原则是：从基础讲起。IO 底层原理是隐藏在 Java 编程知识之下的基础知识，是开发人员必须掌握的基础原理，可以说是基础的基础，更是大公司面试通关的必备知识。

本章从操作系统的底层原理入手，通过图文并茂的方式为读者深入剖析高并发 IO 的底层原理，并介绍如何通过设置来让操作系统支持高并发。

2.1 IO 读写的基础原理

为了避免用户进程直接操作内核，保证内核安全，操作系统将内存（虚拟内存）划分为两部分：一部分是内核空间（Kernel-Space），另一部分是用户空间（User-Space）。在 Linux 系统中，内核模块运行在内核空间，对应的进程处于内核态；用户程序运行在用户空间，对应的进程处于用户态。

操作系统的核心是内核程序，它独立于普通的应用程序，既有权限访问受保护的内核空间，也有权限访问底层硬件设备。内核空间总是驻留在内存中，是为操作系统的内核保留的。应用程序不允许直接在内核空间区域进行读写，也不允许直接调用内核代码定义的函数。每个应用程序进程都有一个单独的用户空间，对应的进程处于用户态，用户态进程不能访问内核空间中的数据，也不能直接调用内核函数，因此需要将进程切换到内核态才能进行系统调用。

内核态进程可以执行任意命令，调用系统的一切资源，而用户态进程只能执行简单的运算，不能直接调用系统资源，那么问题来了：用户态进程如何执行系统调用呢？答案是：用户态进程必须通过系统接口（System Call）向内核发出指令，完成调用系统资源之类的操作。

> 说明 如果没有特别声明，本书后文提到的内核是指操作系统的内核。

用户程序进行 IO 的读写，依赖于底层的 IO 读写，基本上会用到底层的 sys_read 和 sys_write 两大系统调用。虽然在不同的操作系统中 sys_read 和 sys_write 两大系统调用的名称和形式可能不完全一样，但是它们的基本功能是一样的。

操作系统层面的 sys_read 系统调用并不是直接从物理设备把数据读取到应用的内存中，sys_write 系统调用也不是直接把数据写入物理设备。上层应用无论是调用操作系统的 sys_read 还是调用操作系统的 sys_write，都会涉及缓冲区。具体来说，上层应用通过操作系统的 sys_read 系统调用把数据从内核缓冲区复制到应用程序的进程缓冲区，通过操作系统的 sys_write 系统调用把数据从应用程序的进程缓冲区复制到操作系统的内核缓冲区。

简单来说，应用程序的 IO 操作实际上不是物理设备级别的读写，而是缓存的复制。sys_read 和 sys_write 两大系统调用都不负责数据在内核缓冲区和物理设备（如磁盘、网卡等）之间的交换。这个底层的读写交换操作是由操作系统内核（Kernel）来完成的。所以，在应用程序中的 IO 操作，无论是对 Socket 的 IO 操作还是对文件的 IO 操作，都属于上层应用的开发，它们在输入（Input）和输出（Output）维度上的执行流程是类似的，都是在内核缓冲区和进程缓冲区之间进行数据交换。

2.1.1 内核缓冲区与进程缓冲区

为什么设置那么多的缓冲区，导致读写过程那么麻烦呢？

缓冲区的目的是为了减少频繁地与设备之间的物理交换。计算机的外部物理设备与内存和 CPU 相比，有着非常大的差距，外部设备的直接读写涉及操作系统的中断。发生系统中断时，需要保存之前的进程数据和状态等信息，结束中断之后，还需要恢复之前的进程数据和状态等信息。为了减少底层系统的频繁中断所导致的时间损耗、性能损耗，出现了内核缓冲区。

操作系统会对内核缓冲区进行监控，等待缓冲区达到一定数量的时候，再进行 IO 设备的中断处理，集中执行物理设备的实际 IO 操作，通过这种机制来提升系统的性能。至于具体在什么时候执行系统中断（包括读中断、写中断）则由操作系统的内核来决定，应用程序不需要关心。

上层应用程序使用 sys_read 系统调用时，仅仅把数据从内核缓冲区复制到上层应用的缓冲区（进程缓冲区）；上层应用使用 sys_write 系统调用时，仅仅把数据从应用的用户缓冲区复制到内核缓冲区中。

内核缓冲区与应用缓冲区在数量上也不同。在 Linux 系统中，操作系统内核只有一个内核缓冲区。而每个用户程序（进程）都有自己独立的缓冲区，叫作用户缓冲区或者进程缓冲区。在大多数情况下，Linux 系统中的用户程序的 IO 读写程序并没有进行实际的 IO 操作，而是在用户缓冲区和内核缓冲区之间直接进行数据的交换。

2.1.2 典型 IO 系统调用 sys_read 和 sys_write 的执行流程

下面是一段进行 Socket 数据传输的服务端的简单 C 语言代码。之所以简单，是因为服务端只接收一个连接，然后就开始通过 C 语言的 read 和 write 函数进行 Socket 的数据读写。参考的代码如下：

```
#include "InitSock.h"
#include <stdio.h>
#include <iostream>
using namespace std;
CInitSock initSock;     // 初始化 Winsock 库

int main()
{
```

```
// 创建套节字
//参数 1 用来指定套接字使用的地址格式，通常使用 AF_INET
//参数 2 指定套接字的类型，SOCK_STREAM 指的是 TCP，SOCK_DGRAM 指的是 UDP
SOCKET sListen = ::socket(AF_INET, SOCK_STREAM, IPPROTO_TCP);
sockaddr_in sin;  //创建 IP 地址： IP+端口
sin.sin_family = AF_INET;
  sin.sin_port = htons(4567);  //1024 ~ 49151: 普通用户注册的端口号
sin.sin_addr.S_un.S_addr = INADDR_ANY;
// 绑定这个套接字到一个 IP 地址
if(::bind(sListen, (LPSOCKADDR)&sin, sizeof(sin)) == SOCKET_ERROR)
    {
       printf("Failed bind() \n");
       return 0;
    }

    //开始监听连接
     //第二个参数 2 指的是监听队列中允许保持的尚未处理的最大连接数
     if(::listen(sListen, 2) == SOCKET_ERROR)
     {
       printf("Failed listen() \n");
       return 0;
     }

    //接受客户的连接请求，注意，这里只是演示，只接收一个客户端，不接收更多客户端
    sockaddr_in remoteAddr;
    int nAddrLen = sizeof(remoteAddr);
    SOCKET sClient = 0;
    char szText[] = " TCP Server Demo! \r\n";
    while(sClient==0)
    {
      //接受一个新连接
        // ((SOCKADDR*)&remoteAddr) 一个指向 sockaddr_in 结构的指针，用于获取对方地址
        sClient = ::accept(sListen, (SOCKADDR*)&remoteAddr, &nAddrLen);
        if(sClient == INVALID_SOCKET)
        {
           printf("Failed accept()");
        }

        printf("接受一个连接: %s \r\n", inet_ntoa(remoteAddr.sin_addr));
        break;
    }

    while(TRUE)
    {
        // 向客户端发送数据
       ::send(sClient, szText, strlen(szText), 0);

        // 从客户端接收数据
        char buff[256] ;
        int nRecv = ::read(sClient, buff, 256, 0);
        if(nRecv > 0)
        {
           buff[nRecv] = '\0';
           printf(" 接收数据: %s\n", buff);
        }
    }

    // 关闭客户端的连接
    ::closesocket(sClient);
    // 关闭监听套接字
    ::closesocket(sListen);
```

```
    return 0;
}
```

用户程序所使用的 read 和 write 函数可以理解为 C 语言中的库函数，这个库函数专供用户程序使用。注意：这些库函数并不是内核程序，而内核空间的数据读写需要内核程序完成，所以，在这些库函数中还需要对系统调用进行进一步的封装和调用。那么，这里涉及哪些系统调用呢？由于不同的操作系统，或者同一个操作系统的不同版本，在具体实现上都有差异，因此读者可以大致理解为，C 程序中使用的 read 库函数会调用到的系统调用为 sys_read，由 sys_read 完成内核空间的数据读取；用户 C 程序中使用的 write 库函数会调用到的系统调用为 sys_write，由 sys_write 完成内核空间的数据写入。

系统调用 sys_read 和 sys_write 并不是使数据在内核缓冲区和物理设备之间进行交换。sys_read 调用把数据从内核缓冲区复制到应用的用户缓冲区，sys_write 系统调用把数据从应用的用户缓冲区复制到内核缓冲区，两个系统调用的大致流程如图 2-1 所示。

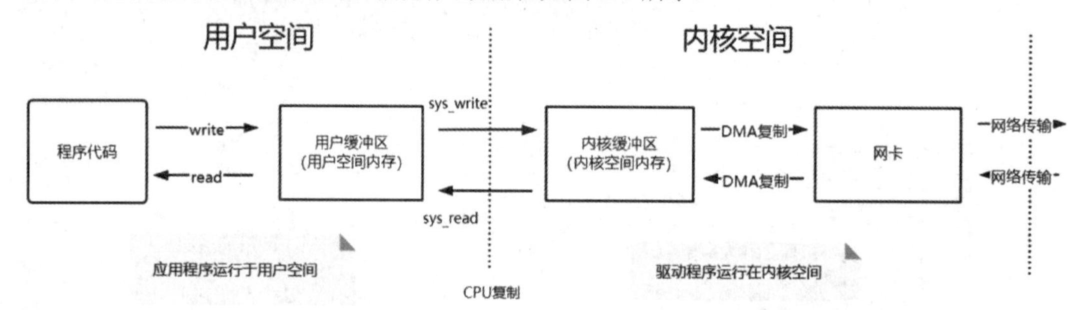

图 2-1 系统调用 sys_read 和 sys_write 的执行流程

这里以 sys_read 系统调用为例，先看一下一个完整输入流程的两个阶段：

（1）应用程序等待数据准备好。

（2）从内核缓冲区向用户缓冲区复制数据。

如果是读取一个 Socket（套接字），那么以上两个阶段的具体处理流程如下：

（1）第一个阶段，应用程序等待数据通过网络到达网卡，当所等待的分组到达时，数据被操作系统复制到内核缓冲区中。这个工作由操作系统自动完成，用户程序无感知。

（2）第二个阶段，内核将数据从内核缓冲区复制到应用的用户缓冲区。

再具体一点，如果是在 C 程序客户端和服务端之间完成一次 Socket 请求和响应（包括 sys_read 和 sys_write）的数据交换，其完整的流程如下：

（1）客户端发送请求：C 程序客户端程序通过 sys_write 系统调用，将数据复制到内核缓冲区，Linux 将内核缓冲区的请求数据通过客户端机器的网卡发送出去。

（2）服务端系统接收数据：在服务端，这份请求数据会被服务端操作系统通过 DMA 硬件从接收网卡中读取到服务端机器的内核缓冲区。

（3）服务端 C 程序获取数据：服务端 C 程序通过 sys_read 系统调用从 Linux 内核缓冲区复制数据，将其复制到 C 用户缓冲区。

（4）服务端业务处理：服务器在自己的用户空间中完成客户端的请求所对应的业务处理。

（5）服务端返回数据：服务端 C 程序完成处理后，将构建好的响应数据从用户缓冲区写入内核缓冲区，这里用到的是 sys_write 系统调用，操作系统会负责将内核缓冲区的数据发送出去。

（6）服务端系统发送数据：服务端 Linux 系统将内核缓冲区中的数据写入网卡，网卡通过底层的通信协议将数据发送给目标客户端。

说明　由于生产环境的 Java 高并发应用基本都运行在 Linux 操作系统上，因此以上案例中的操作系统以 Linux 为例。

2.2　5 种主要的 IO 模型

服务端高并发 IO 编程往往要求的性能都非常高，一般情况下需要选用高性能的 IO 模型。另外，对于 Java 工程师来说，有关 IO 模型的知识也是通关大公司面试的必备知识。本章从最为基础的模型开始，为读者揭秘 IO 模型的核心原理。

下面介绍常见的 5 种 IO 模型。

1. 同步阻塞 IO

首先，解释一下阻塞与非阻塞。阻塞 IO 指的是需要内核 IO 操作彻底完成后才返回用户空间执行用户程序的操作指令，阻塞指的是用户程序（发起 IO 请求的进程或者线程）的执行状态。可以说传统的 IO 模型都是阻塞 IO 模型，并且在 Java 中默认创建的 Socket 都属于阻塞 IO 模型。

其次，解释一下同步与异步。简单来说，可以将同步与异步看成是发起 IO 请求的两种方式。同步 IO 是指用户空间（进程或者线程）是主动发起 IO 请求的一方，系统内核是被动接受方。异步 IO 则反过来，系统内核是主动发起 IO 请求的一方，用户空间是被动接受方。

同步阻塞 IO（Blocking IO）指的是用户空间（或者线程）主动发起，需要等待内核 IO 操作彻底完成后，才返回用户空间的 IO 操作。在 IO 操作过程中，发起 IO 请求的用户进程（或者线程）处于阻塞状态。

2. 同步非阻塞 IO

非阻塞 IO（Non-Blocking IO）指的是用户空间的程序不需要等待内核 IO 操作彻底完成，可以立即返回用户空间去执行后续的指令，即发起 IO 请求的用户进程（或者线程）处于非阻塞状态，与此同时，内核会立即返回给用户一个 IO 的状态值。

阻塞和非阻塞的区别是什么呢？阻塞是指用户进程（或者线程）一直在等待，而不能干别的事情；非阻塞是指用户进程（或者线程）获得内核返回的状态值就返回自己的空间，可以去做别的事情。在 Java 中，非阻塞 IO 的 Socket 被设置为 NONBLOCK 模式。

说明　同步非阻塞 IO 也可以简称为 NIO，但是它不是 Java 编程中的 NIO。Java 编程中的 NIO（New IO）类库组件所归属的不是基础 IO 模型中的 NIO 模型，而是 IO 多路复用模型。

同步非阻塞 IO 指的是用户进程主动发起，不需要等待内核 IO 操作彻底完成就能立即返回用户空间的 IO 操作。在 IO 操作过程中，发起 IO 请求的用户进程（或者线程）处于非阻塞状态。

3. IO 多路复用

为了提高性能，操作系统引入了一类新的系统调用，专门用于查询 IO 文件描述符（含 Socket 连接）的就绪状态。在 Linux 系统中，新的系统调用为 select/epoll 系统调用。通过该系统调用，一个用户进程（或者线程）可以监视多个文件描述符，一旦某个描述符就绪（一般是内核缓冲区可读/可写），内核就能够将文件描述符的就绪状态返回给用户进程（或者线程），用户空间可以根据文件描述符的就绪状态进行相应的 IO 系统调用。

IO 多路复用（IO Multiplexing）是高性能 Reactor 线程模型的基础 IO 模型，当然此模型是建立在同步非阻塞的模型基础之上的升级版。

4. 信号驱动 IO 模型

在信号驱动 IO 模型中，用户线程通过向核心注册 IO 事件的回调函数来避免 IO 时间查询的阻塞。

具体来说，用户进程预先在内核中设置一个回调函数，当某个事件发生时，内核使用信号（SIGIO）通知进程运行回调函数。然后进入 IO 操作的第二个阶段——执行阶段：用户线程会继续执行，在信号回调函数中调用 IO 读写操作来进行实际的 IO 请求操作。

信号驱动 IO 可以看成是一种异步 IO，可以简单理解为系统进行用户函数的回调。只是，信号驱动 IO 的异步特性做得不彻底。为什么呢？信号驱动 IO 仅仅在 IO 事件的通知阶段是异步的，而在第二阶段也就是在将数据从内核缓冲区复制到用户缓冲区这个过程，用户进程是阻塞的、同步的。

5. 异步 IO

异步 IO（Asynchronous IO）指的是用户空间的线程变成被动接受者，而内核空间成了主动调用者。在异步 IO 模型中，当用户线程收到通知时，数据已经被内核读取完毕，并放在了用户缓冲区内，内核在 IO 完成后通知用户线程直接使用即可。

异步 IO 类似于 Java 中典型的回调模式，用户进程（或者线程）向内核空间注册了各种 IO 事件的回调函数，由内核主动调用。

异步 IO 包含两种：不完全异步的信号驱动 IO 模型和完全的异步 IO 模型。

接下来，对以上 5 种常见的 IO 模型进行详细介绍。

2.2.1 同步阻塞 IO

默认情况下，在 Java 应用程序进程中所有对 Socket 连接进行的 IO 操作都是同步阻塞 IO。

在阻塞式 IO 模型中，从 Java 应用程序发起 IO 系统调用开始，直到系统调用返回，在这段时间内发起 IO 请求的 Java 进程（或者线程）都是阻塞的。直到返回成功后，应用进程才能开始处理用户空间的缓存区数据。

同步阻塞 IO 的具体流程如图 2-2 所示。

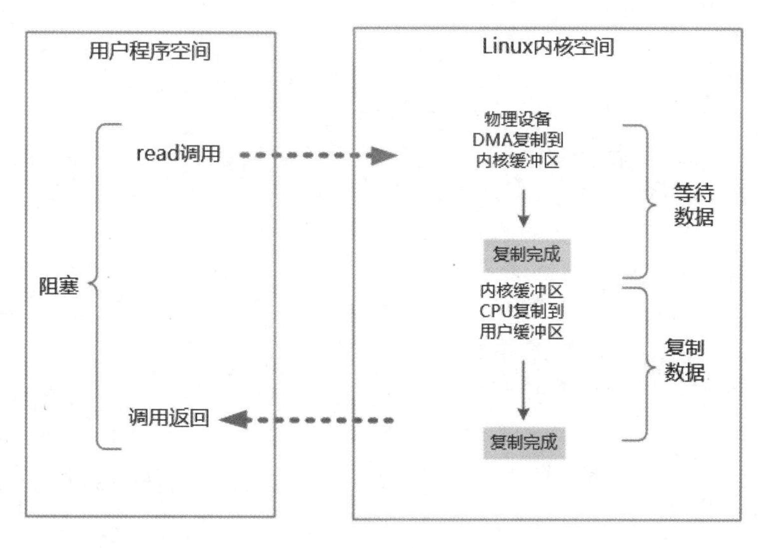

图 2-2　同步阻塞 IO 的流程

举个例子，在 Java 中发起一个 Socket 的 sys_read 读操作的系统调用，流程大致如下：

（1）从 Java 进行 IO 读后发起 sys_read 系统调用开始，用户线程（或者线程）就进入阻塞状态。

（2）当系统内核收到 sys_read 系统调用后就开始准备数据。一开始，数据可能还没有到达内核缓冲区（例如，还没有收到一个完整的 Socket 数据包），这时内核就要等待。

（3）内核一直等到完整的数据到达，就会将数据从内核缓冲区复制到用户缓冲区（用户空间的内存），然后内核返回结果（例如返回复制到用户缓冲区中的字节数）。

（4）直到内核返回后用户线程才会解除阻塞的状态，重新运行起来。

阻塞 IO 的特点是在内核进行 IO 执行的两个阶段，发起 IO 请求的用户进程（或者线程）被阻塞了。

阻塞 IO 的优点是：应用程序开发非常简单；在阻塞等待数据期间，用户线程挂起，用户线程基本不会占用 CPU 资源。

阻塞 IO 的缺点是：一般情况下，会为每个连接配备一个独立的线程，一个线程维护一个连接的 IO 操作。在并发量小的情况下，这样做没有什么问题。但是，在高并发应用场景中，需要大量的线程来维护大量的网络连接，内存、线程切换开销会非常巨大。在高并发应用场景中，阻塞 IO 模型性能很低，基本上是不可用的。

2.2.2　同步非阻塞 IO

在 Linux 系统下，Socket 连接默认是阻塞模式，可以通过设置将 Socket 连接变成非阻塞模式。在 NIO 模型中，应用程序一旦开始 IO 系统调用，会出现以下两种情况：

（1）在内核缓冲区中没有数据的情况下，系统调用会立即返回，返回一个调用失败的信息。

（2）在内核缓冲区中有数据的情况下，在复制数据的过程中系统调用是阻塞的，直到完成数据从内核缓冲复制到用户缓冲。复制完成后，系统调用返回成功，用户进程（或者线程）可以开始处理用户空间的缓存数据。

同步非阻塞 IO 的流程如图 2-3 所示。

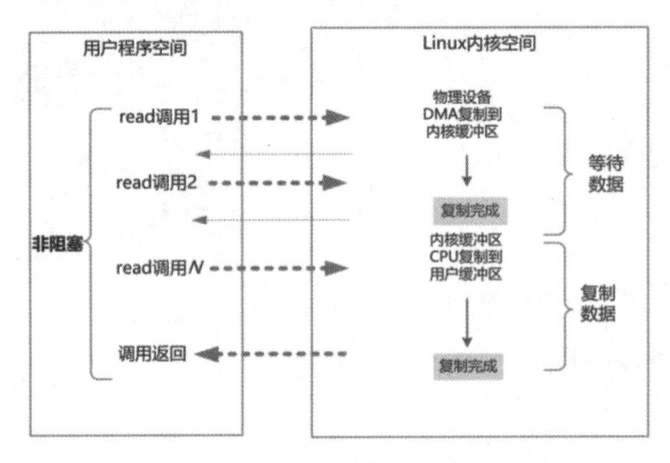

图 2-3　同步非阻塞 IO 的流程

举个例子。发起一个非阻塞 Socket 的 sys_read 读操作的系统调用，流程如下：

（1）在内核数据没有准备好的阶段，用户线程发起 IO 请求时，立即返回。所以，为了读取到最终的数据，用户进程（或者线程）需要不断地发起 IO 系统调用。

（2）内核数据到达后，用户进程（或者线程）发起系统调用，用户进程（或者线程）阻塞（读者一定要注意，此处用户进程的阻塞状态）。内核开始复制数据，它会将数据从内核缓冲区复制到用户缓冲区，然后内核返回结果（例如返回复制到用户缓冲区的字节数）。

（3）用户进程（或者线程）在读数据时，没有数据会立即返回而不阻塞，用户空间需要经过多次尝试才能保证最终真正读到数据，而后继续执行。

同步非阻塞 IO 的特点是应用程序的线程需要不断地进行 IO 系统调用，轮询数据是否已经准备好，如果没有准备好，就继续轮询，直到完成 IO 系统调用为止。

同步非阻塞 IO 的优点是每次发起的 IO 系统调用，在内核等待数据过程中可以立即返回。用户线程不会阻塞，实时性较好。

同步非阻塞 IO 的缺点是不断地轮询内核，这将占用大量的 CPU 时间，效率低下。

总体来说，在高并发应用场景中，同步非阻塞 IO 是性能很低的，也是基本不可用的，一般 Web 服务器都不使用这种 IO 模型。在 Java 实际开发中，不会涉及这种 IO 模型，但是此模型还是有价值的，其作用在于其他 IO 模型可以使用非阻塞 IO 模型作为基础，以实现其高性能。

2.2.3 IO 多路复用模型

如何避免同步非阻塞 IO 模型中的轮询等待问题呢？答案是采用 IO 多路复用模型。

在 IO 多路复用模型中引入了一种新的系统调用，查询 IO 的就绪状态。在 Linux 系统中，对应的系统调用为 select/epol。通过该系统调用，一个进程可以监视多个文件描述符（包括 Socket 连接），一旦某个描述符就绪（一般是内核缓冲区可读/可写），内核就能够将就绪的状态返回给应用程序。随后，应用程序根据就绪的状态进行相应的 IO 系统调用。

目前支持 IO 多路复用的系统调用有 select、epoll 等。几乎在所有的操作系统上都支持 select 系统调用,它具有良好的跨平台特性。epoll 是在 Linux 2.6 内核中提出的,是 select 系统调用的 Linux 增强版本。

在 IO 多路复用模型中，通过 select/epoll 系统调用，单个应用程序的线程可以不断地轮询成百上千的 Socket 连接的就绪状态，当某个或者某些 Socket 网络连接有 IO 就绪状态时，就返回这些就绪状态（或者说就绪事件）。

下面举个例子来说明 IO 多路复用模型的流程。发起一个多路复用 IO 的 sys_read 读操作的系统调用，流程如下：

（1）选择器注册。首先，将需要 sys_read 操作的目标文件描述符（Socket 连接）提前注册到 Linux 的 select/epoll 选择器中，在 Java 中对应的选择器类是 Selector 类。然后，开启整个 IO 多路复用模型的轮询流程。

（2）就绪状态的轮询。通过选择器的查询方法,查询所有提前注册过的目标文件描述符(Socket 连接）的 IO 就绪状态。通过查询系统调用，内核会返回一个就绪的 Socket 列表。当任何一个注册过的 Socket 中的数据准备好或者就绪了就说明内核缓冲区有数据了，内核就将该 Socket 加入就绪的列表中，并且返回就绪事件。

（3）用户线程获得了就绪状态的列表后，根据其中的 Socket 连接发起 sys_read 系统调用，用户线程阻塞。内核开始复制数据，将数据从内核缓冲区复制到用户缓冲区。

（4）复制完成后，内核返回结果，用户线程才会解除阻塞的状态，用户线程读取到了数据，继续执行。

说明 在用户进程进行 IO 就绪事件的轮询时，需要调用选择器的 select 查询方法，发起查询的用户进程或者线程是阻塞的。当然，如果使用了查询方法的非阻塞重载版本，发起查询的用户进程或者线程也不会阻塞，重载版本会立即返回。

IO 多路复用模型的 sys_read 系统调用流程如图 2-4 所示。

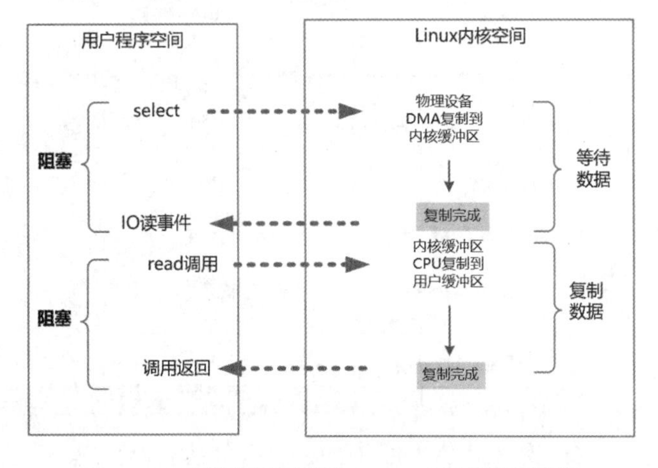

图 2-4　IO 多路复用模型的 sys_read 系统调用流程

IO 多路复用模型的特点是：IO 多路复用模型的 IO 涉及两种系统调用，一种是 IO 操作的系统调用，另一种是 select/epoll 就绪查询系统调用。IO 多路复用模型建立在操作系统的基础设施之上，即操作系统的内核必须能够提供多路分离的系统调用 select/epoll。

和 NIO 模型相似，多路复用 IO 也需要轮询。负责 select/epoll 状态查询调用的线程需要不断地进行 select/epoll 轮询，以找出达到 IO 操作就绪的 Socket 连接。

IO 多路复用模型与同步非阻塞 IO 模型是有密切关系的，具体来说，注册在选择器上的每一个可以查询的 Socket 连接一般都设置成同步非阻塞模型。只是这一点对于用户程序而言是无感知的。

IO 多路复用模型的优点是一个选择器查询线程可以同时处理成千上万的网络连接，所以用户程序不必创建大量的线程，也不必维护这些线程，从而大大减小了系统的开销。与一个线程维护一个连接的阻塞 IO 模式相比，这一点是 IO 多路复用模型的最大优势。

通过 JDK 的源码可以看出，Java 语言的 NIO（New IO）组件在 Linux 系统上是使用 select 系统调用实现的。所以，Java 语言的 NIO（New IO）组件所使用的就是 IO 多路复用模型。

IO 多路复用模型的缺点是，本质上 select/epoll 系统调用是阻塞式的，属于同步 IO，需要在读写事件就绪后由系统调用本身负责读写，也就是说这个读写过程是阻塞的。要彻底解除线程的阻塞问题，就必须使用异步 IO 模型。

2.2.4 信号驱动 IO 模型

在信号驱动 IO 模型中，用户线程通过向核心注册 IO 事件的回调函数来避免 IO 事件查询的阻塞。

具体的做法是，用户进程预先在内核中设置一个回调函数，当某个事件发生时，内核使用信号（SIGIO）通知进程运行回调函数。 然后用户线程会继续执行，在信号回调函数中调用 IO 读写操作来进行实际的 IO 请求操作。

信号驱动 IO 的基本流程是：用户进程通过系统调用，向内核注册 SIGIO 信号的 owner 进程以及进程内的回调函数。内核 IO 事件发生（比如内核缓冲区数据就位）后通知用户程序，用户进程通过 sys_read 系统调用将数据复制到用户空间，然后执行业务逻辑，如图 2-5 所示。

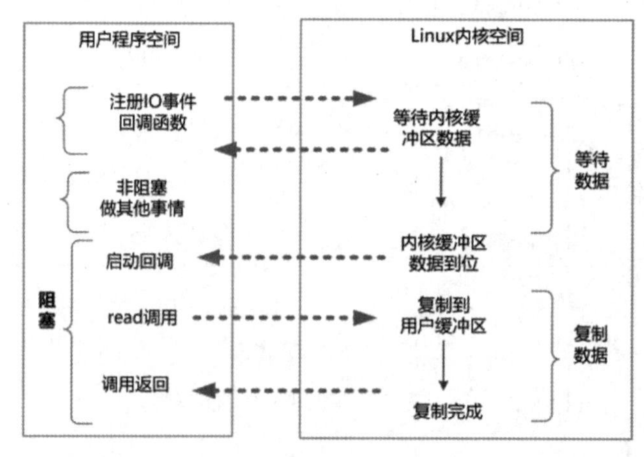

图 2-5　信号驱动 IO 模型的 sys_read 系统调用流程

每当套接字发生 IO 事件时，系统内核都会向用户进程发送 SIGIO 事件，所以，信号驱动 IO 模型一般用于 UDP 传输，在 TCP 套接字的开发过程中很少使用，原因是 SIGIO 信号产生得过于频繁，并且内核发送的 SIGIO 信号并没有告诉用户进程发生了什么 IO 事件。

但是在 UDP 套接字上，通过 SIGIO 信号进行下面两个事件的类型判断即可：

（1）数据报到达套接字。
（2）套接字上发生错误。

因此，在 SIGIO 出现时，用户进程很容易进行判断和做出对应的处理：如果不是发生错误，那么就是有数据报到达了。

举个例子，发起一个异步 IO 的 sys_read 读操作的系统调用，流程如下：

（1）设置 SIGIO 信号的信号处理回调函数。
（2）设置该套接字的属主进程，使得套接字的 IO 事件发生时，系统能够将 SIGIO 信号传递给属主进程，也就是当前进程。
（3）开启该套接字的信号驱动 IO 机制，通常通过使用 fcntl 方法的 F_SETFL 操作命令，使能（enable）套接字的 O_NONBLOCK 非阻塞标志和 O_ASYNC 异步标志完成。

完成以上 3 步，用户进程就完成了事件回调处理函数的设置。当文件描述符上有事件发生时，SIGIO 的信号处理函数将被触发，然后便可对目标文件描述符执行 IO 操作。关于以上 3 步的详细介绍如下：

第一步：设置 SIGIO 信号的信号处理回调函数。在 Linux 中通过 sigaction()来完成，参考的代码如下：

```
//注册 SIGIO 事件的回调函数
 sigaction(SIGIO, &act, NULL);
```

sigaction 函数的功能是检查或修改与指定信号相关联的处理动作（可同时进行两种操作），函数的原型如下：

```
int sigaction(int signum, const struct sigaction *act,
                    struct sigaction *oldact);
```

对其中的参数说明如下：

- signum 参数指出要捕获的信号类型。
- act 参数指定新的信号处理方式。
- oldact 参数输出先前信号的处理方式（如果不为 NULL 的话）。

该函数是 Linux 系统的一个基础函数，不是为信号驱动 IO 特供的。在信号驱动 IO 的使用场景中，signum 的值为常量 SIGIO。

第二步：设置该套接字的属主进程，使得套接字的 IO 事件发生时系统能够将 SIGIO 信号传递给属主进程，也就是当前进程。当属主进程是文件描述符上的可执行 IO 时，会接收到通知信号的进程或进程组。

为文件描述符设置 IO 事件的属主进程，通过 fcntl()的 F_SETOWN 操作来完成，参考的代码如下：

```
fcntl(fd,F_SETOWN,pid)
```

当参数 pid 为正整数时，它代表进程 ID 号。当参数 pid 为负整数时，它的绝对值代表进程组 ID 号。

第三步：开启该套接字的信号驱动 IO 机制，通常通过使用 fcntl 方法的 F_SETFL 操作命令，使能(enable)套接字的 O_NONBLOCK 非阻塞标志和 O_ASYNC 异步标志完成。参考的代码如下：

```
int flags = fcntl(socket_fd, F_GETFL, 0);
    flags |= O_NONBLOCK;    //设置非阻塞
    flags |= O_ASYNC;       //设置为异步
    fcntl(socket_fd, F_SETFL, flags );
```

这一步通过 fcntl()的 F_SETFL 操作来完成，O_NONBLOCK 为非阻塞标志，O_ASYNC 为信号驱动 IO 标志。

使用事件驱动 IO 进行 UDP 通信应用的开发，参考的代码（C 代码）如下：

```
int socket_fd = 0;

//事件的处理函数
void do_sometime(int signal) {
    struct sockaddr_in cli_addr;
    int clilen = sizeof(cli_addr);
    int clifd = 0;

    char buffer[256] = {0};
    int len = recvfrom(socket_fd, buffer, 256, 0, (struct sockaddr *)&cli_addr,
                    (socklen_t)&clilen);
    printf("Mes:%s", buffer);

    //回写
    sendto(socket_fd, buffer, len, 0, (struct sockaddr *)&cli_addr, clilen);
}

int main(int argc, char const *argv[]) {
    socket_fd = socket(AF_INET, SOCK_DGRAM, 0);

    struct sigaction act;
    act.sa_flags = 0;
    act.sa_handler = do_sometime;

    //注册 SIGIO 事件的回调函数
    sigaction(SIGIO, &act, NULL);
    struct sockaddr_in servaddr;
    memset(&servaddr, 0, sizeof(servaddr));

    servaddr.sin_family = AF_INET;
    servaddr.sin_port = htons(8888);
    servaddr.sin_addr.s_addr = INADDR_ANY;

    //第二步为文件描述符的设置
    //设置将要在 socket_fd 上接收 SIGIO 的属主进程
    fcntl(socket_fd, F_SETOWN, getpid());


    //第三步：使能套接字的信号驱动 IO
    int flags = fcntl(socket_fd, F_GETFL, 0);
    flags |= O_NONBLOCK; //设置为非阻塞
    flags |= O_ASYNC;    //设置为异步
    fcntl(socket_fd, F_SETFL, flags );
```

```
    bind(socket_fd, (struct sockaddr *)&servaddr, sizeof(servaddr));
    while (1) sleep(1); //死循环
    close(socket_fd);
    return 0;
}
```

当套件字的 IO 事件发生时，回调函数被执行，在回调函数中用户进行数据复制即可。

信号驱动 IO 的优势是，用户进程在等待数据时不会被阻塞，能够提高用户进程的效率。具体来说，在信号驱动式 IO 模型中，应用程序使用套接字进行信号驱动 IO 并安装一个信号处理函数，进程继续运行并不阻塞。

信号驱动 IO 的缺点如下：

（1）在大量 IO 事件发生时，可能会由于处理不过来而导致信号队列溢出。

（2）对于处理 UDP 套接字来讲，对于信号驱动 IO 是有用的。可是，对于 TCP 而言，由于致使 SIGIO 信号通知的条件为数众多，进一步区分 IO 信号的成本太高，信号驱动的 IO 方式近乎无用。

（3）信号驱动 IO 可以看成是一种异步 IO，可以简单理解为系统进行用户函数的回调。只是信号驱动 IO 的异步特性又做得不彻底。为什么呢？信号驱动 IO 仅仅在 IO 事件的通知阶段是异步的，而在第二阶段，也就是在将数据从内核缓冲区复制到用户缓冲区这个过程，用户进程是阻塞的、同步的。

如果要做彻底的异步 IO，就需要使用第 5 种 IO 模型：异步 IO 模型。

2.2.5 异步 IO 模型

异步 IO（Asynchronous IO，简称为 AIO）的基本流程是：用户线程通过系统调用向内核注册某个 IO 操作。内核在整个 IO 操作（包括数据准备、数据复制）完成后通知用户程序，用户执行后续的业务操作。

在异步 IO 模型中，在整个内核的数据处理过程（包括内核将数据从网络物理设备（网卡）读取到内核缓冲区、将内核缓冲区的数据复制到用户缓冲区）中，用户程序都不需要阻塞。

异步 IO 模型的流程如图 2-6 所示。

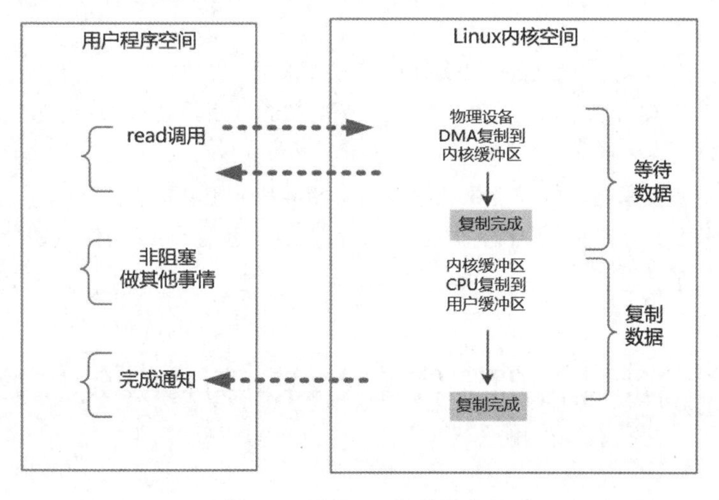

图 2-6　异步 IO 模型的流程

举个例子，发起一个异步 IO 的 sys_read 操作的系统调用，流程如下：

（1）当用户线程发起了 sys_read 系统调用（可以理解为注册一个回调函数）后，立刻就可以开始去做其他的事，用户线程不阻塞。

（2）内核开始 IO 的第一个阶段：准备数据。准备好数据，内核就会将数据从内核缓冲区复制到用户缓冲区。

（3）内核会给用户线程发送一个信号（Signal），或者回调用户线程注册的回调方法，告诉用户线程 sys_read 系统调用已经完成，数据已经读入用户缓冲区。

（4）用户线程读取用户缓冲区的数据，完成后续的业务操作。

异步 IO 模型的特点是在内核等待数据和复制数据的两个阶段，用户线程都不是阻塞的。用户线程需要接收内核的 IO 操作完成的事件，或者需要注册一个 IO 操作完成的回调函数。正因为如此，异步 IO 有的时候也被称为信号驱动 IO。

异步 IO 模型的缺点是应用程序仅需要进行事件的注册与接收，其余的工作都留给了操作系统，也就是说需要底层内核提供支持。

理论上来说，异步 IO 是真正的异步输入/输出，它的吞吐量高于 IO 多路复用模型的吞吐量。就目前而言，Windows 系统下通过 IOCP 实现了真正的异步 IO。在 Linux 系统下，异步 IO 模型在 2.6 版本才引入，JDK 对它的支持目前并不完善，因此异步 IO 在性能上没有明显的优势。

大多数高并发服务端的程序都是基于 Linux 系统的。因而，目前这类高并发网络应用程序的开发大多采用 IO 多路复用模型。大名鼎鼎的 Netty 框架使用的就是 IO 多路复用模型，而不是异步 IO 模型。

2.2.6 同步和异步、阻塞和非阻塞的区别与联系

首先同步和异步是针对应用程序（如 Java）与内核的交互过程而言的。

同步类型 IO 操作的发起方是应用程序，接收方是内核。

同步 IO 由应用进程发起 IO 操作并阻塞等待，或者轮询 IO 操作是否完成。

异步 IO 操作的应用程序在提前注册完成回调函数之后去做自己的事情，IO 交给内核来处理，在内核完成 IO 操作后启动进程的回调函数。

阻塞与非阻塞关注的是用户进程在 IO 过程中的等待状态。前者用户进程需要为 IO 操作去阻塞等待，而后者用户进程可以不用为 IO 操作去阻塞等待。同步阻塞型 IO、同步非阻塞 IO、多路 IO 复用都是同步 IO，也是阻塞性 IO。

异步 IO 必定是非阻塞的，所以不存在异步阻塞和异步非阻塞的说法。真正的异步 IO 需要内核的深度参与。异步 IO 中的用户进程有时根本不考虑 IO 的执行，IO 操作主要交给内核去完成，而自己只等待一个完成信号。

2.3 通过合理配置来支持百万级并发连接

本章所聚焦的主题是高并发 IO 的底层原理。前面已经深入浅出地介绍了高并发 IO 的模型，但是，即使采用了最先进的模型，如果不进行合理的操作系统配置，也没有办法支撑百万级的网络

连接并发。在生产环境中，大家都使用 Linux 系统，所以后续文字如果没有特别说明，所指的操作系统都是 Linux 系统。

> 说明　在 Linux 环境中，任何事物都是用文件来表示的，设备是文件，目录是文件，Socket 也是文件。Linux 系统中用于表示目标处理对象的抽象，甚至唯一抽象就是文件。应用程序在读/写一个文件时，首先需要打开这个文件，打开的过程其实质就是在进程与文件之间建立连接，句柄的作用就是唯一标识此连接。此后对文件进行读/写时，由这个句柄作为代表。最后关闭文件其实就是释放这个句柄的过程，也就是进程与文件之间的连接断开。

这里所涉及的配置就是 Linux 操作系统中文件句柄数的限制。在生产环境 Linux 系统中，基本上都需要解除文件句柄数的限制。原因是 Linux 的系统默认值为 1024，也就是说，一个进程最多可以接受 1024 个 Socket 连接，这是远远不够的。

文件句柄也叫文件描述符（File Descriptor）。在 Linux 系统中，文件可分为普通文件、目录文件、链接文件和设备文件。文件描述符是内核为了高效管理已被打开的文件所创建的索引，是一个非负整数（通常是小整数），用于指代被打开的文件。所有的 IO 系统调用（包括 Socket 的读写调用）都是通过文件描述符完成的。

在 Linux 下，通过调用 ulimit 命令可以看到一个进程能够打开的最大文件句柄数量。这个命令的具体使用方法是：

```
ulimit -n
```

ulimit 命令是用来显示和修改当前用户进程的基础限制命令，-n 选项用于引用或设置当前的文件句柄数量的限制值，Linux 的系统默认值为 1024。

理论上，1024 个文件描述符对绝大多数应用（例如 Apache、桌面应用程序）来说已经足够。对于一些用户基数很大的高并发应用则是远远不够的。一个高并发的应用面临的并发连接数往往是十万级、百万级，甚至像腾讯 QQ 一样的上亿级。

文件句柄数不够会导致什么后果呢？当单个进程打开的文件句柄数量超过了系统配置的上限值时，就会发出 Socket/File:Can't open so many files 的错误提示。

所以，对于高并发、高负载的应用，必须调整这个系统参数，以适应并发处理大量连接的应用场景。可以通过 ulimit 来设置这两个参数，方法如下：

```
ulimit  -n  1000000
```

在上面的命令中，n 的值设置得越大，可以打开的文件句柄数量就越大。建议以 root 用户来执行此命令。

使用 ulimit 命令有一个缺陷，该命令只能修改当前用户环境的一些基础限制，仅在当前用户环境有效。也就是说，在当前的终端工具连接当前 Shell 期间，修改是有效的，一旦断开用户会话，或者说用户退出 Linux 后，它的数值就又变回系统默认的 1024 了。并且，系统重启后，句柄数量又会恢复为默认值。

ulimit 命令只能用于临时修改，如果想永久地把最大文件描述符数量值保存下来，可以编辑 /etc/rc.local 开机启动文件，在文件中添加如下内容：

```
ulimit -SHn 1000000
```

以上示例增加-S 和-H 两个命令选项。选项-S 表示软性极限值，-H 表示硬性极限值。硬性极限值是实际的限制，就是最大可以是 100 万，不能再多了。软性极限值则是系统发出警告（Warning）的极限值，超过这个极限值，内核会发出警告。

普通用户通过 ulimit 命令可将软性极限值更改到硬性极限值的最大设置值。如果要更改硬性极限值，则必须拥有 root 用户权限。

要彻底解除 Linux 系统的最大文件打开数量的限制，可修改 Linux 的极限配置文件/etc/security/limits.conf，加入如下内容：

```
* soft nofile 1000000
* hard nofile 1000000
```

soft nofile 表示软性极限值，hard nofile 表示硬性极限值。

举个实际例子，在使用和安装目前非常流行的分布式搜索引擎 ElasticSearch 时，必须修改这个文件，以增加最大的文件描述符的极限值。当然，在生产环境运行 Netty 时，也需要修改/etc/security/limits.conf 文件来增加文件描述符数量的限制。

除了修改应用进程的文件句柄上限之外，还需要修改内核基本的全局文件句柄上限，可通过修改/etc/sysctl.conf 配置文件来更改这个配置，参考的配置如下：

```
fs.file-max = 2048000
fs.nr_open = 1024000
```

fs.file-max 表示系统级别能够打开的文件句柄的上限，可以理解为全局的句柄数上限，是对整个系统的限制，并不是针对用户的。

fs.nr_open 指定了单个进程可打开的文件句柄的数量限制，nofile 受到这个参数的限制，nofile 值不可以超过 fs.nr_open 值。

第 3 章 Java NIO 核心详解

高性能的 Java 通信绝对离不开 Java NIO 组件，现在主流的技术框架或中间件服务器都使用了 Java NIO 组件，譬如 Tomcat、Jetty、Netty。学习和掌握 Java NIO 组件已经不是一项加分技能，而是一项必备技能。

无论是面试还是实际开发，作为 Java 工程师，都必须掌握 NIO 的原理和开发实践技能。

3.1 Java NIO 的起源

NIO 技术是怎么来的？为什么需要这个技术呢？先给出一份在 Java NIO 出来之前服务端同步阻塞 IO 处理（也就是 BIO，Blocking IO）的参考代码：

```
class ConnectionPerThreadWithPool implements Runnable
{
    public void run()
    {
        //线程池
        //注意，生产环境不能这么用，具体请参考《Java 高并发核心编程 卷 2（加强版）：多线程、锁、JMM、
JUC、高并发设计模式》
        ExecutorService executor = Executors.newFixedThreadPool(100);
        try
        {
            //服务器监听 Socket
            ServerSocket serverSocket =
                    new ServerSocket(NioDemoConfig.SOCKET_SERVER_PORT);
           //主线程死循环，等待新连接到来
            while (!Thread.interrupted())
            {
                Socket socket = serverSocket.accept();
```

```
                //接受一个连接后，为 Socket 连接新建一个专属的处理器对象
                Handler handler = new Handler(socket);
                //创建新线程来处理
                //或者使用线程池来处理
                new Thread(handler).start();
            }

        } catch (IOException ex)
        { /* 处理异常 */ }
    }

    static class Handler implements Runnable
    {
        final Socket socket;
        Handler(Socket s)
        {
            socket = s;
        }
        public void run()
        {
            //死循环处理读写事件
            boolean ioCompleted=false;
            while (!ioCompleted)
            {
                try
                {
                    byte[] input = new byte[NioDemoConfig.SERVER_BUFFER_SIZE];
                    /* 读取数据 */
                    socket.getInputStream().read(input);
                    //如果读取到结束标志
                    //ioCompleted= true
                    //socket.close();

                    /* 处理业务逻辑，获取处理结果 */
                    byte[] output = null;
                    /* 写入结果 */
                    socket.getOutputStream().write(output);
                } catch (IOException ex)
                { /*处理异常*/ }
            }
        }
    }
}
```

以上示例代码中，每一个新的网络连接都通过线程池分配给一个专门的线程负责进行 IO 处理。每个线程都独自处理自己负责的 Socket 连接的输入和输出。当然，服务器的监听线程也是独立的，任何 Socket 连接的输入和输出处理都不会阻塞后面新 Socket 连接的监听和建立，这样服务器的吞吐量就得到了提升。早期版本的 Tomcat 服务器就是这样实现的。

这是一个经典的每连接每线程的模型——Connection Per Thread 模式。这种模型在活动连接数

不是特别高（小于单机 1000）的情况下是比较不错的，可以让每一个连接专注于自己的 IO 并且编程模型简单，也不用过多考虑系统的过载、限流等问题。此模型往往会结合线程池使用，线程池本身就是一个天然的漏斗，可以缓冲一些系统处理不了的连接或请求。

不过，这个模型本质的问题在于严重依赖线程。但线程是很“贵”的资源，主要表现在：

（1）线程的创建和销毁成本很高，线程的创建和销毁都需要通过重量级的系统调用去完成。

（2）线程本身占用较大内存，像 Java 线程的栈内存，一般至少分配 512KB～1MB 的空间，如果系统中的线程数过千，整个 JVM 的内存将会耗用 1GB。

（3）线程的切换成本很高。操作系统发生线程切换时，需要保留线程的上下文，然后执行系统调用。线程频繁切换带来的后果是，执行线程切换的时间甚至会大于线程执行的时间，这时带来的表现往往是系统 CPU sy 值特别高（超过 20%以上），导致系统几乎陷入不可用的状态。

> 说明 CPU 利用率为 CPU 在用户进程、内核、中断处理、IO 等待以及空闲时间 5 个部分使用的百分比。人们往往通过 5 个部分的各种组合来分析 CPU 的消耗情况。CPU sy 值表示内核线程处理所占的百分比。

如果使用 Linux 的 top 命令去查看当前系统的资源，会输出下面的一些指标：

```
top - 23:22:02 up  5:47,  1 user,  load average: 0.00, 0.00, 0.00
Tasks: 107 total, 1 running, 106 sleeping,  0 stopped,  0 zombie
%Cpu(s): 0.3%us, 0.3%sy, 0.0%ni, 99.3%id, 0.0%wa, 0.0%hi, 0.0%si,0.0%st
Mem:  1017464k total,  359292k used,  658172k free,  56748k buffers
Swap:  2064376k total,  0k used, 2064376k free,  106200k cached
```

这里关注输出信息的第三行，其中：0.3%us 表示用户进程所占的百分比；0.3%sy 表示内核线程处理所占的百分比；0.0%ni 表示被 nice 命令改变优先级的任务所占的百分比；99.3%id 表示 CPU 空闲时间所占的百分比；0.0%wa 表示等待 IO 所占的百分比；0.0%hi 表示硬件中断所占的百分比，0.0%si 表示软件中断所占的百分比。

所以，当 CPU sy 值高时，表示系统调用耗费了较多的 CPU，对于 Java 应用程序而言，造成这种现象的主要原因是启动的线程比较多，并且这些线程多数都处于不断地等待（例如锁等待状态）和执行状态的变化过程中，这就导致操作系统不断地调度这些线程切换执行。

（4）容易造成锯齿状的系统负载（System Load）。因为系统负载是用活动线程数和等待线程数来综合计算的，一旦线程数量高但外部网络环境不是很稳定，就很容易造成大量请求同时到来，从而激活大量阻塞线程，从而使系统负载压力过大。

> 说明 系统负载是指当前正在被 CPU 执行和等待的进程数目总和，是反映系统忙闲程度的重要指标。当 load 值低于 CPU 数目时，表示 CPU 有空闲，资源存在浪费；当 load 值高于 CPU 数目时，表示进程在排队等待 CPU，表示系统资源不足，影响应用程序的执行性能。

总之，当面对十万甚至百万级连接时，传统的 BIO 模型是无能为力的。

但是，高并发的需求却越来越普通，随着移动端应用的兴起和各种网络游戏的盛行，百万级长连接日趋普遍，此时必然需要一种更高效的 IO 处理组件，这就是 Java 的 NIO 编程组件。

3.2 Java NIO 简介

在 1.4 版本之前，Java IO 类库是阻塞式 IO；从 1.4 版本开始，引进了新的异步 IO 库，被称为 Java New IO 类库，简称为 Java NIO。Java NIO 类库的目标是让 Java 支持非阻塞 IO，基于此，更多的人喜欢称 Java NIO 为非阻塞 IO（Non-Block IO），称“老的”阻塞式 Java IO 为 OIO（Old IO）。总体上说，NIO 弥补了原来面向流的 OIO 同步阻塞的不足，为标准 Java 代码提供了高速的、面向缓冲区的 IO。

Java NIO 类库包含以下 3 个核心组件：

- Channel（通道）
- Buffer（缓冲区）
- Selector（选择器）

如果理解了第 2 章的 5 种 IO 模型，读者一眼就能识别出来 Java NIO 属于第 3 种模型——IO 多路复用模型。只不过，Java NIO 组件提供了统一的应用开发 API，为用户屏蔽了底层操作系统的差异。

在后面的章节中，我们会对以上 3 个 Java NIO 的核心组件展开详细介绍。下面先来看 Java NIO 和 OIO 的简单对比。

3.2.1 NIO 和 OIO 的对比

在 Java 中，NIO 和 OIO 的区别主要体现在以下 3 个方面：

（1）OIO 是面向流（Stream Oriented）的，NIO 是面向缓冲区（Buffer Oriented）的。

问题是：什么是面向流，什么是面向缓冲区呢？

在面向流的 OIO 操作中，IO 的 read()操作总是以流（Stream）的方式顺序地从一个流中读取一个或多个字节，因此，我们不能随意地改变读取指针的位置，也不能前后移动流中的数据。

而 NIO 中引入了 Channel 和 Buffer 的概念。面向缓冲区的读取和写入都是与 Buffer 进行交互。用户程序只需要从通道中读取数据到缓冲区中，或将数据从缓冲区中写入通道中。NIO 不像 OIO 那样是顺序操作，它可以随意地读取 Buffer 中任意位置的数据，可以随意修改 Buffer 中任意位置的数据。

（2）OIO 的操作是阻塞的，而 NIO 的操作是非阻塞的。

OIO 的操作是阻塞的，当一个线程调用 read()或 write()时，该线程被阻塞，直到有些数据被读取或数据完全写入。该线程在此期间不能再干任何事情了。例如，我们调用一个 read 方法读取一个文件的内容，那么调用 read 的线程会被阻塞住，直到 read 操作完成。

在 NIO 模式中，当我们调用 read 方法时，系统底层已经把数据准备好了，应用程序只需要从通道把数据复制到 Buffer 就行；如果没有数据，当前线程可以去干别的事情，不需要进行阻塞等待。

NIO 的非阻塞是如何做到的呢？其实在上一章已经揭晓答案，即 NIO 使用了通道和通道的 IO 多路复用技术。

（3）OIO 没有选择器（Selector）的概念，而 NIO 有选择器的概念。

NIO 是基于底层的 IO 多路复用技术实现的，比如在 Windows 中需要 select 多路复用组件的支持，在 Linux 系统中需要 select/poll/epoll 多路复用组件的支持。所以 NIO 需要底层操作系统提供支持，而 OIO 不需要用到选择器。

3.2.2 通道

在 OIO 中，同一个网络连接会关联到两个流：一个是输入流（Input Stream），另一个是输出流（Output Stream），Java 应用程序通过这两个流不断地进行输入和输出的操作。

在 NIO 中，一个网络连接使用一个 Channel（通道）表示，所有的 NIO 的 IO 操作都是通过连接通道完成的。一个通道类似于 OIO 中的两个流的结合体，既可以从通道读取数据，也可以向通道写入数据，如图 3-1 所示。

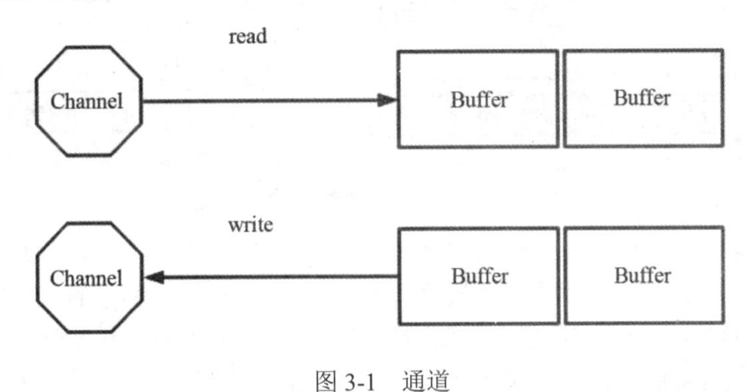

图 3-1 通道

Channel 和 Stream 的一个显著不同是：Stream 是单向的，比如 InputStream 是单向的只读流，OutputStream 是单向的只写流；而 Channel 是双向的，既可以用来进行读操作，又可以用来进行写操作。

NIO 中的 Channel 的主要实现有：

（1）FileChannel 用于文件 IO 操作。

（2）DatagramChannel 用于 UDP 的 IO 操作。

（3）SocketChannel 用于 TCP 的传输操作。

（4）ServerSocketChannel 用于 TCP 连接监听操作。

3.2.3 理解 Channel 的抽象概念

Channel 是一个非常抽象的概念，与 IO 输入流或者 IO 输出流有不同的是，Channel 是双向的。

应该如何理解 Channel，什么是 Channel 的本质呢？很多小伙伴拿到这个问题，有点摸不着头脑，非常烦恼。所以，这个问题也是咱们疯狂创客圈社群的高频问题、热点问题。

实际上，要清楚地回答这个问题，还得回到 TCP/IP 四层模型的基础知识，如图 3-2 所示。

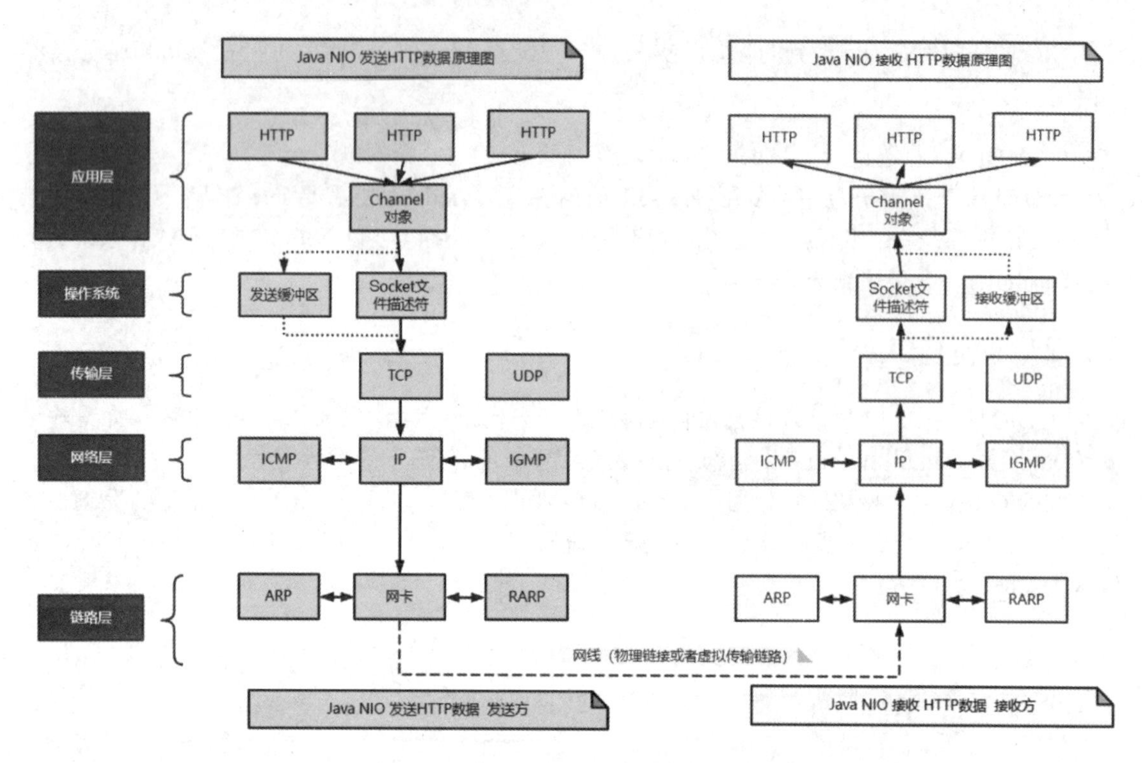

图 3-2　TCP/IP 的四层模型

TCP/IP 四层模型的最底层为链路层。在最原始的物理链路时代，数据传输的两头（发送方和接收方）会通过拉同轴电缆的方式拉一条物理电缆（类似于后来更加高级的网线），这条网线就代表一个双向的连接（Connection），通过这条电缆，双方可以完成数据的传输。数据传输一旦完成，需要把这条物理链路拆除（就是这么粗暴）。

说明 当然，同轴电缆只是物理连接最为早期的版本，就像软件开发一样，底层的传输链路层也会不断地迭代、不断地改进、不断地提升，以各种方式提升性能。所以，这种点对点的物理链路很快升级为更加复杂的虚拟链路。只是对于应用层的开发人员来说，虚拟机链路的知识更加庞杂，不方便读者理解而已。

而在操作系统的维度，应该怎么标识这种底层的物理链路呢？或者操作系统该怎么标识这种底层的虚拟链路呢？

前面讲到，操作系统一切都是文件描述符（File Descriptor）。所以，这种底层的物理链路，在操作系统层面就会为应用创建一个文件描述符。

这一点和 Java 中的对象类似，一个 Java 对象有内存的数据结构和内存地址，那么，一个文件描述符也有一个内核的数据结构和一个进程内的唯一编号。然后，操作系统会把这个文件描述提供给应用层，应用层通过这个文件描述符去对传输链路进行数据的读取和写入。

NIO 中的 TCP 传输通道实际上就是对底层的传输链路所对应的文件描述符的一种封装，具体的代码如下：

```
class SocketChannelImpl extends SocketChannel implements SelChImpl {
    private static NativeDispatcher nd;
   /* 文件描述符对象*/
    private final FileDescriptor fd;
...
}

public final class FileDescriptor {
    /* 文件描述符的进程内的唯一编号*/
    private int fd;
...
}
```

如果两个 Java 应用通过 NIO 建立了双向的连接（传输链路），那么它们各自都有一个自己内部的文件描述符，代表这条连接的自己一方，如图 3-3 所示。

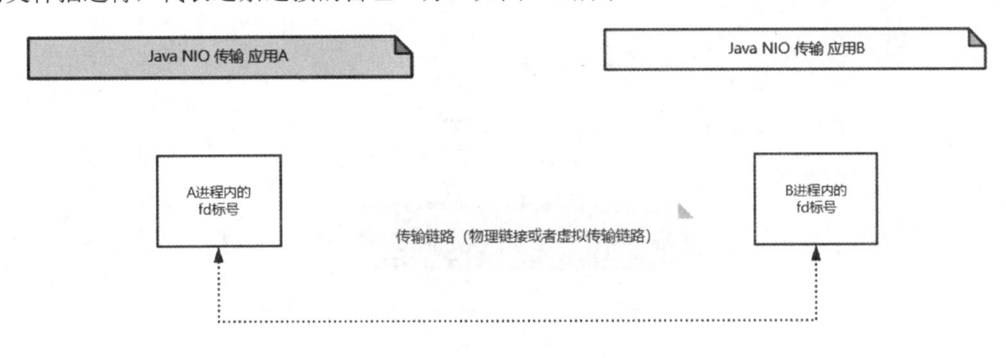

图 3-3　NIO 建立双向的连接

3.2.4　选择器

首先，回顾一个前面介绍的基础知识——IO 多路复用，指的是一个进程/线程可以同时监视多个文件描述符（含 Socket 连接），一旦其中一个或者多个文件描述符可读或者可写，该监听进程/线程就能够进行 IO 事件的查询。

在 Java 应用层面，如何实现对多个文件描述符的监视呢？需要用到一个非常重要的 Java NIO 组件——选择器。选择器可以理解为一个 IO 事件的监听与查询器。通过选择器，一个线程可以查询多个通道的 IO 事件的就绪状态。

在介绍选择器之前，首先介绍一个概念——IO 事件。IO 事件表示通道某种 IO 操作已经就绪，或者说已经做好准备。例如，如果一个新通道连接建立成功了，就会在 Server Socket 通道上发生一个 IO 事件，代表一个新连接已经准备好，这个 IO 事件叫作“接收就绪”事件。再如，一个通道如果有数据可读，就会发生一个 IO 事件，代表该连接数据已经准备好，这个 IO 事件叫作“读就绪”事件。

Java NIO 将 NIO 事件进行了简化，只定义了 4 个事件，它们用 SelectionKey 的 4 个常量来表示：

- SelectionKey.OP_CONNECT
- SelectionKey.OP_ACCEPT
- SelectionKey.OP_READ
- SelectionKey.OP_WRITE

说明 各个操作系统定义的 IO 事件复杂得多，Java NIO 底层完成了操作系统 IO 事件到 Java NIO 事件的映射。

在了解 IO 事件之后，再回头来看选择器。选择器的本质就是去查询这些 IO 就绪事件，所以它的名称叫作 Selector 查询者。

从编程实现角度来说，IO 多路复用编程的第一步是把通道注册到选择器中，第二步是通过选择器所提供的事件查询（select）方法查询这些注册的通道是否有已经就绪的 IO 事件（例如可读、可写、网络连接完成等）。

由于一个选择器只需要一个线程进行监控，因此可以很简单地使用一个线程通过选择器去管理多个连接通道，如图 3-4 所示。

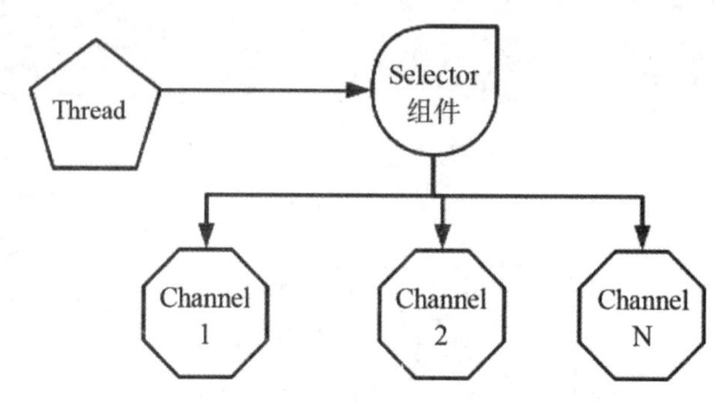

图 3-4 通过选择器管理多个连接通道

与 OIO 相比，NIO 使用选择器的最大优势是系统开销小，系统不必为每个网络连接（文件描述符）创建进程/线程，从而大大减小了系统的开销。总之，通过 Java NIO 可以达到一个线程负责多个连接通道的 IO 处理，这是非常高效的。这种高效来自 Java 的选择器组件 Selector 以及其底层的操作系统 IO 多路复用技术的支持。

3.2.5 缓冲区

应用程序与通道的交互主要是进行数据的读取和写入。为了完成 NIO 的非阻塞读写操作，NIO 为用户准备了第 3 个重要的组件——NIO Buffer（NIO 缓冲区）。Buffer 顾名思义是缓冲区，实际上是一个容器、一个连续数组。Channel 提供从文件、网络读取数据的渠道，但是读写的数据都必须经过 Buffer，如图 3-5 所示。

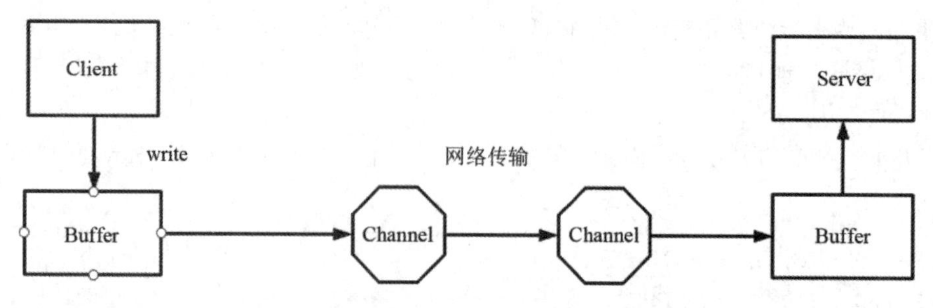

图 3-5 Buffer 与 Channel 之间的关系

所谓通道的读取，就是将数据从通道读取到缓冲区中；所谓通道的写入，就是将数据从缓冲区写入通道中。缓冲区的使用是面向流进行读写操作的 OIO 所没有的，也是 NIO 非阻塞的重要前提和基础之一。

接下来笔者从缓冲区开始为读者详细介绍 NIO 的 Buffer、Channel、Selector 三大核心组件。

3.3　详解 NIO Buffer 类及其属性

NIO 的 Buffer 本质上是一个内存块，既可以写入数据，也可以从中读取数据。Java NIO 中代表缓冲区的 Buffer 类是一个抽象类，位于 java.nio 包中。

NIO 的 Buffer 内部是一个内存块（数组），此类与普通的内存块（Java 数组）不同的是：NIO Buffer 对象提供了一组比较有效的方法，用来进行写入和读取的交替操作。

说明　Buffer 类是一个非线程安全类。

3.3.1　Buffer 类

Buffer 类是一个抽象类，对应 Java 的主要数据类型，在 NIO 中有 8 种缓冲区类，分别是 ByteBuffer、CharBuffer、DoubleBuffer、FloatBuffer、IntBuffer、LongBuffer、ShortBuffer、MappedByteBuffer。前 7 种 Buffer 类覆盖了能在 IO 中传输的所有 Java 基本数据类型，第 8 种类型 MappedByteBuffer 是专门用于内存映射的一种 ByteBuffer（二进制字节缓冲区）类型。不同的 Buffer 子类可以操作的数据类型能够通过名称进行判断，比如 IntBuffer 只能操作 Integer 类型的对象。

实际上，使用最多的还是 ByteBuffer 类型，后面的章节会介绍它的具体使用。

3.3.2　Buffer 类的重要属性

Buffer 的子类会拥有一块内存，作为数据的读写缓冲区，但是读写缓冲区并没有定义在 Buffer 基类，而是定义在具体的子类中。例如，ByteBuffer 子类就拥有一个 byte[]类型的数组成员 final byte[] hb，可以作为自己的读写缓冲区，数组的元素类型与 Buffer 子类的操作类型相互对应。

说明　在《Java 高并发核心编程 卷 1：NIO、Netty、Redis、ZooKeeper》一书中，这里的内容为：Buffer 内部有一个 byte[]类型的数组作为数据的读写缓冲区。初看上去没有什么错误，实际上这个结论是错误的。具体原因是作为读写缓冲区的数组，并没有定义在 Buffer 类中，而是定义在各具体子类中。感谢社群小伙伴@炬，是他发现了比较隐蔽的编写错误。

为了记录读写的状态和位置，Buffer 类额外提供了一些重要的属性，其中有 4 个重要的成员属性：capacity（容量）、position（读写位置）、limit（读写限制）、mark（读写位置的临时备份），如图 3-6 所示。

图 3-6　Buffer 类额外的重要属性

接下来对以上 4 个成员属性进行详细介绍。

1. capacity 属性

Buffer 类的 capacity 属性表示内部容量的大小。一旦写入的对象数量超过了 capacity 容量，缓冲区就满了，不能再写入了。

Buffer 类的 capacity 属性一旦初始化，就不能再改变。原因是什么呢？Buffer 类的对象在初始化时会按照 capacity 分配内部数组的内存，在数组内存分配好之后，它的大小当然就不能改变了。

前面讲到，Buffer 类是一个抽象类，Java 不能直接用来新建对象。在具体使用的时候，必须使用 Buffer 的某个子类，例如 DoubleBuffer 子类，该子类能写入的数据类型是 double 类型，如果在创建实例时其 capacity 是 100，那么我们最多可以写入 100 个 double 类型的数据。

说明 capacity 并不是指内部的内存块 byte[]数组的字节数量，而是指能写入的数据对象的最大限制数量。

---

2. position 属性

Buffer 类的 position 属性表示当前的位置。position 属性的值与缓冲区的读写模式有关。在不同的模式下，position 属性值的含义是不同的，在缓冲区进行读写的模式改变时，position 值会进行相应的调整。

在写入模式下，position 值变化规则如下：

（1）在刚进入写入模式时，position 值为 0，表示当前的写入位置为从头开始。

（2）每当一个数据写到缓冲区之后，position 会向后移动到下一个可写的位置。

（3）初始的 position 值为 0，最大可写值为 limit－1。当 position 值达到 limit 时，缓冲区就已经无空间可写了。

在读模式下，position 值变化规则如下：

（1）当缓冲区刚开始进入读取模式时，position 会被重置为 0。

（2）当从缓冲区读取时，也是从 position 位置开始读。读取数据后，position 向前移动到下一个可读的位置。

（3）在读模式下，limit 表示可以读上限。position 的最大值为最大可读上限 limit，当 position 达到 limit 时表明缓冲区已经无数据可读。

Buffer 的读写模式具体如何切换呢？当新建了一个缓冲区实例时，缓冲区处于写入模式，这时是可以写数据的。在数据写入完成后，如果要从缓冲区读取数据，就要进行模式的切换，可以调用

flip()方法将缓冲区变成读取模式，flip 为翻转的意思。

在从写入模式到读取模式的翻转过程中，position 和 limit 属性值会进行调整，具体的规则如下：

（1）limit 属性被设置成写入模式时的 position 值表示可以读取的最大数据位置。

（2）position 由原来的写入位置变成新的可读位置，也就是 0，表示可以从头开始读。

3. limit 属性

Buffer 类的 limit 属性表示可以写入或者读取的最大上限，其属性值的具体含义也与缓冲区的读写模式有关。在不同的模式下，limit 值的含义是不同的，具体分为以下两种情况：

（1）在写入模式下，limit 值的含义为写入数据的最大上限。在刚进入写入模式时，limit 值会被设置成缓冲区的 capacity 容量值，表示可以一直将缓冲区的容量写满。

（2）在读取模式下，limit 值的含义为最多能从缓冲区中读取到多少数据。

一般来说，在进行缓冲区操作时是先写入再读取的。当缓冲区写入完成后，就可以开始从 Buffer 读取数据，调用 flip()方法（翻转），这时 limit 值也会进行调整。具体如何调整呢？将写入模式下的 position 值设置成读取模式下的 limit 值，也就是说，将之前写入的最大数量作为可以读取的上限值。

Buffer 在翻转时的属性值调整主要涉及 position、limit 两个属性，但是这种调整比较微妙，不是太好理解，下面举一个简单例子。

首先，创建缓冲区。新创建的缓冲区处于写入模式，其 position 值为 0，limit 值为最大容量 capacity。

然后，向缓冲区写数据。每写入一个数据，position 向后面移动一个位置，也就是 position 的值加 1。这里假定写入了 5 个数据，当写入完成后，position 值为 5。

最后，调用 flip()方法将缓冲区切换到读模式。limit 的值先会被设置成写入模式时的 position 值，所以新的 limit 值是 5，表示可以读取的最大上限是 5。之后调整 position 值，新的 position 值会被重置为 0，表示可以从 0 开始读。

缓冲区切换到读模式后就可以从缓冲区读取数据了，一直到缓冲区的数据读取完毕。

4. mark 属性

除了以上 capacity、position、limit 三个重要属性之外，Buffer 还有一个比较重要的标记属性：mark（标记）属性。该属性的大致作用为：读位置或者写位置的一个备份，供后续恢复时使用。在缓冲区操作（读取或者写入）的过程中，可以将当前的 position 值临时存入 mark 属性中；需要恢复的时候，再从 mark 中取出暂存的标记值，恢复到 position 属性中，重新从 position 位置开始处理。

3.3.3　Buffer 的 4 个属性总结

下面用表 3-1 总结一下 Buffer 类的 4 个重要属性。

表3-1 Buffer类的4个重要属性的取值说明

属　性	说　明
capacity	容量，即可以容纳的最大数据量，在缓冲区创建时设置并且不能改变
limit	上限，缓冲区中当前的数据量
position	位置，缓冲区中下一个要被读或写的元素的索引
mark	调用 mark()方法来设置 mark=position，再调用 reset()可以让 position 恢复到 mark 标记的位置，即 position=mark

3.4 详解 NIO Buffer 类的重要方法

本节将详细介绍 Buffer 类常用的几个方法，包含 Buffer 实例的创建，对 Buffer 实例的写入、读取、重复读、标记和重置等。

3.4.1 allocate()

在使用 Buffer 实例之前，我们首先需要获取 Buffer 子类的实例对象，并且分配内存空间。如果需要获取一个 Buffer 实例对象，并不是使用子类的构造器来创建一个实例对象，而是调用子类的 allocate()方法。

使用下面的程序片段演示如何获取一个整型的 Buffer 实例对象：

```
package com.crazymakercircle.bufferDemo;
import com.crazymakercircle.util.Logger;
import java.nio.IntBuffer;

public class UseBuffer
{
    //一个整型的Buffer静态变量
    static IntBuffer intBuffer = null;
    public static void allocateTest()
    {
        //创建了一个Intbuffer实例对象
        intBuffer = IntBuffer.allocate(20);
        Logger.debug("------------after allocate------------------");
        Logger.debug("position=" + intBuffer.position());
        Logger.debug("limit=" + intBuffer.limit());
        Logger.debug("capacity=" + intBuffer.capacity());
    }
   //省略其他代码
}
```

本例中，IntBuffer 是具体的 Buffer 子类，通过调用 IntBuffer.allocate(20)创建了一个 Intbuffer 实例对象，并且分配了 20×4 字节的内存空间。运行程序之后，通过程序的输出结果，我们可以查看一个新建缓冲区实例对象的主要属性值，如下所示：

```
allocatTest |>  ------------after allocate------------------
allocatTest |>  position=0
allocatTest |>  limit=20
allocatTest |>  capacity=20
```

从上面的运行结果可以看出：一个缓冲区在新建后处于写入的模式，position 属性（代表写入位置）的值为 0，缓冲区的 capacity 容量值也是初始化时 allocate 方法的参数值（这里是 20），而 limit 最大可写上限值也为 allocate()方法的初始化参数值。

3.4.2 put()

在调用 allocate()方法分配内存、返回实例对象后，缓冲区实例对象处于写模式，可以写入对象，如果要写入对象到缓冲区，就需要调用 put()方法。put()方法很简单，只有一个参数，即需要写入的对象，只不过要求写入的数据类型与缓冲区的类型保持一致。

接着前面的例子向刚刚创建的 intBuffer 缓存实例对象中写入 5 个整数，代码如下：

```
package com.crazymakercircle.bufferDemo;
//省略 import
public class UseBuffer
{
    //一个整型的 Buffer 静态变量
    static IntBuffer intBuffer = null;
   //省略了创建缓冲区的代码，具体查看前面小节的内容和随书源码
       public static void putTest()
   {
      for (int i = 0; i < 5; i++)
      {
          //写入一个整数到缓冲区
         intBuffer.put(i);
      }

      //输出缓冲区的主要属性值
      Logger.debug("------------after putTest------------------");
      Logger.debug("position=" + intBuffer.position());
      Logger.debug("limit=" + intBuffer.limit());
      Logger.debug("capacity=" + intBuffer.capacity());
   }
   //省略其他代码
}
```

写入 5 个元素后，缓冲区的内部结构如图 3-7 所示。

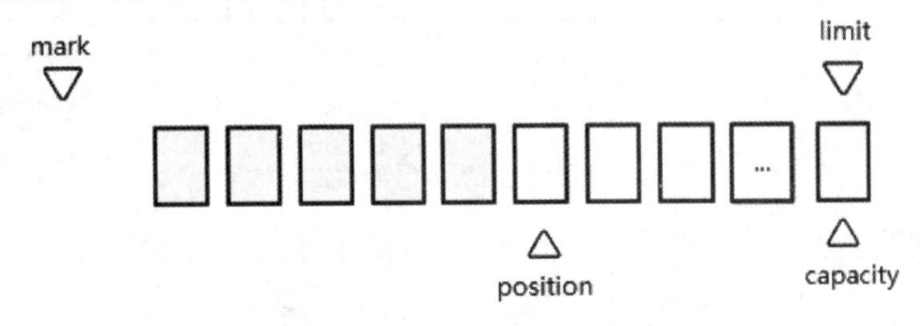

图 3-7　缓冲区的内部结构

在代码中输出了缓冲区的主要属性值，输出的结果如下：

```
putTest |> ------------after putTest------------------
putTest |> position=5
putTest |> limit=20
putTest |> capacity=20
```

从结果可以看到，写入了 5 个元素之后，缓冲区的 position 属性值变成了 5，所以指向了第 6

个（从 0 开始）可以写入元素的位置。而 limit 最大可写上限、capacity 最大容量两个属性的值都没有发生变化。

3.4.3 flip()

向缓冲区写入数据之后，是否可以直接从缓冲区中读取数据呢？不能！这时缓冲区还处于写模式，如果需要读取数据，要将缓冲区转换成读模式。flip()翻转方法是 Buffer 类提供的一个模式转变的重要方法，作用是将写入模式翻转成读取模式。

接着前面的例子演示一下 flip()方法的使用：

```
package com.crazymakercircle.bufferDemo;
//省略 import
public class UseBuffer
{
    //一个整型的 Buffer 静态变量
    static IntBuffer intBuffer = null;
    //省略了缓冲区的创建、写入数据的代码，具体查看前面小节的内容和随书源码
    public static void flipTest()
    {
            //翻转缓冲区，从写入模式翻转成读取模式
            intBuffer.flip();
            //输出缓冲区的主要属性值
            Logger.info("------------after flip ------------------");
            Logger.info("position=" + intBuffer.position());
            Logger.info("limit=" + intBuffer.limit());
                Logger.info("capacity=" + intBuffer.capacity());
        }
   //省略其他代码
}
```

在调用 flip()方法进行缓冲区的模式翻转之后，缓冲区的内部结构如图 3-8 所示。

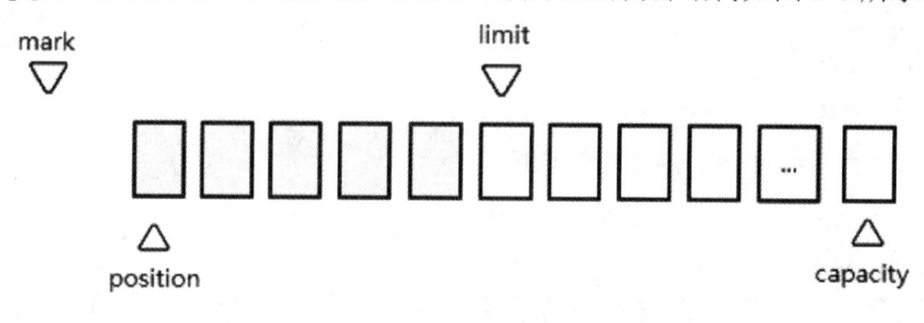

图 3-8　翻转之后缓冲区的内部结构

通过程序的输出内容可以看到缓冲区的属性有了奇妙的变化，具体如下：

```
flipTest |>  ------------after flipTest ------------------
flipTest |>  position=0
flipTest |>  limit=5
flipTest |>  capacity=20
```

调用 flip()方法后，新模式下可读上限 limit 的值变成了之前写入模式下的 position 属性值，也就是 5；而新的读取模式下的 position 值简单粗暴地变成了 0，表示从头开始读取。

对 flip()方法从写入到读取转换的规则再一次详细介绍如下：

首先，设置可读上限 limit 的属性值。将写入模式下的缓冲区中内容的最后写入位置 position

值作为读取模式下的 limit 上限值。

其次，把读的起始位置 position 值设为 0，表示从头开始读。

最后，清除之前的 mark 标记，因为 mark 保存的是写入模式下的临时位置，发生模式翻转后，如果继续使用旧的 mark 标记，就会造成位置混乱。

上面 3 步其实可以查看 Buffer.flip()方法的源代码，具体如下：

```
public final Buffer flip() {
    limit = position;        //设置可读的长度上限 limit，设置为写入模式下的 position 值
    position = 0;            //把读的起始位置 position 值设为 0，表示从头开始读
     mark = UNSET_MARK;      //清除之前的 mark 标记
    return this;
}
```

新的问题来了：在读取完成后，如何再一次将缓冲区切换成写入模式呢？答案是：可以调用 Buffer.clear()清空或者 Buffer.compact()压缩方法，它们可以将缓冲区转换为写模式。总体的 Buffer 模式转换大致如图 3-9 所示。

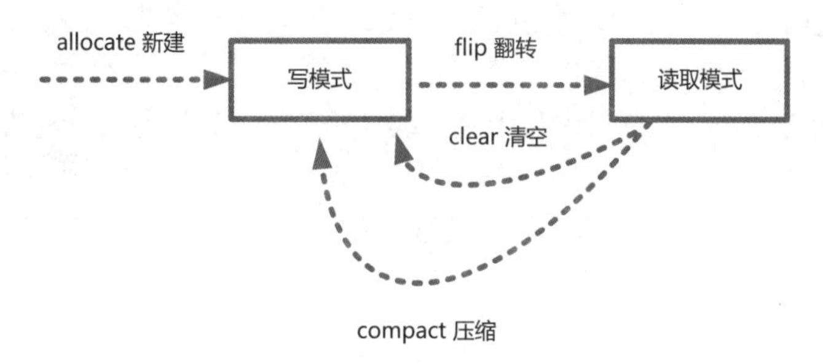

图 3-9　缓冲区读写模式的转换

3.4.4　get()

调用 flip()方法将缓冲区切换成读取模式之后，就可以开始从缓冲区读取数据了。读取数据的方法很简单，可以调用 get()方法每次从 position 的位置读取一个数据，并且进行相应的缓冲区属性的调整。

接着前面 flip()方法的实例演示一下缓冲区的读取操作，代码如下：

```
package com.crazymakercircle.bufferDemo;
//省略 import
public class UseBuffer
{
     //一个整型的 Buffer 静态变量
     static IntBuffer intBuffer = null;

    //省略了缓冲区的创建、写入、翻转的代码，具体查看前面小节的内容和随书源码

     public static void getTest()
     {
          //先读 2 个数据
          for (int i = 0; i< 2; i++)
          {
               int j = intBuffer.get();
               Logger.info("j = " + j);
          }
```

```
        //输出缓冲区的主要属性值
        Logger.info("---------after get 2 int --------------");
        Logger.info("position=" + intBuffer.position());
        Logger.info("limit=" + intBuffer.limit());
        Logger.info("capacity=" + intBuffer.capacity());
        //再读 3 个数据
        for (int i = 0; i< 3; i++)
        {
            int j = intBuffer.get();
            Logger.info("j = " + j);
        }
        //输出缓冲区的主要属性值
        Logger.info("---------after get 3 int ---------------");
        Logger.info("position=" + intBuffer.position());
        Logger.info("limit=" + intBuffer.limit());
        Logger.info("capacity=" + intBuffer.capacity());
        }
        ...
    }

    //省略其他代码
}
```

以上代码调用 get()方法从缓冲实例中先读取 2 个元素，再读取 3 个元素，运行后输出的结果如下：

```
getTest |>  ------------after get 2 int ------------------
getTest |>  position=2
getTest |>  limit=5
getTest |>  capacity=20
getTest |>  ------------after get 3 int ------------------
getTest |>  position=5
getTest |>  limit=5
getTest |>  capacity=20
```

从程序的输出结果可以看到，读取操作会改变可读位置 position 的属性值，而可读上限值并不会改变。在 position 值和 limit 值相等时，表示所有数据读取完成，position 指向了一个没有数据的元素位置，已经不能再读了。此时再读就会抛出 BufferUnderflowException 异常。

这里强调一下，在读完之后是否可以立即对缓冲区进行数据写入呢？答案是不能。现在还处于读取模式，我们必须调用 Buffer.clear()或 Buffer.compact()方法，即清空或者压缩缓冲区，将缓冲区切换成写入模式，让其重新可写。

此外还有一个问题：缓冲区是不是可以重复读呢？答案是可以的，既可以通过倒带方法 rewind()去完成，也可以通过 mark()和 reset()两个方法组合实现。

3.4.5 rewind()

已经读完的数据，如果需要再读一遍，可以调用 rewind()方法。rewind()也叫倒带，就像播放磁带一样倒回去，再重新播放。

接着前面的示例代码，继续 rewind()方法使用的演示，示例代码如下：

```
package com.crazymakercircle.bufferDemo;
//省略 import
public class UseBuffer
```

```
{
    //一个整型的Buffer静态变量
    static IntBuffer intBuffer = null;
   //省略了缓冲区的写入和读取等代码，具体查看前面小节的内容和随书源码
    public static void rewindTest() {
        //倒带
        intBuffer.rewind();
        //输出缓冲区属性
        Logger.info("------------after rewind ------------------");
        Logger.info("position=" + intBuffer.position());
        Logger.info("limit=" + intBuffer.limit());
        Logger.info("capacity=" + intBuffer.capacity());
    }

   //省略其他代码
}
```

这个范例程序的执行结果如下：

```
rewindTest |> ------------after rewind ------------------
rewindTest |> position=0
rewindTest |> limit=5
rewindTest |> capacity=20
```

rewind ()方法主要是调整了缓冲区的 position 属性与 mark 标记属性，具体的调整规则如下：

（1）position 重置为 0，所以可以重读缓冲区中的所有数据。

（2）limit 保持不变，数据量还是一样的，仍然表示能从缓冲区中读取的元素数量。

（3）mark 标记被清理，表示之前的临时位置不能再用了。

从 JDK 中可以查阅到 Buffer.rewind()方法的源代码，具体如下：

```
public final Buffer rewind() {
    position = 0;//重置为 0，所以可以重读缓冲区中的所有数据
    mark = -1; //mark 标记被清理，表示之前的临时位置不能再用了
    return this;
}
```

通过源代码，我们可以看到 rewind()方法与 flip()方法很相似，区别在于：倒带方法 rewind()不会影响 limit 属性值，而翻转方法 flip()会重设 limit 属性值。

在 rewind()倒带之后，就可以再一次读取，重复读取的示例代码如下：

```
package com.crazymakercircle.bufferDemo;
//省略 import
public class UseBuffer
{
    //一个整型的Buffer静态变量
    static IntBuffer intBuffer = null;
    //省略了缓冲区的写入、读取和倒带等代码，具体查看前面小节的内容和随书源码

    public static void reRead() {
        for (int i = 0; i< 5; i++) {
            if (i == 2) {
                //临时保存，标记一下第 3 个位置
                intBuffer.mark();
            }
           //读取元素
            int j = intBuffer.get();
            Logger.info("j = " + j);
```

```
        }
        //输出缓冲区的属性值
        Logger.info("------------after reRead------------------");
        Logger.info("position=" + intBuffer.position());
        Logger.info("limit=" + intBuffer.limit());
        Logger.info("capacity=" + intBuffer.capacity());
    }

  //省略其他代码
}
```

这段代码与前面的读取示例代码基本相同，只是增加了一个 mark 调用。读者可以通过随书源码工程执行以上代码并观察输出结果，具体的输出与前面的类似，这里不再赘述。

3.4.6 mark()和 reset()

mark()和 reset()两个方法是成套使用的：Buffer.mark()方法将当前 position 的值保存起来放在 mark 属性中，让 mark 属性记住这个临时位置；然后可以调用 Buffer.reset()方法将 mark 的值恢复到 position 中。

说明 Buffer.mark()和 Buffer.reset()两个方法都涉及 mark 属性的使用。mark()方法与 mark 属性的名字虽然相同，但是一个是 Buffer 类的成员方法，另一个是 Buffer 类的成员属性，不能混淆。

例如，可以在前面重复读取的示例代码中，在读到第 3 个元素（i 为 2）时调用 mark()方法，把当前位置 position 的值保存到 mark 属性中，这时 mark 属性的值为 2。

然后可以调用 reset()方法将 mark 属性的值恢复到 position 中，这样就可以从位置 2（第 3 个元素）开始重复读取了。

接着前面重复读取的代码，进行 mark()方法和 reset()方法的示例演示，代码如下：

```
package com.crazymakercircle.bufferDemo;
//省略 import
public class UseBuffer
{
    //一个整型的 Buffer 静态变量
    static IntBuffer intBuffer = null;
    //省略了缓冲区的倒带、重复读取等代码，具体查看前面小节的内容和随书源码

   //演示前提
    //在前面的 reRead()演示方法中，已经通过 mark()方法暂存了 position 值

   public static void afterReset() {
         Logger.info("------------after reset------------------");
         //把前面保存在 mark 中的值恢复到 position
         intBuffer.reset();
         //输出缓冲区的属性值
         Logger.info("position=" + intBuffer.position());
         Logger.info("limit=" + intBuffer.limit());
         Logger.info("capacity=" + intBuffer.capacity());
         //读取并输出元素
         for (int i =2; i< 5; i++) {
                int j = intBuffer.get();
                Logger.info("j = " + j);
```

```
        }
    }
    //省略其他代码
}
```

在上面的代码中，首先调用 reset()把 mark 中的值恢复到 position 中，因此读取的位置 position 就是 2，表示可以再次从第 3 个元素开始读取数据。上面的程序代码的输出结果是：

```
afterReset |> ------------after reset------------------
afterReset |> position=2
afterReset |> limit=5
afterReset |> capacity=20
afterReset |> j = 2
afterReset |> j = 3
afterReset |> j = 4
```

调用 reset()方法之后，position 的值为 2，此时去读取缓冲区，输出后面的 3 个元素为 2、3、4。

3.4.7 clear()

在读取模式下，调用 clear()方法将缓冲区切换为写入模式。此方法的作用是：

（1）将 position 清零。

（2）limit 设置为 capacity 最大容量值，可以一直写入，直到缓冲区写满。

接着上面的实例演示一下 clear()方法的使用，大致的代码如下：

```
package com.crazymakercircle.bufferDemo;
//省略 import
public class UseBuffer
{
    //一个整型的 Buffer 静态变量
    static IntBuffer intBuffer = null;
    //省略了缓冲区的创建、写入、读取等代码，具体查看前面小节的内容和随书源码

   public static void clearDemo() {
      Logger.info("------------after clear------------------");
      //清空缓冲区，进入写入模式
      intBuffer.clear();
      //输出缓冲区的属性值
      Logger.info("position=" + intBuffer.position());
      Logger.info("limit=" + intBuffer.limit());
      Logger.info("capacity=" + intBuffer.capacity());
   }
    //省略其他代码
}
```

这个程序运行之后，结果如下：

```
main |>清空
clearDemo |> ------------after clear------------------
clearDemo |> position=0
clearDemo |> limit=20
clearDemo |> capacity=20
```

在缓冲区处于读取模式时，调用 clear()，缓冲区会被切换成写入模式。调用 clear()之后，我们可以看到清空了 position（写入的起始位置）的值，其值被设置为 0，并且 limit 值（写入的上限）

为最大容量。

3.4.8 使用 Buffer 类的基本步骤

总体来说，使用 Java NIO Buffer 类的基本步骤如下：

（1）使用创建子类实例对象的 allocate()方法创建一个 Buffer 类的实例对象。

（2）调用 put()方法将数据写入缓冲区中。

（3）写入完成后，在开始读取数据前，调用 Buffer.flip()方法将缓冲区转换为读模式。

（4）调用 get()方法从缓冲区中读取数据。

（5）读取完成后，调用 Buffer.clear()方法或 Buffer.compact()方法将缓冲区转换为写入模式，可以继续写入。

3.5 详解 NIO Channel 类

前面提到，Java NIO 中一个 Socket 连接使用一个 Channel 来表示。从更广泛的层面来说，一个通道可以表示一个底层的文件描述符，例如硬件设备、文件、网络连接等。然而，Java 的通道更加细化，例如不同的网络传输协议类型在 Java 中有不同的 NIO Channel 实现。

3.5.1 Channel 的主要类型

这里不对 Java NIO 全部通道类型进行过多描述，仅仅聚焦于介绍其中最为重要的 4 种 Channel 实现：FileChannel、SocketChannel、ServerSocketChannel 和 DatagramChannel。

对于以上 4 种通道，说明如下：

（1）FileChannel：文件通道，用于文件的数据读写。

（2）SocketChannel：套接字通道，用于 Socket 套接字 TCP 连接的数据读写。

（3）ServerSocketChannel：服务器套接字通道（或服务器监听通道），允许我们监听 TCP 连接请求，为每个监听到的请求创建一个 SocketChannel 通道。

（4）DatagramChannel：数据报通道，用于 UDP 的数据读写。

这 4 种通道涵盖了文件 IO、TCP 网络、UDP IO 三类基础 IO 读写操作。下面从通道的获取、读取、写入、关闭 4 个重要的操作入手，对这 4 种通道进行简单介绍。

3.5.2 FileChannel

FileChannel（文件通道）是专门操作文件的通道。通过 FileChannel 既可以从一个文件中读取数据，也可以将数据写入文件中。特别申明一下，FileChannel 为阻塞模式，不能设置为非阻塞模式。

下面分别介绍 FileChannel 的获取、读取、写入、关闭这 4 个操作。

1. 获取 FileChannel 通道

可以通过文件的输入流、输出流获取 FileChannel 文件通道，示例如下：

```
//创建一个文件输入流
FileInputStream fis = new FileInputStream(srcFile);
//获取文件流的通道
FileChannel inChannel = fis.getChannel();
//创建一个文件输出流
FileOutputStream fos = new FileOutputStream(destFile);
//获取文件流的通道
FileChannel outchannel = fos.getChannel();
```

也可以通过 RandomAccessFile（文件随机访问类）来获取 FileChannel 实例，代码如下：

```
//创建 RandomAccessFile 随机访问对象
RandomAccessFile rFile = new RandomAccessFile("filename.txt", "rw");
//获取文件流的通道（可读可写）
FileChannel channel = rFile.getChannel();
```

2. 读取 FileChannel 通道

在大部分应用场景中，从通道读取数据都会调用通道的 int read（ByteBufferbuf）方法，它把从通道读取的数据写入 ByteBuffer 缓冲区，并且返回读取到的数据量。

```
RandomAccessFile aFile = new RandomAccessFile(fileName, "rw");
//获取通道（可读可写）
FileChannel channel=aFile.getChannel();
//获取一个字节缓冲区
ByteBuffer buf = ByteBuffer.allocate(CAPACITY);
int length = -1;
//调用通道的 read 方法读取数据并写入字节类型的缓冲区
while ((length = channel.read(buf)) != -1) {
//省略 buf 中的数据处理
}
```

说明 以上代码中，channel.read(buf)读取通道的数据时，对于通道来说是读取模式，对于 ByteBuffer 缓冲区来说是写入数据，这时 ByteBuffer 缓冲区处于写入模式。

3. 写入 FileChannel 通道

把数据写入通道，在大部分应用场景中都会调用通道的 write(ByteBuffer)方法，此方法的参数是一个 ByteBuffer 缓冲区实例，是待写数据的来源。

write(ByteBuffer)方法的作用是从 ByteBuffer 缓冲区中读取数据，然后写入通道自身，而返回值是写入成功的字节数。

```
//如果 buf 处于写入模式（如刚写完数据），需要 flip 翻转 buf，使其变成读取模式
buf.flip();
int outlength = 0;
//调用 write()方法将 buf 的数据写入通道
while ((outlength = outchannel.write(buf)) != 0) {
    System.out.println("写入的字节数：" + outlength);
}
```

在以上的 outchannel.write(buf)调用中，对于入参 buf 实例来说，需要从其中读取数据写入

outchannel 通道中，所以入参 buf 必须处于读取模式，不能处于写入模式。

4. 关闭通道

当通道使用完成后，必须将其关闭。关闭非常简单，调用 close()方法即可。

```
//关闭通道
channel.close();
```

5. 强制刷新到磁盘

在将缓冲区写入通道时，出于性能原因，操作系统不可能每次都实时将写入数据落地（或刷新）到磁盘，完成最终的数据保存。

如果在将缓冲数据写入通道时，需要保证数据能落地写入磁盘，可以在写入后调用一下 FileChannel 的 force()方法。

```
//强制刷新到磁盘
channel.force(true);
```

3.5.3 使用 FileChannel 完成文件复制的实战案例

下面是一个简单的实战案例：使用 FileChannel 复制文件。具体的功能是使用 FileChannel 将源文件复制一份，把源文件中的数据都复制到目标文件中。完整代码如下：

```
package com.crazymakercircle.iodemo.fileDemos;
//省略 import，具体请参见源代码工程
public class FileNIOCopyDemo {
    public static void main(String[] args) {
        //演示复制资源文件
        nioCopyResouceFile();
    }
    /**
     * 复制两个资源目录下的文件
     */
    public static void nioCopyResouceFile() {
       //源
        String sourcePath = NioDemoConfig.FILE_RESOURCE_SRC_PATH;
        String srcPath = IOUtil.getResourcePath(sourcePath);
        Logger.info("srcPath=" + srcPath);

        //目标
        String destPath = NioDemoConfig.FILE_RESOURCE_DEST_PATH;
        String destDecodePath = IOUtil.builderResourcePath(destPath);
        Logger.info("destDecodePath=" + destDecodePath);

         //复制文件
        nioCopyFile(srcDecodePath, destDecodePath);
    }


    /**
     * nio 方式复制文件
     * @param srcPath 源路径
     * @param destPath 目标路径
     */
     public static void nioCopyFile(String srcPath, String destPath){
      File srcFile = new File(srcPath);
```

```
        File destFile = new File(destPath);
        try {
            //如果目标文件不存在，则新建
            if (!destFile.exists()) {
                destFile.createNewFile();
            }
           long startTime = System.currentTimeMillis();
        FileInputStream fis = null;
        FileOutputStream fos = null;
        FileChannel inChannel = null;    //输入通道
        FileChannel outchannel = null;   //输出通道
        try {
            fis = new FileInputStream(srcFile);
            fos = new FileOutputStream(destFile);
            inChannel = fis.getChannel();
            outchannel = fos.getChannel();
            int length = -1;
            //新建buf，处于写入模式
            ByteBufferbuf = ByteBuffer.allocate(1024);
            //从输入通道读取到buf
            while ((length = inChannel.read(buf)) != -1) {
               //buf第一次模式切换：翻转buf，从写入模式变成读取模式
                buf.flip();
                int outlength = 0;
                //将buf写入到输出的通道
                while ((outlength = outchannel.write(buf)) != 0) {
                    System.out.println("写入的字节数：" + outlength);
                }
                //buf第二次模式切换：清除buf，变成写入模式
                buf.clear();
            }
            //强制刷新到磁盘
            outchannel.force(true);
        } finally {
             //关闭所有的可关闭对象
             IOUtil.closeQuietly(outchannel);
             IOUtil.closeQuietly(fos);
             IOUtil.closeQuietly(inChannel);
             IOUtil.closeQuietly(fis);
          }
        long endTime = System.currentTimeMillis();
        Logger.info("base复制毫秒数：" + (endTime - startTime));
    } catch (IOException e) {
            e.printStackTrace();
    }
}
```

除了FileChannel的通道操作外，还需要注意代码执行过程中隐藏的ByteBuffer的模式切换。由于新建的ByteBuffer是写入模式，因此才可作为inChannel.read(ByteBuffer)方法的参数，inChannel.read()方法将从通道inChannel读到的数据写入ByteBuffer。然后，调用缓冲区的flip()方法将ByteBuffer从写入模式切换成读取模式，才能作为outchannel.write（ByteBuffer）方法的参数，以便从ByteBuffer读取数据，最终写入outchannel（输出通道）。

完成一次复制之后，在进入下一次复制前，还要进行一次缓冲区的模式切换。此时，需要通过clear方法将Buffer切换成写入模式，才能进入下一次的复制。所以，在示例代码中，每一轮外层的while循环都需要两次ByteBuffer模式切换：第一次模式切换时翻转buf，变成读取模式；第二次模式切换时清除buf，变成写入模式。

上面的示例代码主要的目的在于演示文件通道以及字节缓冲区的使用。对于文件复制的程序来说，以上实例代码的效率不是最高的。更高效的文件复制可以调用文件通道的 transferFrom 方法。具体的代码可以参见源代码工程中的 FileNIOFastCopyDemo 类，完整源文件的路径为：

```
com.crazymakercircle.iodemo.fileDemos.FileNIOFastCopyDemo
```

请读者在随书源码工程中自行运行和学习以上代码，这里不再赘述。

3.5.4 SocketChannel

在 NIO 中，涉及网络连接的通道有两个：一个是 SocketChannel，负责连接的数据传输；另一个是 ServerSocketChannel，负责连接的监听。其中，NIO 中的 SocketChannel 传输通道与 OIO 中的 Socket 类对应，NIO 中的 ServerSocketChannel 监听通道对应 OIO 中的 ServerSocket 类。

ServerSocketChannel 仅应用于服务端，而 SocketChannel 同时处于服务端和客户端，所以对应一个连接，两端都有一个负责传输的 SocketChannel。

无论是 ServerSocketChannel 还是 SocketChannel，都支持阻塞和非阻塞两种模式。如何进行模式的设置呢？调用 configureBlocking()方法，具体如下：

（1）socketChannel.configureBlocking(false)设置为非阻塞模式。

（2）socketChannel.configureBlocking(true)设置为阻塞模式。

在阻塞模式下，SocketChannel 的连接、读、写操作都是同步阻塞式的，在效率上与 Java OIO 面向流的阻塞式读写操作相同。因此，在这里不介绍阻塞模式下通道的具体操作。在非阻塞模式下，通道的操作是异步、高效率的，这也是相对于传统的 OIO 的优势所在。下面仅详细介绍在非阻塞模式下通道的打开、读写和关闭等操作。

1. 获取 SocketChannel 传输通道

在客户端，先通过 SocketChannel 静态方法 open()获得一个套接字传输通道；然后，将 Socket 套接字设置为非阻塞模式；最后，通过 connect()实例方法对服务器的 IP 和端口发起连接。

```
//获得一个套接字传输通道
SocketChannel socketChannel = SocketChannel.open();
//设置为非阻塞模式
socketChannel.configureBlocking(false);
//对服务器的 IP 和端口发起连接
socketChannel.connect(new InetSocketAddress("127.0.0.1", 80));
```

在非阻塞情况下，与服务器的连接可能还没有真正建立，socketChannel.connect 方法就返回了，因此需要不断地自旋，检查当前是否连接了主机：

```
while(! socketChannel.finishConnect() ){
    //不断地自旋、等待，或者做一些其他的事情
}
```

在服务端，如何获取与客户端对应的传输套接字呢？

在连接建立的事件到来时，服务端的 ServerSocketChannel 能成功地查询出这个新连接事件，并且通过调用服务端 ServerSocketChannel 监听套接字的 accept()方法来获取新连接的套接字通道：

```
//新连接事件到来，首先通过事件获取服务器监听通道
```

```
ServerSocketChannel server = (ServerSocketChannel) key.channel();
//获取新连接的套接字通道
SocketChannel socketChannel = server.accept();
//设置为非阻塞模式
socketChannel.configureBlocking(false);
```

说明 NIO 套接字通道主要用于非阻塞的传输场景。所以，基本上都需要调用通道的configureBlocking(false)方法将通道从阻塞模式切换为非阻塞模式。

2. 读取 SocketChannel 传输通道

当SocketChannel传输通道可读时，可以从SocketChannel读取数据，具体方法与前面的文件通道读取方法是相同的。调用read()方法将数据读入缓冲区ByteBuffer。

```
ByteBufferbuf = ByteBuffer.allocate(1024);
int bytesRead = socketChannel.read(buf);
```

在读取时，因为是异步的，所以我们必须检查read()的返回值，以便判断当前是否读取到了数据。read()方法的返回值是读取的字节数，如果是-1，那么表示读取到对方的输出结束标志，对方已经输出结束，准备关闭连接。实际上，通过 read()方法读数据本身是很简单的，比较困难的是，在非阻塞模式下如何知道通道何时是可读的呢？这就需要用到NIO的新组件——Selector通道选择器，稍后介绍它。

3. 写入 SocketChannel 传输通道

和前面的把数据写入FileChannel一样，大部分应用场景都会调用通道的int write(ByteBufferbuf)方法。

```
//写入前需要读取缓冲区，要求ByteBuffer是读取模式
buffer.flip();
socketChannel.write(buffer);
```

4. 关闭 SocketChannel 传输通道

在关闭 SocketChannel 传输通道前，如果传输通道用来写入数据，则建议调用一次shutdownOutput()终止输出方法，向对方发送一个输出的结束标志（-1）。然后调用socketChannel.close()方法关闭套接字连接。

```
//调用终止输出方法，向对方发送一个输出的结束标志
socketChannel.shutdownOutput();
//关闭套接字连接
IOUtil.closeQuietly(socketChannel);
```

3.5.5 使用 SocketChannel 发送文件的实战案例

下面的实战案例是使用 FileChannel 文件通道读取本地文件内容，然后在客户端使用SocketChannel套接字通道，把文件信息和文件内容发送到服务器。客户端的完整代码如下：

```
package com.crazymakercircle.iodemo.socketDemos;
...
public class NioSendClient {
    private Charset charset = Charset.forName("UTF-8");
```

```
    /**
     * 向服务端传输文件
     */
    public void sendFile()
    {
        try
        {
            String sourcePath = NioDemoConfig.SOCKET_SEND_FILE;
            String srcPath = IOUtil.getResourcePath(sourcePath);
            Logger.debug("srcPath=" + srcPath);

            String destFile = NioDemoConfig.SOCKET_RECEIVE_FILE;
            Logger.debug("destFile=" + destFile);

            File file = new File(srcPath);
            if (!file.exists())
            {
                Logger.debug("文件不存在");
                return;
            }
            FileChannel fileChannel =
new FileInputStream(file).getChannel();

            SocketChannel socketChannel =
SocketChannel.open();
            socketChannel.socket().connect(
                    new InetSocketAddress("127.0.0.1",18899));


            socketChannel.configureBlocking(false);
            Logger.debug("Client 成功连接服务端");

            while (!socketChannel.finishConnect())
            {
                //不断地自旋、等待，或者做一些其他的事情
            }
            //发送文件名称和长度
            ByteBuffer buffer =
                    sengFileNameAndLength(destFile, file, socketChannel);

            //发送文件内容
            int length =
                    sendContent(file, fileChannel, socketChannel, buffer);

            if (length == -1)
            {
                IOUtil.closeQuietly(fileChannel);
                socketChannel.shutdownOutput();
                IOUtil.closeQuietly(socketChannel);
            }
            Logger.debug("======== 文件传输成功 ========");
        } catch (Exception e)
        {
            e.printStackTrace();
        }
    }

    //方法：发送文件内容
    public int sendContent(File file, FileChannel fileChannel,
                           SocketChannel socketChannel,
                           ByteBuffer buffer) throws IOException
```

```
        {
            //发送文件内容
            Logger.debug("开始传输文件");
            int length = 0;
            long progress = 0;
            while ((length = fileChannel.read(buffer)) > 0)
            {
                buffer.flip();
                socketChannel.write(buffer);
                buffer.clear();
                progress += length;
          Logger.debug("| " + (100 * progress / file.length()) + "% |");
            }
            return length;
        }

        //方法：发送文件名称和长度
        public ByteBuffer sengFileNameAndLength(String destFile,
                                        File file,
                              SocketChannel socketChannel) throws IOException
        {
            //发送文件名称
            ByteBuffer fileNameByteBuffer = charset.encode(destFile);

            ByteBuffer buffer =
    ByteBuffer.allocate(NioDemoConfig.SEND_BUFFER_SIZE);
            //发送文件名称长度
            int fileNameLen = fileNameByteBuffer.capacity();
            buffer.putInt(fileNameLen);
            buffer.flip();
            socketChannel.write(buffer);
            buffer.clear();
            Logger.info("Client 文件名称长度发送完成:", fileNameLen);

            //发送文件名称
            socketChannel.write(fileNameByteBuffer);
            Logger.info("Client 文件名称发送完成:", destFile);
            //发送文件长度
            buffer.putLong(file.length());
            buffer.flip();
            socketChannel.write(buffer);
            buffer.clear();
            Logger.info("Client 文件长度发送完成:", file.length());
            return buffer;
        }
    }
```

以上代码中，文件发送过程是：首先发送文件名称（不带路径）和文件长度，然后发送文件内容。代码中的配置项（如服务器的 IP、服务端口、待发送的源文件名称（带路径）、远程的目标文件名称等配置信息）都是从 system.properties 配置文件中读取的，通过自定义的 NioDemoConfig 配置类来完成配置。

在运行以上客户端的程序之前，需要先运行服务端的程序。服务端的类与客户端的源代码在同一个包下，类名为 NioReceiveServer，具体参见源代码工程，我们稍后再详细介绍这个类。

3.5.6 DatagramChannel

在 Java 中使用 UDP 传输数据比 TCP 更加简单。和 Socket 的 TCP 不同，UDP 不是面向连接的协议。使用 UDP 时，只要知道服务器的 IP 和端口就可以直接向对方发送数据。在 Java NIO 中，使用 DatagramChannel 数据报通道来处理 UDP 的数据传输。

1. 获取 DatagramChannel 数据报通道

获取数据报通道的方式很简单，调用 DatagramChannel 类的 open()静态方法即可。然后调用 configureBlocking(false)方法设置成非阻塞模式。

```
//获取 DatagramChannel 数据报通道
DatagramChannel channel = DatagramChannel.open();
//设置为非阻塞模式
datagramChannel.configureBlocking(false);
```

如果需要接收数据，还需要调用 bind()方法绑定一个数据报的监听端口，具体如下：

```
//调用 bind()方法绑定一个数据报的监听端口
channel.socket().bind(new InetSocketAddress(18080));
```

2. 从 DatagramChannel 读取数据

当 DatagramChannel 通道可读时，可以从 DatagramChannel 读取数据。和前面的 SocketChannel 读取方式不同，这里不调用 read()方法，而是调用 receive(ByteBufferbuf)方法将数据从 DatagramChannel 读入，再写入 ByteBuffer 缓冲区中。

```
//创建缓冲区
ByteBuffer buf = ByteBuffer.allocate(1024);
//从 DatagramChannel 读入，再写入 ByteBuffer 缓冲区
SocketAddress clientAddr= datagramChannel.receive(buf);
```

通道读取 receive(ByteBufferbuf)方法虽然读取了数据到 buf 缓冲区，但是其返回值是 SocketAddress 类型，表示返回发送端的连接地址（包括 IP 和端口）。通过 receive 方法读取数据非常简单，但是在非阻塞模式下如何知道 DatagramChannel 通道何时是可读的呢？和 SocketChannel 一样，同样需要用到 NIO 的新组件——Selector 通道选择器。

3. 写入 DatagramChannel 数据报通道

向 DatagramChannel 发送数据，和向 SocketChannel 通道发送数据的方法也是不同的。这里不是调用 write()方法，而是调用 send()方法。示例代码如下：

```
//把缓冲区翻转到读取模式
buffer.flip();
//调用 send()方法，把数据发送到目标 IP+端口
dChannel.send(buffer,  new InetSocketAddress("127.0.0.1",18899));
//清空缓冲区，切换到写入模式
buffer.clear();
```

由于 UDP 是面向非连接的协议，因此在调用 send()方法发送数据的时候需要指定接收方的地址（IP 和端口）。

4. 关闭 DatagramChannel

这个比较简单，直接调用 close()方法即可关闭数据报通道。

```
//简单关闭即可
```

```
dChannel.close();
```

3.5.7　使用 DatagramChannel 发送数据的实战案例

下面是一个使用 DatagramChannel 发送数据的客户端示例程序。功能是获取用户的输入数据，通过 DatagramChannel 将数据发送到远程的服务器。客户端的完整程序代码如下：

```
package com.crazymakercircle.iodemo.udpDemos;
...
public class UDPClient {
    public void send() throws IOException {
        //获取 DatagramChannel 数据报通道
        DatagramChannel dChannel = DatagramChannel.open();
        //设置为非阻塞
        dChannel.configureBlocking(false);
        ByteBuffer buffer =
                ByteBuffer.allocate(NioDemoConfig.SEND_BUFFER_SIZE);
        Scanner scanner = new Scanner(System.in);
        Print.tcfo("UDP 客户端启动成功！");
        Print.tcfo("请输入发送内容:");
        while (scanner.hasNext()) {
            String next = scanner.next();
            buffer.put((Dateutil.getNow() + " >>" + next).getBytes());
            buffer.flip();
            //通过 DatagramChannel 数据报通道发送数据
            dChannel.send(buffer,
 new InetSocketAddress("127.0.0.1",18899));
            buffer.clear();
        }
        //关闭 DatagramChannel 数据报通道
        dChannel.close();
    }
    public static void main(String[] args) throws IOException {
        new UDPClient().send();
    }
}
```

从示例程序可以看出，在客户端使用 DatagramChannel 发送数据比起在客户端使用 SocketChannel 发送数据要简单得多。

接下来看看在服务端应该如何使用 DatagramChannel 数据包通道接收数据。

下面给出服务端通过 DatagramChannel 接收数据的程序代码。读者目前不一定看得懂，因为代码中用到了 Selector。

服务端是通过 DatagramChannel 绑定一个服务器地址（IP+端口），接收客户端发送过来的 UDP 数据报。服务端的完整代码如下：

```
package com.crazymakercircle.iodemo.udpDemos;
...
public class UDPServer {
    public void receive() throws IOException {
        //获取 DatagramChannel 数据报通道
        DatagramChannel datagramChannel = DatagramChannel.open();
        //设置为非阻塞模式
        datagramChannel.configureBlocking(false);
        //绑定监听地址
        datagramChannel.bind(
new InetSocketAddress("127.0.0.1",18899));
```

```
        Print.tcfo("UDP 服务器启动成功！");
        //开启一个通道选择器
        Selector selector = Selector.open();
        //将通道注册到选择器
        datagramChannel.register(selector, SelectionKey.OP_READ);
        //通过选择器查询 IO 事件
        while (selector.select() > 0) {
            Iterator<SelectionKey> iterator =
                    selector.selectedKeys().iterator();
            ByteBuffer buffer =
              ByteBuffer.allocate(NioDemoConfig.SEND_BUFFER_SIZE);

            //迭代 IO 事件
            while (iterator.hasNext()) {
                SelectionKeyselectionKey = iterator.next();
                //可读事件，有数据到来
                if (selectionKey.isReadable()) {
                    //读取 DatagramChannel 数据报通道的数据
                    SocketAddress client =
datagramChannel.receive(buffer);
                    buffer.flip();
                    Print.tcfo(
new String(buffer.array(), 0, buffer.limit()));
                    buffer.clear();
                }
            }
            iterator.remove();
        }
        //关闭选择器和通道
        selector.close();
        datagramChannel.close();
    }
    public static void main(String[] args) throws IOException {
        new UDPServer().receive();
    }
}
```

在服务端，首先调用了 bind()方法绑定 datagramChannel 的监听端口。当数据到来时调用了 receive()方法，从 datagramChannel 接收数据后写入 ByteBuffer 缓冲区中。

在服务端代码中，为了监控数据的到来，使用了 Selector。什么是 Selector？如何使用 Selector 呢？请看下一节。

3.6 详解 NIO Selector

Java NIO 的三大核心组件：Channel（通道）、Buffer（缓冲区）和 Selector（选择器）。其中，通道和缓冲区二者的联系比较密切：数据总是从通道读到缓冲区内，或者从缓冲区写入通道中。

前面两个组件已经介绍完毕，下面介绍最后一个组件——选择器。

3.6.1 选择器以及注册

选择器是什么？选择器和通道的关系又是什么？

简单地说，选择器的使命是完成 IO 的多路复用，其主要工作是通道的注册、监听、事件查询。

一个通道代表一条连接通路，通过选择器可以同时监控多个通道的 IO（输入输出）状况。选择器和通道的关系是监控和被监控的关系。

选择器提供了独特的 API 方法，能够选出所监控的通道已经发生了哪些 IO 事件，包括读写就绪的 IO 操作事件。

在 NIO 编程中，一般是一个单线程处理一个选择器，一个选择器可以监控很多通道。所以，通过选择器，一个单线程可以处理数百、数千、数万甚至更多的通道。在极端情况（数万个连接）下，只用一个线程就可以处理所有的通道，这样会大量减少线程之间上下文切换的开销。

通道和选择器之间的关联通过 register（注册）的方式完成。调用通道的 Channel.register(Selector sel, int ops)方法，可以将通道实例注册到一个选择器中。register 方法有两个参数：第一个参数指定通道注册到的选择器实例；第二个参数指定选择器要监控的 IO 事件类型。

可供选择器监控的通道 IO 事件类型包括以下 4 种：

（1）可读：SelectionKey.OP_READ
（2）可写：SelectionKey.OP_WRITE
（3）连接：SelectionKey.OP_CONNECT
（4）接受：SelectionKey.OP_ACCEPT

以上事件类型常量定义在 SelectionKey 类中。如果选择器要监控通道的多种事件，可以用“按位或”运算符来实现。例如，同时监控可读和可写 IO 事件：

```
//监控通道的多种事件，用“按位或”运算符来实现
int key = SelectionKey.OP_READ | SelectionKey.OP_WRITE ;
```

什么是 IO 事件呢？

这个概念容易混淆，这里特别说明一下。这里的 IO 事件不是对通道的 IO 操作，而是通道处于某个 IO 操作的就绪状态，表示通道具备执行某个 IO 操作的条件。例如，某个 SocketChannel 传输通道如果完成了和对端的三次握手过程，就会发生连接就绪（OP_CONNECT）事件；某个 ServerSocketChannel 服务器连接监听通道，在监听到一个新连接的到来时，就会发生接收就绪（OP_ACCEPT）事件；一个 SocketChannel 通道有数据可读，就会发生读就绪（OP_READ）事件；一个 SocketChannel 通道等待数据写入，就会发生写就绪（OP_WRITE）事件。

说明 Socket 连接事件的核心原理和 TCP 连接的建立过程有关。关于 TCP 的核心原理和连接建立时的三次握手、四次挥手的知识，请参阅本书后面有关 TCP 原理的内容。

3.6.2 SelectableChannel

并不是所有的通道都可以被选择器监控或选择。例如，FileChannel 就不能被选择器复用。判断一个通道能否被选择器监控或选择有一个前提：判断它是否继承了抽象类 SelectableChannel（可选择通道），如果是，就可以被选择，否则不能被选择。

简单地说，一条通道若能被选择，则必须继承 SelectableChannel 类。

SelectableChannel 类是何方神圣呢？它提供了实现通道的可选择性所需要的公共方法。Java NIO 中所有网络链接 Socket 套接字通道都继承了 SelectableChannel 类，都是可选择的。FileChannel 文件通道并没有继承 SelectableChannel，因此不是可选择通道。

3.6.3 SelectionKey

通道和选择器的监控关系本质是一种多对一的关联关系。这种关联关系类似于数据库两个主表之间的关联关系，通道和选择器类似于数据库的主表，而 SelectionKey（选择键）类似于关联表，如图 3-10 所示。

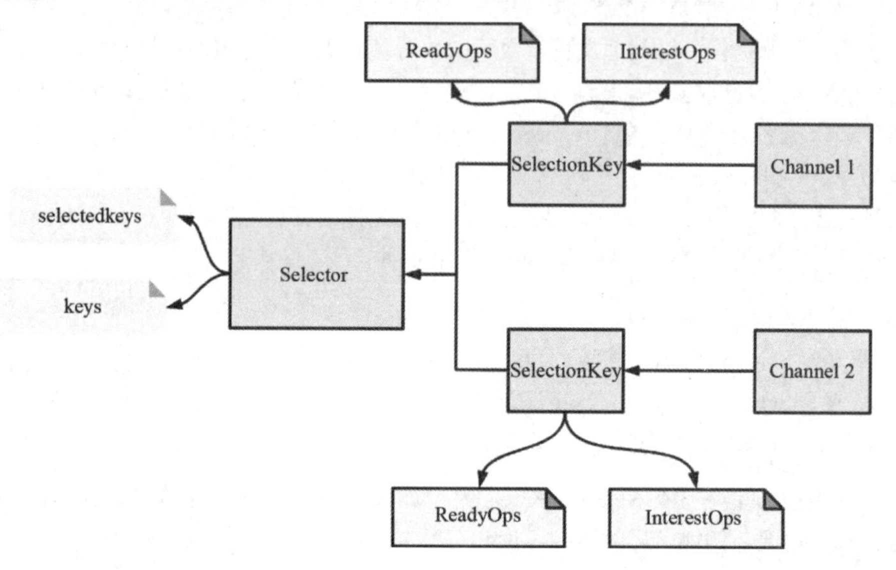

图 3-10 SelectionKey（选择键）类似于关联表

Selector 并不直接去管理 Channel，而是直接管理 SelectionKey，通过 SelectionKey 与 Channel 发生关系。而 Java NIO 源码中规定一个 Channel 最多能向 Selector 注册一次，注册之后就形成了唯一的 SelectionKey，然后被 Selector 管理起来。Selector 有一个核心成员 keys，专门用于管理注册上来的 SelectionKey，Channel 注册到 Selector 后所创建的那个唯一的 SelectionKey 添加在这个 keys 成员中，这是一个 HashSet 类型的集合。除了成员 keys 之外，Selector 还有一个核心成员 selectedKeys，用于存放已经发生了 IO 事件的 SelectionKey。

两核心成员 keys、selectedKeys 定义在 Selector 的抽象实现类 SelectorImpl 中，代码如下：

```
public abstract class SelectorImpl extends AbstractSelector {
    /**发生了 IO 事件的 Channel 的选择键**/
    protected Set<SelectionKey> selectedKeys = new HashSet();
    /**Channel 注册之后的选择键，一个 channel 在一个 selector 上有一个唯一的 Key**/
    protected HashSet<SelectionKey> keys = new HashSet();
    ...
}
```

弄清 SelectionKey 和 Channel、Selector 之间的三角关系之后，还有一个核心问题就是 SelectionKey 和 IO 事件之间的关系。

实际上，SelectionKey 是 IO 事件的记录者（或存储者），SelectionKey 有两个核心成员存储着自己关联的 Channel 上的感兴趣的 IO 事件和已经发生的 IO 事件。这两个核心成员定义在实现类 SelectionKeyImpl 中，代码如下：

```
public class SelectionKeyImpl extends AbstractSelectionKey {
    final SelChImpl channel;  //关联的 Channel
    public final SelectorImpl selector;  // 关联的选择键
```

```
    private int index;
    private volatile int interestOps; //关联的Channel上的感兴趣的IO事件
    private int readyOps;  //已经发生的IO事件，来自关联的Channel
}
```

Channel 上可以发生多种 IO 事件，比如读就绪事件、写就绪事件、新连接就绪事件，但是 SelectionKey 记录事件的成员却是整数类型的。这样问题就来了，一个整数如何记录多个事件呢？答案是，通过比特位来完成。具体的 IO 事件占用哪一个比特位通过常量的方式定义在 SelectionKey 中，代码如下：

```
//读就绪事件，第0位
public static final int OP_READ = 1 << 0;
//写就绪事件，第2位
public static final int OP_WRITE = 1 << 2;
//传输通道建立成功的IO事件，第3位
public static final int OP_CONNECT = 1 << 3;
//新连接就绪事件，第4位
public static final int OP_ACCEPT = 1 << 4;
```

通过 SelectionKey 的 interestOps 成员上相应的比特位可以设置、查询关联的 Channel 所感兴趣的 IO 事件；通过 SelectionKey 的 readyOps 上相应的比特位可以查询关联 Channel 已经发生的 IO 事件。对于 interestOps 成员上的比特位，应用程序是可以设置的；但是对于 readyOps 上的比特位，应用程序只能查询，不能设置。为什么呢？readyOps 上的比特位代表了已经发生的 IO 事件，是由选择器 Selector 去设置的，应用程序只能获取。

通道和选择器的监控关系注册成功后，Selector 就可以查询就绪事件。具体的查询操作是通过调用选择器 Selector 的 select()系列方法来完成的。通过 select()方法，选择器会通过 JNI 进行底层操作系统的系统调用（比如 select/epoll），可以不断地查询通道中所发生操作的就绪状态（或者 IO 事件），并且把这些发生了的底层 IO 事件转换成 Java NIO 中的 IO 事件，记录在通道关联的 SelectionKey 的 readyOps 上。除此之外，发生了 IO 事件的选择键还会记录在 Selector 内部的 selectedKeys 集合中。

上面的逻辑比较复杂，简单来说，一旦在通道中发生了某些 IO 事件（就绪状态达成），这个事件就被记录在 SelectionKey 的 readyOps 上，并且这个 SelectionKey 被记录在 Selector 内部的 selectedKeys 集合中。

当然，这里有两个前提：

（1）通道必须在 Selector 注册过。

（2）所发生的事件必须是 SelectionKey 上 interestOps 成员记录的事件。

在实际编程时，选择键的功能是很强大的。通过 SelectionKey 选择键，不仅可以获得通道的 IO 事件类型（比如 SelectionKey.OP_READ），还可以获得发生 IO 事件所在的通道。另外，也可以获得选择器实例。所以，这是一个非常重要的中间类或者胶水类。

3.6.4　选择器的使用流程

选择器的使用主要有以下 3 步：

（1）获取选择器实例。选择器实例是通过调用静态工厂方法 open()来获取的，具体如下：

```
//调用静态工厂方法 open()来获取 Selector 实例
Selector selector = Selector.open();
```

Selector 的类方法 open()的内部是向选择器 SPI 发出请求，通过默认的 SelectorProvider（选择器提供者）对象获取一个新的选择器实例。Java 中的 SPI（Service Provider Interface，服务提供者接口）是 JDK 的一种可以扩展的服务提供和发现机制。Java 通过 SPI 的方式提供选择器的默认实现版本。也就是说，其他的服务提供商可以通过 SPI 的方式提供定制化版本的选择器的动态替换或者扩展。

（2）将通道注册到选择器实例中。要实现选择器管理通道，需要将通道注册到相应的选择器上，简单的示例代码如下：

```
//获取通道
ServerSocketChannel serverSocketChannel = ServerSocketChannel.open();
//设置为非阻塞
serverSocketChannel.configureBlocking(false);
//绑定连接
serverSocketChannel.bind(new InetSocketAddress(18899));
//将通道注册到选择器上，并制定监听事件为“接受连接”事件
serverSocketChannel.register(selector, SelectionKey.OP_ACCEPT);
```

上面通过调用通道的 register()方法将 ServerSocketChannel 通道注册到一个选择器上。当然，在注册之前，首先需要准备好通道。

这里需要注意：注册到选择器的通道必须处于非阻塞模式，否则将抛出 IllegalBlockingModeException 异常。这意味着，FileChannel 不能与选择器一起使用，因为 FileChannel 只有阻塞模式，不能切换到非阻塞模式；而 Socket 相关的所有通道都可以。其次，一个通道并不一定要支持所有的 4 种 IO 事件。例如，服务器监听通道 ServerSocketChannel 仅仅支持 Accept（接受新连接）IO 事件，而传输通道 SocketChannel 则不同，它不支持 Accept 类型的 IO 事件。

如何判断通道支持哪些事件呢？可以在注册之前通过通道的 validOps()方法来获取该通道所有支持的 IO 事件集合。

（3）选出感兴趣的 IO 就绪事件（选择键集合）。通过 Selector 选择器的 select()方法选出已经注册的、已经就绪的 IO 事件，并且保存到 SelectionKey 集合中。SelectionKey 集合保存在选择器实例内部，其元素为 SelectionKey 类型实例。调用选择器的 selectedKeys()方法可以取得选择键集合。

接下来，迭代集合的每一个选择键，根据具体 IO 事件类型执行对应的业务操作。大致的处理流程如下：

```
//轮询，选择感兴趣的 IO 就绪事件（选择键集合）
while (selector.select() > 0) {
    Set selectedKeys = selector.selectedKeys();
    Iterator keyIterator = selectedKeys.iterator();
    while(keyIterator.hasNext()) {
        SelectionKey key = keyIterator.next();
        //根据具体的 IO 事件类型执行对应的业务操作
        if(key.isAcceptable()) {
          // IO 事件：ServerSocketChannel 服务器监听通道有新连接
        } else if (key.isConnectable()) {
          // IO 事件：传输通道连接成功
        } else if (key.isReadable()) {
          // IO 事件：传输通道可读
```

```
        } else if (key.isWritable()) {
          // IO 事件：传输通道可写
        }
        //处理完成后，移除选择键
        keyIterator.remove();
    }
}
```

处理完成后，需要将选择键从这个 SelectionKey 集合中移除，以防止下一次循环时被重复处理。SelectionKey 集合不能添加元素，如果试图向 SelectionKey 中添加元素，将抛出 java.lang.UnsupportedOperationException 异常。

用于选择就绪的 IO 事件的 select()方法有多个重载的实现版本，具体如下：

（1）select()：阻塞调用，直到至少有一个通道发生了注册的 IO 事件。

（2）select(long timeout)：和 select()一样，但最长阻塞时间为 timeout 指定的毫秒数。

（3）selectNow()：非阻塞，无论有没有 IO 事件都会立刻返回。

select()方法的返回值的是整数类型（int），表示发生了 IO 事件的数量，即从上一次 select 到这一次 select 之间有多少通道发生了 IO 事件，更加准确地说是指发生了选择器感兴趣（注册过）的 IO 事件数。

3.6.5 使用 NIO 实现 Discard 服务器的实战案例

Discard 服务器的功能很简单：仅读取客户端通道的输入数据，读取完成后直接关闭客户端通道，并且读取到的数据直接抛弃（Discard）。Discard 服务器足够简单明了，作为第一个学习 NIO 的通信实例比较有参考价值。

下面的 Discard 服务器代码将选择器使用步骤进行了进一步细化：

```
package com.crazymakercircle.iodemo.NioDiscard;
...
public class NioDiscardServer {
   public static void startServer() throws IOException {
       //1.获取选择器
       Selector selector = Selector.open();
       //2.获取通道
       ServerSocketChannel serverSocketChannel =
ServerSocketChannel.open();
       //3.设置为非阻塞
       serverSocketChannel.configureBlocking(false);
       //4.绑定连接
       serverSocketChannel.bind(newInetSocketAddress(18899));
       Logger.info("服务器启动成功");
       //5.将通道注册的“接受新连接”IO 事件注册到选择器上
       serverSocketChannel.register(selector,
 SelectionKey.OP_ACCEPT);
       //6.轮询感兴趣的 IO 就绪事件（选择键集合）
       while (selector.select() > 0) {
           //7.获取选择键集合
           Iterator<SelectionKey> selectedKeys =
                           selector.selectedKeys().iterator();

           while (selectedKeys.hasNext()) {
               //8.获取单个选择键并处理
```

```
                SelectionKey selectedKey = selectedKeys.next();
                //9.判断 key 具体是什么事件
                if (selectedKey.isAcceptable()) {

                    //10.若选择键的 IO 事件是“连接就绪”事件，就获取客户端连接
                    SocketChannel socketChannel =
 serverSocketChannel.accept();
                    //11.将新连接切换为非阻塞模式
                    socketChannel.configureBlocking(false);
                    //12.将该新连接的通道的可读事件注册到选择器上
                    socketChannel.register(selector,
SelectionKey.OP_READ);

                } else if (selectedKey.isReadable()) {

                    //13.若选择键的 IO 事件是“可读”事件，则读取数据
                    SocketChannelsocketChannel =
                            (SocketChannel) selectedKey.channel();

                    //14.读取数据，然后丢弃
                    ByteBufferbyteBuffer = ByteBuffer.allocate(1024);
                    int length = 0;
                    while ((length =
socketChannel.read(byteBuffer)) >0)
                        {
                        byteBuffer.flip();
              Logger.info(new String(byteBuffer.array(), 0, length));
                        byteBuffer.clear();
                    }
                    socketChannel.close();
                }
                //15.移除选择键
                selectedKeys.remove();
            }
        }
        //16.关闭连接
        serverSocketChannel.close();
    }
    public static void main(String[] args) throws IOException {
        startServer();
    }
}
```

实现 DiscardServer 丢弃服务一共分为 16 步，其中第 7~15 步是循环执行的，不断查询，将感兴趣的 IO 事件查询到选择键集合中，然后通过 selector.selectedKeys()获取该选择键集合，并且进行迭代处理。在事件处理过程中，对于新建立的 socketChannel 客户端传输通道，也要注册到同一个选择器上，这样就能使用同一个选择线程不断对所有的注册通道进行选择键的查询。

在 DiscardServer 程序中，涉及两次选择器注册：一次是注册 serverChannel 服务器通道；另一次是注册接收的 socketChannel 客户端传输通道。serverChannel 所注册的是新连接的 IO 事件 SelectionKey.OP_ACCEPT；socketChannel 所注册的是可读 IO 事件 SelectionKey.OP_READ。

注册完成后如果有事件发生，则 DiscardServer 在对选择键进行处理时先判断类型，然后进行相应的处理：

（1）如果是 SelectionKey.OP_ACCEPT 新连接事件类型，则代表 serverChannel 接受新的客户端连接，发生了新连接事件，通过服务器通道的 accept 方法获取新的 socketChannel 传输通道，并

且将新通道注册到选择器中。

（2）如果是 SelectionKey.OP_READ 可读事件类型，则代表某个客户端通道有数据可读，读取选择键中 socketChannel 传输通道的数据进行业务处理，这里是直接丢弃数据。

客户端首先建立到服务器的连接，发送一些简单的数据，然后直接关闭连接。客户端的 DiscardClient 代码更为简单，代码如下：

```
package com.crazymakercircle.iodemo.NioDiscard;
...
public class NioDiscardClient {
    public static void startClient() throws IOException {
        InetSocketAddress address =
new InetSocketAddress("127.0.0.1",18899);
        //1.获取通道
        SocketChannel socketChannel = SocketChannel.open(address);
        //2.切换成非阻塞模式
        socketChannel.configureBlocking(false);
        //不断地自旋、等待连接完成，或者做一些其他的事情
        while (!socketChannel.finishConnect()) {
        }
        Logger.info("客户端连接成功");
        //3.分配指定大小的缓冲区
        ByteBuffer byteBuffer = ByteBuffer.allocate(1024);
        byteBuffer.put("hello world".getBytes());
        byteBuffer.flip();
        //发送到服务器
        socketChannel.write(byteBuffer);
        socketChannel.shutdownOutput();
        socketChannel.close();
    }
    public static void main(String[] args) throws IOException {
        startClient();
    }
}
```

说明 如果需要执行整个 Discard 演示程序，首先要执行前面的 NioDiscardServer 服务端程序，然后才能执行本客户端程序。

通过 Discard 服务器的开发实践，读者对 NIO Selector 的使用流程应该了解得非常清楚了。下面来看一个稍微复杂一点的案例：在服务端接收文件和内容。

3.6.6 使用 SocketChannel 在服务端接收文件的实战案例

本示例演示文件的接收，是服务端的程序，和前面介绍的文件发送的 SocketChannel 客户端程序是相互配合使用的。由于在服务端需要用到选择器，因此直到此处完成了选择器相关知识的介绍之后，才开始介绍 NIO 文件传输的 Socket 服务端程序。服务端接收文件的示例代码如下：

```
package com.crazymakercircle.iodemo.socketDemos;
//省略 import
/**
 * 文件传输 Server 端
 * Created by 尼恩@疯狂创客圈
 */
public class NioReceiveServer
```

```
{

    //接收文件路径
    private static final String RECEIVE_PATH =
NioDemoConfig.SOCKET_RECEIVE_PATH;

    private Charset charset = Charset.forName("UTF-8");

    /**
     * 服务端保存的客户端对象，对应一个客户端文件
     */
    static class Client
    {
        //文件名称
        String fileName;
        //长度
        long fileLength;

        //开始传输的时间
        long startTime;

        //客户端的地址
        InetSocketAddress remoteAddress;

        //输出的文件通道
        FileChannel outChannel;

        //接收长度
        long receiveLength;

        public boolean isFinished()
        {
            return receiveLength >= fileLength;
        }
    }

    private ByteBuffer buffer
            = ByteBuffer.allocate(NioDemoConfig.SERVER_BUFFER_SIZE);

    //使用 Map 保存每个客户端传输
    //当 OP_READ 通道可读时，根据 Channel 找到对应的对象
    Map<SelectableChannel, Client> clientMap =
new HashMap<SelectableChannel, Client>();


    public void startServer() throws IOException
    {
        //1.获取 Selector 选择器
        Selector selector = Selector.open();

        //2.获取通道
        ServerSocketChannel serverChannel =
ServerSocketChannel.open();
        ServerSocket serverSocket = serverChannel.socket();

        //3.设置为非阻塞
        serverChannel.configureBlocking(false);
        //4.绑定连接
        InetSocketAddress address
                = new InetSocketAddress(18899);
        serverSocket.bind(address);
```

```
        //5.将通道注册到选择器上，并且注册的IO事件为"接受新连接"
        serverChannel.register(selector, SelectionKey.OP_ACCEPT);
        Print.tcfo("serverChannel is listening...");
        //6.轮询感兴趣的IO就绪事件（选择键集合）
        while (selector.select() > 0)
        {
            //7.获取选择键集合
            Iterator<SelectionKey> it = selector.selectedKeys().iterator();
            while (it.hasNext())
            {
                //8.获取单个选择键并处理
                SelectionKey key = it.next();

                //9.判断key具体是什么事件，是否为新连接事件
                if (key.isAcceptable())
                {
                    //10.若接受的事件是"新连接"事件，就获取客户端新连接
                  ServerSocketChannel server = (ServerSocketChannel) key.channel();
                    SocketChannel socketChannel = server.accept();
                    if (socketChannel == null) continue;
                    //11.客户端新连接，切换为非阻塞模式
                    socketChannel.configureBlocking(false);
                    //12.将客户端新连接通道注册到selector选择器上
                    SelectionKey selectionKey =socketChannel.register(selector,
SelectionKey.OP_READ);
                    //余下为业务处理
                    Client client = new Client();
                    client.remoteAddress  = (InetSocketAddress) socketChannel.
getRemoteAddress();
                    clientMap.put(socketChannel, client);
      Logger.debug(socketChannel.getRemoteAddress() + "连接成功...");

                } else if (key.isReadable())
                {
                    processData(key);
                }
                //NIO的特点只会累加，已选择的键的集合不会删除
                //如果不删除，下一次又会被select函数选中
                it.remove();
            }
        }
    }

    /**
     * 处理客户端传输过来的数据
     */
    private void processData(SelectionKey key) throws IOException
    {
        Client client = clientMap.get(key.channel());

        SocketChannel socketChannel = (SocketChannel) key.channel();
        int num = 0;
        try
        {
            buffer.clear();
            while ((num = socketChannel.read(buffer)) > 0)
            {
                buffer.flip();
                //客户端发送过来的，首先处理文件名
                if (null == client.fileName)
                {
```

```
            if (buffer.capacity() < 4)
            {
                continue;
            }
            int fileNameLen = buffer.getInt();
            byte[] fileNameBytes = new byte[fileNameLen];
            buffer.get(fileNameBytes);

            //文件名
        String fileName = new String(fileNameBytes, charset);

            File directory = new File(RECEIVE_PATH);
            if (!directory.exists())
            {
                directory.mkdir();
            }
            Logger.info("NIO  传输目标dir: ", directory);

            client.fileName = fileName;
            String fullName = directory.getAbsolutePath() + File.separatorChar +
fileName;
            Logger.info("NIO  传输目标文件: ", fullName);

            File file = new File(fullName.trim());

            if (!file.exists())
            {
                file.createNewFile();
            }
            FileChannel fileChannel = new FileOutputStream(file).getChannel();
            client.outChannel = fileChannel;

            if (buffer.capacity() < 8)
            {
                continue;
            }
            //文件长度
            long fileLength = buffer.getLong();
            client.fileLength = fileLength;
            client.startTime = System.currentTimeMillis();
            Logger.debug("NIO  传输开始: ");

            client.receiveLength += buffer.capacity();
            if (buffer.capacity() > 0)
            {
                //写入文件
                client.outChannel.write(buffer);
            }
            if (client.isFinished())
            {
                finished(key, client);
            }
            buffer.clear();
        }
        //客户端发送过来的，最后是文件内容
        else
        {
            client.receiveLength += buffer.capacity();
            //写入文件
            client.outChannel.write(buffer);
```

```
                    if (client.isFinished())
                    {
                        finished(key, client);
                    }
                    buffer.clear();
                }

            }
            key.cancel();
        } catch (IOException e)
        {
            key.cancel();
            e.printStackTrace();
            return;
        }
        // 调用 close 为-1，到达末尾
        if (num == -1)
        {
            finished(key, client);
            buffer.clear();
        }
    }

    private void finished(SelectionKey key, Client client)
    {
        IOUtil.closeQuietly(client.outChannel);
        Logger.info("上传完毕");
        key.cancel();
        Logger.debug("文件接收成功,File Name: " + client.fileName);
        Logger.debug(" Size: " + IOUtil.getFormatFileSize(client.fileLength));
        long endTime = System.currentTimeMillis();
        Logger.debug("NIO IO 传输毫秒数: " + (endTime - client.startTime));
    }


    /**
     * 入口
     */
    public static void main(String[] args) throws Exception
    {
        NioReceiveServer server = new NioReceiveServer();
        server.startServer();
    }
}
```

客户端每次传输文件都会分为多次传输：首先传入文件名称，其次是文件大小，然后是文件内容。

对应每一个客户端 socketChannel，创建一个客户端对象，用于保存客户端状态，分别保存文件名、文件大小和写入的目标文件通道 outChannel。

socketChannel 和 Client 对象之间是一对一的对应关系：建立连接时，以键-值对的形式保存 Client 实例在 map 中，其中 socketChannel 作为键（Key），Client 对象作为值（Value）。当 socketChannel 传输通道有数据可读时，通过选择键 key.channel()方法取出 IO 事件所在 socketChannel 通道，然后通过 socketChannel 通道从 map 中取到对应的 Client 对象。

接收到数据时，如果文件名为空，就先处理文件名称，并把文件名保存到 Client 对象，同时创建服务器上的目标文件；接下来读取到数据，说明接收到了文件大小，把文件大小保存到 Client

对象中；接下来接收到数据，说明是文件内容，写入 Client 对象的 outChannel 文件通道中，直到数据读取完毕。

运行方式是先启动这个 NioReceiveServer 服务器程序，再启动前面介绍的客户端程序 NioSendClient，完成文件的传输。

由于 NIO 传输是非阻塞的、异步的，因此在传输过程中会出现“粘包”和“半包”问题。正因为这个原因，无论是前面的 NIO 文件传输实例还是 Discard 服务器程序，都会在传输过程中出现异常现象（偶现）。由于以上实例在生产过程中不会使用，仅仅是为了读者学习 NIO 的知识，因此没有为了解决“粘包”和“半包”问题而将代码编写得很复杂。

说明 很多小伙伴在“疯狂创客圈”社群的交流群反馈：在执行以上实例时，传输过程中会出现异常现象——部分内容传输出错。其实并不是程序问题，而是传输过程中发生了“粘包”和“半包”问题。后面的章节会专门介绍“粘包”和“半包”问题及其根本性的解决方案。

第 4 章 鼎鼎大名的 Reactor 模式

本书的原则是从基础讲起，而 Reactor（反应器）模式是高性能网络编程在设计和架构层面的基础模式，算是基础的原理性知识。只有彻底了解反应器的原理，才能真正构建好高性能的网络应用，轻松地学习和掌握高并发通信服务器与框架（如 Netty 框架、Nginx 服务器）。

正因为 Reactor 模式是高并发的重要基础原理，所以该模式也是 BAT 级别大公司必不可少的面试题。

4.1 Reactor 模式的重要性

在详细介绍什么是 Reactor 模式之前，首先说明一下它的重要性。

到目前为止，高性能网络编程都绕不开 Reactor 模式。很多著名的服务器软件或者中间件都是基于 Reactor 模式实现的。例如，“全宇宙最有名的、最高性能”的 Web 服务器 Nginx 就是基于 Reactor 模式的；如雷贯耳的 Redis，作为高性能的缓存服务器之一，也是基于 Reactor 模式的；目前热门的在开源项目中应用极为广泛的高性能通信中间件 Netty，还是基于 Reactor 模式的。

从开发的角度来说，要完成和胜任高性能的服务器开发，Reactor 模式是必须学会和掌握的。从学习的角度来说，Reactor 模式相当于高性能、高并发的一项非常重要的基础知识，只有掌握了它，才能真正理解和掌握 Nginx、Redis、Netty 等这些大名鼎鼎的中间件技术。正因为如此，在大的互联网公司（如阿里巴巴、腾讯、京东）的面试过程中，Reactor 模式相关的问题是经常出现的面试题。

总之，Reactor 模式是高性能网络编程必知、必会的模式。

4.1.1 为什么首先学习 Reactor 模式

本书的目标是基于 Netty 开发高性能通信服务器。为什么在学习 Netty 之前首先要学习 Reactor

模式呢？

资深程序员都知道，Java 程序不是按照顺序执行的逻辑来组织的。代码中所用到的设计模式，在一定程度上已经演变成了代码的组织方式。越是高水平的 Java 代码，抽象的层次越高，到处都是高度抽象和面向接口的调用，大量用到继承、多态、设计模式。

在阅读别人的源代码时，如果不了解代码所使用的设计模式，往往会晕头转向，不知身在何处，对代码跟踪和阅读都很成问题。反过来，如果先掌握了代码的设计模式，再去阅读代码，其过程就会变得很轻松，代码也就不会那么难懂了。

当然，在编写代码时，如果不能熟练地掌握设计模式，也很难写出高水平的 Java 代码。

本书的重要使命之一就是帮助读者学习和掌握高并发通信（包括 Netty 框架）。Netty 本身很抽象，大量应用了设计模式。所以，学习像 Netty 这样的“精品中的精品”框架也需要先从设计模式入手，而 Netty 的整体架构是基于 Reactor 模式的。

所以，学习和掌握 Reactor 模式，对于开始学习高并发通信（包括 Netty 框架）的人来说，一定是磨刀不误砍柴工。

4.1.2 Reactor 模式简介

本书站在巨人的肩膀上，引用一下 Doug Lea 大师在文章 *Scalable IO in Java* 中对反应器模式的定义，具体如下：

Reactor 模式由 Reactor 线程、Handlers 处理器两大角色组成，两大角色的职责分别如下：

（1）Reactor 线程的职责：负责响应 IO 事件，并且分发到 Handlers 处理器。

（2）Handlers 处理器的职责：非阻塞地执行业务处理逻辑。

说明 Doug Lea 是一位让人无限景仰的大师，是 Java 中 Concurrent 并发包（简称 JUC 包）的作者。Concurrent 并发包的原理和使用是一个 Java 工程师必备的基础知识，有关其具体内容请参阅本书的下一卷《Java 高并发核心编程 卷 2（加强版）：多线程、锁、JMM、JUC、高并发设计模式》。

从上面的 Reactor 模式定义中看不出这种模式有什么神奇的地方。

Reactor 线程负责多路 IO 事件的查询，然后分发到一个或者多个 Handler 处理器完成 IO 处理，所以，Reactor 模式也叫 Dispatcher 模式。总之，Reactor 模式和操作系统底层的 IO 多路复用模型相互结合，是编写高性能网络服务器的必备技术之一。

说明 IO 多路复用模型是一种 IO 模型，是和同步阻塞 IO 模型、同步非阻塞 IO 模型、异步 IO 模型相对而言的。Reactor 模式是一种线程模型，是和 Connection Per Thread 模式相对的概念。高性能传输框架 Netty 就是基于 Reactor 线程模式+多路复用 IO 模型而设计和实现的基础中间件。

当然，从简单到复杂，Reactor 模式也有很多版本，前面的定义仅仅是 Reactor 模式最为简单的一个版本。如果需要彻底了解 Reactor 模式，还得从最原始的 OIO 编程开始讲起。

4.1.3　多线程 OIO 的致命缺陷

在 Java 的 OIO 编程中，最原始的网络服务器程序一般使用一个 while 循环不断地监听端口是否有新的连接。如果有，就调用一个处理函数来完成传输处理，示例代码如下：

```
while(true){
    socket = accept();  //阻塞，接受连接
    handle(socket) ;    //读取数据、业务处理、写入结果
}
```

这种方法的最大问题是：如果前一个网络连接的 handle(socket)没有处理完，那么后面的新连接没法被服务端接受，于是后面的请求就会被阻塞，这样就导致服务器的吞吐量太低。这对于服务器来说是一个严重的问题。

为了解决这个严重的连接阻塞问题，出现了一个极为经典的模式：Connection Per Thread（一个线程处理一个连接）模式。示例代码如下：

```
package com.crazymakercircle.iodemo.OIO;
//省略 import 导入的 Java 类
class ConnectionPerThread implements Runnable {
    public void run() {
        try {
            //服务器监听 Socket
            ServerSocketserverSocket =
                    new ServerSocket(NioDemoConfig.SOCKET_SERVER_PORT);
            while (!Thread.interrupted()) {
                Socket socket = serverSocket.accept();
                //接受一个连接后，为 Socket 连接新建一个专属的处理器对象
                Handler handler = new Handler(socket);
                //创建新线程，专门负责一个连接的处理
                new Thread(handler).start();
            }

        } catch (IOException ex) { /* 处理异常 */ }
    }
    //处理器，这里将内容回显到客户端
    static class Handler implements Runnable {
        final Socket socket;
        Handler(Socket s) {
            socket = s;
        }
        public void run() {
            while (true) {
                try {
                    byte[] input = new byte[1024];
                    /* 读取数据 */
                    socket.getInputStream().read(input);
                    /* 处理业务逻辑，获取处理结果*/
                    byte[] output =null;
                    /* 写入结果 */
                    socket.getOutputStream().write(output);
                } catch (IOException ex) { /*处理异常*/ }
            }
        }
    }
}
```

以上示例代码中，对于每一个新的网络连接都分配一个线程。每个线程都独自处理自己负责

的 Socket 连接的输入和输出。当然，服务器的监听线程也是独立的，任何 Socket 连接的输入和输出处理都不会阻塞后面新 Socket 连接的监听和建立，这样服务器的吞吐量就得到了提升。早期版本的 Tomcat 服务器就是这样实现的。

Connection Per Thread 模式的优点是解决了前面的新连接被严重阻塞的问题，在一定程度上较大地提高了服务器的吞吐量。

Connection Per Thread 模式的缺点是对应大量的连接，需要耗费大量的线程资源，对线程资源的要求太高。在系统中，线程是比较昂贵的系统资源。如果线程的数量太多，系统就会无法承受。而且，线程的反复创建、销毁、切换也需要代价。因此，在高并发的应用场景下，多线程 OIO 的缺陷是致命的。

新的问题来了：如何减少线程数量，比如让一个线程同时负责处理多个 Socket 连接的输入和输出，行不行？看上去没有什么不可以，实际上作用不大。因为在传统 OIO 编程中，每一次 Socket 传输的 IO 读写处理都是阻塞的。在同一时刻，一个线程中只能处理一个 Socket 的读写操作，前一个 Socket 操作被阻塞了，其他连接的 IO 操作同样无法被并行处理。所以，在 OIO 中，即使是一个线程同时负责处理多个 Socket 连接的输入和输出，同一时刻该线程也只能处理一个连接的 IO 操作。

如何解决 Connection Per Thread 模式的巨大缺陷呢？一个有效途径是使用 Reactor 模式。用 Reactor 模式对线程的数量进行控制，做到一个线程处理大量的连接。那么它是如何做到呢？首先来看简单的版本——单线程 Reactor 模式。

4.2 单线程 Reactor 模式

总体来说，Reactor 模式有点类似事件驱动模式。在事件驱动模式中，当有事件触发时，事件源会将事件分发到 Handler（处理器），由 Handler 负责事件处理。Reactor 模式中的反应器角色类似于事件驱动模式中的事件分发器（Dispatcher）角色。

具体来说，在 Reactor 模式中有 Reactor 和 Handler 两个重要的组件：

（1）Reactor：负责查询 IO 事件，当检测到一个 IO 事件时将其发送给相应的 Handler 处理器去处理。这里的 IO 事件就是 NIO 中选择器查询出来的通道 IO 事件。

（2）Handler：与 IO 事件（或者选择键）绑定，负责 IO 事件的处理，完成真正的连接建立、通道的读取、处理业务逻辑、负责将结果写到通道等。

4.2.1 什么是单线程 Reactor

什么是单线程版本的 Reactor 模式呢？简单地说，Reactor 和 Handers 处于一个线程中执行。它是最简单的反应器模型，如图 4-1 所示。

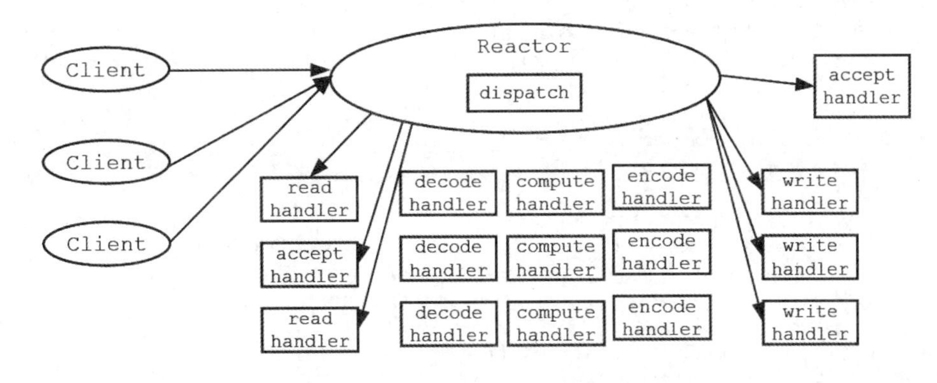

图 4-1 单线程 Reactor 模式

基于 Java NIO 如何实现简单的单线程版本的 Reactor 模式呢？需要用到 SelectionKey（选择键）的几个重要的成员方法：

（1）void attach(Object o)：将对象附加到选择键。

此方法可以将任何 Java POJO 对象作为附件添加到 SelectionKey 实例。此方法非常重要，因为单线程版本的 Reactor 模式实现时可以将 Handler 实例作为附件添加到 SelectionKey 实例。

（2）Object attachment()：从选择键获取附加对象。

此方法与 attach(Object o)是配套使用的，其作用是取出之前通过 attach(Object o)方法添加到 SelectionKey 实例的附加对象。这个方法同样非常重要，当 IO 事件发生时，选择键将被 select 方法查询出来，可以直接将选择键的附件对象取出。

在 Reactor 模式实现中，通过 attachment()方法取出的是之前通过 attach(Object o)方法绑定的 Handler 实例，然后通过该 Handler 实例完成相应的传输处理。

总之，在 Reactor 模式中，需要 attach 和 attachment 结合使用：在选择键注册完成之后，调用 attach()方法将 Handler 实例绑定到选择键；当 IO 事件发生时，调用 attachment()方法从选择键取出 Handler 实例，将事件分发到 Handler 处理器中完成业务处理。

4.2.2 单线程 Reactor 的参考代码

Doug Lea 在 *Scalable IO in Java* 一文中实现了单线程 Reactor 模式的参考代码。这里，我们站在巨人的肩膀上，借鉴 Doug Lea 的实现，对 Reactor 模式进行介绍。为了方便说明，本书对 Doug Lea 的参考代码进行一些适当的修改。具体的参考代码如下：

```
package com.crazymakercircle.ReactorModel;
//省略 import
//单线程 Reactor
class EchoServerReactor implements Runnable {
    Selector selector;
    ServerSocketChannel serverSocket;
    //构造函数
    EchoServerReactor() throws IOException {
        //省略：打开选择器、serverSocket 连接监听通道
        //注册 serverSocket 的 accept 新连接接受事件
        SelectionKey sk =serverSocket.register(selector,
```

```
SelectionKey.OP_ACCEPT);
        //将新连接处理器作为附件，绑定到 sk 选择键
        sk.attach(new AcceptorHandler());
    }

    public void run() {
        //选择器轮询
        try {
            while (!Thread.interrupted()) {
                selector.select();
                Set selected = selector.selectedKeys();
                Iterator it = selected.iterator();
                while (it.hasNext()) {
                   //反应器负责 dispatch 收到的事件
                    SelectionKey sk=it.next();
                    dispatch(sk);
                }
                selected.clear();
            }
        } catch (IOException ex) { ex.printStackTrace(); }
    }
    //反应器的分发事件
    void dispatch(SelectionKey k) {
        Runnable handler = (Runnable) (k.attachment());
        //调用之前绑定到选择键的 handler 对象
        if (handler != null) {
            handler.run();
        }
    }
    //处理器：处理新连接
    class AcceptorHandler implements Runnable {
        public void run() {
            //接受新连接
            SocketChannel channel = serverSocket.accept();
            //需要为新连接创建一个输入输出的 Handler
             if (channel != null)
                   new EchoHandler(selector, channel);
  }
    }
    ...
}
```

在上面的代码中设计了一个 Handler，叫作 AcceptorHandler 处理器，它是一个内部类。在注册 serverSocket 服务监听连接的接受事件之后，创建一个 AcceptorHandler 新连接处理器的实例作为附件，被附加（attach）到了 SelectionKey 中。

```
//注册 serverSocket 的新连接接受（accept）事件
SelectionKeysk =serverSocket.register(selector,
SelectionKey.OP_ACCEPT);
//将新连接处理器作为附件，绑定到 sk 选择键
sk.attach(new AcceptorHandler());
```

当新连接事件发生后，取出之前 attach 到 SelectionKey 中的 Handler 业务处理器进行 Socket 的各种 IO 处理。

```
void dispatch(SelectionKey k) {
    Runnable r = (Runnable) (k.attachment());
    //调用之前绑定到选择键的处理器对象
    if (r != null) {
       r.run();
```

```
    }
}
```

处理器 AcceptorHandler 的两大职责是完成新连接的接受工作、为新连接创建一个负责数据传输的 Handler（称之为 EchoHandler）。

```
//新连接处理器
class AcceptorHandler implements Runnable {
    public void run() {
     //接受新连接
      SocketChannel channel = serverSocket.accept();
      //需要为新连接创建一个输入输出的 handler
      if (channel != null)  new EchoHandler(selector, channel);   }
}
```

顾名思义，EchoHandler 负责 Socket 连接的数据输入、业务处理、结果输出。该处理器的示例代码大致如下：

```
package com.crazymakercircle.ReactorModel;
//负责数据传输的 Handler 处理器
class EchoHandler implements Runnable {
    final SocketChannel channel;
    final SelectionKey sk;
    IOHandler (Selector selector, SocketChannel c) {
        channel = c;
        c.configureBlocking(false);
        //与之前的注册方式不同，先仅仅取得选择键，之后再单独设置感兴趣的 IO 事件
        sk = channel.register(selector, 0);  //仅仅取得选择键
        //将 Handler 处理器作为选择键的附件
        sk.attach(this);
        //注册读写就绪事件
        sk.interestOps(SelectionKey.OP_READ|SelectionKey.OP_WRITE);
    }
    public void run()  {
    //处理输入和输出
   }
}
```

在传输处理器 EchoHandler 的构造器中，有两点比较重要：

（1）将新的 SocketChannel 传输通道注册到 Reactor 类的同一个选择器中。这样保证了 Reactor 在查询 IO 事件时，能查询到 Handler 注册到选择器的 IO 事件（数据传输事件）。

（2）Channel 传输通道注册完成后，将 EchoHandler 实例自身作为附件附加到选择键中。这样，在 Reactor 类分发事件（选择键）时，能执行到 IOHandler 的 run()方法，完成数据传输处理。

如果由于上面的示例代码过于复杂而导致不能被快速地理解，可以参考下面的 EchoServer 回显服务器实例，自己动手开发一个可以执行的单线程反应器实例。

接下来，基于上面介绍的单线程版本的 Reactor 模式实现一个 EchoServer 回显服务器实例。

4.2.3 单线程 Reactor 模式的 EchoServer 实战案例

EchoServer 的功能很简单：读取客户端的输入并回显到客户端，所以也叫回显服务器。基于 Reactor 模式来实现，设计 3 个重要的类：

（1）设计一个反应器类：EchoServerReactor 类。

（2）设计两个处理器类：AcceptorHandler 新连接处理器、EchoHandler 回显处理器。

反应器类 EchoServerReactor 的实现思路和前面的示例代码基本上相同，具体如下：

```
package com.crazymakercircle.ReactorModel;
//省略 import
//反应器
class EchoServerReactor implements Runnable {
    Selector selector;
    ServerSocketChannel serverSocket;

    //构造器
    EchoServerReactor() throws IOException {
        //省略：获取选择器、开启 serverSocket 服务监听通道
            //省略：绑定 AcceptorHandler 新连接处理器到 selectKey 选择键
    }
    //轮询和分发事件
    public void run() {
        try {
            while (!Thread.interrupted()) {
                selector.select(1000);
                Set<SelectionKey> selected = selector.selectedKeys();
                if (null == selected || selected.size() == 0) {
                    continue;
                }
                Iterator<SelectionKey> it = selected.iterator();
                while (it.hasNext()) {
                    //反应器负责 dispatch 收到的事件
                    SelectionKey sk = it.next();
                    dispatch(sk);
                }
                selected.clear();
            }
        } catch (IOException ex) {
            ex.printStackTrace();
        }
    }
    //反应器的事件分发
    void dispatch(SelectionKeysk) {
        Runnable handler = (Runnable) sk.attachment();
        //调用之前，附加绑定到选择键的 handler 对象
        if (handler != null) {
            handler.run();
        }
    }

    // Handler 之一：新连接处理器
    class AcceptorHandler implements Runnable {
        public void run() {
            try {
                SocketChannel channel = serverSocket.accept();
                if (channel != null)
                    new EchoHandler(selector, channel);
            } catch (IOException e) {
                e.printStackTrace();
            }
        }
    }

    public static void main(String[] args) throws IOException {
        new Thread(new EchoServerReactor()).start();
```

```
    }
}
```

第二个处理器为 EchoHandler 回显处理器，也是一个传输处理器，主要完成客户端的内容读取和回显，具体如下：

```
import com.crazymakercircle.util.Logger;
...
class EchoHandler implements Runnable {
    final SocketChannel channel;
    final SelectionKey sk;
    final ByteBuffer byteBuffer = ByteBuffer.allocate(1024);
   //处理器实例的状态：发送和接收，一个连接对应一个处理器实例
    static final int RECIEVING = 0, SENDING = 1;
    int state = RECIEVING;
    //构造器
    EchoHandler(Selector selector, SocketChannel c)  {
        channel = c;
        c.configureBlocking(false);
        //取得选择键，再设置感兴趣的 IO 事件
        sk = channel.register(selector, 0);
        //将 Handler 自身作为选择键的附件，一个连接对应一个处理器实例
        sk.attach(this);
        //注册 Read 就绪事件
        sk.interestOps(SelectionKey.OP_READ);
        selector.wakeup();
    }

    public void run() {
        try {
            if (state == SENDING) {
                //发送状态，把数据写入连接通道
                channel.write(byteBuffer);
                //byteBuffer 切换成写入模式，写完后，就准备开始从通道读
                byteBuffer.clear();
                //注册 read 就绪事件，开始接收客户端数据
                sk.interestOps(SelectionKey.OP_READ);
                //修改状态，进入接收状态
                state = RECIEVING;
            } else if (state == RECIEVING) {
                //接收状态，从通道读取数据
                int length = 0;
                while ((length = channel.read(byteBuffer)) > 0) {
             Logger.info(new String(byteBuffer.array(), 0, length));
                }
                //读完后，翻转 byteBuffer 的读取模式
                byteBuffer.flip();
                //准备写数据到通道，注册 write 就绪事件
                sk.interestOps(SelectionKey.OP_WRITE);
                //注册完成后，进入发送状态
                state = SENDING;
            }
            //处理结束后， 这里不能关闭 select key，需要重复使用
            //sk.cancel();
        } catch (IOException ex) {
            ex.printStackTrace();
        }
    }
}
```

以上代码是一个基于 Reactor 模式的 EchoServer 回显服务器的完整实现。它是一个单线程版本的 Reactor 模式，Reactor 和所有的 Handler 实例都在同一条线程中执行。

运行 EchoServerReactor 类中的 main()方法，可以启动回显服务器。如果要看到具体的回显输出，还需要启动客户端程序。客户端的代码在同一个包下，其类名为 EchoClient，其主要职责为负责数据的发送。打开源代码工程，直接运行即可。由于篇幅原因，这里不再贴出客户端的代码。

4.2.4 单线程 Reactor 模式的缺点

单线程 Reactor 模式是基于 Java 的 NIO 实现的。相对于传统的多线程 OIO，Reactor 模式不再需要启动成千上万条线程，避免了线程上下文的频繁切换，服务端的效率自然大大提升了。

在单线程 Reactor 模式中，Reactor 和 Handler 都在同一条线程中执行。这样，带来了一个问题：当其中某个 Handler 阻塞时，会导致其他所有的 Handler 都得不到执行。在这种场景下，被阻塞的 Handler 不仅仅负责输入和输出处理的传输处理器，还负责新连接监听的 AcceptorHandler 处理器，可能导致服务器无响应。这是一个非常严重的缺陷，导致单线程反应器模型在生产场景中使用得比较少。

除此之外，目前的服务器都是多核的，单线程 Reactor 模式不能充分利用多核资源。总之，在高性能服务器应用场景中，单线程 Reactor 模式实际使用得很少。

4.3 多线程 Reactor 模式

Reactor 和 Handler 挤在一个线程会造成非常严重的性能缺陷，可以使用多线程来对基础的反应器模式进行改造和演进。

4.3.1 多线程版本的 Reactor 模式演进

多线程 Reactor 的演进分为两个方面：

（1）升级 Reactor。可以考虑引入多个 Selector（选择器），提升查询和分发大量通道的 IO 事件的能力。

（2）升级 Handler。既要使用多线程，又要尽可能高效率，则可以考虑使用线程池。

总体来说，多线程版本的 Reactor 模式大致如下：

（1）将负责数据传输处理的 IOHandler 处理器的执行放入独立的线程池中。这样，业务处理线程与负责新连接监听的反应器线程就能相互隔离，避免服务器的连接监听受到阻塞。

（2）如果服务器为多核的 CPU，可以将反应器线程拆分为多个子反应器（SubReactor）线程；同时，引入多个选择器，并且为每一个 SubReactor 引入一个线程，一个线程负责一个选择器的事件轮询。这样，充分释放了系统资源的能力，也大大提升了反应器管理大量连接或者监听大量传输通道的能力。

4.3.2　多线程版本的 Reactor 实战案例

在前面的回显服务器（EchoServerReactor）的基础上完成多线程反应器的升级。多线程反应器的实战案例设计如下：

（1）引入多个选择器。

（2）设计一个新的子反应器（SubReactor）类，子反应器负责查询一个选择器。

（3）开启多个处理线程，一个处理线程负责执行一个子反应器。

为了提升效率，这里由一个线程负责一个 SubReactor 的所有操作，避免多个线程负责一个选择器，导致需要进行线程同步，引起效率降低。

（4）进行 IO 事件的分类隔离。将新连接事件 OP_ACCEPT 的反应处理和普通的读（OP_READ）事件、写（OP_WRITE）事件反应处理进行分开隔离。

这里，专门用一个 SubReactor 负责新连接事件的查询和分发，防止耗时的 IO 操作导致新连接事件 OP_ACCEPT 查询发生延迟，这个专门的反应器也叫作 bossReactor，与之相对应的、负责 IO 事件的查询、分发的反应器叫作 workReactor。

（5）将 IO 事件的查询、分发和处理线程隔离。具体来说，就是将 Handler 的执行不放在 Reactor 绑定的线程上完成。实际上，在高并发、高性能的场景下，需要将耗时的处理与 IO 反应处理进行隔离，耗时的 Handler 需要在专门的线程上完成，避免 IO 反应处理被阻塞。

但是，这里为了不至于将 Demo 实现弄得非常复杂，暂时仅仅把业务 Handler 处理的工作交给独立的线程池去执行，并没有把 AcceptorHandler 的工作剥离给其他的线程去执行，仍然是在 Reactor 绑定的线程上完成。

多线程版本的 MultiThreadEchoServerReactor 的逻辑模型如图 4-2 所示。

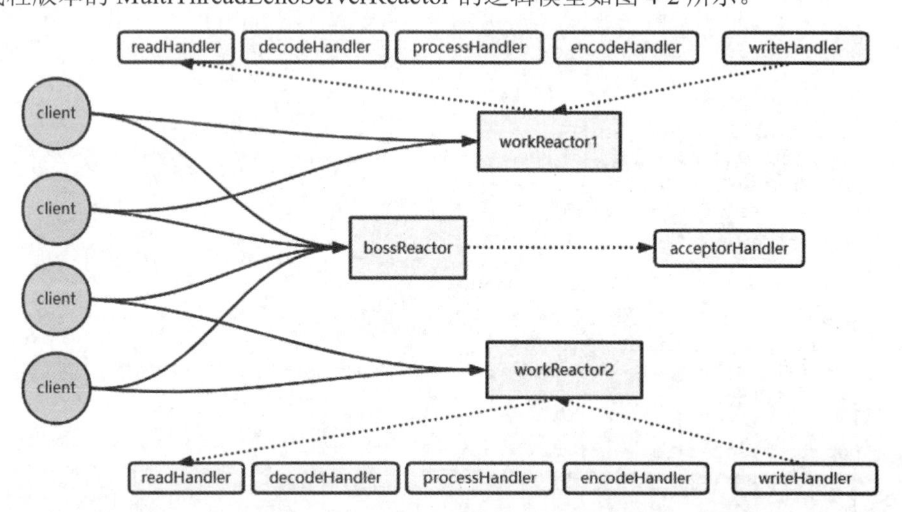

图 4-2　多线程版本的 MultiThreadEchoServerReactor 的逻辑模型

多线程版本反应器 MultiThreadEchoServerReactor 的参考代码大致如下：

```
package com.crazymakercircle.ReactorModel;
...
```

```
//多线程版本反应器
class MultiThreadEchoServerReactor {
    ServerSocketChannel serverSocket;
    AtomicInteger next = new AtomicInteger(0);
      //selectors 集合，引入多个选择器
    Selector[] workSelectors = new Selector[2];
    //引入多个子反应器
    Reactor[] workReactors = null;

 MultiThreadEchoServerReactor() throws IOException {

        //初始化多个选择器
        bossSelector = Selector.open();      //用于监听新连接事件
        workSelectors[0] = Selector.open(); //用于监听 read、write 事件
        workSelectors[1] = Selector.open(); //用于监听 read、write 事件
        serverSocket = ServerSocketChannel.open();

        InetSocketAddress address =
                new InetSocketAddress(NioDemoConfig.SOCKET_SERVER_IP,
                        NioDemoConfig.SOCKET_SERVER_PORT);
        serverSocket.socket().bind(address);
        serverSocket.configureBlocking(false);//非阻塞

        //bossSelector，负责监控新连接事件， 将 serverSocket 注册到 bossSelector
        SelectionKey sk = serverSocket.register(
bossSelector, SelectionKey.OP_ACCEPT);

        //绑定 Handler：新连接监控 handler 绑定到 SelectionKey（选择键）
        sk.attach(new AcceptorHandler());

        //bossReactor，处理新连接的 bossSelector
        bossReactor = new Reactor(bossSelector);

        //第一个子反应器，一个子反应器负责一个 worker 选择器
        Reactor workReactor1 = new Reactor(workSelectors[0]);
        //第二个子反应器，一个子反应器负责一个 worker 选择器
        Reactor workReactor2 = new Reactor(workSelectors[1]);
        workReactors = new Reactor[]{workReactor1, workReactor2};
    }

    private void startService() {
        //一个子反应器对应一条线程
        new Thread(bossReactor).start();
        new Thread(workReactors[0]).start();
        new Thread(workReactors[1]).start();
    }

    //子反应器，负责事件分发，但是不负责事件处理
    class Reactor implements Runnable {
        //每个线程负责一个选择器的查询
        final Selector selector;

        public Reactor(Selector selector) {
            this.selector = selector;
        }

        public void run() {
            try {
                while (!Thread.interrupted()) {
                    //单位为毫秒
                    selector.select(1000);
```

```
                Set<SelectionKey> selectedKeys = selector.selectedKeys();
                if (null == selectedKeys || selectedKeys.size() == 0) {
                    continue;
                }
                Iterator<SelectionKey> it = selectedKeys.iterator();
                while (it.hasNext()) {
                    //Reactor 负责 dispatch 收到的事件
                    SelectionKey sk = it.next();
                    dispatch(sk);
                }
                selectedKeys.clear();
            }
        } catch (IOException ex) {
            ex.printStackTrace();
        }
    }

    void dispatch(SelectionKey sk) {
        Runnable handler = (Runnable) sk.attachment();
        //调用之前 attach 绑定到选择键的 handler 处理器对象，执行事件处理
        if (handler != null) {
            handler.run();
        }
    }
}

//Handler: 新连接处理器
class AcceptorHandler implements Runnable {
    public void run() {
        try {
            SocketChannel channel = serverSocket.accept();
            Logger.info("接收到一个新的连接");

            if (channel != null) {
                int index = next.get();
                Logger.info("选择器的编号: " + index);
                Selector selector = workSelectors[index];
                new MultiThreadEchoHandler(selector, channel);
            }
        } catch (IOException e) {
            e.printStackTrace();
        }
        if (next.incrementAndGet() == workSelectors.length) {
            next.set(0);
        }
    }
```

上面是反应器的多线程版本演进代码，总共三个选择器：第一个选择器作为 boss 专门负责查询和分发新连接事件；第二个、第三个选择器作为 worker 专门负责查询和分发 IO 传输事件。

上面的代码创建了三个子反应器，一个 bossReactor 负责新连接事件的反应处理（查询、分发、处理），bossReactor 和 boss 选择器进行绑定；两个 workReactor 负责普通 IO 事件的查询和分发，分别绑定一个 worker 选择器。

服务端的监听通道注册到 boss 选择器，而所有的 Socket 传输通道通过轮询策略注册到 worker 选择器，从而实现了新连接监听和 IO 读写事件监听的线程分离。

接下来为读者演示一下 Handler 处理器的多线程演进。

4.3.3 多线程版本 Handler 的实战案例

仍然基于前面的单线程 Reactor 模式的回显处理器的程序代码加以改进，新的回显处理器为 MultiThreadEchoHandler。主要的升级是引入了一个线程池（ThreadPool），使得数据传输和业务处理的代码执行在独立的线程池中，做到 IO 处理以及业务处理线程和反应器 IO 事件轮询线程的完全隔离，如图 4-3 所示。

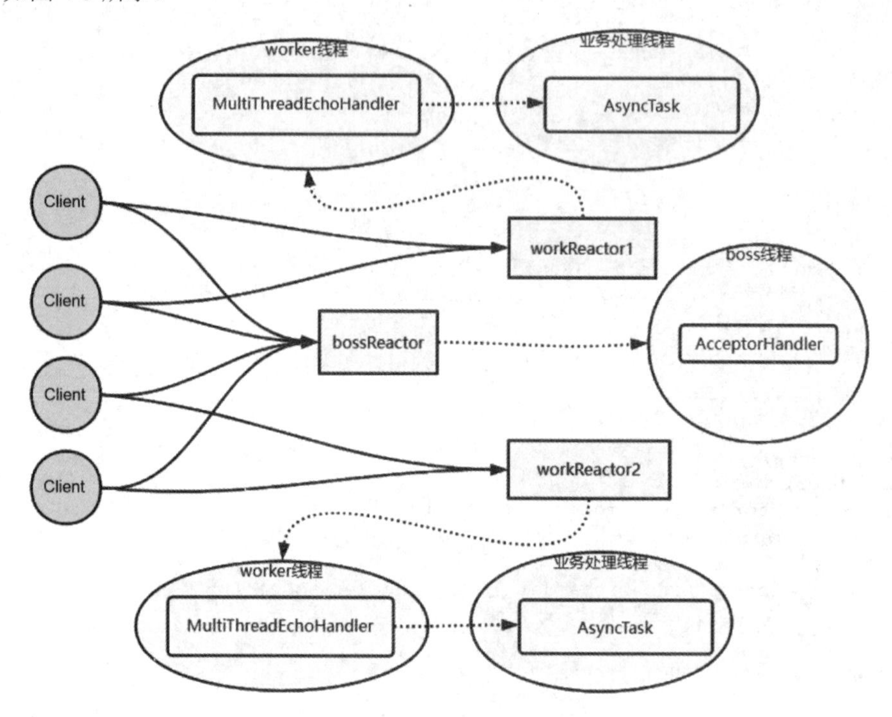

图 4-3 多线程版本 Handler 的逻辑模型

这个实战案例的代码如下：

```
class MultiThreadEchoHandler implements Runnable {
    final SocketChannel channel;
    final SelectionKey sk;
    final ByteBuffer byteBuffer = ByteBuffer.allocate(1024);
    static final int RECIEVING = 0, SENDING = 1;
    int state = RECIEVING;
    //引入线程池
    static ExecutorService pool = Executors.newFixedThreadPool(4);
    //构造器
    MultiThreadEchoHandler(Selector selector, SocketChannel c) throws IOException {
        channel = c;
        channel.configureBlocking(false);
        channel.setOption(StandardSocketOptions.TCP_NODELAY, true);
        //先取得选择键，再设置感兴趣的 IO 事件
        sk = channel.register(selector, 0);
        //将本 Handler 作为 sk 选择键的附件，方便事件 dispatch
        sk.attach(this);
        //向 sk 选择键注册 Read 就绪事件
        sk.interestOps(SelectionKey.OP_READ);
        //唤醒选择，使得 OP_READ 生效
        selector.wakeup();
```

```
        Logger.info("新的连接 注册完成");

    }

    public void run() {
        //异步任务，在独立的线程池中执行
        //提交数据传输任务到线程池
        //使得 IO 处理不在 IO 事件轮询线程中执行，在独立的线程池中执行
        pool.execute(new AsyncTask());
    }

    //异步任务，不在 Reactor 线程中执行
    //数据传输与业务处理任务不在 IO 事件轮询线程中执行，在独立的线程池中执行
    public synchronized void asyncRun() {
        try {
            if (state == SENDING) {
                //写入通道
                channel.write(byteBuffer);

                //写完后，准备开始从通道读，byteBuffer 切换成写模式
                byteBuffer.clear();
                //写完后，注册 read 就绪事件
                sk.interestOps(SelectionKey.OP_READ);
                //写完后，进入接收的状态
                state = RECIEVING;
            } else if (state == RECIEVING) {
                //从通道读
                int length = 0;
                while ((length = channel.read(byteBuffer)) > 0) {
                    Logger.info(new String(byteBuffer.array(), 0, length));
                }
                //读完后，准备开始写入通道，byteBuffer 切换成读模式
                byteBuffer.flip();
                //读完后，注册 write 就绪事件
                sk.interestOps(SelectionKey.OP_WRITE);
                //读完后，进入发送的状态
                state = SENDING;
            }
            //处理结束了， 这里不能关闭 select key，需要重复使用
            //sk.cancel();
        } catch (IOException ex) {
            ex.printStackTrace();
        }
    }

    //异步任务的内部类
    class AsyncTask implements Runnable {
        public void run() {
            MultiThreadEchoHandler.this.asyncRun();
        }
    }
}
```

以上代码中，IO 操作和业务处理被提交到线程池中异步执行，为了避免发送和读取的状态混乱，需要进行线程安全处理，这里在 asyncRun()方法的前面加上 synchronized 同步修饰符。

至此，多线程版本的 Reactor 模式实战案例的代码就介绍完毕了，可以开始执行新版本的多线程 MultiThreadEchoServerReactor 服务器了，当然，可以执行之前的 EchoClient 客户端程序，完成整个回显的通信演示。

由于演示程序的输出结果，与前面单线程版本的 EchoServer 回显服务器的运行输出是一模一样的，因此这里不再贴出程序的执行结果。

4.4 Reactor 模式的优缺点

在总结反应器模式的优点和缺点之前，先看看 Reactor 模式和其他模式的对比，加强一下对它的理解。

1. Reactor 模式和生产者消费者模式对比

二者的相似之处：在一定程度上，Reactor 模式有点类似于生产者－消费者模式。在生产者－消费者模式中，一个或多个生产者将事件加入一个队列中，一个或多个消费者主动从这个队列中拉取（Pull）事件来处理。

二者的不同之处：Reactor 模式是基于查询的，没有专门的队列去缓冲存储 IO 事件，查询到 IO 事件之后，反应器会根据不同 IO 选择键（事件）将其分发给对应的 Handler 来处理。

2. Reactor 模式和观察者模式对比

二者的相似之处：在 Reactor 模式中，当查询到 IO 事件后，服务处理程序使用单路/多路分发（Dispatch）策略，同步地分发这些 IO 事件。观察者模式（Observer Pattern）也被称作发布/订阅模式，它定义了一种依赖关系，让多个观察者同时监听某一个主题（Topic）。这个主题对象在状态发生变化时会通知所有观察者，它们能够执行相应的处理。

二者的不同之处：在 Reactor 模式中，Handler 实例和 IO 事件（选择键）的订阅关系基本上是一个事件绑定到一个 Handler；每一个 IO 事件（选择键）被查询后，反应器会将事件分发给所绑定的 Handler，也就是一个事件只能被一个 Handler 处理；在观察者模式中，同一个时刻、同一个主题可以被订阅过的多个观察者处理。

最后，总结一下 Reactor 模式的优点和缺点。作为高性能的 IO 模式，Reactor 模式的优点如下：

- 响应快，虽然同一反应器线程本身是同步的，但不会被单个连接的 IO 操作所阻塞。
- 编程相对简单，最大限度地避免了复杂的多线程同步，也避免了多线程的各个进程之间切换的开销。
- 可扩展，可以方便地通过增加反应器线程的个数来充分利用 CPU 资源。

Reactor 模式的缺点如下：

- Reactor 模式增加了一定的复杂性，因而有一定的门槛，并且不易于调试。
- Reactor 模式依赖于操作系统底层的 IO 多路复用系统调用的支持，如 Linux 中的 epoll 系统调用。如果操作系统的底层不支持 IO 多路复用，则反应器模式不会有那么高效。
- 同一个 Handler 业务线程中，如果出现一个长时间的数据读写，就会影响这个反应器中其他通道的 IO 处理。例如在大文件传输时，IO 操作就会影响其他客户端的响应时间。因而对于这种操作，还需要进一步对 Reactor 模式进行改进。

第 5 章 Netty 核心原理与基础实战

Netty 是一个 Java NIO 客户端/服务器框架，是一个为了快速开发可维护的高性能、高可扩展的网络服务器和客户端程序而提供的异步事件驱动基础框架和工具。基于 Netty，可以快速、轻松地开发网络服务器和客户端的应用程序。与直接使用 Java NIO 相比，Netty 给用户造出了一个非常优美的“轮子”，它可以大大简化网络编程流程。例如，Netty 极大地简化了 TCP、UDP 套接字、HTTP Web 服务程序的开发。

Netty 的目标之一是使通信开发可以做到“快速和轻松”。使用 Netty，除了能“快速和轻松”地开发 TCP/UDP 等自定义协议的通信程序之外，还可以做到“快速和轻松”地开发应用层协议的通信程序，如 FTP、SMTP、HTTP 以及其他的传统应用层协议。

Netty 的目标之二是做到高性能、高可扩展性。基于 Java 的 NIO，Netty 设计了一套优秀的、高性能的 Reactor 模式实现，并且基于 Netty 的 Reactor 模式实现的 Channel（通道）、Handler（处理器）等基础类库能进行快速扩展，以支持不同协议通信、完成不同业务处理的大量应用类。

5.1 第一个 Netty 的实战案例 DiscardServer

在开始介绍 Netty 的核心原理之前，首先为读者介绍一个非常简单的入门实战案例，这是一个丢弃服务器（DiscardServer）的简单通信案例，其作用类似于学习 Java 基础编程时的“Hello World”程序。

在开始编写实战案例之前，需要准备 Netty 的版本，并且配置好开发环境。

5.1.1 创建第一个 Netty 项目

首先我们需要创建项目（或者模块），这里取名为 NettyDemos，第一个 Netty 的实战案例 DiscardServer 就在这个项目中进行实战开发。DiscardServer 的功能很简单：读取客户端的输入数据，直接丢弃，不给客户端任何回复。

在使用 Netty 前，需要考虑一下 JDK 的版本。Netty 官方建议使用 JDK1.6 以上的版本，本书使用的是 JDK1.8 版本。然后是 Netty 自己的版本，建议使用 Netty 4.0 以上的版本，本书使用的 Netty 版本是 4.1.6。

使用 maven 导入 Netty 的依赖坐标到工程（或项目），Netty 的依赖坐标如下：

```
<dependency>
   <groupId>io.netty</groupId>
   <artifactId>netty-all</artifactId>
   <version>4.1.6.Final</version>
</dependency>
```

说明 Netty 版本在不断升级，但是 4.0 以上的版本使用比较广泛。Netty 曾经升级到 5.0，不过出现了一些问题，版本又回退了。另外，很多大数据开源框架使用的还是 3.0 的 Netty 版本。从学习角度来说，关键是学习其核心原理和编程技巧。理解原理之后，在实际开发过程中，根据具体的版本看看其源码或者 API 手册即可。

准备好项目工程之后，现在正式开始编写第一个 Netty 程序。

5.1.2 第一个 Netty 服务端程序

创建一个服务端类 NettyDiscardServer，用以实现消息的 Discard（丢弃）功能，源代码如下：

```
package com.crazymakercircle.netty.basic;
...
public class NettyDiscardServer {
   private final int serverPort;
   ServerBootstrap b = new ServerBootstrap();
   public NettyDiscardServer(int port) {
      this.serverPort = port;
   }
   public void runServer() {
      //创建反应器轮询组
      EventLoopGroup bossLoopGroup = new NioEventLoopGroup(1);
      EventLoopGroup workerLoopGroup = new NioEventLoopGroup();
      try {
         //1.设置反应器轮询组
         b.group(bossLoopGroup, workerLoopGroup);
         //2.设置 NIO 类型的通道
         b.channel(NioServerSocketChannel.class);
         //3.设置监听端口
         b.localAddress(serverPort);
         //4.设置通道的参数
         b.option(ChannelOption.SO_KEEPALIVE, true);
         //5.装配子通道流水线
         b.childHandler(new ChannelInitializer<SocketChannel>() {
            //有连接到达时会创建一个通道
            protected void initChannel(SocketChannel ch){
               //流水线的职责：负责管理通道中的 Handler 处理器
               //向子通道（传输通道）流水线添加一个 Handler 处理器
               ch.pipeline().addLast(new NettyDiscardHandler());
            }
         });
         //6.开始绑定服务器
         //通过调用 sync 同步方法阻塞直到绑定成功
```

```
            ChannelFuture channelFuture = b.bind().sync();
            Logger.info(" 服务器启动成功，监听端口：" +
                                channelFuture.channel().localAddress());
            //7.等待通道关闭的异步任务结束
            //服务监听通道会一直等待通道关闭的异步任务结束
            ChannelFuture closeFuture =
    channelFuture.channel().closeFuture();
            closeFuture.sync();
        } catch (Exception e) {
            e.printStackTrace();
        } finally {
            //8.优雅关闭 EventLoopGroup
            //释放所有资源，包括创建的线程
            workerLoopGroup.shutdownGracefully();
            bossLoopGroup.shutdownGracefully();
          }
      }
      public static void main(String[] args)  {
      int port = NettyDemoConfig.SOCKET_SERVER_PORT;
      new NettyDiscardServer(port).runServer();
   }
}
```

如果是第一次看 Netty 应用程序的代码，那么上面的代码应用是晦涩难懂的，因为代码中涉及很多 Netty 专用组件。不过不要紧，因为 Netty 是基于 Reactor 模式实现的。通过前面章节的学习读者应该已经非常深入地了解了 Reactor 模式，因此现在只需要顺藤摸瓜理清楚 Netty 的 Reactor 模式对应的组件，Netty 的核心组件结构就相对简单了。

首先要讲的是 Reactor 模式中的 Reactor 组件。前面讲到，反应器组件的作用是进行 IO 事件的 select（查询）和 dispatch（分发）。Netty 中对应的反应器组件有多种，不同应用通信场景用到的反应器组件各不相同。一般来说，对应多线程的 Java NIO 通信的应用场景，Netty 对应的反应器组件为 NioEventLoopGroup。

在上面的例子中，使用了两个 NioEventLoopGroup 反应器组件实例：第一个负责服务器通道新连接的 IO 事件的监听，可以形象地理解为“包工头”角色；第二个主要负责传输通道的 IO 事件的处理和数据传输，可以形象地理解为“工人”角色。

其次要讲的是 Reactor 模式中的 Handler（处理器）角色组件。Handler 的作用是对应到 IO 事件，完成 IO 事件的业务处理。Handler 需要为业务进行专门开发，下一节将对上面的 NettyDiscardHandler 自定义处理器进行介绍。

再次，在上面的例子中还用到了 Netty 的服务引导类 ServerBootstrap。服务引导类是一个组装和集成器，职责是将不同的 Netty 组件组装在一起。此外，ServerBootstrap 能够按照应用场景的需要为组件设置好基础性的参数，最后帮助快速实现 Netty 服务器的监听和启动。服务引导类 ServerBootstrap 也是本章的重点之一，后面将对其进行详细的介绍。

5.1.3　业务处理器 NettyDiscardHandler

在 Reactor 模式中，所有的业务处理都在 Handler 中完成，业务处理一般需要自己编写，这里编写一个新类：NettyDiscardHandler。这里的业务处理很简单：把收到的任何内容直接丢弃，也不会回复任何消息。

NettyDiscardHandler 的代码如下：

```
package com.crazymakercircle.netty.basic;
...
NettyDiscardHandler extends ChannelInboundHandlerAdapter {
    @Override
    public void channelRead(ChannelHandlerContext ctx, Object msg) {
        ByteBuf in = (ByteBuf) msg;
        try {
            Logger.info("收到消息,丢弃如下:");
            while (in.isReadable()) {
                System.out.print((char) in.readByte());
            }
            System.out.println();//换行
        } finally {
            ReferenceCountUtil.release(msg);
        }
    }
}
```

Netty 的 Handler 需要处理多种 IO 事件（如读就绪、写就绪），对应不同的 IO 事件，Netty 提供了一些基础的方法。这些方法都已经提前封装好，应用程序直接继承或者实现即可。比如，对于处理入站的 IO 事件，其对应的接口为 ChannelInboundHandler 入站处理接口，并且 Netty 提供了 ChannelInboundHandlerAdapter 适配器作为入站处理器的默认实现。

说明 这里将引入一组新的概念：入站和出站。简单理解，入站指的是输入，出站指的是输出。后面也会有详细介绍。Netty 中的出/入站与 Java NIO 的出/入站有些微妙的不同，Netty 的出站可以理解为从 Handler 传递到 Channel 的操作，比如 write 写通道、read 读通道数据；Netty 的入站可以理解为从 Channel 传递到 Handler 的操作，比如 Channel 数据过来之后，会触发 Handler 的 channelRead()入站处理方法。

如果要实现自己的入站处理器 Handler，可以简单地继承 ChannelInboundHandlerAdapter 入站处理器适配器，再写入自己的入站处理的业务逻辑。也就是说，重写通道读取方法 channelRead() 即可。

在上面例子中的 channelRead()方法将 Netty 的缓冲区 ByteBuf 的输入数据打印到服务端控制台后，直接丢弃不管了，而且不给客户端任何回复。

Netty 的 ByteBuf 缓冲区组件（后面会单独对其进行详细的介绍）可以对应到前面介绍的 Java NIO 类库的数据缓冲区 Buffer 组件。只不过相对而言，Netty 的 ByteBuf 缓冲区性能更好，使用也更加方便。

5.1.4 运行 NettyDiscardServer

在上面的例子中出现了 Netty 中的各种组件：服务器引导类、缓冲区、反应器、业务处理器、Future 异步回调、数据传输通道等。这些 Netty 组件都需要掌握，我们在后面也需要进行专项学习。

说明 Future 异步回调或者同步阻塞是高并发开发频繁使用到的技术，所以有关 Future 异步回调或者同步阻塞的原理和知识是非常重要的，具体请参阅《Java 高并发核心编程 卷 2（加强版）：多线程、锁、JMM、JUC、高并发设计模式》的相关内容。

如果看不懂以上 NettyDiscardServer 程序，没有关系。此程序的目的在于为读者展示一下 Netty 开发中会涉及什么内容，给读者留一个初步的印象。接下来，读者可以启动 NettyDiscardServer 服务器来体验一下 Netty 程序的运行。

在源代码工程找到消息丢弃服务器类 NettyDiscardServer，启动它的 main()方法，就启动了这个服务器应用。

如果想看到最终的"消息丢弃"执行效果，不能仅仅启动服务器，还需要启动客户端，需要从客户端向服务器发送消息。这里的客户端只要能通过 TCP 与服务器建立 Socket 连接即可，不一定是使用 Netty 编写的客户端程序，也可以是 Java OIO 或者 NIO 客户端。因此，直接使用前面章节中的 EchoClient 程序作为客户端程序即可，因为所使用的 TCP 通信端口是一致的。

在源代码工程中，我们可以找到发送消息到服务器的客户端类：EchoClient。通过启动它的 main()方法，就可以启动这个客户端程序。然后在客户端的标准化输入窗口不断输入要发送的消息，发送到服务器即可，在服务端可以看到所打印的丢弃了的消息。

虽然 EchoClient 客户端是使用 Java NIO 编写的，而 NettyDiscardServer 服务端是使用 Netty 编写的，但是不影响它们之间的相互通信。不仅仅是因为底层 Netty 框架也是使用 Java NIO 开发的，更加核心的原因是都使用了 TCP 通信协议。

5.2 解密 Netty 的 Reactor 模式

在前面的章节中，已经反复说明：设计模式是 Java 代码或者程序的重要组织方式，如果不了解设计模式，学习和阅读 Java 程序代码往往找不到头绪，上下求索而不得其法。故而，在学习 Netty 组件之前，我们必须了解 Netty 中的 Reactor 模式是如何实现的。

这里，先回顾一下 Java NIO 中 IO 事件的处理流程和 Reactor 模式的基础内容。

5.2.1 回顾 Reactor 模式中 IO 事件的处理流程

一个 IO 事件从操作系统底层产生后，在 Reactor 模式中的处理流程如图 5-1 所示。

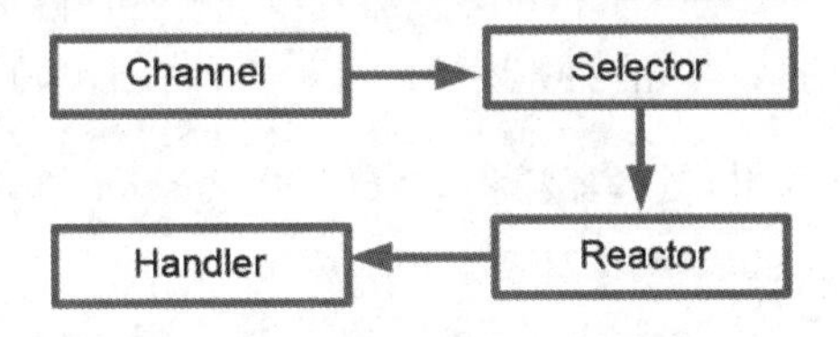

图 5-1 Java Reactor 模式中 IO 事件的处理流程

Reactor 模式中 IO 事件的处理流程大致分为 4 步，具体如下：

（1）通道注册。IO 事件源于通道（Channel），IO 是和通道（对应底层连接）强相关的。一个 IO 事件一定属于某个通道。如果要查询通道的事件，首先要将通道注册到选择器。

（2）查询事件。在 Reactor 模式中，一个线程会负责一个反应器（或者 SubReactor 子反应器），不断地轮询，查询选择器中的 IO 事件（选择键）。

（3）事件分发。如果查询到 IO 事件，则分发给与 IO 事件有绑定关系的 Handler 业务处理器。

（4）完成真正的 IO 操作和业务处理，这一步由 Handler 业务处理器负责。

以上 4 步就是整个 Reactor 模式的 IO 处理器流程。其中，第 1 步和第 2 步其实是 Java NIO 的功能，Reactor 模式仅仅是利用了 Java NIO 的优势而已。

说明 Reactor 模式的 IO 事件处理流程比较重要，是学习 Netty 的基础性和铺垫性知识。如果这里看不懂，就先回到前面有关 Reactor 模式的部分，回头学习一下 Reactor 模式的原理。

Netty 的 Reactor 模式实现对经典的 Reactor 模式进行了细微的调整，其中 IO 事件的处理流程大致分为 4 步，具体如下：

（1）通道注册。Netty 封装了 NIO 的 Selector 组件和 Thread 线程实例，设计了自己的 Reactor 角色，叫作 EventLoop（事件循环），并且封装了 NIO 的 Channel 组件，设计了自己的传输通道组件，仍然叫作 Channel，只是所处的包不同。通道注册指的是将 Netty 的 Channel 注册到 EventLoop 上，对应到底层就是 NIO 的 Channel 注册到 NIO 的 Selector 上。

（2）查询事件。在 Netty 的 Reactor 模式中，一个线程会负责一个反应器（或者 SubReactor 子反应器），EventLoop 和 Thread 也是这种一对一的模式。一个反应器负责一个 Selector 的查询，EventLoop 内部 Thread 不断地轮询，查询选择器 Selector 中的 IO 事件并记录在选择键上面。

（3）事件内部分发、数据读取和发射。这里和经典的 Reactor 模式有着细微的区别：在经典 Reactor 模式中，事件分发和数据读取是分开的，Reactor 负责 IO 事件的分发，Handler 负责数据的读取；而在 Netty 的 Reactor 模式中，反应器 EventLoop 把事件分发和数据读取两个操作一起负责了。具体来说，EventLoop 能访问到通道的 Unsafe 成员，当 IO 事件发生时，直接通过 Unsafe 成员完成 NIO 底层的数据读取。EventLoop 读取到的数据后，会把数据发射到 Channel 内部的 Pipeline（流水线）通道。

（4）流水线传播和业务处理。数据在通道的 Pipeline 上传播，通道的流水线由 Handler 构成，由 Handler 业务处理器负责，处理完成之后，再把结果传播或者传递到下一个 Handler。为什么需要 Pipeline 呢？主要是由于同一个 NIO 事件可能会有多个业务处理，比如数据的解码、数据的校验、业务的处理，因此 Netty 通过责任链模式将多个业务处理器组织起来成为一个 Pipeline。Pipeline 由通道负责管理，属于通道的一部分。数据可以在流水线上传播，再交给流水线上的 Handler 来处理。Handler 业务处理器放置的是具体的业务逻辑，这是 Java 工程师们需要负责开发的部分。

以上 4 步就是整个 Netty 的 IO 处理器流程。Netty 的 Reactor 模式和经典 Reactor 模式的实现区别很小，主要的区别在第 3 步和第 4 步。

5.2.2 Netty 中的 Channel

Channel 组件是 Netty 中非常重要的组件，为什么首先要讲的是 Channel 组件呢？原因是：Reactor 模式和通道紧密相关，反应器的查询和分发的 IO 事件都来自 Channel 组件。

Netty 中不直接使用 Java NIO 的 Channel 组件，对 Channel 组件进行了自己的封装。Netty 实现了一系列的 Channel 组件，为了支持多种通信协议，换句话说，对于每一种通信连接协议，Netty 都实现了自己的通道。除了 Java 的 NIO 外，Netty 还提供了 Java 面向流的 OIO 处理通道。

综上所述，对应不同的协议，Netty 实现了对应的通道，每一种协议基本上都有 NIO（异步 IO）

和 OIO（阻塞式 IO）两个版本。

对应不同的协议，Netty 中常见的通道类型如下：

- NioSocketChannel：异步非阻塞 TCP Socket 传输通道。
- NioServerSocketChannel：异步非阻塞 TCP Socket 服务端监听通道。
- NioDatagramChannel：异步非阻塞 UDP 传输通道。
- NioSctpChannel：异步非阻塞 SCTP 传输通道。
- NioSctpServerChannel：异步非阻塞 SCTP 服务端监听通道。
- OioSocketChannel：同步阻塞式 TCP Socket 传输通道。
- OioServerSocketChannel：同步阻塞式 TCP Socket 服务端监听通道。
- OioDatagramChannel：同步阻塞式 UDP 传输通道。
- OioSctpChannel：同步阻塞式 SCTP 传输通道。
- OioSctpServerChannel：同步阻塞式 SCTP 服务端监听通道。

一般来说，服务端编程使用最多的通信协议还是 TCP，对应的 Netty 传输通道类型为 NioSocketChannel，其对应的 Netty 服务器监听通道类型为 NioServerSocketChannel。不论是哪种通道类型，在主要的 API 和使用方式上和 NioSocketChannel 基本是相同的，主要是底层的传输协议不同，而 Netty 帮助用户极大地屏蔽了传输差异。如果没有特殊情况，本书的很多案例都以 NioSocketChannel 通道为主。

在 Netty 的 NioSocketChannel 内部封装了一个 Java NIO 的 SelectableChannel 成员，通过对该内部的 Java NIO 通道的封装，对 Netty 的 NioSocketChannel 通道上的所有 IO 操作最终会落地到 Java NIO 的 SelectableChannel 底层通道。NioSocketChannel 的继承关系图如图 5-2 所示。

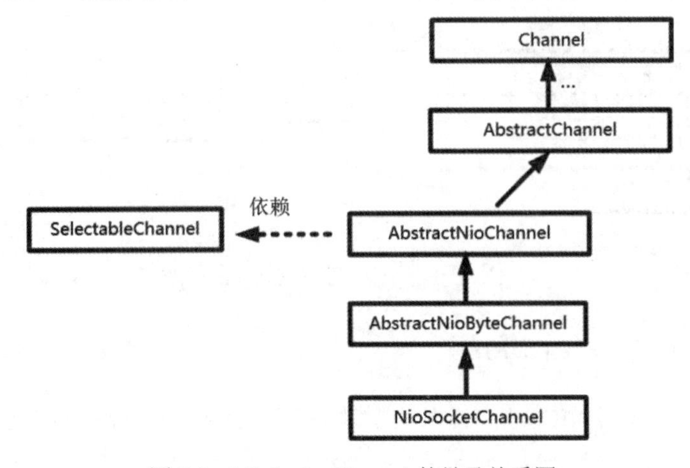

图 5-2　NioSocketChannel 的继承关系图

5.2.3　Netty 中的 Reactor

在 Reactor 模式中，一个反应器（或者 SubReactor 子反应器）会由一个事件处理线程负责事件的查询和分发。该线程不断进行轮询，通过 Selector 不断查询注册过的 IO 事件（选择键）。如果查询到 IO 事件，就分发给 Handler 业务处理器。

这里为读者介绍一下 Netty 中的反应器组件。Netty 中的反应器组件有多个实现类，这些实现类与其通道类型相互匹配。对应 NioSocketChannel 通道，Netty 的反应器类为 NioEventLoop（NIO 事件轮询）。

NioEventLoop 类有两个重要的成员属性：一个是 Thread 线程类的成员属性，另一个是 Java NIO 选择器的成员属性。NioEventLoop 的继承关系和主要的成员属性如图 5-3 所示。

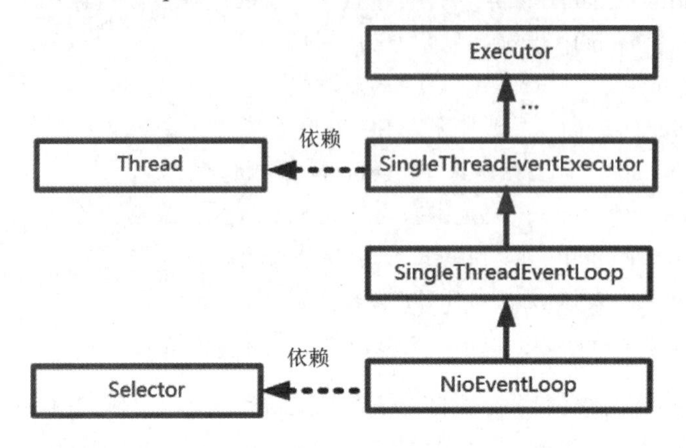

图 5-3　NioEventLoop 的继承关系和主要的成员属性

通过这个关系图可以看出，NioEventLoop 和前面章节讲到的反应器在实现思路上是一致的：一个 NioEventLoop 拥有一个 Thread（线程），负责一个 Java NIO Selector（选择器）的 IO 事件轮询。

在 Netty 中，EventLoop 反应器和 Channel 的关系是什么呢？理论上来说，一个 EventLoop 反应器和 NettyChannel 通道是一对多的关系：一个反应器可以注册成千上万的通道，如图 5-4 所示。

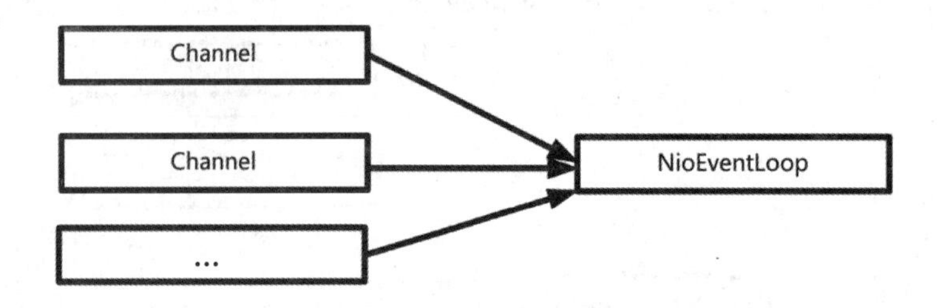

图 5-4　EventLoop 反应器和 Channel 的关系

5.2.4　Netty 中的 Handler

在前面的章节介绍 Java NIO 的 IO 事件类型时讲到，可供选择器监控的通道 IO 事件类型包括以下 4 种：

- 可读：SelectionKey.OP_READ
- 可写：SelectionKey.OP_WRITE
- 连接：SelectionKey.OP_CONNECT
- 接受：SelectionKey.OP_ACCEPT

在 Netty 中，EventLoop 反应器内部有一个线程负责 Java NIO 选择器的事件的轮询然后进行对应的数据分发。

注意这里和经典 Reactor 模式的区别：Netty 的 IO 事件分发（Dispatch）属于 EventLoop 的内部分发，并没有直接将 IO 事件分发到 EventLoop 外部，或者说，EventLoop 并没有把 IO 事件分发到 Handler，而是根据不同的 IO 事件类型在内部进行对应的处理。

比如 IO 读事件，则在 EventLoop 内部通过 Channel 的 Unsafe 成员完成数据的读取，将输入的数据读取到 ByteBuf 中。EventLoop 读取到数据之后，再将输入数据分发到通道的 Pipeline，此次数据分发的目标是 Netty 的 Handler，Handler 主要是用户定义的业务处理器和相关的编解码处理器。为了和分发的概念进行区分，有时使用一个新的概念——数据发射。

Netty 的 Handler 分为两大类：第一类是 ChannelInboundHandler 入站处理器；第二类是 ChannelOutboundHandler 出站处理器，二者都继承了 ChannelHandler 处理器接口。有关 Handler 处理器的接口与继承关系如图 5-5 所示。

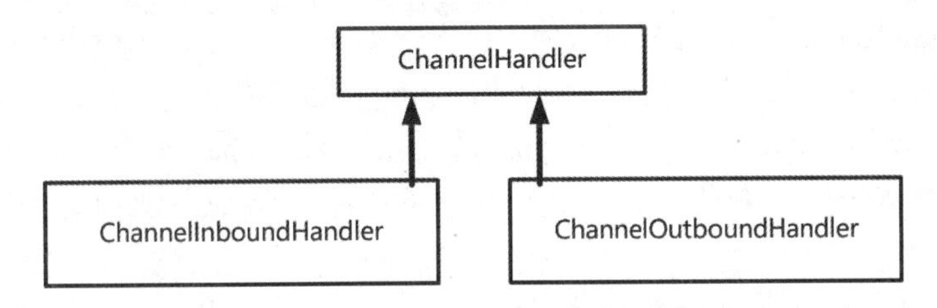

图 5-5　Netty 中的 Handler 处理器的接口与继承关系

Netty 入站处理的流程是什么呢？以底层的 Java NIO 中的 OP_READ 输入事件为例：在通道中发生了 OP_READ 事件后，会被 EventLoop 查询到，然后分发到内部的 IO 事件处理方法，再通过 Unsafe 完成具体的 NIO 的数据读取，之后把读取到的输入数据发射到通道的 Pipeline，数据会在流水线上依次传播到 ChannelInboundHandler 入站处理器，处理器的方法 read()将被调用。在 read()方法的具体实现中，可以由业务程序处理由 Pipeline 传播过来的数据，再决定是否把处理结果继续在流水线上往下一站传播。

Netty 中的入站处理触发的方向为从通道触发，ChannelInboundHandler 入站处理器负责接收（或者执行）。Netty 中的入站处理不仅仅是 OP_READ 输入事件的处理，还包括从底层通道（如 NIO Channel）触发，由 Netty 通过层层传递，调用 ChannelInboundHandler 入站处理器进行的其他某个处理。

Netty 中的出站处理具体指的是什么呢？指的是从 ChannelOutboundHandler 处理器到通道的某次 IO 操作，例如，在应用程序完成业务处理后，可以通过 ChannelOutboundHandler 出站处理器将处理的结果写入底层通道。最常用的一个方法就是 write()方法，即把数据写入通道。

Netty 中的出站处理不仅仅包括 write()方法，还包括从 Handler 到底层 Channel 的方向的其他操作。Netty 出站和 Java NIO 的出站在概念上有细微的区别，Java NIO 的出站指的是 OP_WRITE 可写事件以及传输维度的数据写入，而 Netty 的出站处理指的是 API 调用的方向。所以，两个出站处理在概念上不是一个维度，Netty 的出站处理是应用层开发维度的，Java NIO 的出站处理是数据传输维度的。

无论是入站还是出站，Netty 都提供了各自的默认适配器实现：

- ChannelInboundHandler 的默认实现为 ChannelInboundHandlerAdapter（入站处理适配器）。
- ChannelOutboundHandler 的默认实现为 ChanneloutBoundHandlerAdapter（出站处理适配器）。

这两个默认的通道处理适配器分别实现了基本的入站操作和出站操作功能。如果要实现自己的业务处理器，不需要从零开始去实现处理器的接口，只需要继承通道处理适配器即可。

5.2.5 Netty 中的 Pipeline

在介绍 Netty 的 Pipeline 事件处理流水线之前，先梳理一下 Netty 的 Reactor 模式实现中各个组件之间的关系：

（1）反应器（或者 SubReactor 子反应器）和通道之间是一对多的关系：一个反应器可以查询很多个通道的 IO 事件。

（2）通道和 Handler 处理器实例之间是多对多的关系：一个通道的 IO 数据可以被多个 Handler 处理器实例处理；一个 Handler 处理器实例也能绑定到很多 Channel，处理多个通道的 IO 数据。

问题是：通道和 Handler 处理器实例之间的绑定关系，Netty 是如何组织的呢？

Netty 设计了一个特殊的组件，叫作 ChannelPipeline（通道流水线），它像一条管道，将一个通道的多个 Handler 处理器实例串联在一起，形成一条流水线。ChannelPipeline 的默认实现实际上被设计成一个双向链表。所有的 Handler 处理器实例被包装成了双向链表的节点，被加入 ChannelPipeline 中。

说明 一个 Netty 通道拥有一个 ChannelPipeline 类型的成员属性，该属性的名称为 Pipeline。

以入站处理为例，每一个来自通道的 IO 数据都会进入一次 ChannelPipeline。在进入第一个 Handler 处理器后，这个 IO 数据将按照既定的从前往后次序在流水线上不断地向后流动，流向下一个 Handler 处理器。

在向后流动的过程中，会出现 3 种情况：

（1）如果后面还有其他 Handler 入站处理器，前一个处理器的结果可以交给下一个 Handler 处理器，不断向后传播。

（2）如果后面没有其他的入站处理器，就意味着这个 IO 数据在此次流水线中的处理结束了。

（3）如果在中间需要终止流动，可以选择将当前处理器的结果不再交给下一个 Handler 处理器，流水线的执行也被截断了。

Netty 的通道流水线与普通的流水线不同，Netty 的流水线不是单向的，而是双向的，而普通的流水线基本都是单向的。Netty 是这样规定的：入站处理器的执行次序是从前到后，或者说从头到尾；出站处理器 Handler 的执行次序是从后到前。总之，IO 事件在流水线上的执行次序与 IO 事件的类型是有关系的，如图 5-6 所示。

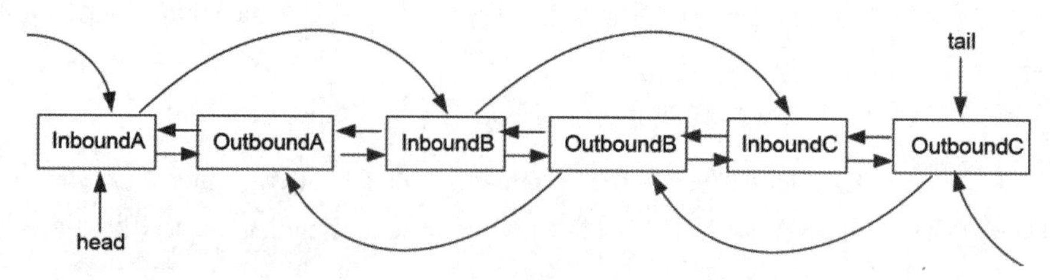

图 5-6 流水线上入站处理器和出站处理器的执行次序

除了流动的方向与 IO 操作类型有关之外，流动过程中所经过的处理器类型也与 IO 操作的类型有关。入站类型的 IO 操作只能从 Inbound 入站处理器类型的 Handler 向后传播，出站的 IO 操作只能从 Outbound 出站处理器类型的 Handler 向前传播。

在了解了流水线之后，读者应该对 Netty 中的通道、EventLoop 反应器和处理器，以及三者之间的协作关系有了一个清晰的认知和了解，基本可以动手开发简单的 Netty 程序了。不过为了方便开发者，Netty 提供了一系列辅助类，用于把上面的三个组件快速组装起来完成一个 Netty 应用，这个系列的类叫作 Bootstrap 引导类。服务端的引导类叫作 ServerBootstrap 类，客户端的引导类叫作 Bootstrap 类。

接下来，为读者详细介绍一下这些能提升开发效率的 Bootstrap 引导类。

5.3　详解 Bootstrap

Bootstrap 类是 Netty 提供的一个便利的工厂类，可以通过它来完成 Netty 的客户端或服务端的 Netty 组件的组装，以及 Netty 程序的初始化和启动执行。Netty 的官方解释是，完全可以不用这个 Bootstrap 类，可以一点一点去手动创建通道、完成各种设置和启动注册到 EventLoop 反应器，然后开始事件的轮询和处理，但是这个过程会非常麻烦。通常情况下，还是使用这个便利的 Bootstrap 工具类效率更高。

在 Netty 中有两个引导类，分别用在服务器和客户端，如图 5-7 所示。

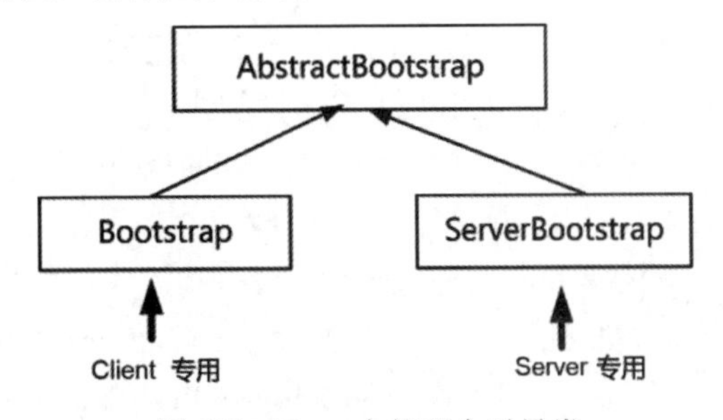

图 5-7　Netty 中的两个引导类

这两个引导类仅是使用的地方不同，它们大致的配置和使用方法都是相同的。下面以 ServerBootstrap 服务器引导类作为重点的介绍对象。

在介绍 ServerBootstrap 服务器的启动流程之前，首先介绍一下涉及的两个基础概念：父子通道和 EventLoopGroup 轮询组（事件轮询线程组）。

5.3.1　父子通道

在 Netty 中，每一个 NioSocketChannel 通道所封装的都是 Java NIO 通道，再往下就对应到了操作系统底层的 Socket 文件描述符。理论上来讲，操作系统底层的 Socket 文件描述符分为两类：

- 连接监听类型。连接监听类型的 Socket 描述符处于服务端，负责接受客户端的套接字连接；在服务端，一个连接监听类型的 Socket 描述符可以接受（Accept）成千上万的传输类的 Socket 文件描述符。

- 数据传输类型。数据传输类的 Socket 描述符负责传输数据。同一条 TCP 的 Socket 传输链路，在服务器和客户端分别会有一个与之对应的数据传输类型的 Socket 文件描述符。

在 Netty 中，异步非阻塞的服务端监听通道 NioServerSocketChannel 所封装的 Linux 底层的文件描述符是连接监听类型的 Socket 描述符；而异步非阻塞的传输通道 NioSocketChannel 所封装的 Linux 的文件描述符是数据传输类型的 Socket 描述符。

在 Netty 中，将有接收关系的监听通道和传输通道叫作父子通道。其中，负责服务器连接监听和接收的监听通道（如 NioServerSocketChannel）也叫父通道（Parent Channel），对应每一个接收到的传输类通道（如 NioSocketChannel）也叫子通道（Child Channel）。

5.3.2 EventLoopGroup

在前面介绍 Reactor 模式的具体实现时，分为单线程实现版本和多线程实现版本。Netty 中的 Reactor 模式实现不是单线程版本的 Reactor 模式，而是多线程版本的。那么，Netty 的多线程版本的 Reactor 模式是如何实现的呢？

实际上，在 Netty 中一个 EventLoop 相当于一个子反应器（SubReactor），一个 NioEventLoop 子反应器拥有一个事件轮询线程，同时拥有一个 Java NIO 选择器。

Netty 如何完成多线程版本的 Reactor 模式实现呢？答案是使用 EventLoopGroup（事件轮询组）。多个 EventLoop 线程放在一起，可以组成一个 EventLoopGroup。反过来说，EventLoopGroup 轮询组就是一个多线程版本的反应器，其中单个 EventLoop 线程对应一个子反应器（SubReactor）。

Netty 的程序开发不会直接使用单个 EventLoop（事件轮询器），而是使用 EventLoopGroup。EventLoopGroup 的构造函数有一个参数，用于指定内部的线程数。在构造器初始化时，会按照传入的线程数量在内部构造多个 Thread（线程）和多个 EventLoop 子反应器（一个线程对应一个 EventLoop 子反应器），进行多线程的 IO 事件查询和分发。

如果使用 EventLoopGroup 的无参数的构造函数，没有传入线程数量或者传入的数量为 0，那么 EventLoopGroup 内部的线程数量到底是多少呢？默认的 EventLoopGroup 内部线程数量为最大可用的 CPU 处理器数量的 2 倍。假设计算机使用的是 4 核的 CPU，那么在内部会启动 8 个 EventLoop 线程，相当于 8 个子反应器实例。

从前文可知，为了及时接受新连接，在服务端，一般有两个独立的反应器，一个反应器负责新连接的监听和接受，另一个反应器负责 IO 事件轮询和分发，两个反应器相互隔离。对应到 Netty 服务器程序中，则需要设置两个 EventLoopGroup 轮询组，一个组负责新连接的监听和接受，另一个组负责 IO 传输事件的轮询与分发，两个轮询组的职责具体如下：

（1）负责新连接的监听和接受的 EventLoopGroup 中的反应器完成查询通道的新连接 IO 事件查询，这些反应器有点像负责招工的包工头，因此该轮询组可以形象地称为“包工头”（Boss）轮询组。

（2）另一个轮询组中的反应器完成查询所有子通道的 IO 事件，并且执行对应的 Handler 处理器完成 IO 处理，例如数据的输入和输出（有点像搬砖），这个轮询组可以形象地称为“工人”（Worker）轮询组。

Netty 的 EventLoopGroup 事件轮询组与 EventLoop 之间以及 EventLoop 与 Channel 之间的关系如图 5-8 所示。

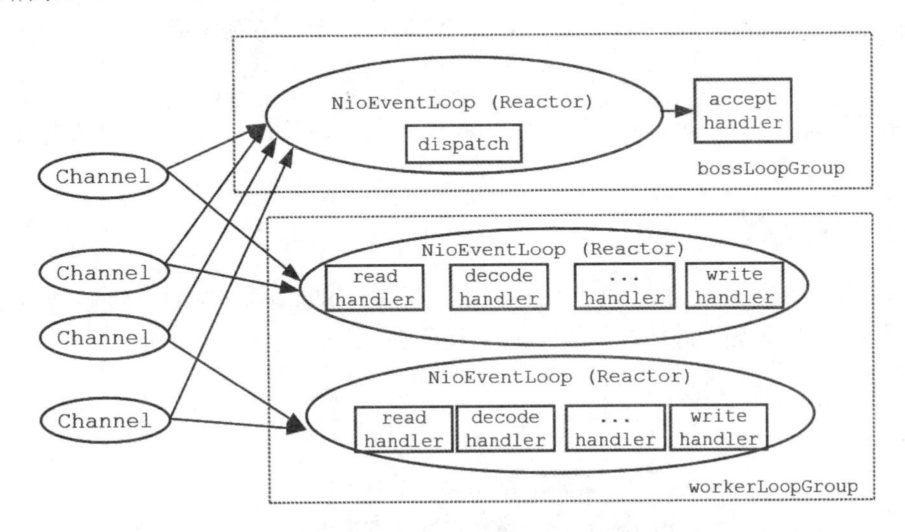

图 5-8　Netty 中的 Reactor 模式示意图

至此，终于介绍完了两个重要的基础概念：父子通道与 EventLoopGroup。有了这些基础知识作为铺垫，接下来可以正式介绍 ServerBootstrap 的启动流程了。

5.3.3　Bootstrap 的启动流程

Bootstrap 的启动流程也就是 Netty 组件的组装、配置，以及 Netty 服务器或者客户端的启动流程。在本节中对启动流程进行梳理，大致分成 8 个步骤。本书仅仅演示服务端引导类的使用，用到的引导类为 ServerBootstrap。正式使用前，首先创建一个服务端的引导类实例。

```
//创建一个服务端的引导类
ServerBootstrap b = new ServerBootstrap();
```

接下来，结合前面的 NettyDiscardServer 服务器的程序代码，给读者详细介绍一下 Bootstrap 启动流程中 8 个精彩的步骤。

（1）创建反应器轮询组，并设置到 ServerBootstrap 引导类实例，代码大致如下：

```
//创建反应器轮询组
//Boss 轮询组
EventLoopGroup bossLoopGroup = new NioEventLoopGroup(1);
//Worker 轮询组
EventLoopGroup workerLoopGroup = new NioEventLoopGroup();
...
//step1: 为引导类实例设置反应器轮询组
b.group(bossLoopGroup, workerLoopGroup);
```

在设置反应器轮询组之前，创建了两个 NioEventLoopGroup：一个负责处理连接监听 IO 事件，名为 bossLoopGroup；另一个负责数据传输事件和处理，名为 workerLoopGroup。在两个轮询组创建完成后，就可以配置给引导类实例，它一次性地给引导类配置了两大轮询组。

如果不需要分开监听新连接事件和输出事件，就不一定非得配置两个轮询组，可以仅配置一个 EventLoopGroup 反应器轮询组。具体的配置方法是调用 b.group(workerGroup)。在这种模式下，新连接监听 IO 事件和数据传输 IO 事件可能被挤在了同一个线程中处理。这样会带来一个风险：新连接的接受被更加耗时的数据传输或者业务处理所阻塞。所以，在服务端建议设置成两个轮询组的工作模式。

（2）设置通道的 IO 类型。Netty 不止支持 Java NIO，也支持阻塞式的 OIO。下面配置的是 Java NIO 类型的通道类型：

```
//step2：设置传输通道的类型为 NIO 类型
b.channel(NioServerSocketChannel.class);
```

如果确实指定 Bootstrap 的 IO 模型为 BIO 类型，配置为 NioServerSocketChannel.class 类即可。由于 NIO 的优势巨大，因此通常不会在 Netty 中使用 BIO。

（3）设置监听端口，代码大致如下：

```
//step3：设置监听端口
b.localAddress(new InetSocketAddress(port));
```

这是最为简单的一步操作，主要是设置服务器的监听地址。

（4）设置传输通道的配置选项，代码大致如下：

```
//step4：设置通道的参数
b.option(ChannelOption.SO_KEEPALIVE, true);
b.option(ChannelOption.ALLOCATOR, PooledByteBufAllocator.DEFAULT);
```

这里用到了 Bootstrap 的 option()选项设置方法。对于服务器的 Bootstrap 而言，这个方法的作用是：给父通道（Parent Channel）设置一些与传输协议相关的选项。如果要给子通道（Child Channel）设置一些通道选项，则需要用 childOption()设置方法。

可以设置哪些通道选项（ChannelOption）呢？在上面的代码中，设置了一个底层 TCP 相关的选项 ChannelOption.SO_KEEPALIVE。该选项表示是否开启 TCP 底层心跳机制，true 为开启，false 为关闭。其他的通道设置选项参见下一小节。

（5）装配子通道的 Pipeline 流水线。每一个通道都用一条 ChannelPipeline 流水线。它的内部有一个双向的链表。装配流水线的方式是：将业务处理器 ChannelHandler 实例包装之后加入双向链表中。

如何装配 Pipeline 流水线呢？装配子通道的 Handler 流水线调用引导类的 childHandler()方法，该方法需要传入一个 ChannelInitializer 通道初始化类的实例作为参数。每当父通道成功接收一个连接并成功创建一个子通道后，就会初始化子通道，此时这里配置的 ChannelInitializer 实例就会被调用。

在 ChannelInitializer 通道初始化类的实例中，有一个 initChannel 初始化方法，在子通道创建后会被执行，向子通道流水线增加业务处理器。

装配子通道的 Pipeline 流水线的代码大致如下：

```
//step5：装配子通道流水线
b.childHandler(new ChannelInitializer<SocketChannel>() {
    //有连接到达时会创建一个通道的子通道，并初始化
    protected void initChannel(SocketChannel ch)...{
```

```
        //这里可以管理子通道中的 Handler 业务处理器
         //向子通道流水线添加一个 Handler 业务处理器
         ch.pipeline().addLast(new NettyDiscardHandler());
      }
});
```

为什么仅装配子通道的流水线，而不需要装配父通道的流水线呢？原因是：父通道也就是NioServerSocketChannel 的内部业务处理是固定的：接收新连接后创建子通道，然后初始化子通道，所以不需要特别的配置，由 Netty 自行进行装配即可。当然，如果需要完成特殊的父通道业务处理，可以类似地调用 ServerBootstrap 的 handler(ChannelHandler handler)方法，为父通道设置ChannelInitializer 初始化器。

在装配流水线时需要注意的是，ChannelInitializer 处理器有一个泛型参数 SocketChannel，它代表需要初始化的通道类型，这个类型需要和前面的引导类中设置的传输通道类型一一对应起来。

（6）开始绑定服务器新连接的监听端口，代码大致如下：

```
//step6: 开始绑定端口，通过调用 sync 同步方法阻塞直到绑定成功
ChannelFuture channelFuture = b.bind().sync();
Logger.info(" 服务器启动成功，监听端口： " +
channelFuture.channel().localAddress());
```

这个也很简单。b.bind()方法的功能是返回一个端口绑定 Netty 的异步任务 channelFuture。在这里，并没有给 channelFuture 异步任务增加回调监听器，而是阻塞 channelFuture 异步任务，直到端口绑定任务执行完成。

在 Netty 中，所有的 IO 操作都是异步执行的，这就意味着任何一个 IO 操作都会立刻返回，返回时异步任务还没有真正执行。什么时候执行完成呢？Netty 中的 IO 操作都会返回异步任务实例（如 ChannelFuture 实例）。通过该异步任务实例，既可以实现同步阻塞一直到 ChannelFuture 异步任务执行完成，也可以为其以增加事件监听器的方式注册异步回调逻辑，以获得 Netty 中的 IO 操作的真正结果。上面所使用的是同步阻塞一直到 ChannelFuture 异步任务执行完成的处理方式。

至此，服务器正式启动。

说明 Future 异步回调或者同步阻塞涉及高并发的核心模式——异步回调模式，是高并发开发的非常重要的基础性知识，具体请参阅本书的下一卷《Java 高并发核心编程 卷 2（加强版）：多线程、锁、JMM、JUC、高并发设计模式》的相关内容。

（7）自我阻塞，直到监听通道关闭，代码大致如下：

```
//step7: 自我阻塞，直到通道关闭的异步任务结束
ChannelFuture closeFuture = channelFuture.channel().closeFuture();
closeFuture.sync();
```

如果要阻塞当前线程直到通道关闭，可以调用通道的 closeFuture()方法，以获取通道关闭的异步任务。当通道被关闭时，closeFuture 实例的 sync()方法会返回。

（8）关闭 EventLoopGroup，代码大致如下：

```
//step8: 释放所有资源，包括创建的反应器线程
workerLoopGroup.shutdownGracefully();
bossLoopGroup.shutdownGracefully();
```

关闭反应器轮询组，同时会关闭内部的子反应器线程，也会关闭内部的选择器、内部的轮询线程以及负责查询的所有子通道。在子通道关闭后，会释放底层的资源，如 Socket 文件描述符等。

5.3.4 ChannelOption

无论是对于 NioServerSocketChannel 父通道类型还是对于 NioSocketChannel 子通道类型，都可以设置一系列的 ChannelOption（通道选项）。ChannelOption 类中定义了一系列选项，下面介绍一些常见的选项。

1. SO_RCVBUF 和 SO_SNDBUF

这两个为 TCP 传输选项，每个 TCP Socket 在内核中都有一个发送缓冲区和一个接收缓冲区，这两个选项就是用来设置 TCP 连接的这两个缓冲区大小的。TCP 的全双工工作模式以及 TCP 的滑动窗口对两个独立的缓冲区都有依赖。

2. TCP_NODELAY

此为 TCP 传输选项，如果设置为 true，就表示立即发送数据。TCP_NODELAY 用于启用或关闭 Nagle 算法。如果要求高实时性，有数据发送时马上发送，就将该选项设置为 true（关闭 Nagle 算法）；如果要减少发送次数和网络交互次数，就设置为 false（启用 Nagle 算法），等累积一定大小的数据后再发送。关于 TCP_NODELAY 的值，Netty 默认为 true，而操作系统默认为 false。

Nagle 算法将小的碎片数据连接成更大的报文（或数据包）来最小化所发送报文的数量，如果需要发送一些较小的报文，则需要禁用该算法。

Netty 默认关闭 Nagle 算法，报文会立即发送出去，从而最小化报文传输的延时。

说明 TCP_NODELAY 的值设置为 true 表示关闭延迟，设置为 false 表示开启延迟。其值与是否开启 Nagle 算法是相反的，通俗地讲，如果要求高实时性，有数据发送时就立刻发送，那么设置为 true，如果需要减少发送次数和网络交互次数，那么设置为 false。

---

3. SO_KEEPALIVE

此为 TCP 传输选项，表示是否开启 TCP 的心跳机制，true 为连接保持心跳，默认值为 false。启用该功能时，TCP 会主动探测空闲连接的有效性。需要注意的是：默认的心跳间隔是 7200 秒，即 2 小时。Netty 默认关闭该功能。

4. SO_REUSEADDR

此为 TCP 传输选项，为 true 时表示地址复用，默认值为 false。有 4 种情况需要用到这个参数设置：

- 有一个地址和端口相同的连接 Socket1 处于 TIME_WAIT 状态，而又希望启动一个新的连接 Socket2 占用该地址和端口。
- 有多块网卡或用 IP Alias 技术的机器在同一端口启动多个进程，但每个进程绑定的本地 IP 地址不能相同。

- 同一进程绑定相同的端口到多个 Socket(套接字)上，但每个 Socket 绑定的 IP 地址不同。
- 完全相同地址和端口重复绑定，但这只用于 UDP 的多播，不用于 TCP。

说明 Socket 连接状态 (如 TIME_WAIT) 和连接建立时的三次握手以及断开时的四次挥手有关，请参阅本书后面有关 TCP 原理的部分内容。

5. SO_LINGER

此为 TCP 传输选项，可以用来控制 socket.close()方法被调用后的行为，包括延迟关闭时间。如果此选项设置为-1，就表示 socket.close()方法在调用后立即返回，但操作系统底层会将发送缓冲区的数据全部发送到对端；如果此选项设置为 0，就表示 socket.close()方法在调用后会立即返回，但是操作系统会放弃发送缓冲区数据，直接向对端发送 RST 包，对端将收到复位错误；如果此选项设置为非 0 整数值，就表示调用 socket.close()方法的线程被阻塞，直到延迟时间到来，发送缓冲区中的数据发送完毕，若超时，则对端会收到复位错误。

SO_LINGER 的默认值为-1，表示禁用该功能。

6. SO_BACKLOG

此为 TCP 传输选项，表示服务端接受连接的队列长度，如果队列已满，客户端连接将被拒绝。服务端在处理客户端新连接请求（三次握手）时是顺序处理的，所以同一时间只能处理一个客户端连接，多个客户端到来的时候，服务端将不能处理的客户端连接请求放在队列中等待处理，队列的大小通过 SO_BACKLOG 指定。

具体来说，服务端对完成第二次握手的连接放在一个队列（暂时称 A 队列），如果进一步完成第三次握手，再把连接从 A 队列移动到新队列（暂时称 B 队列），接下来应用程序会通过 accept()方法取出握手成功的连接，而系统则会将该连接从 B 队列移除。A 和 B 队列的长度之和是 SO_BACKLOG 指定的值，当 A 和 B 队列的长度之和大于 SO_BACKLOG 值时，新连接将会被 TCP 内核拒绝。所以，如果 SO_BACKLOG 过小，accept 速度可能会跟不上，如果 A 和 B 两个队列满了，则会导致新客户端无法连接。

说明 SO_BACKLOG 对程序支持的连接数并无影响，SO_BACKLOG 影响的只是还没有被 accept 取出的连接数，也就是三次握手的排队连接数。

如果连接建立频繁，服务器处理新连接较慢，那么可以适当调大这个参数。

7. SO_BROADCAST

此为 TCP 传输选项，表示设置为广播模式。

5.4 详解 Channel

本节首先为读者介绍 Channel（通道）的主要成员和方法，然后介绍 Netty 提供的一个专门的单元测试通道——EmbeddedChannel（嵌入式通道）。

5.4.1 Channel 的主要成员和方法

通道是 Netty 的核心概念之一，代表着网络连接，由它负责同对端进行网络通信，既可以写入数据到对端，也可以从对端读取数据。

Netty 通道的抽象类 AbstractChannel 的构造函数如下：

```
protected AbstractChannel(Channel parent) {
     this.parent = parent; //父通道
     id = newId();
     unsafe = newUnsafe(); //新建一个底层的 NIO 通道，完成实际的 IO 操作
     pipeline = newChannelPipeline(); //新建一条通道流水线
}
```

AbstractChannel 内部有一个 pipeline 属性，表示处理器的流水线。Netty 在对通道进行初始化的时候，将 pipeline 属性初始化为 DefaultChannelPipeline 的实例。以上代码表明每个通道拥有一条 ChannelPipeline 处理器流水线。

AbstractChannel 内部有一个 parent（父）通道属性，保持通道的父通道。对于连接监听通道（如 NioServerSocketChannel）来说，其 parent 属性为 null；对于传输通道（如 NioSocketChannel）来说，其 parent 属性的值为接受该连接的监听通道。

几乎所有的 Netty 通道实现类都继承了 AbstractChannel 抽象类，都拥有上面的 parent 和 pipeline 两个属性成员。

接下来介绍一下通道接口中所定义的几个重要方法。

1. ChannelFuture connect(SocketAddress address)

此方法的作用为连接远程服务器。方法的参数为远程服务器的地址，调用后会立即返回，其返回值为执行连接操作的异步任务 ChannelFuture。此方法在客户端的传输通道使用。

2. ChannelFuture bind（SocketAddress address）

此方法的作用为绑定监听地址，开始监听新的客户端连接。此方法在服务器的新连接监听和接收通道使用。

3. ChannelFuture close()

此方法的作用为关闭通道连接，返回连接关闭的 ChannelFuture 异步任务。如果需要在连接正式关闭后执行其他操作，则需要为异步任务设置回调方法；或者调用 ChannelFuture 异步任务的 sync() 方法来阻塞当前线程，一直等到通道关闭的异步任务执行完毕。

4. Channel read()

此方法的作用为读取通道数据，并且启动入站处理。具体来说，从内部的 Java NIO Channel 读取数据，然后启动内部的 Pipeline 流水线，开启数据读取的入站处理。此方法的返回通道自身用于链式调用。

5. ChannelFuture write（Object o）

此方法的作用为启动出站流水处理，把处理后的最终数据写到底层通道（如 Java NIO 通道）中。此方法的返回值为出站处理的异步处理任务。

6. Channel flush()

此方法的作用为将缓冲区中的数据立即写出到对端。调用前面的 write()进行出站处理时，并不能将数据直接写出到对端，write 操作的作用在大部分情况下仅仅是写入操作系统的缓冲区，操作系统会将根据缓冲区的情况决定什么时候把数据写到对端。可以执行 flush()方法立即将缓冲区的数据写到对端。

上面的 6 种方法是比较常见的通道方法。在 Channel 接口以及各种通道的实现类中还定义了大量的通道操作方法。在日常开发中，如果需要使用，请直接查阅 Netty API 文档或者 Netty 源代码。

5.4.2 EmbeddedChannel

在 Netty 的实际开发中，底层通信传输的基础工作 Netty 已经替用户完成。实际上，更多的工作是设计和开发 ChannelHandler 业务处理器。处理器开发完成后，需要投入单元测试。一般单元测试的大致流程是：需要将 Handler 业务处理器加入通道的 Pipeline 流水线中，接下来先后启动 Netty 服务器、客户端程序，相互发送消息，测试业务处理器的效果。这些复杂的工序存在一个问题：如果每开发一个业务处理器都进行服务器和客户端的重复启动，那么整个过程是非常烦琐和浪费时间的。如何解决这种徒劳的、低效的重复工作呢？Netty 提供了一个专用通道，即 EmbeddedChannel（嵌入式通道）。

EmbeddedChannel 仅仅是模拟入站与出站的操作，底层不进行实际的传输，不需要启动 Netty 服务器和客户端。除了不进行传输之外，EmbeddedChannel 的其他事件机制和处理流程与真正的传输通道是一模一样的。因此，使用 EmbeddedChannel，开发人员可以在单元测试用例中方便、快速地进行 ChannelHandler 业务处理器的单元测试。

为了模拟数据的发送和接收，EmbeddedChannel 提供了一组专门的方法，具体如表 5-1 所示。

表5-1　EmbeddedChannel单元测试的辅助方法

名　称	说　明
writeInbound()	向通道写入入站数据，模拟真实通道收到数据的场景。也就是说，这些写入的数据会被流水线上的入站处理器处理
readInbound()	从 EmbeddedChannel 中读取入站数据，返回经过流水线最后一个入站处理器处理完成之后的入站数据。如果没有数据，则返回 null
writeOutbound()	向通道写入出站数据，模拟真实通道发送数据。也就是说，这些写入的数据会被流水线上的出站处理器处理
readOutbound()	从 EmbeddedChannel 中读取出站数据，返回经过流水线最后一个出站处理器处理之后的出站数据。如果没有数据，则返回 null
finish()	结束 EmbeddedChannel，它会调用通道的 close()方法

最为重要的两个方法为 writeInbound()和 writeOutbound()方法。

1. writeInbound()

它的使用场景是测试入站处理器。在测试入站处理器（例如测试一个解码器）时，需要读取入站（Inbound）数据。可以调用 writeInbound()方法向 EmbeddedChannel 写入一个入站数据（如二进制 ByteBuf 数据包），模拟底层的入站包，从而被入站处理器处理，达到测试的目的。

2. writeOutbound()

它的使用场景是测试出站处理器。在测试出站处理器（例如测试一个编码器）时，需要有出站（Outbound）数据进入流水线。可以调用 writeOutbound()方法向模拟通道写入一个出站数据（如二进制 ByteBuf 数据包），该包将进入处理器流水线，被待测试的出站处理器处理。

总之，EmbeddedChannel 类既拥有通道的通用接口和方法，又增加了一些单元测试的辅助方法，在开发时非常有用。有关它的具体用法，后面还会结合其他的 Netty 组件的实例反复提到。

5.5 详解 Handler

在 Reactor 经典模型中，反应器查询到 IO 事件后会分发到 Handler 业务处理器，由 Handler 完成 IO 操作和业务处理。

整个 IO 处理环节大致包括从通道读数据包、数据包解码、业务处理、目标数据编码、把数据包写到通道，然后由通道发送到对端，如图 5-9 所示。

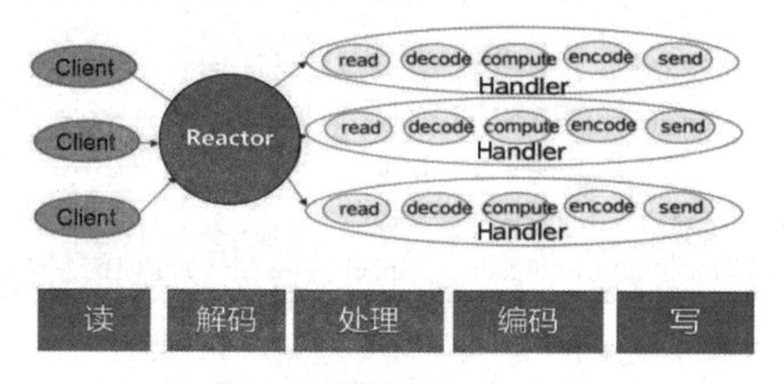

图 5-9 整个 IO 处理环节

整个 IO 处理环节的前后两个环节（包括从通道读数据包和由通道发送到对端）由 Netty 的底层负责完成，不需要用户程序负责。

用户程序主要涉及的 Handler 环节为数据包解码、业务处理、目标数据编码、把数据包写到通道中。

前面已经介绍过，从应用程序开发人员的角度来看，有入站和出站两种类型的操作：

- 入站处理触发的方向为自底向上，从 Netty 的内部（如通道）到 ChannelInboundHandler 入站处理器。
- 出站处理触发的方向为自顶向下，从 ChannelOutboundHandler 出站处理器到 Netty 的内部（如通道）。

按照这种触发方向来区分，IO 处理操作环节前面的数据包解码、业务处理两个环节属于入站处理器的工作；后面目标数据编码、把数据包写到通道中两个环节属于出站处理器的工作。

5.5.1　ChannelInboundHandler 入站处理器

当对端数据入站到 Netty 通道时，Netty 将触发入站处理器 ChannelInboundHandler 所对应的入站 API，进行入站操作处理。ChannelInboundHandler 的主要操作如图 5-10 所示。

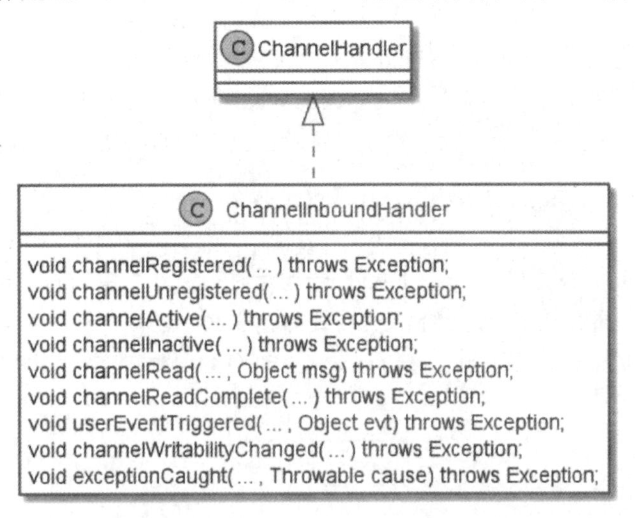

图 5-10　ChannelInboundHandler 的主要操作

对于 ChannelInboundHandler 的核心方法，大致介绍如下：

1. channelRegistered()

当通道注册完成后，Netty 会调用 fireChannelRegistered()方法触发通道注册事件，而在通道流水线注册过的入站处理器 Handler 的 channelRegistered()回调方法将会被调用。

2. channelActive()

当通道激活完成后，Netty 会调用 fireChannelActive()方法触发通道激活事件，而在通道流水线注册过的入站处理器的 channelActive()回调方法会被调用。

3. channelRead()

当通道缓冲区可读时，Netty 会调用 fireChannelRead()方法触发通道可读事件，而在通道流水线注册过的入站处理器的 channelRead()回调方法会被调用，以便完成入站数据的读取和处理。

4. channelReadComplete()

当通道缓冲区读完时，Netty 会调用 fireChannelReadComplete()方法触发通道缓冲区读完事件，而在通道流水线注册过的入站处理器的 channelReadComplete()回调方法会被调用。

5. channelInactive()

当连接被断开或者不可用时，Netty 会调用 fireChannelInactive()方法触发连接不可用事件，而在通道流水线注册过的入站处理器的 channelInactive()回调方法会被调用。

6. exceptionCaught()

当通道处理过程发生异常时，Netty 会调用 fireExceptionCaught()方法触发异常捕获事件，而在通道流水线注册过的入站处理器的 exceptionCaught()方法会被调用。注意，这个方法是在通道处理器 ChannelHandler 中定义的方法，入站处理器、出站处理器接口都继承了该方法。

上面介绍的并不是 ChanneInboundHandler 的全部方法，仅仅介绍了其中几种比较重要的方法。在 Netty 中，入站处理器的默认实现为 ChannelInboundHandlerAdapter，在实际开发中只需要继承这个 ChannelInboundHandlerAdapter 默认实现，重写自己需要的回调方法即可。

5.5.2 ChannelOutboundHandler 出站处理器

当业务处理完成后，需要操作 Java NIO 底层通道时，通过一系列的 ChannelOutboundHandler 出站处理器完成 Netty 通道到底层通道的操作，比如建立底层连接、断开底层连接、写入底层 Java NIO 通道等。ChannelOutboundHandler 接口定义了大部分的出站操作，如图 5-11 所示。

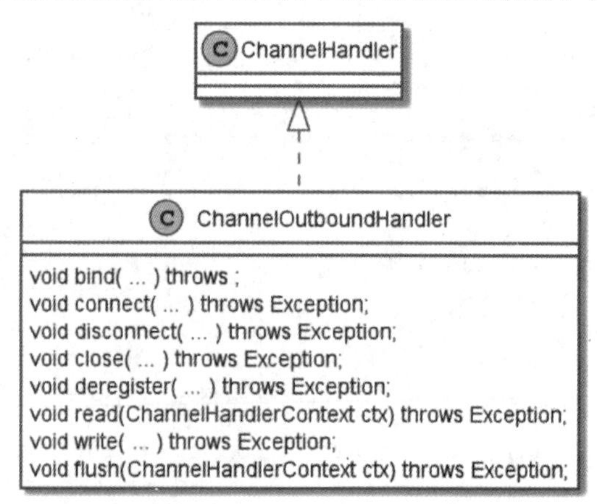

图 5-11　ChannelOutboundHandler 的主要操作

再强调一下，Netty 出站处理的方向是通过上层 Netty 通道去操作底层 Java IO 通道。主要的出站（Outbound）操作如下。

1. bind()

监听地址（IP+端口）绑定：完成底层 Java IO 通道的 IP 地址绑定。如果使用 TCP 传输协议，这个方法用于服务端。

2. connect()

连接服务端：完成底层 Java IO 通道的服务端的连接操作。如果使用 TCP 传输协议，这个方法用于客户端。

3. write()

写数据到底层：完成 Netty 通道向底层 Java IO 通道的数据写入操作。此方法仅仅是触发一下操作而已，并不是完成实际的数据写入操作。

4. flush()

将底层缓存区的数据腾空，立即写出到对端。

5. read()

出站处理的 read 操作，用于启动数据读取，或者说开始数据的读取操作，不是实际的数据读取。只有入站处理的 read 操作才真正执行底层读数据。入站 read 处理在完成 Netty 通道从 Java IO 通道的数据读取后，再把数据发射到通道的 Pipeline，最后数据会依次进入 Pipeline 的各个入站处理器，最终被入站处理器的 channelRead 方法处理。

6. disConnect()

断开服务器连接：断开底层 Java IO 通道的 Socket 连接。如果使用 TCP 传输协议，此方法主要用于客户端。

7. close()

主动关闭通道：关闭底层的通道，例如服务端的新连接监听通道。

上面介绍的并不是 ChannelOutboundHandler 的全部方法，仅仅介绍了其中几个比较重要的方法。在 Netty 中，它的默认实现为 ChannelOutboundHandlerAdapter。在实际开发中，只需要继承这个 ChannelOutboundHandlerAdapter 默认实现，重写自己需要的方法即可。

5.5.3　ChannelInitializer 通道初始化处理器

在前面已经讲到，Channel 和 Handler 业务处理器的关系是：一条 Netty 的通道拥有一条 Handler 业务处理器流水线，负责装配自己的 Handler 业务处理器。装配 Handler 的工作发生在通道开始工作之前。现在的问题是：如果向流水线中装配业务处理器呢？这就得借助通道的初始化处理器——ChannelInitializer。

首先回顾一下 NettyDiscardServer 丢弃服务端的代码，在给接受的新连接装配 Handler 业务处理器时，调用 childHandler()方法设置了一个 ChannelInitializer 实例：

```
//step5: 装配子通道流水线
b.childHandler(new ChannelInitializer<SocketChannel>() {
    //有连接到达时会创建一个通道的子通道，并初始化
    protected void initChannel(SocketChannel ch)...{
        //这里可以管理子通道中的 Handler 业务处理器
         //向子通道流水线添加一个 Handler 业务处理器
         ch.pipeline().addLast(new NettyDiscardHandler());
    }
});
```

上面的 ChannelInitializer 也是通道初始化器，属于入站处理器的类型。在示例代码中，调用了 ChannelInitializer 的 initChannel()方法。initChannel()方法是 ChannelInitializer 定义的一个抽象方法，这个抽象方法需要开发人员自己实现。

在通道初始化时，会调用提前注册的初始化处理器的 initChannel()方法。比如，在父通道接受

新连接并且要初始化其子通道时，会调用初始化器的 initChannel()方法，并且会将新接收的通道作为参数，传递给此方法。

一般来说，initChannel()方法的大致业务是：拿到新连接通道作为实际参数，往它的流水线中装配 Handler 业务处理器。

5.5.4 ChannelInboundHandler 的生命周期的实战案例

为了弄清 Handler 业务处理器的各个方法的执行顺序和生命周期，这里定义一个简单的入站 Handler 处理器——InHandlerDemo。这个类继承自 ChannelInboundHandlerAdapter 适配器，实现了基类的大部分入站处理方法，并在每一个方法的实现代码中都加上了必要的输出信息，以便于观察方法是否被执行到。

InHandlerDemo 的代码如下：

```
package com.crazymakercircle.netty.handler;
...
public class InHandlerDemo extends ChannelInboundHandlerAdapter {
    @Override
    public void handlerAdded(ChannelHandlerContext ctx)…{
        Logger.info("被调用: handlerAdded()");
        super.handlerAdded(ctx);
    }
    @Override
    public void channelRegistered(ChannelHandlerContext ctx)…{
        Logger.info("被调用: channelRegistered()");
        super.channelRegistered(ctx);
    }
    @Override
    public void channelActive(ChannelHandlerContext ctx)…{
        Logger.info("被调用: channelActive()");
        super.channelActive(ctx);
    }
    @Override
    public void channelRead(ChannelHandlerContext ctx, Object msg)…{
        Logger.info("被调用: channelRead()");
        super.channelRead(ctx, msg);
    }
    @Override
    public void channelReadComplete(ChannelHandlerContext ctx)…{
        Logger.info("被调用: channelReadComplete()");
        super.channelReadComplete(ctx);
    }
    @Override
    public void channelInactive(ChannelHandlerContext ctx)…{
        Logger.info("被调用: channelInactive()");
        super.channelInactive(ctx);
    }
    @Override
    public void channelUnregistered(ChannelHandlerContext ctx)…{
        Logger.info("被调用: channelUnregistered()");
        super.channelUnregistered(ctx);
    }
    @Override
    public void handlerRemoved(ChannelHandlerContext ctx)…{
        Logger.info("被调用: handlerRemoved()");
        super.handlerRemoved(ctx);
```

```
    }
}
```

为了演示这个入站处理器，需要编写单元测试代码：将上面的 Inhandler 入站处理器加入一个 EmbeddedChannel 嵌入式通道的流水线中。接着，通过 writeInbound()方法写入 ByteBuf 数据包。InHandlerDemo 作为一个入站处理器，会处理流水线上的入站报文。单元测试的代码如下：

```
package com.crazymakercircle.netty.handler;
//省略 import
public class InHandlerDemoTester {
    @Test
    public void testInHandlerLifeCircle() {
        final InHandler inHandler = new InHandlerDemo();
        //初始化处理器
        ChannelInitializer i =
new ChannelInitializer<EmbeddedChannel>()
{
            protected void initChannel(EmbeddedChannel ch) {
                ch.pipeline().addLast(inHandler);
            }
        };
        //创建嵌入式通道
        EmbeddedChannel channel = new EmbeddedChannel(i);
        ByteBuf buf = Unpooled.buffer();
        buf.writeInt(1);
        //模拟入站，向嵌入式通道写一个入站数据包
        channel.writeInbound(buf);
        channel.flush();
        //模拟入站，再写一个入站数据包
        channel.writeInbound(buf);
        channel.flush();
        //通道关闭
        channel.close();

        …
    }
}
```

运行上面的测试用例，主要的输出结果如下：

```
[main|handlerAdded]: 被调用: handlerAdded()
[main|channelRegistered]: 被调用: channelRegistered()
[main|channelActive]: 被调用: channelActive()
[main|channelRead]: 被调用: channelRead()
[main|channelReadComplete]: 被调用: channelReadComplete()
[main|channelRead]: 被调用: channelRead()
[main|channelReadComplete]: 被调用: channelReadComplete()
[main|channelInactive]: 被调用: channelInactive()
[main|channelUnregistered]: 被调用: channelUnregistered()
[main|handlerRemoved]: 被调用: handlerRemoved()
```

在讲解上面的方法之前，首先对处理器的方法进行分类：是生命周期方法还是数据入站回调方法。上面的几个方法中，channelRead、channelReadComplete 是入站处理方法，其他的几个方法是入站处理器的周期方法。从输出的结果可以看到，ChannelHandler 中的回调方法的执行顺序为：

```
    handlerAdded()→ channelRegistered() →channelActive() →数据传输的入站回调 →
channelInactive()→ channelUnregistered() →handlerRemoved()
```

其中，数据传输的入站回调过程为：

```
channelRead() → channelReadComplete()
```

读数据的入站回调过程会根据入站数据的数量被重复调用，每一次有 ByteBuf 数据包入站都会调用。

除了两个入站回调方法外，其余的 6 个方法都和 ChannelHandler 的生命周期有关，具体的介绍如下：

（1）handlerAdded()：当业务处理器被加入流水线后，此方法将被回调。也就是在完成 ch.pipeline().addLast(handler)语句之后会回调 handlerAdded()。

（2）channelRegistered()：当通道成功绑定一个 NioEventLoop 反应器后，此方法将被回调。

（3）channelActive()：当通道激活成功后，此方法将被回调。通道激活成功指的是所有业务处理器添加、注册的异步任务完成，并且与 NioEventLoop 反应器绑定的异步任务完成。

（4）channelInactive()：当通道的底层连接已经不是 ESTABLISH 状态，或者底层连接已经关闭时，会首先回调所有业务处理器的 channelInactive()方法。

（5）channelUnregistered()：通道和 NioEventLoop 反应器解除绑定，移除对这条通道的事件处理之后，回调所有业务处理器的 channelUnregistered ()方法。

（6）handlerRemoved()：Netty 会移除通道上所有业务处理器，并且回调所有业务处理器的 handlerRemoved()方法。

在上面的 6 个生命周期方法中，前面 3 个在通道创建和绑定的时候被先后回调，后面 3 个在通道关闭的时候会先后被回调。

除了生命周期的回调外，剩余的大部分方法都是数据传输的入站回调方法。对于 Inhandler 入站处理器，有两个很重要的回调方法为：

（1）channelRead()：有数据包入站，通道可读。流水线会启动入站处理流程，从前向后，入站处理器的 channelRead()方法会被依次回调到。

（2）channelReadComplete()：流水线完成入站处理后，会从前向后，依次回调每个入站处理器的 channelReadComplete()方法，表示数据读取完毕。

至此，读者对 ChannelInboundHandler 的生命周期和入站业务处理应该有非常清楚的了解了。

上面的入站处理器实战案例 InHandlerDemo 演示的是入站处理器的工作流程。对于出站处理器 ChannelOutboundHandler 的生命周期以及回调的顺序，与入站处理器是大致相同的。不同的是，出站处理器的业务处理方法略微不同。在随书源代码工程中，有一个关于出站处理器的实战案例——OutHandlerDemo。它的代码、包名和上面的类似，读者可以自己去运行和学习，这里不再赘述。

5.6 详解 Pipeline

前面讲到，一条 Netty 通道需要很多业务处理器来处理业务。每条通道内部都有一条流水线（Pipeline）将 Handler 装配起来。Netty 的业务处理器流水线 ChannelPipeline 是基于责任链设计模式（Chain of Responsibility）来设计的，内部是一个双向链表结构，能够支持动态地添加和删除业务处理器。

5.6.1 Pipeline 入站处理流程

为了完整地演示Pipeline入站处理流程，将新建3个极为简单的入站处理器：SimpleInHandlerA、SimpleInHandlerB 和 SimpleInHandlerC。在 ChannelInitializer 初始化处理器的 initChannel 方法中，把它们加入流水线中，添加的顺序为 A → B→ C。实践的代码如下：

```
package com.crazymakercircle.netty.pipeline;
...
public class InPipeline {
  //内部类：第一个入站处理器
  static class SimpleInHandlerA extends
 ChannelInboundHandlerAdapter {
    @Override
    public void channelRead(ChannelHandlerContext ctx, Object msg)…{
            Logger.info("入站处理器 A: 被回调 ");
            super.channelRead(ctx, msg);
    }
 }


 //内部类：第二个入站处理器
 static class SimpleInHandlerB extends
ChannelInboundHandlerAdapter {
   @Override
   public void channelRead(ChannelHandlerContext ctx, Object msg) …{
            Logger.info("入站处理器 B: 被回调 ");
            super.channelRead(ctx, msg);
  }
}


//内部类：第三个入站处理器
static class SimpleInHandlerC extends
ChannelInboundHandlerAdapter {
 @Override
 public void channelRead(ChannelHandlerContext ctx, Object msg)…{
           Logger.info("入站处理器 C: 被回调 ");
           super.channelRead(ctx, msg);
 }
}


@Test
public void testPipelineInBound() {
       ChannelInitializer i =
new ChannelInitializer<EmbeddedChannel>() {
           protected void initChannel(EmbeddedChannel ch) {
              ch.pipeline().addLast(new SimpleInHandlerA());
              ch.pipeline().addLast(new SimpleInHandlerB());
              ch.pipeline().addLast(new SimpleInHandlerC());
           }
       };
       EmbeddedChannel channel = new EmbeddedChannel(i);
       ByteBuf buf = Unpooled.buffer();
       buf.writeInt(1);
       //向通道写一个入站报文（数据包）
       channel.writeInbound(buf);
       //省略不相干代码
```

```
    }
}
```

在以上 3 个内部入站处理器的 channelRead()方法中，我们打印当前 Handler 业务处理器的信息，然后调用父类的 channelRead()方法，而父类的 channelRead()方法的作用主要是把当前入站处理器中处理完毕的结果传递到下一个入站处理器。只是在示例程序中传递的对象是同一个数据（也就是程序中的 msg 实例）。

运行实战案例的代码，输出的结果如下：

```
[main|InPipeline$SimpleInHandlerA:channelRead]: 入站处理器 A: 被回调
[main|InPipeline$SimpleInHandlerB:channelRead]: 入站处理器 B: 被回调
[main|InPipeline$SimpleInHandlerC:channelRead]: 入站处理器 C: 被回调
```

我们可以看到，入站处理器的流动次序是从前到后，如图 5-12 所示。

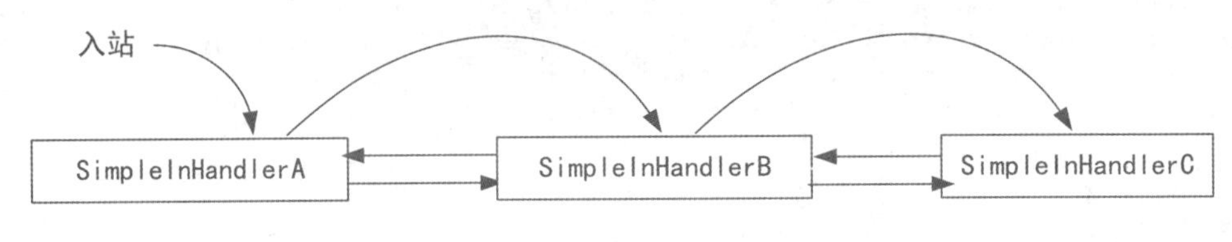

图 5-12 入站处理器的执行次序

疑问：如果在入站处理器的 channelRead()方法中不调用父类的 channelRead()方法，结果会如何呢？读者可以自行尝试。

5.6.2 Pipeline 出站处理流程

为了完整地演示 Pipeline 出站处理流程，将新建 3 个极为简单的出站处理器，3 个出站处理器分别为 SimpleOutHandlerA、SimpleOutHandlerB 和 SimpleOutHandlerC。在 ChannelInitializer 通道初始化处理器的 initChannel()方法中，把它们加入流水线中，添加的顺序为 A→B→C。实战案例的代码如下：

```
package com.crazymakercircle.netty.pipeline;
...
public class OutPipeline {
    //内部类：第一个出站处理器
    public class SimpleOutHandlerA extends
ChannelOutboundHandlerAdapter {
        @Override
        public void write(ChannelHandlerContext ctx, Object msg,
                                             ChannelPromise promise)...{
            Logger.info("出站处理器 A: 被回调" );
            super.write(ctx, msg, promise);
        }
    }

    //内部类：第二个出站处理器
    public class SimpleOutHandlerB extends
ChannelOutboundHandlerAdapter {
        @Override
        public void write(ChannelHandlerContext ctx, Object msg, ChannelPromise
promise)...{
            Logger.info("出站处理器 B: 被回调" );
```

```
                super.write(ctx, msg, promise);
            }
        }

        //内部类：第三个出站处理器
        public class SimpleOutHandlerC extends
    ChannelOutboundHandlerAdapter {
            @Override
            public void write(ChannelHandlerContext ctx, Object msg, ChannelPromise
promise)...{
                Logger.info("出站处理器 C: 被回调" );
                super.write(ctx, msg, promise);
            }
        }
        @Test
        public void testPipelineOutBound() {
            ChannelInitializer i =
     new ChannelInitializer<EmbeddedChannel>() {
                protected void initChannel(EmbeddedChannel ch) {
                    ch.pipeline().addLast(new SimpleOutHandlerA());
                    ch.pipeline().addLast(new SimpleOutHandlerB());
                    ch.pipeline().addLast(new SimpleOutHandlerC());
                }
            };
            EmbeddedChannel channel = new EmbeddedChannel(i);
            ByteBuf buf = Unpooled.buffer();
            buf.writeInt(1);
            //向通道写一个出站报文（或数据包）
            channel.writeOutbound(buf);
            //省略不相干代码
        }
    }
```

在以上出站处理器的 write()方法中，打印当前 Handler 业务处理器的信息，然后调用父类的 write()方法，而这里父类的 write()方法会将出站数据通过通道流水线发送到下一个出站处理器。运行上面的实战案例程序，控制台的输出如下：

```
[main|OutPipeline$SimpleOutHandlerC:write]: 出站处理器 C: 被回调
[main|OutPipeline$SimpleOutHandlerB:write]: 出站处理器 B: 被回调
[main|OutPipeline$SimpleOutHandlerA:write]: 出站处理器 A: 被回调
```

在代码中，通过 pipeline. addLast()方法添加 OutBoundHandler 出站处理器的顺序为 A →B →C。从结果可以看出，出站流水处理次序为从后向前（C →B →A）。最后加入的出站处理器反而执行在最前面，如图 5-13 所示。这一点和 Inbound 入站处理的次序恰好是相反的。

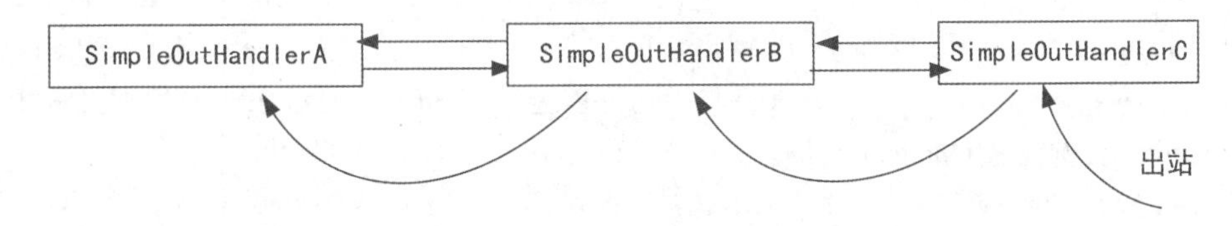

图 5-13　出站处理器的执行次序

疑问：在出站处理器的 write()方法中，如果不调用父类的 write()方法，结果会如何呢？读者可以自行尝试和体验。

5.6.3 ChannelHandlerContext

在 Netty 的设计中 Handler 是无状态的，不保存和 Channel 有关的信息。Handler 的目标是将自己的处理逻辑做得很通用，可以给不同的 Channel 使用。与 Handler 不同的是，Pipeline 是有状态的，保存了 Channel 的关系。于是，Handler 和 Pipeline 之间需要一个中间角色将它们联系起来。这个中间角色是谁呢？这就是 ChannelHandlerContext（通道处理器上下文）。

无论我们定义的是哪种类型的业务处理器，最终它们都是以双向链表的方式保存在流水线中。这里流水线的节点类型并不是前面的业务处理器基类，而是其包装类型 ChannelHandlerContext 类。当业务处理器被添加到流水线中时会为其专门创建一个 ChannelHandlerContext 实例，主要封装了 ChannelHandler（通道处理器）和 ChannelPipeline（通道流水线）之间的关联关系。所以，流水线 ChannelPipeline 中的双向链接实质是一个由 ChannelHandlerContext 组成的双向链表。作为 Context 的成员，无状态的 Handler 关联在 ChannelHandlerContext 中。

ChannelPipeline 流水线的示意图大致如图 5-14 所示。

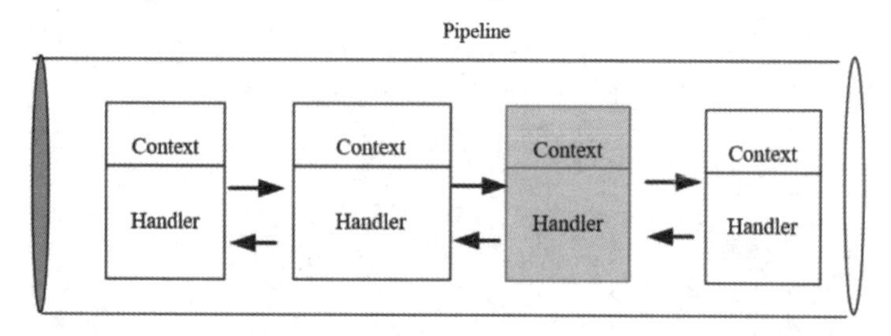

图 5-14 ChannelPipeline 流水线的示意图

ChannelHandlerContext 中包含了许多方法，主要可以分为两类：一类是获取上下文所关联的 Netty 组件实例，如所关联的通道、所关联的流水线、上下文内部 Handler 业务处理器实例等；另一类是入站和出站处理方法。

在 Channel、ChannelPipeline、ChannelHandlerContext 三个类中，都存在同样的出站和入站处理方法，这些出现在不同类中的相同方法，功能有何不同呢？

如果通过 Channel 或 ChannelPipeline 的实例来调用这些出站和入站处理方法，它们就会在整条流水线中传播。如果通过 ChannelHandlerContext 调用出站和入站处理方法，就只会从当前的节点开始往同类型的下一站处理器传播，而不是在整条流水线从头至尾进行完整的传播。

总结一下 Channel、Handler、ChannelHandlerContext 三者的关系：Channel 拥有一条 ChannelPipeline，每一个流水线节点为一个 ChannelHandlerContext 上下文对象，每一个上下文中包裹了一个 ChannelHandler。在 ChannelHandler 的入站/出站处理方法中，Netty 会传递一个 Context 上下文实例作为实际参数。处理器中的回调代码可以通过 Context 实参在业务处理过程中去获取 ChannelPipeline 实例或者 Channel 实例。

5.6.4 HeadContext 与 TailContext

通道流水线在没有加入任何处理器之前装配了两个默认的处理器上下文：一个头部上下文叫作 HeadContext，一个尾部上下文叫作 TailContext。Pipeline 的创建、初始化除了保存一些必要的属性外，核心就在于创建了 HeadContext 头节点和 TailContext 尾节点。

每个 Pipeline 中双向链表结构从一开始就存在了 HeadContext 和 TailContext 两个节点，后面添加的处理器上下文节点都添加在 HeadContext 实例和 TailContext 实例之间。在添加了一些必要的解码器、业务处理器、编码器之后，一条流水线的结构大致如图 5-15 所示。

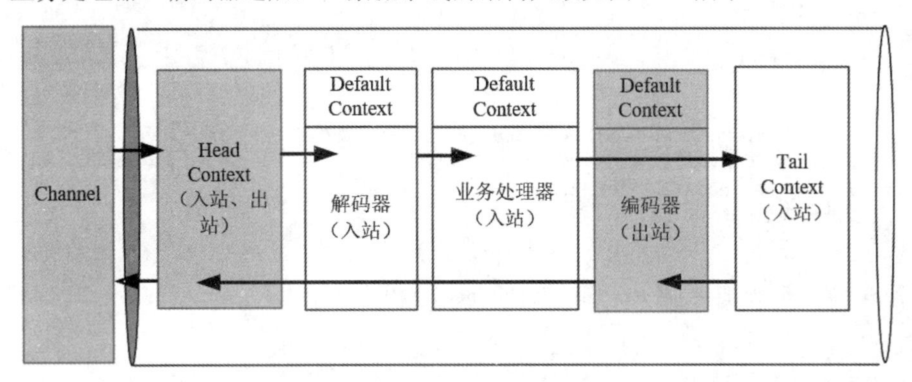

图 5-15　一条流水线的结构大致示意图

流水线尾部的 TailContext 不仅仅是一个上下文类，还是一个入站处理器类，实现了所有入站处理回调方法，这些回调实现的主要工作基本上都是收尾处理的，如释放缓冲区对象、完成异常处理等。

TailContext 是流水线默认实现类 DefaultChannelPipeline 的一个内部类，代码大致如下：

```
//流水线默认实现类（来自 Netty4.1.49 版本）
public class DefaultChannelPipeline implements ChannelPipeline {
  ...
  //内部类：尾部处理器和尾部上下文是同一个类
  final class TailContext extends AbstractChannelHandlerContext
                                implements ChannelInboundHandler {
    //入站处理方法：读取通道
    @Override
    public void channelRead(ChannelHandlerContext ctx, Object msg) {
          //释放缓冲区
...
    }
    //省略 TailContext 其他的入站处理方法
  }
...
}
```

流水线头部的 HeadContext 比 TailContext 复杂得多，既是一个出站处理器，又是一个入站处理器，还保存了一个 unsafe（完成实际通道传输的类）实例，也就是 HeadContext 还需要负责最终的通道传输工作。

HeadContext 也是流水线默认实现类 DefaultChannelPipeline 的一个内部类，大致的代码如下：

```
//流水线默认实现类（来自 Netty4.1.49 版本）
public class DefaultChannelPipeline implements ChannelPipeline {
  ...
//内部类：头部处理器和头部上下文是同一个类
//并且头部处理器既是出站处理器，又是入站处理器
final class HeadContext extends AbstractChannelHandlerContext
        implements ChannelOutboundHandler, ChannelInboundHandler {

    //传输操作类实例：完成通道最终的输入、输出等操作
```

```
    //此类专供Netty内部使用，应用程序不能使用，所以取名unsafe
    private final Unsafe unsafe;

    //入站处理举例：入站（从Channel到Handler）读操作
    @Override
   public void channelRead(ChannelHandlerContext ctx, Object msg) {
       ctx.fireChannelRead(msg);
   }

    //出站处理举例：出站（从Handler到Channel）读取传输数据
 @Override
    public void read(ChannelHandlerContext ctx) {
        unsafe.beginRead();
    }

    //出站处理举例：出站（从Handler到Channel）写操作
@Override
    public void write(ChannelHandlerContext ctx,
Object msg, ChannelPromise promise) {
        unsafe.write(msg, promise);
    }
//省略HeadContext其他的处理方法
}
  ...
}
```

5.6.5 Pipeline 入站和出站的双向链接操作

在理解了 HeadContext 与 TailContext 两个重要的节点之后，再来梳理一下 Pipeline 的出站和入站处理流程中的双向链接操作。下面分别摘取流水线一个入站（读）操作和一个出站（读）操作，源码大致如下：

```
final class DefaultChannelPipeline implements ChannelPipeline {
    final AbstractChannelHandlerContext head; //HeadContext
    final AbstractChannelHandlerContext tail; //TailContext


   //出站：启动流水线的出站写
   @Override
   public ChannelFuture write(Object msg) {
      return tail.write(msg); //从后往前传递
   }

  //入站：启动流水线的入站读
   @Override
   public ChannelPipeline fireChannelRead(Object msg) {
      head.fireChannelRead(msg); //从头往后传递
      return this;
   }
...
}
```

完整的出站和入站处理流转过程都是通过调用流水线实例的相应出站和入站方法开启的。先看看入站处理的流转过程，以流水线的入站读的启动过程为例，从以上源码可以看出，流水线的入站流程是从 fireXXX()方法开始的（XXX 表示具体入站操作，入站读的操作为 ChannelRead），在 fireChannelRead 的源码中，从流水线的头节点 Head 开始，将入站的 msg 数据沿着流水线上的入站处理器逐个向后面传递，如图 5-16 所示。

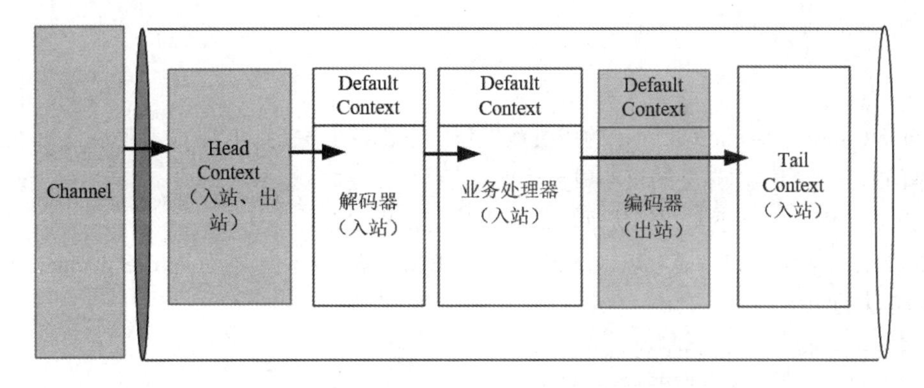

图 5-16　流水线的入站处理流程大致示意图

如果所有的入站处理过程都没有截断流水线的处理，则该入站数据 msg（如 ByteBuffer 缓冲区）将一直传递到流水线的末尾，也就是 TailContext 处理器。

从源码可以看出，流水线的出站流程是从流水线的尾部节点 Tail 开始，将出站的 msg 数据沿着流水线上的出站处理器逐个向前面传递，如图 5-17 所示。

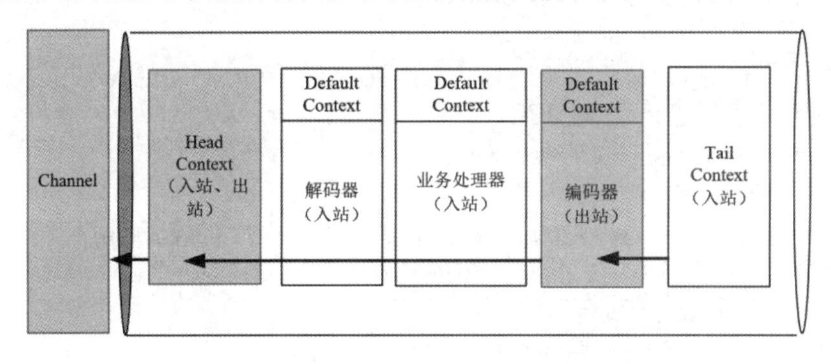

图 5-17　流水线的出站处理流程大致示意图

出站 msg 数据在经过所有出站处理器之后，将一直传递到流水线的头部，也就是 HeadContext 处理器，并且通过 unsafe 传输实例将二进制数据写入底层传输通道，完成整个传输处理过程。

出站和入站被流水线启动之后，其传播的中间过程具体如何呢？这里需要了解一下流水线链表的节点实现，其默认的实现类为 AbstractChannelHandlerContext 抽象类，此类也是 HeadContext 与 TailContext 的父类。Pipeline 内部的双向链表的指针维护以及节点前驱和后继的计算方法都在这个类中实现，AbstractChannelHandlerContext 的核心成员如下：

```
abstract class AbstractChannelHandlerContext
...implements ChannelHandlerContext {
    //双向链表的指针：指向后继
    volatile AbstractChannelHandlerContext next;
    //双向链表的指针：指向前驱
    volatile AbstractChannelHandlerContext prev;

    private final boolean inbound; //标志：是否入站节点
    private final boolean outbound; //标志：是否出站节点
    private final AbstractChannel channel; //上下文节点所关联的通道
    private final DefaultChannelPipeline pipeline;  //所属流水线
    private final String name;  //上下文节点名称，在加入流水线时可以指定
    //节点的执行线程，如果没有特别设置，则为通道的 IO 线程
```

```
final EventExecutor executor;
...
}
```

AbstractChannelHandlerContext 的成员属性肯定不止以上这些，以上成员仅仅是与 Pipeline 入站和出站的双向链接操作有关的核心成员属性。

Pipeline 如何通过上下文实例进行出站和入站的传播呢？

首先介绍入站操作的传播，以入站读 ChannelRead 操作为例，下面是 fireChannelRead（传播入站读）方法的源码：

```
abstract class AbstractChannelHandlerContext
...implements ChannelHandlerContext {
...
    @Override
    public ChannelHandlerContext fireChannelRead(final Object msg) {
        if (msg == null) {
            throw new NullPointerException("msg");
        }
        //在双向链表中向后查找，找到下一个入站节点（同类的后继）
        final AbstractChannelHandlerContext next =
findContextInbound();

        EventExecutor executor = next.executor();//获取后继的处理线程
        if (executor.inEventLoop()) {
            //如果当前线程为后继的处理线程
            //执行后继上下文所包装的处理器
            next.invokeChannelRead(msg);
        } else {
            //如果当前处理线程不是后继的处理线程，则提交到后继处理线程去排队
            //保障该节点的处理器被设置的线程调用，避免发生线程安全问题
            executor.execute(new OneTimeTask() {
                @Override
                public void run() {
                    //提交到后继处理线程
                    next.invokeChannelRead(msg);
                }
            });
        }
        return this;
    }
...
}
```

Pipeline 的入站和出站的传播方向是相反的，入站是顺着双向链表向后传播，出站是顺着双向链表向前传播。所以，在 fireChannelRead()方法中调用 findContextInbound()方法，找到下一个入站节点（后继的入站节点），该方法的源码如下：

```
//在双向链表中向后查找，找到下一个入站节点
private AbstractChannelHandlerContext findContextInbound() {
    AbstractChannelHandlerContext ctx = this;
    do {
        ctx = ctx.next;  //向后查找，一直到末尾或者找到入站类型节点为止
    } while (!ctx.inbound);
    return ctx;
}
```

在 fireChannelRead()方法中通过 findContextInbound()找到下一个入站 Context 之后，准备开始执行下一站所包装的处理器，只不过这里需要确保执行的线程是该 Context 实例的 executor 成员线程以保证线程安全。执行下一站的处理器的方法如下：

```
//执行下一个入站 Context 所包装的处理器
private void invokeChannelRead(Object msg) {
    try {
        ((ChannelInboundHandler) handler()).channelRead(this, msg);
    } catch (Throwable t) {
        notifyHandlerException(t);
    }
}
```

以上为入站处理的传播过程。Pipeline 的出站传播除了方向是相反的外，其余的地方与入站传播大致相同，出站传播时查找下一个出站处理器的源码如下：

```
//在双向链表中向前查找，找到前一个出站节点
private AbstractChannelHandlerContext findContextOutbound() {
        AbstractChannelHandlerContext ctx = this;
        do {
//向前查找，直到头部或者找到一个出站 Context 为止
            ctx = ctx.prev;
        } while (!ctx.outbound);
        return ctx;
}
```

5.6.6　截断流水线的入站处理传播过程

在入站/出站的过程中，如果由于业务条件不满足需要截断流水线的处理，不让处理传播到下一站，那么该怎么办呢？

这里以 channelRead 入站读的处理流程为例，看看如何截断入站处理流程。这里采用的办法是：在处理器的 channelRead()方法中不再调用父处理器的 channelRead()入站方法，代码如下：

```
package com.crazymakercircle.netty.pipeline;
...
public class InPipeline {
    //省略 SimpleInHandlerA、SimpleInHandlerC

    //定义 SimpleInHandlerB2，替换掉 SimpleInHandlerB
   static class SimpleInHandlerB2 extends
 ChannelInboundHandlerAdapter {
   @Override
   public void channelRead(ChannelHandlerContext ctx, Object msg)…{
          Logger.info("入站处理器 B：被回调 ");
          //不调用基类的 channelRead，终止流水线的执行
           //super.channelRead(ctx, msg);
   }
  }

   @Test
   public void testPipelineCutting() {
       ChannelInitializer i =
new ChannelInitializer<EmbeddedChannel>() {
          protected void initChannel(EmbeddedChannel ch) {
              ch.pipeline().addLast(new SimpleInHandlerA());
              ch.pipeline().addLast(new SimpleInHandlerB2());
              ch.pipeline().addLast(new SimpleInHandlerC());
```

```
            }
        };
        EmbeddedChannel channel = new EmbeddedChannel(i);
        ByteBuf buf = Unpooled.buffer();
        buf.writeInt(1);
        //向通道写一个入站报文（或数据包），启动入站处理器流程
        channel.writeInbound(buf);
          ...
    }
}
```

以上代码同样定义了 3 个业务处理器，只是中间的业务处理器 SimpleInHandlerB2 没有调用父类的 super.channelRead()方法。运行的结果如下：

```
[T:main|F:channelRead] |>入站处理器 A: 被回调
[T:main|F:channelRead] |>入站处理器 B: 被回调
```

从运行的结果可以看出，入站处理器 C 没有执行到，说明处理流水线被成功截断了，如图 5-18 所示。

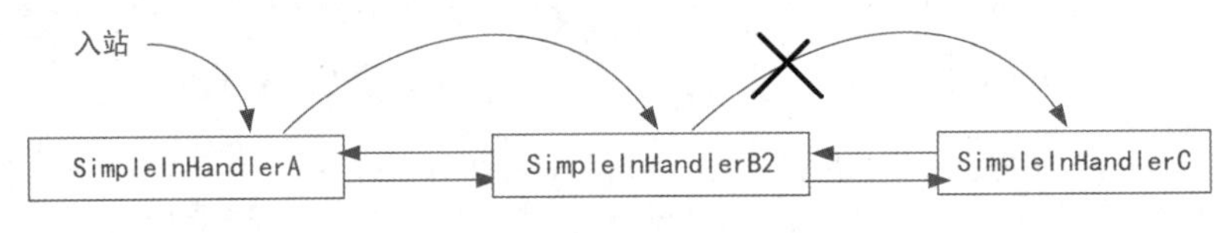

图 5-18 处理流水线的截断

在以上代码中，通过不调用基类的 channelRead()方法截断流水线的执行。在 channelRead()方法中，将入站处理结果发送到下一站还有一种方法：调用 Context 的 ctx.fireChannelRead(msg)方法。如果要截断流水线的处理，显然不能调用 ctx.fireChannelRead(msg)方法。

上面演示的是 channelRead 读操作入站流程的截断，仅仅是一个示例，如果要截断其他的入站处理的流水线操作（使用 Xxx 指代），也可以同样处理：

（1）不调用 supper.channelXxx(ChannelHandlerContext)。

（2）不调用 ctx.fireChannelXxx()。

读者在编写入站处理器的代码时一般会继承 ChannelInboundHandlerAdapter 适配器，而该适配器的默认入站实现主要是进行入站操作的流水线传播，并且是通过上下文 Context 实例完成的，大致的源码如下：

```
//入站处理适配器
public class ChannelInboundHandlerAdapter
    extends ChannelHandlerAdapter implements ChannelInboundHandler {

//入站方法举例：入站读
  @Override
  public void channelRead(ChannelHandlerContext ctx, Object msg)...{
        //通过上下文进行入站读操作的流水线传播
        ctx.fireChannelRead(msg);
  }
     //其他入站方法的源码类似，故省略
}
```

至此，入站处理传播流程的截断技巧和背后的原理就介绍完了。

流水线的出站处理传播流程如何截断呢？结论是：出站处理流程可以截断，但是没有意义。

换句话说，既然决定要输出，为什么还要截断呢？只要开始执行出站，就不要去截断。如果业务条件不满足，可以不启动出站处理。读者可以运行示例工程中的 testPipelineOutBoundCutting()测试方法，会看到出站处理截断后的效果，这里不再赘述。

5.6.7　在流水线上热插拔 Handler

Netty 中的处理器流水线是一个双向链表。在程序执行过程中，可以动态进行业务处理器的热插拔：动态地增加、删除流水线上的业务处理器。主要的 Handler 热插拔方法声明在 ChannelPipeline 接口中，具体如下：

```
package io.netty.channel;
...
public interface ChannelPipeline
                extends Iterable<Entry<String, ChannelHandler>>
{
    ...
    //在流水线头部增加一个业务处理器，名字由 name 指定
    ChannelPipeline addFirst(String name, ChannelHandler handler);

    //在流水线尾部增加一个业务处理器，名字由 name 指定
    ChannelPipeline addLast(String name, ChannelHandler handler);

    //在 baseName 处理器的前面增加一个业务处理器，名字由 name 指定
    ChannelPipeline addBefore(String baseName, String name,
ChannelHandler handler);

    //在 baseName 处理器的后面增加一个业务处理器，名字由 name 指定
    ChannelPipeline addAfter(String  baseName, String name,
ChannelHandler handler);

    //删除一个业务处理器实例
    ChannelPipeline remove(ChannelHandler handler);

    //删除一个业务处理器实例
    ChannelHandler remove(String handler);

    //删除第一个业务处理器
    ChannelHandler removeFirst();

    //删除最后一个业务处理器
    ChannelHandler removeLast();
    ...
}
```

如果需要动态地增加、删除流水线上的业务处理器，调用 ChannelPipeline 的某个方法即可。下面是一个简单的示例：调用流水线实例的 remove(ChannelHandler)方法，从流水线动态地删除一个 Handler。代码如下：

```
package com.crazymakercircle.netty.pipeline;
...
public class PipelineHotOperateTester {
  static class SimpleInHandlerA extends
ChannelInboundHandlerAdapter {
```

```
    public void channelRead(ChannelHandlerContext ctx, Object msg)…{
            Logger.info("入站处理器 A: 被回调 ");
            super.channelRead(ctx, msg);
            //从流水线删除当前业务处理器
            ctx.pipeline().remove(this);
    }

  }
  //省略 SimpleInHandlerB、SimpleInHandlerC 的定义

  //测试业务处理器的热插拔
   @Test
   public void testPipelineHotOperating() {
        ChannelInitializer i = new
ChannelInitializer<EmbeddedChannel>() {
            protected void initChannel(EmbeddedChannel ch) {
            ch.pipeline().addLast(new SimpleInHandlerA());
            ch.pipeline().addLast(new SimpleInHandlerB());
            ch.pipeline().addLast(new SimpleInHandlerC());
        }
    };
    EmbeddedChannel channel = new EmbeddedChannel(i);
    ByteBuf buf = Unpooled.buffer();
    buf.writeInt(1);
    //第一次向通道写入站报文（或数据包）
    channel.writeInbound(buf);
    //第二次向通道写入站报文（或数据包）
    channel.writeInbound(buf);
    //第三次向通道写入站报文（或数据包）
    channel.writeInbound(buf);
//省略其他代码
}
```

运行示例代码，结果节选如下：

```
[...A|F:channelRead] |>入站处理器 A: 被回调
[...B|F:channelRead] |>入站处理器 B: 被回调
[...C|F:channelRead] |>入站处理器 C: 被回调
[...B|F:channelRead] |>入站处理器 B: 被回调
[...C|F:channelRead] |>入站处理器 C: 被回调
[...B|F:channelRead] |>入站处理器 B: 被回调
[...C|F:channelRead] |>入站处理器 C: 被回调
```

从运行结果中可以看出，在 SimpleInHandlerA 从流水线中删除后，在后面的入站流水处理中（第二次和第三次入站处理流程），SimpleInHandlerA 已经不再被调用了。

这里为读者分析一下通道初始化处理器 ChannelInitializer 没有被重复调用的原因。作为一个入站处理器，为什么 ChannelInitializer 只初始化一次通道呢？通过翻看源码可以知道，在它注册完成的 channelRegistered 回调方法中调用了 ctx.pipeline().remove(this)将自己从流水线中删除，所以该处理器仅仅被执行了一次。ChannelInitializer 的源代码节选如下：

```
package io.netty.channel;
//省略不相干代码
public abstract class ChannelInitializer extends
 ChannelInboundHandlerAdapter {
    ...
    //通道初始化，抽象方法，需要子类实现
    protected abstract void initChannel(Channel var1) throws Exception;
```

```
        //回调方法:加入通道(注册完成)完成后触发
        public final void channelRegistered(ChannelHandlerContext ctx){
            //调用通道初始化实现
            this.initChannel(ctx.channel());
            //删除通道初始化处理器
            ctx.pipeline().remove(this);
            //发送注册消息到下一站
            ctx.fireChannelRegistered();
        }
       ...
}
```

ChannelInitializer 在完成了通道的初始化之后，为什么要将自己从流水线中删除呢？原因很简单，就是一条通道流水线只需要做一次装配工作。

5.7　详解 ByteBuf

Netty 提供了 ByteBuf 缓冲区组件来替代 Java NIO 的 ByteBuffer 缓冲区组件，以便更加快捷和高效地操纵内存缓冲区。

5.7.1　ByteBuf 的优势

与 Java NIO 的 ByteBuffer 相比，ByteBuf 的优势如下：

- Pooling（池化），减少了内存复制和 GC，提升了效率。
- 复合缓冲区类型，支持零复制。
- 不需要调用 flip()方法去切换读/写模式。
- 可扩展性好。
- 可以自定义缓冲区类型。
- 读取和写入索引分开。
- 方法的链式调用。
- 可以进行引用计数，方便重复使用。

5.7.2　ByteBuf 的组成部分

ByteBuf 是一个字节容器，内部是一个字节数组。从逻辑上来分，字节容器内部可以分为 4 部分，具体如图 5-19 所示。

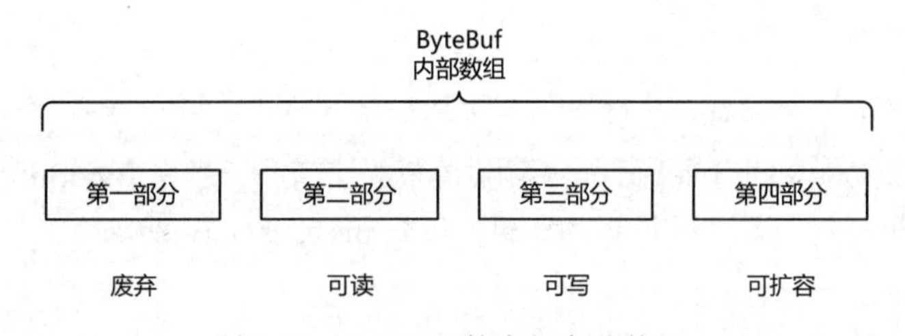

图 5-19　ByteBuf 的内部字节数组

第一部分是已用字节，表示已经使用完的废弃的无效字节；第二部分是可读字节，这部分数据是 ByteBuf 保存的有效数据，从 ByteBuf 中读取的数据都来自这一部分；第三部分是可写字节，写入 ByteBuf 的数据都会写到这一部分中；第四部分是可扩容字节，表示该 ByteBuf 最多还能扩容的大小。

5.7.3 ByteBuf 的重要属性

ByteBuf 通过 3 个整型的属性有效地区分可读数据和可写数据的索引，使得读写之间相互没有冲突。这 3 个属性定义在 AbstractByteBuf 抽象类中，分别是：

- readerIndex（读指针）：指示读取的起始位置。每读取一个字节，readerIndex 自动增加 1。一旦 readerIndex 与 writerIndex 相等，则表示 ByteBuf 不可读了。
- writerIndex（写指针）：指示写入的起始位置。每写一个字节，writerIndex 自动增加 1。一旦增加到 writerIndex 与 capacity()容量相等，则表示 ByteBuf 已经不可写了。注意，capacity()是一个成员方法，不是一个成员属性，它表示 ByteBuf 中可以写入的容量，而且它的值不一定是最大容量 maxCapacity 的值。
- maxCapacity（最大容量）：表示 ByteBuf 可以扩容的最大容量。当向 ByteBuf 写数据的时候，如果容量不足，则可以进行扩容。扩容的最大限度由 maxCapacity 的值来设定，超过 maxCapacity 的值就会报错。

ByteBuf 的这 3 个重要属性的含义如图 5-20 所示。

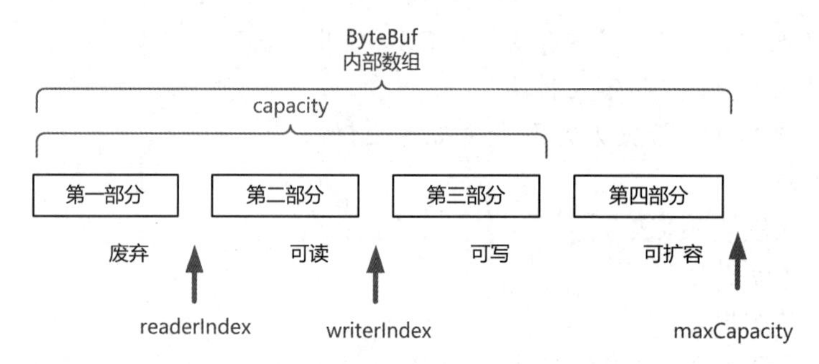

图 5-20 ByteBuf 内部的 3 个重要属性的含义

5.7.4 ByteBuf 的方法

ByteBuf 的方法大致可以分为三组。

第一组：容量系列。

- capacity()：表示 ByteBuf 的容量，是废弃的字节数、可读字节数和可写字节数之和。
- maxCapacity()：表示 ByteBuf 能够容纳的最大字节数。当向 ByteBuf 中写数据的时候，如果发现容量不足，则进行扩容，直到扩容到 maxCapacity 设定的上限。

第二组：写入系列。

- isWritable()：表示 ByteBuf 是否可写。如果 capacity()容量大于 writerIndex 指针的位置，

则表示可写，否则为不可写。注意：isWritable()返回 false 并不代表不能再往 ByteBuf 中写数据了。如果 Netty 发现往 ByteBuf 中写数据写不进去的话，就会自动扩容 ByteBuf。

- writableBytes()：取得可写入的字节数，它的值等于容量 capacity()减去 writerIndex。
- maxWritableBytes()：取得最大的可写字节数，它的值等于最大容量 maxCapacity 减去 writerIndex。
- writeBytes(byte[] src)：把入参 src 字节数组中的数据全部写到 ByteBuf。这是最为常用的一个方法。
- writeTYPE(TYPE value)：写入基础数据类型的数据。TYPE 表示基础数据类型，包含 8 大基础数据类型：writeByte()、writeBoolean()、writeChar()、writeShort()、writeInt()、writeLong()、writeFloat()和 writeDouble()。
- setTYPE(TYPE value)：基础数据类型的设置，不改变 writerIndex 指针值，包含 8 大基础数据类型的设置，即 setByte()、setBoolean()、setChar()、setShort()、setInt()、setLong()、setFloat()和 setDouble()。setType 系列与 writeTYPE 系列的不同：setType 系列不改变写指针 writerIndex 的值；writeTYPE 系列会改变写指针 writerIndex 的值。
- markWriterIndex()与 resetWriterIndex()：前一个方法表示把当前的写指针 writerIndex 属性的值保存在 markedWriterIndex 标记属性中，后一个方法表示把之前保存的 markedWriterIndex 的值恢复到写指针 writerIndex 属性中。这两个方法都用到了标记属性 markedWriterIndex，相当于一个写指针的暂存属性。

第三组：读取系列。

- isReadable()：返回 ByteBuf 是否可读。如果 writerIndex 指针的值大于 readerIndex 指针的值，则表示可读，否则为不可读。
- readableBytes()：返回表示 ByteBuf 当前可读取的字节数，它的值等于 writerIndex 减去 readerIndex。
- readBytes(byte[] dst)：将数据从 ByteBuf 读取到 dst 目标字节数组中，这里 dst 字节数组的大小通常等于 readableBytes()可读字节数。这个方法也是最为常用的方法之一。
- readType()：读取基础数据类型，可以读取 8 大基础数据类型：readByte()、readBoolean()、readChar()、readShort()、readInt()、readLong()、readFloat()和 readDouble()。
- getTYPE()：读取基础数据类型，并且不改变 readerIndex 读指针的值，具体为 getByte()、getBoolean()、getChar()、getShort()、getInt()、getLong()、getFloat()和 getDouble()。getType 系列与 readTYPE 系列的不同：getType 系列不会改变读指针 readerIndex 的值，readTYPE 系列会改变读指针 readerIndex 的值。
- markReaderIndex()与 resetReaderIndex()：前一种方法表示把当前的读指针 readerIndex 保存在 markedReaderIndex 属性中，后一个方法表示把保存在 markedReaderIndex 属性的值恢复到读指针 readerIndex 中。markedReaderIndex 属性定义在 AbstractByteBuf 抽象基类中，是一个标记属性，相当于一个读指针的暂存属性。

5.7.5　ByteBuf 基本使用的实战案例

ByteBuf 的基本使用分为 3 部分：

（1）分配一个 ByteBuf 实例。

（2）向 ByteBuf 写数据。

（3）从 ByteBuf 读数据。

这里使用默认的分配器分配了一个初始容量为 9、最大限制为 100 字节的缓冲区。关于 ByteBuf 实例的分配器，后面章节会详细介绍。

实战代码很简单，具体如下：

```
package com.crazymakercircle.netty.bytebuf;
...
public class WriteReadTest {
    @Test
    public void testWriteRead() {
        ByteBuf buffer = ByteBufAllocator.DEFAULT.buffer(9, 100);
        print("动作：分配 ByteBuf(9, 100)", buffer);
        buffer.writeBytes(new byte[]{1, 2, 3, 4});
        print("动作：写入 4 个字节 (1,2,3,4)", buffer);
        Logger.info("start==========:get==========");
        getByteBuf(buffer);
        print("动作：取数据 ByteBuf", buffer);
        Logger.info("start==========:read==========");
        readByteBuf(buffer);
        print("动作：读完 ByteBuf", buffer);
    }
    //取字节
    private void readByteBuf(ByteBuf buffer) {
        while (buffer.isReadable()) {
            Logger.info("取一个字节:" + buffer.readByte());
        }
    }
    //读字节，不改变指针
    private void getByteBuf(ByteBuf buffer) {
        for (int i = 0; i<buffer.readableBytes(); i++) {
            Logger.info("读一个字节:" + buffer.getByte(i));
        }
    }
}
```

运行的结果节选如下：

```
[main|...:print]: after =======动作：分配 ByteBuf(9, 100)============
[main|...:print]: 1.0 isReadable(): false
[main|...:print]: 1.1 readerIndex(): 0
[main|...:print]: 1.2 readableBytes(): 0
[main|...:print]: 2.0 isWritable(): true
[main|...:print]: 2.1 writerIndex(): 0
[main|...:print]: 2.2 writableBytes(): 9
[main|...:print]: 3.0 capacity(): 9
[main|...:print]: 3.1 maxCapacity(): 100
[main|...:print]: 3.2 maxWritableBytes(): 100
...
[main|...:print]: after ========动作：写入 4 个字节 (1,2,3,4)===========
[main|...:print]: 1.0 isReadable(): true
[main|...:print]: 1.1 readerIndex(): 0
[main|...:print]: 1.2 readableBytes(): 4
[main|...:print]: 2.0 isWritable(): true
[main|...:print]: 2.1 writerIndex(): 4
[main|...:print]: 2.2 writableBytes(): 5
```

```
[main|...:print]: 3.0 capacity(): 9
[main|...:print]: 3.1 maxCapacity(): 100
[main|...:print]: 3.2 maxWritableBytes(): 96
...
[main|...:print]: after =========动作：取数据 ByteBuf============
[main|...:print]: 1.0 isReadable(): true
[main|...:print]: 1.1 readerIndex(): 0
[main|...:print]: 1.2 readableBytes(): 4
[main|...:print]: 2.0 isWritable(): true
[main|...:print]: 2.1 writerIndex(): 4
[main|...:print]: 2.2 writableBytes(): 5
[main|...:print]: 3.0 capacity(): 9
[main|...:print]: 3.1 maxCapacity(): 100
[main|...:print]: 3.2 maxWritableBytes(): 96
...
[main|...:print]: after =========动作：读完 ByteBuf============
[main|...:print]: 1.0 isReadable(): false
[main|...:print]: 1.1 readerIndex(): 4
[main|...:print]: 1.2 readableBytes(): 0
[main|...:print]: 2.0 isWritable(): true
[main|...:print]: 2.1 writerIndex(): 4
[main|...:print]: 2.2 writableBytes(): 5
[main|...:print]: 3.0 capacity(): 9
[main|...:print]: 3.1 maxCapacity(): 100
[main|...:print]: 3.2 maxWritableBytes(): 96
```

可以看到，使用 get 取数据是不会影响 ByteBuf 的指针属性值的。由于篇幅原因，这里不仅省略了很多输出结果，还省略了 print()方法的源代码，它的作用是打印 ByteBuf 的属性值。建议打开源代码工程，查看和运行本案例的代码。

5.7.6 ByteBuf 的自动扩容

在向 ByteBuf 写入数据时，一旦 ByteBuf 容量不够，ByteBuf 就会自动进行扩容。下面是一个演示的案例：

```
@Test
public void testResize() {
    ByteBuf buffer = ByteBufAllocator.DEFAULT.buffer(10);
    print("动作：分配 ByteBuf(4)", buffer);
    Logger.info("start==========:写入 4 个字节==========");
    buffer.writeBytes(new byte[]{1, 2, 3, 4});
    print("动作：写入 4 个字节 ", buffer);
    Logger.info("start==========:写入 10 个字节==========");
    buffer.writeBytes(new byte[]{1, 2, 3, 4, 5, 6, 7, 8, 9, 10, 11});
    print("动作：写入 10 个字节 ", buffer);

    Logger.info("start==========:写入 64 个字节==========");
    for (int i = 0; i < 64; i++) {
        buffer.writeByte(1);
    }
    print("动作：写入 128 个字节 ", buffer);
    Logger.info("start==========:写入 64 个字节==========");
    for (int i = 0; i < 128; i++) {
        buffer.writeByte(1);
    }
    print("动作：写入 128 个字节 ", buffer);
}
```

运行的结果节选如下：

```
[main|PrintAttribute.print] |> after ===========动作：分配 ByteBuf(4)===
...
[main|PrintAttribute.print] |> 3.0 capacity(): 10
[main|WriteReadTest.testResize] |> start==========:写入 4 个字节=======
...
[main|PrintAttribute.print] |> 3.0 capacity(): 10
[main|PrintAttribute.print] |> 3.1 maxCapacity(): 2147483647
[main|PrintAttribute.print] |> 3.2 maxWritableBytes(): 2147483643
[main|WriteReadTest.testResize] |> start==========:写入 10 个字节=====
...
[main|PrintAttribute.print] |> 3.0 capacity(): 64
[main|PrintAttribute.print] |> after ===========动作：写入 128 个字节 ===
...
[main|PrintAttribute.print] |> 3.0 capacity(): 128
[main|PrintAttribute.print] |> after ===========动作：写入 128 个字节 =
...
[main|PrintAttribute.print] |> 3.0 capacity(): 256
```

扩容规则如下：

- 如果写入后新的数据规模未超过 64，就选择扩容后 capacity 是 64。
- 如果写入后新的数据规模超过 64，就选择 64 的下一个 2^n，例如 128/256/512 等，一直到满足需要为止。
- 扩容不能超过 max capacity，超过会报错。

5.7.7 ByteBuf 的引用计数

JVM 中使用计数器（一种 GC 算法）来标记对象是否“不可达”进而收回（注：GC 是 Garbage Collection 的缩写，即 Java 中的垃圾回收机制），Netty 也使用了这种手段来对 ByteBuf 的引用进行计数，Netty 的 ByteBuf 的内存回收工作是通过引用计数的方式管理的。

Netty 之所以采用计数器来追踪 ByteBuf 的生命周期，一是能对 Pooled ByteBuf 进行支持，二是能够尽快地发现那些可以回收的 ByteBuf（非 Pooled），以便提升 ByteBuf 分配和销毁的效率。

说明 什么是 Pooled（池化）的 ByteBuf 缓冲区呢？从 Netty 4 版本开始新增了 ByteBuf 的池化机制，即创建一个缓冲区对象池，将没有被引用的 ByteBuf 对象放入对象缓存池中，当需要时，则重新从对象缓存池中取出，而不需要重新创建。

ByteBuf 引用计数的大致规则如下：在默认情况下，当创建完一个 ByteBuf 时，它的引用为 1；每次调用 retain()方法，引用计数加 1；每次调用 release()方法，引用计数减 1；如果引用为 0，再次访问这个 ByteBuf 对象，将会抛出异常；如果引用为 0，表示这个 ByteBuf 没有哪个进程引用它，它占用的内存需要回收。

在下面的例子中，多次调用了 ByteBuf 的 retain()和 release()方法，运行后可以查看效果：

```
package com.crazymakercircle.netty.bytebuf;
...
public class ReferenceTest {
    @Test
    public  voidtestRef()
    {
```

```
        ByteBuf buffer  =ByteBufAllocator.DEFAULT.buffer();
        Logger.info("after create:"+buffer.refCnt());

        buffer.retain(); //增加一次引用计数
        Logger.info("after retain:"+buffer.refCnt());

        buffer.release(); //减少一次引用计数
        Logger.info("after release:"+buffer.refCnt());

        buffer.release(); //减少一次引用计数
        Logger.info("after release:"+buffer.refCnt());

        //错误:refCnt: 0, 不能再 retain
        buffer.retain(); //增加一次引用计数
        Logger.info("after retain:"+buffer.refCnt());
    }
}
```

运行程序，结果如下：

```
[main|ReferenceTest.testRef] |>  after create:1
[main|ReferenceTest.testRef] |>  after retain:2
[main|ReferenceTest.testRef] |>  after release:1
[main|ReferenceTest.testRef] |>  after release:0
...(省略不相干的输出)
io.netty.util.IllegalReferenceCountException: refCnt: 0, increment: 1
...(省略异常信息)
```

运行后我们会发现：最后一次 retain 方法抛出了 IllegalReferenceCountException 异常。原因是：在此之前，缓冲区 buffer 的引用计数已经为 0，不能再 retain 了。也就是说，在 Netty 中，引用计数为 0 的缓冲区不能再继续使用。

为了确保引用计数不会混乱，在 Netty 的业务处理器开发过程中应该坚持一个原则：retain()和 release()方法应该结对调用。对缓冲区调用了一次 retain()，就应该调用一次 release()。大致的参考代码如下：

```
public void handlMethodA(ByteBuf byteBuf) {
    byteBuf.retain();
    try {
        handlMethodB(byteBuf);
    } finally {
        byteBuf.release();
    }
}
```

如果 retain()和 release()这两个方法一次都不调用呢？Netty 在缓冲区使用完成后会调用一次 release()，就是释放一次。例如，在 Netty 流水线上，中间所有的业务处理器处理完 ByteBuf 之后直接传递给下一个，由最后一个 Handler 负责调用其 release()方法来释放缓冲区的内存空间。

当 ByteBuf 的引用计数已经为 0 时，Netty 会对 ByteBuf 进行回收，分为以下两种场景：

（1）如果属于池化的 ByteBuf 内存，回收方法是：放入可以重新分配的 ByteBuf 池子，等待下一次分配。

（2）如果属于未池化的 ByteBuf 缓冲区，需要细分为两种情况：如果是堆（Heap）结构缓冲，则会被 JVM 的垃圾回收机制回收；如果是直接（Direct）内存的类型，则会调用本地方法释放外部内存（unsafe.freeMemory）。

除了通过 ByteBuf 成员方法 retain()和 release()管理引用计数之外，Netty 还提供了一个组件用于增加和减少引用计数的通用静态方法：

（1）ReferenceCountUtil.retain(Object)：增加一次缓冲区引用计数的静态方法，从而防止该缓冲区被释放。

（2）ReferenceCountUtil.release(Object)：减少一次缓冲区引用计数的静态方法，如果引用计数为 0，则缓冲区将被释放。

管理引用计数的一系列方法定义在 ReferenceCounted 接口中，每个 ByteBuf 都实现了 ReferenceCounted 接口。

Netty 这里采用引用计数法来控制回收内存，大致的规则如下：

- 每个 ByteBuf 对象的初始计数为 1。
- 调用 release()方法计数减 1，如果计数为 0，则 ByteBuf 内存被回收。
- Retain()和 release()这两个方法配套调用，如果 retain()方法计数加 1 后不调用 release()方法，即使其他 handler 调用了 release()，也不会回收之前占用的内存。
- 当计数为 0 时，底层内存会被回收，这时即使 ByteBuf 对象还在，其各个方法均无法正常使用。

5.7.8 ByteBuf 的分配器

Netty 通过 ByteBufAllocator 分配器来创建缓冲区和分配内存空间。Netty 提供了两种分配器实现：PoolByteBufAllocator 和 UnpooledByteBufAllocator。

PoolByteBufAllocator（池化的 ByteBuf 分配器）将 ByteBuf 实例放入池中，提高了性能，将内存碎片减少到最小；池化分配器采用了类 jemalloc 的高效内存分配的策略，该策略被好几种现代操作系统所采用。

UnpooledByteBufAllocator 是普通的未池化 ByteBuf 分配器，它没有把 ByteBuf 放入池中，每次被调用时返回一个新的 ByteBuf 实例，使用完之后，通过 Java 的垃圾回收机制回收或者直接释放（对于直接内存而言）。

在通信程序的数据传输过程中，Buffer 缓冲区实例会被频繁创建、使用、释放，而频繁创建对象、内存分配、释放内存，这样导致系统的开销大、性能低，如何提升性能、提高 Buffer 实例的使用率呢？池化 ByteBuf 是一种非常有效的方式，所以 Netty 默认使用的分配器为 PoolByteBufAllocator。

为了验证两者的性能，读者可以做一下对比试验：

（1）使用 UnpooledByteBufAllocator 的方式分配 ByteBuf 缓冲区，开启 10 000 个长连接，每秒所有的连接发一条消息，再看看服务器的内存使用量的情况。

实验的参考结果：在较短时间内，就可以看到程序占用了 10GB 多的内存空间，但随着系统的运行，内存空间不断增长，直到整个系统内存被占满而导致内存溢出，最终导致系统宕机。

（2）把 UnpooledByteBufAllocator 换成 PooledByteBufAllocator，再进行试验，看看服务器的内存使用量的情况。

实验的参考结果：内存使用量基本能维持在一个连接占用 1MB 左右的内存空间，内存使用量保持在 10GB 左右，经过长时间的运行测试，我们会发现内存使用量都能维持在这个数量附近，系统不会因为内存被耗尽而崩溃。

在 Netty 中，默认的分配器为 ByteBufAllocator.DEFAULT，该默认的分配器可以通过 JVM 参数或者系统选项（System Property）io.netty.allocator.type 进行配置，配置时使用字符串值："unpooled"，"pooled"。

```
-Dio.netty.allocator.type={unpooled|pooled}
```

不同的 Netty 版本对于分配器的默认使用策略是不一样的。在 Netty 4.0 版本中，默认的分配器为 UnpooledByteBufAllocator（非池化内存分配器）。在 Netty 4.1 版本中，默认的分配器为 PooledByteBufAllocator（池化内存分配器）初始化代码在 ByteBufUtil 类的静态代码中，具体如下：

```
public final class ByteBufUtil {
    ...
    static {
        //Android 系统默认为 unpooled，其他系统默认为 pooled 池化分配器
        // 除非通过系统属性 io.netty.allocator.type 专门配置
        String allocType = SystemPropertyUtil.get(
            "io.netty.allocator.type",
            PlatformDependent.isAndroid() ? "unpooled" : "pooled");
        ByteBufAllocator alloc;
        if ("unpooled".equals(allocType)) {
            alloc = UnpooledByteBufAllocator.DEFAULT;
            ...
        } else if ("pooled".equals(allocType)) {
            alloc = PooledByteBufAllocator.DEFAULT;
            ...
        } else {
            alloc = PooledByteBufAllocator.DEFAULT;
            ...
        }
        DEFAULT_ALLOCATOR = alloc;
        ...
    }
}
```

说明 Netty 4.1 版本以后，Android 平台仍然启用非池化实现，非 Android 平台才默认启用池化实现，比如 Windows、Linux 4.1 之前池化功能还不成熟，所有的平台都默认使用非池化实现。

现在 PooledByteBufAllocator 已经广泛使用了一段时间，并且有了增强的缓冲区泄漏追踪机制。因此，也可以在 Netty 应用引导类 Bootstrap 装配时将 PooledByteBufAllocator 设置为默认的分配器。

```
ServerBootstrap b = new ServerBootstrap()
//设置通道的参数
b.option(ChannelOption.SO_KEEPALIVE, true);
//设置父通道的缓冲区分配器
b.option(ChannelOption.ALLOCATOR, PooledByteBufAllocator.DEFAULT);
//设置子通道的缓冲区分配器
b.childOption(ChannelOption.ALLOCATOR,PooledByteBufAllocator.DEFAULT);
```

Netty 的内存管理的策略可以灵活调整，这是使用 Netty 带来的又一个好处：只需一行简单的配置就能获得到池化缓冲区带来的好处。在底层，Netty 为我们干了所有“脏活、累活”！

使用缓冲区分配器创建 ByteBuf 的方法有多种，下面列出主要的几种：

```
package com.crazymakercircle.netty.bytebuf;
...
public class AllocatorTest {
    @Test
    public void showAlloc() {
        ByteBuf buffer = null;

        //方法 1：通过默认分配器分配
        //初始容量为 9、最大容量为 100 的缓冲区
        buffer = ByteBufAllocator.DEFAULT.buffer(9, 100);

        //方法 2：通过默认分配器分配
        //初始容量为 256、最大容量为 Integer.MAX_VALUE 的缓冲区
        buffer = ByteBufAllocator.DEFAULT.buffer();

        //方法 3：非池化分配器，分配 Java 的堆（Heap）结构内存缓冲区
        buffer = UnpooledByteBufAllocator.DEFAULT.heapBuffer();

        //方法 4：池化分配器，分配由操作系统管理的直接内存缓冲区
        buffer = PooledByteBufAllocator.DEFAULT.directBuffer();
        //其他方法
    }
}
```

Netty 中缓冲区分配的方法很多，可以根据实际的需要进行选择。

5.7.9 ByteBuf 缓冲区的类型

介绍完了分配器的类型，再来讲一下缓冲区的类型（见表 5-2）。根据内存的管理方不同，分为堆缓存区和直接缓存区，也就是 Heap ByteBuf 和 Direct ByteBuf。另外，为了方便缓冲区进行组合，提供了一种组合缓存区。

表5-2 ByteBuf缓冲区的类型

类 型	说 明	优 点	不 足
Heap ByteBuf	内部数据为一个 Java 数组，存储在 JVM 的堆空间中，可以通过 hasArray 方法来判断是不是堆缓冲区	未使用池化的情况下，能够快速地分配和释放	写入底层传输通道之前，都会复制到直接缓冲区
Direct ByteBuf	内部数据存储在操作系统的物理内存中	能获取超过 JVM 堆限制大小的内存空间；写入传输通道比堆缓冲区更快	释放和分配空间昂贵（使用了操作系统的方法）；在 Java 中读取数据时，需要复制一次到堆上
CompositeBuffer	多个缓冲区的组合表示	方便一次操作多个缓冲区实例	

上面 3 种缓冲区都可以通过池化（Pooled）、非池化（Unpooled）两种分配器来创建和分配内存空间。

下面介绍一下 Direct Memory（直接内存）。

- Direct Memory 不属于 Java 堆内存，所分配的内存其实是调用操作系统的 malloc()函数来获得的，由 Netty 的本地内存堆 Native 堆进行管理。
- Direct Memory 容量可通过-XX:MaxDirectMemorySize 来指定，如果不指定，则默认与 Java 堆的最大值（-Xmx 指定）一样。注意：并不是强制要求，有的 JVM 默认 Direct Memory 与-Xmx 值无直接关系。
- Direct Memory 的使用避免了 Java 堆和 Native 堆之间来回复制数据，在某些应用场景中提高了性能。
- 在需要频繁创建缓冲区的场合，由于创建和销毁 Direct Buffer（直接缓冲区）的代价比较高昂，因此不宜使用 Direct Buffer。也就是说，Direct Buffer 尽量在池化分配器中分配和回收。如果能将 Direct Buffer 进行复用，在读写频繁的情况下就可以大幅度改善性能。
- 对 Direct Buffer 的读写比 Heap Buffer 快，但是它的创建和销毁比普通 Heap Buffer 慢。
- 使用 Java 的垃圾回收机制回收 Java 堆时，Netty 框架也会释放不再使用的 Direct Buffer 缓冲区，因为它的内存为堆外内存，所以清理的工作不会为 Java 虚拟机（JVM）带来压力。注意一下垃圾回收的应用场景：①垃圾回收仅在 Java 堆被填满，以至于无法在为新的堆分配请求提供服务时发生；②在 Java 应用程序中调用 System.gc()函数来释放内存。

5.7.10 两类 ByteBuf 使用的实战案例

首先对比介绍一下 Heap ByteBuf 和 Direct ByteBuf 两类缓冲区的使用。它们有以下几点不同：

- 创建的方法不同：Heap ByteBuf 通过调用分配器的 buffer()方法来创建，而 Direct ByteBuf 通过调用分配器的 directBuffer()方法来创建。
- Heap ByteBuf 缓冲区可以直接通过 array()方法读取内部数组，Direct ByteBuf 缓冲区不能读取内部数组。
- 可以调用 hasArray()方法来判断是否为 Heap ByteBuf 类型的缓冲区。如果 hasArray()返回值为 true，则表示是 Heap 堆缓冲，否则为直接内存缓冲区。
- 从 Direct ByteBuf 读取缓冲数据进行 Java 程序处理时，相对比较麻烦，需要通过 getBytes/readBytes 等方法先将数据复制到 Java 的堆内存，然后进行其他的计算。

在实战案例中，对比 Heap ByteBuf 和 Direct ByteBuf 这两类缓冲区的使用，代码大致如下：

```
package com.crazymakercircle.netty.bytebuf;
...
public class BufferTypeTest {
  final static Charset UTF_8 = Charset.forName("UTF-8");
   //堆缓冲区测试用例
   @Test
   public  void testHeapBuffer() {
       //取得堆内存
       ByteBuf heapBuf = ByteBufAllocator.DEFAULT.heapBuffer();
       heapBuf.writeBytes("疯狂创客圈:高性能学习社群".getBytes(UTF_8));
       if (heapBuf.hasArray()) {
           //取得内部数组
           byte[] array = heapBuf.array();
           int offset = heapBuf.arrayOffset() +
```

```
heapBuf.readerIndex();
            int length = heapBuf.readableBytes();
            Logger.info(new String(array,offset,length, UTF_8));
        }
        heapBuf.release();
    }

    //直接缓冲区测试用例
    @Test
    public  void testDirectBuffer() {
        ByteBuf directBuf=  ByteBufAllocator.DEFAULT.directBuffer();
        directBuf.writeBytes("疯狂创客圈:高性能学习社群".getBytes(UTF_8));
         if (!directBuf.hasArray()) {
            int length = directBuf.readableBytes();
            byte[] array = new byte[length];
            //把数据读取到堆内存 array 中，再进行 Java 处理
            directBuf.getBytes(directBuf.readerIndex(), array);
            Logger.info(new String(array, UTF_8));
        }
        directBuf.release();
    }
}
```

Direct ByteBuf 直接缓冲区的 hasArray()会返回 false；反过来，如果 hasArray()返回 false，不一定代表缓冲区就是 Direct ByteBuf 直接缓冲区，也有可能是 CompositeByteBuf 缓冲区。CompositeByteBuf 缓冲区是 Netty 为了减少内存复制而提供的组合缓冲区，有关其具体的知识请查阅后面的 5.8 节。

为了快速创建 ByteBuffer，Netty 提供了一个非常方便的获取缓冲区的类——Unpooled 帮助类，用它来创建和使用非池化的缓冲区。Unpooled 的使用也很容易，下面给出 3 个例子：

```
//创建堆缓冲区
ByteBuf heapBuf = Unpooled.buffer(8);
//创建直接缓冲区
ByteBuf directBuf = Unpooled.directBuffer(16);
//创建复合缓冲区
CompositeByteBuf compBuf = Unpooled.compositeBuffer();
```

Unpooled 提供了很多方法，主要的方法大致如表 5-3 所示。

表5-3　Unpooled提供的主要方法

方法名称	说　明
buffer()	返回 Heap ByteBuf
buffer(int initialCapacity)	
buffer(int initialCapacity, int maxCapacity)	
directBuffer()	返回 Direct ByteBuf
directBuffer(int initialCapacity)	
directBuffer(int initialCapacity, int maxCapacity)	
compositeBuffer()	返回 Composite ByteBuf
copiedBuffer()	返回 Copied ByteBuf

除了在 Netty 开发使用外，Unpooled 类的应用场景还包括不需要其他 Netty 组件（除了缓冲区

外）甚至无网络操作的场景，从而使得 Java 程序可以使用 Netty 的高性能、可扩展的缓冲区技术。Unpooled 类可在 Netty 应用之外的其他程序中独立使用 ByteBuf 缓冲区。

在处理器的开发过程中（这个为 Netty 应用开发的主要工作），推荐读者调用 Context.alloc() 方法获取通道的缓冲区分配器进行 ByteBuf 的创建。下面是一个例子，演示通过 Context 上下文进行 ByteBuf 的获取，代码如下：

```
public class AllocatorTest
{
    ...
    //辅助的方法：输出 ByteBuf 是否为直接内存，以及内存分配器
    public static void printByteBuf(String action, ByteBuf b)
    {
        Logger.info(" ===========" + action + "============");
        //true 表示缓冲区为 Java 堆内存（组合缓冲例外）
        //false 表示缓冲区为操作系统管理的内存（组合缓冲例外）
        Logger.info("b.hasArray: " + b.hasArray());

        //输出内存分配器
        Logger.info("b.ByteBufAllocator: " + b.alloc());
    }

    //处理器类：演示使用 Context 进行 ByteBuf 的获取
    static class AllocDemoHandler extends ChannelInboundHandlerAdapter
    {
        @Override
        public void channelRead(ChannelHandlerContext ctx, Object msg) throws Exception
        {
            printByteBuf("入站的 ByteBuf", (ByteBuf) msg);
            ByteBuf buf = ctx.alloc().buffer();
            buf.writeInt(100);
            //向模拟通道写一个出站包，模拟数据出站，需要刷新通道才能获取到输出
            ctx.channel().writeAndFlush(buf);
        }
    }

    //测试用例入口
    @Test
    public void testByteBufAlloc()
    {
            ChannelInitializer i = new ChannelInitializer<EmbeddedChannel>()
            {
                protected void initChannel(EmbeddedChannel ch)
                {
                        ch.pipeline().addLast(new AllocDemoHandler());
                }
            };
            EmbeddedChannel channel = new EmbeddedChannel(i);
            //配置通道的缓冲区分配器，这里设置一个池化的分配器
            channel.config().setAllocator(PooledByteBufAllocator.DEFAULT);
            ByteBuf buf = Unpooled.buffer();
            buf.writeInt(1);
            //向模拟通道写一个入站包，模拟数据入站
            channel.writeInbound(buf);
            //获取通道的出站包
            ByteBuf outBuf = (ByteBuf) channel.readOutbound();
            printByteBuf("出站的 ByteBuf", (ByteBuf) outBuf);
            //省略不相干代码
    }
```

```
    }
```

运行测试用例入口方法 testByteBufAlloc()，输出大致如下：

```
[main]|> ===========入站的 ByteBuf============
[main]|> b.hasArray: true
[main]|> b.ByteBufAllocator: UnpooledByteBufAllocator(directByDefault: true)
[main]|> ===========出站的 ByteBuf============
[main]|> b.hasArray: false
[main]|> b.ByteBufAllocator: PooledByteBufAllocator(directByDefault: true)
```

以上代码的 AllocDemoHandler 处理器调用 ctx.alloc().buffer()方法去获取 ByteBuf，有关 ctx.alloc()方法的源码如下：

```
abstract class AbstractChannelHandlerContext ... {
    ...
    //获取通道的缓冲区分配器
    @Override
    public ByteBufAllocator alloc() {
        return channel().config().getAllocator();
    }
}
```

通过源码可以看出，ctx.alloc()方法所获取的分配器是通道的缓冲区分配器。该分配器可以通过 Bootstrap 引导类为通道进行配置，也可以直接通过 channel.config().setAllocator()为通道设置一个缓冲区分配器。

5.7.11 ByteBuf 的自动创建与自动释放

1. ByteBuf 的自动创建

首先来看一个问题：在入站处理时，Netty 何时自动创建入站的 ByteBuf 缓冲区呢？

查看 Netty 源代码，我们可以看到，Netty 的 Reactor 线程会通过底层的 Java NIO 通道读数据，发生 NIO 读取的方法为 AbstractNioByteChannel.NioByteUnsafe.read()，其代码如下：

```
public void read() {
    ...
    //Channel 的 config 信息
    final ChannelConfig config = config();
    //获取通道的缓冲区分配器
    final ByteBufAllocator allocator = config.getAllocator();
    //channel 的 pipeline 流水线
    final ChannelPipeline pipeline = pipeline();
    //缓冲区分配时的大小推测与计算组件
    final RecvByteBufAllocator.Handle allocHandle = unsafe().recvBufAllocHandle();
    //输入缓冲变量
    ByteBuf byteBuf = null;
    Throwable exception = null;
    try {
        ...
        do {
            ...
            //使用缓冲区分配器、大小计算组件一起
            //由分配器按照计算好的大小分配一个缓冲区
            byteBuf = allocHandle.allocate(allocator);
            ...
            //读取数据到缓冲区
```

```
            int localReadAmount = doReadBytes(byteBuf);
            ...
            //发送数据到流水线，进行入站处理
            pipeline.fireChannelRead(byteBuf);
            ...
        }while (++ messages < maxMessagesPerRead);
        ...
    } catch (Throwable t) {
        handleReadException(pipeline, byteBuf, t, close);
    }
    ...
}
```

分配缓冲区的时候，为什么要计算大小呢？从通道中读取时是不知道具体接收的数据大小的，那么申请的缓冲区究竟要多大呢？首先，不能太大，太大了浪费；其次，也不能太小，太小了又不够，就需要进行缓冲区的扩容，会影响性能。所以，申请的缓冲区大小需要推测，Netty 设计了一个 RecvByteBufAllocator 大小推测接口和一系列的大小推测实现类，以帮助进行缓冲区大小的计算和推测。默认的缓冲区大小推测实现类为 AdaptiveRecvByteBufAllocator，其特点是能够根据上一次接收数据的大小来自动调整下一次缓冲区建立时分配的空间大小，从而帮助避免内存的浪费。

再来看一个问题：在入站处理完成时，入站的 ByteBuf 是如何自动释放的呢？

方式一：TailContext 自动释放

Netty 默认会在 ChannelPipline 通道流水线的最后添加一个 TailContext 尾部上下文（也是一个入站处理器），它实现了默认的入站处理方法，在这些方法中会帮助完成 ByteBuf 内存释放的工作，具体如图 5-21 所示。

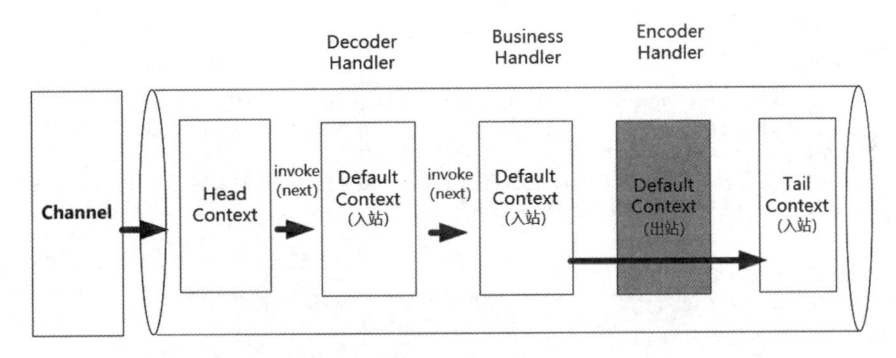

图 5-21　TailContext 尾部处理器帮助释放缓冲区

所以，只要最初的 ByteBuf 数据包一路向后传递，进入流水线的末端，那么 TailContext（末尾处理器）就会自动释放入站的 ByteBuf 实例，其源码大致如下：

```
//流水线实现类
public class DefaultChannelPipeline implements ChannelPipeline {

  //内部类：尾部处理器和尾部上下文是同一个类
  final class TailContext extends AbstractChannelHandlerContext
implements ChannelInboundHandler {
    //入站处理方法：读取通道
    @Override
    public void channelRead(ChannelHandlerContext ctx, Object msg) {
          onUnhandledInboundMessage(ctx, msg);
    }
```

```
 ...
  }
 ...
 //入站消息没有被处理，或者说来到了流水线末尾，释放缓冲区
 protected void onUnhandledInboundMessage(Object msg) {
    try {
        logger.debug(…);
        } finally {
           //释放缓冲区
            ReferenceCountUtil.release(msg);
        }
  }
 ...
}
```

说明 以上的 TailContext 源码来自 Netty 的 4.1.49 版本，其他版本的源码可能会有微小的区别，比如 4.0.33 版本的源码就有所不同。虽然代码不同，但是干的活都是类似的，就是需要进行缓冲区的释放。

如何让 ByteBuf 数据包通过流水线一路向后传递，到达末尾的 TailContext 呢？如果自定义的 InboundHandler（入站处理器）继承自 ChannelInboundHandlerAdapter 适配器，那么可以在入站处理方法中调用基类的入站处理方法，演示代码如下：

```
public class DemoHandler extends ChannelInboundHandlerAdapter {
   /**
     * 出站处理方法
     * @param ctx 上下文
     * @param msg 入站数据包
     * @throws Exception 可能抛出的异常
     */
    @Override
    public void channelRead(ChannelHandlerContext ctx, Object msg)…{
        ByteBuf byteBuf = (ByteBuf) msg;
        //省略 ByteBuf 的业务处理
        //调用父类的入站方法，默认的动作是将 msg 向下一站传递，一直到末端
        super.channelRead(ctx,msg);


      //方法二：手动释放 ByteBuf
      //byteBuf.release();


    }
}
```

当然，如果没有调用父类的入站处理方法将 ByteBuf 缓存区向后传递，则需要手动进行释放。

如果 Handler 业务处理器需要截断流水线的处理流程，不将 ByteBuf 数据包送入流水线末端的 TailContext 入站处理器，并且也不愿意手动释放 ByteBuf 缓冲区实例，那么怎么办呢？继承 SimpleChannelInboundHandler，利用它的自动释放功能。

方式二：SimpleChannelInboundHandler 自动释放

以入站读数据为例，Handler 业务处理器可以继承自 SimpleChannelInboundHandler 基类，此时必须将业务处理代码移动到重写的 channelRead0(ctx, msg)方法中。

SimpleChannelInboundHandle 类的入站处理方法（如 channelRead 等）会在调用完实际的

channelRead0()方法后帮忙释放 ByteBuf 实例。如果想看看 SimpleChannelInboundHandler 是如何释放 ByteBuf 的，那么可以看看 Netty 源代码。截取的部分代码如下：

```
public abstract class SimpleChannelInboundHandler<I>
extends ChannelInboundHandlerAdapter
{
    //基类的入站方法
    @Override
    public void channelRead(ChannelHandlerContext ctx, Object msg)…{
        boolean release = true;
        try {
              if (acceptInboundMessage(msg)) {
                  @SuppressWarnings("unchecked")
                  I imsg = (I) msg;
                  //调用实际的业务代码，必须由子类提供实现
                  channelRead0(ctx, imsg);
               } else {
                  release = false;
                  ctx.fireChannelRead(msg);
                 }
          } finally {
               if (autoRelease&& release) {
                  //释放 ByteBuf
                  ReferenceCountUtil.release(msg);
               }
           }
     }

     …
 }
```

在 Netty 的 SimpleChannelInboundHandler 类的源代码中，执行完由子类的 channelRead0()业务处理后，在 finally 语句代码段中 ByteBuf 被释放了一次，如果 ByteBuf 计数器为零，将被彻底释放。

2. 出站处理时的自动释放

出站缓冲区的自动释放方式是 HeadContext 自动释放。出站处理用到的 ByteBuf 缓冲区一般是要发送的消息，通常是由 Handler 业务处理器申请分配的。例如，通过 write()方法写入流水线时调用 ctx.writeAndFlush(ByteBuf msg)，就会让 Bytebuf 缓冲区进入流水线的出站处理流程。在每一个出站 Handler 业务处理器中处理完成后，数据包（或消息）会来到出站处理的最后一棒 HeadContext，在完成数据输出到通道之后，Bytebuf 会被释放一次，如果计数器为零，则将被彻底释放，具体如图 5-22 所示。

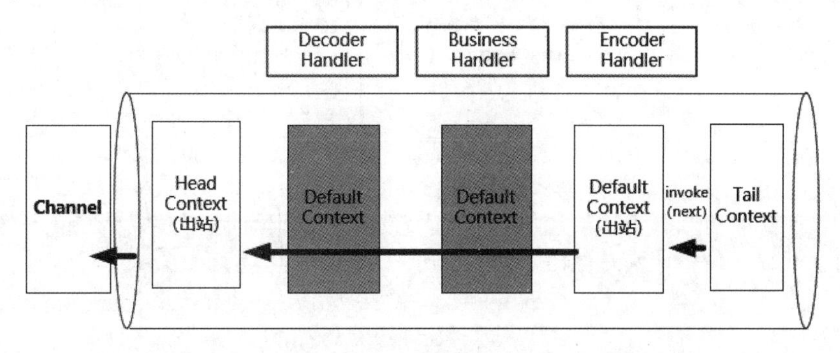

图 5-22　HeadContext 头部处理器帮助释放 ByteBuffer 缓冲区

在出站处理的流水处理过程中，在最终进行写入刷新的时候，HeadContext 要通过通道实现类自身实现的 doWrite()方法将 ByteBuf 缓冲区的字节数据发送出去（比如复制到内部的 Java NIO 通道），发送完成后，doWrite()方法就会减少 ByteBuf 缓冲区的引用计数，代码大致如下：

```
public abstract class AbstractNioByteChannel
extends AbstractNioChannel {
    //执行二进制字节内容的写入，写入 Java NIO 通道
    @Override
    protected void doWrite(ChannelOutboundBuffer in) …{
        int writeSpinCount = -1;
        boolean setOpWrite = false;
         //死循环：发送缓冲区的数据，直到缓冲区发送完毕
        for (;;) {
            Object msg = in.current();
            ...
            if (msg instanceof ByteBuf) {
                ByteBuf buf = (ByteBuf) msg;
                int readableBytes = buf.readableBytes();

                     //发送完毕
                if (readableBytes == 0) {

                     //remove()中包含释放 msg 的引用减少代码
                     //具体为：ReferenceCountUtil.safeRelease(msg);
                  in.remove();
                  continue;
                }
                     ...
                     //发送缓冲区的字节数据到 Java NIO 通道
                int localFlushedAmount = doWriteBytes(buf);
                ...
            } else if (msg instanceof FileRegion) {
              ...
            } else {
                // Should not reach here.
                throw new Error();
            }
        }
        ...
    }

     //发送缓冲区的字节数据，将其复制到 Java NIO 通道即可
     @Override
    protected int doWriteBytes(ByteBuf buf)...{
        final int expectedWrittenBytes = buf.readableBytes();
       //复制数据到 Java NIO 通道，相当于发送到 Java NIO 通道
        return buf.readBytes(javaChannel(), expectedWrittenBytes);
    }
}
...
}
```

总之，在 Netty 应用开发中，必须密切关注 ByteBuf 缓冲区的释放，如果释放不及时，就会造成 Netty 的内存泄漏，最终导致内存耗尽。

5.7.12　ByteBuffer 的释放原则

入站处理时，ByteBuf 释放的原则大致如下：

- 由 HeadContext 传递过来的原始 ByteBuf，如果一路传播到 TailContext，这时无须手动释放，可由 TailContext 自动释放。比如，可以调用 ctx.fireChannelRead(msg)向后传递，一路将原始 ByteBuf 传播到尾。
- 在流水线处理的过程中，如果 ByteBuf 终止传播，不能向后传播到 TailContext，那么必须调用 release 手动释放，或者通过继承 SimpleChannelInboundHandler 实现自动释放。
- 在流水线处理的过程中，如果某个处理器将原始 ByteBuf 转换为其他类型的 Java 对象，这时 ByteBuf 就没用了，必须调用 release 手动释放。
- 在流水线处理的过程中，如果原始的 ByteBuf 中途被替换成别的 ByteBuf，那么原始的 ByteBuf 需要手动释放。
- 在流水线处理的过程中，如果发生异常，导致 ByteBuf 没有成功传递到下一个 ChannelHandler，从而最终没有到达 TailContext，则必须调用 release 手动释放。

出站处理时，ByteBuf 释放的原则大致如下：

- 默认情况下，出站的消息是普通 Java 对象，最终都会转为 ByteBuf 输出，一直向前传，由 HeadContext 完成自动释放。而普通 Java 对象由 JVM 垃圾回收机制负责回收。
- 在流水线的出站传播过程中，如果某个 ByteBuf 被终止传播，从而最终没有传播到流水线头部 HeadContext，那么必须调用 release 手动释放。

Retain()和 release()这两个方法配套调用，如果清楚 ByteBuf 的引用次数，可以按照引用次数进行释放。在不清楚 ByteBuf 被引用了多少次，但又必须彻底释放时，可以循环调用 release()方法直到返回 true。

5.7.13　ByteBuf 浅层复制的高级使用方式

首先说明浅层复制是一种非常重要的操作，可以很大程度避免内存复制。这一点对于大规模消息通信来说是非常重要的。ByteBuf的浅层复制分为两种：切片（slice）浅层复制和整体（duplicate）浅层复制。

1. 切片浅层复制

ByteBuf 的 slice()方法可以获取到一个 ByteBuf 的切片。一个 ByteBuf 可以进行多次切片浅层复制，多次切片后的 ByteBuf 对象可以共享一个存储区域。

slice()方法有两个重载版本：

（1）public ByteBuf slice()。

（2）public ByteBuf slice(int index, int length)。

第一个是不带参数的 slice()方法，在内部调用了带参数的重载版本，其调用大致方式为：

```
public abstract class AbstractByteBuf extends ByteBuf {
        ...
```

```
        @Override
        public ByteBuf slice() {
            return slice(readerIndex, readableBytes());
        }
}
```

也就是说，第一个无参数 slice()方法的返回值是 ByteBuf 实例中可读部分的切片。而带参数的 slice(int index, int length)方法可以通过灵活地设置不同起始位置和长度来获取 ByteBuf 不同区域的切片。

一个简单的 slice 的使用示例代码如下：

```
package com.crazymakercircle.netty.bytebuf;
...
public class SliceTest {
    @Test
    public  void testSlice() {
        ByteBuf buffer = ByteBufAllocator.DEFAULT.buffer(9, 100);
        print("动作：分配 ByteBuf(9, 100)", buffer);
        buffer.writeBytes(new byte[]{1, 2, 3, 4});
        print("动作：写入 4 个字节 (1,2,3,4)", buffer);
        ByteBuf slice = buffer.slice();
        print("动作：切片 slice", slice);
    }
}
```

在上面的代码中，输出了源 ByteBuf 和调用 slice()方法后的切片 ByteBuf 的三组属性值，运行结果如下：

```
//省略了 ByteBuf 刚分配后的属性值输出
[main|...]: after ===========动作：写入 4 个字节 (1,2,3,4)============
[main|...]: 1.0 isReadable(): true
[main|...]: 1.1 readerIndex(): 0
[main|...]: 1.2 readableBytes(): 4
[main|...]: 2.0 isWritable(): true
[main|...]: 2.1 writerIndex(): 4
[main|...]: 2.2 writableBytes(): 5
[main|...]: 3.0 capacity(): 9
[main|...]: 3.1 maxCapacity(): 100
[main|...]: 3.2 maxWritableBytes(): 96
[main|...]: after ===========动作：切片 slice============
[main|...]: 1.0 isReadable(): true
[main|...]: 1.1 readerIndex(): 0
[main|...]: 1.2 readableBytes(): 4
[main|...]: 2.0 isWritable(): false
[main|...]: 2.1 writerIndex(): 4
[main|...]: 2.2 writableBytes(): 0
[main|...]: 3.0 capacity(): 4
[main|...]: 3.1 maxCapacity(): 4
[main|...]: 3.2 maxWritableBytes(): 0
```

调用 slice()方法后，返回的切片是一个新的 ByteBuf 对象，该对象的几个重要属性值大致如下：

- readerIndex（读指针）值为 0。
- writerIndex（写指针）值为源 ByteBuf 的 readableBytes()可读字节数。
- maxCapacity（最大容量）值为源 ByteBuf 的 readableBytes()可读字节数。

切片后的新 ByteBuf 有两个特点：

- 切片不可以写入，原因是：maxCapacity 与 writerIndex 值相同。
- 切片和源 ByteBuf 的可读字节数相同，原因是：切片后的可读字节数为自己的属性 writerIndex – readerIndex，也就是源 ByteBuf 的 readableBytes()-0。

切片后的新 ByteBuf 和源 ByteBuf 的关联性如下：

- 切片不会复制源 ByteBuf 的底层数据，底层数组和源 ByteBuf 的底层数组是同一个。
- 切片不会改变源 ByteBuf 的引用计数。

从根本上说，slice()无参数方法所生成的切片就是源 ByteBuf 可读部分的浅层复制。

2. 整体浅层复制

和 slice 切片不同，duplicate()返回的是源 ByteBuf 的整个对象的一个浅层复制，包括如下内容：

- duplicate()的读写指针、最大容量值与源 ByteBuf 的读写指针相同。
- duplicate()不会改变源 ByteBuf 的引用计数。
- duplicate()不会复制源 ByteBuf 的底层数据。

duplicate()和 slice()方法都是浅层复制。不同的是，slice()方法是切片浅层复制，而 duplicate()是整体浅层复制。

3. 浅层复制的问题

浅层复制方法不会实际去复制数据，也不会改变 ByteBuf 的引用计数，这就会导致一个问题：在源 ByteBuf 调用 release()之后，一旦引用计数为零，就变得不能访问了。在这种场景下，源 ByteBuf 的所有浅层复制实例也不能进行读写了，如果强行对浅层复制实例进行读写，则会报错。

因此，在调用浅层复制实例时，可以通过调用一次 retain()方法来增加引用，表示它们对应的底层内存多了一次引用，引用计数为 2。在浅层复制实例用完后，需要调用一次 release()方法，将引用计数减 1，这样就不影响 Netty 内部的 ByteBuf 的内存释放。

5.8 Netty 的零拷贝

大部分场景下，在 Netty 接收和发送 ByteBuffer 的过程中会使用直接内存进行 Socket 通道读写，使用 JVM 的堆内存进行业务处理，这涉及直接内存、堆内存之间的数据复制。内存的数据复制效率其实非常低，Netty 提供了多种方法，以帮助应用程序减少内存的复制。

Netty 的零拷贝（Zero-Copy）主要体现在 5 个方面：

（1）Netty 提供 CompositeByteBuf 组合缓冲区类，可以将多个 ByteBuf 合并为一个逻辑上的 ByteBuf，避免了各个 ByteBuf 之间的拷贝。

（2）Netty 提供 ByteBuf 的浅层拷贝操作（slice、duplicate），可以将 ByteBuf 分解为多个共享同一个存储区域的 ByteBuf，避免内存的拷贝。

（3）在使用 Netty 进行文件传输时，可以调用 FileRegion 包装的 transferTo()方法直接将文件缓冲区的数据发送到目标通道，避免普通的循环读取文件数据和写入通道所导致的内存拷贝问题。

（4）在将一个 byte 数组转换为一个 ByteBuf 对象的场景下，Netty 提供了一系列的包装类，避免了转换过程中的内存拷贝。

（5）如果通道接收和发送 ByteBuf 都使用 direct 直接内存进行 Socket 读写，就不需要进行缓冲区的二次拷贝。如果使用 JVM 的堆内存进行 Socket 读写，那么 JVM 会将堆内存 Buffer 拷贝一份到直接内存再写入 Socket 中，相比于使用直接内存，这种情况在发送过程中会多出一次缓冲区的内存拷贝。所以，在发送 ByteBuffer 到 Socket 时，尽量使用直接内存而不是 JVM 堆内存。

说明 Netty 中的零拷贝和操作系统层面上的零拷贝是有区别的，不能混淆，我们所说的 Netty 零拷贝完全是基于 Java 层面或者说用户空间的，它更多的是偏向于应用中的数据操作优化，而不是系统层面的操作优化。

5.8.1 通过 CompositeByteBuf 实现零拷贝

CompositeByteBuf 可以把需要合并的多个 ByteBuf 组合起来，对外提供统一的 readIndex 和 writerIndex。CompositeByteBuf 只是逻辑上是一个整体，在 CompositeByteBuf 内部合并的多个 ByteBuf 都是单独存在的。CompositeByteBuf 里面有一个 Component 数组，聚合的 ByteBuf 都放在 Component 数组里面，最小容量为 16。

在很多通信编程场景下，需要多个 ByteBuf 组成一个完整的消息。例如，HTTP 传输时消息总是由 Header（消息头）和 Body（消息体）组成的。如果传输的内容很长，就会分成多个消息包进行发送，消息中的 Header 就需要重用，而不是每次发送都创建新的 Header 缓冲区。这时可以使用 CompositeByteBuf 缓冲区进行 ByteBuf 组合，避免内存拷贝。

假设有一份协议数据，它由头部和消息体组成，而头部和消息体分别存放在两个 ByteBuf 中，为了方便后续处理，要将两个 ByteBuf 合并，具体如图 5-23 所示。

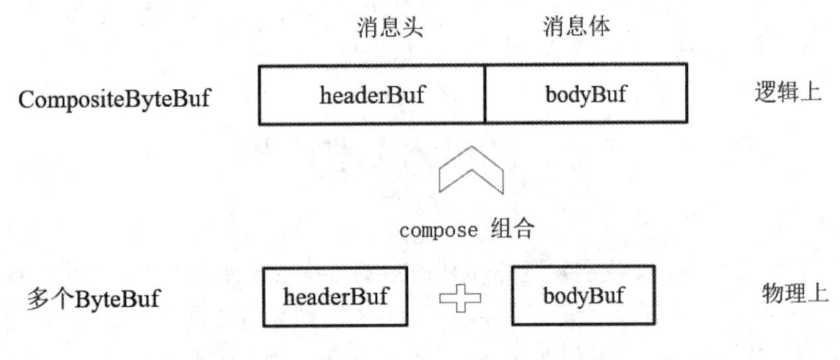

图 5-23 CompositeByteBuf 实现合并 ByteBuf

使用 CompositeByteBuf 合并多个 ByteBuf，代码大致如下：

```
ByteBuf headerBuf = ...
ByteBuf bodyBuf = ...
CompositeByteBuf compositeByteBuf = Unpooled.compositeBuffer();
 cbuf.addComponents(headerBuf, bodyBuf);
```

不使用 CompositeByteBuf，将 Header 和 Body 合并为一个 ByteBuf 的代码大致如下：

```
ByteBuf headerBuf = ...
ByteBuf bodyBuf = ...
long length=headerBuf.readableBytes() + bodyBuf.readableBytes();
ByteBuf allBuf = Unpooled.buffer(length);
allBuf.writeBytes(headerBuf );//拷贝 header 数据
allBuf.writeBytes(body);//拷贝 body 数据
```

上述过程将 Header 和 Body 都拷贝到新的 allBuf 中，这增加了两次额外的数据拷贝操作。所以，使用 CompositeByteBuf 合并 ByteBuf 可以减少两次额外的数据拷贝操作。

下面是通过 CompositeByteBuf 来复用 Header 的比较完整的演示代码：

```
package com.crazymakercircle.netty.bytebuf;
...
public class CompositeBufferTest {
   static Charset utf8 = Charset.forName("UTF-8");
   @Test
   public void byteBufComposite() {
         CompositeByteBuf cbuf =
 ByteBufAllocator.DEFAULT.compositeBuffer();
       //消息头
       ByteBuf headerBuf = Unpooled.copiedBuffer("疯狂创客圈:", utf8);
       //消息体 1
       ByteBuf bodyBuf = Unpooled.copiedBuffer("高性能 Netty", utf8);
       cbuf.addComponents(headerBuf, bodyBuf);
       sendMsg(cbuf);
       //在 refCnt 为 0 前 retain
       headerBuf.retain();
       cbuf.release();

       cbuf = ByteBufAllocator.DEFAULT.compositeBuffer();
       //消息体 2
       bodyBuf = Unpooled.copiedBuffer("高性能学习社群", utf8);
       cbuf.addComponents(headerBuf, bodyBuf);
       sendMsg(cbuf);
       cbuf.release();
   }

   private void sendMsg(CompositeByteBuf cbuf) {
       //处理整个消息
       for (ByteBuf b :cbuf) {
           int length = b.readableBytes();
           byte[] array = new byte[length];
           //将 CompositeByteBuf 中的数据统一复制到数组中
           b.getBytes(b.readerIndex(), array);
           //处理一下数组中的数据
           System.out.print(new String(array, utf8));
       }
       System.out.println();
   }
}
```

在上面的程序中，调用 CompositeByteBuf 的 addComponents()方法向自身中增加 ByteBuf 对象实例。所添加的 ByteBuf 为 Heap ByteBuf、Direct ByteBuf 均可。

如果 CompositeByteBuf 内部只存在一个 ByteBuf，则调用其 hasArray()方法，返回的是这个唯一实例的 hasArray()方法的值；如果有多个 ByteBuf，则其 hasArray()方法会返回 false。

另外，调用 CompositeByteBuf 的 nioBuffer()方法可以将 CompositeByteBuf 实例合并成一个新的 NIO ByteBuffer 缓冲区（注意：不是 Netty 的 ByteBuf 缓冲区）。演示代码如下：

```
package com.crazymakercircle.netty.bytebuf;
...
public class CompositeBufferTest {
    @Test
    public void intCompositeBufComposite() {
        CompositeByteBuf cbuf = Unpooled.compositeBuffer(3);
        cbuf.addComponent(Unpooled.wrappedBuffer(new byte[]{1, 2, 3}));
        cbuf.addComponent(Unpooled.wrappedBuffer(new byte[]{4}));
        cbuf.addComponent(Unpooled.wrappedBuffer(new byte[]{5, 6}));
          //合并成一个 Java NIO 缓冲区
        ByteBuffer nioBuffer = cbuf.nioBuffer(0, 6);
        byte[] bytes = nioBuffer.array();
        System.out.print("bytes = ");
        for (byte b : bytes) {
            System.out.print(b);
        }
        cbuf.release();
    }
}
```

5.8.2 通过 wrap 操作实现零拷贝

Unpooled 提供了一系列的 wrap 包装方法，可以帮助读者方便、快速地包装出 CompositeByteBuf 实例或者 ByteBuf 实例，而不用进行内存拷贝。

Unpooled 包装 CompositeByteBuf 的操作使用起来更加方便。例如，上一小节的 Header 与 Body 的组合可以调用 Unpooled.wrappedBuffer()方法。代码大致如下：

```
ByteBuf headerBuf = ...
ByteBuf bodyBuf = ...
ByteBuf allByteBuf = Unpooled.wrappedBuffer(headerBuf , bodyBuf );
```

Unpooled 类提供了很多重载的 wrappedBuffer()方法，将多个 ByteBuf 包装为 CompositeByteBuf 实例，从而实现零拷贝。这些重载方法大致如下：

```
public static ByteBuf wrappedBuffer(ByteBuffer buffer)
public static ByteBuf wrappedBuffer(ByteBuf buffer)
public static ByteBuf wrappedBuffer(ByteBuf... buffers)
public static ByteBuf wrappedBuffer(ByteBuffer... buffers)
```

除了通过 Unpooled 包装 CompositeByteBuf 之外，还可以将 byte 数组包装成 ByteBuf。如果将一个 byte 数组转换为一个 ByteBuf 对象，代码大致如下：

```
byte[] bytes = ...
ByteBuf byteBuf = Unpooled.wrappedBuffer(bytes);
```

通过 Unpooled.wrappedBuffer()方法将 bytes 包装为一个 UnpooledHeapByteBuf 对象，在包装的过程中不会有拷贝操作，所得到的 ByteBuf 对象和 bytes 数组共用同一个存储空间，对 bytes 的修改也就是对 ByteBuf 对象的修改。

如果不是调用 Unpooled.wrappedBuffer()包装方法，那么传统的做法是将此 byte 数组的内容拷贝到 ByteBuf 中，代码大致如下：

```
byte[] bytes = ...
ByteBuf byteBuf = Unpooled.buffer();
byteBuf.writeBytes(bytes);
```

显然，传统的转换方式有额外的内存申请和拷贝操作，既浪费了内存空间，又需要耗费内存复制的时间。相对而言，Unpooled 提供的 wrap 操作既复用了空间，又节省了时间。

Unpooled 提供了多个包装字节数组的重载方法，大致如下：

```
public static ByteBuf wrappedBuffer(byte[] array)
public static ByteBuf wrappedBuffer(byte[] array, int offset, int length)
public static ByteBuf wrappedBuffer(byte[]... arrays)
```

Unpooled 类还提供了一些其他的避免零拷贝的方法，具体可以参见其源码，这里不再赘述。

5.8.3　ByteBuf 的核心优势小结

ByteBuf 有以下核心优势：

- 池化机制：可以重用池中的 ByteBuf 实例，减少内存分配与释放的开销，减少内存溢出的机会。
- 读写指针分离：读取和写入索引分开，不需要像 ByteBuffer 一样调用 flip()方法去切换读/写模式，使用起来更加便捷。
- 可以自动扩容：ByteBuffer 的内部数组大小是固定的，初始化之后不支持动态扩容。ByteBuf 实例可以自动进行扩容。
- 支持零拷贝：ByteBuffer 提供零拷贝机制，可以提高性能，例如 slice、duplicate、CompositeByteBuf 等。

5.9　EchoServer 实战案例

前面实现过 Java NIO 版本的 EchoServer（回显服务器），在学习了 Netty 的原理和基本使用后，这里为读者设计和实现一个 Netty 版本的 EchoServer。

5.9.1　NettyEchoServer

首先回顾一下 NettyEchoServer 的功能，很简单：服务端读取客户端输入的数据，然后将数据直接回显到 Console 控制台。此实战案例目标为帮助读者掌握以下知识：

- 服务端 ServerBootstrap 的装配和使用。
- 服务端 NettyEchoServerHandler 入站处理器的 channelRead 入站处理方法的编写。
- Netty 的 ByteBuf 缓冲区的读取、写入，以及 ByteBuf 的引用计数的查看。

首先是服务端的 ServerBootstrap 的装配和启动过程，代码如下：

```
package com.crazymakercircle.netty.echoServer;
...
public class NettyEchoServer {
    ...
    public void runServer() {
        //创建反应器轮询组
        EventLoopGroup bossLoopGroup = new NioEventLoopGroup(1);
```

```
            EventLoopGroup workerLoopGroup = new NioEventLoopGroup();
            //省略设置：1 反应器轮询组/2 通道类型/4 通道选项等
            //5 装配子通道流水线
            b.childHandler(new ChannelInitializer<SocketChannel>() {
                //有连接到达时会创建一个通道
                protected void initChannel(SocketChannel ch)...{
                    //管理子通道中的Handler
                    //向子通道流水线添加一个Handler
                    ch.pipeline().addLast(NettyEchoServerHandler.INSTANCE);
                }
            });
            //省略启动、等待、优雅关闭等
        }
    //省略 main()方法
    }
```

5.9.2 共享 NettyEchoServerHandler 处理器

EchoServerHandler 入站处理器继承自 ChannelInboundHandlerAdapter，实现了 channelRead() 入站读方法（在可读 IO 事件到来时将被流水线回调）。

回显服务器处理器的逻辑分为两步：

（1）读取从对端输入的数据。channelRead()方法的 msg 参数的形参类型不是 ByteBuf，而是 Object，这是由流水线的上一站决定的。一般而言，入站处理的流程是：Netty 读取底层的二进制数据填充到 msg 时，msg 是 ByteBuf 类型的，然后经过流水线传入第一个入站处理器；每一个节点处理完后，将自己的处理结果（类型不一定是 ByteBuf）作为 msg 参数不断向后传递。因此，msg 参数的形参类型只能是 Object 类型。第一个入站处理器的 channelRead()方法的 msg 类型绝对是 ByteBuf 类型，因为它是 Netty 读取的 ByteBuf 数据包。在本实例中，NettyEchoServerHandler 就是第一个业务处理器，虽然 msg 的实参类型是 Object，但是实际类型就是 ByteBuf，所以可以强制转成 ByteBuf 类型。

另外，从 Netty 4.1 开始，ByteBuf 的默认类型是 Direct ByteBuf（直接内存）。注意，Java 不能直接访问 Direct ByteBuf 内部的数据，必须通过调用 getBytes()、readBytes()等方法将数据读入 Java 数组中才能继续进行处理。

（2）将数据写回客户端。这一步很简单，直接复用前面的 msg 实例即可。不过要注意，如果上一步调用的是 readBytes()方法，那么这一步就不能直接将 msg 写回了，因为数据已经被 readBytes() 读完了。幸好，上一步调用的读数据方法是 getBytes()，它不影响 ByteBuf 的数据指针，因此可以继续使用。这里除了调用 ctx.writeAndFlush()把 msg 数据写回客户端之外，也可调用通道的 ctx.channel().writeAndFlush()方法发送数据。这两个方法在这里的效果是一样的，因为这个流水线上没有任何出站处理器。

服务端的入站处理器 NettyEchoServerHandler 的代码如下：

```
package com.crazymakercircle.netty.echoServer;
...
@ChannelHandler.Sharable
public class NettyEchoServerHandler
                                   extends ChannelInboundHandlerAdapter {
    public static final NettyEchoServerHandler INSTANCE
                                   = new NettyEchoServerHandler();
    @Override
```

```
    public void channelRead(ChannelHandlerContext ctx, Object msg)…{
        ByteBuf in = (ByteBuf) msg;
        Logger.info("msg type: " + (in.hasArray()?"堆内存":"直接内存"));
        int len = in.readableBytes();
        byte[] arr = new byte[len];
        in.getBytes(0, arr);
        Logger.info("server received: " + new String(arr, "UTF-8"));

        Logger.info("写回前, msg.refCnt:" + ((ByteBuf) msg).refCnt());
        //写回数据，异步任务
        ChannelFuture f = ctx.writeAndFlush(msg);
        f.addListener((ChannelFuturefutureListener) -> {
            Logger.info("写回后, msg.refCnt:" + ((ByteBuf) msg).refCnt());
        });
    }
}
```

NettyEchoServerHandler 加了一个特殊的 Netty 注解：@ChannelHandler.Sharable。这个注解的作用是标注一个 Handler 实例可以被多个通道安全地共享（多个通道的流水线可以加入同一个 Handler 业务处理器实例）。这种共享操作，Netty 默认是不允许的。

很多应用场景需要 Handler 实例能够共享。例如，一个服务器处理十万以上的通道，如果一个通道新建很多重复的 Handler 实例，就需要上十万以上重复的 Handler 实例，这样会浪费很多宝贵的空间，降低服务器的性能。所以，如果在 Handler 实例中没有与特定通道强相关的数据或者状态，建议设计成共享模式。

如果没有加@ChannelHandler.Sharable 注解，试图将同一个 Handler 实例添加到多个 ChannelPipeline 通道流水线，Netty 将会抛出异常。

如何判断一个 Handler 是否为@Sharable 共享呢？ChannelHandlerAdapter 提供了实用方法——isSharable()。如果其对应的实现加上了@Sharable 注解，那么这个方法将返回 true，表示它可以被添加到多个 ChannelPipeline 通道流水线中。

NettyEchoServerHandler 没有保存与任何通道连接相关的数据，也没有内部的其他数据需要保存。所以，该处理器不仅可以用来共享，而且不需要做任何同步控制。这里为它加上了@Sharable 注解，表示可以共享。更进一步，这里还设计了一个通用的 INSTANCE 静态实例，所有的通道直接使用这个 INSTANCE 实例即可。

5.9.3 NettyEchoClient 客户端代码

其次是客户端的实战案例，此实战的目标为帮助读者掌握以下知识：

- 客户端 Bootstrap 的装配和使用。
- 客户端 NettyEchoClientHandler 入站处理器中接收回写的数据，并且释放内存。
- 有多种方式用于释放 ByteBuf，包括自动释放、手动释放。

客户端 Bootstrap 的装配和使用，代码如下：

```
package com.crazymakercircle.netty.echoServer;
...
public class NettyEchoClient {

    private int serverPort;
    private String serverIp;
```

```
    Bootstrap b = new Bootstrap();

    public NettyEchoClient(String ip, int port) {
        this.serverPort = port;
        this.serverIp = ip;
    }

    public void runClient() {
        //创建反应器轮询组
        EventLoopGroup workerLoopGroup = new NioEventLoopGroup();

        try {
            //1. 设置反应器轮询组
            b.group(workerLoopGroup);
            //2. 设置 NIO 类型的通道
            b.channel(NioSocketChannel.class);
            //3. 设置监听端口
             b.remoteAddress(serverIp, serverPort);
            //4. 设置通道的参数
            b.option(ChannelOption.ALLOCATOR,
                                PooledByteBufAllocator.DEFAULT);

            //5. 装配子通道流水线
            b.handler(new ChannelInitializer<SocketChannel>() {
                //有连接到达时会创建一个通道
                protected void initChannel(SocketChannel ch)…{
                    //管理子通道中的 Handler 业务处理器
                    //向子通道流水线添加一个 Handler 业务处理器
                    ch.pipeline().addLast(NettyEchoClientHandler.INSTANCE);
                }
            });
            ChannelFuture f = b.connect();
            f.addListener((ChannelFuturefutureListener) ->
            {
                if (futureListener.isSuccess()) {
                    Logger.info("EchoClient 客户端连接成功!");
                } else {
                    Logger.info("EchoClient 客户端连接失败!");
                }
            });

            //阻塞，直到连接成功
            f.sync();
            Channel channel = f.channel();
            Scanner scanner = new Scanner(System.in);
            Print.tcfo("请输入发送内容:");
            while (scanner.hasNext()) {
                //获取输入的内容
                String next = scanner.next();
                byte[] bytes = (Dateutil.getNow() + " >>"
                                + next).getBytes("UTF-8");
                //发送 ByteBuf
                ByteBuf buffer = channel.alloc().buffer();
                buffer.writeBytes(bytes);
                channel.writeAndFlush(buffer);
                Print.tcfo("请输入发送内容:");
            }
        } catch (Exception e) {
            e.printStackTrace();
        } finally {
            //优雅关闭 EventLoopGroup
```

```
            //释放所有资源，包括创建的线程
            workerLoopGroup.shutdownGracefully();
        }
    }
    //省略 main 方法
}
```

在上面的代码中，客户端在成功连接到服务端后不断循环获取控制台的输入，通过与服务端之间的连接通道发送到服务器。

5.9.4 NettyEchoClientHandler

客户端接收服务器回显的数据包，显示在 Console 控制台上，所以客户端的处理器流水线不是空的，还需要装配一个回显处理器。该处理的功能很简单，代码如下：

```
package com.crazymakercircle.netty.echoServer;
//省略 import
@ChannelHandler.Sharable
public class NettyEchoClientHandler extends
                                    ChannelInboundHandlerAdapter {
    public static final NettyEchoClientHandler INSTANCE
                        = new NettyEchoClientHandler();
    //入站处理方法
    @Override
    public void channelRead(ChannelHandlerContext ctx, Object msg)…{
        ByteBuf byteBuf = (ByteBuf) msg;
        int len = byteBuf.readableBytes();
        byte[] arr = new byte[len];
        byteBuf.getBytes(0, arr);
        Logger.info("client received: " + new String(arr, "UTF-8"));

        //释放 ByteBuf 的两种方法
        //方法一：手动释放 ByteBuf
        byteBuf.release();

        //方法二：调用父类的入站方法将 msg 向后传递
        //super.channelRead(ctx,msg);
    }
}
```

通过代码可以看到，从服务端发送过来的 ByteBuf 被手动方式强制释放了。当然，也可以使用前面介绍的自动释放方式来释放 ByteBuf。

第 6 章 Decoder与Encoder核心组件

Encoder（编码器）和 Decoder（解码器）是非常核心的组件，为什么呢？先来看 Decoder 的价值：在入站处理过程中，Netty 底层首先读到 ByteBuf 二进制数据，最终要转换成 Java POJO 对象，这个转换过程需要通过 Decoder 去完成。

再来看 Encoder 的价值：在出站处理过程中，需要将 Java POJO 对象转换为最终的 ByteBuf 二进制数据，然后才能通过底层 Java 通道发送到对端，这个转换过程需要通过 Encoder 去完成。

需要注意的是，在解码过程中，将 ByteBuf 二进制数据转换为 Java POJO 对象之前，还需要解决粘包和半包问题。

具体来说，解码器必须保证接收到的 ByteBuf 二进制数据包是一个完整的 POJO 对象的二进制数据包。或者说，在 Decoder 进行解码（或反序列化）操作之前，首先要确定自己所收到的二进制数据包是一个完整的包，而不是一个半包或者粘包。

6.1 详解粘包和拆包

什么是粘包和半包？先从数据包的发送和接收开始讲起。读者应该知道，Netty 发送和读取数据的“场所”是 ByteBuf 缓冲区。

对于发送端，每一次发送就是向通道写入一个 ByteBuf，发送数据时先填好 ByteBuf，然后通过通道发送出去。对于接收端，每一次读取就是通过 Handler 业务处理器的入站方法从通道读到一个 ByteBuf。读取数据的方法如下：

```
public void channelRead(ChannelHandlerContext ctx, Object msg)
{
   ByteBufbyteBuf = (ByteBuf) msg;
   //省略入站处理
}
```

最为理想的情况是发送端每发送一个ByteBuf缓冲区，接收端就能接收到一个ByteBuf，并且发送端和接收端的ByteBuf内容一模一样。

然而，在实际的通信过程中，并没有预料的那么完美。下面给读者看一个实例，看看实际通信过程中所遇到的诡异情况。

6.1.1　半包问题的实战案例

改造一下前面的NettyEchoClient实例，通过循环的方式向NettyEchoServer写入大量的ByteBuf，然后看看实际的服务器响应结果。注意：服务器类不需要改造，直接使用之前的回显服务器即可。

改造好的客户端类叫作NettyDumpSendClient。在客户端成功建立连接之后，使用一个for循环，不断通过通道向服务端发送ByteBuf，一直写到1000次，这些Bytebuf的内容相同，都是字符串的内容："疯狂创客圈：高性能学习者社群!"。代码如下：

```
package com.crazymakercircle.netty.echoServer;
...
public class NettyDumpSendClient {
    private int serverPort;
    private String serverIp;
    Bootstrap b = new Bootstrap();
    public NettyDumpSendClient(String ip, int port) {
        this.serverPort = port;
        this.serverIp = ip;
    }

    public void runClient() {
        //创建反应器线程组
        //省略，启动客户端Bootstrap引导类配置和启动
        //阻塞，直到连接完成
        f.sync();
        Channel channel = f.channel();

        //发送大量的文字
        String content= "疯狂创客圈：高性能学习者社群!";
        byte[] bytes =content.getBytes(Charset.forName("utf-8"));
        for (int i = 0; i< 1000; i++) {
            //发送ByteBuf
            ByteBuf buffer = channel.alloc().buffer();
            buffer.writeBytes(bytes);
            channel.writeAndFlush(buffer);
        }
    //省略，优雅关闭客户端
    }
    public static void main(String[] args) throws InterruptedException {
        int port = NettyDemoConfig.SOCKET_SERVER_PORT;
        String ip = NettyDemoConfig.SOCKET_SERVER_IP;
        new NettyDumpSendClient(ip, port).runClient();
    }
}
```

运行程序查看结果之前，首先要启动前面介绍过的 NettyEchoServer，然后启动新编写的 NettyDumpSendClient 客户端程序，连接成功后，客户端会向服务器发送 1000 个 ByteBuf 内容缓冲区，服务器 NettyEchoServer 收到后会输出到控制台，然后回写给客户端。服务器的输出如图 6-1 所示。

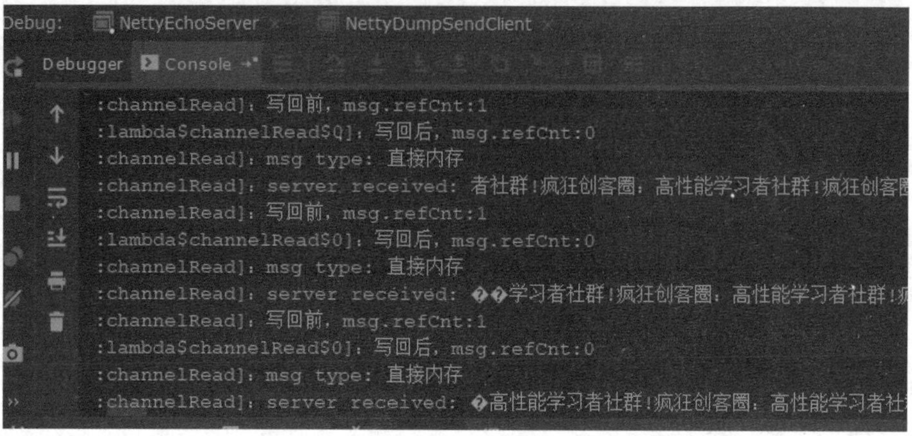

图 6-1　NettyEchoServer 的控制台输出

仔细观察服务端的控制台输出，可以看出存在 3 种类型的输出：

（1）读到一个完整的客户端输入 ByteBuf。

（2）读到多个客户端的 ByteBuf 输入，但是“粘”在了一起。

（3）读到部分 ByteBuf 的内容，并且有乱码。

除了观察服务端的输出之外，再仔细观察客户端的输出，可以看到客户端也存在以上 3 种类型的输出。

对应第（1）种情况接收到的完整的 ByteBuf，这里称为“全包”。对应第（2）种情况，多个发送端的输入 ByteBuf“粘”在了一起，这里称为“粘包”。对应第（3）种情况，一个发送过来的 ByteBuf 被“拆开”接收，接收端读取到一个破碎的包，这里称为“半包”。

为了简单起见，也可以将“粘包”的情况看成特殊的“半包”。“粘包”和“半包”可以统称为传输的“半包问题”。

6.1.2 什么是半包问题

半包问题包含“粘包”和“半包”两种情况：

（1）粘包，接收端（Receiver）收到一个 ByteBuf，包含 Sender（发送端）的多个 ByteBuf，发送端的多个 ByteBuf 在接收端“粘”在了一起。

（2）半包，Receiver 将 Sender 的一个 ByteBuf“拆”开了收，收到多个破碎的包。换句话说，Receiver 收到了 Sender 的一个 ByteBuf 的一小部分。

无论是粘包还是半包，都不是一次正常的 ByteBuf 缓存区接收，具体如图 6-2 所示。

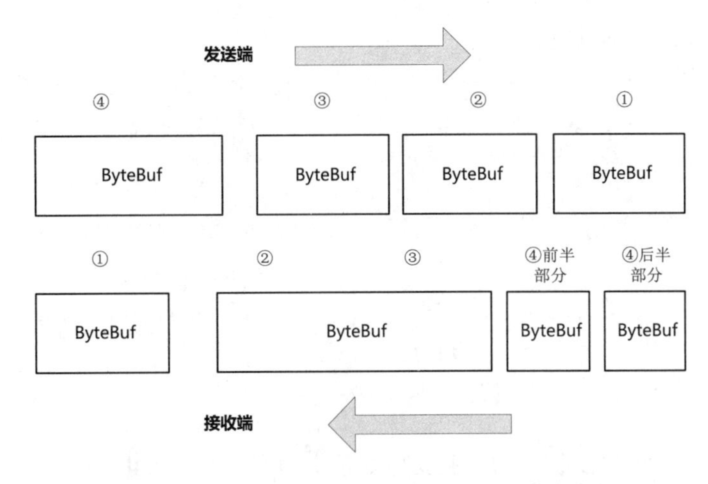

图 6-2　粘包和半包现象（②和③为粘包，④为半包）

6.1.3　半包问题的根因分析

粘包和半包的来源得从操作系统底层说起。

读者应该知道，底层网络是以二进制字节报文的形式来传输数据的，并且数据在进入传输阶段之前，还会发生 CPU 数据复制和 DMA 数据复制。无论在数据传输阶段还是在数据复制阶段，都可能存在二进制字节数据的二次分隔。

写数据的过程大致为：编码器将一个 Java 类型的数据转换成底层能够传输的二进制 ByteBuf 缓冲数据。发送端的应用层 Netty 程序以 ByteBuf 为单位来发送数据，这些数据首先会通过 CPU 复制的方式复制到底层操作系统内核缓冲区，然后通过 DMA 复制的方式复制到网卡设备，这个 DMA 复制过程会发生二进制数据的二次分隔；数据被复制到网卡设备之后，网卡设备协议栈处理程序会按照 TCP/IP 规范对数据包进行二次封装，封装成传输层 TCP 层的协议报文之后再进行发送，在这个数据包封装的过程中也会发生二进制数据的二次分隔。

为什么在数据复制阶段存在二进制字节数据的二次分隔呢？发送端在 DMA 复制阶段，DMA 设备会把内核缓冲区（Socket 发送缓冲区）中的数据复制到网卡设备中，如果 TCP 内核缓冲区的单个数据包比较小，一次 DMA 复制的不止一个内核缓冲区中的小包，则会将多个小数据包一起复制，以便提升效率。这就是数据复制阶段的二进制字节数据的二次分隔。这种数据包的二次分隔操作可能会导致复制到网卡设备的数据包出现粘包现象或者半包现象。

为什么在数据传输阶段存在二进制字节数据的二次分隔呢？一个 TCP 报文的有效数据（净荷数据）大小是有限制的，这个报文有效数据的大小被称为 MSS（Maximum Segment Size，最大报文段长度），具体的 MSS 值会在三次握手阶段进行协商，但是最大不会超过 1460 字节。

正由于一个 TCP 数据包 MSS 值最大为 1460，协议处理程序会最大限度地利用一个报文的空间。如果原始的 ByteBuf 太小，则协议处理程序会合并多个 ByteBuf 的二进制数据进行发送；反过来，如果原始的 ByteBuf 太大，则协议处理程序会将 ByteBuf 的二进制数据分成多个二进制数据包进行发送。这就是在数据传输阶段二进制字节数据的二次分隔，这种传输阶段的二次分隔操作可能导致接收端所收到的数据包出现粘包现象或者半包现象。

所以，无论是数据传输阶段的二进制数据分隔，还是数据复制阶段的二进制数据分隔，最终都可能导致粘包现象或者半包现象。

如何解决呢？基本思路是，在接收端，Netty 程序需要根据自定义协议将读取到的进程缓冲区 ByteBuf 在应用层进行二次组装，重新组装我们应用层的数据包。接收端的这个过程通常也称为分包或者拆包。在 Netty 中分包的方法主要有两种：

（1）自定义解码器分包器：基于 ByteToMessageDecoder 或者 ReplayingDecoder 定义自己的用户缓冲区分包器。

（2）使用 Netty 内置的解码器。例如使用 Netty 内置的 LengthFieldBasedFrameDecoder 自定义长度数据包解码器，对用户缓冲区 ByteBuf 进行正确的分包。

6.2 Decoder 原理与实践

什么是 Netty 的解码器呢？

首先，它是一个 Inbound 入站处理器，解码器负责处理“入站数据”。

其次，它能将上一站 Inbound 入站处理器传过来的输入（Input）数据进行解码或者格式转换，然后发送到下一站 Inbound 入站处理器。

一个标准的解码器的职责为：将输入类型为 ByteBuf 缓冲区的数据进行解码，输出一个个 Java POJO 对象。Netty 内置了 ByteToMessageDecoder 解码器。

Netty 中的解码器都是 Inbound 入站处理器类型，都直接或者间接地实现了入站处理的超级接口 ChannelInboundHandler。

6.2.1 ByteToMessageDecoder 解码器处理流程

ByteToMessageDecoder 是一个非常重要的解码器基类，它是一个抽象类，实现了解码处理的基础逻辑和流程。ByteToMessageDecoder 继承自 ChannelInboundHandlerAdapter 适配器，是一个入站处理器，用于完成从 ByteBuf 到 Java POJO 对象的解码功能。

ByteToMessageDecoder 解码的流程大致如图 6-3 所示。首先，它将上一站传过来的输入 Bytebuf 中的数据进行解码，解码出一个 List<Object>对象列表；然后，迭代 List<Object>列表，逐个将 Java POJO 对象传入下一站 Inbound 入站处理器。

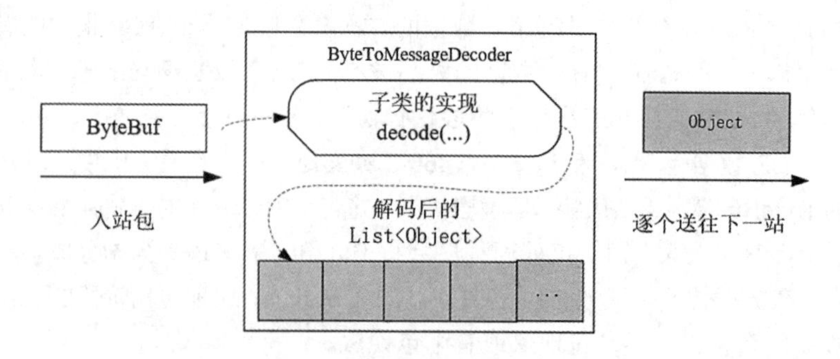

图 6-3 ByteToMessageDecoder 解码的流程

ByteToMessageDecoder 是抽象类，不能以实例化方式创建对象。也就是说，直接通过 ByteToMessageDecoder 类并不能完成 Bytebuf 字节码到具体 Java 类型的解码，还得依赖于它的具体实现。

ByteToMessageDecoder 的解码方法为 decode()，是一个抽象方法。也就是说，对于 decode()方法中的具体解码过程，ByteToMessageDecoder 没有具体的实现。如何将 Bytebuf 中的字节数据变成 Object 实例（包含多少个 Object 实例）需要子类去完成。所以，作为解码器的父类，ByteToMessageDecoder 仅仅提供了一个整体框架：它会调用子类的 decode()方法完成具体的二进制字节解码，然后获取子类解码之后的 Object 结果放入自己内部的结果列表 List<Object>中，最终父类会负责将 List<Object> 中的元素一个一个地传递给下一站。从这个角度来说，ByteToMessageDecoder 在设计上使用了模板模式（Template Pattern）。

ByteToMessageDecoder 的子类要做的是将从入站 Bytebuf 解码出来的所有 Object 实例加入父类的 List<Object>列表中，如图 6-3 所示。

实现一个自己的解码器，首先要继承 ByteToMessageDecoder 抽象类，然后实现其基类的 decode()抽象方法，总体来说，流程大致如下：

（1）继承 ByteToMessageDecoder 抽象类。

（2）实现其基类的 decode 抽象方法，将 ByteBuf 到目标 POJO 的解码逻辑写入此方法，以将 Bytebuf 中的二进制数据解码成一个一个的 Java POJO 对象。

（3）解码完成后，需要将解码后的 Java POJO 对象放入 decode()方法的 List<Object>实参中，此实参是父类所传入的解码结果收集容器。

余下的工作都有父类 ByteToMessageDecoder 自动完成。在流水线的处理过程中，父类在执行完子类的解码后，会将 List<Object>收集到的结果一个一个地传递到下一个 Inbound 入站处理器。

6.2.2 自定义 Byte2IntegerDecoder 整数解码器

下面是一个小小的 ByteToMessageDecoder 子类的实战案例：整数解码器。其功能是将 ByteBuf 缓冲区中的字节解码成 Integer 整数类型。

按照前面的流程，大致的步骤为：

（1）定义一个新的整数解码器——Byte2IntegerDecoder 类，让这个类继承 Netty 的字节码解码抽象类 ByteToMessageDecoder。

（2）实现父类的 decode()方法，将 ByteBuf 缓冲区数据解码成以一个一个的 Integer 对象。

（3）在 decode()方法中，将解码后得到的 Integer 整数加入父类的 List<Object>实参中。

Byte2IntegerDecoder 整数解码器的代码很简单，具体如下：

```
package com.crazymakercircle.netty.decoder;
...
public class Byte2IntegerDecoder extends ByteToMessageDecoder {
    @Override
    public void decode(ChannelHandlerContext ctx, ByteBuf in,
                    List<Object> out) {
        while (in.readableBytes() >= 4) {
            int i = in.readInt();
            Logger.info("解码出一个整数： " + i);
```

```
                out.add(i);
            }
        }
    }
```

上面实战案例程序的 decode()方法中的逻辑大致如下：

首先，Byte2IntegerDecoder 解码器继承自 ByteToMessageDecode。

其次，在 decode()方法中，通过 ByteBuf 的 readInt()实例方法从输入缓冲区读取到整数，其作用是将二进制数据解码成一个一个的整数。

再次，将解码后的整数增加到 decode()方法的 List<Object>列表参数中。

最后，decode()不断地循环解码，并且不断地添加到 List<Object>结果容器中。

前面反复讲到，decode()方法处理完成后，基类会继续后面的传递处理：将 List<Object>结果列表中所得到的整数逐个传递到下一个 Inbound 入站处理器。

至此，一个简单的解码器就已经完成了。

如何使用这个自定义的Byte2IntegerDecoder解码器呢？首先，需要将其加入通道的流水线中；其次，由于解码器的功能仅仅是完成 ByteBuf 的解码，不做其他的业务处理，因此还需要编写一个业务处理器，用于在读取解码后的 Java POJO 对象后完成具体的业务处理。

这里编写一个简单的配套处理器 IntegerProcessHandler，用于处理 Byte2IntegerDecoder 解码之后的 Integer 整数。其功能是读取上一站的入站数据，将其转换成整数，并且输出到 Console 控制台上。配套处理器的代码如下：

```
package com.crazymakercircle.netty.decoder;
...
public class IntegerProcessHandler
                              extends ChannelInboundHandlerAdapter {
    @Override
    public void channelRead(ChannelHandlerContext ctx, Object msg)…{
        Integer integer = (Integer) msg;
        Logger.info("打印出一个整数: " + integer);
    }
}
```

至此，已经编写了解码处理器 Byte2IntegerDecoder 和配套处理器 IntegerProcessHandler 这两个自己的入站处理器：一个负责解码，另一个模拟处理解码结果。

最终如何测试这两个入站处理器呢？使用 EmbeddedChannel（嵌入式通道）编写一个测试实例，代码如下：

```
package com.crazymakercircle.netty.decoder;
...
public class Byte2IntegerDecoderTester {
    /**
     * 整数解码器的使用实例
     */
    @Test
    public void testByteToIntegerDecoder() {
        ChannelInitializer i= new ChannelInitializer<EmbeddedChannel>(){
            protected void initChannel(EmbeddedChannel ch) {
               ch.pipeline().addLast(new Byte2IntegerDecoder());
               ch.pipeline().addLast(new IntegerProcessHandler());
            }
```

```
        };
        EmbeddedChannel channel = new EmbeddedChannel(i);
        for (int j = 0; j < 100; j++) {
            ByteBuf buf = Unpooled.buffer();
            buf.writeInt(j);
            channel.writeInbound(buf);
        }
                ...
    }
}
```

在测试用例中，新建了一个 EmbeddedChannel 实例，将 Byte2IntegerDecoder 和 IntegerProcessHandler 加入通道的流水线上。

请注意先后次序：Byte2IntegerDecoder 解码器在前，IntegerProcessHandler 处理器在后。为什么呢？因为入站处理的次序为从前到后。

为了测试入站处理器，需要确保通道能接收到 ByteBuf 入站数据。这里调用 writeInbound()方法，模拟入站数据的写入，向 EmbeddedChannel 写入 100 次 ByteBuf 入站缓冲区，每一次写入仅仅包含一个整数。模拟入站数据会被流水线上的两个入站处理器所接收和处理。接着，这些入站的二进制字节被解码成一个一个的整数，逐个地输出到控制台上。运行测试实例，部分输出结果如下：

```
//省略部分输出
[main|Byte2IntegerDecoder:decode]: 解码出一个整数: 0
[main|IntegerProcessHandler:channelRead]: 打印出一个整数: 0
[main|Byte2IntegerDecoder:decode]: 解码出一个整数: 1
[main|IntegerProcessHandler:channelRead]: 打印出一个整数: 1
[main|Byte2IntegerDecoder:decode]: 解码出一个整数: 2
[main|IntegerProcessHandler:channelRead]: 打印出一个整数: 2
[main|Byte2IntegerDecoder:decode]: 解码出一个整数: 3
[main|IntegerProcessHandler:channelRead]: 打印出一个整数: 3
```

通过这个实例，读者对 ByteToMessageDecoder 基类以及如何动手去实现一个解码器应该有比较清楚的了解了，甚至可以仿照这个例子实现除了整数之外的 Java 基本数据类型（Short、Char、Long、Float、Double 等）的解码器。

最后说明一下：ByteToMessageDecoder 传递给下一站的是解码之后的 Java POJO 对象，不是 ByteBuf 缓冲区。那么问题来了，ByteBuf 缓冲区并没有发送到流水线的 TailContext（尾部处理器），将由谁负责释放引用计数呢？其实，基类 ByteToMessageDecoder 会完成 ByteBuf 释放工作，它会调用 ReferenceCountUtil.release(in)方法将之前的 ByteBuf 缓冲区的引用数减 1。

这个 ByteBuf 先被释放了，如果在后面还需要用到，怎么办？可以在子类的 decode()方法中调用一次 ReferenceCountUtil.retain(in)来增加一次引用计数，不过在使用完成后要及时地将自己增加的这次计数减去。

6.2.3 ReplayingDecoder 解码器

使用上面的 Byte2IntegerDecoder 整数解码器会面临一个问题：需要对 ByteBuf 的长度进行检查，如果有足够的字节才能进行整数的读取。这种长度的判断是否可以由 Netty 来帮助完成呢？答案是可以的，可以使用 Netty 的 ReplayingDecoder 类省去长度的判断。

ReplayingDecoder 类是 ByteToMessageDecoder 的子类，作用是：

- 在读取 ByteBuf 缓冲区的数据之前，需要检查缓冲区是否有足够的字节。

- 若 ByteBuf 中有足够的字节，则会正常读取；反之，则会停止解码。

使用 ReplayingDecoder 基类改写上一个整数解码器，可以不进行长度检测。创建一个新的整数解码器，类名为 Byte2IntegerReplayDecoder，代码如下：

```
package com.crazymakercircle.netty.decoder;
...
public class Byte2IntegerReplayDecoder extends ReplayingDecoder {
    @Override
    public void decode(ChannelHandlerContext ctx,
                                       ByteBuf in, List<Object> out) {
        int i = in.readInt();
        Logger.info("解码出一个整数: " + i);
        out.add(i);
    }
}
```

通过这个示例程序可以看到：继承 ReplayingDecoder 实现一个解码器，就不用编写长度判断的代码。ReplayingDecoder 进行长度判断的原理其实很简单：它的内部定义了一个新的二进制缓冲区类，对 ByteBuf 缓冲区进行了装饰，这个类名为 ReplayingDecoderBuffer。该装饰器的特点是：在缓冲区真正读数据之前，首先进行长度的判断：如果长度合格，则读取数据；否则，抛出 ReplayError。ReplayingDecoder 捕获到 ReplayError 后，会留着数据，等待下一次 IO 事件到来时再读取。

简单来讲，ReplayingDecoder 对输入的 ByteBuf 进行了偷梁换柱，在将外部传入的 ByteBuf 缓冲区传给子类之前，换成了自己装饰过的 ReplayingDecoderBuffer 缓冲区。也就是说，在示例程序中，Byte2IntegerReplayDecoder 中的 decode 方法所得到的实参 in 的值，它的直接类型并不是原始的 ByteBuf 类型，而是 ReplayingDecoderBuffer 类型。

ReplayingDecoderBuffer 类型首先是一个内部的类，其次它继承了 ByteBuf 类型，包装了 ByteBuf 类型的大部分读取方法。ReplayingDecoderBuffer 对 ByteBuf 类型的读取方法做了什么样的功能增强呢？主要是进行二进制数据长度的判断，如果长度不足，则抛出异常。这个异常会反过来被 ReplayingDecoder 基类所捕获，将解码工作停掉。

实质上，ReplayingDecoder 的作用远远不止进行长度判断，它更重要的作用是用于分包传输的应用场景。

6.2.4 整数的分包解码器的实战案例

前面讲到，底层通信协议是分包传输的，一份数据可能分几个数据包到达对端。发送端出去的包在传输过程中会进行多次拆分和组装。接收端所收到的包和发送端所发送的包不是一模一样的（见图 6-4）：发送端发出 4 个字符串，Netty 或者 NIO 接收端可能只接收到了 3 个 ByteBuf 数据缓冲。

在 Java OIO 流式传输中，由于程序不读到完整的信息就一直阻塞而不继续执行，因此不会出现如图 6-4 所示的问题。在 Java 的 NIO（具有非阻塞性）中，保证一次性读取到完整的数据就成了一个大问题。

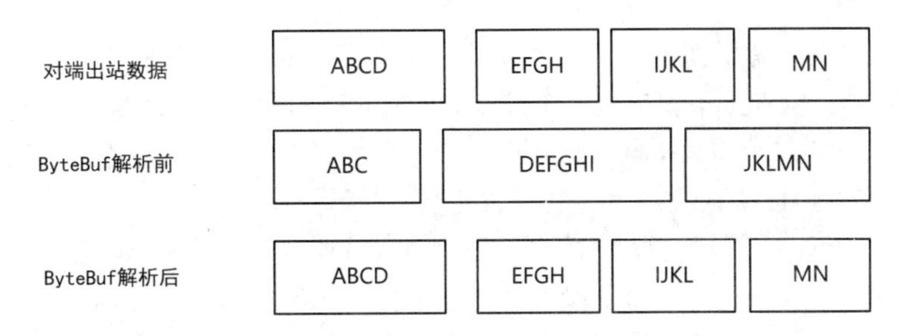

图 6-4　通道接收到的 ByteBuf 数据包和发送端发送的数据包没有完全一致

那么，Netty 通过什么样的解码器对接收端如图 6-4 中的 3 个 ByteBuf 缓冲数据进行解码，而后得到和发送端一模一样的 4 个字符串？理论上可以使用 ReplayingDecoder 来解决。在进行数据解析时，如果发现当前 ByteBuf 中所有可读的数据不够，那么 ReplayingDecoder 会一直等待，直到可读的数据足够为止。这一切都是在 ReplayingDecoder 内部，通过与缓冲区装饰器 ReplayingDecoderBuffer 相互配合完成的。所以，图 6-4 展示的字符串错乱问题完全可以通过继承 ReplayingDecoder 基类实现自己的解码器来解决。

图 6-4 中的问题是字符串传输过程中出现的，并且实现字符串的解码和纠正相对比较复杂。为了好懂，这里先介绍一个简单的例子——整数序列解码，并且将它们两两一组进行相加，重点是，解码过程中需要保持发送时的次序。

要完成以上例子，需要用到 ReplayingDecoder 一个很重要的属性——state 成员属性。该成员属性的作用是保存当前解码器在解码过程中所处的阶段。在 Netty 源代码中，该属性的定义具体如下：

```
public abstract class ReplayingDecoder<S>
                                        extends ByteToMessageDecoder {
    //省略不相干的代码
    //缓冲区装饰器
    private final ReplayingDecoderByteBuf replayable =
                                        new ReplayingDecoderByteBuf();
   //重要的成员属性，表示解码过程中所处的阶段，类型为泛型，默认为 Object
    private S state;
    //默认的构造器，state 值为空，没有用到该属性
    protected ReplayingDecoder() {
        this((Object)null);
    }

    //重载的构造器
    protected ReplayingDecoder(S initialState) {
        //初始化内部的 ByteBuf 缓冲装饰器类
       this.replayable = new ReplayingDecoderByteBuf();

        //读指针检查点，默认为-1
        this.checkpoint = -1;

        //状态 state 的默认值为 null
        this.state = initialState;
    }
    //省略不相干的方法
}
```

在上一小节定义的整数解码实例中，使用的是默认的无参数构造器，该构造器初始化 state 成

员的值为 null，也就是没有用到 state 属性。本小节将用到 state 成员属性。为什么呢？这里整数序列的解码工作不可能一次完成，要完成两个整数的提取并相加需要解码两次，每一次解码只能解码出一个整数，只有在第二个整数提取之后才能求和，整个解码工作才算完成，这里存在两个阶段，具体的阶段需要使用 state 来记录。

具体来说，完成两个整数的提取并求和的过程可以从业务上分成两个阶段。使用 state 属性来保存目前所处的阶段：如果是第一个阶段，则仅仅提取第一个整数，完成后进入第二个阶段；如果是第二个阶段，则不仅要提取第二个整数，提取后还需要计算相加的结果，并将相加的和作为解码结果输出。只有两个阶段全部完成才表示一次解码工作的完成。

下面先基于 ReplayingDecoder 基础解码器编写一个整数相加的解码器：解码两个整数，并把这两个整数相加之和作为解码的结果。代码如下：

```
package com.crazymakercircle.netty.decoder;
//省略 import
public class IntegerAddDecoder
       extends ReplayingDecoder<IntegerAddDecoder.PHASE>
{
          //自定义的状态枚举值，代表两个阶段
          enum PHASE
          {
            PHASE_1,//第一个阶段，仅仅提取第一个整数，完成后进入第二个阶段
            PHASE_2 //第二个整数，提取后还需要结算相加的结果，并且输出结果
          }
          private int first;
          private int second;
          public IntegerAddDecoder()
          {
               //构造函数中，初始化父类的 state 属性为 PHASE_1，表示第一个阶段
               super(PHASE.PHASE_1);
          }
          @Override
          protected void decode(ChannelHandlerContext ctx,
ByteBuf in,  List<Object> out) throws Exception{
               switch (state()) //判断当前的状态
               {
                   //第一个阶段，仅仅提取第一个整数，完成后进入第二个阶段
                    case PHASE_1:
                         //从装饰器 ByteBuf 中读取数据
                         first = in.readInt();
                         //第一步解析成功，进入第二步，设置 state 为第二阶段
                         checkpoint(PHASE.PHASE_2);
                         break;

                    //提取到第二个整数，提取后还需要结算相加的结果
                    //并将和作为解码的结果输出
                    case PHASE_2:
                         second = in.readInt();
                         Integer sum = first + second;
                         out.add(sum);
                         //进入下一轮解码的第一步，设置 state 为第一阶段
                         checkpoint(PHASE.PHASE_1);
                         break;
                    default:
                         break;
                    }
          }
}
```

IntegerAddDecoder 类继承了 ReplayingDecoder<IntegerAddDecoder.PHASE>，其后面的泛型实参为 IntegerAddDecoder.PHASE 自定义的状态类型，是一个枚举类型，用来作为泛型变量 state 的实际类型，该枚举值有两个常量：

（1）PHASE_1：表示第一个阶段，读取第一个整数。
（2）PHASE_2：表示第二个阶段，读取后面的第二个整数，然后相加。

父类的成员变量 state 的值可能为 PHASE_1 或者 PHASE_2，代表当前的阶段。state 的值需要在构造函数中进行初始化，在这里的子类构造函数中调用 super(Status.PARSE_1)将 state 初始化为第一个阶段。

在 IntegerAddDecoder 类中，每一次 decode()方法中的解码有两个阶段：

（1）第一个阶段，解码出前一个整数。
（2）第二个阶段，解码出后一个整数，然后求和。

每一个阶段一完成就通过 checkpoint(PHASE)方法（类似于 state 属性的 setter()方法）把当前的 state 状态设置为新的 PHASE 枚举值。checkpoint()方法有两个作用：

（1）设置 state 属性的值，更新一下当前的状态。
（2）设置“读指针检查点”。

什么是 ReplayingDecoder 的“读指针”呢？就是 ReplayingDecoder 提取二进制数据的 ByteBuf 缓冲区的 readerIndex 读指针。“读指针检查点”是 ReplayingDecoder 类的一个重要成员，用于暂存内部 ReplayingDecoderBuffer 装饰器缓冲区的 readerIndex，类似 mark 标记。当读数据时，一旦缓冲区可读的二进制数据不够，缓冲区装饰器 ReplayingDecoderBuffer 在抛出 ReplayError 异常之前会把 readerIndex 读指针的值还原到之前通过 checkpoint()方法设置的“读指针检查点”。在 ReplayingDecoder 下一次重新读取时，将会从“读指针检查点”开始读取。

回到 IntegerAddDecoder 的 decode()方法，该方法的逻辑大致如下：

（1）判断当前解码器的 state 阶段是 Status.PARSE_1 还是 Status.PARSE_2，根据对应的阶段进行读取处理。

（2）每一次读取完成之后要切换阶段和保持当前“读指针检查点”，以便于在可读数据不足之后帮助进行读指针恢复。

通过上面的分析可以看出，IntegerAddDecoder 与前面自定义的整数解码器不同，该解码器是有状态的，不能在不同的通道之间进行简单的共享。进一步说，ReplayingDecoder 类型和其所有的子类都需要保存状态信息，都不适合在不同的通道之间进行简单的共享。

至此，IntegerAddDecoder 已经基本介绍完了。那么，如何使用 IntegerAddDecoder 解码器呢？具体的测试实例和前面的 Byte2IntegerDecoder 大致相同，由于篇幅的限制，这里不再赘述。读者可以在源代码包执行其对应的 Byte2IntegerReplayDecoderTester 测试用例。

6.2.5　字符串的分包解码器的实战案例

通过前面的整数分包传输，读者应该对 ReplayingDecoder 的分阶段解码有了完整的了解。现在来看一下字符串的分包传输。在原理上，字符串分包解码和整数分包解码是一样的，不同的是：整数的长度是固定的，目前在 Java 中是 4 字节；字符串的长度不是固定的，是可变的。

如何获取字符串的长度信息呢？这是一个小小的难题，和程序所使用的具体传输协议是强相关的。一般来说，在 Netty 中进行字符串的传输可以采用普通的 Header-Content 内容传输协议。该协议的规则很简单：

（1）在协议的 Head 部分放置字符串的字节长度，可以用一个整数类型来描述。
（2）在协议的 Content 部分放置字符串的字节数组。

在实际的传输过程中，一个 Header-Content 内容包在发送端会被编码成一个 ByteBuf 内容发送包，当到达接收端后可能被分成很多 ByteBuf 接收包。对于这些参差不齐的接收包，如何解码成最初的 ByteBuf 内容发送包来获得 Header-Content 内容呢？采用 ReplayingDecoder 解码器即可解决。

下面就是基于 ReplayingDecoder 实现自定义的字符串分包解码器的示例程序：

```
package com.crazymakercircle.netty.decoder;
...
public class StringReplayDecoder
      extends ReplayingDecoder<StringReplayDecoder.PHASE>{
   enum PHASE
   {
      PHASE_1,//第一个阶段：解码出字符串的长度
      PHASE_2 //第二个阶段：按照第一个阶段的字符串长度解码出字符串的内容
   }

   private int length;
   private byte[] inBytes;
   public StringReplayDecoder()
   {
      //在构造函数中，需要初始化父类的 state 属性为 PHASE_1 阶段
      super(PHASE.PHASE_1);
   }
   @Override
   protected void decode(ChannelHandlerContext ctx, ByteBuf in,
                    List<Object> out) throws Exception
   {
      switch (state())
      {
         case PHASE_1:
            //第一步，从装饰器 ByteBuf 中读取字符串的长度
            length = in.readInt();
            inBytes = new byte[length];
            //进入第二步，读取内容
            //并设置“读指针检查点”为当前的 readerIndex 位置
            checkpoint(PHASE.PHASE_2);
            break;
         case PHASE_2:
            //第二步，从装饰器 ByteBuf 中读取字符串的内容数组
            in.readBytes(inBytes, 0, length);
            out.add(new String(inBytes, "UTF-8"));
            //第二步解析成功，进入下一个字符串的解析
            //并且设置“读指针检查点”为当前的 readerIndex 位置
            checkpoint(PHASE.PHASE_1);
            break;
         default:
            break;
      }
```

```
    }
}
```

在 StringReplayDecoder 类中，每一次字符串 decode 分为两个步骤：

第一步，解码出一个字符串的长度。
第二步，按照第一个阶段的字符串长度解码出字符串的内容。

在 decode()方法中，每个阶段完成后都通过 checkpoint(Status)方法把当前的状态设置为新的 Status 值。

为了处理 StringReplayDecoder 解码后的字符串，这里编写一个简单的辅助性质的业务处理器，其功能是读取上一站的入站数据，把它转换成字符串，并输出到 Console 控制台上。新业务处理器名称为 StringProcessHandler，具体代码如下：

```
package com.crazymakercircle.netty.decoder;
...
public class StringProcessHandler
                        extends ChannelInboundHandlerAdapter {
    @Override
    public void channelRead(ChannelHandlerContext ctx, Object msg)…{
        String s = (String) msg;
        Logger.info("打印出一个字符串: " + s);
    }
}
```

至此，已经编写了 StringReplayDecoder 和 StringProcessHandler 两个自己的入站处理器：一个负责字符串解码，另一个负责字符串输出。如何使用这两个入站处理器呢？编写一个测试实例，代码如下：

```
package com.crazymakercircle.netty.decoder;
...
public class StringReplayDecoderTester {
   static String content= "疯狂创客圈: 高性能学习社群!";
    @Test
    public void testStringReplayDecoder() {
       ChannelInitializer i = new ChannelInitializer<EmbeddedChannel>() {
           protected void initChannel(EmbeddedChannel ch) {
               ch.pipeline().addLast(new StringReplayDecoder());
               ch.pipeline().addLast(new StringProcessHandler());
           }
        };
        EmbeddedChannel channel = new EmbeddedChannel(i);
        //待发送字符串 content 的字节数组
        byte[] bytes =content.getBytes(Charset.forName("utf-8"));
        //循环发送 100 轮，每一轮可以理解为发送一个 Head-Content 报文
        for (int j = 0; j < 100; j++) {//发送 100 个包
            //每个包随机 1~3 个 "疯狂创客圈: 高性能学习社群!"
            int random = RandomUtil.randInMod(3);
            ByteBuf buf = Unpooled.buffer();
            //发送长度: 字节数组长度*重复次数
            buf.writeInt(bytes.length * random);
            //重复拷贝 content 的字节数据到发送缓冲区
            for (int k = 0; k < random; k++) {
                buf.writeBytes(bytes);
            }
            //发送内容: 发送 buf 缓冲区
            channel.writeInbound(buf);
```

```
            }
        }
    }
```

在测试用例中，新建了一个 EmbeddedChannel 实例，将 StringReplayDecoder 和 StringProcessHandler 加入通道的流水线中。为了测试入站处理器，调用 writeInbound()方法向 EmbeddedChannel（嵌入式通道）写入 100 次 ByteBuf 入站缓冲区，每个 ByteBuf 缓冲区包含一个字符串（为了以示区分，对 content 随机重复，最多 3 次）。

EmbeddedChannel 接收到入站数据后，流水线上的两个入站处理器就能不断地处理这些入站数据：将接收到的二进制字节解码成一个一个的字符串，然后逐个输出到控制台上。

```
//部分输出省略
打印：疯狂创客圈：高性能学习社群!
打印：疯狂创客圈：高性能学习社群!
打印：疯狂创客圈：高性能学习社群!疯狂创客圈：高性能学习社群!
打印：疯狂创客圈：高性能学习社群!疯狂创客圈：高性能学习社群!
打印：疯狂创客圈：高性能学习社群!
打印：疯狂创客圈：高性能学习社群!疯狂创客圈：高性能学习社群!
```

通过 ReplayingDecoder 解码器，可以正确地解码分包后的 ByteBuf 数据包。但是，在实际开发中不建议继承这个类，原因如下：

（1）不是所有的 ByteBuf 操作都被 ReplayingDecoderBuffer 装饰类支持，可能有些 ByteBuf 方法在 ReplayingDecoder 的 decode()方法中会抛出 ReplayError 异常。

（2）在数据解码逻辑复杂的应用场景，ReplayingDecoder 在解码速度上相对较差。因为在 ByteBuf 中长度不够时，ReplayingDecoder 会捕获一个 ReplayError 异常，并会把 ByteBuf 中的读指针还原到之前的读指针检查点（checkpoint），然后结束这次解析操作，等待下一次 IO 读事件。在网络条件比较糟糕时，一个数据包的解析逻辑会被反复执行多次，此时解析过程是一个消耗 CPU 的操作，解码速度上相对较差。所以，ReplayingDecoder 更多地应用于数据解析逻辑简单的场景。

在数据解析复杂的应用场景下，建议使用在前文介绍的解码器 ByteToMessageDecoder 或者其子类（后文介绍）。这里继承 ByteToMessageDecoder 基类，实现一个定制的 Header-Content 协议字符串内容解码器，代码如下：

```
package com.crazymakercircle.netty.decoder;
...
public class StringIntegerHeaderDecoder extends ByteToMessageDecoder {
    @Override
    protected void decode(ChannelHandlerContext channelHandlerContext,
                ByteBuf buf, List<Object> out)...{
        //可读字节小于 4，消息头还没读满，返回
        if (buf.readableBytes() < 4) {
            return;
        }
        //消息头已经完整
        //在真正开始从缓冲区读取数据之前，调用 markReaderIndex()设置 mark 标记
        buf.markReaderIndex();
        int length = buf.readInt();
        //从缓冲区中读出消息头的大小，这会导致 readIndex 读指针变化
        //如果剩余长度不够消息体，则需要 reset 读指针，下一次从相同的位置处理
        if (buf.readableBytes() < length) {
            //读指针 reset 到消息头的 readIndex 位置处
            buf.resetReaderIndex();
```

```
            return;
        }
        //读取数据，编码成字符串
        byte[] inBytes = new byte[length];
        buf.readBytes(inBytes, 0, length);
        out.add(new String(inBytes, "UTF-8"));
    }
}
```

在上面的示例程序中，在读取数据之前，需要调用 buf.markReaderIndex()方法标记当前的位置指针，当可读内容不够（buf.readableBytes()<length）时，需要调用 buf.resetReaderIndex()方法将 readerIndex 读指针恢复到标记位置。

表面上 ByteToMessageDecoder 基类是无状态的，不像 ReplayingDecoder 那样需要使用状态位来保存当前的读取阶段。实际上，ByteToMessageDecoder 也是有状态的。其内部有一个二进制字节累积器 cumulation，用来保存没有解析完的二进制内容。所以，ByteToMessageDecoder 及其子类都是有状态，其实例不能在通道之间共享。在每次初始化通道的流水线时，都要重新创建一个 ByteToMessageDecoder 或者它的子类的实例。

6.2.6　MessageToMessageDecoder 解码器

前面的解码器都是将 ByteBuf 缓冲区中的二进制数据解码成 Java 的普通 POJO 对象，那么是否存在一些解码器可以将一种 POJO 对象解码成另一种 POJO 对象呢？答案是存在。与前面不同的是，解码器需要继承一个新的 Netty 解码器基类 MessageToMessageDecoder<I>。在继承它的时候，需要明确的泛型实参<I>，用于指定入站消息的 Java POJO 类型。

为什么继承 MessageToMessageDecoder<I>时需要指定入站数据的类型，而在前面继承 ByteToMessageDecoder 解码 ByteBuf 时不需要指定泛型实参呢？原因很简单：ByteToMessageDecoder 的入站消息类型十分明确，就是二进制缓冲区 ByteBuf 类型；MessageToMessageDecoder<I>的入站消息类型不明确，可以是任何 POJO 类型，所以需要指定。

MessageToMessageDecoder 同样使用了模板模式，也有一个 decode()抽象方法，其具体解码的逻辑需要子类去实现。下面通过实现一个整数到字符串转换的解码器演示一下 MessageToMessageDecoder 的使用。代码很简单，如下所示：

```
package com.crazymakercircle.netty.decoder;
...
public class Integer2StringDecoder extends MessageToMessageDecoder<Integer> {
    @Override
    public void decode(ChannelHandlerContext ctx, Integer msg,
                     List<Object> out)...{
        out.add(String.valueOf(msg));
    }
}
```

这里定义的 Integer2StringDecoder 新类继承了 MessageToMessageDecoder 基类。基类泛型实参为 Integer，表明子类解码器入站的数据类型为 Integer。在 decode()方法中，将整数转成字符串，再加入一个 List 输出容器（由父类在调用时传递过来的）中即可。在子类 decode()方法处理完成后，父类会将这个 List 容器中的所有元素进行迭代，逐个发送给下一站 Inbound 入站处理器。

Integer2StringDecoder 的使用与前面的解码器一样，其具体的测试实例和前面的

StringReplayDecoder 实例也大致相同，由于篇幅的限制，这里不再赘述。读者可以在源代码包中查看，其测试用例的具体类名为 Integer2StringDecoderTester。

6.3 常用的内置 Decoder

Netty 提供了不少开箱即用的 Decoder（解码器），能满足很多编解码应用场景的需求。下面将几个比较基础的解码器梳理一下。

1. 固定长度数据包解码器——FixedLengthFrameDecoder

适用场景：每个接收到的数据包的长度都是固定的，例如 100 字节。在这种场景下，只需要把 FixedLengthFrameDecoder 解码器加到流水线中，它就会把入站 ByteBuf 数据包拆分成一个个长度为 100 的数据包，然后发往下一个 channelHandler 入站处理器。

> 说明 这里所指的一个数据包在 Netty 中就是一个 ByteBuf 实例。另外，数据帧（Frame）的概念本书中也统称为数据包。

2. 行分割数据包解码器——LineBasedFrameDecoder

适用场景：每个 ByteBuf 数据包使用换行符（或者回车换行符）作为数据包的边界分割符。在这种场景下，把 LineBasedFrameDecoder 解码器加到流水线中，Netty 会使用换行分隔符把 ByteBuf 数据包分割成一个一个完整的应用层 ByteBuf 数据包再发送到下一站。

3. 自定义分隔符数据包解码器——DelimiterBasedFrameDecoder

DelimiterBasedFrameDecoder 是 LineBasedFrameDecoder 按照行分割的通用版本，不同之处在于这个解码器更加灵活，可以自定义分隔符，而不是局限于换行符。如果使用这个解码器，那么所接收到的数据包末尾必须带上对应的分隔符。

4. 自定义长度数据包解码器——LengthFieldBasedFrameDecoder

这是一种基于灵活长度的解码器。在 ByteBuf 数据包中加了一个长度域字段，保存了原始数据包的长度。解码时会按照原始数据包的长度进行提取。此解码器在所有开箱即用的解码器中是最为复杂的一种，后面会重点介绍。

6.3.1 LineBasedFrameDecoder 解码器

在前面的字符串分包解码器中，内容是按照 Header-Content 协议进行传输的。如果不使用 Header-Content 协议，而是在发送端通过换行符（"\n" 或者 "\r\n"）来分割每一次发送的字符串，接收端是否可以正确地解析呢？答案是肯定的。

在 Netty 中提供了一个开箱即用的、使用换行符分割字符串的解码器——LineBasedFrameDecoder，它是一个最为基础的 Netty 内置解码器。这个解码器的工作原理很简单，依次遍历 ByteBuf 数据包中的可读字节，判断在二进制字节流中是否存在换行符 "\n" 或者 "\r\n" 的字节码。如果有，就以此位置为结束位置，把从可读索引到结束位置之间的字节作为解码成功后的 ByteBuf 数据包。

LineBasedFrameDecoder 支持配置一个最大长度值，表示解码出来的 ByteBuf 最大能包含的字节数。如果连续读取到最大长度后仍然没有发现换行符，就会抛出异常。

下面演示一下 LineBasedFrameDecoder 的使用，代码如下：

```
package com.crazymakercircle.netty.decoder;
...
public class NettyOpenBoxDecoder {
    static String spliter = "\r\n";
    static String content = "疯狂创客圈：高性能学习社群!";
    @Test
    public void testLineBasedFrameDecoder() {
            ChannelInitializer i = new ChannelInitializer<EmbeddedChannel>() {
                protected void initChannel(EmbeddedChannel ch) {
                    ch.pipeline().addLast(new LineBasedFrameDecoder(1024));
                    ch.pipeline().addLast(new StringDecoder());
                    ch.pipeline().addLast(new StringProcessHandler());
                }
            };
            EmbeddedChannel channel = new EmbeddedChannel(i);
            for (int j = 0; j < 100; j++) {  //发送 100 个包
                //每个包随机 1~3 个 "疯狂创客圈：高性能学习社群!"
                int random = RandomUtil.randInMod(3);
                ByteBuf buf = Unpooled.buffer();
                for (int k = 0; k < random; k++) {
                    buf.writeBytes(content.getBytes("UTF-8"));
                }
                    //发送"\r\n"回车换行符作为包结束符
                buf.writeBytes(spliter.getBytes("UTF-8"));
                channel.writeInbound(buf);
            }
        }
}
```

在这个示例程序中，向通道写入 100 个入站数据包，每一个入站包都以 "\r\n" 回车换行符作为结束。模拟通道的 LineBasedFrameDecoder 解码器会将 "\r\n" 作为分隔符，分隔出一个一个的入站 ByteBuf，然后发送给 StringDecoder，将这些 ByteBuf 二进制数据转成字符串，再发送到 StringProcessHandler 业务处理器，由它负责将字符串展示出来。

至此，LineBasedFrameDecoder 演示完毕，它仅仅是 Netty 中非常简单的数据包解码器。

6.3.2 DelimiterBasedFrameDecoder 解码器

DelimiterBasedFrameDecoder 解码器不仅可以使用换行符，还可以将其他特殊字符作为数据包的分隔符，例如制表符 "\t"。该解码器的构造方法如下：

```
public DelimiterBasedFrameDecoder(
        int maxFrameLength,          //解码的数据包的最大长度
        Boolean stripDelimiter,      //解码后的数据包是否去掉分隔符，一般选择是
        ByteBuf delimiter)           //分隔符
{
        //省略构造器的源代码
}
```

DelimiterBasedFrameDecoder 解码器的使用方法与 LineBasedFrameDecoder 是一样的，只是在构造参数上有一点不同。下面是一个实战案例。

```
package com.crazymakercircle.netty.decoder;
...
public class NettyOpenBoxDecoder {
    static String spliter2 = "\t";
    static String content = "疯狂创客圈：高性能学习社群!";
    /**
     * LengthFieldBasedFrameDecoder 使用实例
     */
    @Test
    public void testDelimiterBasedFrameDecoder() {
        try {
            final ByteBuf delimiter =
                    Unpooled.copiedBuffer(spliter2.getBytes("UTF-8"));
            ChannelInitializer i
                        = new ChannelInitializer<EmbeddedChannel>() {
                protected void initChannel(EmbeddedChannel ch) {
                    ch.pipeline().addLast(
                    new DelimiterBasedFrameDecoder(1024, true,delimiter));
                    ch.pipeline().addLast(new StringDecoder());
                    ch.pipeline().addLast(new StringProcessHandler());
                }
            };
            //省略与前一个实例相同的重复代码
        }
    }
}
```

以上实例中，通过 DelimiterBasedFrameDecoder 构造了一个以制表符作为分隔符的字符串分包器。向模拟通道发送字符串的代码，由于与前一小节的发送代码基本相同，因此这里省略。不过要注意的是，发送一个包后，要发送一个制表符作为结束。

6.3.3 LengthFieldBasedFrameDecoder 解码器

在 Netty 的开箱即用解码器中，最为复杂的是解码器为 LengthFieldBasedFrameDecoder 自定义长度数据包。它的难点在于参数比较多，也比较难以理解。同时它又比较常用，因而下面对它进行重点介绍。

LengthFieldBasedFrameDecoder 可以翻译为“长度字段数据包解码器”。传输内容中的 Length Field（长度）字段的值是指存放在数据包中要传输内容的字节数。普通的基于 Header-Content 协议的内容传输尽量用内置的 LengthFieldBasedFrameDecoder 来解码。

一个简单的 LengthFieldBasedFrameDecoder 使用示例如下：

```
package com.crazymakercircle.netty.decoder;
...
public class NettyOpenBoxDecoder {
    public static final int VERSION = 100;
    static String content = "疯狂创客圈：高性能学习社群!";
   /**
     * LengthFieldBasedFrameDecoder 使用实例 1
     */
    @Test
    public void testLengthFieldBasedFrameDecoder1() {
```

```
        try {
            final LengthFieldBasedFrameDecoder spliter =
                    new LengthFieldBasedFrameDecoder(1024, 0, 4,0,4);
            ChannelInitializer i =
                                new ChannelInitializer<EmbeddedChannel>() {
                protected void initChannel(EmbeddedChannel ch) {
                    ch.pipeline().addLast(spliter);
                    ch.pipeline().addLast(new
                            StringDecoder(Charset.forName("UTF-8")));
                    ch.pipeline().addLast(new StringProcessHandler());
                }
            };
            EmbeddedChannel channel = new EmbeddedChannel(i);

            for (int j = 1; j <= 100; j++) {
                ByteBuf buf = Unpooled.buffer();
                String s = j + "次发送->"+content;
                byte[] bytes = s.getBytes("UTF-8");
                buf.writeInt(bytes.length );
                buf.writeBytes(bytes);
                channel.writeInbound(buf);
            }
            Thread.sleep(Integer.MAX_VALUE);
        } catch (InterruptedException e) {
            e.printStackTrace();
        } catch (UnsupportedEncodingException e) {
            e.printStackTrace();
        }
    }
}
```

上面的示例程序中用到了一个 LengthFieldBasedFrameDecoder 构造器，具体如下：

```
public LengthFieldBasedFrameDecoder(
        int maxFrameLength,         //发送的数据包最大长度
        int lengthFieldOffset,      //长度字段偏移量
        int lengthFieldLength,      //长度字段自己占用的字节数
        int lengthAdjustment,       //长度字段的偏移量矫正
        int initialBytesToStrip)  //丢弃的起始字节数
{
   ...
}
```

在前面的示例程序中涉及 5 个参数和值，分别解读如下：

（1）maxFrameLength：发送的数据包的最大长度。示例程序中该值为 1024，表示一个数据包最多可发送 1024 字节。

（2）lengthFieldOffset：长度字段偏移量，指的是长度字段位于整个数据包内部字节数组中的下标索引值。

（3）lengthFieldLength：长度字段所占的字节数。如果长度字段是一个 int 整数，则为 4；如果长度字段是一个 short 整数，则为 2。

（4）lengthAdjustment：长度的矫正值。这个参数最为难懂。在传输协议比较复杂的情况下，例如协议包含长度字段、协议版本号、魔数等，那么解码时就需要进行长度矫正。长度矫正值的计算公式为：内容字段偏移量-长度字段偏移量-长度字段的字节数。这个公式一看就比较复杂，下一节会有详细的举例说明。

（5）initialBytesToStrip：丢弃的起始字节数。在有效数据字段 Content 前面，如果还有一些其他字段的字节作为最终的解析结果，则可以丢弃。例如，在上面的示例程序中，前面有 4 个节点的长度字段，它起辅助的作用，最终的结果中不需要这个长度，所以丢弃的字节数为 4。

在前面的示例程序中，自定义长度解码器的构造参数值如下：

```
LengthFieldBasedFrameDecoder spliter = new
                    LengthFieldBasedFrameDecoder(1024,0,4,0,4);
```

第 1 个参数 maxFrameLength 设置为 1024，表示数据包的最大长度为 1024。

第 2 个参数 lengthFieldOffset 设置为 0，表示长度字段的偏移量为 0，也就是长度字段放在了最前面，处于数据包的起始位置。

第 3 个参数 lengthFieldLength 设置为 4，表示长度字段的长度为 4 字节，即表示内容长度的值占用数据包的 4 字节。

第 4 个参数 lengthAdjustment 设置为 0，长度调整值的计算公式为：内容字段偏移量-长度字段偏移量-长度字段的字节数，在上面示例程序中实际的值为：4-0-4 = 0。

第 5 个参数 initialBytesToStrip 为 4，表示获取最终内容 Content 的字节数组时抛弃最前面 4 字节的数据。

运行上面的示例程序，输出结果节选如下：

```
...
打印: 1 次发送->疯狂创客圈: 高性能学习社群!
打印: 2 次发送->疯狂创客圈: 高性能学习社群!
打印: 3 次发送->疯狂创客圈: 高性能学习社群!
打印: 4 次发送->疯狂创客圈: 高性能学习社群!
打印: 5 次发送->疯狂创客圈: 高性能学习社群!
打印: 6 次发送->疯狂创客圈: 高性能学习社群!
```

如果对这些传输没有直观的了解，对应第一个传输的数据包，下面给出一个简单的字节图（见图 6-5）：长度字段 4 字节，内容（Content）字段 52 字节，整个数据包 56 字节。

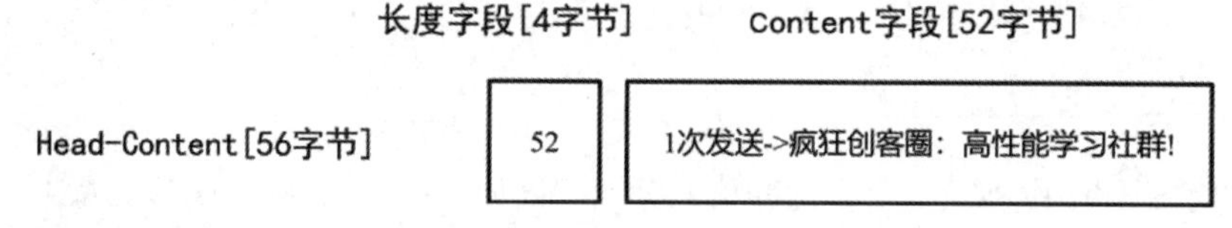

图 6-5 Head-Content 协议的示意图

6.3.4 多字段 Head-Content 协议数据帧解析的实战案例

Head-Content 协议是最为简单的内容传输协议。在实际使用过程中则没有那么简单，除了长度和内容之外，在数据包中还可能包含其他字段，例如包含协议版本号，如图 6-6 所示。

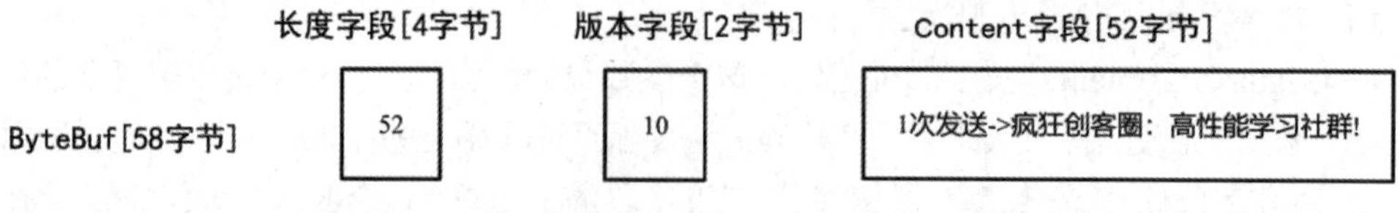

长度字段[4字节] 版本字段[2字节] Content字段[52字节]

ByteBuf[58字节] 52 10 1次发送->疯狂创客圈：高性能学习社群!

图 6-6 包含协议版本号的 Head-Content 协议的示意图

使用 LengthFieldBasedFrameDecoder 解码器解析以上带有版本号 Head-Content 协议的数据包，如何进行构造器参数的计算呢？

第 1 个参数 maxFrameLength 可以为 1024，表示数据包的最大长度为 1024 字节。

第 2 个参数 lengthFieldOffset 为 0，表示长度字段处于数据包的起始位置。

第 3 个参数 lengthFieldLength 实例中的值为 4，表示长度字段的长度为 4 字节。

第 4 个参数 lengthAdjustment 为 2，长度调整值的计算方法为：内容字段偏移量-长度字段偏移量－长度字段的长度=6-0-4=2。换句话说，在这个例子中，lengthAdjustment 就是夹在内容字段和长度字段中的部分——版本号的长度。

第 5 个参数 initialBytesToStrip 为 6，表示获取最终 Content 内容的字节数组时抛弃最前面 6 字节的数据。换句话说，长度字段、版本字段的值被抛弃。

实战案例的代码如下：

```
package com.crazymakercircle.netty.decoder;
...
public class NettyOpenBoxDecoder {
    public static final int VERSION = 100;
    static String content = "疯狂创客圈：高性能学习社群!";
    /**
     * LengthFieldBasedFrameDecoder 使用实例 2
     */
    @Test
    public void testLengthFieldBasedFrameDecoder2() {
        try {
            final LengthFieldBasedFrameDecoder spliter =
                    new LengthFieldBasedFrameDecoder(1024, 0, 4, 2, 6);
            ChannelInitializer i =
                                 new ChannelInitializer<EmbeddedChannel>() {
                protected void initChannel(EmbeddedChannel ch) {
                    ch.pipeline().addLast(spliter);
                    ch.pipeline().addLast(new
                             StringDecoder(Charset.forName("UTF-8")));
                    ch.pipeline().addLast(new StringProcessHandler());
                }
            };
            EmbeddedChannel channel = new EmbeddedChannel(i);

            for (int j = 1; j <= 100; j++) {
                ByteBuf buf = Unpooled.buffer();
                String s = j + "次发送->" + content;
                byte[] bytes = s.getBytes("UTF-8");
                buf.writeInt(bytes.length);
                buf.writeChar(VERSION);
                buf.writeBytes(bytes);
                channel.writeInbound(buf);
            }
            Thread.sleep(Integer.MAX_VALUE);
        } catch (InterruptedException e) {
            e.printStackTrace();
        } catch (UnsupportedEncodingException e) {
            e.printStackTrace();
        }
    }
}
```

运行实战案例，读者可以发现运行结果和前一个实例一样，表明参数设置是正确的，LengthFieldBasedFrameDecoder 解码器可以正确地解析内容。

如果将协议设计得再复杂一点：将 2 字节的协议版本放在最前面，在长度字段前面加上 2 字节的版本字段，在长度字段后面加上 4 字节的魔数，魔数用来对数据包做一些安全的认证。协议的数据包如图 6-7 所示。

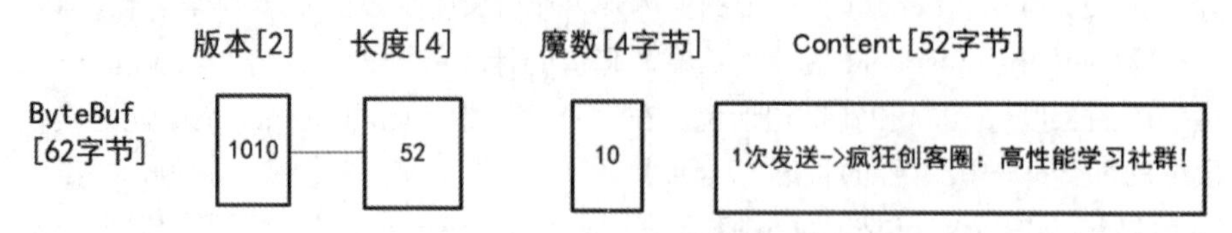

图 6-7　包含协议版本号、魔数的 Head-Content 协议的示意图

那么使用 LengthFieldBasedFrameDecoder 解码器来解码图 6-7 中的 Head-Content 协议，构造器的参数又该如何计算呢？参数的设置大致如下：

第 1 个参数 maxFrameLength 可以设置为 1024，表示数据包的最大长度为 1024 字节。

第 2 个参数 lengthFieldOffset 可以设置为 2，表示长度字段处于版本号的后面。

第 3 个参数 lengthFieldLength 可以设置为 4，表示长度字段为 4 字节。

第 4 个参数 lengthAdjustment 可以设置为 4，长度调整的计算方法为：内容字段偏移量-长度字段偏移量-长度字段的长度=10-2-4=4。在这个例子中，lengthAdjustment 就是夹在内容字段和长度字段中的部分——魔数字段的长度。

第 5 个参数 initialBytesToStrip 可以设置为 10，表示获取最终 Content 内容的字节数组时，抛弃最前面 10 字节的数据。换句话说，长度字段、版本字段、魔数字段的值被抛弃。

实战案例的代码如下：

```
package com.crazymakercircle.netty.decoder;
...
@Test
public void testLengthFieldBasedFrameDecoder3() {
    try {
        final LengthFieldBasedFrameDecoder spliter =
              new LengthFieldBasedFrameDecoder(1024, 2, 4, 4, 10);
       ChannelInitializer i = new ChannelInitializer<EmbeddedChannel>() {
           protected void initChannel(EmbeddedChannel ch) {
               ch.pipeline().addLast(spliter);
               ch.pipeline().addLast(
                           new  StringDecoder(Charset.forName("UTF-8")));
               ch.pipeline().addLast(new StringProcessHandler());
           }
        };
        EmbeddedChannel channel = new EmbeddedChannel(i);
        for (int j = 1; j <= 100; j++) {
            ByteBuf buf = Unpooled.buffer();
            String s = j + "次发送->" + content;
            byte[] bytes = s.getBytes("UTF-8");
            buf.writeChar(VERSION);
            buf.writeInt(bytes.length);
            buf.writeInt(MAGICCODE);
            buf.writeBytes(bytes);
            channel.writeInbound(buf);
```

```
            }
            Thread.sleep(Integer.MAX_VALUE);
            } catch (InterruptedException e) {
                e.printStackTrace();
            } catch (UnsupportedEncodingException e) {
                e.printStackTrace();
            }
        }
    }
```

运行实战案例，读者可以发现运行的结果和前一个实例一样。这说明参数计算是正确的，LengthFieldBasedFrameDecoder 解码器可以正确地解析内容。

6.4 Encoder 的原理与实战

在 Netty 的业务处理完成后，业务处理的结果往往是某个 Java POJO 对象，需要编码成最终的 ByteBuf 二进制类型，通过流水线写入底层的 Java 通道，这就需要用到 Encoder（编码器）。

在 Netty 中，什么叫编码器呢？首先，编码器是一个 Outbound 出站处理器，负责处理“出站”数据；其次，编码器将上一站 Outbound 出站处理器传过来的输入（Input）数据进行编码或者格式转换，然后传递到下一站 ChannelOutboundHandler 出站处理器。

编码器与解码器相呼应，Netty 中的编码器负责将“出站”的某种 Java POJO 对象编码成二进制 ByteBuf，或者转换成另一种 Java POJO 对象。

编码器是 ChannelOutboundHandler 的具体实现类。一个编码器将出站对象编码之后，编码后的数据将被传递到下一个 ChannelOutboundHandler 出站处理器进行后面的出站处理。

由于最后只有 ByteBuf 才能写入通道中去，因此可以肯定通道流水线上装配的第一个编码器一定是把数据编码成了 ByteBuf 类型。为什么编码成最终 ByteBuf 类型数据包的编码器是在流水线的头部，而不是在流水线的尾部呢？原因很简单：出站处理的顺序是从后向前的。

6.4.1 MessageToByteEncoder 编码器

MessageToByteEncoder 是一个非常重要的编码器基类，位于 Netty 的 io.netty.handler.codec 包中。MessageToByteEncoder 的功能是将一个 Java POJO 对象编码成一个 ByteBuf 数据包。它是一个抽象类，仅仅实现了编码的基础流程，在编码过程中通过调用 encode()抽象方法来完成。它的 encode()编码方法是一个抽象方法，没有具体的编码逻辑实现，实现 encode()抽象方法的工作需要子类去完成。

如果要实现一个自己的编码器，则需要继承自 MessageToByteEncoder 基类，实现它的 encode()抽象方法。作为演示，下面实现一个整数编码器。其功能是将 Java 整数编码成二进制 ByteBuf 数据包。这个示例程序的代码如下：

```
package com.crazymakercircle.netty.encoder;
...
public class Integer2ByteEncoder
                              extends MessageToByteEncoder<Integer> {
    @Override
    public void encode(ChannelHandlerContext ctx,
                                     Integer msg, ByteBuf out)...{
        out.writeInt(msg);
```

```
        Logger.info("encoder Integer = " + msg);
    }
}
```

在继承 MessageToByteEncoder 时，需要带上泛型实参，具体为编码之前的 Java POJO 原类型（输入类型）。在这个示例程序中，编码之前的类型是 Java Integer 类型。

上面的 encode()方法实现很简单：将入站数据 Integer 类型对象 msg 写入 Out 实参（基类传入的 ByteBuf 实例）中。编码完成后，基类 MessageToByteEncoder 会将输出的 ByteBuf 数据包发送到下一站。

编码器 Integer2ByteEncoder 已经完成，如何使用呢？这里编写了一个测试实例，代码如下：

```
package com.crazymakercircle.netty.encoder;
...
public class Integer2ByteEncoderTester {
    @Test
    public void testIntegerToByteDecoder() {
        ChannelInitializer i = new ChannelInitializer<EmbeddedChannel>() {
                protected void initChannel(EmbeddedChannel ch) {
                    ch.pipeline().addLast(new Integer2ByteEncoder());
                }
        };
        EmbeddedChannel channel = new EmbeddedChannel(i);
        for (int j = 0; j < 100; j++) {
            channel.write(j); // 向着通道写入整数
        }
        channel.flush();
        //取得通道的出站数据包
        ByteBuf buf = (ByteBuf) channel.readOutbound();
        while (null != buf) {
                System.out.println("o = " + buf.readInt());
                buf = (ByteBuf) channel.readOutbound();
        }
  ...
    }
}
```

在上面的实例中，首先将 Integer2ByteEncoder 加入了嵌入式通道，然后调用 write()方法向通道写入 100 个数字。写完之后，调用 channel.readOutbound()方法从通道中读取模拟的出站数据包，并且不断地循环，将数据帧包中的数字打印出来。

此编码器的运行比较简单，运行的结果就不在书中给出了。建议参考源代码工程，自行设计和实现一个整数编码器，以便加深理解。

6.4.2 MessageToMessageEncoder 编码器

上一节的示例程序是将 POJO 对象编码成 ByteBuf 二进制对象，那么是否能够通过 Netty 的编码器将某一种 POJO 对象编码成另一种 POJO 对象呢？答案是肯定的。需要继承另一个 Netty 的重要编码器——MessageToMessageEncoder 编码器，并实现它的 encode()抽象方法。在子类的 encode()方法实现中，完成原 POJO 类型到目标 POJO 类型的转换逻辑。在 encode()实现方法中，编码完成后，将解码后的目标对象加入 encode()方法中的实参 List 输出容器即可。

下面是一个从字符串（String）到整数（Integer）的编码器，演示一下 MessageToMessageEncoder 的使用。此编码器的具体功能是将字符串中的所有数字提取出来，然后输出到下一站。代码很简单，具体如下：

```
package com.crazymakercircle.netty.encoder;
...
public class String2IntegerEncoder
                                extends MessageToMessageEncoder<String> {
    @Override
    protected void encode(
    ChannelHandlerContext c, String s, List<Object> list)…{
        char[] array = s.toCharArray();
        for (char a : array) {
            //48 是 0 的编码，57 是 9 的编码
            if (a >= 48 && a <= 57) {
                list.add(new Integer(a));
            }
        }
    }
}
```

这里定义的 String2IntegerEncoder 类继承了 MessageToMessageEncoder 基类，并且明确了入站的数据类型为 String。在 encode()方法中，将字符串中的数字（编码在 48~57）提取出来之后，放入 list 输出容器中，如果遇到数字之外的其他字符，则直接略过。

在子类的 encode 方法处理完成之后，基类会对这个 list 输出容器中的所有元素进行迭代，将 list 列表的元素逐个发送给下一站。

编码器 String2IntegerEncoder 已经完成，下面编写一个测试实例，代码如下：

```
package com.crazymakercircle.netty.encoder;
...
public class String2IntegerEncoderTester {
    /**
     * 测试字符串到整数的编码器
     */
    @Test
    public void testStringToIntergerDecoder() {
       ChannelInitializer i = new ChannelInitializer<EmbeddedChannel>() {
            protected void initChannel(EmbeddedChannel ch) {
                ch.pipeline().addLast(new Integer2ByteEncoder());
                ch.pipeline().addLast(new String2IntegerEncoder());
            }
        };
        EmbeddedChannel channel = new EmbeddedChannel(i);
        for (int j = 0; j < 100; j++) {
            String s = "i am " + j;
            channel.write(s); //向着通道写入含有数字的字符串
        }
        channel.flush();
        ByteBuf buf = (ByteBuf) channel.readOutbound();
        while (null != buf) {
            System.out.println("o = " + buf.readInt());     //打印数字
            buf = (ByteBuf) channel.readOutbound();         //读取数字
        }
    }
}
```

测试用例中除了需要使用 String2IntegerEncoder 外，这里还需要用到前面那个编码器 Integer2ByteEncoder。String2IntegerEncoder 仅仅是编码的第一棒，负责将字符串编码成整数；

Integer2ByteEncoder 是编码的第二棒，将整数进一步变成 ByteBuf 数据包，才能最终写入 Channel 通道。由于出站处理的过程是从后向前的次序，因此 Integer2ByteEncoder 先加入流水线的前面，String2IntegerEncoder 后加入流水线。

此编码器的运行比较简单，运行的结果就不在书中给出了。建议读者参考源代码工程，查看运行结果，以便加深理解。

6.5 解码器和编码器的结合

在实际的开发中，由于数据的入站和出站关系紧密，因此编码器和解码器的关系很紧密。编码和解码更是一种紧密的、相互配套的关系。在流水线处理时，数据的流动往往一进一出，进来时解码，出去时编码。所以，在同一个流水线上加了某种编码逻辑，常常需要加上一个相对应的解码逻辑。

前面讲到编码器和解码器都是分开实现的。例如，通过继承 ByteToMessageDecoder 基类或者其子类完成 ByteBuf 数据包到 POJO 的解码工作，通过继承基类 MessageToByteEncoder 或其子类完成 POJO 到 ByteBuf 数据包的编码工作。总之，具有相反逻辑的编码器和解码器分开实现在两个不同的类中，导致的一个结果是相互配套的编码器和解码器在加入通道的流水线时常常需要分两次添加。

现在的问题是：具有相互配套逻辑的编码器和解码器能否放在同一个类中呢？答案是肯定的：这就要用到 Netty 的新类型——Codec（编解码器）。

6.5.1 ByteToMessageCodec 编解码器

完成 POJO 到 ByteBuf 数据包的编解码器基类为 ByteToMessageCodec<I>，它是一个抽象类。从功能上说，继承 ByteToMessageCodec 就等同于继承了 ByteToMessageDecoder 解码器和 MessageToByteEncoder 编码器这两个基类。

编解码器 ByteToMessageCodec 同时包含编码 encode()和解码 decode()两个抽象方法，这两个方法都需要我们自己实现：

（1）编码方法——encode(ChannelHandlerContext, I, ByteBuf)。

（2）解码方法——decode(ChannelHandlerContext, ByteBuf, List<Object>)。

下面是一个整数到字节、字节到整数的编解码器，代码如下：

```
package com.crazymakercircle.netty.codec;
...
public class Byte2IntegerCodec extends ByteToMessageCodec<Integer> {
    @Override
    public void encode(ChannelHandlerContext ctx,
                                         Integer msg, ByteBuf out)...{
        out.writeInt(msg);
        System.out.println("write Integer = " + msg);
    }
    @Override
    public void decode(ChannelHandlerContext ctx,
```

```
                ByteBuf in, List<Object> out)...{
        if (in.readableBytes() >= 4) {
            int i = in.readInt();
            System.out.println("Decoder i= " + i);
            out.add(i);
        }
    }
}
```

这是编码器和解码器的结合，简单通过继承的方式将前面的编码器的 encode()方法和解码器的 decode()方法放在了同一个自定义的类中，这样在逻辑上更加紧密。当然，在使用时要加入流水线中，也只需要加入一次。

从上面的示例程序可以看出，ByteToMessageCodec 编解码器和前面的编码器与解码器分开来实现相比，仅仅是少写了一个类，少加入了一次流水线，在技术和功能上与分开实现和添加到流水线没有任何区别。

对于 POJO 之间进行转换的编码和解码，Netty 将 MessageToMessageEncoder 编码器和 MessageToMessageDecoder 解码器进行了简单的整合，整合出了一个新的编解码器基类——MessageToMessageCodec。这个基类同时包含编码 encode()和解码 decode()两个抽象方法，用于完成 POJO-to-POJO 的双向转换。这仅仅是使用形式变得简化，在技术上并没有增加太多的难度。所以本书不再展开介绍。

6.5.2　CombinedChannelDuplexHandler 组合器

前面的编码器和解码器相结合是通过继承来完成的。继承方式的不足之处在于：将编码器和解码器的逻辑强制性地放在同一个类中，在只需要编码或者解码单边操作的流水线上，逻辑上不大合适。

编码器和解码器如果要结合起来，除了继承的方法之外，还可以通过组合的方式实现。与继承相比，组合会带来更大的灵活性：编码器和解码器可以捆绑使用，也可以单独使用。

如何把单独实现的编码器和解码器组合起来呢？

Netty 提供了一个新的组合器——CombinedChannelDuplexHandler 基类。其用法也很简单，下面通过示例程序来演示如何将前面的整数解码器 IntegerFromByteDecoder 和对应的整数编码器 IntegerToByteEncoder 组合起来。代码如下：

```
package com.crazymakercircle.netty.codec;
...
public class IntegerDuplexHandler extends CombinedChannelDuplexHandler<
        Byte2IntegerDecoder, Integer2ByteEncoder>
{
    public IntegerDuplexHandler() {
        super(new Byte2IntegerDecoder(), new Integer2ByteEncoder());
    }
}
```

只需要继承 CombinedChannelDuplexHandler，而不需要像 ByteToMessageCodec 那样把编码逻辑和解码逻辑都挤在同一个类中，还是复用原来分开的编码器和解码器实现代码。

总之，使用 CombinedChannelDuplexHandler 可以保证有了相反逻辑关系的编码器和解码器既可以结合使用，又可以分开使用，十分方便。

第 7 章 序列化与反序列化：JSON 和 Protobuf

我们在开发一些远程过程调用（RPC）的程序时，通常会涉及对象的序列化和反序列化的问题，例如一个 Person 对象从客户端通过 TCP 方式发送到服务端。由于 TCP（或者 UDP 等类似的低层协议）只能发送字节流，因此需要应用层将 Java POJO 对象序列化成字节流，发送过去之后，数据接收端再将字节流反序列化成 Java POJO 对象即可。

序列化和反序列化一定会涉及 POJO 的编码和格式化（Encoding & Format），目前我们可选择的编码方式有：

- 使用 JSON。将 Java POJO 对象转换成 JSON 结构化字符串。基于 HTTP，应用于 Web 开发、移动开发等，这种是常用的编码方式，因为 JSON 的可读性较强。这种方式的缺点是它的性能稍差。
- 基于 XML。和 JSON 一样，数据在序列化成字节流之前都转换成字符串。这种方式的可读性强、性能差，异构系统、Open API 类型的应用中常用。
- 使用 Java 内置的编码和序列化机制，可移植性强，性能稍差，无法跨平台（语言）。
- 开源的二进制序列化/反序列化框架，例如 Apache Avro、Apache Thrift、Protobuf 等。前面的两个框架和 Protobuf 相比，性能非常接近，而且设计原理如出一辙。其中，Avro 在大数据存储（RPC 数据交换、本地存储）时比较常用；Thrift 的亮点在于内置了 RPC 机制，所以在开发一些 RPC 交互式应用时，客户端和服务端的开发与部署都非常简单。

如何选择序列化/反序列化框架呢？评价一个序列化框架的优缺点，大概从以下两个方面着手：

（1）结果数据大小，原则上说，序列化后的数据尺寸越小，传输效率越高。
（2）结构复杂度，这会影响序列化/反序列化的效率，结构越复杂，越耗时。

理论上来说，对于对性能要求不是太高的服务器程序，可以选择 JSON 文本格式的序列化框架；对于性能要求比较高的服务器程序，应该选择传输效率更高的二进制序列化框架，建议使用 Protobuf。

Protobuf 是一个高性能、易扩展的序列化框架，性能比较高，其性能的有关数据可以参看官方文档。Protobuf 本身非常简单，易于开发，而且结合 Netty 框架，可以非常便捷地实现一个通信应用程序。反过来，Netty 也提供了相应的编解码器，为 Protobuf 解决了有关 Socket 通信中半包、粘包等问题。

7.1　使用 JSON 协议通信

JSON（JavaScript Object Notation，JS 对象简谱）是一种轻量级的数据交换格式。它基于 ECMAScript（欧洲计算机协会制定的 JS 规范）的一个子集，采用完全独立于编程语言的文本格式来存储和表示数据。简洁和清晰的层次结构使得 JSON 成为理想的数据交换语言。

JSON 协议是一种文本协议，易于人阅读和编写，同时也易于机器解析和生成，并能有效地提升网络传输效率。

7.1.1　JSON 的核心优势

XML 也是一种常用的文本协议，和 JSON 都使用结构化方法来标记数据。和 XML 相比，JSON 作为数据包格式传输的时候具有更高的效率。这是因为 JSON 不像 XML 那样需要有严格的闭合标签，让有效数据量与总数据包比大大提升，从而可以在同等数据流量的情况下减少网络的传输压力。

下面来做一个简单的比较。

（1）部分省市数据用 XML 表示如下：

```
<?xml version="1.0" encoding="utf-8"?>
<country>
    <name>中国</name>
    <province>
        <name>广东</name>
        <cities>
            <city>广州</city>
            <city>深圳</city>
        </cities>
    </province>
    <province>
        <name>新疆</name>
        <cities>
            <city>乌鲁木齐</city>
        </cities>
    </province>
</country>
```

（2）以上中国部分省市数据用 JSON 表示如下：

```
{
    "name": "中国",
    "province": [
```

```
                {
            "name": "广东",
            "cities": {
                "city": ["广州", "深圳"]
            }
        }, {
            "name": "新疆",
            "cities": {
                "city": ["乌鲁木齐"]
            }
        }]
    }
```

可以看到，JSON 的语法格式和层次结构非常简单，明显要比 XML 容易阅读，并且在数据交换方面 JSON 所使用的字符要比 XML 少得多，可以大大节约传输数据所占用的带宽。

7.1.2 JSON 序列化与反序列化开源库

Java 处理 JSON 数据有 3 个比较流行的开源类库：阿里巴巴的 FastJson、谷歌的 Gson 和开源社区的 Jackson。

Jackson 是一个简单的、基于 Java 的 JSON 开源库。使用 Jackson 开源库可以轻松地将 Java POJO 对象转换成 JSON、XML 格式字符串；同样也可以方便地将 JSON、XML 字符串转换成 Java POJO 对象。Jackson 开源库的优点是：所依赖的 JAR 包较少、简单易用，性能也还不错，另外，Jackson 社区相对比较活跃。Jackson 开源库的缺点是：对于复杂 POJO 类型、复杂的集合 Map、List 的转换结果，不是标准的 JSON 格式，或者会出现一些问题。

谷歌的 Gson 开源库是一个功能齐全的 JSON 解析库，起源于谷歌公司内部需求，由谷歌自行研发而来，在 2008 年 5 月公开发布第一版之后，已被许多公司或用户应用。Gson 可以完成复杂类型的 POJO 和 JSON 字符串的相互转换，转换能力非常强。

阿里巴巴的 FastJson 是一个高性能的 JSON 库。顾名思义，FastJson 库采用独创的快速算法，将 JSON 转成 POJO 的速度提升到极致，从性能上说，序列化速度超过其他 JSON 开源库。

在实际开发中，目前主流的策略是 Gson 库和 FastJson 库两者结合使用。在 POJO 序列化成 JSON 字符串的应用场景（序列化场景），使用谷歌的 Gson 库，在 JSON 字符串反序列化成 POJO 的应用场景（反序列化场景），使用阿里巴巴的 FastJson 库。

说明 2022 年 5 月，中国电信天翼云发布了 FastJson 一个非常重大的高危安全漏洞，导致使用了该组件的大量应用长时间存在安全隐患，并且在发现漏洞之后，需要进行紧急的抢救性升级。所以，以上谷歌的 Gson 库和阿里巴巴的 FastJson 库两者结合使用的结论放在现在已经过时，这个结论已经变成一个历史结论。但是，为什么不删除上面过时的结论呢？尼恩的目的在于：通过展示历史结论，能让读者看到技术的本身没有绝对，是不断演进和发展的。目前的最佳策略是：业务应用应该兼容主要的 Json 组件，根据具体的场景和各种突发事件能够进行灵活、快速的组件切换。当然，这也是一次工具类+策略模式的完美应用。

下面将 JSON 的序列化和反序列化功能放在一个通用类 JsonUtil 中，方便后面统一使用。代码如下：

```
package com.crazymakercircle.util;
```

```
//省略 import
public class JsonUtil {

    //谷歌 GsonBuilder 构造器
    static GsonBuilder gb = new GsonBuilder();
    static {
        //不需要 html escape
        gb.disableHtmlEscaping();
    }

    //序列化：使用谷歌的 Gson 将 POJO 转成字符串
    public static String pojoToJson(java.lang.Object obj) {
        String json = gb.create().toJson(obj);
        return json;
    }

    //反序列化：使用阿里巴巴 FastJson 将字符串转成 POJO 对象
    public static <T> T jsonToPojo(String json, Class<T>tClass) {
        T t = JSONObject.parseObject(json, tClass);
        return t;
    }
}
```

7.1.3 JSON 序列化与反序列化实战案例

下面通过一个小实例演示一下 POJO 对象的 JSON 协议的序列化和反序列化。

首先定义一个 POJO 类，名称为 JsonMsg，包含 id 和 content 两个属性，然后使用 lombok 开源库的@Data 注解为属性加上 getter()和 setter()方法。POJO 类的源码如下：

```
package com.crazymakercircle.netty.protocol;
//省略 import
@Data
public class JsonMsg {
    private int id; //id Field(字段)
    private String content;//content Field(字段)

    //序列化：调用通用方法，使用谷歌的 Gson 转成字符串
    public String convertToJson() {
        return JsonUtil.pojoToJson(this);
    }

    //反序列化：使用阿里巴巴的 FastJson 转成 Java POJO 对象
    public static JsonMsg parseFromJson(String json) {
        return JsonUtil.jsonToPojo(json, JsonMsg.class);
    }
}
```

在 POJO 类 JsonMsg 中，首先加上了一个 JSON 序列化方法 convertToJson()：它调用通用类定义的 JsonUtil.pojoToJson(Object)方法将对象自身序列化成 JSON 字符串。另外，JsonMsg 还加上了一个 JSON 反序列化方法 parseFromJson(String)：它是一个静态方法，调用通用类定义的 JsonUtil.jsonToPojo(String,Class)将 JSON 字符串反序列化成 JsonMsg 实例。

POJO 类 JsonMsg 的序列化、反序列化实战案例演示代码如下：

```
package com.crazymakercircle.netty.protocol;
...
public class JsonMsgDemo {
```

```
    //构建 JSON 对象
    public JsonMsg buildMsg() {
        JsonMsg user = new JsonMsg();
        user.setId(1000);
        user.setContent("疯狂创客圈:高性能学习社群");
        return user;
    }

    //测试用例: 序列化 serialization &反序列化 Deserialization
    @Test
    public void serAndDesr() throws IOException {
        JsonMsg message = buildMsg();
        //将 POJO 对象序列化成字符串
        String json = message.convertToJson();
        //可以用于网络传输，保存到内存或外存
        Logger.info("json:=" + json);

        //JSON 字符串，反序列化成 POJO 对象
        JsonMsgin Msg = JsonMsg.parseFromJson(json);
        Logger.info("id:=" + inMsg.getId());
        Logger.info("content:=" + inMsg.getContent());
    }
}
```

7.1.4 通过 Strategy 模式完成不同 JSON 开源库的切换

关于 JSON 开源库如何做技术选型的问题，在 2020 年的时候，大家采用的主流策略是谷歌的 Gson 库和阿里巴巴的 FastJson 库两者结合使用。序列化场景使用谷歌的 Gson 库，反序列化场景使用阿里巴巴的 FastJson 库。2022 年 5 月，中国电信天翼云发布了 FastJson 高危漏洞，导致使用了该组件的大量应用进行突发的、紧急的抢救性升级，升级到 1.2.80 以上的版本。所以，之前的选型方案已经过时。

那么，到底应该如何做 JSON 开源库的技术选型呢？目前来说，以不变应万变，最佳策略是：业务应用应该兼容主要的 JSON 组件，根据具体的场景和各种突发事件能够进行灵活、快速的组件切换。

如何以不变应万变呢？最近的方案是：工具类+策略模式。当然，这也是一次工具类+策略模式的完美应用。

这里所说的工具类就是上一节所讲的 JsonUtil 类。咱们的业务代码不应该直接使用某一个具体的 JSON 开源库，而是应该使用统一的、公共的 Util 类。这种做法的好处是：一旦需要进行组件的切换，咱们的业务代码不需要修改，只要统一修改 Util 类即可，这样可以大量减少切换的修改工作和测试工作。

再来看看如何使用 Strategy（策略）模式，实现不同的 JSON 开源库的兼容和切换。

什么是 Strategy 模式呢？Strategy 模式属于对象的行为模式。具体来说，Strategy 模式针对一组不同的算法抽象出一组共同的接口（或者抽象类），然后将每一个单独的算法封装在具体的实现类中，从而使得它们可以相互替换。

Strategy 模式的优势是可以在不影响客户端的情况下实现具体算法的切换。

下面介绍 Strategy 模式的主要角色。

1. 抽象策略（Strategy）类

定义了一个公共接口，各种不同的算法以不同的方式实现这个接口，一般使用接口或抽象类实现。

2. 具体策略（Concrete Strategy）类

实现了抽象策略定义的接口，提供具体的算法实现。

3. 环境（Context）类

持有一个策略类的具体引用，最终给客户端调用。

使用 Strategy 模式实现不同的 JSON 开源组件之间的切换，具体的架构如图 7-1 所示。

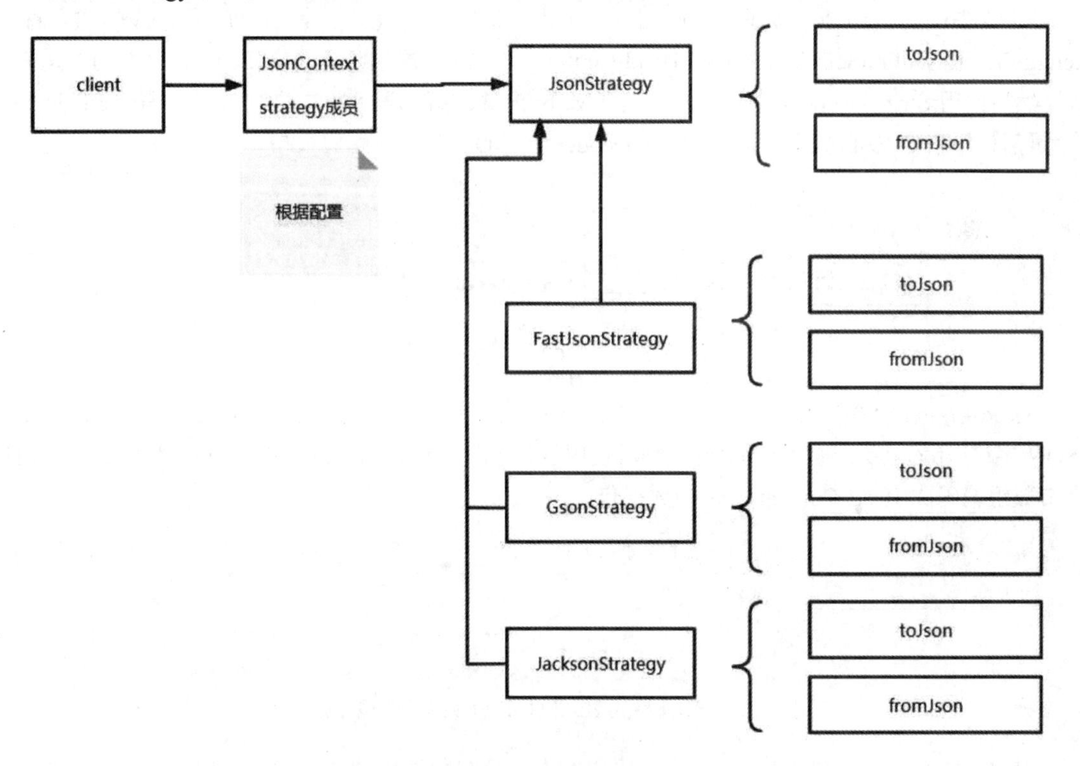

图 7-1　架构图

抽象策略（Strategy）接口为 JsonStrategy，定义了一组抽象的方法，如 toJson（序列化）、fromJson（反序列化）。

具体策略（Concrete Strategy）类：FastJsonStrategy、GsonStrategy、JacksonStrategy，分别使用 FastJson、Gson、Jackson 三个主流的开源组件完成 Pojo 对象的序列化和反序列化。这样设计的好处是容易扩展。如果后续有更好的、序列化能力更强的、更安全的序列化组件出来，只需要新增一个 JsonStrategy 的新的实现类即可。

环境（Context）类：JsonContext 类，此类是模块内部和模块外部之间的纽带。对于模块内部来说，JsonContext 类根据配置文件中的类型配置初始化具体的 JsonStrategy 实现类，并且将其引用保存在内部成员变量中；对于模块外部来说，JsonContext 类为它们提供 JsonStrategy 引用，供外部

Client（客户）程序使用。

外部 Client 程序只会用到 JsonContext 类和 JsonStrategy 引用，不会用到某个具体的 JsonStrategy 实现类，从而实现和 JSON 开源组件的解耦。

说明 关于 JsonStrategy 的实现和使用，请参考本书的源码或者尼恩的架构师视频。

7.1.5 JSON 传输的编码器和解码器

从本质上来说，JSON 格式仅仅是字符串的一种组织形式。所以，传输 JSON 所使用的协议与传输普通文本所使用的协议没有什么不同。下面使用常用的 Head-Content 协议来介绍一下 JSON 传输。

Head-Content 数据包的解码过程（见图 7-2）是：首先使用 Netty 内置的 LengthFieldBasedFrameDecoder 解码 Head-Content 二进制数据包，解码出 Content 字段的二进制内容；然后使用 StringDecoder 字符串解码器（Netty 内置的解码器）将二进制内容解码成 JSON 字符串；最后使用自定义业务解码器 JsonMsgDecoder 将 JSON 字符串解码成自定义的 POJO 业务对象。

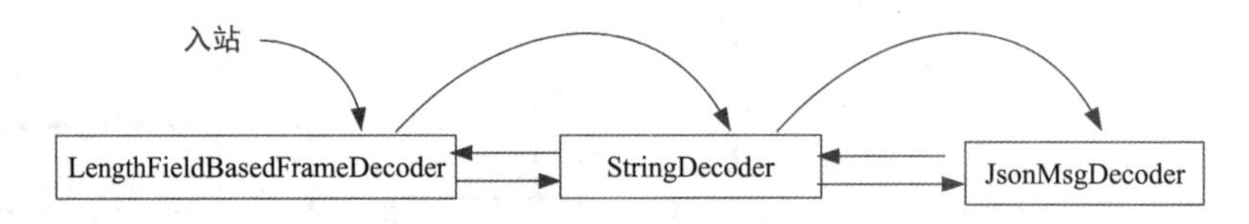

图 7-2　JSON 格式 Head-Content 数据包的解码过程

Head-Content 数据包的编码过程（见图 7-3）是：首先使用 Netty 内置 StringEncoder 编码器将 JSON 字符串编码成二进制字节数组；然后使用 Netty 内置的 LengthFieldPrepender 编码器将二进制字节数组编码成 Head-Content 二进制数据包。

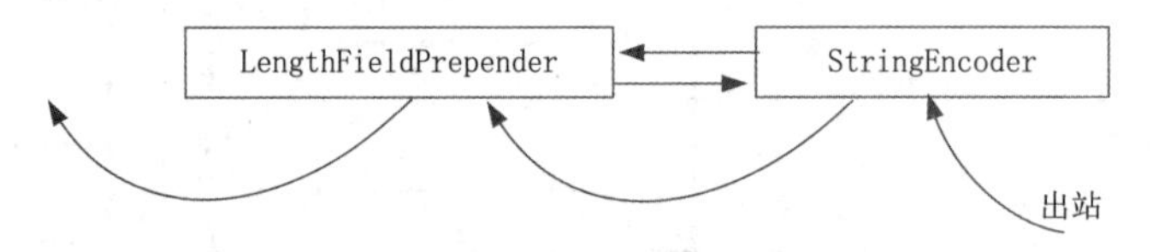

图 7-3　JSON 格式 Head-Content 数据包的编码过程

Netty 内置 LengthFieldPrepender 编码器的作用是在数据包的前面加上内容的二进制字节数组的长度。这个编码器和 LengthFieldBasedFrameDecoder 解码器是一对，常常配套使用。这组“天仙配”属于 Netty 提供的一组非常重要的编码器和解码器，常常用于 Head-Content 数据包的传输。

LengthFieldPrepender 编码器有两个常用的构造器：

```
//构造器一
public LengthFieldPrepender(int lengthFieldLength) {
   this(lengthFieldLength, false);
}

//构造器二
public LengthFieldPrepender(intlengthFieldLength,
                          BooleanlengthIncludesLengthFieldLength)
{
        this(lengthFieldLength, 0, lengthIncludesLengthFieldLength);
```

```
}
//省略其他的构造器
```

在上面的构造器中，第一个参数 lengthFieldLength 表示 Head 长度字段所占用的字节数，第二个参数 lengthIncludesLengthFieldLength 表示 Head 字段的总长度值是否包含长度字段自身的字节数，如果 lengthIncludesLengthFieldLength 的值 true，则表示长度字段的值（总长度）包含自己的字节数；如果值为 false，则表示长度值只包含 Content 内容的二进制数据的长度。lengthIncludesLengthFieldLength 值一般设置为 false。

7.1.6 JSON 传输的服务端实战案例

为了清晰地演示 JSON 传输，下面设计一个简单的客户端/服务器传输程序：服务器接收客户端的数据包，并解码成 JSON，再转换成 POJO；客户端将 POJO 转换成 JSON 字符串，编码后发送到服务端。

为了简化流程，此服务端的代码仅仅包含 Inbound 入站处理的流程，不包含 Outbound 出站处理的流程，是一个“丢弃”服务器。也就是说，服务端的程序仅仅读取客户端数据包并完成解码，服务端的程序没有写出任何输出数据包到对端（客户端）。服务端实战案例的程序代码如下：

```
package com.crazymakercircle.netty.protocol;
...
public class JsonServer {
    //省略成员属性，构造器
    public void runServer() {
        //创建反应器线程组
        EventLoopGroup bossLoopGroup = new NioEventLoopGroup(1);
        EventLoopGroup workerLoopGroup = new NioEventLoopGroup();
        try {
                //省略引导类的反应器线程、设置配置项等
                //装配子通道流水线
            b.childHandler(new ChannelInitializer<SocketChannel>() {
                //有连接到达时会创建一个通道
                protected void initChannel(SocketChannel ch) …{
                    //管理子通道中的 Handler
                    //向子通道流水线添加 3 个 Handler
                    ch.pipeline().addLast(
                    new LengthFieldBasedFrameDecoder(1024, 0, 4, 0, 4));
                    ch.pipeline().addLast(new
                                StringDecoder(CharsetUtil.UTF_8));
                    ch.pipeline().addLast(new JsonMsgDecoder());
                }
            });
            //省略端口绑定、服务监听、优雅关闭
    }

    //服务端业务处理器
    static class JsonMsgDecoderextends ChannelInboundHandlerAdapter {
        @Override
        public void channelRead(ChannelHandlerContext ctx, Object msg)…{
            String json = (String) msg;
            JsonMsg jsonMsg = JsonMsg.parseFromJson(json);
            Logger.info("收到一个 Json 数据包 =>>" + jsonMsg);
        }
    }

    public static void main(String[] args) throws InterruptedException {
```

```
        int port = NettyDemoConfig.SOCKET_SERVER_PORT;
        new JsonServer(port).runServer();
    }
}
```

7.1.7 JSON 传输的客户端实战案例

为了简化流程，客户端的代码仅仅包含 Outbound 出站处理的流程，不包含 Inbound 入站处理的流程。也就是说，客户端的程序仅仅进行数据的编码，然后把数据包写到服务端。客户端的程序并没有去处理从对端（服务端）过来的输入数据包。客户端的编码流程大致如下：

（1）通过谷歌的 Gson 框架将 POJO 序列化成 JSON 字符串。

（2）使用 StringEncoder 编码器（Netty 内置）将 JSON 字符串编码成二进制字节数组。

（3）使用 LengthFieldPrepender 编码器（Netty 内置）将二进制字节数组编码成 Head-Content 格式的二进制数据包。

客户端实战案例的程序代码如下：

```
package com.crazymakercircle.netty.protocol;
...
public class JsonSendClient {
    static String content = "疯狂创客圈：高性能学习社群!";
    //省略成员属性，构造器
    public void runClient() {
        //创建反应器线程组
        EventLoopGroup workerLoopGroup = new NioEventLoopGroup();
        try {
          //省略引导类的反应器线程、设置配置项等
          //装配通道流水线
           b.handler(new ChannelInitializer<SocketChannel>() {
               //初始化客户端通道
               protected void initChannel(SocketChannel ch)...{
                   //客户端通道流水线添加两个 Handler
                   ch.pipeline().addLast(new LengthFieldPrepender(4));
                   ch.pipeline().addLast(new
                                        StringEncoder(CharsetUtil.UTF_8));
               }
           });
           ChannelFuture f = b.connect();
                ...
           // 阻塞，直到连接完成
           f.sync();
           Channel channel = f.channel();

           //发送 JSON 字符串对象
           for (int i = 0; i< 1000; i++) {
               JsonMsg user = build(i, i + "->" + content);
               channel.writeAndFlush(user.convertToJson());
               Logger.info("发送报文：" + user.convertToJson());
           }
           channel.flush();
           //等待通道关闭的异步任务结束
           //服务监听通道会一直等待通道关闭的异步任务结束
           ChannelFuture closeFuture = channel.closeFuture();
           closeFuture.sync();
       } catch (Exception e) {
           e.printStackTrace();
```

```
        } finally {
            //省略优雅关闭
        }
    }

    //构建 JSON 对象
    public JsonMsg build(int id, String content) {
        JsonMsg user = new JsonMsg();
        user.setId(id);
        user.setContent(content);
        return user;
    }
    //省略 main()方法
}
```

整体执行次序是先启动服务端，然后启动客户端。启动后，客户端会向服务器发送 1000 个 POJO 转换成 JSON 后的字符串。如果能从服务器的控制台看到输出的 JSON 格式的字符串，则说明程序运行是正确的。

7.2 使用 Protobuf 协议通信

Protobuf（Protocol Buffer）是谷歌提出的一种数据交换的格式，是一套类似于 JSON 或者 XML 的数据传输格式和规范，用于不同应用或进程之间进行通信。

Protobuf 具有以下特点：

（1）语言无关，平台无关。Protobuf 支持 Java、C++、Python、JavaScript 等多种语言，支持跨多个平台。

（2）高效。比 XML 更小（3~10 倍）、更快（20 ~ 100 倍）、更为简单。

（3）扩展性、兼容性好。可以更新数据结构，而不影响和破坏原有的旧程序。

Protobuf 既独立于语言，又独立于平台。谷歌官方提供了多种语言的实现：Java、C#、C++、GO、JavaScript 和 Python。Protobuf 的编码过程为：使用预先定义的 Message 数据结构将实际的传输数据打包，然后编码成二进制的码流进行传输或者存储。Protobuf 的解码过程刚好与编码过程相反：将二进制码流解码成 Protobuf 自定义的 Message 结构的 POJO 实例。

与 JSON、XML 相比，Protobuf 算是后起之秀，只是 Protobuf 更加适合高性能、快速响应的数据传输应用场景。Protobuf 数据包是一种二进制的格式，相对于文本格式的数据交换（JSON、XML）来说，速度要快很多。Protobuf 优异的性能使得它更加适用于分布式应用场景下的数据通信或者异构环境下的数据交换。

另外，JSON、XML 是文本格式，数据具有可读性；Protobuf 是二进制数据格式，数据本身不具有可读性，只有反序列化之后才能得到真正可读的数据。正因为 Protobuf 是二进制数据格式，数据序列化之后，体积相比 JSON 和 XML 要小，所以更加适合网络传输。

总体来说，在一个需要大量数据传输的应用场景中，因为数据量很大，那么选择 Protobuf 可以明显地减少传输的数据量和提升网络 IO 的速度。对于打造一款高性能的通信服务器来说，Protobuf 传输协议是最高性能的传输协议之一。微信的消息传输就采用了 Protobuf 协议。

7.2.1 一个简单的 proto 文件实战案例

Protobuf 使用 proto 文件来预先定义消息格式。数据包按照 proto 文件定义的消息格式完成二进制码流的编码和解码。proto 文件简单地说就是一个消息的协议文件，这个协议文件的后缀文件名为.proto。

作为演示，下面介绍一个非常简单的 proto 文件：仅仅定义一个消息结构体，并且该消息结构体也非常简单，仅包含两个字段。实例如下：

```
//[开始头部声明]
syntax = "proto3";
packagecom.crazymakercircle.netty.protocol;
//[结束头部声明]

//[开始 java 选项配置]
option java_package = "com.crazymakercircle.netty.protocol";
option java_outer_classname = "MsgProtos";
//[结束 java 选项配置]

//[开始消息定义]
message Msg {
  uint32 id = 1;       //消息 ID
  string content = 2; //消息内容
}
//[结束消息定义]
```

在.proto 文件的头部声明中，需要声明一下所使用的 Protobuf 协议版本，示例中使用的是"proto3"版本。也可以使用旧一点的 proto2 版本，两个版本的消息格式有一些细微的不同，默认的协议版本为 proto2。

Protobuf 支持很多语言，所以它为不同的语言提供了一些可选的配置选项，使用 option 关键字。option java_package 选项的作用为：在生成 proto 文件中消息的 POJO 类和 Builder（构造者）的 Java 代码时，将生成的 Java 代码放入该选项所指定的 package 类路径中。option java_outer_classname 选项的作用为：在生成 proto 文件所对应 Java 代码时，生产的 Java 外部类使用配置的名称。

在 proto 文件中，使用 message 关键字来定义消息的结构体。在生成 proto 对应的 Java 代码时，每个具体的消息结构体将对应一个最终的 Java POJO 类。结构体的字段（Field）对应 POJO 类的属性（Attribute）。也就是说，每定义一个 message 结构体相当于声明一个 Java 中的类。proto 文件的 message 可以内嵌 message，就像 Java 的内部类一样。

每个消息结构体可以有多个字段。定义一个字段的格式为“类型名称 = 编号”。例如“string content = 2;”，表示该字段是 string 类型，字段名为 content，编号为 2。字段编号表示在 Protobuf 数据包的序列化、反序列化时该字段的具体排序。

在一个 proto 文件中可以声明多个 message。大部分情况下会把存在依赖关系或者包含关系的 message 消息结构体写入一个 proto 文件，将那些没有关系、相互独立的 message 消息结构体分别写入不同的文件，这样便于管理。

7.2.2 通过控制台命令生成 POJO 和 Builder

完成“.proto”文件定义后，下一步就是生成消息的 POJO 类和 Builder（构造者）类。生成 Java 类有两种方式：一种是通过控制台命令的方式；另一种是使用 Maven 插件。

先看第一种方式：通过控制台命令生成消息的 POJO 类和 Builder 构造者。

首先下载Protobuf的安装包，可以选择不同的版本，这里下载的是3.6.1版本的Java。在Windows下解压后执行安装（备注：这里以 Windows 平台为例，对于在 Linux 或者 Mac 平台下，读者可自行尝试）。

生成构造者代码需要用到安装文件中的 protoc.exe 可执行文件。安装完成后，设置一下 path 环境变量，将 proto 的安装目录加入 path 环境变量中。

下面开始使用 protoc.exe 文件生成 Java 的 Builder（构造者）。生成的命令如下：

```
protoc.exe --java_out=./src/main/java/ ./Msg.proto
```

在上面的命令中，使用的 proto 文件的名称为./Msg.proto，所生产的 POJO 类和构造者类的输出文件夹为 ./src/main/java/。

使用命令行生成 Java 类的操作比较烦琐，另一种更加方便的方式是使用 protobuf-maven-plugin 插件生成 Java 类。

7.2.3 通过 Maven 插件生成 POJO 和 Builder

使用 protobuf-maven-plugin 插件可以非常方便地生成消息的 POJO 类和 Builder（构造者）类的 Java 代码。在 Maven 的 pom 文件中增加此 plugin 插件的配置项，具体如下：

```
<plugin>
   <groupId>org.xolstice.maven.plugins</groupId>
   <artifactId>protobuf-maven-plugin</artifactId>
   <version>0.5.0</version>
   <extensions>true</extensions>
   <configuration>
      <!--proto 文件路径-->
      <protoSourceRoot>
      ${project.basedir}/protobuf</protoSourceRoot>
     <!--目标路径-->
       <outputDirectory>${project.build.sourceDirectory}</outputDirectory>
       <!--设置是否在生成 Java 文件之前清空 outputDirectory 的文件-->
          <clearOutputDirectory>false</clearOutputDirectory>
           <!--临时目录-->
           <temporaryProtoFileDirectory>
               ${project.build.directory}/protoc-temp
           </temporaryProtoFileDirectory>
           <!--protoc 可执行文件路径-->
           <protocExecutable>
              ${project.basedir}/protobuf/protoc3.6.1.exe
           </protocExecutable>
   </configuration>
   <executions>
      <execution>
         <goals>
            <goal>compile</goal>
            <goal>test-compile</goal>
         </goals>
      </execution>
   </executions>
</plugin>
```

protobuf-maven-plugin 插件的配置项介绍如下：

- protoSourceRoot：proto 消息结构体所在文件的路径。
- outputDirectory：生成的 POJO 类和 Builder 类的目标路径。
- protocExecutable：protobuf 的 Java 代码生成工具的 protoc3.6.1.exe 可执行文件的路径。

配置好之后，执行插件的 compile 命令，Java 代码就生成了。编译在 Maven 项目时，POJO 类和 Builder 类也会自动生成。

7.2.4 Protobuf 序列化与反序列化演示案例

在 Maven 的 pom.xml 文件中加上 Protobuf 的 Java 运行包的依赖，代码如下：

```
<dependency>
   <groupId>com.google.protobuf</groupId>
   <artifactId>protobuf-java</artifactId>
   <version>${protobuf.version}</version>
</dependency>
```

这里的 protobuf.version 版本号为 3.6.1。需要注意的是：Java 运行时的 Protobuf 依赖坐标的版本，.proto 消息结构体文件中的 syntax 配置项值（Protobuf 协议的版本号），以及通过.proto 文件生成 POJO 和 Builder 类的 protoc3.6.1.exe 可执行文件的版本，这 3 个版本需要配套一致。

1. 使用 Builder 构造者构造 POJO 消息对象

```
package com.crazymakercircle.netty.protocol;
...
public class ProtobufDemo {
   public static MsgProtos.Msg buildMsg() {
      MsgProtos.Msg.Builder personBuilder = MsgProtos.Msg.newBuilder();
      personBuilder.setId(1000);
      personBuilder.setContent("疯狂创客圈:高性能学习社群");
      MsgProtos.Msg message = personBuilder.build();
      return message;
   }
 ...
}
```

Protobuf 为每个 message 消息结构体生成的 Java 类中包含一个 POJO 类和一个 Builder 类。构造 POJO 消息，首先使用 POJO 类的 newBuilder 静态方法获得一个 Builder 构造者，其次 POJO 每一个字段的值需要通过 Builder 构造者的 setter()方法去设置。字段值设置完成之后，使用构造者的 build()方法构造出 POJO 消息对象。

2. 序列化与反序列化的方式一

获得消息 POJO 的实例之后，可以通过多种方法将 POJO 对象序列化成二进制字节或者反序列化。方式一为调用 Protobuf POJO 对象的 toByteArray()方法将 POJO 对象序列化成字节数组，具体的代码如下：

```
package com.crazymakercircle.netty.protocol;
...
public class ProtobufDemo {

   //第 1 种方式:序列化与反序列化
   @Test
```

```
    public void serAndDesr1() throws IOException {
        MsgProtos.Msg message = buildMsg();
        //将 Protobuf 对象序列化成二进制字节数组
        byte[] data = message.toByteArray();
        //可以用于网络传输，保存到内存或外存
        ByteArrayOutputStream outputStream = new ByteArrayOutputStream();
        outputStream.write(data);
        data = outputStream.toByteArray();
        //二进制字节数组反序列化成 Protobuf 对象
        MsgProtos.Msg inMsg = MsgProtos.Msg.parseFrom(data);
        Logger.info("id:=" + inMsg.getId());
        Logger.info("content:=" + inMsg.getContent());
    }
...
}
```

这种方式首先通过调用 Protobuf POJO 对象的 toByteArray()方法将 POJO 对象序列化成字节数组，然后通过调用 Protobuf POJO 类的 parseFrom（byte[] data）静态方法从字节数组中重新反序列化得到 POJO 新的实例。

这种方式类似于普通 Java 对象的序列化，适用于很多将 Protobuf 的 POJO 序列化到内存或者外存（如物理硬盘）的应用场景。

3. 序列化与反序列化的方式二

这种方式通过调用 Protobuf 生成的 POJO 对象的 writeTo(OutputStream)方法将 POJO 对象的二进制字节写出到输出流。通过调用 Protobuf 生成的 POJO 对象的 parseFrom(InputStream)方法，Protobuf 从输入流中读取二进制码，然后反序列化，得到 POJO 新的实例。具体的代码如下：

```
package com.crazymakercircle.netty.protocol;
...
public class ProtobufDemo {
        ...
    //第 2 种方式:序列化与反序列化
    @Test
    public void serAndDesr2() throws IOException {
        MsgProtos.Msg message = buildMsg();
        //序列化到二进制码流
        ByteArrayOutputStream outputStream = new ByteArrayOutputStream();
        message.writeTo(outputStream);
        ByteArrayInputStream inputStream =
        new ByteArrayInputStream(outputStream.toByteArray());

        //从二进制码流反序列化成 Protobuf 对象
        MsgProtos.Msg inMsg = MsgProtos.Msg.parseFrom(inputStream);
        Logger.info("id:=" + inMsg.getId());
        Logger.info("content:=" + inMsg.getContent());
    }
}
```

以上代码调用了 POJO 对象的 writeTo(OutputStream)方法将自己的二进制字节写出到输出流，然后调用静态类的 parseFrom(InputStream)方法，Protobuf 从输入流中读取二进制码重新反序列化，得到 POJO 新的实例。

在阻塞式的二进制码流传输应用场景中，这种序列化和反序列化的方式是没有问题的。例如，可以将二进制码流写入阻塞式的 Java OIO 套接字或者输出到文件。但是，这种方式在异步操作的

NIO 应用场景中存在粘包/半包的问题。

4. 序列化和反序列化的方式三

这种方式通过调用 Protobuf 生成的 POJO 对象的 writeDelimitedTo(OutputStream)方法在序列化的字节码之前添加了字节数组的长度。这一点类似于前面介绍的 Head-Content 协议，只不过 Protobuf 做了优化，长度的类型不是固定长度的 int 类型，而是可变长度的 varint32 类型。具体实例如下：

```
package com.crazymakercircle.netty.protocol;
...
public class ProtobufDemo {
...
    //第 3 种方式:序列化与反序列化
    //带字节长度：[字节长度][字节数据]，用于解决粘包/半包问题
    @Test
    public void serAndDesr3() throws IOException {
        MsgProtos.Msg message = buildMsg();
        //序列化到二进制码流
        ByteArrayOutputStream outputStream =
                                    new ByteArrayOutputStream();
            message.writeDelimitedTo(outputStream);
            ByteArrayInputStream inputStream  =
                        new ByteArrayInputStream(outputStream.toByteArray());
        //从二进制字节流反序列化成 Protobuf 对象
        MsgProtos.Msg inMsg =
                            MsgProtos.Msg.parseDelimitedFrom(inputStream);
        Logger.info("id:=" + inMsg.getId());
        Logger.info("content:=" + inMsg.getContent());
    }
}
```

反序列化时，调用 Protobuf 生成的 POJO 类的 parseDelimitedFrom(InputStream)静态方法，从输入流中先读取 varint32 类型的长度值，然后根据长度值读取此消息的二进制字节，再反序列化得到 POJO 新的实例。

这种方式可以用于异步操作的 NIO 应用场景中，解决了粘包/半包的问题。

7.3 Protobuf 编解码的实战案例

Netty 默认支持 Protobuf 的编码与解码，内置了一套基础的 Protobuf 编码器和解码器。

7.3.1 Netty 内置的 Protobuf 基础编码器和解码器

Netty 内置的基础 Protobuf 编码器和解码器为 ProtobufEncoder 和 ProtobufDecoder。此外，还提供了一组简单的解决半包问题的编码器和解码器。

1. ProtobufEncoder 编码器

翻开 Netty 源代码，我们发现 ProtobufEncoder 的实现逻辑非常简单，直接调用了 Protobuf POJO 实例的 toByteArray()方法将自身编码成二进制字节，然后放入 Netty 的 Bytebuf 缓冲区中，接着会

被发送到下一站编码器。其源码如下：

```
package io.netty.handler.codec.protobuf;
...
@Sharable
public class ProtobufEncoder extends
                    MessageToMessageEncoder<MessageLiteOrBuilder> {
    @Override
    protected void encode(ChannelHandlerContext ctx,
                            MessageLiteOrBuilder msg, List<Object> out)
            throws Exception {
        if (msg instanceof MessageLite) {
            out.add(Unpooled.wrappedBuffer(
                            ((MessageLite) msg).toByteArray()));
            return;
        }
        if (msg instanceof MessageLite.Builder) {
            out.add(Unpooled.wrappedBuffer((
                        (MessageLite.Builder) msg).build().toByteArray()));
        }
    }
}
```

2. ProtobufDecoder 解码器

ProtobufDecoder 和 ProtobufEncoder 相对应，只不过在使用的时候，ProtobufDecoder 解码器需要指定一个 Protobuf POJO 实例，作为解码的参考原型（Prototype），解码时会根据原型实例找到对应的 Parser 解析器，将二进制的字节解码为 Protobuf POJO 实例。

```
new ProtobufDecoder(MsgProtos.Msg.getDefaultInstance())
```

在 Java NIO 通信中，仅仅使用以上这组编码器和解码器，传输过程中会存在粘包/半包的问题。Netty 也提供了配套的 Head-Content 类型的 Protobuf 编码器和解码器，在二进制码流之前加上二进制字节数组的长度。

3. ProtobufVarint32LengthFieldPrepender 长度编码器

这个编码器的作用是在 ProtobufEncoder 生成的字节数组之前前置一个 varint32 数字，表示序列化的二进制字节数量或者长度。

4. ProtobufVarint32FrameDecoder 长度解码器

ProtobufVarint32FrameDecoder 和 ProtobufVarint32LengthFieldPrepender 相对应，其作用是根据数据包中长度域（varint32 类型）中的长度值解码一个足额的字节数组，然后将字节数组交给下一站的解码器 ProtobufDecoder。

什么是 varint32 类型的长度？Protobuf 为什么不用 int 这种固定类型的长度呢？

varint32 是一种紧凑的表示数字的方法，它不是一种固定长度（如 32 位）的数字类型。varint32 用一个或多个字节来表示一个数字，值越小，使用的字节数就越少，值越大，使用的字节数就越多。varint32 根据值的大小自动进行收缩，能够减少用于保存长度的字节数。也就是说，varint32 与 int 类型的最大区别是：varint32 用一个或多个字节来表示一个数字，int 是固定长度的数字。varint32 不是固定长度，所以为了更好地减少通信过程中的传输量，消息头中的长度尽量采用 varint32 格式。

至此，Netty 内置的 Protobuf 的编码器和解码器已经初步介绍完，可以通过这两组编码器/解码器完成 Head-Content（Length + Protobuf Data）协议的数据传输。但是，在更加复杂的传输应用场景，Netty 内置的编码器和解码器是不够用的。例如，在 Head 部分需要加上魔数字段进行安全验证，需要对 Protobuf 字节内容进行加密和解密，或者在其他复杂的传输应用场景下，需要定制属于自己的 Protobuf 编码器和解码器。

7.3.2 Protobuf 传输的服务端实战案例

为了清晰地演示 Protobuf 传输，下面设计一个简单的客户端/服务器传输程序：首先服务器接收客户端的数据包，并解码成 Protobuf 的 POJO；然后客户端将 Protobuf 的 POJO 编码成二进制数据包，再发送到服务端。

在服务端，Protobuf 协议的解码过程如下：

首先，使用 Netty 内置的 ProtobufVarint32FrameDecoder，根据 varint32 格式的可变长度值，从入站数据包中解码出二进制 Protobuf 字节码。然后，使用 Netty 内置的 ProtobufDecoder 解码器将字节码解码成 Protobuf POJO 对象。最后，自定义一个 ProtobufBussinessDecoder 解码器来处理 Protobuf POJO 对象。

服务端的实战案例程序代码如下：

```
package com.crazymakercircle.netty.protocol;
...
public class ProtoBufServer
{
    //省略成员属性、构造器
    public void runServer()
    {
        //创建反应器线程组
        EventLoopGroup bossLoopGroup = new NioEventLoopGroup(1);
        EventLoopGroup workerLoopGroup = new NioEventLoopGroup();
        try
        {
            //省略:引导类的反应器线程，设置配置项
            //装配子通道流水线
            b.childHandler(new ChannelInitializer<SocketChannel>()
            {
                //有连接到达时会创建一个通道
                protected void initChannel(SocketChannel ch)...
                {
                    //流水线管理子通道中的 Handler
                    //向子通道流水线添加 3 个 Handler
                    ch.pipeline().addLast(
                                       new ProtobufVarint32FrameDecoder());
                  ch.pipeline().addLast(
                     new ProtobufDecoder(MsgProtos.Msg.getDefaultInstance()));
                    ch.pipeline().addLast(new ProtobufBussinessDecoder());
                }
            });
            //省略端口绑定、服务监听、优雅关闭
        }

        //服务端的 Protobuf 业务处理器
        static class ProtobufBussinessDecoder
                      extends ChannelInboundHandlerAdapter
        {
```

```
            @Override
            public void channelRead(
                                ChannelHandlerContext ctx, Object msg)... {
               MsgProtos.Msg protoMsg = (MsgProtos.Msg) msg;
               //经过流水线的各个解码器，至此取得了 POJO 实例
               Logger.info("收到一个 Protobuf POJO =>>");
               Logger.info("protoMsg.getId():=" + protoMsg.getId());
               Logger.info("protoMsg.getContent():=" +
                                              protoMsg.getContent());
            }
         }
      }

      public static void main(String[] args) throws InterruptedException
      {
         int port = NettyDemoConfig.SOCKET_SERVER_PORT;
         new ProtoBufServer(port).runServer();
      }
   }
```

7.3.3 Protobuf 传输的客户端实战案例

在客户端开始出站之前，需要提前构造好 Protobuf 的 POJO 对象，然后使用通道的 write/writeAndFlush 方法启动出站处理的流水线执行工作。

客户端的出站处理流程中，Protobuf 协议的编码过程（见图 7-4）如下：

（1）使用 Netty 内置的 ProtobufEncoder 将 Protobuf POJO 对象编码成二进制的字节数组。

（2）使用 Netty 内置的 ProtobufVarint32LengthFieldPrepender 编码器加上 varint32 格式的可变长度，Netty 会将完成编码的 Length+Content 格式的二进制字节码发送到服务端。

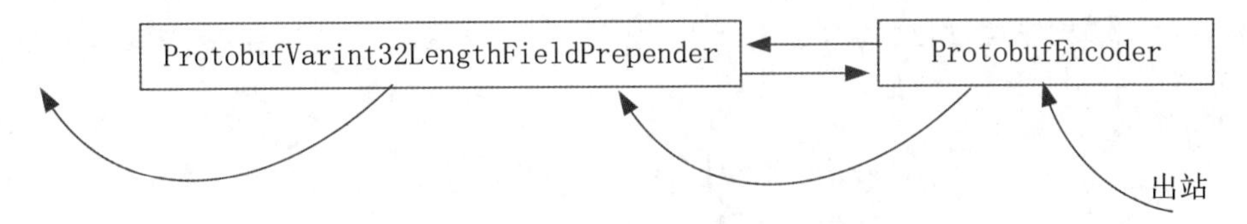

图 7-4　Protobuf 协议的编码过程

一个简单的 Protobuf 传输的客户端案例代码如下：

```
package com.crazymakercircle.netty.protocol;
...
public class ProtoBufSendClient {
    static String content = "疯狂创客圈：高性能学习社群!";
    //省略成员属性，构造器
    public void runClient() {
        //创建反应器线程组
        EventLoopGroup workerLoopGroup = new NioEventLoopGroup();
        try {
           //省略反应器组、IO 通道、通道参数等设置
           //装配通道流水线
           b.handler(new ChannelInitializer<SocketChannel>() {
               //初始化客户端通道
               protected void initChannel(SocketChannel ch)...{
                   //客户端流水线添加两个 Handler
                   ch.pipeline().addLast(
                              new ProtobufVarint32LengthFieldPrepender());
                   ch.pipeline().addLast(new ProtobufEncoder());
```

```
            }
        });
        ChannelFuture f = b.connect();
        ...
        //阻塞，直到连接完成
        f.sync();
        Channel channel = f.channel();

        //发送 Protobuf 对象
        for (int i = 0; i< 1000; i++) {
            MsgProtos.Msg user = build(i, i + "->" + content);
            channel.writeAndFlush(user);
            Logger.info("发送报文数: " + i);
        }
        channel.flush();
      //省略关闭等待、优雅关闭
    }

    //构建 Protobuf 对象
    public MsgProtos.Msgbuild(int id, String content) {
        MsgProtos.Msg.Builder builder = MsgProtos.Msg.newBuilder();
        builder.setId(id);
        builder.setContent(content);
        return builder.build();
    }

    public static void main(String[] args) throws InterruptedException {
        int port = NettyDemoConfig.SOCKET_SERVER_PORT;
        String ip = NettyDemoConfig.SOCKET_SERVER_IP;
        new ProtoBufSendClient(ip, port).runClient();
    }
}
```

服务端和客户端整体的执行次序是：先启动服务端，再启动客户端。启动后，客户端会向服务器发送构造好的 1000 个 Protobuf POJO 实例。如果能从服务器的控制台看到输出的 POJO 实例的属性值，就说明程序运行是正确的。

7.4 详解 Protobuf 协议语法

在 Protobuf 中，通信协议的格式是通过 proto 文件定义的。一个 proto 文件有两大组成部分：头部声明和消息结构体的定义。头部声明部分主要包含协议的版本、包名、特定语言的选项设置等；消息结构体部分可以定义一个或者多个消息结构体。

在 Java 中，当用 Protobuf 编译器（如 protoc3.6.1.exe）来编译.proto 文件时，编译器将生成 Java 语言的 POJO 消息类和 Builder 构造者类。通过 POJO 消息类和 Builder 构造者，Java 程序可以很容易地操作在 proto 文件中定义的消息和字段，包括获取、设置字段值，将消息序列化到一个输出流中（序列化），以及从一个输入流中解析消息（反序列化）。

7.4.1 proto 文件的头部声明

前面介绍了一个简单的 proto 文件，其头部声明如下：

```
//[开始声明]
syntax = "proto3";
//定义 Protobuf 的包名称空间
```

```
package com.crazymakercircle.netty.protocol;
//[结束声明]

//[开始 java 选项配置]
option java_package = "com.crazymakercircle.netty.protocol";
option java_outer_classname = "MsgProtos";
//[结束 java 选项配置]
```

下面对其中用到的主要配置选项进行简单介绍。

1. syntax 版本号

对于一个 proto 文件而言，文件第一个非空、非注释的行必须注明 Protobuf 的语法版本，这里为 syntax = "proto3"，如果没有声明，则默认版本是 proto2。

2. package 包

和 Java 语言类似，通过 package 指定包名，用来避免消息名字相冲突。如果两个消息的名称相同，但是 package 包名不同，那么它们是可以共同存在的。

通过 package 还可以实现消息的引用。例如，假设第一个 proto 文件定义了一个 Msg 结构体，package 包名如下：

```
package com.crazymakercircle.netty.protocol;
message Msg{ ... }
```

假设另一个.proto 文件也定义了一个相同名字的消息，package 包名如下：

```
package com.other.netty.protocol;
message Msg{
...
com.crazymakercircle.netty.protocol.Msg crazyMsg = 1;
...
}
```

我们可以看到，在第二个 proto 文件中，可以用“包名+消息名称”（全限定名）来引用第一个 proto 文件中的 Msg 结构体，而且不同包中的结构体可以同名。这一点和 Java 中 package 的使用方法是一样的。

另外，package 指定包名后会对应到生成的消息 POJO 代码和 Builder 代码。在 Java 语言中，会以 package 指定的包名作为生成的 POJO 类的包名。

3. option 配置选项

不是所有的 option 配置选项都会生效，option 选项是否生效与 proto 文件使用的一些特定的语言场景有关。在 Java 语言中，以“java_”打头的 option 选项会生效。

option java_package 选项表示 Protobuf 编译器在生成 Java POJO 消息类时，生成在此选项所配置的 Java 包名下。如果没有该选项，则会以头部声明中的 package 作为 Java 包名。

option java_multiple_files 选项表示在生成 Java 类时的打包方式，具体来说有以下两种方式：

（1）一个消息对应一个独立的 Java 类。

（2）所有的消息都作为内部类，打包到一个外部类中。

此选项的值默认为 false，即方式（2），表示使用外部类打包方式。如果设置 option java_multiple_files= true，则使用方式（1）生成 Java 类，一个消息对应一个 POJO Java 类，多个消息结构体会对应多个类。

option java_outer_classname 选项表示 Protobuf 编译器在生成 Java POJO 消息类时，如果采用的是上面的方式（2）（全部 POJO 类都作为内部类打包在同一个外部类中），就以此选项所配置的值作为唯一外部类的类名。

7.4.2 Protobuf 的消息结构体与消息字段

定义一个 Protobuf 消息结构体的关键字为 message。一个消息结构体由一个或者多个消息字段组合而成。下面是一个简单的例子：

```
// [开始消息定义]
message Msg {
  uint32 id = 1;  //消息 ID
  string content = 2;//消息内容
}
// [结束消息定义]
```

Protobuf 消息字段的格式为：

```
限定修饰符① | 数据类型② | 字段名称③ | = | 分配标识号④
```

下面对以上格式中的 4 个部分进行介绍。

1. 消息字段的限定修饰符

repeated 限定修饰符：表示该字段可以包含 0~N 个元素值，相当于 Java 中的 List（列表数据类型）。

singular 限定修饰符：表示该字段可以包含 0~1 个元素值。singular 限定修饰符是默认的字段修饰符。

reserved 限定修饰符：指定保留字段名称（Field Name）和分配标识号（Assigning Tag），用于将来的扩展。下面是一个简单的使用 reserved 限定修饰符的例子：

```
message MsgFoo{
    ...
    reserved 12, 15, 9 to 11; // 预留将来使用的分配标识号
    reserved "foo", "bar"; // 预留将来使用的字段名
}
```

2. 消息字段的数据类型

类似于 Java 中的数据类型，详见下一小节。

3. 消息字段的字段名称

字段名称的命名与 Java 语言的成员变量命名方式几乎是相同的。Protobuf 建议字段的命名以下划线分隔（例如 first_name），而不是驼峰式（例如 firstName）。

4. 消息字段的分配标识号

在消息定义中，每个字段都有唯一的数字标识符，可以理解为字段编码值，叫作分配标识号。通过该值，通信双方才能互相识别对方的字段。当然，相同的编码值，它的限定修饰符和数据类型必须相同。分配标识号用来在消息的二进制格式中识别各个字段，一旦开始使用就不能够再改变。

分配标识号的取值范围为 $1\sim2^{32}$（4 294 967 296）。其中，编号[1，15]之内的分配标识号，其时间和空间效率都是最高的。因为[1，15]之内的标识号在编码的时候只会占用 1 字节，[16，2047]之内的标识号要占用 2 字节。所以，那些频繁出现的消息字段应该使用 [1，15]之内的标识号。切记：要为将来有可能添加的、频繁出现的字段预留一些标识号。另外，[1900，2000]之内的标识号为 Protobuf 内部保留值，建议不要在自己的项目中使用。

标识号的特点是：一个消息结构体中的标识号是可以不连续的；在同一个消息结构体中，不同的字段不能使用相同的标识号。

7.4.3　Protobuf 字段的数据类型

Protobuf 定义了一套基本数据类型，具体如表 7-1 所示，这些数据类型几乎都可以对应到 C++、Java 等语言的基本数据类型。

表7-1　Protobuf定义的基本数据类型

Protobuf Type	说　明	对应的 Java Type
double	双精度浮点型	double
float	单精度浮点型	float
int32	使用变长编码，对于负值的效率很低，如果字段有可能有负值，请使用 sint64 替代	int
uint32	使用变长编码的 32 位整数类型	int
uint64	使用变长编码的 64 位整数类型	long
sint32	使用变长编码，有符号的 32 位整数类型值。这些编码在负值时比 int32 高效得多	int
sint64	使用变长编码，有符号的 64 位整数类型值。编码时比通常的 int64 高效	long
fixed32	总是 4 字节，如果数值总是比 2^{28} 大的话，这个类型会比 uint32 高效	int
fixed64	总是 8 字节，如果数值总是比 2^{56} 大的话，这个类型会比 uint64 高效	long
sfixed32	总是 4 字节	int
sfixed64	总是 8 字节	long
bool	布尔型	boolean
string	一个字符串必须是 UTF-8 编码或者 7-bit ASCII 编码的文本	string
bytes	可能包含任意顺序的字节数据	ByteString

变长编码的类型（如 int32）表示打包的字节并不是固定的，而是根据数据的大小或者长度来定。例如 int32，如果数值比较小，在 0~127 时，就使用 1 字节打包。

定长编码（如 fixed32）和变长编码（如 int32）的区别是：fixed32 的打包效率比 int32 的效率高，但是使用的空间一般比 int32 多。因此，定长编码的时间效率高，变长编码的空间效率高，可以根据项目的实际情况选择。一般情况下可以选择 fixed32，但是遇到对传输效率要求比较苛刻的环境，可以选择 int32。

7.4.4 proto 文件的其他语法规范

1. import 声明

在需要多个消息结构体时，proto 文件可以像 Java 语言的类文件一样，按照模块分开设计，所以一个项目可能有多个 proto 文件，一个文件在需要依赖其他 proto 文件时可以通过 import 进行导入的操作，这和 Java 的 import 操作大致相同。

2. 嵌套消息

proto 文件支持嵌套消息。消息中既可以包含另一个消息实例作为其字段，也可以在消息中定义一个新的消息。

```
message Outer {       //Level 0
  message MiddleA{    //Level 1
    message Inner {   //Level 2
      int64 ival = 1;
      bool  booly = 2;
    }
  }
  message MiddleB{    //Level 1
    message Inner {   //Level 2
      int32 ival = 1;
      bool   booly = 2;
    }
  }
}
```

如果想在父消息类型的外部重复使用这些内部的消息类型，可以使用 Parent.Type 的形式来进行引用，例如：

```
message SomeOtherMessage {
    Outer.MiddleA.Inner ref = 1;
}
```

3. enum 枚举

枚举的定义和 Java 相同，但是有一些限制：枚举值必须大于等于 0 的整数。另外，需要使用分号“;”分隔枚举变量，而不是 Java 语言中的逗号“,”。

```
enum VoipProtocol
{
    H323 = 1;
    SIP  = 2;
    MGCP = 3;
```

```
    H248 = 4;
}
```

7.5　序列化、反序列、编码和解码之间的关系

下面是来自疯狂创客圈社群的问题：

- 到底什么是序列化，什么是反序列化？
- 到底什么是编码，什么是解码？
- 有了序列化、反序列化之后，还需要编码和解码干什么？
- POJO 对象一般是先序列化再编码，能不能不序列化，直接对 POJO 对象编码？
- 把 POJO 对象换成 String，能不能不序列化，直接对 String 对象编码？
- 把 String 换成基本数据类型呢？上面的结果还能不能实现？

要解答上面的问题，还得从序列化和反序列、编码和解码的本源讲起。

7.5.1　序列化和反序列的本源

序列化和反序列最初是为了解决 Java 对象的持久化和远程传输的需求而来的。

首先来看 Java 对象的远程传输需求：在古老的分布式 Java 程序中，往往需要进行远程调用，最初的 Java 远程调用机制就是把本地的结果对象通过网络传输到远程的服务。

比如，客户端（Client）要调用服务端的一个用户查询接口（API）去查询用户 ID 为 1 的用户，服务端查到 POJO 对象（如 User）之后，底层的 RMI（远程调用）框架会把查询的结果通过底层传输通道（TCP 链接）传输到客户端。

问题来了，在 TCP 链接上只能传输二进制字节流，并且以数据包的形式进行传输，如图 7-5 所示。

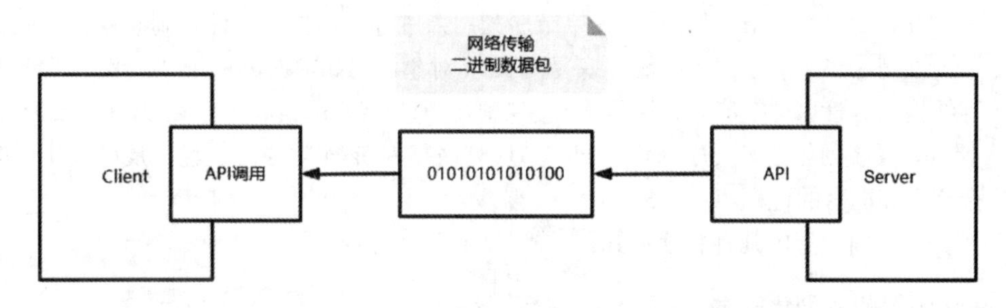

图 7-5　以数据包的形式进行传输

假设在服务端的 JVM 中 User 对象的 name 属性的值为“张三”，password 属性的值为 123456，在 JVM 中的 User 对象如图 7-6 所示。

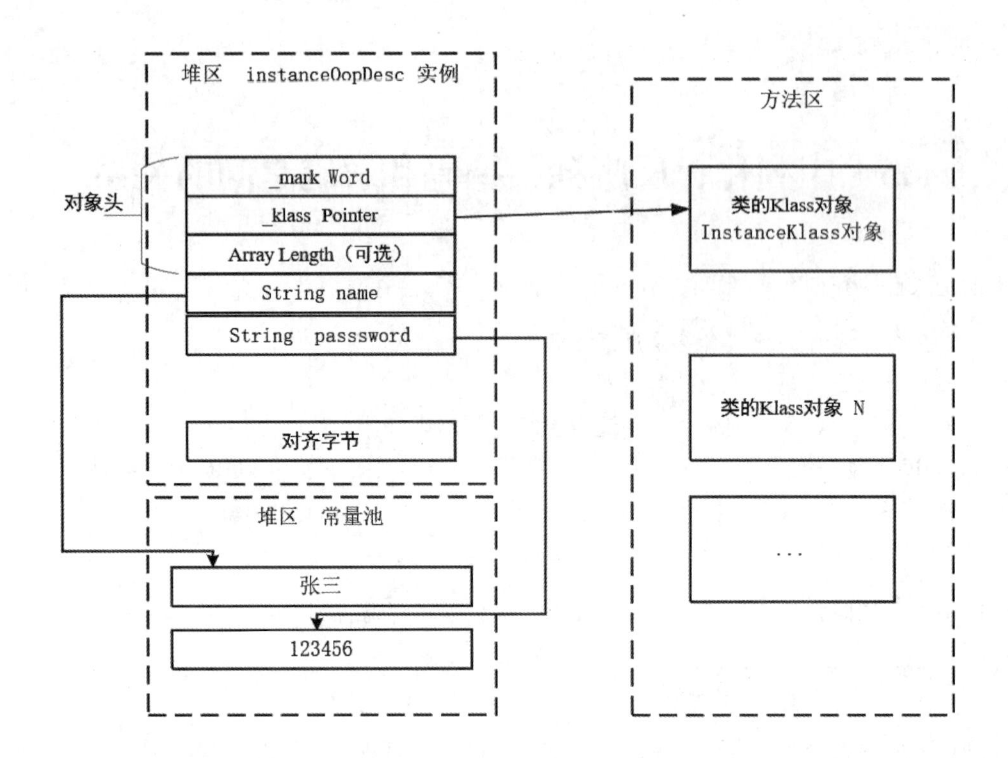

图 7-6 JVM 中的 User 对象

通过图 7-6 可以看出，在内存中 User 对象也是以字节的形式存储的，但是其存储在内存中的属性值并不是具体的值（如张三），而是其值的内存地址（用户空间地址），有关对象的结构的细节请参考《Java 高并发核心编程 卷 2（加强版）：多线程、锁、JMM、JUC、高并发设计模式》。

如果服务器直接把这些内存数据传输到客户端，客户端在自己的内存中根据这些地址去找对应的值，肯定找不到“张三”的值，也找不到“123456”这样的值。

怎么办呢？这就需要进行序列化。什么是序列化呢？

所谓序列化，就是把 Java 对象转换为字节序列用来进行远程传输或保存到硬盘上。但是这个不是关键，关键是这些字节序列还要能够恢复为 Java 对象。比如前面的例子中，我们不能把 User 对象的内存结构（尽管也是字节）直接传输到客户端，因为客户端没有办法恢复为 Java 对象。

那么什么是反序列化呢？反序列化是把字节序列恢复为 Java 对象的过程。反序列化和序列化是一个完全相反和配套的过程。

接下来介绍目前使用的几种转换方式。

1. Java 内置的序列化能力

调用 Java 的 OutputStream 类下的子类 ObjectOutputStream 的 WriteObject(Object object)方法就可以把对象写入二进制字节流，对于对象的属性而言，序列化的字节流里面当然不会有用户空间的地址，而是会替换成对应的值。

这里不对 Java 序列化、反序列化的 API 进行介绍，这属于 Java 的基本功。

2. 先将对象转换为 JSON 字符串，再进一步提取字符串的字节序列

JSON（JavaScript Object Notation, JS 对象简谱）是一种轻量级的数据交换格式，易于人阅读和编写，同时也易于机器解析和生成，并能有效提升网络传输效率。Google 的 Gson 库和阿里巴巴的 FastJson 库都可以完成这种序列化和反序列化。

前面的 User 对象序列化之后的字符串如下：

```
{
    "name": "张三",
    "password": "123456",
}
```

是不是很直观，一眼就能看出具体的属性值，而不是 0/1 组成的二进制数据。

JSON 字符串传输的时候，还是需要换成二进制传输的，只是提取一下字节数据就可以了。

当然，我们不仅可以使用 JSON 字符串，还可以使用 XML 格式的字符串达到同样的效果，只是从性能的角度来说，JSON 字符串更紧凑，传输性能更好。

3. 先将对象转换为更加紧凑的二进制数据

无论是 Java 内置的序列化功能，还是使用 JSON 字符串，其得到的最终二进制数据都不是体积最小的，都有很大的压缩空间。

那么，怎么才能得到体积最小的二进制数据，并且又能恢复为 Java 对象呢？

可以使用 Protocol 这种开源的序列化组件，根据官方测试，Protocol 比 XML 更小（3 ~ 10 倍）、更快（20 ~ 100 倍）、更为简单。

当然，这样的组件肯定不止 Protocol 一种，比如 Thrift 与 Avro 两大组件也是如此。

Thrift 是由 Facebook 主导开发的一个跨平台、支持多语言的，通过定义 IDL 文件自动生成 RPC 客户端与服务端通信代码的工具，以构建在 C++、Java、Python、PHP、Ruby、Erlang、Perl、Haskell、C#、Cocoa、JavaScript、Node.js、Smalltalk 和 OCaml 这些编程语言间无缝结合的、高效的服务。Thrift 通过一个中间语言 IDL（接口定义语言）来定义 RPC 的接口和数据类型，然后通过一个编译器生成不同语言的代码，并由生成的代码负责 RPC 协议层和传输层的实现。

Apache Avro 是一个二进制的数据序列化系统。实际上，Avro 除了序列化之外，像 MP 一样也提供了远程调用（RPC）功能。Avro 是 Hadoop 的一个子项目，由 Hadoop 的创始人 Doug Cutting 牵头开发，设计用于支持大批量数据交换的应用，依赖模式（Schema）来实现数据结构定义，模式由 JSON 对象来表示，Avro 也被作为一种 RPC 框架来使用。客户端希望与服务端交互时就交换通信双方的协议，类似于由双方来共同协商和定义通信模式，在 Avro 中被称为消息（Message）。通信双方都必须保持这种协议，以便于解析从对方发送过来的数据，这也就是传说中的握手阶段。

了解序列化和反序列的原理之后，接下来介绍编码和解码的原理。

7.5.2 编码和解码的原理

编码和解码是使用非常广泛的概念。从计算机领域来说，通过 Java 内置的序列化功能把 POJO 对象序列化为二进制字节码，属于编码操作。反过来，把二进制字节码恢复到 POJO 对象，属于解码操作，如图 7-7 所示。

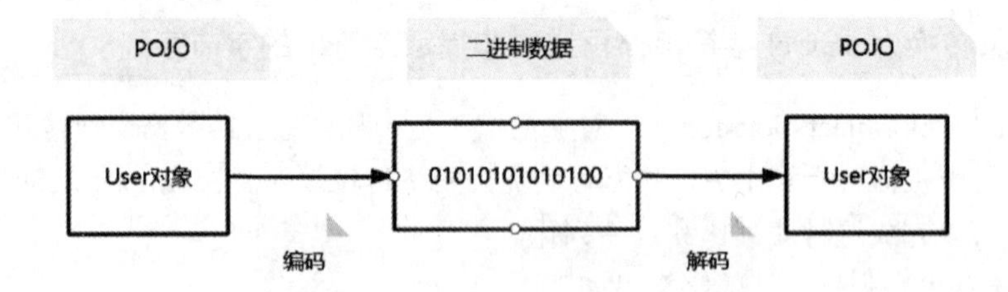

图 7-7 编码和解码操作

从这个角度来说，序列化可以理解为编码操作的一种，反序列化可以理解为解码操作的一种。但是，编码的目标并不一定是二进制数据，也可以是其他的 POJO 对象或者中间数据。

比如，可以先把 POJO 对象序列化（通过 FastJson 编码）成 JSON 字符串，再把 JSON 字符串序列化（编码）成二进制数据，如图 7-8 所示。

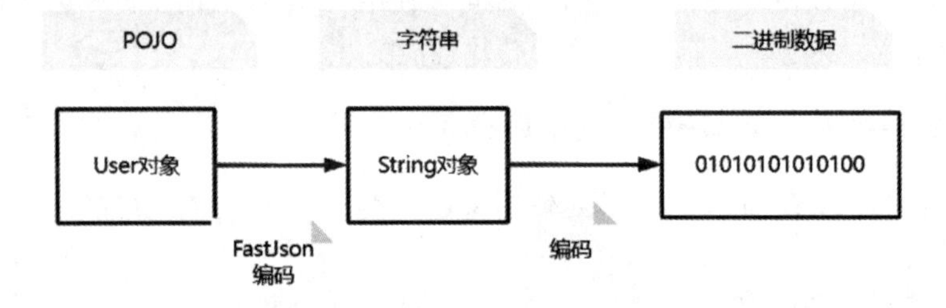

图 7-8 JSON 字符串序列化（编码）成二进制数据

这里就可以把大的编码工作细分为两次编码的工作。相对应，在解码时需要先将二进制数据解码成为字符串，再反序列化为 POJO 对象，如图 7-9 所示。

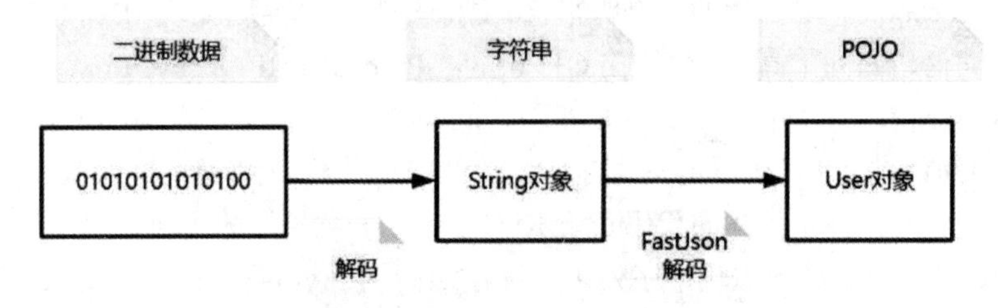

图 7-9 反序列化为 POJO 对象

再比如，如果要进行加密传输，那么在序列化之后还需要做加密的编码处理，最终数据为加密的二进制数据，如图 7-10 所示。

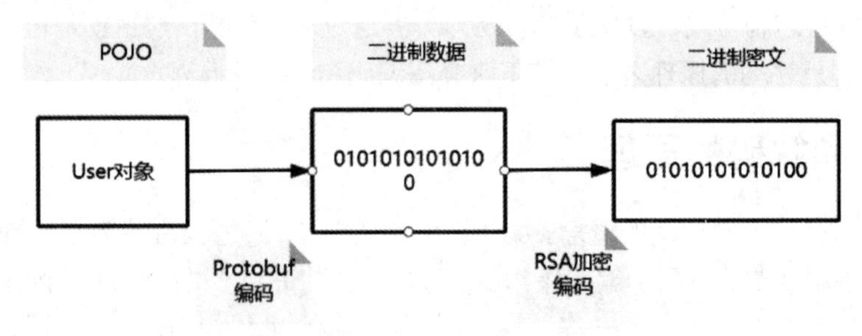

图 7-10 加密的二进制数据

相对应，在解码时需要先将加密了的二进制数据解码成没有加密的二进制数据，再反序列化为 POJO 对象，如图 7-11 所示。

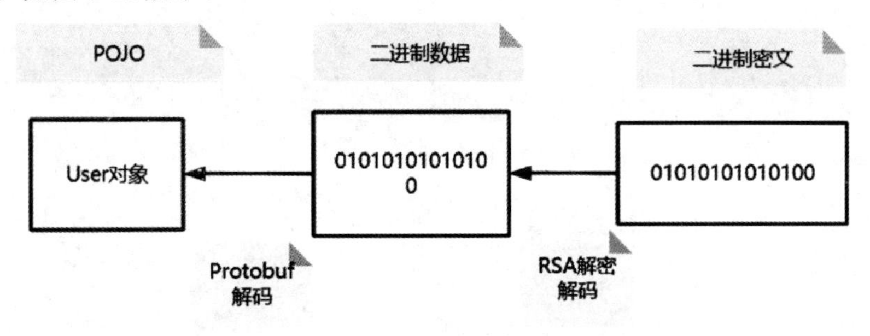

图 7-11　反序列化为 POJO 对象

第 8 章 Netty 单体 IM 系统开发实战

本章是 Netty 应用的综合实战篇，将综合使用前面学到的编码器、解码器、业务处理器等知识完成一个单体聊天系统的设计和实现。

> 说明 由于疯狂创客圈社群在不断地进行聊天器的交流和讨论，Netty 单体 IM 系统代码也不断地优化，为了方便代码管理和团队协助，本系统的源码托管在码云 Git 仓库，读者可以去拉取最新代码。

下面介绍单体聊天系统中使用的自定义 Protobuf 编码器和解码器。

8.1 自定义 Protobuf 编码器和解码器

Netty 内置了一组 Protobuf 编码器和解码器——ProtobufEncoder 编码器和 ProtobufDecoder 解码器，它们负责 Protobuf 生成的 POJO 实例和二进制字节之间的编码和解码。除此之外，Netty 还自带了一组配套的半包处理器：ProtobufVarint32FrameDecoder、ProtobufVarint32LengthFieldPrepender 拆包解码器和编码器，它们为二进制 ByteBuf 加上 varint32 格式的可变长度，解决了 Protobuf 传输过程中的粘包/半包问题。

使用 Netty 内置的 Protobuf 系列编码器和解码器虽然可以解决简单的 Protobuf 协议的传输问题，但是对复杂 Head-Content 协议（例如数据包头部存在魔数、版本号字段，具体如图 8-1 所示）的解析，内置 Protobuf 系列编解码器就显得无能为力了，这种情况下需要自定义 Protobuf 编码器和解码器。

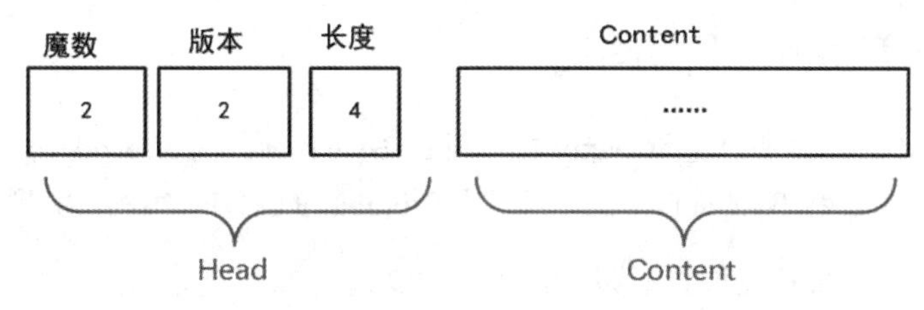

图 8-1　复杂 Head-Content 协议的数据包

数据包中的魔数的作用是什么？魔数可以理解为通信的口令。例如，在电影《智取威虎山》中，土匪内部使用暗号接头，魔数和土匪的接头暗号在原理上是一样的。无论是服务端还是客户端，通信之前首先是对口令，如果口令不对，就不是安全的数据包，不符合自定义的协议规范。通过魔数校验，服务端能够在第一时间识别出不符合规范的数据包，当收到非法包时，为了安全考虑，可以直接关闭连接。

数据包中的版本号的作用是什么？如果在程序中有通信协议升级的需求，又需要同时兼顾新旧版本的协议，就会用这个版本号。例如，App 协议升级后，旧版本 App 还需要使用。

8.1.1　自定义 Protobuf 编码器

自定义 Protobuf 编码器，通过继承 Netty 中基础的 MessageToByteEncoder 编码器类，实现其抽象的编码方法 encode()，在该方法中把以下内容写入目标 ByteBuf：

（1）写入待发送的 Protobuf POJO 实例的二进制字节长度。

（2）写入其他的字段，如魔数、版本号。

（3）写入 Protobuf POJO 实例的二进制字节码内容。

按照上面的步骤自定义一个 ProtobufEncoder 编码器，大致代码如下：

```
package com.crazymakercircle.im.common.codec;
@Slf4j
public class ProtobufEncoder extends
                              MessageToByteEncoder<ProtoMsg.Message>
{
    @Override
    protected void encode(ChannelHandlerContext ctx,
                        ProtoMsg.Message msg, ByteBuf out)… {
        byte[] bytes = msg.toByteArray();     //将对象转换为字节
        int length = bytes.length;            //读取消息的长度
        //将消息长度写入，这里只用 2 字节，最大为 32767
        out.writeShort(length);
        //省略魔数、版本号的写入，写入的方式、写入长度是类似的
        //消息体中包含我们要发送的数据
        out.writeBytes(msg.toByteArray());
    }
}
```

说明　这里写入的消息长度调用了 writeShort(length)方法，长度仅仅为 2 字节，表明数据包最大的净负荷长度为 32767 字节（有符号的短整数类型）。如果数据包的长度较大，需要传输更多的内容，则可以调用 writeInt(length)方法写入长度。

8.1.2 自定义 Protobuf 解码器

自定义 Protobuf 解码器通过继承 Netty 中基础的 ByteToMessageDecoder 解码器类实现，在其继承的 decode()方法中，将 ByteBuf 字节码解码成 Protobuf 的 POJO 实例，大致过程如下：

（1）读取长度，如果长度位数不够，就终止读取。

（2）读取魔数、版本号等其他的字段。

（3）按照净长度读取内容。如果内容的字节数不够，则恢复到之前的起始位置（也就是长度的位置），然后终止读取。

自定义 Protobuf 解码器的核心代码如下：

```
package com.crazymakercircle.im.common.codec;
...
@Slf4j
public class ProtobufDecoder extends ByteToMessageDecoder
{
    @Override
    protected void decode(ChannelHandlerContext ctx, ByteBuf in,
            List<Object> out) throws Exception
    {
        //标记一下当前的读指针 readIndex 的位置
        in.markReaderIndex();
        //判断包头的长度
        if (in.readableBytes() < 2)  //不够包头中的长度
        {
            return;
        }

        int length = in.readShort();       //读取传送过来的消息的长度
        if (length < 0)                    //如果长度小于 0
        {
            ctx.close();     //非法数据，关闭连接
        }
        if (length >in.readableBytes())  //可读字节少于预期消息长度
        {
           in.resetReaderIndex();          //重置读取位置
            return;
        }

       //省略：读取魔数、版本号等其他的数据
        //省略：读取内容
        byte[] array ;
        if (in.hasArray()) //堆缓冲
        {
            ByteBuf slice=in.slice();
            array=slice.array();
        }
        else
        {
            array = new byte[length];  //直接缓冲
            in.readBytes( array, 0, length);
        }
        //字节转成 Protobuf 的 POJO 对象
        ProtoMsg.Message outmsg = ProtoMsg.Message.parseFrom(array);
        if (outmsg != null)
        {
```

```
            out.add(outmsg);// Protobuf 的 POJO 实例加入到出站 List 容器
        }
    }
}
```

在自定义的解码过程中，如果需要进行版本号或者魔数的校验也是非常简单的：只需读取相应的字节数进行合理的校验即可。

8.1.3 IM 系统中 Protobuf 消息格式的设计

一般来说，IM 系统所涉及消息的格式无论是直接使用二进制承载还是使用 XML、JSON 等字符串承载，一般可以分为 3 大消息类型：请求消息、应答消息和命令消息。每个往来的消息报文基本上会包含一个序列号和一个类型定义，序列号用来唯一区分一个消息，类型用来决定消息的处理方式。

IM 系统的 Protobuf 消息格式大致有以下几个可供参考的原则。

原则一：消息类型使用 enum 定义

在 proto 协议文件中，可以定义一个 HeadType 枚举类型，包含系统用到的所有消息类型，具体的例子如下：

```
enum HeadType {
      LOGIN_REQUEST = 0;            //登录请求
      LOGIN_RESPONSE = 1;           //登录响应
      LOGOUT_REQUEST = 2;           //登出请求
      LOGOUT_RESPONSE = 3;          //登出响应
      KEEPALIVE_REQUEST = 4;        //心跳请求
      KEEPALIVE_RESPONSE = 5;       //心跳响应
      MESSAGE_REQUEST = 6;          //聊天消息请求
      MESSAGE_RESPONSE = 7;         //聊天消息响应
      MESSAGE_NOTIFICATION = 8;     //服务器通知
}
```

原则二：使用一个 Protobuf 消息结构定义一类消息

例如，对应登录请求（LOGIN_REQUEST）类型的消息，其消息结构如下：

```
/*登录请求信息*/
message LoginRequest {
    string uid = 1;             //用户唯一 ID
    string deviceId = 2;        //设备 ID
    string token = 3;           //用户 token
    uint32 platform = 4;        //客户端平台 Windows、Mac、Android、iOS、Web
    string appVersion = 5;      //APP 版本号
}
```

原则三：建议给应答消息加上成功标记和应答序号

应答消息并非总是成功的，因此建议在应答消息中加上两个字段：成功标记和应答序号。成功标记是一个用于描述应答是否成功的标记，建议使用 bool 类型，true 表示发送成功，false 表示发送失败。另外，建议设置 info 字段的类型为字符串，用于放置失败时的提示信息。

应答序号的作用是什么呢？如果一个请求有多个响应，则发送端可以设计为每个响应消息可以包含一个应答的序号，最后一个响应消息包含一个结束标记。接收端在处理时，根据应答序号和结束标记可以合并所有的响应消息。

对应聊天响应（MESSAGE_RESPONSE）类型的消息，其消息结构可以设计如下：

```
/*聊天响应*/
message MessageResponse {
    bool result = 1;           //true 表示发送成功，false 表示发送失败
    uint32 code = 2;           //错误码
    string  info = 3;          //错误描述
    uint32 expose = 4;         //错误描述是否提示给用户:1 表示提示，0 表示不提示
    bool lastBlock = 5;        //是否为最后的应答
    fixed32 blockIndex = 6;    //应答的序号
}
```

原则四：编解码从顶层消息开始

建议定义一个外层的消息把所有的消息类型全部封装在一起。在通信时可以从外层消息开始编码或者解码。对应聊天器中的外层消息，外层的消息结构可以定义如下：

```
/*外层消息*/
message Message {
    HeadType type = 1;                               //消息类型
    uint64 sequence = 2;                             //序列号
    string sessionId = 3;                            //会话 ID
    LoginRequest loginRequest = 4;                   //登录请求
    LoginResponse loginResponse = 5;                 //登录响应
    MessageRequest messageRequest = 6;               //聊天请求
    MessageResponse messageResponse = 7;             //聊天响应
    MessageNotification notification = 8;           //通知消息
}
```

序列号主要用于请求数据包和响应数据包的配套，响应包中的序列号必须和请求包的序列号相同，使得发送端可以进行“请求-响应”的匹配处理。

完整的聊天器的 proto 协议文件在源代码工程中所处的路径为 chatcommon\proto\protoConfig\ProtoMsg.proto。

读者可以打开源码工程，自行阅读以上的 proto 通信协议文件，并且可以使用 Maven 插件尝试生成对应的 Protobuf Builder 和 POJO 类，以供后续使用。

8.2 概述 IM 的登录流程

单体 IM 系统中首先需要登录。从端到端（End to End）的角度来说，登录的流程包括以下环节：

（1）客户端发送登录数据包。

（2）服务端进行用户信息验证。

（3）服务端创建 Session 会话。

（4）服务端返回登录结果的信息给客户端，包括成功标志、Session ID 等。

整个端到端的登录流程涉及 4 次编码/解码：

（1）客户端编码：客户端对登录请求的 Protobuf 数据包进行编码。

（2）服务端解码：服务端对登录请求的 Protobuf 数据包进行解码。

（3）服务端编码：服务端对编码登录响应的 Protobuf 数据包进行编码。

（4）客户端解码：客户端对登录响应的 Protobuf 数据包进行解码。

8.2.1 图解登录/响应流程的环节

从细分的角度来说，整个登录/响应的流程大概包含 9 个环节，如图 8-2 所示。

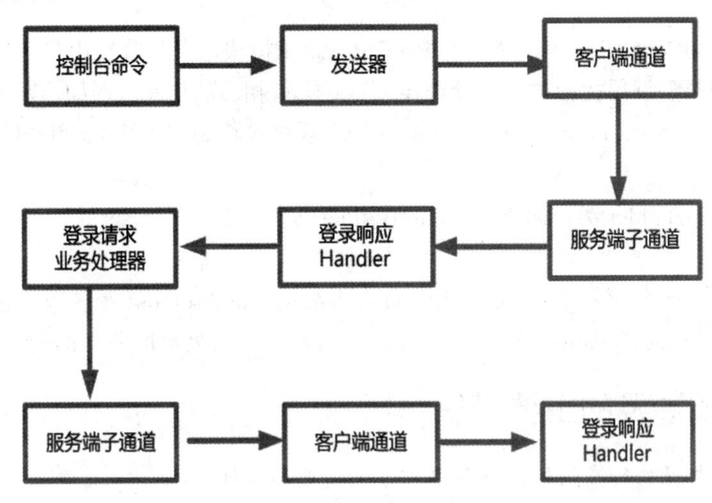

图 8-2　登录/响应的流程

从客户端到服务端再到客户端，9 个环节介绍如下：

（1）客户端收集用户 ID 和密码，需要使用 LoginConsoleCommand 控制台命令类。

（2）客户端发送 Protobuf 数据包到客户端通道，这一步需要通过 LoginSender 发送器组装 Protobuf 数据包。

（3）客户端通道将 Protobuf 数据包发送到对端，这一步需要通过 Netty 底层来完成。

（4）服务端子通道收到 Protobuf 数据包，这一步需要通过 Netty 底层来完成。

（5）服务端 UserLoginHandler 入站处理器收到登录消息，交给业务处理器 LoginMsgProcesser 处理异步的业务逻辑。

（6）服务端 LoginMsgProcesser 处理完异步的业务逻辑，将处理结果写入用户绑定的子通道。

（7）服务端子通道将登录响应 Protobuf 数据帧发送到客户端，这一步需要通过 Netty 底层来完成。

（8）客户端通道收到 Protobuf 登录响应数据包，这一步需要通过 Netty 底层来完成。

（9）客户端 LoginResponceHandler 业务处理器处理登录响应，例如设置登录的状态、保存 Session ID 等。

8.2.2 客户端涉及的主要模块

在 IM 登录的整体执行流程中，客户端所涉及的主要模块大致如下：

（1）ClientCommand 模块：控制台命令收集器。

（2）ProtobufBuilder 模块：Protobuf 数据包构造者。

（3）Sender 模块：数据包发送器。

（4）Handler 模块：服务器响应处理器。

上面的这些模块都有一个或者多个专门的 POJO Java 类来完成对应的工作：

（1）LoginConsoleCommand 类：属于 ClientCommand 模块，负责收集用户在控制台输入的用户 ID 和密码。

（2）CommandController 类：属于 ClientCommand 模块，负责收集用户在控制台输入的命令类型，根据相应的类型调用相应的命令处理器，然后收集相应的信息。例如，如果用户输入的命令类型为登录，则调用 LoginConsoleCommand 命令处理器将收集到的用户 ID 和密码封装成 User 类，然后启动登录处理。

（3）LoginMsgBuilder 类：属于 ProtobufBuilder 模块，负责将 User 类组装成 Protobuf 登录请求数据包。

（4）LoginSender 类：属于 Sender 模块，负责将组装好的 Protobuf 登录数据包发送到服务端。

（5）LoginResponceHandler 类：属于 Handler 模块，负责处理服务端的登录响应。

8.2.3 服务端涉及的主要模块

在 IM 登录的整体执行流程中，服务端涉及的主要模块如下：

（1）Handler 模块：客户端请求的处理。

（2）Processer 模块：以异步方式完成请求的业务逻辑处理。

（3）Session 模块：管理用户与通道的绑定关系。

在具体的服务器登录流程中，上面的这些模块都有一个或者多个专门的 Java 类来完成对应的工作，大致的类为：

（1）UserLoginRequestHandler 类：属于 Handler 模块，负责处理收到的 Protobuf 登录请求包，然后使用 LoginProcesser 类以异步方式进行用户校验。

（2）LoginProcesser 类：属于 Processer 模块，完成服务端的用户校验，再将校验的结果组装成一个登录响应 Protobuf 数据包写回到客户端。

（3）ServerSession 类：属于 Session 模块，如果校验成功，则设置相应的会话状态；然后，将会话加入服务端的 SessionMap 映射中，这样该用户就可以接收其他用户发送的聊天消息。

问题：为什么在服务端登录处理需要分成两个模块（一个模块是 Handler，另一个模块是 Processer，以异步方式完成请求的业务逻辑处理），而不是像客户端一样在 Netty 的 Handler 入站处理器模块中统一完成业务的处理逻辑呢？具体答案稍后揭晓。

8.3 客户端登录处理实战案例

在输入登录信息之前，用户所选择的菜单是登录的选项。最开始的时候，客户端通过

ClientCommandMenu 菜单展示类展示出一个命令菜单，以供用户选择。效果如下：

```
...
INFO (NettyClient.java:102) - 客户端开始连接 [疯狂创客圈 IM]
INFO (CommandController.java:95) - 疯狂创客圈 IM 服务器连接成功!
请输入某个操作指令:
[menu] 0->show 所有命令 | 1->登录 | 2->聊天 | 10->退出 |
```

从上面的输出可以看出，ClientCommandMenu 菜单展示类打印了 4 个选项：登录、聊天、退出和查看全部命令。

每个菜单选项都对应一个信息的收集类：

（1）聊天命令的信息收集类：ChatConsoleCommand。

（2）登录命令的信息收集类：LoginConsoleCommand。

（3）退出命令的信息收集类：LogoutConsoleCommand。

（4）命令的类型收集类：ClientCommandMenu。

以上 4 个客户端命令的收集类都组合在 CommandClient 类中，CommandClient 类代表了整个客户端。当用户输入的命令为“1”（表示登录）时，CommandClient 类会找到与命令“1”对应的登录命令收集类 LoginConsoleCommand 去完成用户 ID 和密码的收集。

8.3.1 LoginConsoleCommand 和 User POJO

登录命令收集类 LoginConsoleCommand 负责从控制台收集客户端输入的用户 ID 和密码，代码如下：

```
package com.crazymakercircle.imClient.clientCommand;
...
public class LoginConsoleCommand implements BaseCommand {
   public static final String KEY = "1";
   private String userName;   //简单起见，假设用户名称和 ID 一致
   private String password;   //登录密码
   @Override
   public void exec(Scanner scanner) {
      System.out.println("请输入用户信息(id:password)  ");
      String[] info = null;
      while (true) {
         String input = scanner.next();
         info = input.split(":");
         if (info.length != 2) {
            System.out.println("请按照格式输入(id:password):");
         }else {
            break;
         }
      }
      userName=info[0];
      password = info[1];
   }
 ...
}
```

成功获取到用户密码和 ID 后，客户端 CommandClient 将这些内容组装成 User POJO 用户对象，然后通过客户端登录消息发送器 loginSender 开始向服务端发送登录请求，主要代码如下：

```
package com.crazymakercircle.imClient.client;
...
@Service("CommandClient")
public class CommandClient {
    ...
    //命令收集线程
    public void startCommandThread() throws InterruptedException {
        Thread.currentThread().setName("主线程");
        while (true) {
            //建立连接
            while (connectFlag == false) {
                //开始连接
                startConnectServer();
                waitCommandThread();
            }
            //处理命令
            while (null != session &&session.isConnected()) {
                Scanner scanner = new Scanner(System.in);
                clientCommandMenu.exec(scanner);
                String key = clientCommandMenu.getCommandInput();
                //取到命令收集类 POJO
                BaseCommand command = commandMap.get(key);
                switch (key) {
                    //登录命令
                    case LoginConsoleCommand.KEY:
                        command.exec(scanner); //收集用户 name 和 password
                        startLogin((LoginConsoleCommand) command);
                        break;
                    case... //省略其他的命令收集代码
                }
            }
        }
    }

    //开始发送登录请求
    private void startLogin(LoginConsoleCommand command) {
           ...
          User user = new User();
          user.setUid(command.getUserName());
          user.setToken(command.getPassword());
          user.setDevId("1111");
          loginSender.setUser(user);
          loginSender.setSession(session);
          loginSender.sendLoginMsg();
     }
...
}
```

8.3.2 LoginSender

LoginSender 消息发送器的 sendLoginMsg()方法主要有两步：第一步生成 Protobuf 登录数据包，第二步调用 BaseSender 基类的 sendMsg()方法来发送数据包。

```
package com.crazymakercircle.imClient.sender;
...
@Slf4j
@Service("LoginSender")
public class LoginSender extends BaseSender {
    public void sendLoginMsg() {
        log.info("生成登录消息");
```

```
        ProtoMsg.Message message =
                LoginMsgBuilder.buildLoginMsg(getUser(), getSession());
        log.info ("发送登录消息");
        super.sendMsg(message);
    }
}
```

在以上代码中，使用 LoginMsgBuilder 构造者来构造一个登录请求的 Protobuf 消息，这一步比较简单，读者直接看源代码即可。然后调用基类的 sendMsg()方法来发送登录消息，BaseSender 基类的代码如下：

```
package com.crazymakercircle.imClient.sender;
...
public abstract class BaseSender {
    private User user;
    private ClientSession session;
    ...
    public void sendMsg(ProtoMsg.Message message) {
        if (null == getSession() || !isConnected()) {
            log.info("连接还没成功");
            return;
        }
        Channel channel=getSession().getChannel();
        ChannelFuture f = channel.writeAndFlush(message);
        f.addListener(new GenericFutureListener<Future<? super Void>>() {
            @Override
            public void operationComplete(Future<? super Void> future)
                ...{
                //回调
                if (future.isSuccess()) {
                    sendSucced(message);
                } else {
                    sendfailed(message);
                }
            }
        });
    ...
    }
    protected void sendSucced(ProtoMsg.Message message) {
        log.info("发送成功");
    }
    protected void sendfailed(ProtoMsg.Message message) {
        log.info("发送失败");
    }
}
```

一般来说，在 Netty 中会调用 write(pkg)或者 writeAndFlush(pkg)方法来发送数据包，前面多次反复讲到，发送方法调用后会立即返回，返回的类型是一个 ChannelFuture 异步任务实例。问题是：发送方法返回时，数据包是否已经发送到对端呢？答案是没有，比如在 write(pkg)方法返回时，真正的 TCP 写入的操作其实还没有执行。这和 Netty 中同一个通道上的同一个处理器的出入站操作的串行执行特点有关。

在 Netty 中，无论是入站操作还是出站操作，都有两大特点：

（1）同一条通道的同一个 Handler 处理器的所有出站/入站处理都是串行的，而不是并行的。Netty 是如何保障这一点的呢？在某个出站/入站开启时，Netty 会对当前的执行线程进行判断：如果当前线程不是 Handler 的执行线程，则处理暂时不执行，Netty 会为当前处理建立一个新的异步可执行任务，加入 Handler 的执行线程的任务队列中。

在处理加入通道时，可以为处理器设置一个单独的处理器线程，大致代码如下：

```
//创建一个独立的线程池，假定有 32 条线程
EventExecutorGroup threadGroup = new DefaultEventExecutorGroup(32);
final OutHandlerDemo handlerA = new OutHandlerDemo();//创建处理器
ChannelInitializer i = new ChannelInitializer<EmbeddedChannel>(){
    protected void initChannel(EmbeddedChannel ch){
      //handlerA 的执行，从 threadGroup 池中绑定一条线程
      ch.pipeline().addLast(threadGroup,handler);
    }
};
```

在处理器加入通道时，如果为处理器设置独立的线程组（EventExecutorGroup）A，此时，处理器会被绑定到该组的一个特定线程 Executor B，并且 Netty 会保证后续该通道有其他处理器也使用线程组 A，这些处理器会绑定到同一个特定线程 Executor A 上。

如果通道上所有的处理器都没有设置线程组，则所有的出站/入站处理任务都在通道的反应器线程上执行，这些任务一个一个地串行处理。Netty 的线程（Executor）维护了一个任务队列，对所有的处理任务进行排队。

Netty Executor 线程的任务队列是一个 MPSC 队列（多生产者单消费者队列）。MPSC 队列的特点是：只有 EventLoop 线程自己是唯一的消费者，它将遍历任务队列，逐个执行任务；其他线程只能作为生产者，它们的出站/入站操作都会作为异步任务加入任务队列。

通过 MPSC 队列，EventLoop 线程能够确保同一个通道上所有的出站/入站处理都是串行的，不是并行的，这样不同的 Handler 业务处理器之间不需要进行线程的同步，能大大提升 IO 的性能。如果在通道加入处理器时为处理器配置了专用的线程组，则可以保证属于同组的所有出站/入站处理都是串行的，不是并行的。

（2）Netty 的出站/入站操作不是单个 Handler 操作，而是流水线上的一系列出站/入站处理流程。只有整个流程都处理完，出站/入站操作才真正处理完成。

基于以上两点，读者可以简单地推断，在调用完 channel.writeAndFlush(pkg)后，真正的出站操作肯定是没有执行完成的，可能还需要在 EventLoop 的任务队列中排队等待。

如何才能判断 writeAndFlush()执行完毕了呢？writeAndFlush()方法会返回一个 ChannelFuture 异步任务实例，可以通过为其增加 GenericFutureListener 监听器的方式来判断 writeAndFlush()是否已经执行完毕。当监听器的 operationComplete 方法被回调时，表示 writeAndFlush()方法已经执行完毕。具体的回调业务逻辑可以放在 operationComplete 回调方法中。

在上面的代码中设计了两个 sendSucced()/sendfailed()业务回调方法，在发送操作被真正执行完成后，回调方法将被执行，并且将 sendSucced()和 sendfailed()封装在发送器的 BaseSender 基类中，方便子类发送器进行继承。如果子类发送器需要改变默认的回调处理逻辑，重写 sendSucced()和 sendfailed()方法即可。

在上面的代码中，为获取客户端的通道，使用了 ClientSession 客户端会话。什么是会话，会话的作用是什么，什么时候创建会话？下一节将为读者解答。

8.3.3 ClientSession

ClientSession 是一个很重要的胶水类，包含两个成员：一个是 User，代表用户；另一个是 Channel，代表连接的通道。在实际开发中，这两个成员的作用是：

（1）通过 User，ClientSession 可以获得当前的用户信息。
（2）通过 Channel，ClientSession 可以向服务端发送消息。

ClientSession 会话"左拥右抱"，左手"拥有"用户消息，右手"抱有"服务端的连接，通过 User 成员可以获取当前的用户信息，借助 Channel 可以写入 Protobuf 数据包到对端，或者关闭 Netty 连接。

客户端会话 ClientSession 保存着当前的状态：

（1）是否成功连接 isConnected。
（2）是否成功登录 isLogin。

ClientSession 绑定在 Channel 上，因而可以在入站处理时通过 Channel 反向取得绑定的 ClientSession，从而可以对应到 User 信息。这一点非常重要，在疯狂创客圈社群中，总是有人问：如何将 Channel 与用户对应呢？其答案就在于 ClientSession 与 Channel 的双向绑定关系上，通过 Channel 可以找到绑定的 ClientSession，进一步找要对应的用户，从而实现 Channel 与用户的对应关系。

ClientSession 客户端会话的主要代码如下：

```
package com.crazymakercircle.imClient.client;
...
public class ClientSession {
   public static final AttributeKey<ClientSession> SESSION_KEY =
         AttributeKey.valueOf("SESSION_KEY");

   private Channel channel;
   private User user;
   private String sessionId;   //保存登录后的服务端 sessionId
   private Boolean isConnected = false;
   private Boolean isLogin = false;

   //绑定通道
   public ClientSession(Channel channel) {
      this.channel = channel;
      this.sessionId = String.valueOf(-1);
            //重要：ClientSession 绑定到 Channel 上
      channel.attr(ClientSession.SESSION_KEY).set(this);
   }
   //登录成功之后，设置 sessionId
   public static void loginSuccess(
      ChannelHandlerContext ctx, ProtoMsg.Message pkg) {
         Channel channel = ctx.channel();
         ClientSession session =
                  channel.attr(ClientSession.SESSION_KEY).get();
         session.setSessionId(pkg.getSessionId());
         session.setLogin(true);
         log.info("登录成功");
      }
```

```
    //获取通道
    public static ClientSession getSession(ChannelHandlerContext ctx) {
        Channel channel = ctx.channel();
        ClientSession session =
                        channel.attr(ClientSession.SESSION_KEY).get();
        return session;
    }

    //把 Protobuf 数据包写入通道
    public ChannelFuture witeAndFlush(Object pkg) {
        ChannelFuture f = channel.writeAndFlush(pkg);
        return f;
    }

     ...
}
```

什么时候创建客户端会话呢？在 Netty 客户端发起连接请求之后，增加一个连接建立完成的异步回调任务，代码如下：

```
package com.crazymakercircle.imClient.client;
...
public class CommandController {
    ...
    GenericFutureListener<ChannelFuture> connectedListener =
                        (ChannelFuture f) ->    {
        final EventLoop eventLoop = f.channel().eventLoop();
        if (!f.isSuccess()) {
            log.info("连接失败!在 10s 之后准备尝试重连!");
            eventLoop.schedule(() ->nettyClient.doConnect(),
                10, TimeUnit.SECONDS);

            connectFlag = false;
        } else {
            connectFlag = true;
            log.info("疯狂创客圈 IM 服务器连接成功!");
            channel = f.channel();
            //创建会话
            session= new ClientSession(channel);
            channel.closeFuture().addListener(closeListener);
            //唤醒用户线程
            notifyCommandThread();
        }
    };
...
}
```

8.3.4 LoginResponceHandler

LoginResponceHandler（登录响应处理器）对消息类型进行判断：

（1）如果消息类型是请求响应消息并且登录成功，则取出绑定的会话（Session），再设置登录成功的状态。完成登录成功处理之后，进行其他的客户端业务处理。

（2）如果消息类型不是请求响应消息，则调用父类默认的 super.channelRead()入站处理方法，将数据包交给流水线的下一站 Handler 业务处理器去处理。

```
package com.crazymakercircle.imClient.handler;
...
```

```
public class LoginResponceHandler
                            extends ChannelInboundHandlerAdapter {
    @Override
    public void channelRead(ChannelHandlerContext ctx, Object msg)
          ...{
        //判断消息实例
        if (null == msg || !(msg instanceofProtoMsg.Message)) {
            super.channelRead(ctx, msg);
            return;
        }

        //判断类型
        ProtoMsg.Message pkg = (ProtoMsg.Message) msg;
        ProtoMsg.HeadType headType = ((ProtoMsg.Message) msg).getType();
        if (!headType.equals(ProtoMsg.HeadType.LOGIN_RESPONSE)) {
            super.channelRead(ctx, msg);
            return;
        }
        //判断返回是否成功
        ProtoMsg.LoginResponse info = pkg.getLoginResponse();
        ProtoInstant.ResultCodeEnum result =
                 ProtoInstant.ResultCodeEnum.values()[info.getCode()];
        if (!result.equals(ProtoInstant.ResultCodeEnum.SUCCESS)) {
            //登录失败
            log.info(result.getDesc());
        } else {
            //登录成功
            ClientSession.loginSuccess(ctx, pkg);
            ChannelPipeline p = ctx.pipeline();
            //移除登录响应处理器
            p.remove(this);

            //在编码器后面动态插入心跳处理器
            p.addAfter("encoder", "heartbeat",
                                       new HeartBeatClientHandler());
        }
    }
}
```

在登录成功之后，需要将 LoginResponceHandler 登录响应处理器实例从流水线上移除，因为不需要再处理登录响应了。同时，需要在客户端和服务端之间开启定时的心跳处理。心跳是一个比较复杂的议题，后面会专门详细介绍客户端和服务端之间的心跳。

8.3.5　客户端流水线的装配

在客户端的业务处理器流水线（Pipeline）上，首先需要装配一个 ProtobufDecoder 解码器和一个 ProtobufEncoder 编码器，编码器和解码器一般都装配在最前面。然后需要装配业务处理器——LoginResponceHandler（登录响应处理器）。

一般来说，在流水线最后还需要装配一个异常处理器（ExceptionHandler），它也是一个入站处理器，用来实现 Netty 异常的处理以及在连接异常中断后进行重连。

```
package com.crazymakercircle.imClient.client;
...
public class NettyClient {

    @Autowired
```

```
    private ChatMsgHandler chatMsgHandler; //聊天消息处理器

    @Autowired
    private LoginResponceHandler loginResponceHandler; //登录响应处理器
    //连接异步监听
    private GenericFutureListener<ChannelFuture> connectedListener;
    private Bootstrap b;
    private EventLoopGroup g;
    ...
public void doConnect() {
    try {
          b = new Bootstrap();
          //省略设置通道初始化参数
          b.handler(new ChannelInitializer<SocketChannel>() {
              public void initChannel(SocketChannel ch) {
                  ch.pipeline().addLast("decoder",
                                               new ProtobufDecoder());
                  ch.pipeline().addLast("encoder",
                                               new ProtobufEncoder());
                  ch.pipeline().addLast(loginResponceHandler);
                  ch.pipeline().addLast(chatMsgHandler);
                  ch.pipeline().addLast("exception",
                                               new ExceptionHandler());
              }
          });
          log.info("客户端开始连接 [疯狂创客圈 IM]");
          ChannelFuture f = b.connect();
          f.addListener(connectedListener);
        } catch (Exception e) {
          log.info("客户端连接失败!" + e.getMessage());
        }
    }
    ...
}
```

处理器装配次序说明：登录响应处理器必须装配在 ProtobufDecoder 解码器之后。其具体的原因是：Netty 客户端读到二进制 Bytebuf 数据包之后，首先需要通过 ProtobufDecoder 完成解码操作。解码后组装好 Protobuf 消息 POJO，再进入 loginResponceHandler 登录响应处理器。

8.4 服务端登录响应实战案例

服务端的登录处理流程是：

（1）ProtobufDecoder 解码器把请求 Bytebuf 数据包解码成 Protobuf 数据包。

（2）UserLoginRequestHandler 登录处理器负责处理 Protobuf 数据包，进行一些必要的判断和预处理后，启动 LoginProcesser 登录业务处理器，以异步方式进行登录验证处理。

（3）LoginProcesser 通过数据库或者远程接口完成用户验证后，根据验证处理结果生成登录成功或者失败的登录响应报文，并发送给到客户端。

8.4.1　服务端流水线的装配

与客户端类似，服务端流水线首先需要装配一个 ProtobufDecoder 解码器和一个 ProtobufEncoder 编码器，然后需要装配 loginRequestHandler 登录业务处理器实例。最后，在流水线上加入一个 serverExceptionHandler 异常处理器实例。

```
package com.crazymakercircle.imServer.server;
...
public class ChatServer {
    ...
    @Autowired
    private LoginRequestHandler loginRequestHandler; //登录请求处理器
    @Autowired
    private ServerExceptionHandler serverExceptionHandler; //服务器异常处理器
    public void run() {
        try {
            //省略Bootstrap的配置选项
            //装配流水线
            b.childHandler(new ChannelInitializer<SocketChannel>() {
                //连接到达时会创建一个子通道
                protected void initChannel(SocketChannel ch) ...{
                    //装配子通道流水线中的Handler业务处理器
                    ch.pipeline().addLast(new ProtobufDecoder()); //解码器
                    ch.pipeline().addLast(new ProtobufEncoder()); //编码器
                    //在流水线中添加登录处理器，登录后删除
                    ch.pipeline().addLast(loginRequestHandler);
                    ch.pipeline().addLast(serverExceptionHandler);//异常处理器
                }
            });
            //省略启动Bootstrap
        } catch (Exception e) {
            e.printStackTrace();
        } finally {
            //优雅关闭EventLoopGroup
            //释放所有资源，包括创建的线程
            wg.shutdownGracefully();
            bg.shutdownGracefully();
        }
    }
}
```

在服务端的登录处理流程中，ProtobufDecoder 解码器把登录请求的二进制 ByteBuf 数据包解码成 Protobuf 数据包，然后发送给下一站 loginRequestHandler 登录请求处理器，由该处理器异步发起实际的登录处理。

8.4.2　LoginRequestHandler

这是一个入站处理器，它继承自 ChannelInboundHandlerAdapter 入站适配器，重写了适配器的 channelRead 方法，主要的工作如下：

（1）对消息进行必要的判断：判断是否为登录请求 Protobuf 数据包。如果不是，则通过 super.channelRead(ctx, msg)将消息交给流水线的下一个入站处理器。

（2）如果是登录请求 Protobuf 数据包，则准备进行登录处理，提前为客户建立一个服务端的会话 ServerSession。

（3）使用自定义的 CallbackTaskScheduler 异步任务调度器提交一个异步任务，启动 LoginProcesser 执行登录用户验证逻辑。

```
package com.crazymakercircle.imServer.handler;
...
@Slf4j
@Service("LoginRequestHandler")
@ChannelHandler.Sharable
public class LoginRequestHandler extends ChannelInboundHandlerAdapter {
    @Autowired
    LoginProcesser loginProcesser;
    public void channelRead(ChannelHandlerContext ctx, Object msg)...{
       if (null == msg || !(msg instanceofProtoMsg.Message)) {
           super.channelRead(ctx, msg);
           return;
       }
       ProtoMsg.Message pkg = (ProtoMsg.Message) msg;
       //取得请求类型
       ProtoMsg.HeadType headType = pkg.getType();
       if (!headType.equals(loginProcesser.type())) {
           super.channelRead(ctx, msg);
           return;
       }
       ServerSession session = new ServerSession(ctx.channel());
       //异步任务，处理登录逻辑
       CallbackTaskScheduler.add(new CallbackTask<Boolean>() {
           @Override
           public Boolean execute()...{
               boolean r = loginProcesser.action(session, pkg);
               return r;
           }
           //异步任务返回
           @Override
           public void onBack(Boolean r) {
               if (r) {
                   ctx.pipeline().remove(LoginRequestHandler.this);
                   log.info("登录成功:" + session.getUser());
               } else {
                   ServerSession.closeSession(ctx);
                   log.info("登录失败:" + session.getUser());
               }
           }
           //异步任务异常
           @Override
           public void onException(Throwable t) {
               ServerSession.closeSession(ctx);
               log.info("登录失败:" + session.getUser());
           }
       });
    }
}
```

8.4.3 LoginProcesser

LoginProcesser 用户验证逻辑主要包括密码验证、将验证的结果写入通道。如果登录验证成功，还需要实现通道与服务端会话的双向绑定，并且将服务端会话加入在线用户列表中。

```
package com.crazymakercircle.imServer.processer;
...
```

```
@Slf4j
@Service("LoginProcesser")
public class LoginProcesser extends AbstractServerProcesser {
   @Autowired
   LoginResponceBuilderloginResponceBuilder;
   @Override
   public ProtoMsg.HeadTypetype() {
      return ProtoMsg.HeadType.LOGIN_REQUEST;
   }

   @Override
   public boolean action(ServerSession session,ProtoMsg.Message proto){
      //取出 token 验证
      ProtoMsg.LoginRequest info = proto.getLoginRequest();
      long seqNo = proto.getSequence();

      User user = User.fromMsg(info);
      //检查用户
      booleanisValidUser = checkUser(user);
      if (!isValidUser) {
         ProtoInstant.ResultCodeEnum resultcode =
                ProtoInstant.ResultCodeEnum.NO_TOKEN;
      //生成登录失败的报文
      ProtoMsg.Message response =
           loginResponceBuilder.loginResponce(resultcode, seqNo, "-1");
      //发送登录失败的报文
      session.writeAndFlush(response);
      return false;
   }

   session.setUser(user);
   session.bind();

   //登录成功
   ProtoInstant.ResultCodeEnum resultcode =
                        ProtoInstant.ResultCodeEnum.SUCCESS;
   //生成登录成功的报文
   ProtoMsg.Message response =loginResponceBuilder.
          loginResponce(resultcode, seqNo, session.getSessionId());
  //发送登录成功的报文
   session.writeAndFlush(response);
      return true;
   }

   private booleancheckUser(User user) {
      if (SessionMap.inst().hasLogin(user)) {
         return false;
      }
      //验证用户，比较耗时的操作，需要 200 毫秒以上的时间甚至更多
      //方法 1：调用远程用户 RESTful 校验服务
      //方法 2：调用数据库接口校验
      return true;
   }
}
```

用户密码验证的逻辑在 checkUser()方法中完成。在实际的生产场景中，LoginProcesser 进行用户登录验证的方式比较多：

- 通过 RESTful 接口验证用户。

- 通过数据库验证用户。
- 通过认证（Auth）服务器验证用户。

总之，验证用户涉及 RPC 等耗时操作，为了尽量简化流程，示例程序代码省去了通过账号和密码验证的过程，checkUser()方法直接返回 true，也就是默认所有的登录都是成功的。

服务端校验通过之后，可以完成服务端会话（ServerSession）的绑定工作。服务端的 ServerSession 会话与客户端的 ClientSession 会话类似，也是一个胶水类。每一个 ServerSession 拥有一个 Channel 成员实例和一个 User 成员实例。Channel 成员代表与客户端连接的子通道，User 成员代表用户信息。稍后会对 ServerSession 进行详细介绍。

在用户校验成功后，服务端就需要向客户端发送登录响应。具体的方法是：调用登录响应的 Protobuf 消息构造器 loginResponceBuilder，构造一个登录响应 POJO 实例，设置好校验成功的标志位，调用会话（Session）的 writeAndFlush()方法把数据写到客户端。

8.4.4 EventLoop 线程和业务线程相互隔离

在前面的章节中已经埋下一个疑问：为什么在服务端的登录处理需要分成两个模块：Netty Handler 业务处理器和 Processer 业务逻辑处理器，而不是像客户端一样，在 InboundHandler 入站处理器中统一完成处理呢？答案是在服务端需要隔离 EventLoop（Reactor）线程和业务线程。基本的方法是，使用独立、异步的业务线程去执行用户验证的逻辑，而不是在 EventLoop 线程中去执行用户验证的逻辑。

实际上，Reactor 线程和业务线程相互隔离在服务端非常重要。为什么呢？

首先，以读通道 channelRead 为例，一次普通的登录入站处理的基本步骤如下：

```
public void channelRead(ChannelHandlerContext ctx, Object msg)
                  throws Exception {
    //1. 判断消息是否需要处理
    //2. 取得消息，并判断类型
    //3. 耗时的业务处理操作
    //4. 把结果写入连接通道
}
```

其中第 3 步通常会涉及一些比较耗时的业务处理操作，例如：

（1）如果是数据库操作，一般查询的耗时在 100 毫秒以上，百毫秒级。

（2）如果是远程接口调用，一般耗时在 200 毫秒以上，百毫秒级，稍微慢点的耗时在 500 毫秒以上。

再看 Netty 内部的 IO 读写操作，通常都是毫秒级。也就是说，Netty 内部的 IO 操作和业务处理操作在时间上不在一个数量级。

问题来了：在大量（成千上万）的子通道复用一个 EventLoop 反应器线程的应用场景中，一旦某个耗时的业务处理操作在执行，就会导致子通道上的其他 IO 操作发生严重的阻塞问题。这样会导致严重的性能问题，为什么呢？在默认情况下，Netty 的一个 EventLoopGroup 反应器组会开启 2 倍 CPU 核数的内部线程。通常情况下，一个 Netty 服务端会有几万或者几十万的连接通道。也就是说，一个 EventLoop 组内线程会负责处理几万甚至十万个以上通道连接的 IO 处理。

一个 EventLoop 内部线程上的任务是串行的。如果一个 Handler 业务处理器中的 channelRead()

入站处理方法执行 1000 毫秒或者几秒，最终的结果是阻塞了 EventLoop 内部线程其他几十万个通道的出站和入站处理，阻塞时长为 1000 毫秒或者几秒。耗时的入站/出站处理越多，越会拖慢整个线程的其他 IO 处理，最终导致严重的性能问题。

如果出现严重的性能问题，解决办法是：业务操作和 EventLoop 线程相隔离。具体来说，就是专门开辟一个独立的线程池，负责一个独立的异步任务处理。对于耗时的业务操作，将其封装成异步任务，并放入独立的线程池中去处理。这样的话服务端的性能会提升很多，避免了对 IO 操作的阻塞。

有两种办法使用独立的线程池：一是使用 Netty 的 EventLoopGroup 线程池，二是使用自己创建的 Java 线程池。

方法 1：创建 Netty 的 EventLoopGroup 线程池，专门用于处理耗时任务。

此方法有一个特点，在同一通道上的所有出站/入站处理（未设置的除外）都会绑定在池中的同一线程上，保障这些处理是串行执行的，不需要进行同步控制，使用的示例如下：

```
//创建一个独立的线程池，假定有 32 条线程
EventExecutorGroup threadGroup = new DefaultEventExecutorGroup(32);
final OutHandlerDemo handlerA = new OutHandlerDemo();//创建处理器
ChannelInitializer i = new ChannelInitializer<EmbeddedChannel>(){
    protected void initChannel(EmbeddedChannel ch){
       //处理器加入通道时，从专用的 threadGroup 池中绑定一条线程
       ch.pipeline().addLast(threadGroup,handler);
    }
};
```

Netty Executor 线程的任务队列是一个 MPSC 队列（多生产者单消费者队列）。MPSC 队列的特点是：只有 EventLoop 线程自己是唯一的消费者，它将遍历任务队列，逐个执行任务；其他线程只能作为生产者，它们的出站/入站操作都会作为异步任务加入任务队列。通过 MPSC 队列，EventLoop 线程能做到确保同一个通道上所有的出站/入站处理都是串行的，不是并行的，这样不同的 Handler 业务处理器之间不需要进行线程的同步，这点也能节省线程之间同步的时间。

方法 2：创建一个专门的 Java 线程池，专门用于处理耗时任务。

可以写一个专门的辅助类，帮助线程池的创建和任务的提交，大致代码如下：

```
package com.crazymakercircle.cocurrent;
...
public class FutureTaskScheduler
{
   //方法二是使用自建的线程池，专门用于处理耗时操作
   static ThreadPoolExecutor mixPool = null;
   static {
      mixPool = ThreadUtil.getMixedTargetThreadPool();
   }
   //添加耗时任务
    public static void add(Runnable executeTask)
   {
      mixPool.submit(executeTask);
   }
}
```

提交任务时，使用辅助类的静态方法 add(Runnable executeTask)添加耗时操作即可。不过以上的 add()方法所添加的是没有回调处理的任务，如果需要添加有回调处理的任务，则可以自己增加

一个类似的辅助函数。

说明 出于降低学习难度的目的，以上辅助类调用 Executors.newFixedThreadPool(10)快捷方式创建一个容量为 10 的固定大小线程池。注意，生产环境是不允许使用 Executors 快捷创建线程池的，具体的原理请参阅本书的下一卷《Java 高并发核心编程 卷 2（加强版）：多线程、锁、JMM、JUC、高并发设计模式》。这也是这里使用辅助类，而不直接使用线程池的原因。如果需要修改和升级，那么优化一下辅助类 FutureTaskScheduler 即可，不需要去修改那些提交异步任务的代码，可以说升级的工作量很小。

8.5 详解 Session 服务器会话

无论是客户端还是服务端，为了让通道连接（Channel）和用户（User）状态的管理和使用变得方便，都使用了一个非常重要的概念——会话（Session）。有点类似 Tomcat 的服务器会话，只是在实现上比较简单。

由于客户端和服务器都有各自的通道，并且相关的参数有些也不一致，因此这里使用了两个会话类型：客户端会话 ClientSession 与服务端会话 ServerSession。

会话和通道之间存在两个方向的导航关系：一个是正向导航，可以通过会话导航到通道，主要用于出站处理的场景，例如需要将数据包写出到通道；另一个是反向导航，可以通过通道导航到会话，主要用于入站处理的场景，入站时可以从通道获取绑定的会话，以便进一步进行业务处理。

如何进行反向导航呢？需要用到通道的容器属性。

8.5.1 通道的容器属性

Netty 中的 Channel 通道类有类似于 Map 的容器功能，可以通过键-值对（Key-Value Pair）的形式来保存任何 Java Object 实例。一般来说，可以用于存放一些与通道相关联的属性，比如会话实例。另外，除了 Channel 通道实例外，Netty 中的 HandlerContext 处理器上下文实例也具备类似的容器功能，可以绑定键-值对。那么，Channel 和 HandlerContext 的容器功能具体是如何实现的呢？

Netty 没有实现 Map 接口，而是定义了一个类似的接口，叫作 AttributeMap（原理见图 8-3），它有且只有一个方法“<T> Attribute<T> attr(AttributeKey<T> key);”，此方法接收一个 AttributeKey 类型的 key，返回一个 Attribute 类型的值，其特点如下：

（1）AttributeKey 不是原始的键（如 Map 中的键），而是一个键的包装类。AttributeKey 确保了键的唯一性，在单个 Netty 应用中，AttributeKey 必须唯一。

（2）这里的 Attribute 值也不是原始的值（如 Map 中的值），也是值的包装类。原始的值就放置在 Attribute 包装实例，可以通过 Attribute 包装类实现值的读取（get）和设置（set）。

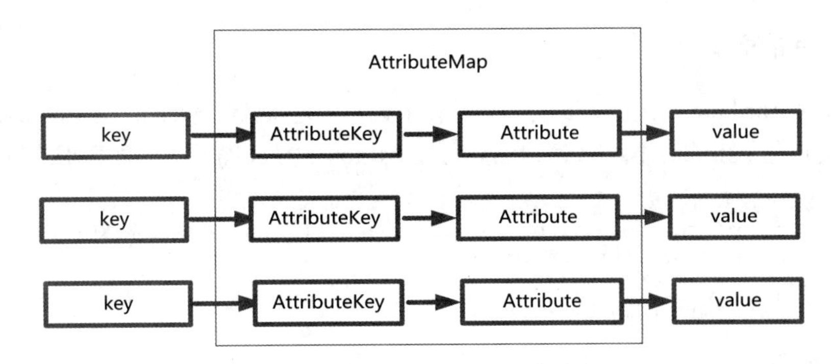

图 8-3　AttributeMap 原理图

在 Netty 中，接口 AttributeMap 的源代码如下：

```
package io.netty.util;
public interface AttributeMap {
    <T> Attribute<T> attr(AttributeKey<T>  key);
}
```

AttributeMap 只是一个接口，Netty 提供了默认的实现。AttributeMap 的实现要求是线程安全的。可以通过通道的 attr()方法根据 AttributeKey 实例取得 Attribute 类型的 value 实例；然后通过 Attribute 类型的 value 实例完成最终的两个重要操作：设值（set）和取值（get）。

1. Attribute 的设值

Attribute 设值的方法举例如下：

```
//定义 key
public static final AttributeKey<ServerSession> SESSION_KEY =
                                        AttributeKey.valueOf("SESSION_KEY");
...
//通过设置将会话绑定到通道
channel.attr(SESSION_KEY).set(session);
```

AttributeKey 的创建需要用到静态方法 AttributeKey.valueOf(String)。该方法的返回值为一个 AttributeKey 实例，其泛型参数为实际“键-值对”中“值”的实际类型。如果实际的值是 ServerSession 类型，则定义键的泛型参数为 ServerSession，整个 AttributeKey 的定义为 AttributeKey<ServerSession>。

```
//key 的泛型形参是设置的值类型
public static final AttributeKey<ServerSession> SESSION_KEY =
                                     AttributeKey.valueOf("SESSION_KEY");
```

创建完 AttributeKey 后，就可以通过通道完成键-值对的设值（set）和取值（get）了。通常是进行链式调用，首先通过通道的 attr(AttributeKey)方法取得 value 的包装类 Attribute 实例，然后通过 Attribute 的 set()方法设置真正的值。在例子中，值是一个会话（Session）实例。

```
//通过设置将会话绑定到通道
channel.attr(SESSION_KEY).set(session);
```

说明 这里的 AttributeKey 一般定义为一个常量，需要提前定义，它的泛型参数是最终的 Attribute 的包装值 value 的数据类型。

2. Attribute 的取值

取值时调用 Attribute 实例的 get()方法。具体来说，首先通过通道的 attr(AttributeKey)方法取得键（key）所对应的 Attribute 包装实例，然后通过 Attribute 的 get()方法设置真正的值。举例如下：

```
//取得 Attribute 实例
Attribute<ServerSession> attribute = ctx.channel().attr(SESSION_KEY);
ServerSession session=attribute.get();
```

还可以使用链式调用，代码如下：

```
ServerSession session = ctx.channel().attr(SESSION_KEY).get();
```

8.5.2 ServerSession 服务端会话类

在登录成功之后，服务端会为每一个新连接通道创建一个 ServerSession 实例，用于保持用户与服务端的会话信息。每个 ServerSession 实例都拥有一个唯一标识，为 SessionId。注意 SessionId 不一定是 Userid。主要是因为同一个用户可能从网页端、手机端、计算机桌面端同时登录 IM 服务端，就像微信、QQ 那样，此时同一个用户的消息需要在手机端、网页端、桌面端进行同步，各个终端需要能同时接收消息和同时发送消息。

```
package com.crazymakercircle.imServer.server;
...
public class ServerSession {
    public static final AttributeKey<ServerSession> SESSION_KEY =
          AttributeKey.valueOf("SESSION_KEY");
   private Channel channel; //通道
   private User user; //用户
   private final String sessionId;//会话唯一标识

    private boolean isLogin = false;//登录状态


    public ServerSession(Channel channel) {
        this.channel = channel;
        this.sessionId = buildNewSessionId();
    }
    //反向导航
    public static ServerSession getSession(ChannelHandlerContext ctx) {
        Channel channel = ctx.channel();
        return channel.attr(ServerSession.SESSION_KEY).get();
    }
   //和通道实现双向绑定
    public ServerSession bind() {
        log.info(" ServerSession 绑定会话 " + channel.remoteAddress());
        channel.attr(ServerSession.SESSION_KEY).set(this);
        SessionMap.inst().addSession(getSessionId(), this);
        isLogin = true;
        return this;
    }
    //构造 SessionId
    private static String buildNewSessionId() {
        String uuid = UUID.randomUUID().toString();
        return uuid.replaceAll("-", "");
    }
    //省略不是太重要的方法
}
```

从功能上说，ServerSession 与 ClientSession 类似，也是一个很重要的胶水类：

（1）通过 ServerSession 实例可以导航到 Channel（通道）实例，以便发送消息。

（2）在通道收到消息时，从通道能反向导航到 ServerSession 实例和用户，以便完成业务逻辑处理。

8.5.3　SessionMap 会话管理器

一台服务器需要接受几万甚至几十万的客户端连接，每一条连接都对应一个 ServerSession 实例，服务器需要对大量的 ServerSession 实例进行管理。这里使用一个会话容器 SessionMap，负责管理服务端所有的 ServerSession，其内部使用一个线程安全的 ConcurrentHashMap 类型的映射成员，保持 sessionId 到服务端 ServerSession 的映射。

```
package com.crazymakercircle.imServer.server;
...
public final class SessionMap {
     private ConcurrentHashMap<String, ServerSession> map =
           new ConcurrentHashMap<String, ServerSession>();
    //增加会话对象
    public void addSession(String sessionId, ServerSession s) {
        map.put(sessionId, s);
        log.info("用户登录:id= " + s.getUser().getUid()
                    + "   在线总数: " + map.size());
    }
    //获取会话对象
     public ServerSession getSession(String sessionId) {
        if (map.containsKey(sessionId)) {
           return map.get(sessionId);
        } else {
           return null;
        }
    }
    //省略不太重要的方法
}
```

通过 SessionMap 可以实现在线用户的统计。除此之外，当用户与用户之间进行单聊时，服务端消息需要在不同的用户之间进行转发，这时也需要用到 SessionMap。

8.6　点对点单聊实战案例

单聊的业务非常简单，就像微信的文字聊天功能，主要的业务流程如下：

（1）当用户 A 登录成功之后，按照单聊的消息格式发送所要的消息。

为了简单，这里的消息格式简化为 userId:content。其中，userId 是消息接收方目标用户 B 的 userId，content 表示聊天的内容。

（2）服务端收到消息后，根据目标 userID 进行消息的转发，发送到用户 B 所在的客户端。

（3）客户端用户 B 收到用户 A 发来的消息，在自己的控制台显示出来。

这里有一个问题，为什么服务端的路由转发不是根据 sessionID，而是根据 userID 呢？前面讲过，用户 B 可能登录了多个会话（桌面会话、移动端会话、网页端会话），这时发给用户 B 的聊天消息必须转发到多个会话，所以需要根据 userID 进行转发。

8.6.1 单聊的端到端流程

从大的角度来说，单聊的端到端流程包括如图 8-4 所示的环节。

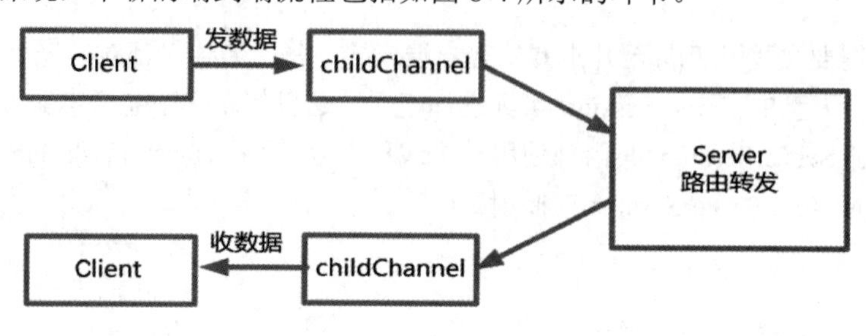

图 8-4 单聊的端到端流程

（1）用户 A 发送单聊 Protobuf 数据包到服务端。

（2）服务端接收到用户 A 的单聊数据包。

（3）服务端转发单聊数据包到用户 B。

（4）最终用户 B 接收到来自用户 A 的单聊数据包。

8.6.2 使用客户端的 ChatConsoleCommand 收集聊天内容

聊天消息收集类 ChatConsoleCommand 负责从控制台 Scanner 实例收集用户输入的聊天消息（格式为 id:message），代码如下：

```
package com.crazymakercircle.imClient.command;
...
@Data
@Service("ChatConsoleCommand")
public class ChatConsoleCommand implements BaseCommand {

    private String toUserId;    //目标用户 ID（这里为登录的用户名称）
    private String message;     //聊天内容
    public static final String KEY = "2";

    @Override
    public void exec(Scanner scanner) {
        System.out.print("请输入聊天的消息(id:message): ");
        String[] info = null;
        while (true) {
            String input = scanner.next();
            info = input.split(":");
            if (info.length != 2) {
                System.out.println("请输入聊天的消息(id:message):");
            }else {
                break;
            }
        }
        toUserId = info[0];
        message =  info[1];
```

```
        }
    ...
    }
```

8.6.3 使用客户端的 CommandController 发送 POJO

ChatConsoleCommand 的调用者是 CommandController 命令控制类，该控制类在收集完聊天内容和目标用户后，在自己的 startOneChat()方法中调用 ChatSender 发送实例，将聊天消息组装成 Protobuf 数据包，通过客户端的通道发往服务端。

```
package com.crazymakercircle.imClient.client;
...
public class CommandController {
    @Autowired
    ChatConsoleCommand chatConsoleCommand; //聊天命令收集器实例
    //省略其他成员
    public void startCommandThread()throws InterruptedException {
        Thread.currentThread().setName("命令线程");
        while (true) {
            //建立连接
            while (connectFlag == false) {
                //开始连接
                startConnectServer();
                waitCommandThread();
            }
            //处理命令
            while (null != session ) {
                Scanner scanner = new Scanner(System.in);
                clientCommandMenu.exec(scanner);
                String key = clientCommandMenu.getCommandInput();
                BaseCommand command = commandMap.get(key);
                ...
                switch (key) {
                    case ChatConsoleCommand.KEY:
                    command.exec(scanner);
                    startOneChat((ChatConsoleCommand) command);
                    break;
                    //省略其他命令
                }
            }
        }
    }
    //发送单聊消息
    private void startOneChat(ChatConsoleCommand c) {
        chatSender.setSession(session);
        chatSender.setUser(user);
        chatSender.sendChatMsg(c.getToUserId(), c.getMessage());
    }
    //省略其他的命令处理
}
```

8.6.4 使用服务端的 ChatRedirectHandler 进行消息转发

服务端收到聊天消息后会进行消息转发，主要由消息转发处理器 ChatRedirectHandler 负责，其大致的工作如下：

（1）对消息类型进行判断，判断是否为聊天请求 Protobuf 数据包。如果不是，则通过调用

super.channelRead(ctx, msg)将消息交给流水线的下一站。

（2）对消息发送方用户登录进行判断，如果没有登录，则不能发送消息。

（3）开启异步的消息转发，由其 ChatRedirectProcesser 实例负责完成消息转发。

```
package com.crazymakercircle.imServer.handler;
...
public class ChatRedirectHandler extends ChannelInboundHandlerAdapter {
   @Autowired
   ChatRedirectProcesserchatRedirectProcesser;
   public void channelRead(ChannelHandlerContext ctx, Object msg)...{
      //判断消息实例
      if (null == msg || !(msg instanceofProtoMsg.Message)) {
         super.channelRead(ctx, msg);
         return;
      }
      //判断消息类型
      ProtoMsg.Message pkg = (ProtoMsg.Message) msg;
      ProtoMsg.HeadType headType = ((ProtoMsg.Message) msg).getType();
      if (!headType.equals(chatRedirectProcesser.type())) {
         super.channelRead(ctx, msg);
         return;
      }

      //判断是否登录
      ServerSession session = ServerSession.getSession(ctx);
      if (null == session || !session.isLogin()) {
         log.error("用户尚未登录，不能发送消息");
         return;
      }
      //异步处理 IM 消息转发的逻辑
      FutureTaskScheduler.add(() ->
      {
         chatRedirectProcesser.action(session, pkg);
      });
   }
}
```

8.6.5 使用服务端的 ChatRedirectProcesser 进行异步转发

ChatRedirectProcesser 异步消息转发类负责将消息发送到目标用户，这是一个异步执行的任务，其大致功能如下：

（1）根据目标用户 ID 找出所有服务端的会话列表。

（2）为每一个会话转发一份消息。

大致的代码如下：

```
package com.crazymakercircle.imServer.processer;
...
public class ChatRedirectProcesser extends AbstractServerProcesser {
   @Override
   public ProtoMsg.HeadTypetype() {
      return ProtoMsg.HeadType.MESSAGE_REQUEST;
   }
   @Override
   public boolean action(ServerSessionfromSession,
                                          ProtoMsg.Message proto) {
```

```
        //聊天处理
        ProtoMsg.MessageRequest msg = proto.getMessageRequest();
        //获取接收方的 chatID
        String to = msg.getTo();
        List<ServerSession> toSessions =
                             SessionMap.inst().getSessionsBy(to);
        if (toSessions == null) {
           //接收方离线，这里一般会做离线消息处理
           Print.tcfo("[" + to + "] 不在线，发送失败!");
        } else {
           toSessions.forEach((session) -> {
              // 将 IM 消息发送到每一个接收方的通道
              session.writeAndFlush(proto);
           });
        }
        return true;
    }
}
```

由于一个用户可能有多个会话，因此需要通过调用 SessionMap 会话管理器的 SessionMap.inst().getSessionsBy(uid)方法来取得这个用户的所有会话。

```
package com.crazymakercircle.imServer.server;
...
@Slf4j
@Data
public final class SessionMap {
   //全部的会话映射 "uid->session"
   private ConcurrentHashMap<String, ServerSession> map =
         new ConcurrentHashMap<String, ServerSession>();

// 根据用户 ID 获取会话集合
public List<ServerSession>getSessionsBy(String userId) {
            List<ServerSession> list = map.values()
                              .stream()
                              .filter(s ->s.getUser().getUid().equals(userId))
                              .collect(Collectors.toList());
            return list;
     }
     ...
}
```

8.6.6 客户端的 ChatMsgHandler 聊天消息处理器

客户端的 ChatMsgHandler 聊天消息处理器很简单，主要工作如下：

（1）对消息类型进行判断，判断是否为聊天请求 Protobuf 数据包。如果不是，则通过 super.channelRead(ctx, msg) 将消息交给流水线的下一站。

（2）如果是聊天消息，则将聊天消息显示在控制台。

```
package com.crazymakercircle.imClient.handler;
...
public class ChatMsgHandler extends ChannelInboundHandlerAdapter {
   @Override
   public void channelRead(ChannelHandlerContext ctx, Object msg)...{
      //判断类型
      ProtoMsg.Message pkg = (ProtoMsg.Message) msg;
      ProtoMsg.HeadType headType = pkg.getType();
```

```
            if (!headType.equals(ProtoMsg.HeadType.MESSAGE_REQUEST)) {
                super.channelRead(ctx, msg);
                return;  //不是聊天消息
            }
            ProtoMsg.MessageRequest req = pkg.getMessageRequest();
            String content = req.getContent();
            String uid = req.getFrom();
            System.out.println(" 收到消息 from uid:" + uid + " -> " + content);
        }
    }
```

8.7 详解心跳检测

通信过程中的心跳发送与心跳检测对于任何长连接的应用来说都是一个非常基础的功能。要理解心跳的重要性，首先需要从网络连接假死的现象开始了解。

8.7.1 网络连接的假死现象

什么是连接假死呢？如果底层的 TCP 连接（Socket 连接）已经断开，但是服务端并没有正常地关闭 Socket 套接字，服务端认为这条 TCP 连接仍然是存在的，则该连接处于假死状态。连接假死的具体表现如下：

（1）在服务端，会有一些处于 TCP_ESTABLISHED 状态的“正常”连接。

（2）在客户端，TCP 客户端显示连接已经断开。

（3）虽然客户端可以进行断线重连操作，但是上一次的连接状态依然被服务端认为有效，并且服务端的资源得不到正确释放，包括套接字上下文以及接收/发送缓冲区。

> 说明 Socket 连接状态（如 TCP_ESTABLISHED）和连接建立时的三次握手以及断开时的四次挥手有关，请参阅本书后面的有关 TCP 原理的部分内容。

连接假死的情况虽然不多见，但是确实存在。服务端长时间运行后会面临大量假死连接得不到正常释放的情况。由于每个连接都会耗费 CPU 和内存资源，因此大量假死连接会逐渐耗光服务器的资源，使得服务器越来越慢，IO 处理效率越来越低，最终导致服务器崩溃。

连接假死通常是由以下多个原因造成的，例如：

（1）应用程序出现线程堵塞，无法进行数据的读写。

（2）网络相关的设备出现故障，例如网卡、机房故障。

（3）网络丢包。公网环境非常容易出现丢包和网络抖动等现象。

解决假死的有效手段是客户端定时进行心跳检测，服务端定时进行空闲检测。

8.7.2 服务端的空闲检测

空闲检测就是每隔一段时间检测子通道是否有数据读写，如果有，则子通道是正常的；如果没有，则子通道被判定为假死，关掉子通道。

服务端如何实现空闲检测呢？使用 Netty 自带的 IdleStateHandler 空闲状态处理器就可以实现这个功能。下面的示例程序继承自 IdleStateHandler，定义一个假死处理类：

```
package com.crazymakercircle.imServer.handler;
...
public class HeartBeatServerHandler extends IdleStateHandler {
   private static final int READ_IDLE_GAP = 150; //最大空闲，单位秒
   public HeartBeatServerHandler() {
      super(READ_IDLE_GAP, 0, 0, TimeUnit.SECONDS);
   }
   @Override
   protected void channelIdle(ChannelHandlerContext ctx,
                                             IdleStateEventevt) ...{
      System.out.println(READ_IDLE_GAP + "秒内未读到数据，关闭连接");
      ServerSession.closeSession(ctx);
   }

   public void channelRead(ChannelHandlerContext ctx, Object msg){
      ...
      ProtoMsg.Message pkg = (ProtoMsg.Message) msg;
      //判断和处理心跳数据包
      ProtoMsg.HeadType headType = pkg.getType();
      if (headType.equals(ProtoMsg.HeadType.HEART_BEAT)) {
         //异步处理，将心跳数据包直接回复给客户端
         FutureTaskScheduler.add(() -> {
            if (ctx.channel().isActive()) {
               ctx.writeAndFlush(msg);
            }
         });
      }
   super.channelRead(ctx, msg);
   }
}
```

在 HeartBeatServerHandler 的构造函数中，调用基类 IdleStateHandler 的构造函数，传递 4 个参数：

```
public HeartBeatServerHandler() {
   super(READ_IDLE_GAP, 0, 0, TimeUnit.SECONDS);
}
```

其中，第一个参数表示入站（Inbound）空闲时长，指的是一段时间内如果没有数据入站，就判定连接假死；第二个参数是出站（Outbound）空闲时长，指的是一段时间内如果没有数据出站，就判定连接假死；第三个参数是出站/入站检测时长，表示在一段时间内如果没有出站或者入站，就判定连接假死；最后一个参数表示时间单位，TimeUnit.SECONDS 表示秒。

假死被判定之后，IdleStateHandler 类会回调自己的 channelIdle()方法。在这个子类的重写版本中重写这个空闲回调方法，手动进行假死处理。

```
@Override
protected void channelIdle(ChannelHandlerContext ctx,
                                        IdleStateEventevt) ...{
   System.out.println(READ_IDLE_GAP + "秒内未读到数据，关闭连接");
   ServerSession.closeSession(ctx);
}
```

HeartBeatServerHandler 实现的主要功能是空闲检测，在客户端，为了避免被误判，需要定时

发送心跳数据包进行配合，而且客户端发送心跳数据包的时间间隔需要远远小于服务端的空闲检测时间间隔。

HeartBeatServerHandler 收到客户端的心跳数据包之后，可以直接回复到客户端，其目的是让客户端也能进行类似的空闲检测。由于 IdleStateHandler 本身是一个入站处理器，只需重写这个子类 HeartBeatServerHandler 的 channelRead()方法，然后将心跳数据包直接回复给客户端即可。

说明 如果 HeartBeatServerHandler 要重写 channelRead()方法（一般都会），一定要记得调用基类的“super.channelRead(ctx, msg);”，不然 IdleStateHandler 的入站空闲检测会无效。

8.7.3 客户端的心跳发送

与服务端的空闲检测相配合，客户端需要定期发送数据包到服务端，通常这个数据包称为心跳数据包。接下来，定义一个 Handler 业务处理器，定期发送心跳数据包给服务端。

```
package com.crazymakercircle.imClient.handler;
...
public class HeartBeatClientHandler
                        extends ChannelInboundHandlerAdapter {
    //心跳的时间间隔，单位为秒
    private static final int HEARTBEAT_INTERVAL = 50;
    //在 Handler 业务处理器被加入流水线时，开始发送心跳数据包
    @Override
    public void handlerAdded(ChannelHandlerContext ctx)...{
        ClientSession session = ClientSession.getSession(ctx);
        User user = session.getUser();
        HeartBeatMsgBuilder builder =
                new HeartBeatMsgBuilder(user, session);
        ProtoMsg.Message message = builder.buildMsg();
        //发送心跳数据包
        heartBeat(ctx, message);
    }
    //使用定时器，定期发送心跳数据包
    public void heartBeat(ChannelHandlerContext ctx,
                                ProtoMsg.MessageheartbeatMsg) {
      //提交一个一次性的定时任务
           ctx.executor().schedule(() -> {
           if (ctx.channel().isActive()) {
               log.info(" 发送 HEART_BEAT 消息 to server");
               ctx.writeAndFlush(heartbeatMsg);
               //递归调用：提交下一个一次性的定时任务，发送下一次的心跳
               heartBeat(ctx, heartbeatMsg);
           }
        }, HEARTBEAT_INTERVAL, TimeUnit.SECONDS);
    }
    //接收到服务器的心跳回写
    @Override
    public void channelRead(ChannelHandlerContext ctx, Object msg){
        //判断类型
        ProtoMsg.Message pkg = (ProtoMsg.Message) msg;
        ProtoMsg.HeadType headType = pkg.getType();
        if (headType.equals(ProtoMsg.HeadType.HEART_BEAT)) {
            log.info(" 收到回写的 HEART_BEAT 消息 from server");
            return;
        } else {
            super.channelRead(ctx, msg);
```

```
        }
    }
}
```

在 HeartBeatClientHandler 实例被加入流水线时，它重写的 handlerAdded()方法被回调。在 handlerAdded()方法中，开始调用 heartBeat()方法，发送心跳数据包。heartBeat()是一个不断递归调用的方法，方式比较特别：调用 ctx.executor()获取当前通道绑定的 ReactorNIO 线程，然后通过 NIO 线程的 schedule()定时调度方法隔一段时间（50 秒）执行一次回调，向服务端发送一个心跳数据包，并递归设置下一次心跳发送任务。

客户端的心跳发送间隔比服务端的空闲检测时间间隔短，一般来说比服务端监测间隔的一半要短一些，可以直接定义为空闲检测时间间隔的 1/3。这样做的目的是防止公网偶发的秒级抖动。

HeartBeatClientHandler 实例并不是一开始就装配到了流水线中，它装配的时机是在登录成功之后。登录处理器 LoginResponceHandler 的相关代码如下：

```
package com.crazymakercircle.imClient.clientHandler;
...
public class LoginResponceHandler
                        extends ChannelInboundHandlerAdapter {
    @Override
    public void channelRead(ChannelHandlerContext ctx, Object msg)…{
        //省略登录数据包的预处理
        if (!result.equals(ProtoInstant.ResultCodeEnum.SUCCESS)) {
            //登录失败
            log.info(result.getDesc());
        } else {
            //登录成功
            //省略其他处理
            //在编码器后面动态插入心跳处理器
            ChannelPipeline p=ctx.pipeline();
            p.addAfter("encoder","heartbeat",new HeartBeatClientHandler());
        }
    }
}
```

在登录成功之后，在 ChannelPipeline 上，HeartBeatClientHandler 实例被动态插入 encoder 解码器之后。

服务端的空闲检测处理器在收到客户端的心跳数据包之后会进行回写。在 HeartBeatClientHandler 的 channelRead()方法中，对回写的数据包进行简单的处理。

这个地方可以设置另一个机关——HeartBeatClientHandler，可以继承 IdleStateHandler 类，使其在完成心跳处理的同时还能和服务器的空闲检测处理器一样在客户端进行空闲检测。这样，客户端也可以对服务器进行假死判定，在服务端假死的情况下，客户端可以发起重连。客户端的空闲检测的实战就留给读者自行实践。

第 9 章 HTTP 原理与 Web 服务器实战

高性能的 IM（即时通信）应用需要高性能的 Web 应用配合。高并发、大流量的 Web 应用，QPS 在十万每秒甚至上千万每秒，如何使用高并发 HTTP 通信技术去提升内部各个节点的通信性能，对于提升分布式系统整体的吞吐量有着非常重大的作用。

说明 本章介绍一个小的 HTTP 服务器程序——HTTP Echo 回显服务器。如果能够顺利掌握此程序，可以进入下一个阶段实战练习：疯狂创客圈的 spring-boot-netty-server 开源项目实战。该项目的功能是在 Spring Boot、Spring Cloud 应用中使用 Netty 来替换 Tomcat、Jetty、Undertow 等传统的 Web 容器，通过该项目可以练习比较复杂 Netty 服务端编程。

9.1 高性能 Web 应用的架构

本节按照流量规模分别对十万级、千万级高并发的 Web 应用架构进行简单介绍。

9.1.1 十万级并发的 Web 应用架构

QPS 在十万每秒的 Web 应用，其架构大致如图 9-1 所示。

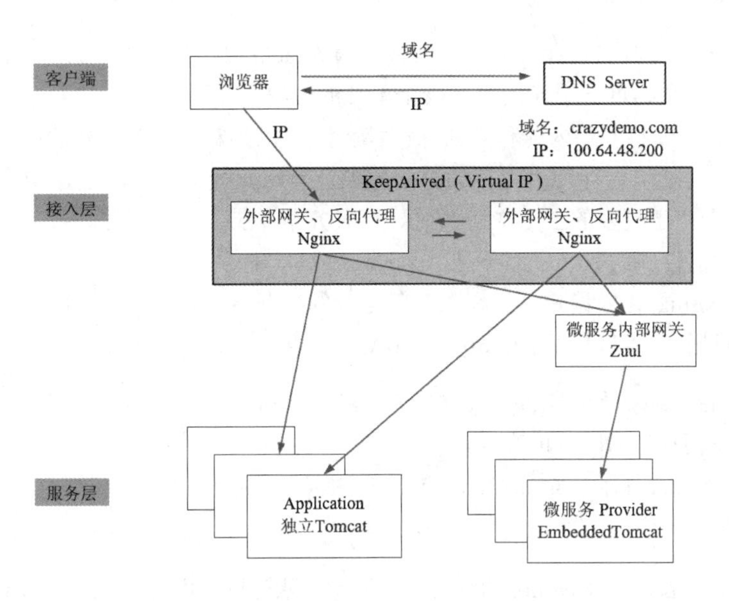

图 9-1　十万级 QPS 的 Web 应用架构图

十万级 QPS 的 Web 应用架构主要包括客户端层、接入层、服务层，重点是接入层和服务层。

首先看服务层，在 Spring Cloud 微服务技术流程之前，服务层主要是通过 Tomcat 集群部署的向外提供服务的独立 Java 应用；在微服务技术成为主流之后，服务层主要是微服务 Provider 实例，通过内部网关（如 Zuul）向外提供统一的访问服务。

其次看接入层，接入层可以理解为客户端层与服务层之间的一个反向代理层，利用高性能的 Nginx 来做反向代理：

（1）Nginx 将客户端请求分发给上游的多个 Web 服务，Nginx 向外暴露一个外网 IP，Nginx 和内部 Web 服务（如 Tomcat、Zuul）之间使用内网访问。

（2）Nginx 需要保障负载均衡，并且通过 Lua 脚本可以具备动态伸缩、动态增加 Web 服务节点的能力。

（3）Nginx 需要保障系统的高可用（High Availability），任何一台 Web 服务节点挂了，Nginx 都可以将流量迁移到其他 Web 服务节点上。

Nginx 的原理与 Netty 很像，也是应用了 Reactor 模式。Nginx 执行过程中主要包括一个 Master 进程和 n（n≥1）个 Worker 进程，所有的进程都是单线程（只有一个主线程）的。Nginx 使用了多路复用和事件通知。其中，Master 进程用于接收来自外界的信号，并给 Worker 进程发送信号，同时监控 Worker 进程的工作状态。Worker 进程则是外部请求真正的处理者，每个 Worker 请求相互独立且平等地竞争来自客户端的请求。

正由于 Nginx 应用了 Reactor 模式，因此在处理大并发的请求时，内存消耗非常小。在 3 万并发连接下，开启的 10 个 Nginx 进程才消耗 150（15×10=150）MB 内存。

说明 有关 Nginx 的原理知识和具体的使用配置，请参考笔者的另一本书《Java 高并发核心编程 卷 3（加强版）：亿级用户 Web 应用架构与实战》。

与 Nginx 类似，同样比较有名的 Web 服务器为 Apache HTTP Server（纯 Java 实现）。该服务器在处理并发连接时会为每一个连接建立一个单独的进程或线程，并且在网络进行输入/输出操作时阻塞。该阻塞式的 IO 将导致内存和 CPU 被大量消耗，因为新起一个单独的进程或线程需要准备新的运行时环境，包括堆内存和栈内存的分配，以及新的执行上下文，这些操作也会导致多余的 CPU 开销。最终会由于过多的上下文切换而导致服务器性能变差。因此，接入层的反向代理服务器原则上需要使用高性能的 Nginx 而不是 Apache HTTP Server。

尽管单体的 Nginx 比较稳定，但在长时间运行的情况下，还是存在可能崩溃的。如何保障接入层的 Nginx 高可用呢？可以使用 Nginx+KeepAlived 组合模式，具体如下：

（1）使用两台（或以上）Nginx 组成一个集群，分别部署上 KeepAlived，设置成相同的虚拟 IP 供下游访问，从而保证 Nginx 的高可用。

（2）当一台 Nginx 挂了，KeepAlived 能够探测到，并将流量自动迁移到另一台 Nginx 上，整个过程对下游调用方透明。

如果流量不断增长，两台 Nginx 的集群模式不够，就可以使用 LVS+KeepAlived 组合模式实现 Nginx 的可扩展，并且在架构上进行升级，具体请看千万级流量的 Web 应用架构。

9.1.2 千万级高并发的 Web 应用架构

QPS 在百万级甚至千万级的 Web 应用架构大致如图 9-2 所示。

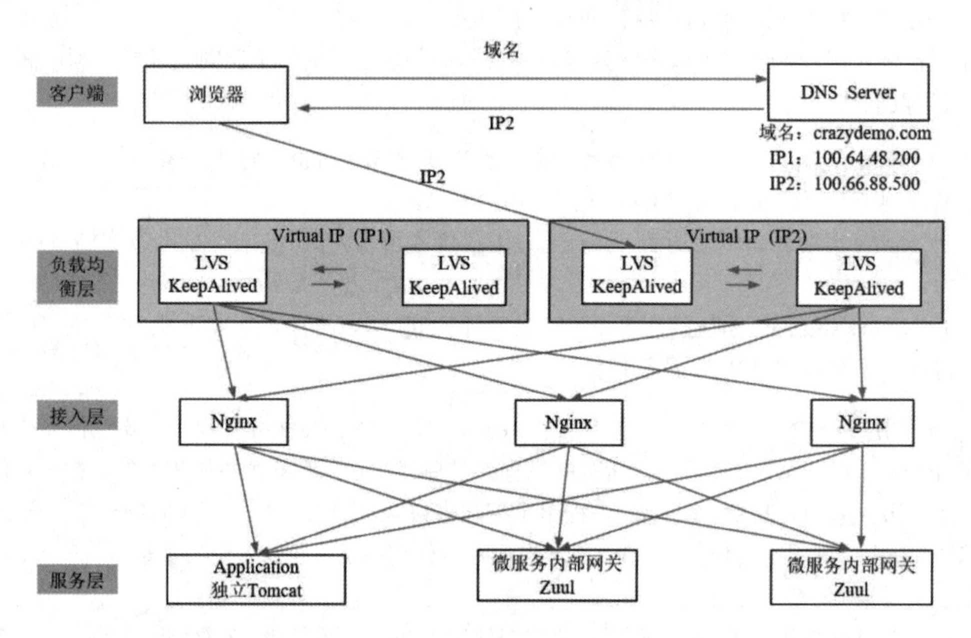

图 9-2　百万级以上 QPS 的 Web 应用架构图

QPS 在百万级甚至千万级的 Web 应用架构主要包括客户端层、负载均衡层、接入层、服务层，重点是客户端层和负载均衡层。

在客户端层，需要在 DNS 服务器上使用均衡负载的机制。DNS 均衡负载的技术很简单，属于运维层面的技术，具体来说是在 DNS 服务器中配置多个 A 记录，如表 9-1 所示。

表9-1　在DNS服务器中配置多个A记录示例

DNS 服务器	示　例
www.crazydemo.com IN A	114.100.80.1
www.crazydemo.com IN A	114.100.80.2
www.crazydemo.com IN A	114.100.80.3

通过在 DNS 服务器中配置多个 A 记录的方式可以在一个域名下面添加多个 IP，由 DNS 域名服务器进行多个 IP 之间的负载均衡，甚至 DNS 服务器可以按照就近原则为用户返回最近的服务器 IP 地址。

DNS 均衡负载虽然简单高效，但是也有不少缺点，具体如下：

（1）通常无法动态调整主机地址权重（也有支持权重配置的 DNS 服务器），如果多台主机性能差异较大，则不能很好地均衡负载。

（2）DNS 服务器通常会缓存查询响应，以便更迅速地向用户提供查询服务。在某台主机宕机的情况下，即使第一时间移除服务器 IP 也无济于事。

由于 DNS 负载均衡无法满足高可用性要求，因此通常仅仅被用于客户端层的简单负载均衡，为了应对百万级、千万级高并发流量，需要在客户端与接入层之间引入一个专门的负载均衡层，该层通过 LVS+KeepAlived 组合模式达到高可用和负载均衡的目的。负载均衡层中的 LVS（Linux Virtual Server，Linux 虚拟服务器）是一个虚拟的服务器集群系统，该项目在 1998 年 5 月由章文嵩博士成立，是中国国内最早出现的自由软件项目之一。

QPS 在千万级的 Web 应用的高可用负载均衡层使用 LVS+KeepAlived 组合模式实现，具体的方案如下：

（1）使用两台（或以上）LVS 组成一个集群，分别部署 KeepAlived，设置成相同的虚 IP（VIP）供下游访问。KeepAlived 对 LVS 负载调度器实现健康监控、热备切换，具体来说，对服务器池中的各个节点进行健康检查，自动移除失效节点，恢复后再重新加入，从而保证 LVS 高可用。

（2）在 LVS 系统上，可以配置多个接入层 Nginx 服务器集群，由 LVS 完成高速的请求分发和接入层的负载均衡。

LVS 常常使用直接路由方式（DR）进行负载均衡，数据在分发过程中不修改 IP 地址，只修改 MAC 地址，由于实际处理请求的真实物理 IP 地址和数据请求目的 IP 地址一致，因此响应数据包可以不需要通过 LVS 负载均衡服务器进行地址转换，而是直接返回给用户浏览器，避免 LVS 负载均衡服务器网卡带宽成为瓶颈。这种方式又称作三角传输模式，具体如图 9-3 所示。

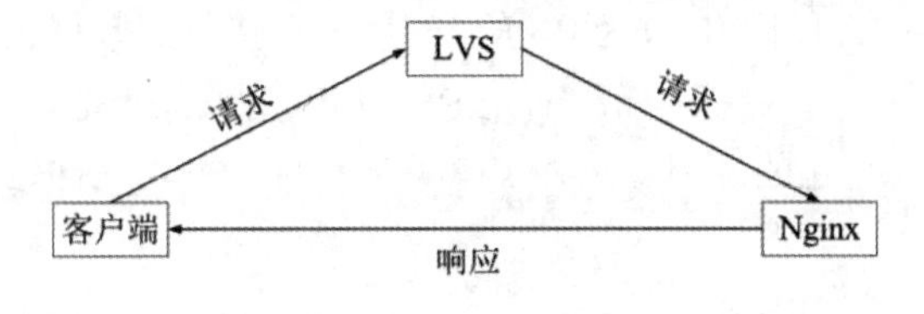

图 9-3　三角传输模式

使用三角传输模式的链路层负载均衡是目前大型网站使用最广泛的一种负载均衡手段，目前

LVS 是 Linux 平台上最好的三角传输模式软件负载均衡开源产品。当然，除了软件产品之外，还可以使用性能更好的专用硬件产品（如 F5），但是其动辄几十万的昂贵价格并不是所有的 Web 服务提供商都能承受的。

LVS 目前已经是 Linux 标准内核的一部分，从 Linux 2.4 内核以后，无须专门给内核打任何补丁，可以直接使用 LVS 提供的各种功能。

说明 LVS 和 Nginx 都具备负载均衡的能力，它们的区别是：Nginx 主要用于四层、七层的负载均衡，读者平时使用 Nginx 进行 Web Server 负载均衡就属于七层负载均衡；LVS 主要用于二层、四层的负载均衡，但是出于性能的原因，LVS 更多用于二层（数据链路层）负载均衡。

什么是二层、四层、七层负载均衡呢？

（1）二层（OSI 模型的数据链路层）负载均衡：主要根据报文中的链路层内容（如 MAC 地址等）在多个上游服务器之间选择一个 RS（Real Server，真实服务器），然后进行报文的处理和转发，从而实现负载均衡。

（2）四层（OSI 模型的传输层）负载均衡：主要通过修改报文中的目标 IP 地址和端口在多个上游 TCP/UDP 服务器之间选择一个 RS，然后进行报文的处理和转发，从而实现负载均衡。

（3）七层（OSI 模型的应用层）负载均衡：主要根据报文中的应用层内容（如 HTTP 协议 URI、Cookie 信息、虚拟主机 Host 名称等）在多个上游应用层服务器（如 HTTP Web 服务器）之间选择一个 RS，然后进行报文转发，从而实现负载均衡。

说明 上述所指的二层、四层、七层属于 OSI 模型的层次概念，不属于 TCP/IP 的层次概念，具体请参考后面章节有关 TCP/IP 的具体知识。

Nginx 不具备二层的负载均衡能力，LVS 不具备七层（应用层）的负载均衡能力，如果需要完成七层负载均衡的工作（如 URL 解析等），则使用 LVS 无法完成。

LVS 的转发分为 NAT 模式（属于四层负载均衡）和 DR 模式（属于二层负载均衡），分别说明如下：

（1）LVS 的 NAT 模式（属于四层负载均衡）：NAT（Network Address Translation）是一种外网和内网地址映射的技术，是一种网络地址转换技术。在 NAT 模式下，网络数据报的进出都要经过 LVS 的处理。LVS 需要作为 RS（真实服务器）的网关。

NAT 包括目标地址转换（DNAT）和源地址转换（SNAT）。当包到达 LVS 时，LVS 需要做目标地址转换（DNAT）：将目标 IP 改为 RS 的 IP，RS 在接收到数据包以后，仿佛是客户端直接发给它的一样；RS 处理完返回响应时，源 IP 是 RS 的 IP，目标 IP 是客户端的 IP，这时 LVS 需要做源地址转换（SNAT），将包的源地址改为 VIP（对外的 IP），这样这个包对客户端来说就仿佛是 LVS 直接返回给它的。

（2）LVS 的 DR 模式（属于二层负载均衡）：DR 模式也叫直接路由、三角传输模式。DR 模式下，需要将 LVS 和 RS 集群绑定同一个 VIP 上，与 NAT 的不同点在于：请求由 LVS 接收，处理后由真实 RS 直接返回给用户，响应返回时不经过 LVS，所以也被形象地称为三角传输模式。

一个请求过来时，LVS只需要将网络帧的MAC地址修改为某一台RS的MAC，该包就会被转发到相应的RS处理，注意此时的源IP和目标IP都没变，LVS只是做了一下移花接木。RS收到LVS转发来的包时，链路层发现MAC是自己的，到上面的网络层，发现IP也是自己的，于是这个包被合法地接收，RS感知不到前面有LVS的存在。而当RS返回响应时，只要直接向源IP（客户端的IP）返回即可，不再经过LVS转发。这里有一个系统运维的要点：RS的Loopback口需要和LVS设备上存在着相同的VIP地址，这样响应才能直接返回客户端。

在DR负载均衡模式下，数据在分发过程中不修改IP地址，只修改MAC地址，由于实际处理请求的真实物理IP地址和数据请求目的IP地址一致，因此不需要通过负载均衡服务器进行地址转换，其最大的优势为：可将响应数据包直接返回给用户浏览器，避免负载均衡服务器网卡带宽成为瓶颈，因此DR模式具有较好的性能，是目前大型网站使用最广泛的一种负载均衡手段。

术业有专攻，LVS、KeepAlived 的具体配置和运维更多地属于运维人员的工作，对于开发人员来说，只要清楚其工作原理即可。

总之，如何抵抗十万级甚至千万级QPS访问洪峰，涉及大量的开发知识、运维知识，对于开发人员来说，并不一定需要掌握太多操作系统层面（如 LVS）的运维知识，主要原因是一般企业都会有专业的运维人员去解决系统的运行问题，对于千万级QPS系统中所涉及的高并发方面的开发知识则是必须掌握的。

在十万级甚至千万级QPS的Web应用架构中，如何提高平台内部的接入层Nginx到服务层Tomcat（或者其他Java容器）之间的HTTP通信能力涉及高并发HTTP通信以及TCP、HTTP等基础知识。接下来，本书从HTTP应用层协议开始为读者解读这些作为Java核心工程师、架构师所必备的基础知识。

9.2　详解HTTP应用层协议

HTTP（Hyper Text Transfer Protocol，超文本传输协议）是一个基于请求与响应的、无状态的应用层协议，是互联网上应用最为广泛的一种网络协议，所有的WWW文件都必须遵守这个标准。设计HTTP的初衷是为了提供一种发布和接收HTML页面的方法。

关于TCP/IP和HTTP的关系，大致可以描述为在传输数据时，应用程序之间可以只使用TCP/IP（传输层），如果没有应用层，应用程序就无法识别数据内容。如果想要使传输的数据有意义，则必须使用应用层协议。应用层协议有很多，比如HTTP、FTP、TELNET等，也可以自己定义应用层协议。

9.2.1　HTTP简介

HTTP是一个属于应用层的面向对象的协议，适用于分布式超媒体信息系统，是互联网上应用最为广泛的一种网络协议。所有的WWW文件都必须遵守这个标准。1960年，美国人Ted Nelson构思了一种通过计算机处理文本信息的方法，并称之为超文本（Hyper Text），成为HTTP超文本传输协议标准架构的发展根基。最终，万维网协会（World Wide Web Consortium）和互联网工程工作小组（Internet Engineering Task Force）共同合作研究HTTP，最终发布了一系列的RFC文档，其中著名的 RFC 2616 定义了 HTTP 1.1。

HTTP 的主要特点可概括如下：

（1）支持客户端/服务器模式。

（2）简单快速：客户向服务器请求服务时，只需传送请求方法和路径。常用的请求方法有 GET、HEAD、POST，每种方法规定了客户与服务器联系的类型不同；由于 HTTP 简单，使得 HTTP 服务器的程序规模小，因而通信速度很快。

（3）灵活：HTTP 允许传输任意类型的数据对象，数据的类型由 Content-Type 加以标记。

（4）无连接：每次连接只处理一个请求，服务器处理完客户的请求，并收到客户的应答后，即断开连接。

（5）无状态：协议对于事务处理没有记忆能力。如果后续处理需要前面的信息，则它必须重传，这样可能导致每次连接传送的数据量增大。另外，在服务器不需要先前信息时，它的应答就较快。

总之，HTTP 是请求-响应模式的协议，客户端发送一个 HTTP 请求，服务就响应此请求，大致如图 9-4 所示。

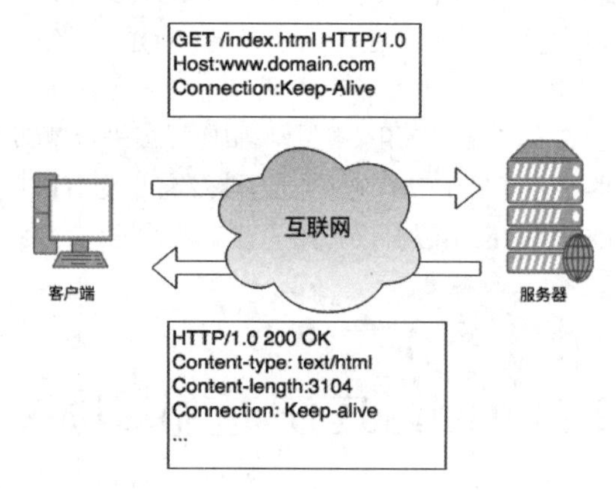

图 9-4　HTTP 请求和响应示意图

9.2.2　HTTP 的请求 URL

对于 HTTP 通信双方，客户端是终端用户，服务端一般是网站。通过使用 Web 浏览器、网络爬虫或者其他的工具，客户端发起一个到服务器上指定端口（默认为 80 端口）的 HTTP 请求。而对于该请求的应答，则一般为服务器上存储着的（一些）资源，比如 HTML 文件和图像。在客户端和源服务器中间可能存在多个中间层，比如代理、网关或者隧道（Tunnels）。

通常，由 HTTP 客户端发起一个请求，建立一个到服务器指定端口（默认为 80 端口）的 TCP 连接。HTTP 服务器在那个端口监听客户端发送过来的请求。一旦收到请求，服务器（向客户端）发回一个状态行（比如"HTTP/1.1 200 OK"）和消息响应。消息的消息体可能是请求的文件、错误消息，或者其他一些信息。为什么 HTTP 下层的传输层协议使用 TCP 而不是 UDP 呢？原因在于（打开）一个网页必须传送很多数据，而 TCP 提供传输控制，按顺序组织数据、错误纠正。

通过 HTTP（或者 HTTPS）请求的资源由统一资源标识符（Uniform Resource Identifiers，URI）来标识。在 Java 编程中，使用的更多的是 URI 的一个子类——URL（URL 是一种特殊类型的 URI，包含用于查找某个资源的足够信息），其格式如下：

```
http://host[":"port][abs_path]
```

URL 叫作统一资源定位符，其中的 http 部分表示要通过 HTTP 来定位网络资源；host 表示合法的 Internet 主机域名或者 IP 地址；port 指定一个端口号，为空则使用默认端口 80；abs_path 指定请求资源的 URI，如果 URL 中没有给出 abs_path，那么当它作为请求 URI 时，必须以“/”的形式给出，通常这个工作浏览器自动帮我们完成。例如，通过浏览器地址栏输入“www.guet.edu.cn”，浏览器自动转换成 http://www.guet.edu.cn/。

下面是一个 URL 的例子：

```
http:192.168.0.116:8080/index.jsp
```

9.2.3　HTTP 的请求报文

HTTP 请求由三部分组成，分别是请求行、请求头、请求体，一般也会将 HTTP 的请求行和请求头统一称为请求首部。

HTTP 请求的请求行以一个方法（Method）符号开头，以空格分开，后面跟着请求的 URI 和协议的版本，格式如下：

```
Method Request-URI HTTP-Version CRLF
```

其中的 Method 表示请求方法；Request-URI 是一个统一资源标识符；HTTP-Version 表示请求的 HTTP 版本；CRLF 表示回车和换行（除了作为结尾的 CRLF 外，不允许出现单独的 CR 或 LF 字符）。

为了能查看到 HTTP 请求报文的具体内容，这里使用 Postman 工具向一个特定的 URI 发送一个简单的 POST 请求，其请求体的内容如下：

```
{"msg":"Hello, World!. msg=sth"}
```

Postman 工具的发送界面如图 9-5 所示。

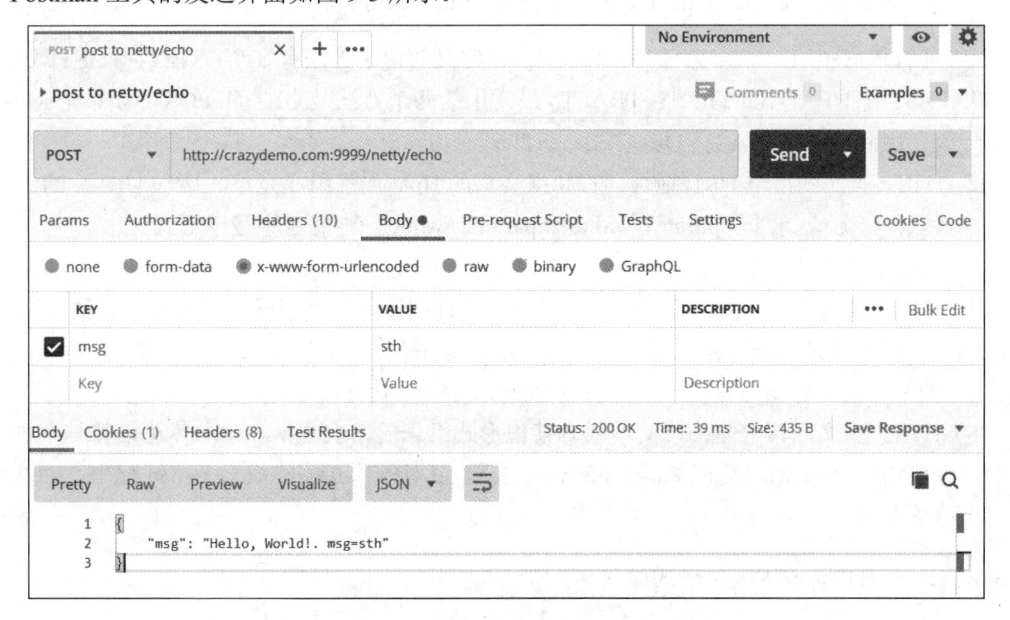

图 9-5　使用 Postman 工具发送请求到 http://crazydemo.com:9999/netty/echo

这里的/netty/echo 服务是在本地开启的，那么为什么在 URL 中使用 crazydemo.com 的域名而不是 localhost 呢？主要是为了能通过 Fiddler 工具进行报文抓取，该工具抓取不到 localhost 主机的报文。通过 Fiddler 抓取的请求报文大致如图 9-6 所示。

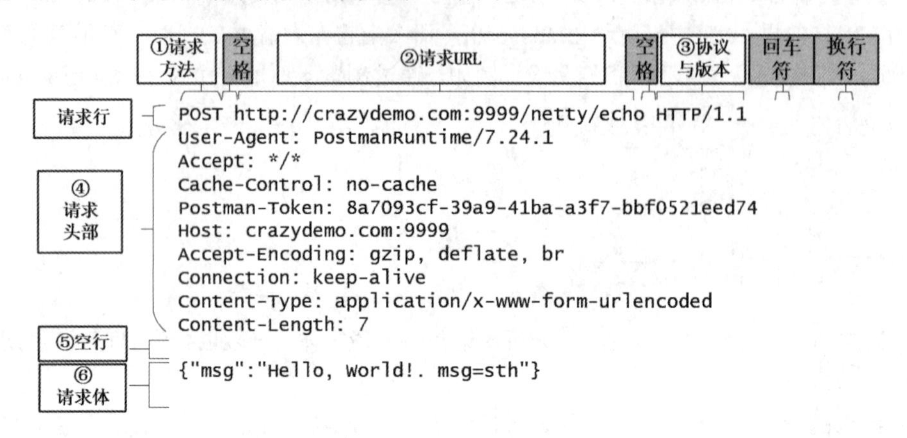

图 9-6 Fiddler 抓取的发送到 http://crazydemo.com:9999/netty/echo 的请求报文

说明 客户端请求地址“/netty/echo”所在的服务来自本章后面所开发的基于 Netty 的 HTTP 回显服务 HttpEchoServer，在抓包之前，需要打开随书源码工程提前启动此服务。

HTTP 请求报文由以下 3 部分组成：

（1）Request Line（请求行），包含请求方法、URL 地址、协议名称和版本号。

（2）Request Header（请求头），包含若干头部字段。

（3）Request Body（请求体），以文本或者其他形式组织的请求数据。

对于 HTTP 请求报文进一步细分，可以分为以下 6 个部分：

（1）HTTP Method（请求方法），HTTP/1.1 定义的请求方法有 8 个：GET、POST、PUT、DELETE、PATCH、HEAD、OPTIONS、TRACE。最常用的两个方法是 GET 和 POST，如果是 RESTful 接口，一般会用到 GET、POST、DELETE、PUT 四个方法。

（2）HTTP 报文的请求 URL 地址：它和报文头的 Host 属性组成完整的请求 URL。URL 可以传递请求参数，其方式类似于 param1=value1¶m2=value2 键-值对字符串形式。

（3）协议名称及版本号。

（4）HTTP 报文的请求头：请求头包含若干个头部字段，每个字段的格式为“头部字段名:头部字段值”，服务端据此获取客户端的很多重要信息（如令牌）。

（5）空行：它的作用是通过一个空行告诉服务器请求头到此为止。

（6）HTTP 报文的请求体：以文本或者其他形式组织的请求数据。请求体可以将一个页面表单中的组件值通过 param1=value1¶m2=value2 键-值对的形式编码成一个格式化串，而从用于承载多个请求参数。

总的来说，HTTP 请求报文格式如图 9-7 所示。

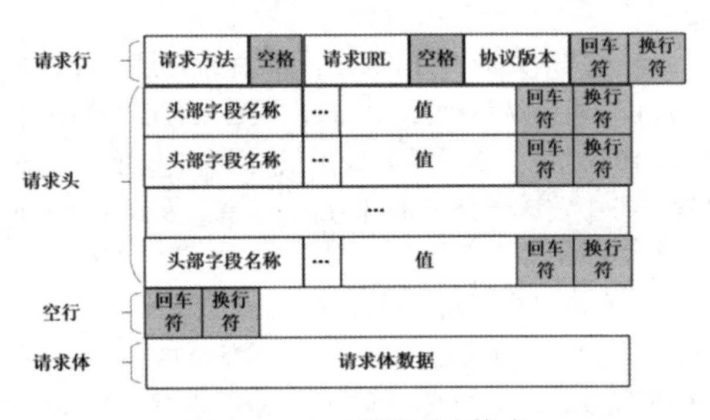

图 9-7　HTTP 请求报文格式

1. 请求行

这里特别要说明的是请求方法：HTTP 客户程序（例如浏览器）向服务器发送请求的时候必须指明请求方法（一般是 GET 或者 POST）。

2. 请求头

如有必要，客户程序还可以选择发送的请求头。大多数请求头并不是必需的，但 Content-Length 除外。对于 POST 请求来说，Content-Length 必须出现。常见的请求头字段含义如下：

（1）Accept：客户端可接受的 MIME 类型。

（2）Accept-Charset：客户端可接受的字符集。

（3）Accept-Encoding：客户端能够进行解码的数据编码方式，比如 gzip。Servlet 能够向支持 gzip 的客户端返回经 gzip 编码的 HTML 页面，许多情形下这可以减少 5~10 倍的下载时间。

（4）Accept-Language：客户端所希望的语言种类，当服务器能够提供一种以上的语言版本时要用到。

（5）Authorization：用于设置用户身份信息，如果使用 Authorization 的方式进行认证，那么每次都要将认证的身份信息（如令牌）放到 Authorization 头部。

（6）Content-Length：表示请求消息正文的长度。

（7）Host：客户端通过这个头告诉服务器想访问的主机名。Host 头域指定请求资源的主机和端口号，必须表示请求 URL 的原始服务器或网关的位置。HTTP/1.1 请求必须包含主机头域，否则系统会以 400 状态码返回。

（8）If-Modified-Since：客户端通过这个头告诉服务器资源的缓存时间。只有当所请求的内容在指定的时间后又经过修改才返回它，否则返回 304 Not Modified 应答。

（9）Referer：客户端通过这个头部字段告诉服务器，它是从哪个资源来访问服务器的（防盗链）。Referer 包含一个 URL，表示用户从该 URL 代表的页面出发访问当前请求的页面。

（10）User-Agent：包含发出请求的用户信息。

（11）Cookie：客户端通过这个头可以向服务器传送数据，这是最重要的请求头信息之一。

（12）Pragma：值为 no-cache 表示服务器必须返回一个刷新后的文档，如果服务器是代理服务器，而且已经有了页面的本地缓存副本，则需要进行本地缓存副本的刷新。

（13）From：值为请求发送者的 E-mail 地址，由一些特殊的 Web 客户程序使用，HTTP 客户端不会用到它。

（14）Connection：请求完成后是断开连接还是继续保持连接。如果值为 Keep-Alive 或者客户端使用的是 HTTP 1.1（HTTP 1.1 默认进行持久连接），它就可以利用持久连接的优点，当页面包含多个元素（例如 Applet、图片）时，显著地减少下载所需要的时间。当然，持久连接需要服务端进行配合，服务端需要在应答中发送一个 Content-Length 头，发送出响应内容的大小。

（15）Range：用于请求 URL 资源的部分内容，单位是字节（Byte），并且从 0 开始。 如果请求头携带了 Range 信息，表示客户端需要进行分批下载或者分段传输。如果服务端支持分批下载，这时服务器会返回状态码 206（Partial Content）以及该部分内容。如果服务器不支持分批下载，那么会返回整个资源的大小以及状态码 200。不同的请求范围对应的 Range 头部值如表 9-2 所示。

表9-2 Range头部值示例

Range 头部值	示例
表示头 500 字节	bytes=0-499
表示第二个 500 字节	bytes=500-999
表示最后 500 字节	bytes=-500
表示 500 字节以后的范围	bytes=500-
第 1 字节和最后 1 字节	bytes=0-0,-1
同时指定几个范围	bytes=500-600,601-999

（16）UA-Pixels、UA-Color、UA-OS、UA-CPU：由某些版本的 IE 浏览器所发送的非标准的请求头，表示屏幕大小、颜色深度、操作系统和 CPU 类型。

3. 请求体

关于 HTTP 的请求体，若方法字段是 GET，则请求体为空，表示没有请求体数据；若请求方法字段是 POST，则通常此处放置的是要提交的数据。比如要使用 POST 方法提交一个表单，假设表单中的 user 字段的数据为 admin、password 字段的数据为 123456，那么这里的请求数据就是 user=admin&password=123456，HTTP 会使用&符号来连接各个字段。

9.2.4 HTTP 的响应报文

客户端向 HTTP 服务端发送请求之后，如果服务器能够正常处理并发进行响应，就会向客户端发送 HTTP 响应。

在上一个小节的示例中，使用 Fiddler 抓取的来自 http://crazydemo.com:9999/netty/echo 的响应报文大致如图 9-8 所示。

图 9-8 Fiddler 抓取的 http://crazydemo.com:9999/netty/echo 的响应报文

HTTP 的响应报文也由 3 部分组成（响应行+响应头+响应体），具体的示例如图 9-9 所示。

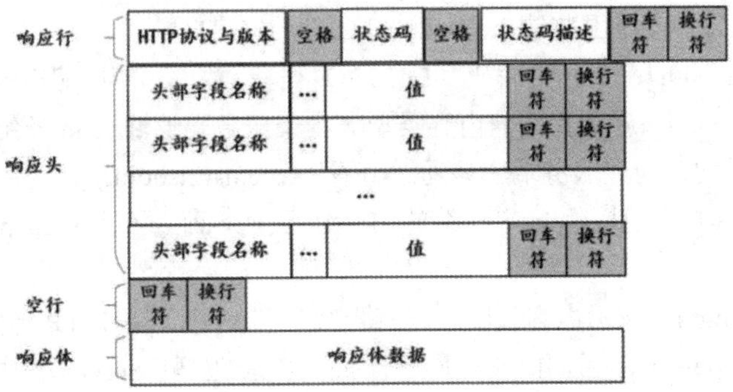

图 9-9　HTTP 的响应报文格式

1. HTTP 响应行

一般由协议版本、状态码及其描述组成，比如 HTTP/1.1 200 OK。其中协议版本为 HTTP/1.1 或者 HTTP/1.0，200 就是它的状态码，OK 为描述。常见的 HTTP 响应行状态码如表 9-3 所示。

表9-3　常见的HTTP响应行状态码

状态码	说明
100~199	表示成功接受请求，要求客户端继续提交下一次请求才能完成整个处理过程
200~299	表示成功接受请求并已完成整个处理过程，常用 200
300~399	为完成请求，客户需进一步细化请求
400~499	客户端的请求有错误，常用 404（请求的资源在 Web 服务器中没有）、403（服务器拒绝访问，如权限不够）
500~599	服务端出现错误，常用 500

2. 响应头

HTTP 响应头用于描述服务器的基本信息和数据描述，服务器通过这些数据的描述信息可以通知客户端如何处理稍后它回送的数据。

设置 HTTP 响应头往往和状态码结合起来。例如，有好几个表示“文档位置已经改变”的状态代码都伴随着一个 Location 头，而 401 状态代码则必须伴随一个 WWW-Authenticate 头表示未授权（Unauthorized）。响应头可以用来完成设置 Cookie、指定修改日期、指示浏览器按照指定的间隔刷新页面、声明文档的长度以便利用持久 HTTP 连接等许多其他任务。

说明 响应码 401（Unauthorized）和 403（Forbidden）都是拒绝访问的意思，401 和 403 的区别如下：

- 401 表示服务端不知道客户端是谁。例如，Token 失效、缺失甚至伪造，导致服务端无法识别用户的身份，这时会返回 401，客户端此时只能重试。
- 403 表示服务端已经知道了客户端是谁，但是客户端没有权限去访问该数据资源。例如，用户登录成功了，但却非要去访问自己没有权限访问的内容，这时就会返回 403。

常见的响应头字段大致如下：

（1）Allow：服务器支持哪些请求方法（如 GET、POST 等）。

（2）Content-Encoding：文档的编码（Encode）类型，如 gzip 压缩格式。客户端只有在解码之后才可以得到 Content-Type 头指定的内容类型。由于服务端返回 gzip 压缩文档能够显著地减少 HTML 文档的下载时间，因此服务端应该通过查看 Accept-Encoding 请求头检查客户端是否支持 gzip，为支持 gzip 的客户端返回经 gzip 压缩的 HTML 页面，而为不支持 gzip 的其他客户端返回普通页面。

（3）Content-Length：表示内容长度。只有当客户端使用持久 HTTP 连接时才需要这个数据。

（4）Content- Type：表示后面的文档属于什么 MIME 类型。Servlet 程序默认为 text/plain，但通常需要显式地指定为 text/html。由于经常要设置 Content-Type，Servlet 程序可以通过调用 HttpServletResponse 提供一个专用的方法 setContentType 去完成。

（5）Date：当前的 GMT 时间，例如 Date:Mon,31Dec200104:25:57GMT。Date 描述的时间表示世界标准时，换算成本地时间，需要知道用户所在的时区。用户可以用 setDateHeader 来设置这个头以避免转换时间格式的麻烦。

（6）Expires：告诉客户端把回送的资源缓存多长时间，-1 或 0 则是不缓存。

（7）Last-Modified：文档的最后改动时间。和客户端请求头配合使用，客户可以通过请求头 If-Modified-Since 提供一个起始时间，该请求头将被视为一个条件 GET，只有改动时间迟于指定起始时间的文档才会返回，否则返回一个 304（Not Modified）状态。

（8）Location：这个头配合 302 状态码使用，用于重定向接收者到一个新 URI 地址。表示客户应该到哪里去提取重定向文档。

（9）Refresh：告诉客户端隔多久刷新一次，以秒计。

（10）Server：服务器通过这个头告诉客户端服务器的类型。Server 响应头包含处理请求的原始服务器的软件信息。

（11）Set-Cookie：设置和页面关联的 Cookie。

（12）Transfer-Encoding：告诉客户端数据的传送格式。

（13）WWW-Authenticate：告诉客户端应该在 Authorization 请求头中提供什么类型的授权信息。如果响应状态码为 401，则应答中这个头是必需的。

3. 响应体

响应体就是响应的消息体，可以是文本内容或者二进制内容，比如 JSON、HTML 等都属于纯文本内容。

9.2.5 HTTP 中 GET 和 POST 的区别

下面介绍 GET 和 POST 两种提交方式之间的区别。

1. 二者的请求数据放置的位置不同

（1）对于 GET 请求，请求的数据将会附在 URL 之后。具体来说，请求数据放置在 HTTP 的请求行 Request-Line 的 URL 后面以?分割，多个参数用&连接，例如：

```
login.action?name=zhangsan&password=123456
```

如果数据是英文字母或数字，就会原样发送；如果数据是特殊字符中的空格，则转义为“+”；如果是中文或者其他字符，则直接把字符串用 BASE64 加密。

（2）对于 POST 请求，提交的数据将被放置在 HTTP 请求报文的请求体中。

2. 二者所能传输数据的大小不同

虽然 HTTP 没有对传输的数据大小进行限制，HTTP 规范也没有对 URL 长度进行限制，但是在实际开发中存在以下限制：

（1）对于 GET 请求，特定浏览器和服务器对 URL 长度有限制，例如 IE 对 URL 长度的限制是 2083 字节。对于其他浏览器，如 Netscape、Firefox 等，理论上没有长度限制，其限制取决于操作系统的支持。因此，GET 提交时，传输数据就会受到 URL 长度的限制。

（2）对于 POST 请求，不是通过 URL 传值，理论上数据不受限。实际上各个 Web 服务器会通过自定义设置对 POST 提交的数据大小进行限制，Tomcat、Apache、IIS6 都有各自的配置。

3. 二者传输数据的安全性不同

POST 的安全性比 GET 的安全性高。通过 GET 提交数据，用户名和密码将以明文出现在 URL 中，其他人通过查看浏览器的历史纪录就可以拿到其他用户的账号和密码。

这里所说的安全性并不是指传输过程中的数据安全，也不是指传输过程中是否对数据进行加密保护，仅仅指的是数据可见性维度的浅层次数据安全性。

9.3　HTTP 的演进

HTTP 在 1.1 版本之前具有无状态的特点，每次请求需要通过 TCP 三次握手、四次挥手与服务器重新建立连接。比如某个客户端在短时间多次请求同一个资源，服务器并不能区分是否已经响应过用户的请求，所以每次都需要重新响应请求，耗费不必要的时间和流量。为了节省资源，HTTP 进行了发展和演进，通过持久连接的方法来进行连接复用。

HTTP 是如今互联网的基石，其演进（见表 9-4）也从侧面反映了互联网技术的快速发展。

表9-4　HTTP版本的演进过程

版本	产生时间	内容	发展现状
HTTP/0.9	1991 年	不涉及数据包传输，规定客户端和服务器之间的通信格式，只能进行 GET 请求	没有正式作为标准
HTTP/1.0	1996 年	传输内容格式不限制，增加了 PUT、PATCH、HEAD、OPTIONS、DELETE 命令	正式作为标准
HTTP/1.1	1997 年	持久连接（长连接）、节约带宽、HOST 域、管道机制、分块传输编码	2015 年以前使用最广泛
HTTP/2.0	2015 年	多路复用、服务器推送、头信息压缩、二进制协议等	逐渐覆盖市场

9.3.1 HTTP 的 1.0 版本

第一个版本的 HTTP 是 HTTP 0.9，其组成极其简单，只允许客户端发送 GET 这一种请求，且不支持请求头。由于没有协议头，因此 HTTP 0.9 只支持一种内容，即纯文本。不过网页仍然支持用 HTML 语言格式化，同时无法插入图片。

HTTP 的第二个版本为 1.0 版本，也是第一个在通信中指定版本号的 HTTP 版本，至今仍被广泛采用。相对于 HTTP 0.9 版本，HTTP 1.0 版本增加了如下主要特性：

（1）请求与响应支持头字段。

（2）响应对象以一个响应状态行开始。

（3）响应对象不只限于超文本。

（4）开始支持客户端通过 POST 方法向 Web 服务器提交数据，支持 GET、HEAD、POST 方法。

（5）支持长连接，但默认还是使用短连接。

（6）请求行必须在尾部添加协议版本字段（HTTP 1.0），并且必须包含头消息。

HTTP 1.0 版本支持的请求方式为 GET、POST 和 HEAD；请求访问的资源不再局限于上一个版本的 HTML 格式，可以根据 Content-Type 设置访问的格式；同时也开始支持 Cache，当客户端在规定时间内访问同一 URL 资源时，直接访问 Cache 即可。

与 HTTP 0.9 版本相比，HTTP 1.0 版本请求和回应的格式也变了。除了数据部分之外，每次通信都必须包括响应头信息（HTTP Header），用来描述一些元数据。

HTTP 1.0 版本使用 Content-Type 字段来表示客户端请求服务端的数据格式，或者说，客户端使用 Content-Type 来表示具体请求中的媒体类型信息，服务端使用 Content-Type 来表示具体响应体中的媒体类型信息。媒体类型（Media Type）全称为互联网媒体类型（Internet Media Type），也叫作多用途互联网邮件扩展（MIME）类型。表 9-5 是一些常见的 Content-Type 字段的值。

表9-5 一些常见的Content-Type字段的值

Content-Type 字段的值	说明
text/html	HTML 格式
text/plain	纯文本格式
text/xml	XML 格式
image/gif	GIF 图片格式
image/jpeg	JPG 图片格式
image/png	PNG 图片格式
application/xhtml+xml	XHTML 格式
application/xml	XML 数据格式
application/atom+xml	Atom XML 聚合格式
application/json	JSON 数据格式
application/pdf	PDF 格式
application/msword	Word 文档格式
application/octet-stream	二进制流数据（如常见的文件下载）

（续表）

Content-Type 字段的值	说明
application/x-www-form-urlencoded	表单默认的提交数据的格式。表单<form encType="">中默认的 encType 编码格式，form 表单数据默认被编码为 key=value 键-值对格式发送到服务器
multipart/form-data	需要在表单中进行文件上传时，就需要使用该格式

MIME 类型的每个值包括一级类型和二级类型，之间用斜杠分隔。除了预定义的类型外，厂商也可以自定义类型，例如下面是一个自定义类型的例子：

```
application/vnd.debian.binary-package
```

上面的自定义 MIME 类型表明发送的是 Debian 系统的二进制数据包。

MIME 类型值还可以在尾部使用分号添加参数，下面是一个添加参数的例子：

```
Content-Type: text/html; charset=utf-8
```

上面的类型值表明，HTTP 报文中的内容是文本网页数据，并且文本的编码是 UTF-8。

客户端在发送请求的时候，可以使用 Accept 头部字段声明自己接收哪些数据格式，下面是一个 Accept 的例子：

```
Accept: */*
```

上面的 Accept 头部字段表明客户端声明自己可以接收来自服务端的任何格式的数据。

由于文本数据发送的时候，往往可以通过压缩大大节省带宽，因此 HTTP 1.0 协议可以支持把数据压缩后再发送，其报文的 Content-Encoding 头部字段用于说明数据的压缩格式，具体如表 9-6 所示。

表9-6　用于Content-Encoding头部字段的压缩格式

头部字段的压缩格式	说明
Content-Encoding: deflate	使用 RFC1950 说明的 zlib 格式进行数据压缩
Content-Encoding: gzip	使用 RFC1952 说明的 gzip 格式进行数据压缩
Content-Encoding: compress	使用 UNIX 的文件压缩程序对数据进行压缩

客户端在请求时可以使用 Accept-Encoding 字段说明自己可以接受哪些压缩方法，示例如下：

```
Accept-Encoding: gzip,deflate
```

上面的 Accept-Encoding 头部字段表明客户端声明自己可以接收来自服务端的 zlib、gzip 格式的压缩数据，但是不接收 UNIX 的文件压缩程序对数据进行压缩的数据。

除了以上的 Content-Type、Content-Encoding 头部字段之外，HTTP 1.0 版本其他的新增功能还包括响应状态码（Status Code）、多字符集支持、多部分发送（Multi-Part Type）、权限（Authorization）等。

除了以上的不同之外，HTTP 1.0 版本与 HTTP 0.9 版本还有一个很重要的相同点：默认情况下 HTTP 1.0 版本的工作方式是每次发送一个请求需要一个 TCP 连接，当服务器响应后就会关闭这次连接，下一个请求需再次建立 TCP 连接，这一点和 HTTP 0.9 版本的处理方式是一致的，具体如图 9-10 所示。

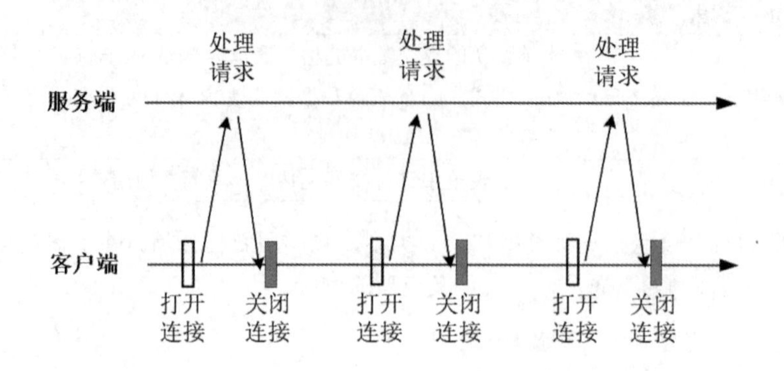

图 9-10　HTTP 1.0 版本与 HTTP 0.9 版本的请求处理方式

TCP 连接的新建成本很高，因为建立连接时客户端和服务器三次握手，并且连接建立之初数据的发送速度较慢。所以，HTTP 1.0 版本和 HTTP 0.9 版本一样，传输性能比较差，随着网页加载的外部资源越来越多，传输的性能问题就越突出了。

为了解决这个问题，有些浏览器在请求时对 HTTP 1.0 版本进行了扩展，增加了一个非标准的 Connection 头部字段，如果要对传输层的 HTTP 连接进行复用，Connection 头部值如下：

```
Connection: keep-alive
```

这个头部字段要求服务器不要关闭 TCP 连接，以便其他 HTTP 请求复用，同样服务器需要回应这个字段。

```
Connection: keep-alive
```

如果连接的两端都有 Connection:keep-alive 头部，则一个可以复用的 TCP 连接就建立了，直到客户端或服务器主动关闭连接。但是，Connection 不是标准字段，不同服务端实现的行为可能不一致，因此并不是提高传输性能的最终解决办法。

9.3.2　HTTP 的 1.1 版本

HTTP 协议的第 3 个版本是 HTTP 1.1 版本，是目前使用最广泛的协议版本，也是目前主流的 HTTP 协议版本。

HTTP 1.1 版本引入了许多关键技术进行传输性能的优化，主要包括持久连接（Persistent Connection）、管道机制（Pipelining）、分块传输编码（Chunked Transfer Encoding）、字节范围（Range）请求等。

HTTP 1.1 版本的最大变化就是引入了持久连接，即下层的 TCP 连接默认不关闭，可以被多个请求复用，而且报文不用声明 Connection: keep-alive 头部值。在 HTTP 1.1 版本中，默认情况下一个 TCP 连接可以允许多个 HTTP 请求，具体如图 9-11 所示。

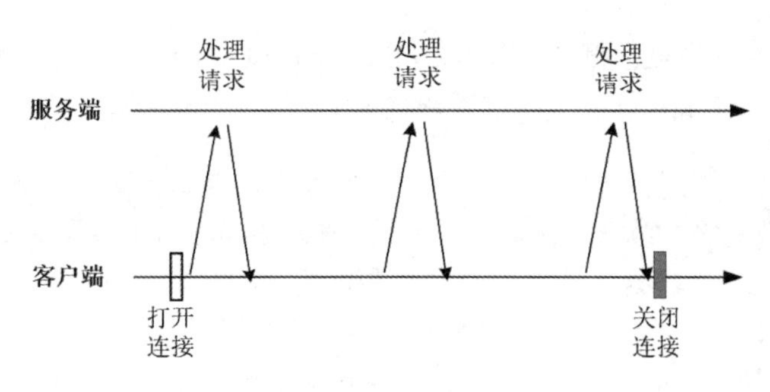

图 9-11　HTTP 1.1 版本的请求处理方式

TCP 连接如何关闭呢？客户端和服务器都可以进行通信监测，如果发现对方在一段时间没有活动，就可以主动关闭 TCP 连接。不过，相对规范的做法是，客户端在最后一个请求时，发送带 Connection: close 请求头的 HTTP 报文，明确要求服务器关闭 TCP 连接。

```
Connection: close
```

目前，对于同一个域名（带端口），大多数浏览器允许同时建立 6 个持久连接，这些持久连接在降低传输延迟的同时也提高了带宽的利用率。

HTTP 1.1 版本加入了管道机制，在同一个 TCP 连接里允许多个请求同时发送，增加了并发性，进一步改善了 HTTP 的效率。举例来说，客户端需要请求两个资源。以前的做法是，在同一个 TCP 连接里面，先发送 A 请求，然后等待服务器做出回应，收到后再发出 B 请求。管道机制则是允许浏览器同时发出 A 请求和 B 请求，但是服务器还是按照顺序，先回应 A 请求，完成后再回应 B 请求，具体如图 9-12 所示。

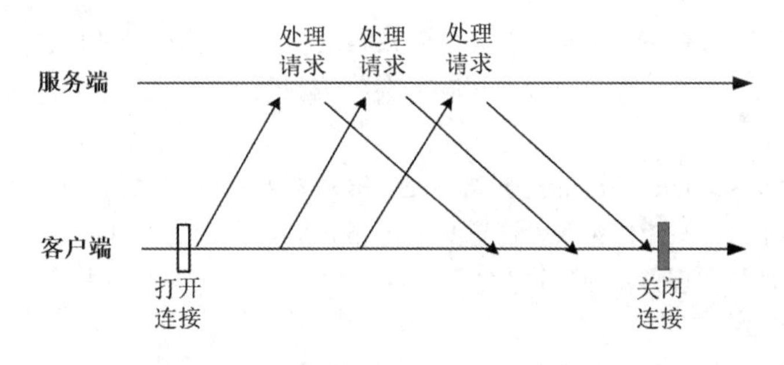

图 9-12　HTTP 1.1 版本加入了管道机制

在 Method（请求）方法中，HTTP 1.1 版本新增了 PUT、PATCH、OPTIONS、DELETE 等多个请求方法。

HTTP 1.1 版本客户端请求的头信息新增了 Host 字段，用来指定服务器的域名。在 HTTP 1.0 版本中，协议认为每台服务器都绑定一个唯一的 IP 地址，因此请求消息中的 URL 并没有传递主机名（Host Name）。但随着虚拟主机技术的发展，在一台物理服务器上可以存在多个虚拟主机（Multi-Homed Web Servers），并且它们共享一个 IP 地址甚至是端口号，为虚拟主机的兴起打下了基础。

有了 Host 字段，就可以将请求发往同一台服务器上的不同网站。通过 Host 字段可以实现在一台 Web 服务器的同一组 IP 地址和端口号上使用不同的主机名来创建多个虚拟 Web 站点，或者说，多个虚拟 Server 可以共享同一组 IP 地址和端口号。另外，在 HTTP 1.1 版本的请求消息中，如果没有 Host 头部字段，很多服务器会报告一个 400（Bad Request）错误，Host 头部的示例如下：

```
Host: www.example.com
```

HTTP 1.1 版本加入了一个新的状态码 100（Continue），服务端通过该响应码告知客户端继续发送后面的请求。例如，客户端事先发送一个只带令牌的 Authorization 头域而不带 Body 的请求，如果服务器因为权限拒绝了请求，就回送响应码 401（Unauthorized）；如果服务器通过权限校验而接受此请求，就回送响应码 100，客户端就可以继续发送带实体的完整请求了。

使用新的状态码 100（Continue）可以允许客户端在发送较大的 Body 体积的消息之前用 Request Header 试探一下 Server，看 Server 要不要接收 Body，再决定是否发 Body，当 Body 的体积比较大时，在验证不能通过的情况下能够大大节约带宽，传输的性能优势非常明显。

HTTP 1.1 版本加入了一些 Cache 的新特性，当缓存对象的 Age 超过 Expire 时，缓存对象变为 Stale 对象之后，HTTP 1.0 版本会直接抛弃 Stale 对象，HTTP 1.1 版本则可以不需要直接抛弃 Cache 中的 Stale 对象，而是与源服务器进行重新激活（Revalidation）操作。

HTTP 1.1 版本新增了 24 个错误状态响应码，如 409（Conflict）表示请求的资源与资源的当前状态发生冲突，410（Gone）表示服务器上的某个资源被永久性地删除。

HTTP 1.1 版本支持传送内容的一部分，也就是字节范围请求。当客户端已经拥有请求资源的一部分后，只需要跟服务器请求其余部分的资源即可。字节范围请求是支持文件断点续传的基础。

具体来说，字节范围请求是通过 Range 头部实现的，HTTP 1.0 版本每次传送文件都只能从文件头开始，即从 0 字节处开始。在 HTTP 1.1 版本中，客户端通过 Range:bytes=XX 的请求头部值表示要求服务器从文件的 XX 字节处开始传送，也就是断点续传。其对应的部分内容的响应码不是 200，而是使用专门的响应码 206（Partial Content）。

HTTP 1.1 版本支持分块传输编码。分块传输编码是一种新的数据传输机制，允许服务端将数据分成多个部分发送到客户端。普通的服务端响应会将响应数据的长度通过 Content-Length 字段告诉客户端。

不过，使用 Content-Length 字段的前提条件是，服务器发送回应之前，必须知道回应的数据长度。而对于一些很耗时的动态操作来说，这意味着服务器要等到所有操作完成才能发送数据，显然这样的效率不高。更好的处理方法是，产生一块数据就发送一块，采用流模式（Stream）发送取代缓存模式（Buffer）发送。

因此，HTTP 1.1 版本规定请求或者响应报文可以不使用 Content-Length 字段告知长度，而使用分块传输编码字段。只要请求或回应的头部有 Transfer-Encoding 字段，就表明数据将由数量未定的数据块组成。

```
Transfer-Encoding: chunked
```

每个分块报文的非空数据块之前会有一个十六进制的数值，表示当前块的长度。最后是一个大小为 0 的块，表示本次回应的数据发送完了。

分块传输编码的具体传输规则为：

（1）在头部加入 Transfer-Encoding: chunked 之后，就代表这个报文采用了分块编码。这时，报文中的实体需要改为用一系列分块来传输。

（2）每个分块包含十六进制的长度值和数据，其中长度值独占一行，长度不包括分块长度后面的结尾 CRLF（\r\n）的长度，也不包括分块数据后面的结尾 CRLF（\r\n）的长度。

（3）最后一个分块的长度值必须为 0，对应的分块数据没有内容，表示所有的 Body 数据传输完成。

下面是一个例子。

```
HTTP/1.1 200 OK
Content-Type: text/plain
Transfer-Encoding: chunked

25
This is the data in the first chunk

1C
and this is the second one

3
con

8
sequence

0
```

注意，示例中的 25、1C、3、8、0 为十六进制的分片内容的净长度，并且不包括分片内容后面的\r\n 的长度。

为什么在以上示例报文中只有第一个分片报文有 HTTP 头部，后面的报文可以没有 HTTP 头部呢？因为 HTTP1.1 采用了持久的连接，也就是 TCP 的连接会进行复用，许多请求（或响应）分片(Chunked)在一个 TCP 的连接上发送，所以接收端可以通过最后一个长度为 0 的分片(Chunked)标识当前的 Body 在这里结束即可。

9.3.3　HTTP 的 2.0 版本

HTTP 的 2.0 版本（或者说 HTTP/2）是一个二进制协议，二进制更易于进行 Frame（帧、数据包）的传输。HTTP 1.x 版本在应用层以纯文本的形式进行通信，而 HTTP 2.0 将所有的传输信息分割为更小的消息和数据帧，并对它们采用二进制格式编码。这样，客户端和服务端都需要引入新的二进制编码和解码的机制，就像本书前面编写的 Protobuf 聊天数据帧的编码器和解码器一样。

HTTP/2.0 协议有 10 个不同的 Frame 定义，其中两个最为基础的 Frame 是 Data 帧和 Headers 帧，其中 HTTP/1.x 报文的头部信息会被封装到 HTTP/2.0 报文的 Headers 帧中，而 HTTP/1.x 报文的请求体（Request Body）则被封装到 HTTP/2.0 报文的 Data 帧中，具体如图 9-13 所示。

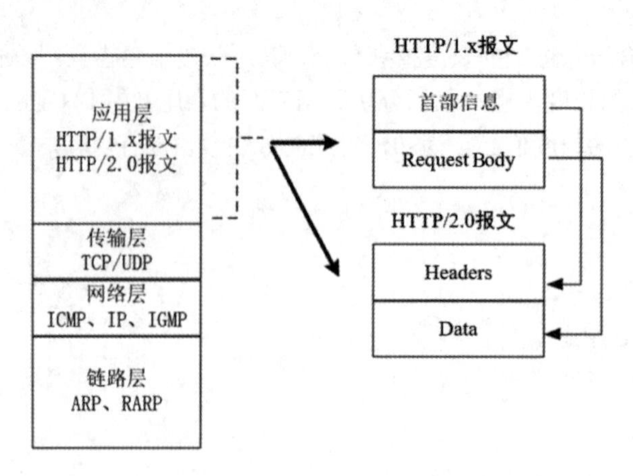

图 9-13　HTTP/2 与 HTTP/1.x 的报文对应关系

通过以上报文对应关系可以看出，HTTP/2.0 没有改变 HTTP/1.x 的语义，只是在应用层使用二进制分帧方式传输。HTTP 2.0 最大的特点是没有改动 HTTP 的语义，包括 HTTP 方法、状态码、URI 及请求首部字段等。HTTP/1.x 的核心概念在语义上一如往常，但是 HTTP/2.0 却改进了传输性能，可以实现低延迟和高吞吐量。

HTTP/2.0 引入了新的通信单位：帧、消息、流。分帧有什么好处？服务器单位时间接收到的请求数变多，可以提高并发数。最重要的是，为多路复用提供了底层支持。HTTP/2.0 之所以叫 HTTP/2.0 版本而不是 HTTP/1.2 版本，关键在于新增的二进制分帧传输，在传输方式上发生了重大的变化。

既然既要保证 HTTP 的各种方法、首部都不受影响，又需要通过二进制进行传输，那就需要在应用层和传输层（TCP/UDP）之间增加一个二进制分帧层，在该二进制分帧层上，HTTP 2.0 版本会将所有传输的信息分割为更小的消息和数据帧，并对它们采用二进制格式的编码。然后，HTTP 2.0 的通信都在一个连接上完成，这个连接可以承载任意数量的双向数据流。

HTTP/2 的主要特点有：首部压缩、多路复用、并行双向传输、服务端推送等。

1. 首部压缩

HTTP/2.0 在客户端和服务端使用首部（请求头）表来跟踪和存储之前发送的请求头键-值对，对于相同的数据，不再通过每次请求和响应发送，通信期间几乎不会改变通用键-值对的值（如用户代理、可接受的 MIME 值等），所以请求头只需发送一次即可。事实上，如果请求中不包含首部（例如对同一资源的请求），那么首部开销就是零字节。此时所有首部都自动使用之前请求发送的首部。

一旦请求的首部发生变化了，那么只需要在 Headers 帧里发送变化了的首部，将新增或修改的首部帧追加到首部表即可。首部表中的键-值对在 HTTP/2.0 的 TCP 连接存续期内始终存在，由客户端和服务器共同渐进地更新。

2. 多路复用

HTTP/2.0 的多路复用指的是对多资源的请求可以在一个 TCP 连接上完成。HTTP/2.0 把 HTTP 通信的基本单位缩小为一个一个的帧，这些帧对应着逻辑流中的消息，并行地在同一个 TCP 连接上双向交换消息。

实际上，HTTP 性能的关键在于低延迟而不是带宽利用率低。大多数 HTTP 连接的时间都很短，数据传输是突发性的，但是 TCP 传输只有在长连接并且传输大块数据时，其效率才是最高的。HTTP/2.0 通过让所有数据流共用同一个连接，可以更有效地让 TCP 连接高带宽，也能真正地服务于 HTTP 的性能提升。

多资源单链接的多路复用方式在服务器和网络传输的层面都得到了以下好处：

（1）可以减少服务链接压力，内存占用少了，连接吞吐量大了。

（2）由于 TCP 连接减少而使网络拥塞状况得以改观。

（3）TCP 慢启动时间减少，拥塞和丢包恢复速度更快。

3. 并行双向传输

在 HTTP/2.0 中，客户端和服务器可以把 HTTP 消息分解为互不依赖的帧，然后乱序发送，最后在另一端把它们重新组合起来。注意，同一连接上有多个不同方向的数据流在传输。客户端可以一边乱序发送消息流，一边接收服务器的响应流，而服务器那端同理。

把 HTTP 消息分解为独立的帧，双向交错发送，然后在另一端重新组装，是 HTTP/2.0 最重要的一项增强。该机制会在整个 Web 技术栈中引发一系列连锁反应，从而带来巨大的性能提升，大致的原因是：

（1）可以并行交错地发送请求，请求之间互不影响。

（2）可以并行交错地发送响应，响应之间互不干扰。

（3）只使用一个连接即可并行发送多个请求和响应。

（4）消除不必要的延迟，从而减少页面加载的时间。

4. 服务端推送

在 HTTP/2.0 中，新增的一个强大的新功能就是服务器可以对一个客户端请求发送多个响应。或者说，除了对最初的请求进行响应外，服务器还可以额外向客户端推送资源，而无须客户端明确地请求。

在服务端主动推送这一点上，HTTP/2.0 和 WebSocket 协议有点类似。

那么，如何使用 HTTP/2.0 呢？前提是需要 Web 服务器和浏览器双方都支持，才可以启用 HTTP/2.0，如果任何一端不匹配，则会回退到 HTTP/1.1。

有数据表明，全球排名中的 1000 万个网站，只有 12%左右支持 HTTP/2.0。目前所有新版本的浏览器包括 Firefox、Safari、Chrome 以及其他基于 Blink 核心的浏览器已完全支持 HTTP/2.0。虽然目前 HTTP/1.1 还是主流，但是相信不久的将来，HTTP/2.0 会大行其道。

9.4　基于 Netty 实现简单的 Web 服务器

Netty 天生异步事件驱动的架构，无论是在性能上还是在可靠性上都表现优异，非常适合作为 Web 服务器使用，相比于传统的 Tomcat、Jetty 等 Web 容器，基于 Netty 的 Web 服务器具有更加轻量和小巧、灵活性和定制性更好的特点。

9.4.1 基于 Netty 的 HTTP 服务器演示实例

在学习基于 Netty 进行 HTTP 处理的相关知识之前，先介绍一下本节所实现的演示服务器示例——HttpEchoServer，这是一个简单的基于 Netty 的 HTTP 回显服务器。

HttpEchoServer 的功能是：当通过 HTTP 客户端（如 Postman 工具、浏览器等）向演示服务器发起 HTTP 请求时，服务器会回显该 HTTP 请求的请求方法、请求参数、请求 URI、请求头、请求体等内容。

使用 Fiddler 工具抓取的一个 HttpEchoServer 服务器的回显结果大致如图 9-14 所示。

GET | http://crazydemo.com:18899/getrequest?param1=value1¶m2=value2 | Send | Save

Pretty Raw Preview Visualize JSON

```
1  {
2      "request method": "GET",
3      "paramsFromGet": {
4          "param1": "value1",
5          "param2": "value2"
6      },
7      "request uri": "/getrequest?param1=value1&param2=value2",
8      "request header": {
9          "content-length": "0",
10         "Accept": "*/*",
11         "Cache-Control": "no-cache",
12         "foo": "bar",
13         "User-Agent": "PostmanRuntime/7.22.0",
14         "Connection": "keep-alive",
15         "Postman-Token": "956a87c8-26b4-4bc0-bb7d-f5d24ebf6336",
16         "Host": "crazydemo.com:18899",
17         "Accept-Encoding": "gzip, deflate, br",
18         "Content-Type": "application/x-www-form-urlencoded"
19     }
20 }
```

图 9-14　一个 HttpEchoServer 服务器的响应结果示意图

> **说明** 在具体的调试过程中，为了能通过 Fiddler（抓包工具）抓取到 HTTP 的往返报文，需要将本地地址（127.0.0.1）在操作系统（这里是 Windows）的 hosts 文件中绑定到 crazydemo.com 主机名称上，只有这样，在调试过程中向该主机名称发送请求才能成功抓取报文。

基于 Netty 的 HTTP 回显服务器的服务端 Pipeline 处理器流水线构成大致如图 9-15 所示。

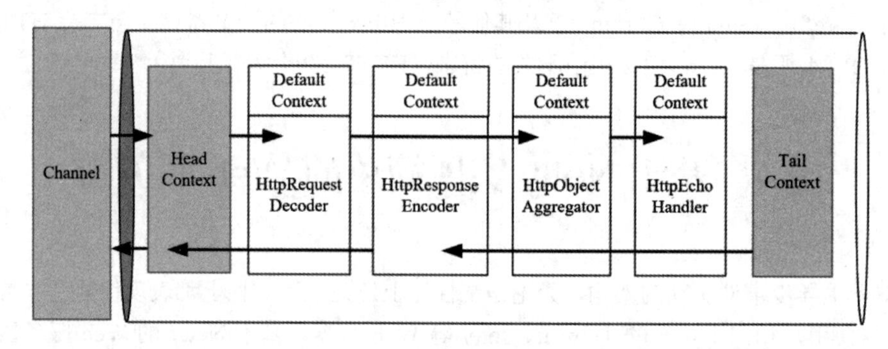

图 9-15　基于 Netty 的 HTTP 回显服务器的处理器流水线

9.4.2 基于 Netty 的 HTTP 请求的处理流程

通常 HTTP 通信过程中，客户端和服务端的交互过程如下：

（1）客户端（如 Postman 工具、浏览器、Java 程序等）向服务端发送 HTTP 请求。
（2）服务端对 HTTP 请求进行解析。
（3）服务端向客户端发送 HTTP 响应报文。
（4）客户端解析 HTTP 响应的应用层协议内容。

以上交互过程中，服务端将涉及 HTTP 请求的解码处理和 HTTP 响应的编码处理，不过，Netty 已经内置了这些解码和编码的处理器，大致如下：

（1）HttpRequestDecoder：HTTP 请求编码器是一个入站处理器，间接地继承了 ByteToMessageDecoder，将 ByteBuf 缓冲区解码成代表请求的 HttpRequest 首部实例和 HttpContent 内容实例。并且，HttpRequestDecoder 在解码时会处理好分块（Chunked）类型和固定长度（Content-Length）类型的 HTTP 请求报文。

（2）HttpResponseEncoder：HTTP 响应编码器把代表响应的 HttpResonse 首部实例和 HttpContent 内容实例编码成 ByteBuf 字节流，是一个出站处理器。

（3）HttpServerCodec：HTTP 的编解码器是 HttpRequestDecoder 解码器和 HttpResponseEncoder 编码器的结合体。

（4）HttpObjectAggregator：是 HttpObject 实例聚合器，Aggregator 是聚合、聚集的意思，这也是一个入站处理器。通过 HttpObject 实例聚合器可以把 HttpMessage 首部实例和一个或多个 HttpContent 内容实例最终聚合成一个 FullHttpRequest 实例。上文中涉及的与 HTTP 相关的 HttpMessage、HttpRequest、HttpContent、FullHttpRequest 等类型都是 HttpObject 的子类。

（5）QueryStringDecoder：把 HTTP 的请求 URI 分割成 Path（路径）和键-值对（Key-Value Pair），同一次请求，该解码器仅能使用一次。

基于 Netty 的 HTTP 请求的处理流程大致如下：

（1）二进制的 HTTP 数据包从 Channel（通道）入站后，首先进入 Pipeline（流水线）的是 ByteBuf 字节流。

（2）HttpRequestDecoder 首先将 ByteBuf 缓冲区中的请求行（Request Line）和请求头解析成 HttpRequest 首部对象，传入 HttpObjectAggregator。然后将 HTTP 数据包的请求体（Body）解析出 HttpContent 对象（可能是多个），传入 HttpObjectAggregator 聚合器。解码完成之后，如果没有更多的请求体内容，HttpRequestDecoder 会传递一个 LastHttpContent 结束实例到聚合器 HttpObjectAggregator，表示 HTTP 请求数据已经解析完成。

（3）当 HttpObjectAggregator 发现有入站包为 LastHttpContent 实例的入站时，代表 HTTP 请求数据协议解析完成，此时会将所收到的全部 HttpObject 实例封装成一个 FullHttpRequest 整体请求实例发送给下一站，这里的下一站基本上为业务处理器。

Netty 的 HTTP 请求处理流程大致如图 9-16 所示。

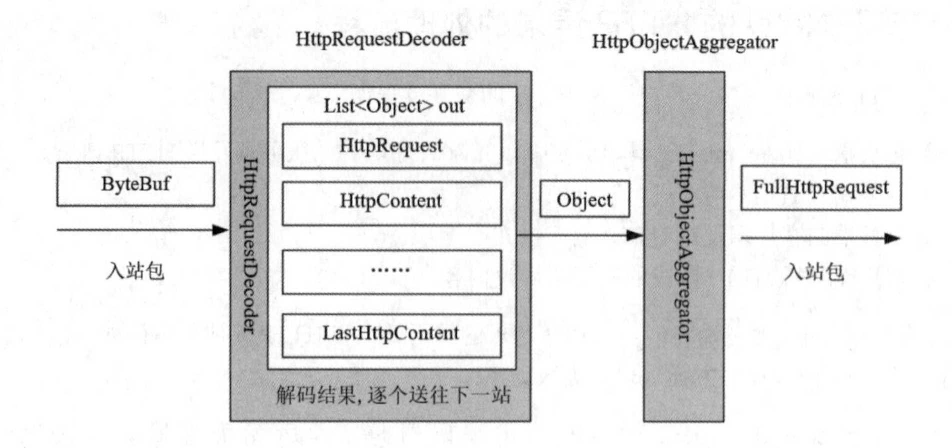

图 9-16 Netty 的 HTTP 请求处理流程

在请求体处理过程中，会涉及 Content-Length 和 Trunked 两种类型的请求体，但是其处理差异被 HttpRequestDecoder 协议解码器所屏蔽，它们的最终出站对象是一致的，通过聚合器 HttpObjectAggregator 处理之后，输出的都是 FullHttpRequest 实例。HTTP 服务端的业务处理器（如 EchoHandler）可以通过该 FullHttpRequest 实例获取所有与 HTTP 请求相关的内容。

总体来说，如果要进行 HTTP 请求报文的读取，只需要在 Netty 的 Pipeline（流水线）上配置好两个内置处理器 HttpRequestDecoder 和 HttpObjectAggregator 即可。

以本节的 HttpEchoServer 演示实例的服务端处理器为例，大致的流水线装配代码如下：

```
ChannelPipeline pipeline = ch.pipeline();
//请求的解码器
pipeline.addLast(new HttpRequestDecoder());
//请求的聚合器
pipeline.addLast(new HttpObjectAggregator(65535));
//响应的编码器
pipeline.addLast(new HttpResponseEncoder());
//自定义的业务 Handler
pipeline.addLast(new HttpEchoHandler());
```

9.4.3 Netty 内置的 HTTP 报文解码流程

通过内置处理器 HttpRequestDecoder 和 HttpObjectAggregator 对 HTTP 请求报文进行解码之后，Netty 会将 HTTP 请求封装成一个 FullHttpRequest 实例（具体见图 9-17），然后发送给下一站。

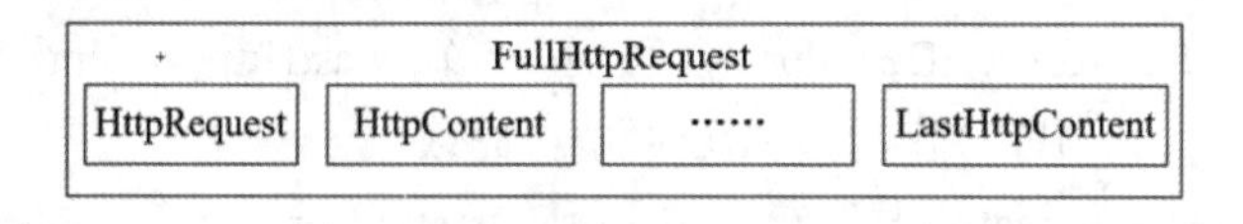

图 9-17 FullHttpRequest 结构图

Netty 内置的与 HTTP 请求报文相对应的类大致有如下几个：

（1）FullHttpRequest：整个 HTTP 请求的信息，包含对 HttpRequest 首部和 HttpContent 请求体的组合。

（2）HttpRequest：请求首部，主要包含对 HTT 请求行和请求头 Request 的组合。

（3）HttpContent：对 HTTP 请求体（Body）进行封装，本质上就是一个 ByteBuf 缓冲区实例。如果 ByteBuf 的长度是固定的，则请求的 Body 过大，可能包含多个 HttpContent。解码的时候，最后一个解码返回对象为 LastHttpContent（空的 HttpContent），表示对 Body 的解码已经结束。

（4）HttpMethod：主要是对 HTTP 请求方法 Method 的封装。

（5）HttpVersion: 对 HTTP 版本的封装，该类定义了 HTTP/1.0 和 HTTP/1.1 两个协议版本。

（6）HttpHeaders：包含对 HTTP 报文请求头的封装及相关操作。

以上清单中的类与 HTTP 请求报文各部分的对应关系大致如图 9-18 所示。

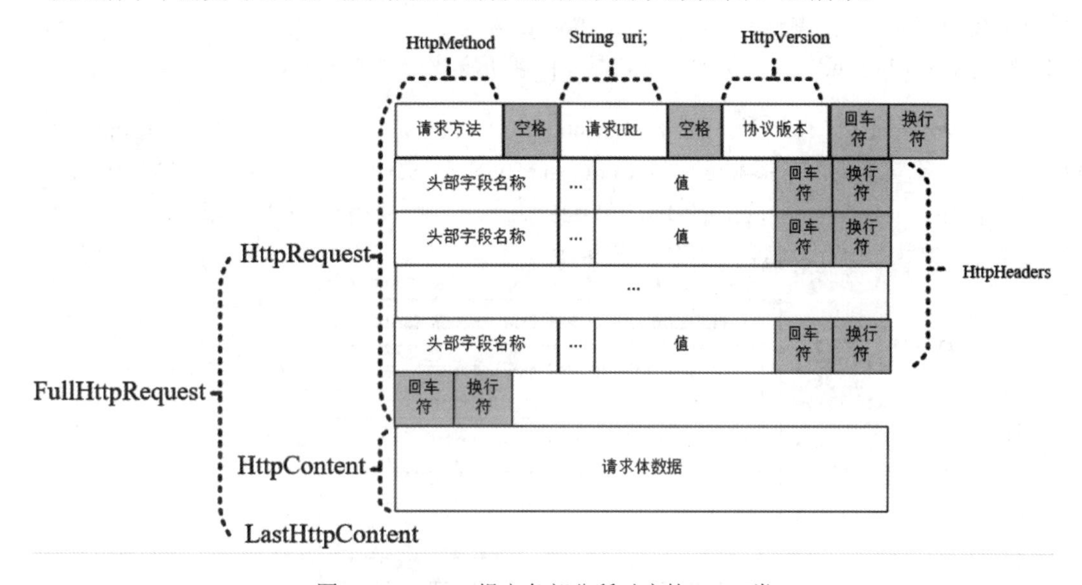

图 9-18　HTTP 报文各部分所对应的 Netty 类

Netty 的 HttpRequest 首部类中有一个 String uri 成员，主要是对请求 URI 的封装，该成员包含 HTTP 请求的 Path（路径）和跟随在其后的请求参数。

有关请求参数的解析，不同的 Web 服务器所使用的解析策略有所不同。在 Tomcat 中，如果客户端提交的是 application/x-www-form-urlencoded 类型的表单 Post 请求，则 Java 请求参数实例除了包含跟随在 URI 后面的键-值对之外，请求参数还包含 HTTP 请求体 Body 中的键-值对。而在 Netty 中，Java 中的请求参数实例仅仅包含跟在 URI 后面的键-值对。

接下来介绍本小节的重点：Netty 的 HTTP 报文拆包方案。

一般来说，服务端收到的 HTTP 字节流可能被分成多个 ByteBuf 包，Netty 服务端如何处理 HTTP 报文的分包问题呢？大致有如下几种策略：

（1）定长分包策略：接收端按照固定长度进行数据包分割，发送端按照固定长度发送数据包。

（2）长度域分包策略：比如使用 LengthFieldBasedFrameDecoder 长度域解码器在接收端分包，而在发送端可以可先发送 4 字节表示消息的长度，紧接着发送消息的内容。

（3）分隔符分割：比如使用 LineBasedFrameDecoder 解码器通过换行符进行分包，或者使用 DelimiterBasedFrameDecoder 通过特定的分隔符进行分包，等等。

Netty 结合使用以上第（2）种和第（3）种策略完成 HTTP 报文的拆包：对于请求头，应用分隔符分包策略，以特定分隔符（"\r\n"）进行拆包；对于 HTTP 请求体，则应用长度域分包策略，按照请求头中的内容长度进行内容拆包。

Netty 总体的 HTTP 拆包方案具体如下：

（1）处理 HTTP 请求行，由于请求行的边界是 CRLF（"\r\n"），如果读取到 CRLF，则意味着请求行的信息已经读取完成。

（2）开始处理请求头部分，由于 Header 的边界是 CRLF，每遇到一个 CRLF，则表示一个请求头读取完成；如果连续读取到两个 CRLF，则意味着全部的 Header 信息读取完成。

（3）请求体的长度一般由请求头 Content-Length 来进行确定，如果请求头中没有 Content-Length 头部，则是属于 Chunked（块）编码报文，具体的解析方式请参考 Trunked 协议。

为了减少内存复制，Netty 使用了 CompositeByteBuf。例如，Netty 聚合各个 HttpObject 实例的 FullHttpMessage 实现类，内部就是一个 CompositeByteBuf 实例，该组合缓冲区会将 HttpRequest 内部的 ByteBuf、HttpContent 内部的 ByteBuf 组合在一起，作为最终的 HTTP 报文缓冲区，从而避免数据拷贝（也就是内存复制），具体如图 9-19 所示。

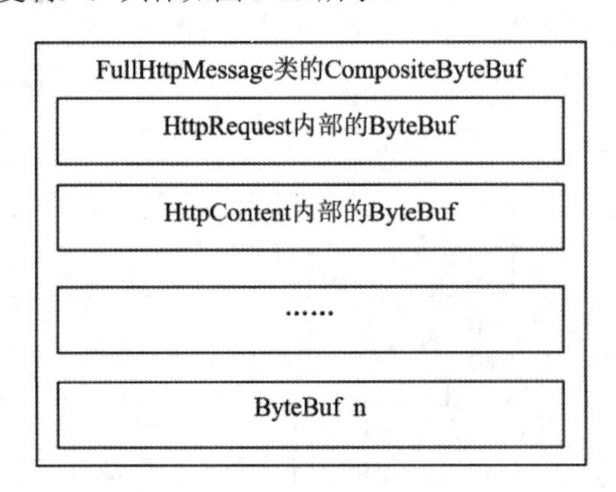

图 9-19 FullHttpMessage 实现类内部的 CompositeByteBuf 成员

9.4.4 基于 Netty 的 HTTP 响应编码流程

Netty 的 HTTP 响应处理流程只需在流水线装配 HttpResponseEncoder 编码器即可。该编码器是一个出站处理器，具有以下特点：

（1）该编码器输入的是 FullHttpResponse 响应实例，输出的是 ByteBuf 字节缓冲器。后面的处理器会将该 ByteBuf 数据写入 Channel，最终会被发送到 HTTP 客户端。

（2）该编码器按照 HTTP 对入站 FullHttpResponse 实例的响应行、响应头、响应体进行序列化，通过响应头去判断是否含有 Content-Length 头或者 Trunked 头，然后将响应体按照相应的长度规则对内容进行序列化。

Netty 的 HTTP 响应编码流程具体如图 9-20 所示。

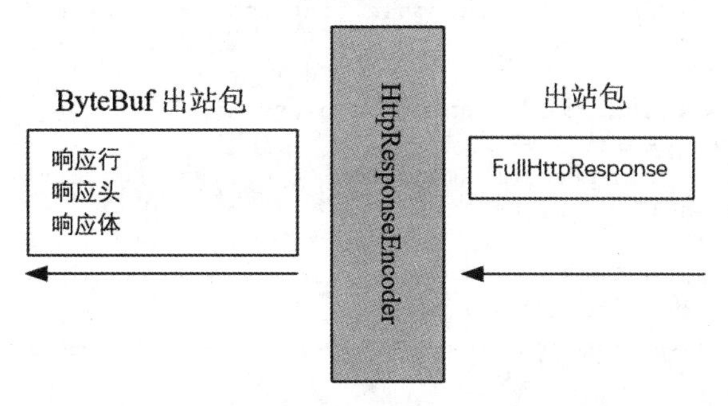

图 9-20　Netty 的 HTTP 响应编码流程

如果只是发送简单的 HTTP 响应，可以通过 DefaultFullHttpResponse 默认响应实现类完成。通过该默认响应类，既可以设置响应的内容，也可以设置响应头。在本书的随书源码中，编写了一个 HttpProtocolHelper 帮助类，可以通过该响应类进行 HTTP 响应的设置和发送，相关部分的代码如下：

```
package com.crazymakercircle.netty.util;
...
public class HttpProtocolHelper
{
   ...
    /**
     * 发送 JSON 格式的响应
     * @param ctx 上下文
     * @param content 响应内容
     */
    public static void sendJsonContent(
                                  ChannelHandlerContext ctx, String content)
    {
        HttpVersion version = getHttpVersion(ctx);
        /**
         * 构造一个默认的 FullHttpResponse 实例
         */
       FullHttpResponse response = new DefaultFullHttpResponse(
         version, OK, Unpooled.copiedBuffer(content, CharsetUtil.UTF_8));
        /**
         * 设置响应头
         */
        response.headers().set(HttpHeaderNames.CONTENT_TYPE,
                                         "application/json; charset=UTF-8");
        /**
         * 发送 FullHttpResponse 响应内容
         */
        sendAndCleanupConnection(ctx, response);
    }

    /**
     * 发送 FullHttpResponse 响应
     */
    public static void sendAndCleanupConnection(
                ChannelHandlerContext ctx, FullHttpResponse response)
    {
        final boolean keepAlive =
                          ctx.channel().attr(KEEP_ALIVE_KEY).get();
```

```
        HttpUtil.setContentLength(
                response, response.content().readableBytes());
        if (!keepAlive)
        {
            //如果不是长连接，则设置 connection:close 头部
            response.headers().set(
                    HttpHeaderNames.CONNECTION, HttpHeaderValues.CLOSE);
        } else if (isHTTP_1_0(ctx))
        {
            //如果是 1.0 版本的长连接，则设置 connection:keep-alive 头部
            response.headers().set(
                    HttpHeaderNames.CONNECTION, HttpHeaderValues.KEEP_ALIVE);
        }
        //发送内容
        ChannelFuture flushPromise = ctx.writeAndFlush(response);

        if (!keepAlive)
        {
            //如果不是长连接，则发送完成之后，关闭连接
            flushPromise.addListener(ChannelFutureListener.CLOSE);
        }
    }
  ...

}
```

9.4.5 HttpEchoHandler 回显业务处理器实战案例

基于 Netty 的 HttpEchoHandler 回显业务处理器将来自客户端的 HTTP 客户端的请求方法、URI 请求参数、请求体数据、请求头字段回显到客户端（写回到客户端）。回显业务处理器主要对 GET 请求、Form 表单 POST 请求、JSON 类型的 POST 请求进行处理，所涉及的可以回显处理的客户端请求大致如图 9-21 所示。

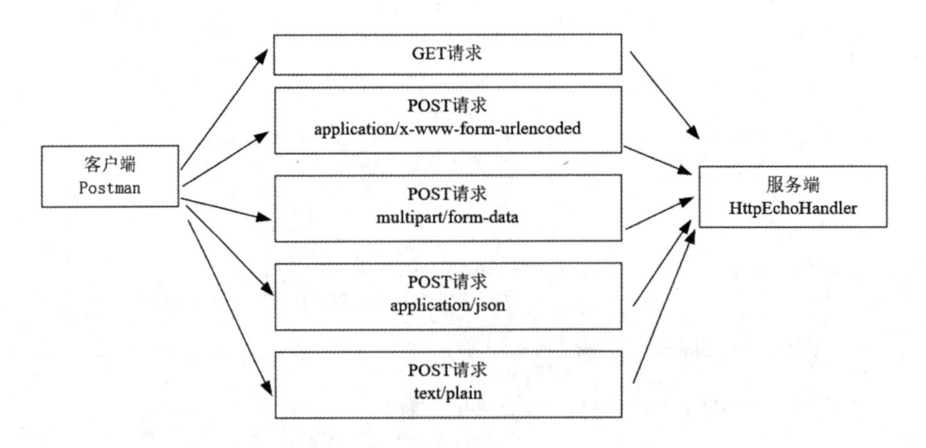

图 9-21　HttpEchoHandler 所涉及的请求类型

HttpEchoHandler 回显处理器的主要实现代码大致如下：

```
package com.crazymakercircle.netty.http.echo;
...
@Slf4j
public class HttpEchoHandler extends
                        SimpleChannelInboundHandler<FullHttpRequest>
```

```
{

    @Override
    public void channelRead0(ChannelHandlerContext ctx,
                               FullHttpRequest request) throws Exception
    {
        if (!request.decoderResult().isSuccess())
        {
            HttpProtocolHelper.sendError(ctx, BAD_REQUEST);
            return;
        }
        /**
         * 调用辅助类的方法缓存 HTTP 的版本号
         */
        HttpProtocolHelper.cacheHttpProtocol(ctx, request);
        Map<String, Object> echo = new HashMap<String, Object>();
        //1.获取 URI
        String uri = request.uri();
        echo.put("request uri", uri);
        //2.获取请求方法
        HttpMethod method = request.method();
        echo.put("request method", method.toString());
        //3.获取请求头
        Map<String, Object> echoHeaders = new HashMap<String, Object>();
        HttpHeaders headers = request.headers();
              //迭代请求头
        Iterator<Map.Entry<String, String>> hit =
                                         headers.entries().iterator();
        while (hit.hasNext())
        {
            Map.Entry<String, String> header = hit.next();
            echoHeaders.put(header.getKey(), header.getValue());
        }

        echo.put("request header", echoHeaders);
        /**
         * 获取 URI 请求参数
         */
        Map<String, Object> uriDatas = paramsFromUri(request);
        echo.put("paramsFromUri", uriDatas);

          //处理 POST 请求
          if (POST.equals(request.method()))
          {
               /**
                * 获取请求体数据到 Map
                */
               Map<String, Object> postData = dataFromPost(request);
               echo.put("dataFromPost", postData);
          }


          /**
           * 回显内容转换成 JSON 字符串
           */
          String sendContent = JsonUtil.pojoToJson(echo);
          /**
           * 发送回显内容到客户端
           */
          HttpProtocolHelper.sendJsonContent(ctx, sendContent);
    }
```

```
    /*
     * 从 URI 后面获取请求的参数
     */
    private Map<String, Object> paramsFromUri(
                                FullHttpRequest fullHttpRequest)
    {
        Map<String, Object> params = new HashMap<String, Object>();
        //把 URI 后面的参数串分割成 key-value 形式
        QueryStringDecoder decoder =
                    new QueryStringDecoder(fullHttpRequest.uri());
        //提取 key-value 形式的参数串
        Map<String, List<String>> paramList = decoder.parameters();
        //迭代 key-value 形式的参数串
        for (Map.Entry<String, List<String>>
                                 entry : paramList.entrySet())
        {
            params.put(entry.getKey(), entry.getValue().get(0));
        }
        return params;
    }

    /*
     * 获取 POST 方式传递的请求体数据
     */
    private Map<String, Object> dataFromPost(
                                FullHttpRequest fullHttpRequest)
    {

        Map<String, Object> postData = null;
        try
        {
            String contentType =
                    fullHttpRequest.headers().get("Content-Type").trim();
            //普通 form 表单数据，非 multipart 形式表单
            if (contentType.contains(
                             "application/x-www-form-urlencoded"))
            {
                postData = formBodyDecode(fullHttpRequest);
            }
            //multipart 形式表单
            else if (contentType.contains("multipart/form-data"))
            {
                postData = formBodyDecode(fullHttpRequest);
            }

            //JSON 形式的 POST 请求
            else if (contentType.contains("application/json"))
            {
                postData = jsonBodyDecode(fullHttpRequest);
            }
            //普通文本形式的 POST 请求
                else if (contentType.contains("text/plain"))
            {
                ByteBuf content = fullHttpRequest.content();
                byte[] reqContent = new byte[content.readableBytes()];
                content.readBytes(reqContent);
                String text = new String(reqContent, "UTF-8");
                postData = new HashMap<String, Object>();
                postData.put("text", text);
            }
```

```
            return postData;
        } catch (UnsupportedEncodingException e)
        {
            return null;
        }
    }
    ...
}
```

为了节省篇幅，HttpEchoServer 回显服务器主类（也是引导类）的代码在这里不再给出，请读者通过随书源码工程查看。

运行 HttpEchoServer 的 main()方法，正式启动 HTTP 回显服务。同时，为了抓取和查看报文，可以开启 Fiddler 抓包程序，在一切都准备妥当之后，可以在 Postman 中输入一个带参数的 URI，去访问回显服务器。服务端所返回的回显结果大致如图 9-22 所示。

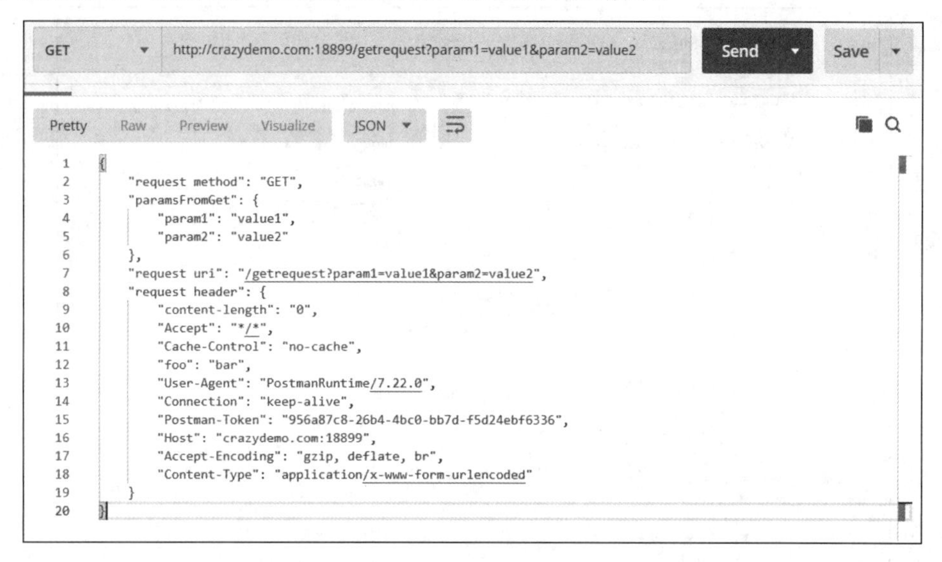

图 9-22　Postman 提交 GET 请求到回显服务器后的返回结果

9.4.6　使用 Postman 发送多种类型的请求体

接下来演示通过 Postman 发送多种类型的 POST 请求体。按照 Content-Type 内容类型进行划分，POST 请求的 Body 有很多种编码类型，以下为常见的几种编码类型：

（1）text/plain：请求体以普通文本形式编码，其中不含任何控件或格式字符。

（2）application/json：请求体以 JSON 格式编码。

（3）application/x-www-form-urlencoded：请求体被编码为“名称=值”对相连的形式，这是标准的表单项编码格式。

（4）multipart/form-data：请求体被编码为由多部分构成，每个表单数据对应消息中的一部分。

（5）application/octet-stream：从字面意思得知，请求体只可以发送二进制数据，通常用来上传文件。由于没有键的名称，因此，该类型的请求体一次只能上传一个文件。

这里，重点演示和介绍 application/x-www-form-urlencoded 和 multipart/form-data 两种请求体内

容类型的使用。

实验 1：发送 application/x-www-form-urlencoded 编码类型的请求体

首先演示和介绍 application/x-www-form-urlencoded 类型的请求体编码形式。该类型的请求体会将表单的每个表单项名称和值转换为“名称=值”的形式，然后用&符号连在一起，最终将整个表单编码后的字符串作为 POST 请求的 Body 发送出去。如果是 GET 请求，则将编码后的字符串追加到 URI 后面发送出去。在 Postman 提交该类型的 POST 请求到回显服务器时，具体的请求 URL 如下：

```
http://crazydemo.com:18899/postrequest
```

服务端返回的回显结果大致如图 9-23 所示。

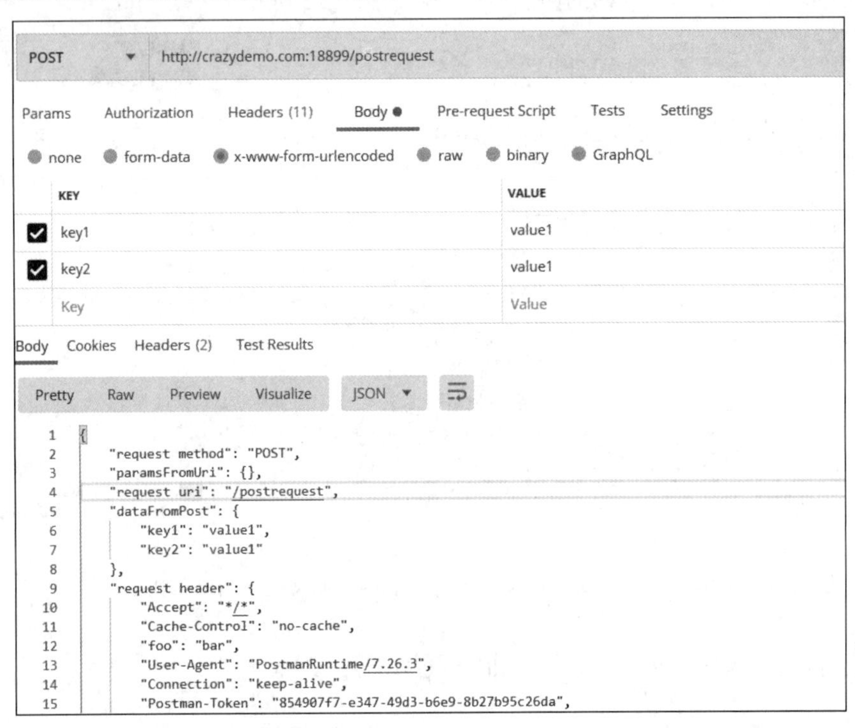

图 9-23　Postman 提交 application/x-www-form-urlencoded 类型的 POST 请求体

通过 Fiddler 查看到的以上 POST 请求的应用层 HTTP 数据包如图 9-24 所示。

```
Statistics | Inspectors | AutoResponder | Composer | FiddlerScript | Log | Filters
Headers | TextView | SyntaxView | WebForms | HexView | Auth | Cookies | Raw | JSON | XML
POST http://crazydemo.com:18899/postrequest HTTP/1.1
foo: bar
Content-Type: application/x-www-form-urlencoded
User-Agent: PostmanRuntime/7.26.3
Accept: */*
Cache-Control: no-cache
Postman-Token: 854907f7-e347-49d3-b6e9-8b27b95c26da
Host: crazydemo.com:18899
Accept-Encoding: gzip, deflate, br
Connection: keep-alive
Content-Length: 23

key1=value1&key2=value1
```

图 9-24　Fiddler 查看 multipart/form-data 类型的 POST 请求数据包

实验 2：发送 multipart/form-data 编码类型的请求体

这里介绍一下 multipart/form-data 编码类型的请求体，在 Postman 提交该类型的 POST 请求到回显服务器时，具体如图 9-25 所示。

图 9-25　Postman 提交 multipart/form-data 类型的 POST 请求体

浏览器对于 multipart/form-data 类型的 POST 请求的报文编码稍微有点复杂。它在将表单项编码成请求体时，会将每一个表单项分开进行编码。每个表单项都有一个 Content-Disposition 来说明表单项的类型，表单 Field 字段的类型值为 form-data（数据），文件 File 字段的类型值为 file（文件）。紧跟在 Content-Disposition 属性的后面，每个表单项都有一个 name 属性，其值为表单项的名称。在 name 名字之后是两个"\r\n"，然后就是表单项的值，如果是上传文件，则此处为文件的内容；每个表单项的末尾都有一段 boundary 分隔字符串，隔开自己的和下一个表单项。

为了演示方便，仅仅在 Postman 中将上一个请求的 Content-Type（内容类型）改为 multipart/form-data，填写两个表单项，然后发送 POST 请求到回显服务器，并通过 Fiddler 抓包查看请求体的内容，大致如图 9-26 所示。

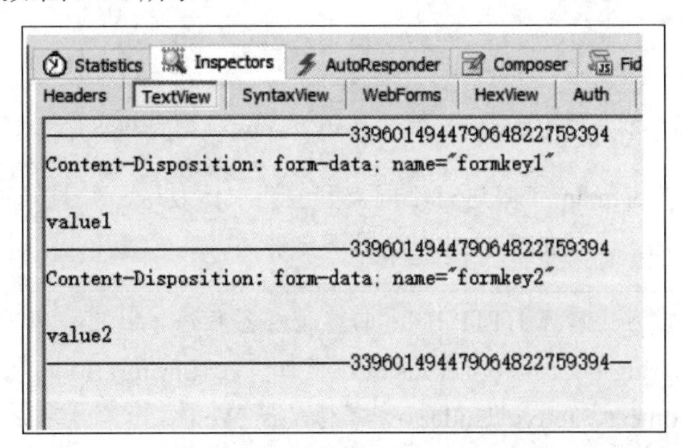

图 9-26　Fiddler 查看 multipart/form-data 类型的 POST 请求体

编码之后的 Form 表单项被同一个 boundary 分隔符分开，而 boundary 分隔符的值则被包含在请求的 Content-Type 请求头的后半部分，处于 multipart/form-data 的后面，具体如图 9-27 所示。

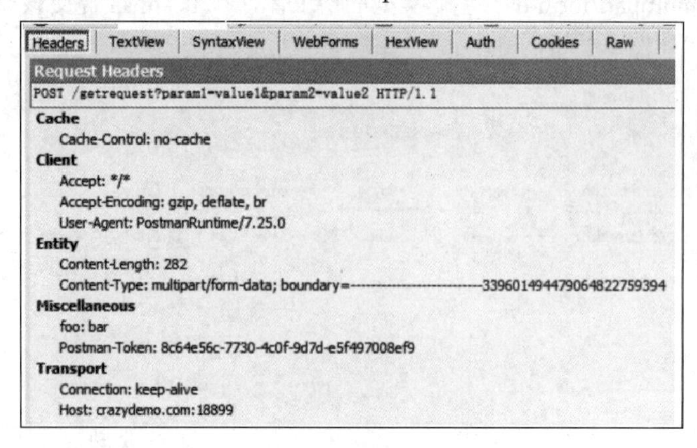

图 9-27　Fiddler 查看处于 Content-Type 请求头的后半部分 boundary 分隔符的值

实验 3：发送 text/plain、application/json 等编码类型的请求体

除了以上介绍的请求体 Body 的两种表单编码类型外，使用 Postman 还可以提交 Content-Type 为 text/plain、application/json 等类型的 POST 请求体。在这种情况下，需要在其操作界面的 Body 类型选项中选择 raw 原始请求体类型，然后进一步选择 Text、JSON 或其他细分类型的原始内容类型，具体如图 9-28 所示。

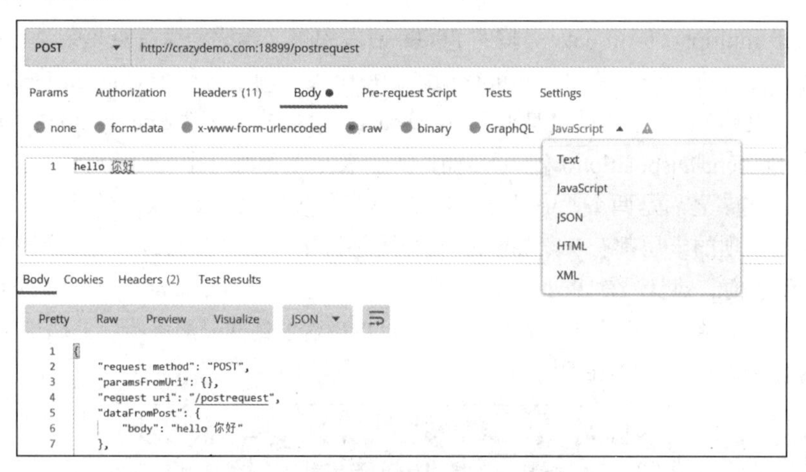

图 9-28　使用 Postman 发送 Body 为 raw 类型的 POST 请求体

读者可以自行通过 Postman 工具进行不同类型的请求体发送，并且可以通过抓包工具 Fiddler 去观察 HTTP 报文的变化。具体的实验过程这里不再赘述。

> **说明** 如果能够顺利掌握 HTTP Echo 回显服务器程序，就可以开启下一个进阶实验：参考疯狂创客圈的 spring-boot-netty-server 开源项目，在 Spring Boot、Spring Cloud 应用中使用 Netty 来替换 Tomcat、Jetty、Undertow 等传统的 Web 容器，练习比较复杂的基于 Netty 的服务端编程。有关该开源项目的实战交流，具体可以参见疯狂创客圈社群的博客。

第 10 章
高并发 HTTP 通信的核心原理

HTTP 是应用层协议，是建立在传输层 TCP 基础之上的。在通信过程中，TCP 每一次连接的建立和拆除都会经历三次握手和四次分手，性能和效率是比较低的。HTTP 一个显著的特点是无状态，并且设计初衷是用于短连接场景，请求时建立连接，请求完释放连接，以尽快释放服务资源供其他客户端使用。这就导致每一次原始 HTTP 的传输都需要进行连接的建立和拆除，从而导致性能比较低。

10.1 需要进行 HTTP 连接复用的高并发场景

在客户端与服务器之间，使用 HTTP 短连接对用户体验和整体性能的影响并不大，毕竟单个用户的请求频率不会太高。所以，HTTP 短连接有自己的适用场景，在单个客户端与服务器通信不频繁的场景下，短连接的性能还是很高的。

随着微服务技术的发展，分布式应用的内部会存在大量的、高频率的内部 RPC 或者 HTTP 通信，在这些场景下，如果频繁地进行传输层 TCP 连接的建立和拆除，就会降低整体的效率，拖慢整体的性能。要提高服务端之间的 HTTP 通信性能，就需要使用 HTTP 连接复用技术。

在 Java 分布式应用的架构和实现过程中，涉及 HTTP 连接复用的高并发场景，大致有以下几种：

（1）反向代理 Nginx 到 Java Web 应用服务之间的 HTTP 高并发通信。

（2）微服务网关与微服务 Provider 实例之间的 HTTP 高并发通信。

（3）微服务 Provider 实例之间 RPC 的 HTTP 高并发通信。

（4）Java 通过 HTTP 客户端访问 Java REST 接口服务的 HTTP 高并发通信。

接下来，首先介绍第一种 HTTP 高并发通信场景：反向代理 Nginx 到 Web 应用服务之间的 HTTP 高并发通信场景。

10.1.1 反向代理 Nginx 与 Java Web 服务之间的 HTTP 高并发通信

传统的 Nginx+Tomcat 架构的 Web 应用一般使用 Tomcat 作为 Web 服务器，在并发访问量上升之后会引入 Nginx 作为接入层反向代理服务器，利用其负载均衡的能力，将请求代理和分发到的多个上游 Web 服务器。

一个经典的 Nginx+Tomcat 架构示例如图 10-1 所示。该架构可以通过 Web 服务器的横向扩展甚至反向代理的分层扩展使得系统具备高并发的能力。

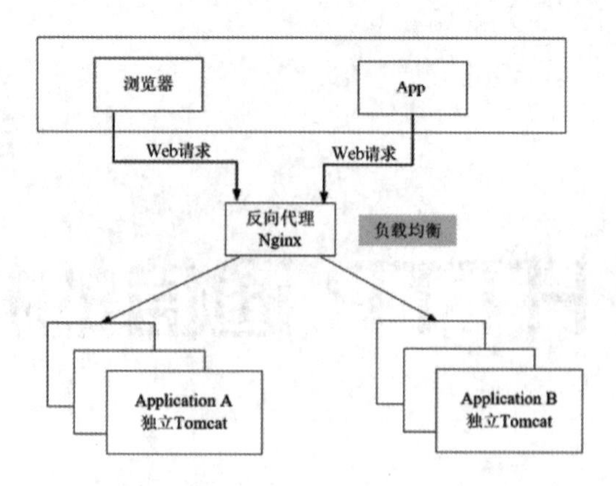

图 10-1 一个经典的 Nginx+Tomcat 架构示例

在传统的 Nginx+Tomcat 架构中，在 Nginx 和 Tomcat 之间进行方向代理请求转发时，对性能和速度的要求是很高的，此时需要其 HTTP 下层的 TCP 连接通道具备可复用的能力，以提升响应效率和高并发能力。

10.1.2 微服务网关与微服务 Provider 之间的 HTTP 高并发通信

一个经典的分布式微服务应用架构如图 10-2 所示。

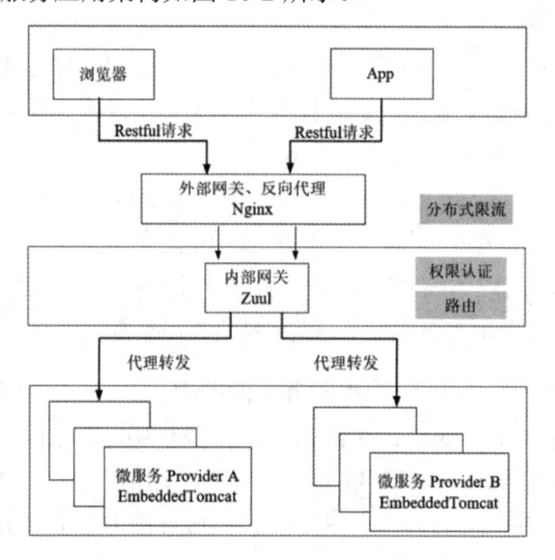

图 10-2 一个经典的 Nginx+Spring Cloud 分布式架构示例

说明 分布式微服务架构已经成为 Java 应用的主流架构。一般来说，分布式微服务架构的接入层会引入 Nginx 反向代理，所以应用在整体上常常是 Nginx+Spring Cloud 架构，有关该架构的原理知识，具体请参考尼恩的另一本书《Java 高并发核心编程 卷 3（加强版）：亿级用户 Web 应用架构与实战》。

在使用 Nginx+Spring Cloud 微服务架构的应用中，外部接入网关 Nginx 与内部网关 Zuul（或 Spring Cloud Gateway）之间，以及内部网关与微服务 Provider 实例之间，都存在着 HTTP 请求的反向代理（或者请求转发）关系。以上不同的架构角色之间的 HTTP 通信和传输对性能的要求都比较高，所以在微服务网关与微服务 Provider 之间的 HTTP 高并发通信的场景中，当然需要 HTTP 传输层的连接通道具备可复用的能力，以提升高并发能力。

10.1.3　微服务 Provider 实例之间 RPC 的 HTTP 高并发通信

在微服务架构中，Provider 微服务实例之间的 RPC 远程调用（具体见图 10-3）也是通过 HTTP 完成的。RPC 调用对性能和速度的要求是比较高的，需要其 HTTP 下层 TCP 传输层的连接通道具备可复用的能力，以提升响应效率和高并发能力。

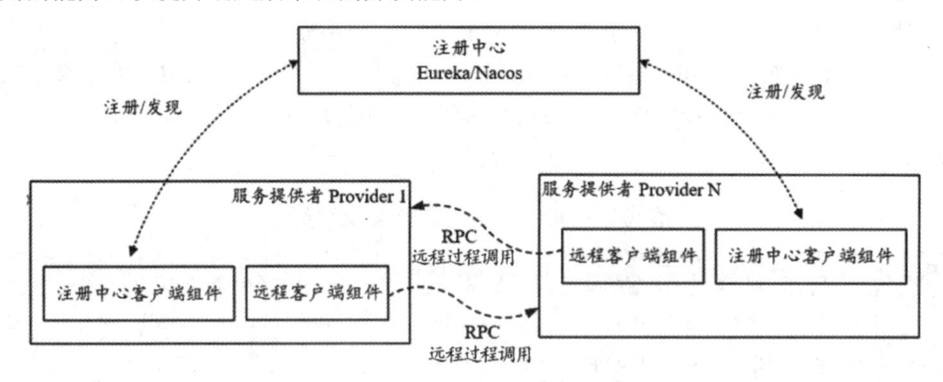

图 10-3　Provider 微服务实例之间的 RPC

10.1.4　Java 通过 HTTP 客户端访问 REST 接口服务的 HTTP 高并发通信

在实际开发中，Java 应用通常会涉及对 ESB（企业服务总线）注册的 REST 接口服务的访问，或者 Java 应用会涉及对其他的独立 REST 接口服务的访问。一般情况下，Java 应用会使用本地 HTTP 客户端发起请求，从而获得 REST 访问结果。

在这种场景下，本地 HTTP 客户端和远程 REST 接口服务之间需要进行频繁的 HTTP 通信。显而易见，Java 客户端与 REST 接口服务之间的 HTTP 通信需要下层 TCP 传输层的连接通道具备可复用的能力，以提升请求效率和速度。

总结起来，实际需要复用 HTTP 连接的高并发通信场景肯定不止以上介绍的 4 种。客观来说，只要进行 HTTP 通信的两端之间交互的频率高，就需要具备连接复用的能力，它们属于需要复用 HTTP 连接的场景。

HTTP 连接复用实质上指的是承载 HTTP 报文的传输层 TCP 连接的复用。为什么要进行 TCP 连接的复用呢？原因是 TCP 建立连接和拆除连接的效率很低。那么，是什么原因导致 TCP 建立连接和拆除连接的效率较低呢？要彻底弄清楚这个问题，还要从传输层 TCP 的基础知识讲起。

10.2　传输层 TCP 详解

TCP/IP 包含一系列协议，也叫 TCP/IP 协议族（TCP/IP Protocol Suite，或 TCP/IP Protocols），

简称 TCP/IP。TCP/IP 协议族提供了点对点的连接机制，并且将数据帧的封装、寻址、传输、路由以及接收方式都予以标准化。

10.2.1 TCP/IP 的分层模型

在展开介绍 TCP/IP 之前，首先介绍一下七层 OSI（Open System Interconnect，开放式系统互连）模型。国际标准化组织（ISO）为了使网络应用更为普及，推出了 OSI 参考模型。OSI 参考模型是 ISO 组织在 1985 年发布的网络互连模型，其含义就是为所有公司使用一个统一的规范来控制网络，这样所有公司遵循相同的通信规范，网络就能互连互通了。

OSI 模型定义了网络互连的七层框架（物理层、数据链路层、网络层、传输层、会话层、表示层、应用层），每一层实现各自的功能和协议，并完成与相邻层的接口通信。OSI 模型各层的通信协议举例如表 10-1 所示。

表10-1 OSI模型各层的通信协议举例

七层框架	通信协议
应用层	HTTP、SMTP、SNMP、FTP、Telnet、SIP、SSH、NFS、RTSP、XMPP、Whois、ENRP 等
表示层	XDR、ASN.1、SMB、AFP、NCP 等
会话层	ASAP、SSH、RPC、NetBIOS、ASP、Winsock、BSD Sockets 等
传输层	TCP、UDP、TLS、RTP、SCTP、SPX、ATP、IL 等
网络层	IP、ICMP、IGMP、IPX、BGP、OSPF、RIP、IGRP、EIGRP、ARP、RARP、X.25 等
数据链路层	以太网、令牌环、HDLC、帧中继、ISDN、ATM、IEEE 802.11、FDDI、PPP 等
物理层	铜缆、网线、光缆、无线电等

TCP/IP 是互联网最基本的协议，在一定程度上参考了七层 ISO 模型，有些复杂，所以在 TCP/IP 中七层被简化为四层。TCP/IP 模型中的各种协议依其功能不同被归属到这四层之中，常被视为简化过后的七层 OSI 模型。TCP/IP 与七层 ISO 模型的对应关系大致如图 10-4 所示。

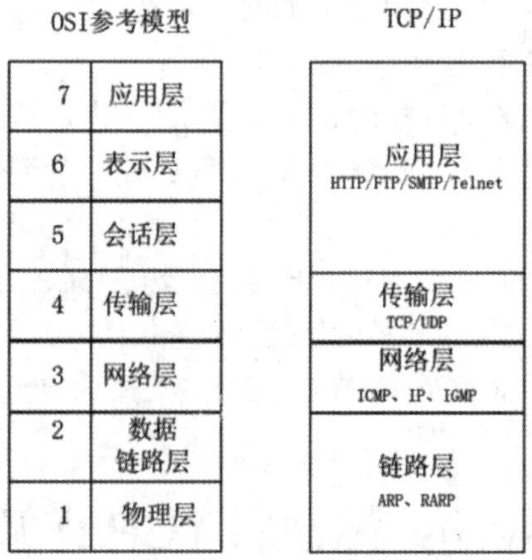

OSI参考模型
7 应用层
6 表示层
5 会话层
4 传输层
3 网络层
2 数据链路层
1 物理层

TCP/IP
应用层
HTTP/FTP/SMTP/Telnet
传输层
TCP/UDP
网络层
ICMP、IP、IGMP
链路层
ARP、RARP

图 10-4 TCP/IP 与七层 ISO 模型的对应关系

1. TCP/IP 的应用层

应用层包括所有和应用程序协同工作，并利用基础网络交换应用程序的业务数据的协议。一些特定的程序被认为运行在这个层上，该层协议所提供的服务能直接支持用户应用。应用层协议包括 HTTP（万维网服务协议）、FTP（文件传输协议）、SMTP（简单邮件传输协议）、SSH（安全外壳）协议、DNS（域名系统）协议以及许多其他协议。

2. TCP/IP 的传输层

传输层的协议解决了诸如端到端的可靠性问题，能确保数据可靠地到达目的地，甚至能保证数据按照正确的顺序到达目的地。传输层的主要功能如下：

（1）为端到端连接提供传输服务。

（2）这种传输服务分为可靠的和不可靠的，其中 TCP 是典型的可靠传输，UDP 是不可靠传输。

（3）为端到端连接提供流量控制、差错控制、服务质量（Quality of Service，QoS）等管理服务。

传输层主要有两个性质不同的协议：TCP（传输控制协议）和 UDP（用户数据报协议）。

TCP 是一个面向连接的、可靠的传输协议，它提供一种可靠的字节流，能保证数据完整、无损并且按顺序到达。TCP 尽量连续不断地测试网络的负载并且控制发送数据的速度以避免网络过载。另外，TCP 试图将数据按照规定的顺序发送。

UDP 是一个无连接的数据报协议，是一个“尽力传递”和“不可靠”的协议，不会对数据包是否已经到达目的地进行检查，并且不保证数据包按顺序到达。

总体来说，TCP 传输效率低，但可靠性强；UDP 传输效率高，但可靠性略低，适用于传输可靠性要求不高、体量小的数据（比如 QQ 聊天数据）。

3. TCP/IP 的网络层

TCP/IP 的网络层的作用是在复杂的网络环境中为要发送的数据报找到一个合适的路径进行传输。简单来说，网络层负责将数据传输到目标地址，目标地址可以是多个网络通过路由器连接而成的某个地址。另外，网络层负责寻找合适的路径到达对方计算机，并把数据帧传送给对方，网络层还可以实现拥塞控制、网际互联等功能。网络层协议的代表有 ICMP、IP、IGMP 等。

4. TCP/IP 的链路层

链路层有时也称作数据链路层或网络接口层，用来处理连接网络的硬件部分。该层既包括操作系统硬件的设备驱动、NIC（网卡）、光纤等物理可见部分，也包括连接器等一切传输媒介。在这一层，数据的传输单位为比特。其主要协议有 ARP、RARP 等。

10.2.2　HTTP 报文传输原理

利用 TCP/IP 进行网络通信时，数据包会按照分层顺序与对方进行通信。发送端从应用层往下走，接收端从链路层往上走。从客户端到服务器的数据，每一帧数据的传输顺序都为：应用层→运输层→网络层→链路层→链路层→网络层→运输层→应用层。

以一个 HTTP 请求的传输为例，请求从 HTTP 客户端（如浏览器）到 HTTP 服务端应用的传输过程大致如图 10-5 所示。

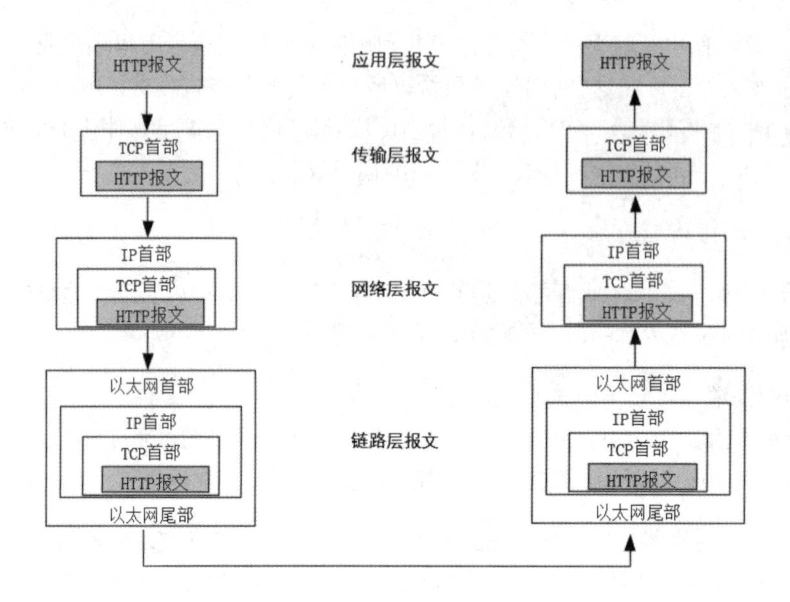

图 10-5　HTTP 请求报文的分层传输过程

接下来，为读者介绍一下数据封装和分用。

数据通过互联网传输时不可能光秃秃地不加标识（数据会乱），所以数据在发送的时候需要加上特定标识（数据封装），在使用时再去掉特定标识（数据分用）。TCP/IP 数据的封装和分用过程大致如图 10-6 所示。

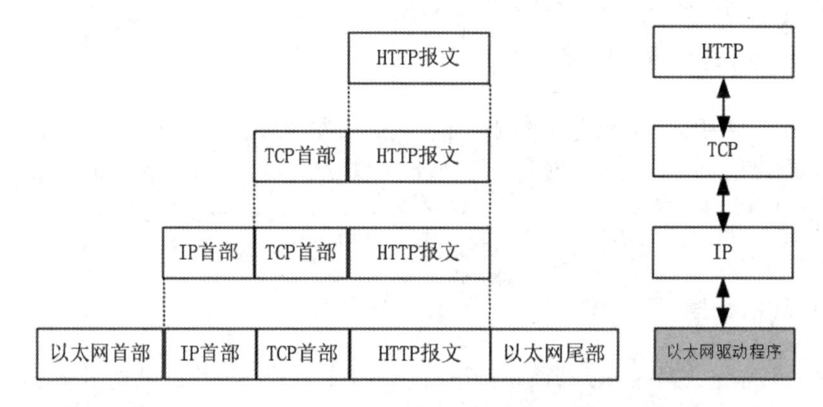

图 10-6　TCP/IP 数据的封装和分用过程

在数据封装时，数据经过每个层都会打上该层的特定标识添加上头部。

在传输层封装时，添加的报文首部要存入一个应用程序的标识符，无论是 TCP 还是 UDP 都用一个 16 位的端口号来表示不同的应用程序，并且都会将源端口和目的端口存入报文首部中。

在网络层封装时，IP 首部会标识处理数据的协议类型，或者标识出网络层数据帧所携带的上层数据类型，如 TCP、UDP、ICMP、IP、IGMP 等。具体来说，会在 IP 首部中存入一个长度为 8 位的数值，称作协议域：1 表示 ICMP、2 表示 IGMP、6 表示 TCP、17 表示 UDP 等。IP 首部还会标识发送方地址（源 IP）和接收方地址（目标 IP）。

在链路层封装时，网络接口分别要发送和接收 IP、ARP 和 RARP 等多种不同协议的报文，因此必须在以太网的帧首部中加入某种形式的标识，以指明所处理的协议类型。为此，以太网报文帧的首部也有一个 16 位的类型域，标识出以太网数据帧所携带的上层数据类型，如 IPv4、ARP、IPV6、PPPoE 等。

数据封装和分用的过程大致为：发送端每通过一层会增加该层的首部，接收端每通过一层则删除该层的首部。

总体来说，TCP/IP 分层管理、数据封装和分用的好处是：分层之后若需改变相关设计，则只需替换变动的层。各层之间的接口部分规划好之后，每个层次内部的设计就可以自由改动。层次化之后，设计也变得相对简单：各个层只需考虑分派给自己的传输任务。

TCP/IP 与 OSI 的区别主要有哪些呢？除了 TCP/IP 与 OSI 在分层模块上稍有区别外，更重要的区别为：OSI 参考模型注重通信协议必要的功能是什么，而 TCP/IP 更强调在计算机上实现协议应该开发哪种程序。

实际上，在传输过程中，数据报文会在不同的物理网络之间传递。还是以一个 HTTP 请求的传输为例，请求在不同物理网络之间的传输过程大致如图 10-7 所示。

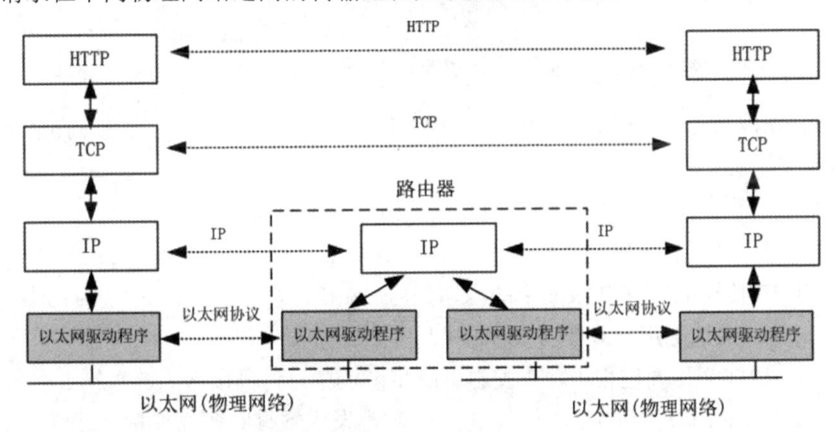

图 10-7　HTTP 请求在不同物理网络之间的传输过程

数据包在不同物理网络之间传输的过程中，网络层会通过路由器对不同网络之间的数据包进行存储、分组转发处理。构造互联网最简单的方法是把两个或多个网络通过路由器进行连接。路由器可以简单理解为一种特殊的用于网络互连的硬件盒，其作用是为不同类型的物理网络提供连接，如以太网、令牌环网、点对点的连接和 FDDI（光纤分布式数据接口）等。

物理网络之间通过路由器进行互连，随着不同类型的物理网络的增加，可能会有很多个路由器，但是对于应用层来说仍然是一样的，TCP 协议栈为用户屏蔽了物理层的复杂性。总之，物理细节和差异性的隐藏，使得互联网 TCP/IP 传输的功能变得非常强大。

接下来，开始为读者介绍与传输性能有密切关系的内容：TCP 传输层的三次握手建立连接和四次挥手释放连接。不过在此之前，还得先介绍一下 TCP 报文协议。

10.2.3　TCP 报文格式

在 TCP/IP 协议栈中，IP 协议层只关心如何使数据跨越本地网络边界的问题，而不关心数据如何传输。整体 TCP/IP 协议栈共同配合一起解决数据如何通过多个点对点通路顺利传输到达目的地。

一个点对点通路被称为一跳（hop），通过 TCP/IP 协议栈，网络成员能够在许多跳的基础上建立相互的数据通路。

传输层 TCP 提供了一种面向连接的、可靠的字节流服务，其数据帧格式大致如图 10-8 所示。

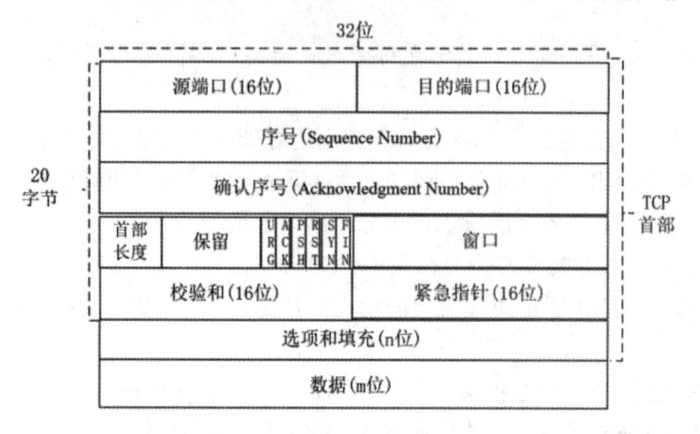

图 10-8　传输层 TCP 的数据帧格式

一个传输层 TCP 的数据帧大致包含以下字段：

（1）源端口号：表示报文的发送端口，占 16 位。源端口和源 IP 地址组合起来可以标识报文的发送地址。

（2）目的端口号：表示报文的接收端口，占 16 位。目的端口和目的 IP 地址相结合可以标识报文的接收地址。

TCP 是基于 IP 传输的，TCP 报文中的源端口号+源 IP，与 TCP 报文中的目的端口号+目的 IP 一起，组合起来唯一性地确定一条 TCP 连接。

（3）序号：在 TCP 传输过程中，在发送出的字节流中，传输报文中的数据部分每一字节都有它的编号。序号（Sequence Number）占 32 位，发起方发送数据时都需要标记序号。

序号的语义与 SYN 控制标志（Control Bits）的值有关。根据控制标志中的 SYN 来表达不同的序号含义：

- 当 SYN = 1 时，当前为连接建立阶段，此时的序号为初始序号（Initial Sequence Number，ISN），通过算法来随机生成序号。
- 当 SYN = 0 时，在数据传输正式开始时，第一个报文的序号为 ISN + 1，后面报文的序号为前一个报文的 SN 值+TCP 报文的净荷字节数（不包含 TCP 头）。比如，如果发送端发送的一个 TCP 帧的净荷为 12B，序号为 5，则发送端接着发送下一个数据包时，序号的值应该设置为 5+12=17。

在数据传输过程中，TCP 通过序号对上层提供有序的数据流。发送端可以用序号来跟踪发送的数据量；接收端可以用序号识别出重复接收到的 TCP 包，从而丢弃重复包，对于乱序的数据包，接收端也可以依靠序号对其进行排序。

（4）确认序号：确认序号（Acknowledgment Number）标识了报文接收端期望接收的字节序列。如果设置了 ACK 控制位，确认序号的值表示一个准备接收的包的序列码。注意，它所指向的是准备接收的包，也就是下一个期望接收的包的序列码。

举个例子，假设发送端（如 Client）发送 3 个净荷为 1000B、起始 SN 序号为 1 的数据包给服务端，服务端每收到一个包之后，需要回复一个 ACK 响应数据包给客户端。ACK 响应数据包的 ACK Number 值为每个客户端包的 SN+包净荷，除了表示 Server 已经确认收到的字节数外，还表示期望接收的下一个客户端发送包的SN序号，具体的ACK值如图10-9左边的正常传输部分所示。

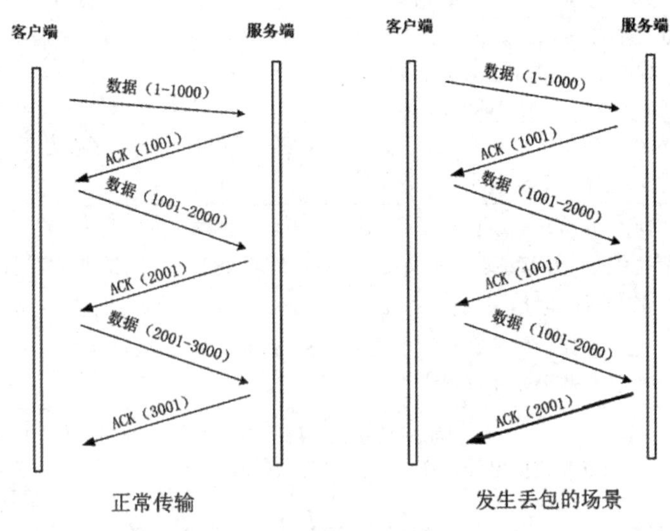

图 10-9　传输过程的确认序号值示例图

在图 10-9 的左边部分，服务端第 1 个 ACK 包的 ACK Number 值为 1001，是通过客户端第 1 个包的 SN+包净荷=1+1000 计算得到的，表示期望第 2 个客户端包的 SN 序号为 1001；服务端第 2 个 ACK 包的 ACK Number 值为 2001，因此客户端第 2 个包的 SN+包净荷=2001，表示期望第 3 个服务端包的 SN 为 2001，以此类推。

如果发生错误，假设服务端在处理客户端的第二个发送包时出现异常，服务端仍然回复一个 ACK Number 值为 1001 的确认包，则客户端的第二个数据包需要重复发送，具体的 ACK 值如图 10-9 右边的正常传输部分所示。

只有控制标志的 ACK 标志为 1 时，数据帧中的确认序号 ACK Number 才有效。TCP 规定，连接建立后，发送的所有报文的 ACK 必须为 1，也就是建立连接后，所有报文的确认序号有效。如果是 SYN 类型的报文，其 ACK 标志为 0，故没有确认序号。

（5）首部长度：该字段占用 4 位，用来表示 TCP 报文首部的长度，单位是位。其值所表示的并不是字节数，而是首部所包含的 32 位的数目（或者倍数），或者 4 字节的倍数，所以 TCP 首部最多可以有 60 字节（4×15=60）。没有任何选项字段的 TCP 首部长度为 20 字节，所以其首部长度为 5，可以通过 20/4=5 计算得到。

（6）预留字段：首部长度后面预留的字段长度为 6 位，作为保留字段，暂时没有什么用处。

（7）控制标志：控制标志共 6 位，具体的标志位为 URG、ACK、PSH、RST、SYN、FIN，如表 10-2 所示。

表10-2　TCP报文控制标志说明

标志位	说　明
URG	占 1 位，表示紧急指针字段有效。URG 位指示报文段中的上层实体（数据）标记为“紧急”数据。当 URG=1 时，其后的紧急指针指示紧急数据在当前数据段中的位置（相对于当前序列号的字节偏移量），TCP 接收方必须通知上层实体
ACK	占 1 位，ACK 置 1 表示确认号字段有效。TCP 规定，连接建立后发送的所有报文的 ACK 必须为 1。当 ACK=0 时，表示该数据段不包含确认信息。当 ACK=1 时，表示该报文段包括一个被自己成功接收的报文段的确认序号 Acknowledgment Number，该序号同时也是下一个报文的预期序号
PSH	占 1 位，表示当前报文需要请求推（push）操作，当 PSH=1 时，接收方在收到数据后立即将数据交给上层，而不是直到整个缓冲区满
RST	占 1 位，RST 置 1 表示复位 TCP 连接，用于重置一个已经混乱的连接，也可用于拒绝一个无效的数据段或者拒绝一个连接请求。如果数据段被设置了 RST 位，则说明报文发送方有问题发生
SYN	占 1 位，在连接建立时用来同步序号。当 SYN=1 且 ACK=0 时，表明这是一个连接请求报文。对方若同意建立连接，则应在响应报文中使 SYN=1 且 ACK=1。 综合一下，SYN 置 1 就表示这是一个连接请求或连接接受报文
FIN	占 1 位，用于在释放 TCP 连接时，标识发送方比特流结束，用来释放一个连接。当 FIN =1 时，表明此报文发送方的数据已经发送完毕，并要求释放连接

在连接建立三次握手的过程中，若只是单个 SYN 置位，则表示的只是建立连接请求。如果 SYN 和 ACK 同时置 1，则表示建立连接之后的响应。

（8）窗口大小：长度为 16 位，共 2 字节。此字段用来进行流量控制。流量控制的单位为字节数，这个值是本端期望一次接收的字节数。

（9）校验和：长度为 16 位，共 2 字节。对整个 TCP 报文段，即 TCP 首部和 TCP 数据进行校验和计算，接收端用于对收到的数据包进行验证。

（10）紧急指针：长度为 16 位，共 2 字节。它是一个偏移量，和 SN 相加表示紧急数据最后一字节的序号。

以上 10 项内容是 TCP 报文首部必需的字段，也称固有字段，长度为 20 字节。接下来是 TCP 报文的可选项和填充部分。

（11）可选项和填充部分：可选项和填充部分的长度为 $4n$ 字节（n 是整数），是根据需要而增加的选项。如果不足 $4n$ 字节，则要加填充位，使得选项长度为 32 位（4 字节）的整数倍，具体的做法是在这个字段中加入额外的零，以确保 TCP 头是 32 位（4 字节）的整数倍。

常见的选项字段是 MSS（Maximum Segment Size，最大报文段长度），每个连接方通常都在通信的第一个报文段（SYN 标志为 1 的那个段）中指明这个选项字段，表示当前连接方所能接受的最大报文段长度。

由于可选项和填充部分不是必需的，因此 TCP 报文首部最小长度为 20 字节。

至此，TCP 报文首部的字段就全部介绍完了。TCP 报文首部的后面接着的是数据部分，不过数据部分是可选的。在一个连接建立和一个连接终止时，双方交换的报文段仅有 TCP 首部。如果一方没有数据要发送，使用没有任何数据的首部来确认收到的数据，比如在处理超时的过程中，也会发送不带任何数据的报文段。

总体来说，TCP 的可靠性主要通过以下几点来保障：

（1）应用数据分割成 TCP 认为最适合发送的数据块。这部分是通过 MSS（最大数据包长度）选项来控制的，通常这种机制也被称为一种协商机制，MSS 规定了 TCP 传往另一端的最大报文段长度。值得注意的是，MSS 只能出现在 SYN 报文段中，如果一方不接收来自另一方的 MSS 值，MSS 就定为 536 字节。一般来说，MSS 值越大越好，这样可以提高网络的利用率。

（2）重传机制。设置定时器，等待确认包，如果定时器超时还没有收到确认包，则报文重传。

（3）对首部和数据进行校验。

（4）接收端对收到的数据进行排序，然后交给应用层。

（5）接收端丢弃重复的数据。

（6）提供流量控制，主要是通过滑动窗口来实现的。

至此，TCP 的数据帧格式介绍完了。接下来重点介绍 TCP 传输层的三次握手建立连接和四次挥手释放连接。

10.2.4　TCP 的三次握手

TCP 连接建立时，双方需要经过三次握手，断开连接时，双方需要经过四次挥手。

通常情况下，建立连接的双方由一端打开一个监听对方请求的 TCP 连接（套接字连接），当服务端监听开始时，必须做好准备接受外来的连接。在 Java 中，该操作通过创建一个 ServerSocket 服务监听套接字实例来完成。此操作会调用底层操作系统（如 Linux）C 代码中的 3 个函数 socket()、bind()、listen()来完成。开始监听之后，服务端要做好接受外来连接的准备，如果监听到建立新连接的请求，则会开启一个传输套接字，称之为被动打开（Passive Open）。

在服务端监听新连接请求，并且被动打开传输套接字的 Java 示例代码如下：

```
public class SocketServer {
    public static void main(String[] args) {
        try {
            //创建服务端 Socket
            ServerSocket serverSocket = new ServerSocket(8080);

            //循环监听等待客户端的连接
            while(true){
                //监听到客户端连接，传输套接字被动开启
                Socket socket = serverSocket.accept();
                //开启线程进行连接的 IO 处理
                ServerThread thread = new ServerThread(socket);
                thread.start();
                ...
            }
        } catch (Exception e) {
            //处理异常
        e.printStackTrace();
        }
    }
}
```

客户端在发起连接建立时，Java 代码通过创建 Socket 实例调用底层的 connect()方法，主动打

开（Active Open）套接字连接。套接字监听方在收到请求之后，监听方和发起方（客户端）之间就会建立一条连接通道（由双方 IP 和双方端口唯一确定）。

客户端连接主动打开的 Java 示例代码如下：

```
public class SocketClient {

    public static void main(String[] args) throws InterruptedException {
        try {
            //和服务器创建连接
            Socket socket = new Socket("localhost",8080);

            //写入给监听方的输出流
            OutputStream os = socket.getOutputStream();
            ...
            //读取监听方的输入流
            InputStream is = socket.getInputStream();
          ...
        } catch (Exception e) {
            e.printStackTrace();
        }
    }
}
```

TCP 连接建立时，双方需要经过三次握手，具体过程如下：

（1）第一次握手：Client 进入 SYN_SENT 状态，发送一个 SYN 帧来主动打开传输通道，该帧的 SYN 标志位被设置为 1，同时会带上 Client 分配好的 SN 序列号，该 SN 是根据时间产生的一个随机值，通常情况下每间隔 4ms（毫秒）会加 1。除此之外，SYN 帧还会带一个 MSS（最大报文段长度）可选项的值，表示客户端发送出去的最大数据块的长度。

（2）第二次握手：Server 在收到 SYN 帧之后，会进入 SYN_RCVD 状态，同时返回 SYN+ACK 帧给 Client，主要目的在于通知 Client，Server 端已经收到 SYN 消息，现在需要进行确认。Server 端发出的 SYN+ACK 帧的 ACK 标志位被设置为 1，其确认序号 AN 值被设置为 Client 的 SN+1；SYN+ACK 帧的 SYN 标志位被设置为 1，SN 值为 Server 端生成的 SN 序列号；SYN+ACK 帧的 MSS 表示的是 Server 端的最大报文段长度。

（3）第三次握手：Client 在收到 Server 的第二次握手 SYN+ACK 确认帧之后，首先将自己的状态从 SYN_SENT 变成 ESTABLISHED，表示自己方向的连接通道已经建立成功，Client 可以发送数据给 Server 了。然后，Client 发送 ACK 帧给 Server，该 ACK 帧的 ACK 标志位被设置为 1，其确认序号 AN 值被设置为 Server 的 SN +1。还有一种情况，Client 可能会将 ACK 帧和第一帧要发送的数据合并到一起发送给 Server。

（4）Server 在收到 Client 的 ACK 帧之后，会从 SYN_RCVD 状态进入 ESTABLISHED 状态。至此，Server 方向的通道连接建立成功，Server 可以发送数据给 Client，TCP 的全双工连接建立完成。

三次握手的交互过程如图 10-10 所示。

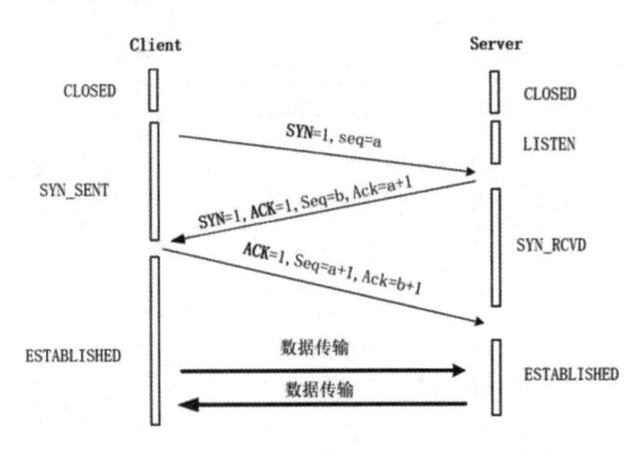

图 10-10　TCP 建立连接时的三次握手示意图

Client 和 Server 完成三次握手后，双方就进入了数据传输的阶段。数据传输完成后，连接将断开，连接断开的过程需要经历四次挥手。

10.2.5　TCP 的四次挥手

在 TCP 连接开始断开（或者拆接）的过程中，连接在每个端都能独立、主动地发起。四次挥手的具体过程如下：

（1）第一次挥手：主动断开方（可以是客户端，也可以是服务端），向对方发送一个 FIN 结束请求报文，此报文的 FIN 位被设置为 1，并且正确设置 SN 和 AN。发送完成后，主动断开方进入 FIN_WAIT_1 状态，这表示主动断开方没有业务数据要发送给对方，准备关闭 SOCKET 连接了。

（2）第二次挥手：正常情况下，在收到主动断开方发送的 FIN 断开请求报文后，被动断开方会发送一个 ACK 响应报文，报文的 AN 值为断开请求报文的 SN+1，该 ACK 确认报文的含义是："我同意你的连接断开请求"。之后，被动断开方就进入 CLOSE-WAIT（关闭等待）状态，TCP 服务会通知高层的应用进程，对方向本地方向的连接已经关闭，对方已经没有数据要发送了，若本地还要发送数据给对方，则对方依然会接受。被动断开方的 CLOSE-WAIT（关闭等待）还要持续一段时间，也就是整个 CLOSE-WAIT 状态持续的时间。

主动断开方在收到 ACK 报文后，由 FIN_WAIT_1 转换成 FIN_WAIT_2 状态。

（3）第三次挥手：在发送完 ACK 报文后，被动断开方还可以继续完成业务数据的发送，待剩余数据发送完成后，或者 CLOSE-WAIT（关闭等待）截止后，被动断开方会向主动断开方发送一个 FIN+ACK 结束响应报文，表示被动断开方的数据都发送完了，然后被动断开方进入 LAST_ACK 状态。

（4）第四次挥手：主动断开方在收到 FIN+ACK 断开响应报文后，还需要进行最后的确认，向被动断开方发送一个 ACK 确认报文，然后自己进入 TIME_WAIT 状态，等待超时后最终关闭连接。处于 TIME_WAIT 状态的主动断开方在等待 2MSL 的时间后，如果还没有收到其他报文，则证明对方已正常关闭，主动断开方的连接最终关闭。

被动断开方在收到主动断开方最后的 ACK 报文后，最终关闭连接，什么也不用管了。

四次挥手的全部交互过程如图 10-11 所示。

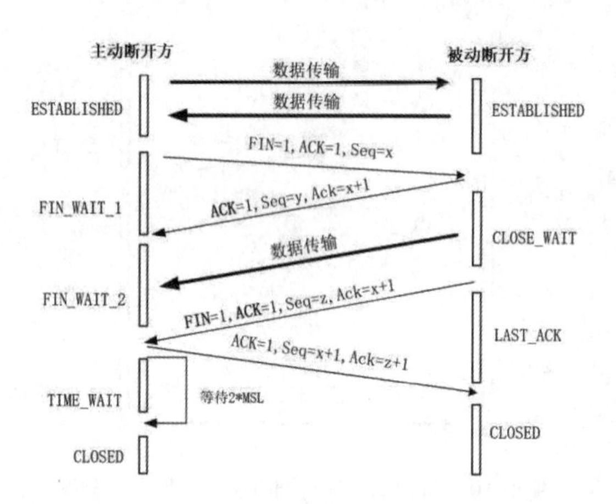

图 10-11　TCP 建立连接时的四次挥手示意图

处于 TIME_WAIT 状态的主动断开方在等待 2MSL 的时间后，才真正关闭连接通道。2MSL 翻译过来就是两倍的 MSL。MSL（Maximum Segment Lifetime）指的是一个 TCP 报文片段在网络中最大的存活时间，2MSL 对应一次消息的来回（一个发送和一个回复）所需的最大时间。如果直到 2MSL 主动断开方都没有再次收到对方的报文（如 FIN 报文），则可以推断 ACK 已经被对方成功接收。此时，主动断开方将最终结束自己的 TCP 连接。所以，TCP 的 TIME_WAIT 状态也称为 2MSL 等待状态。

有关 MSL 的具体时间长度，在 RFC1122 协议中推荐为 2 分钟。在 SICS（瑞典计算机科学院）开发的一个小型开源的 TCP/IP 协议栈——LwIP 开源协议栈中，MSL 默认为 1 分钟。在源自 Berkeley 的 TCP 协议栈实现中，MSL 默认为 30 秒。总体来说，TIME_WAIT（2MSL）等待状态的时间长度一般维持在 1~4 分钟之间。

通过三次握手建立连接和四次挥手拆除连接，一次 TCP 的连接建立及拆除至少进行 7 次通信，可见其成本是很高的。

10.2.6　三次握手、四次挥手的常见面试题

有关 TCP 连接建立的三次握手及拆除过程的四次挥手的面试问题是技术面试过程中出现频率很高的重点和难点问题，常见问题大致如下：

问题 1：为什么关闭连接需要四次挥手，而建立连接却只要三次握手呢？

在关闭连接时，被动断开方在收到对方的 FIN 结束请求报文时，很可能业务数据没有发送完成，并不能立即关闭连接，被动断开方只能先回复一个 ACK 响应报文，告诉主动断开方：你发的 FIN 报文我收到了，只有等到我所有的业务报文都发送完了，我才能真正结束，在结束之前，我会给你发送 FIN+ACK 报文的，你先等着。所以，被动断开方的确认报文需要拆开成为两步，故总体需要四步挥手。

在建立连接时，Server 的应答可以稍微简单一些。当 Server 收到 Client 的 SYN 连接请求报文后，其中 ACK 报文表示对请求报文的应答，SYN 报文用来表示服务端的连接已经同步开启了，而 ACK 报文和 SYN 报文之间不会有其他报文需要发送，故而可以合二为一，可以直接发送一个 SYN+ACK 报文。所以，在建立连接时，只需要三次握手即可。

问题 2：为什么连接建立的时候是三次握手，可以改成二次握手吗？

完成三次握手有两个重要的功能：一是双方都做好发送数据的准备工作，而且双方都知道对方已准备好；二是双方完成初始 SN 的协商，双方的 SN 在握手过程中被发送和确认。

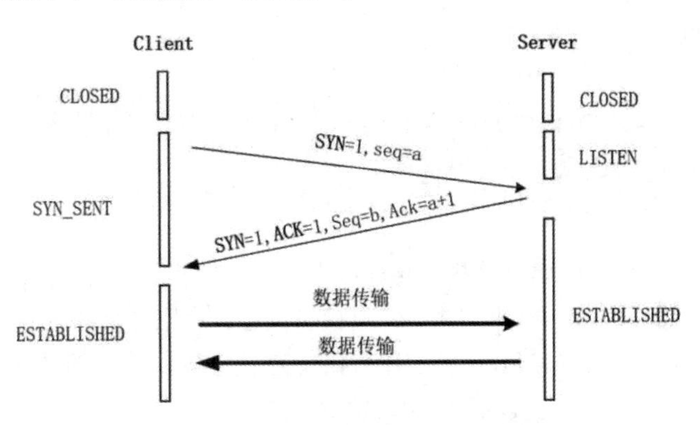

图 10-12　假想的 TCP 建立连接时二次握手示意图

如果把三次握手改成两次握手，可能会发生死锁。两次握手的话，缺失了 Client 的二次确认 ACK 帧，假想的 TCP 建立连接时二次握手过程如图 10-12 所示。

在假想的 TCP 建立连接时二次握手的过程中，Client 给 Server 发送一个 SYN 请求帧，Server 收到后发送了确认应答 SYN+ACK 帧。按照二次握手的协定，Server 认为连接已经成功建立了，可以开始发送数据帧。在这个过程中，如果确认应答 SYN+ACK 帧在传输中被丢失，Client 没有收到，Client 将不知道 Server 是否已准备好，也不知道 Server 的 SN，Client 认为连接还未建立成功，将忽略 Server 发来的任何数据分组，会一直等待 Server 的 SYN+ACK 确认应答帧。而 Server 在发出数据帧后，一直没有收到对应的 ACK 确认后就会产生超时，重复发送同样的数据帧。这样就形成了死锁。

问题 3：为什么主动断开方在 TIME-WAIT 状态必须等待 2MSL？

原因之一：主动断开方等待 2MSL 的时间是为了确保两端都能最终关闭。假设网络是不可靠的，被动断开方发送 FIN+ACK 报文后，其主动方的 ACK 响应报文有可能丢失，这时候的被动断开方处于 LAST-ACK 状态，原因是收不到 ACK 确认，被动方一直不能正常地进入 CLOSED 状态。在这种场景下，被动断开方会超时重传 FIN+ACK 断开响应报文，如果主动断开方在 2MSL 时间内收到这个重传的 FIN+ACK 报文，就会重传一次 ACK 报文，然后再次重新启动 2MSL 计时等待，这样就能确保被动断开方收到 ACK 报文，从而确保被动断开方顺利进入 CLOSED 状态。这样双方都能够确保关闭。反过来说，如果主动断开方在发送完 ACK 响应报文后不是进入 TIME_WAIT 状态去等待 2MSL 时间，而是立即释放连接，则将无法收到被动方重传的 FIN+ACK 报文，所以不会再发送一次 ACK 确认报文，此时处于 LAST-ACK 状态的被动断开方无法正常进入 CLOSED 状态。

原因之二：防止旧连接已失效的数据报文出现在新连接中。主动断开方在发送完最后一个 ACK 报文后，再经过 2MSL 的时间才能最终关闭和释放端口，这就意味着相同端口的新 TCP 连接需要在 2MSL 的时间之后才能够正常建立。2MSL 这段时间内，旧连接所产生的所有数据报文都已经从网络中消失了，从而确保下一个新连接中不会出现这种旧连接请求报文。

问题 4：如果已经建立了连接，但是 Client 突然出现故障了怎么办？

TCP 还设有一个保活计时器，Client 如果出现故障，Server 不能一直等下去，这样会浪费系统资源。每收到一次 Client 的数据帧后，Server 的保活计时器都会复位。计时器的超时时间通常设置为 2 小时，若 2 小时还没有收到 Client 的任何数据帧，Server 就会发送一个探测报文段，以后每隔 75 秒发送一次。若一连发送 10 个探测报文仍然没反应，Server 就认为 Client 出现了故障，接着关闭连接。如果觉得保活计时器两个多小时的间隔太长，可以自行调整 TCP 连接的保活参数。

10.3 TCP 连接状态的原理与实验

本节首先介绍 TCP 连接的 11 种状态，然后介绍查看连接状态的 netstat 指令。

10.3.1 TCP/IP 连接的 11 种状态

TCP 建立连接、传输数据和断开连接是一个复杂的过程，为了准确地描述这一过程，可以采用有限状态机来完成。有限状态机包含有限个状态，在某一时刻，连接必然处于某一特定状态，当在一个状态下发生特定事件时，连接会进入一个新的状态。

TCP 连接的 11 种状态具体如下：

（1）LISTEN：表示服务端的某个 ServerSocket 监听连接处于监听状态，可以接受客户端的连接。

（2）SYN_SENT：这个状态与 SYN_RCVD 状态相呼应，当客户端 Socket 连接的底层开始执行 connect()方法发起连接请求时，本地连接会进入 SYN_SENT 状态，并发送 SYN 报文，等待服务端发送三次握手中的 SYN+ACK 报文。SYN_SENT 状态表示客户端连接已发送的 SYN 报文。

（3）SYN_RCVD：表示服务端的 ServerSocket 接收到了来自客户端连接的 SYN 报文。在正常情况下，这个状态是 ServerSocket 连接在建立 TCP 连接时的三次握手会话过程中的一个中间状态，这个状态很短暂，基本上用 netstat 指令很难看到这种状态，除非故意写一个监测程序，将三次 TCP 握手过程中最后一个 ACK 报文不予发送。当 TCP 连接处于此状态时，再收到客户端的 ACK 报文，它就会进入 ESTABLISHED 状态。

（4）ESTABLISHED：表示 TCP 连接已经成功建立。

（5）FIN_WAIT_1：当连接处于 ESTABLISHED 状态时，想主动关闭连接，主动断开方会调用底层的 close()方法，要求主动关闭连接，此时主动断开方进入 FIN_WAIT_1 状态。而当对方回应 ACK 报文后，则主动断开方进入 FIN_WAIT_2 状态。当然，在正常情况下，无论对方处于任何情况，都应该马上回应 ACK 报文，所以 FIN_WAIT_1 状态一般是比较难见到的，而 FIN_WAIT_2 状态有时仍可以用 netstat 指令看到。

（6）FIN_WAIT_2：主动断开方处于 FIN_WAIT_1 状态后，如果收到对方的 ACK 报文，主动断开方会进入 FIN_WAIT_2 状态，此状态下的双向通道处于半连接（半开）状态，即被动方还可以传递数据过来，但主动断开方不可再发送数据出去。需要注意的是，FIN_WAIT_2 是没有超时的（不像 TIME_WAIT 状态），这种状态下，如果对方不发送 FIN+ACK 关闭响应（不配合完成 4 次挥手过程），那么 FIN_WAIT_2 状态将一直保持，该连接会一直被占用，资源不会被释放，处于 FIN_WAIT_2 状态的半连接堆积越来越多，导致操作系统内核崩溃。

（7）TIME_WAIT：该状态表示主动断开方已收到了对方的 FIN+ACK 关闭响应，并发送了 ACK 报文。TIME_WAIT 状态下的主动方 TCP 连接会等待 2MSL 的时间，然后回到 CLOSED 状态。如果 FIN_WAIT_1 状态下收到了对方同时带 FIN+ACK 关闭响应的报文，可以直接进入 TIME_WAIT 状态，而无须经过 FIN_WAIT_2 状态。这种情况下，四次挥手就变成三次挥手了。

（8）CLOSING：这种状态在实际情况中应该很少见，属于一种比较罕见的例外状态。正常情况下，当一方发送 FIN 报文后，理论上应该先收到（或同时收到）对方的 ACK 报文，再收到对方的 FIN+ACK 关闭响应报文。但是 CLOSING 状态表示一方发送 FIN 报文后，并没有收到对方的 ACK 报文，相反却收到了对方的 FIN 报文。什么情况下会出现这种情况呢？当双方几乎在同时 close()双向连接时，就会出现双方同时发送 FIN 报文的情况，这时就会出现 CLOSING 状态，表示双方都正在关闭 SOCKET 连接。

（9）CLOSE_WAIT：表示正在等待关闭。在主动断开方调用 close(...)方法关闭一个连接后，主动断开方会发送 FIN 报文给被动方，被动断开方在收到之后会回应一个 ACK 报文给主动断开方，回复完成之后，被动断开方的 TCP 连接则进入 CLOSE_WAIT 状态。接下来，被动断开方需要检查是否还有数据要发送给主动断开方，如果没有的话，意味着被动断开方也就可以关闭连接了，此时给主动断开方发送 FIN+ACK 报文，即关闭自己到对方这个方向的连接。简单地说，当连接处于 CLOSE_WAIT 状态时，可以继续传输数据，传输完成之后关闭连接。

（10）LAST_ACK：当被动断开方发送完 FIN+ACK 确认断开之后，就处于 LAST_ACK 状态，等待主动断开方的最后一个 ACK 报文。当收到对方的 ACK 报文后，被动断开方也就可以进入 CLOSED 可用状态了。

（11）CLOSED：关闭状态或者初始状态，表示 TCP 连接是关闭着的或未打开的状态，或者说连接是可用的。

10.3.2　通过 netstat 指令查看连接状态

netstat 是一款命令行工具，用于列出系统中所有 TCP/IP 的连接情况，包括 TCP、UDP 以及 UNIX 套接字，而且该工具能够列出处于监听状态的服务端监听套接字。

总体来说，netstat 是一个非常有用的工具，可以用于查看路由表、实际的网络连接甚至每一个网络接口设备的状态信息。举个例子，使用 netstat -ant 指令查看当前 Linux 系统中所有 TCP/IP 网络的连接信息，大致的结果如下：

```
[root@localhost ~]# netstat -ant
Active Internet connections (servers and established)
Proto Recv-Q Send-Q Local Address           Foreign Address         State
tcp        0      0 127.0.0.1:57144         127.0.0.1:4369          TIME_WAIT
tcp6       0      0 :::18899                :::*                    LISTEN
tcp6       0      0 :::22                   :::*                    LISTEN
tcp6       0      0 127.0.0.1:40748         127.0.0.1:2889          ESTABLISHED
tcp6       0      0 192.168.233.128:37806   192.168.233.128:8848    ESTABLISHED
tcp6       0      0 127.0.0.1:2889          127.0.0.1:40748         ESTABLISHED
tcp6       0      0 192.168.233.128:8848    192.168.233.128:37806   ESTABLISHED
tcp6       0      0 192.168.233.128:34880   192.168.233.128:7777    ESTABLISHED
tcp6       0      0 192.168.233.128:7777    192.168.233.128:34880   ESTABLISHED
tcp6       0      0 127.0.0.1:3888          127.0.0.1:56316         ESTABLISHED
tcp6       0      0 192.168.233.128:18899   192.168.233.1:12405     ESTABLISHED
tcp6       0      0 127.0.0.1:56316         127.0.0.1:3888          ESTABLISHED
...
```

对以上 netstat -ant 命令的展示结果中的列介绍如下：

（1）Proto 列表示套接字所使用的协议，比如 TCP、UDP、UDPL、RAW 等。

（2）Recv-Q、Send-Q 两列分别表示网络接收队列、发送队列中的字节数，其中的字母 Q 是 Queue 的缩写。具体来说，Recv-Q 表示套接字连接的本地接收缓冲区中没有被应用进程取走的字节数，其统计单位是字节，该值表示套接字总共还有多少字节的数据，没有从内核空间的套接字缓存区复制到用户空间缓冲区。Send-Q 表示套接字连接的发送队列中对方没有收到的数据，或者说没有被对方确认（Ack）的数据，其统计单位也是字节。

（3）Local Address、Foreign Address 两列用于展示套接字连接的本地地址、对端地址，地址中包含套接字的 IP 和端口号。如果 netstat 命令中使用了-n（--numeric）选项，地址和端口会以数字的形式展示，否则地址将被解析为规范主机名（FQDN），并且一些默认的端口号将被解析为相应的协议名称，例如地址 127.0.0.1 会被解析为 localhost，端口 80 会被解析为 http。

（4）State 列用于展示套接字连接的状态，如果是 TCP 连接，此列将展示 TCP 连接的 11 种状态的其中某种状态。

上述命令结果中各列的具体含义还可以通过 Linux 命令 man netstat 查看。

netstat 命令的选项比较多，大致如表 10-3 所示。

表10-3 netstat命令的基础选项

netstat 命令的基础选项	说 明
-a 或--all	显示所有 Socket 套接字连接，包括服务端监听套接字
-c 或--continuous	持续列出 Socket 套接字连接的状态
-e 或--extend	显示 Socket 套接字连接的其他相关信息
-g 或--groups	显示多重广播功能群组中的成员名单
-h 或--help	显示该命令的在线帮助
-i 或--interfaces	显示网络接口（网卡）信息
-l 或--listening	显示监听中的服务端监听 Socket 套接字
-n 或--numeric	直接以数字的形式展示 IP 地址和端口。如果不加该选项，地址将被解析为规范主机名（FQDN），一些默认的 IP 地址和端口号将被解析为相应的规范名称，例如地址 127.0.0.1 会被解析为 localhost，端口 80 会被解析为 http
-o 或--timers	显示计时器
-p 或--programs	显示正在使用 Socket 套接字的 PID（进程 ID 和进程名称）
-r 或--route	显示路由表
-s 或--statistics	显示网络统计信息
-t 或--tcp	显示 TCP 传输协议的连接信息
-u 或--udp	显示 UDP 传输协议的连接信息
-w 或--raw	显示 RAW 传输协议的连接信息

一般情况下，可以使用 netstat -antp 指令去查看 TCP 的连接信息，包含其进程的 PID 和名称。在实际的连接状态查看过程中，有一个持续查看的过程，会用到 Shell 脚本中的 while 循环。一段简单的通过 while 循环查看服务端特定监听端口（如 18899）的所有 TCP 连接的 Shell 脚本大致如下：

```
    root@localhost ~]# while [ 1 -eq 1 ] ; do  netstat -antp|grep 18899 ; sleep 2; echo --;
done
    tcp6       0      0 :::18899              :::*       LISTEN          8422/java
    tcp6       0      0 192.168.233.128:18899   192.168.233.1:47624  ESTABLISHED
8422/java
    --
    tcp6       0      0 :::18899              :::*      LISTEN          8422/java
```

```
    tcp6       0      0 192.168.233.128:18899   192.168.233.1:47624   ESTABLISHED
8422/java
    --
    tcp6       0      0 :::18899            :::*        LISTEN         8422/java
    tcp6       0      0 192.168.233.128:18899   192.168.233.1:47624   ESTABLISHED
8422/java
    ……
```

10.4　HTTP 长连接的原理

HTTP 属于 TCP/IP 模型中的应用层协议，HTTP 长连接和 HTTP 短连接指的是传输层的 TCP 连接是否被多次使用。

一般来说，用户通过浏览器输入 URL 后按回车键，浏览器会通过 DNS 解析域名得到服务器的 IP 地址，然后通过解析出来的 IP 和 URL 中的端口（默认为 80）发起建立 TCP 连接请求，通过三次握手之后建立 TCP 连接。

10.4.1　HTTP 长连接和短连接

默认情况下，HTTP 的 1.0 版本协议中，HTTP 在每次请求结束后都会主动释放 TCP 连接，因此 HTTP 连接是一种短连接。客户端与服务端通过 HTTP 短连接的交互过程如图 10-13 所示。

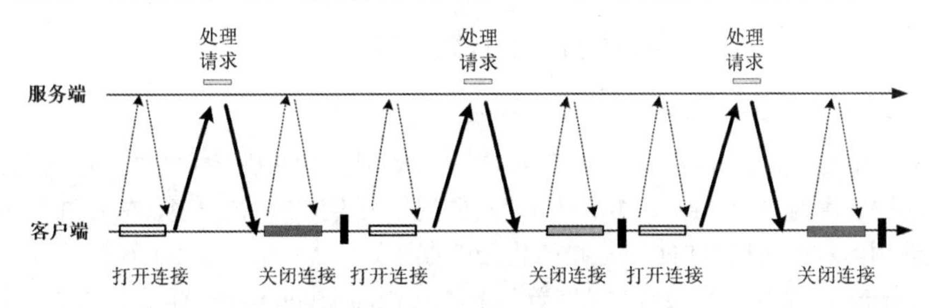

图 10-13　客户端与服务端通过 HTTP 短连接的交互过程

在短连接通信场景下，要保持客户端程序的在线状态，客户端需要不断地向服务器发起连接请求。通常的做法是即使不需要获得任何数据，客户端也保持每隔一段固定的时间向服务器发送一次保持连接的请求，服务器在收到该请求后对客户端进行回复，表明知道客户端在线。若服务器长时间无法收到客户端的请求，则认为客户端下线，若客户端长时间无法收到服务器的回复，则认为网络已经断开。

在高并发场景使用 HTTP 短连接通信会出现以下两个问题：

（1）性能较差：传输层的 TCP 连接不会复用，每一次请求都需要建立和拆除一次 TCP 连接，也就是说，每次请求均需要 TCP 三次握手建立连接，TCP 四次挥手关闭连接，性能较差。

（2）很容易出现端口被占满：在主动断开方，系统会出现大量的 TIME_WAIT 状态的 TCP 连接，只有等 2MSL 后 TCP 连接才会关闭，在高并发场景中，如果服务器主动断开连接，则端口很容易耗尽。当然，如果连接被设置了 SO_RESUSEADDR 特性，其端口可能被其他连接复用，尽管如此，还是会存在不少约束条件影响到端口复用。

出于以上两个原因，在高并发场景使用 HTTP 短连接进行通信肯定是不行的。

HTTP 长连接也叫 HTTP 持久连接，指的是 TCP 连接建立后，该传输层连接不再进行释放，供应用层反复使用。客户端与服务端通过 HTTP 长连接的交互过程如图 10-14 所示。

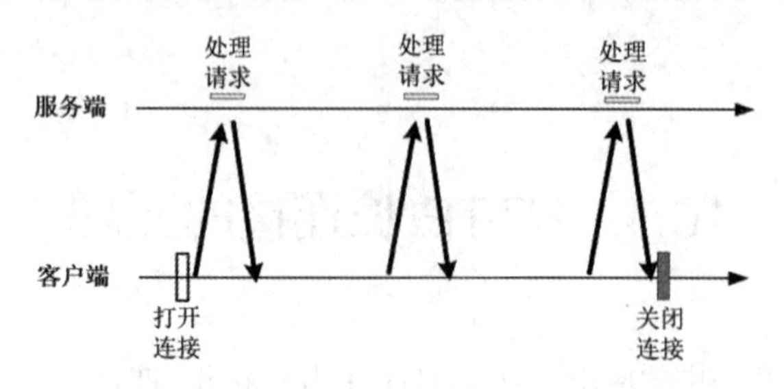

图 10-14 客户端与服务端通过 HTTP 长连接通信的交互过程

HTTP 长连接的优点是：

（1）性能较高，不需要重复建立 TCP 连接或者关闭 TCP 连接。

（2）TCP 数据传输连接基本上不会出现 CLOSE_WAIT 和 TIME_WAIT 的问题，系统资源的使用效率会大大提升。

HTTP 长连接也有缺点：一般需要一个连接池来对可供复用的 TCP 长连接进行管理和监测。常见的数据库连接池、HTTP 连接池本质上都属于 TCP 连接池。

10.4.2 不同 HTTP 版本中的长连接选项

首先回顾一下 HTTP 1.0 版本中的长连接扩展协议。

从 1996 年开始，很多 HTTP 1.0 浏览器与服务器都对 HTTP 进行了扩展，那就是 Keep-Alive 扩展协议，该扩展作为 HTTP 1.0 版本的补充“实验型持久连接”协议出现，在 HTTP 1.0 的基础上增加了一些选项，从而实现 HTTP 长连接的建立和使用。

在 Keep-Alive 扩展中，如果客户端在首部中加上 Connection:Keep-Alive 请求头，则表示请求服务端将传输层 TCP 连接保持在打开状态；如果服务端同意将这条 TCP 连接保持在打开状态，就会在 HTTP 响应中包含同样的首部；如果 HTTP 响应中没有包含该首部，则客户端会认为服务端不支持 Keep-Alive 扩展协议，会在发送完响应报文之后关闭当前的 TCP 连接。如果客户端与服务端都支持 Keep-Alive 扩展协议，则双方可以使用 HTTP 长连接实现 TCP 连接的复用。

包含 Keep-Alive 扩展头的 HTTP 报文首部如图 10-15 所示。

```
Cache-Control: max-age=120
Connection: keep-alive
Keep-Alive: timeout=20
Content-Encoding: gzip
Content-Type: text/html; charset=GB2312
Date: Fri, 27 Apr 2018 09:43:31 GMT
Expires: Fri, 27 Apr 2018 09:45:31 GMT
Server: squid/3.5.24
Transfer-Encoding: chunked
```

图 10-15 包含 Keep-Alive 扩展协议首部的 HTTP 报文首部

但是，HTTP 1.0 的 Keep-Alive 扩展协议存在着一些问题：

（1）该扩展不是标准协议，客户端必须发送 Connection:Keep-Alive 请求头，请求服务端将传输层 TCP 连接保持在打开状态，如果没有发送该请求头，则服务端回复后会将 TCP 连接关闭。

（2）处于客户端与服务器数据链路中间的反向代理服务器可能无法支持 Keep-Alive 扩展协议，导致无法使用 HTTP 长连接。

很多人会把 HTTP 1.0 的 Keep-Alive 和 TCP 的 Keepalive 两个概念搞混淆。Keepalive 是 Socket 连接的一个可选项，主要用于 Socket 连接的保活，在新建 Socket 的时候，可以设置 SO_KEEPALIVE 套接字可选项，打开保活机制。SO_KEEPALIVE 套接字保活可选项主要有 3 个参数：

（1）tcp_keepalive_time：最后一次数据交换到 TCP 发送第一个保活探测报文的时间，即允许连接空闲的时间，单位为秒，默认为 7200 秒，也就是 2 小时。

（2）tcp_keepalive_probes：发送 TCP 保活探测数据包的最大数量，默认是 9，如果发送 9 个保活探测包后对端仍然没有响应，便发送 RST 关闭连接。

（3）tcp_keepalive_intvl：发送两个 TCP 保活探测数据包的间隔时间，默认是 75 秒。

SO_KEEPALIVE 只是 TCP 连接的一个可选项，其参数配置不当可能会引起一些问题，所以该可选项默认是关闭的。TCP 连接的保活也可以通过应用程序自己完成，类似的如 Netty 中的保活报文和空闲监测机制。HTTP 1.0 的 Keep-Alive 是一个 HTTP 连接复用的扩展协议，属于应用层的协议内容。

介绍完 HTTP 1.0 版本中的长连接方案之后，接下来介绍一下 HTTP 1.1 版本中的长连接选项。

虽然很多客户端与服务器程序延续支持 HTTP 1.0 的 Keep-Alive 扩展协议，但是 HTTP 1.1 标准协议并没有使用 HTTP 1.0 的 Keep-Alive 扩展协议，而是定义了自己的连接复用方案。

HTTP 1.1 默认使用长连接而不是短连接，除非显式关闭 TCP 连接。如果要显式关闭连接，则需要在 HTTP 报文首部加上 Connection:Close 请求头，也就是说在 HTTP 1.1 中，默认情况下，所有的 TCP 连接都可以进行复用。

当然，不发送 Connection:Close 请求头并不意味着服务器承诺 TCP 连接永远保持打开。空闲的 TCP 连接也可以被客户端与服务端关闭。

10.5　服务端 HTTP 长连接技术

本节介绍主流的反向代理服务器 Nginx 和应用服务器 Tomcat 的服务端长连接配置。

10.5.1　应用服务器 Tomcat 的长连接配置

生产环境所用的 Java 应用服务器不一定是 Tomcat，可能是 JBoss、Jetty 或者其他的应用服务器。无论使用哪一种服务器，其 HTTP 长连接配置的原理是类似的，所以这里以 Tomcat 为例进行应用服务器的长连接配置介绍。

服务端 Tomcat 的长连接配置主要分为两种场景：

（1）独立部署 Tomcat：在传统的 Nginx+Tomcat 架构的 Web 应用中，一般使用独立部署的 Tomcat 作为 Web 服务器。

（2）内嵌部署 Tomcat：在目前主流的 Spring Cloud 微服务架构中的微服务 Provider 实例，一般使用内嵌的 Tomcat 作为 Web 服务器。

以上两种细分场景的 Tomcat 使用如图 10-16 所示。

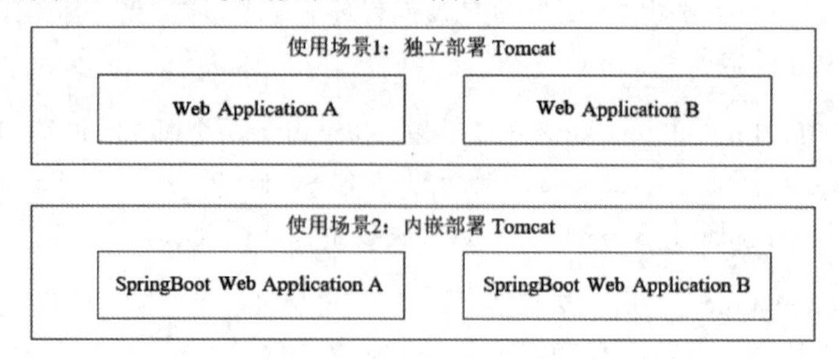

图 10-16　服务端 Tomcat 使用的两种细分场景

1. 独立部署 Tomcat 的长连接配置

针对细分场景（1）中的独立部署 Tomcat，其长连接配置是通过修改 Tomcat 配置文件中 Connector（连接器）的配置完成的。一个使用 HTTP 长连接的 Connector 连接器的配置示例大致如下（Tomcat 版本假定 8.0 或以上）：

```
<Connector port="8080" redirectPort="8443"
     protocol="org.apache.coyote.http11.Http11NioProtocol"
     connectionTimeout="20000"
URIEncoding="UTF-8"

     keepAliveTimeout="15000"
     maxKeepAliveRequests="-1"
     maxConnections="3000"

     maxThreads="1000"
     maxIdleTime="300000"
     minSpareThreads="200"
     acceptCount=” 100″

     enableLookups="false" />
```

对以上配置示例中用到的 3 个长连接配置选项介绍如下：

1）keepAliveTimeout

此选项为 TCP 连接保持时长，单位为毫秒。表示在下次请求过来之前，该连接将被 Tomcat 保持多久。在 keepAliveTimeout 时间范围内，假如客户端不断有新的请求过来，则该连接将一直被保持。KeepAliveTimeout 选项决定一个不活跃的连接能保持多少时间。

2）maxKeepAliveRequests

此选项表示长连接最大支持的请求数。超过该请求数的连接将被关闭，关闭的时候 Tomcat 会返回一个带 Connection: close 的响应头给客户端。

当 maxKeepAliveRequests 的值为-1 时，表示没有最大请求数限制；如果其值被设置为 1，则会禁用 HTTP 长连接。

默认情况下，Tomcat 使用长连接，要关闭长连接，只要将 maxKeepAliveRequests 设置为 1 即可。

3）maxConnections

此选项表示 Tomcat 在任意时刻能接收和处理的最大连接数。如果其值被设置为-1，则连接数不受限制。由于 Linux 的内核默认限制了单进程最大打开文件句柄数为 1024，因此，如果此配置项的值超过 1024，则相应地需要对 Linux 系统的单进程最大打开文件句柄数限制进行修改。

以上是对 Tomcat 的 HTTP 长连接配置选项的介绍。总的来说，使用长连接能提高服务性能，不过，如果使用不当，也会带来一些不利的结果。

使用长连接意味着一个 TCP 连接在当前请求结束后，如果没有新的请求到来，Socket 连接不会立马释放，而是等 keepAliveTimeout 到期之后才被释放，如果一个高负载的 Tomcat 服务器建立了很多长连接，将无法继续建立新的连接，无法为新的客户端提供服务。所以，对于 Tomcat 长连接的配置需要慎重，错误的参数可能导致严重的性能问题，需要根据具体的负载配置合适的 KeepAliveTimeout 和 MaxKeepAliveRequests 的选项值。

2. 内嵌部署 Tomcat 的长连接配置

针对细分场景（2）中的内嵌部署 Tomcat，其长连接配置可以通过一个自动配置类完成。在自动配置类中，可以配置一个 TomcatServletWebServerFactory 容器工厂 Bean 实例，Spring Boot 将通过该工厂实例在运行时获取内嵌部署 Tomcat 容器实例。在容器工厂配置代码中，可以对 Tomcat 的 Connector 的 3 个长连接相关属性进行具体配置。

简单的定制化 TomcatServletWebServerFactory 容器工厂的配置代码大致如下：

```
package com.crazymaker.springcloud.standard.config;
//省略 import
@Configuration
@ConditionalOnClass({Connector.class})
public class TomcatConfig
{

    @Autowired
    private HttpConnectionProperties httpConnectionProperties;

    @Bean
    public TomcatServletWebServerFactory
                           createEmbeddedServletContainerFactory()
    {
        TomcatServletWebServerFactory tomcatFactory =
                                new TomcatServletWebServerFactory();

            //增加连接器的定制配置
        tomcatFactory.addConnectorCustomizers(connector ->
        {
            Http11NioProtocol protocol =
                        (Http11NioProtocol) connector.getProtocolHandler();

            //定制 keepAliveTimeout，确定下次请求过来之前 Socket 连接保持多久
            //设置 600 秒内没有请求则服务端自动断开 Socket 连接
            protocol.setKeepAliveTimeout(600000);

            //当客户端发送超过 10000 个请求时，强制关闭 Socket 连接
            protocol.setMaxKeepAliveRequests(1000);

            //设置最大连接数
            protocol.setMaxConnections(3000);
```

```
            //省略其他配置

        });
        return tomcatFactory;
    }
}
```

以上示例是 Spring Boot 2.0.8 中的内嵌部署 Tomcat 长连接配置，具体的 3 个配置选项的语义和独立 Tomcat 的配置是相同的，仅仅是形式上不同。

说明 以上内嵌部署 Tomcat 的配置代码来自《Java 高并发核心编程 卷 3（加强版）：亿级用户 Web 应用架构与实战》一书的配套源码。

10.5.2 Nginx 承担服务端角色时的长连接设置

无论在传统的 Nginx+Tomcat 架构中，还是在目前主流的 Nginx+SpringCloud 架构中，反向代理 Nginx 都承担了两种角色：对于下游客户端来说 Nginx 承担了服务端角色，对于上游的 Web 服务来说 Nginx 承担了客户端角色。Nginx 承担的两种角色如图 10-17 所示。

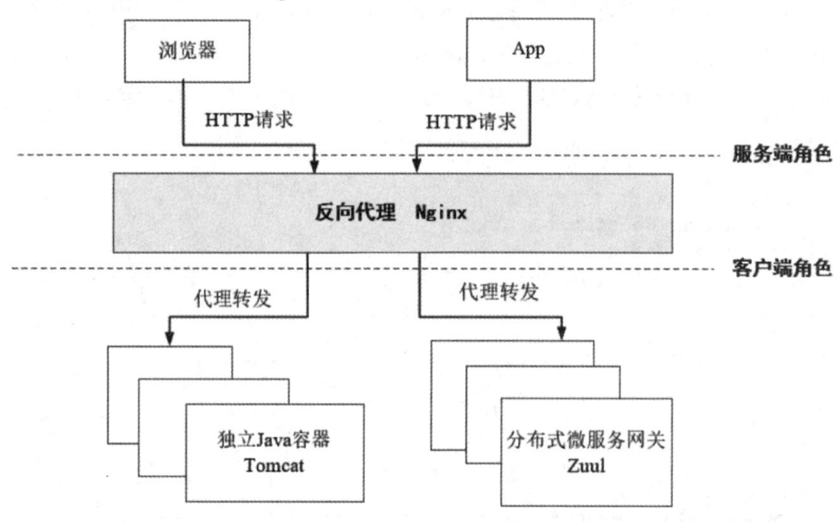

图 10-17 Nginx 承担的两种角色

Nginx 是一个高性能的 HTTP 服务器和反向代理服务器，是由伊戈尔·赛索耶夫为俄罗斯访问量第二的 Rambler.ru 站点开发的 Web 服务器。Nginx 源代码以类 BSD 许可证的形式发布，其第一个公开版本 0.1.0 发布于 2004 年 10 月 4 日，其 1.0.4 版本发布于 2011 年 6 月 1 日。Nginx 因高稳定性、丰富的功能集、内存消耗少、并发能力强而闻名全球，目前已经得到非常广泛的使用，比如百度、京东、新浪、网易、腾讯、阿里巴巴等都是其用户。

说明 Nginx 是 Java 工程师必备技能之一，有关 Nginx 的原理和详细知识，请参考笔者的另一本书《Java 高并发核心编程 卷 3（加强版）：亿级用户 Web 应用架构与实战》。

Nginx 承担服务端角色时的长连接主要通过 keepalive_timeout 和 keepalive_requests 两个指令完

成相关设置。简单的 Nginx 承担服务端角色时的长连接配置代码大致如下：

```
#...
http {
    include       mime.types;
    default_type  application/octet-stream;

    #长连接保持时长
    keepalive_timeout  65s;
    #长连接最大处理请求数
    keepalive_requests 1000;
    #...
    server {
        listen       80;
        server_name  openresty localhost;
        #长连接保持时长
        keepalive_timeout  10s;
         #长连接最大处理请求数
        keepalive_requests 10;

        location / {
            root   html;
            index  index.html index.htm;
        }
        ...
    }
}
```

以上配置代码中涉及的两个长连接相关指令介绍如下。

1. keepalive_requests

此指令设置同一个长连接可以处理的最大请求数，若请求数超过此值，则长连接将关闭。其格式如下：

```
语法：keepalive_requests number
默认值：keepalive_requests 100
上下文：http、server、location
```

keepalive_requests 指令用于设置一个长连接上可以服务的最大请求数量，当最大请求数量达到时，长连接将被关闭，在 Nginx 中其默认值是 100。一个长连接建立之后，Nginx 就会为这个连接设置一个计数器，记录这个长连接上已经接收并处理的客户端请求的数量。如果达到这个参数设置的最大值，则 Nginx 会强行关闭这个长连接，逼迫客户端不得不重新建立新的长连接。

2. keepalive_timeout

此指令用于设置长连接的空闲保持时长，表示在下次请求过来之前，该连接将被 Nginx 保持多久。在 keepalive_timeout 时间范围内，假如客户端不断有新的请求过来，则该连接将一直被保持。

```
语法：keepalive_timeout  timeout  [header_timeout];
默认值：keepalive_timeout 60s;
```

```
上下文：http、server、location
```

keepalive_timeout 指令的第一个参数用于设置客户端的长连接在服务端保持的最长时间（默认为 60 秒），如果设置为 0，则会禁用 HTTP 长连接。对于一些并发量较大的内部服务器通信的场景，其值可以适当加大，比如增加到 120 秒甚至 300 秒。

keepalive_timeout 指令的第二个参数是一个可选参数，其作用是为 HTTP 响应报文增加一个 Keep-Alive: timeout=time 头部选项，用于告知客户端长连接的保持时间，通常可以不设置。该响应头可以被 Mozilla 浏览器识别和处理，Mozilla 浏览器会在 timeout 空闲时间之后关闭 TCP 长连接，而 MSIE 浏览器则会在大约 60 秒后关闭长连接。

Nginx 承担客户端角色时的长连接设置稍后另起一个小节专门介绍。

10.5.3 服务端长连接设置的注意事项

在进行服务端长连接设置时，keepalive_timeout 和 keepalive_requests 的值并不是越大越好，而是要根据具体场景而定。

1. 单个客户端的 HTTP 请求数较少

比如在客户端是普通用户时，客户端是网页浏览器，当用户通过浏览器访问服务端时，单个用户的请求数是比较有限的，1 分钟之内所发出的请求数最多在百位数左右。在这种场景下，如果 Nginx 的服务端长连接设置如下：

```
#长连接保持时长
keepalive_timeout  65s;
#长连接最大处理请求数
keepalive_requests 1000;
```

则会导致大量的长连接由于请求数达不到 1000，一直在空闲等待，需要等到 65 秒结束之后才被关闭，造成服务器资源的浪费。所以，需要减少长连接最大处理请求数和长连接保持时长，初步优化后的配置大致如下：

```
#长连接保持时长
keepalive_timeout  10s;
#长连接最大处理请求数
keepalive_requests 100;
```

但是，如果配置得极端，将长连接最大处理请求数减小得太多，可能会导致其他问题。比如，将长连接最大处理请求数减到 10，其配置如下：

```
#长连接保持时长
keepalive_timeout  10s;
#长连接最大处理请求数
keepalive_requests 10;
```

当 QPS=10000 时，假定一共 100 个用户，单个客户端每秒发出 100 个请求。由于以上配置中每个连接最多只能处理 10 个请求，单个客户端每秒发出 100 个请求相当于每个用户需要 10 个连接，在总体 100 个用户的情况下，意味着平均每秒就会有 1000 个长连接被 Nginx 主动关闭。在这个情况下，了解前面介绍的 TCP 连接四次挥手知识的读者就会知道，服务端 Nginx 就会有大量的

TIME_WAIT 的 Socket 连接。

所以，keepalive_requests 的值不能比单个客户端在 keepalive_timeout 时间范围的实际请求数少太多，如果少太多，在 QPS 较高的场景会出现大量连接被服务端主动关闭进而出现大量 TIME_WAIT 连接。

当然，keepalive_requests 的值也不能比单个客户端在 keepalive_timeout 时间范围内的实际请求数多太多，这样会导致大量的 TCP 长连接出现空闲等待。

总体而言，keepalive_requests 的值与单客户端在 keepalive_timeout 时间范围的实际请求数量要做到基本的匹配。

2. 单个客户端的请求数较多

假设在客户端的不是普通用户，而是下游的代理服务器，在这种场景下，客户端的数量是很少的，而单个客户端与服务器之间的请求数非常多。

这种场景的设置比较简单，可以尽可能地对长连接进行复用，keepalive_requests 值可以设置偏大，示例配置如下：

```
#长连接保持时长
keepalive_timeout  65s;
#长连接最大处理请求数
keepalive_requests  100000;
```

在此场景中，keepalive_timeout 选项可以配置一个较大的值。但是，对于 Nginx 来说，不能对单个连接的处理请求数不做限制，必须定期关闭连接，才能释放每个连接所分配的内存。由于使用过大请求数可能会导致内存占用过度，因此不建议为 keepalive_requests 设置太大的值，当然更不能不对 keepalive_requests 进行设置。

无论是 Nginx、Tomcat 还是其他的服务器，有关服务端长连接的设置原理是类似的，仅仅是具体参数的命名规则不同，或者是配置形式稍微有点不同。

10.6　客户端 HTTP 长连接技术原理与实验

使用 HTTP 长连接通信，只靠服务端是不够的，还需要客户端来配合。一般来说，除了浏览器这些不涉及 Java 编程的客户端外，涉及 Java 编程的 HTTP 客户端编程与配置技术主要有：

（1）Java 内置的 HttpURLConnection 的 HTTP 短连接通信编程技术。

（2）第三方开源 HTTP 长连接通信编程技术，如 Apache HttpClient 客户端。

（3）反向代理（如 Nginx）在承担客户端角色访问上游 RS（真实服务器）时的 HTTP 长连接配置技术。

10.6.1　HttpURLConnection 短连接技术

客户端通过 Java 内置的 HttpURLConnection 短连接访问远程服务的流程如图 10-18 所示。

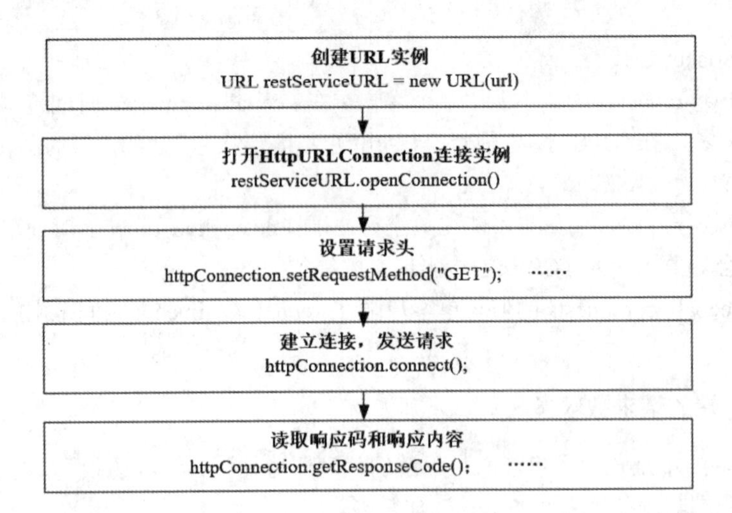

图 10-18 Java 客户端通过 HttpURLConnection 短连接访问远程服务的流程

客户端通过 HttpURLConnection 短连接访问远程服务的流程如下：

（1）创建 URL 实例：

```
URL restServiceURL = new URL(url)
```

（2）打开 HttpURLConnection 连接实例：

```
HttpURLConnection httpConnection=restServiceURL.openConnection()
```

HttpURLConneciton 只是一个抽象类，并不是底层的连接，其具体的请求实例可以通过 URL.openConnection()方法创建。

（3）设置请求头。HTTP 请求头允许一个 Key 带多个用逗号分开的 Values，但是 HttpURLConnection 只提供了单个 Key Value 键值对的操作：

```
setRequestProperty(key,value)  //重置请求头的 Key Value
addRequestProperty(key,value)  //新增请求头的 Key Value
```

setRequestProperty 和 addRequestProperty 的区别是：setRequestProperty 会覆盖已经存在的 key 的所有 values，有清零之后重新赋值；而 addRequestProperty 则是在原来 key 的基础上继续添加其他 value。

（4）建立连接，发送请求：

```
httpConnection.connect(); //发送 URL 请求
```

建立实际 TCP 连接之后的工作就是发送请求。如果需要发送请求体（Request Body）到服务器，则需要获取其输出流（outputStream），并通过该流写入要发送的数据。

```
OutputStream outputStream= httpUrlConnection.getOutputStream();
```

如果调用了 getOutputStream()方法，就会隐含地调用上面的 connect()连接方法。所以，在开发中如果获取了输出流，则可以不用显式调用上面的 connect()方法。

（5）读取响应码和响应内容。请求发送成功之后，即可获取响应的状态码，如果返回成功，即可读取响应中的返回数据。获取这些返回数据的方法包括：

```
getContent();          //获取响应内容
getHeaderField();      //获取响应头
getInputStream ();     //获取输入流
```

在响应处理过程中，getInputStream()和 getContent()两个方法是用得最多的。

（6）关闭连接。每一个 HttpURLConnection 请求结束之后，应该调用 HttpURLConnection 实例的 InputStream（输入流）或 OutputStream（输出流）的 close()方法释放请求的网络资源。

以上是客户端通过 HttpURLConnection 短连接访问远程服务的大致步骤。在本书的随书源码中，编写了一个 HTTP 客户端处理帮助类 HttpClientHelper，其中的 jdkGet(String url)方法实现了以上请求逻辑，主要代码如下：

```
package com.crazymakercircle.util;
//省略 import

//HTTP 客户端处理帮助类
@Slf4j
public class HttpClientHelper
{
    /**
     * 使用 JDK 的 java.net.HttpURLConnection 发起 HTTP 请求
     */
    public static String jdkGet(String url)
    {
        InputStream inputStream = null;//输入流
        HttpURLConnection httpConnection = null;//HTTP 连接实例
        StringBuilder builder = new StringBuilder();
        try
        {
            URL restServiceURL = new URL(url);

            //打开 HttpURLConnection 连接实例
            httpConnection =
                    (HttpURLConnection) restServiceURL.openConnection();

            //设置请求头
            httpConnection.setRequestMethod("GET");
            httpConnection.setRequestProperty(
                    "Accept", "application/json");

            //建立连接，发送请求
            httpConnection.connect();

            //读取响应码
            if (httpConnection.getResponseCode() != 200)
            {
                throw new RuntimeException("Failed with Error code : "
                        + httpConnection.getResponseCode());
            }

            //读取响应内容（字节流）
            inputStream = httpConnection.getInputStream();
            byte[] b = new byte[1024];
            int length = -1;
            while ((length = inputStream.read(b)) != -1)
            {
```

```
                builder.append(new String(b, 0, length));
            }
        } catch (MalformedURLException e)
        {
            e.printStackTrace();
        } catch (IOException e)
        {
            e.printStackTrace();
        } finally
        {
            //关闭流和连接
            quietlyClose(inputStream);
            httpConnection.disconnect();
        }
        return builder.toString();
    }
    ...
}
```

10.6.2 HTTP 短连接的通信实验

接下来通过以上自定义的 jdkGet(String url)方法进行一个 HTTP 短连接的通信实验。这里访问的服务端应用是上一章所编写的 HTTP Echo 回显服务。为了在服务端查看连接的状态和信息，将该 HTTP Echo 服务部署在虚拟机上，其 IP 在这里为 192.168.233.128。

为了方便 HTTP Echo 服务的独立部署，笔者已经为该应用增加了 Spring Boot 的引导类和 Linux 启动脚本 start.sh，读者只需要通过 Maven 打包该应用，将 ZIP 包上传到虚拟机解压缩后，使用 start.sh 脚本进行启动即可。

使用 jdkGet(String url)方法访问 HTTP Echo 服务的实验用例代码，具体如下：

```
package com.crazymakercircle;

//省略 import
public class HTTPKeepAliveTester
{
    //HTTP echo 回显服务的地址，该服务部署在虚拟机 192.168.233.128 上
    private String url = "http://192.168.233.128:18899/";
    private ExecutorService pool = Executors.newFixedThreadPool(10);

    /**
     * 测试用例：使用 JDK 的 java.net.HttpURLConnection 发起 HTTP 请求
     */
    @Test
    public void simpleGet() throws IOException, InterruptedException
    {
        int index = 1000000; //提交的请求总次数
        while (--index > 0)
        {
            String target = url + index;
            //使用固定 10 个线程的线程池发起请求，并发为 10
            pool.submit(() ->
            {
                //使用 JDK 的 java.net.HttpURLConnection 发起 HTTP 请求
                String out = HttpClientHelper.jdkGet(target);
                System.out.println("out = " + out);
            });
        }
        Thread.sleep(Integer.MAX_VALUE);
```

```
    }
    ...
}
```

在 Linux 虚拟机上，可以通过 netstat 指令看到具体的 TCP 连接信息。通过仔细观察可以看到，上面实验中所建立的 HTTP 通信连接都是 HTTP 短连接，都没有进行复用。为什么呢？ 因为 HTTP 下层的 TCP 连接的端口每一轮循环的输出都是不相同的。通过观察实验结果可以看到，netstat 指令程序每隔 1 秒输出一批 ESTABLISHED 状态的连接（10 个），它们的端口都是不同的。

使用 netstat 指令所看到的连接信息部分节选如下：

```
[root@localhost ~]# while [ 1 -eq 1 ] ; do  netstat -antp|grep 18899   ; sleep 2; echo ;
done
tcp6       0      0 :::18899                :::*                    LISTEN      8422/java
......
tcp6       0      0 192.168.233.128:18899   192.168.233.1:11184     ESTABLISHED
8422/java
tcp6       0      0 192.168.233.128:18899   192.168.233.1:11187     ESTABLISHED
8422/java
tcp6       0      0 192.168.233.128:18899   192.168.233.1:11195     ESTABLISHED
8422/java
tcp6       0      0 192.168.233.128:18899   192.168.233.1:11190     ESTABLISHED
8422/java
tcp6       0      0 192.168.233.128:18899   192.168.233.1:11194     ESTABLISHED
8422/java
tcp6       0      0 192.168.233.128:18899   192.168.233.1:11193     ESTABLISHED
8422/java
tcp6       0      0 192.168.233.128:18899   192.168.233.1:11188     ESTABLISHED
8422/java
tcp6       0      0 192.168.233.128:18899   192.168.233.1:11186     ESTABLISHED
8422/java
tcp6       0      0 192.168.233.128:18899   192.168.233.1:11189     ESTABLISHED
8422/java

tcp6       0      0 :::18899                :::*                    LISTEN      8422/java
tcp6       0      0 192.168.233.128:18899   192.168.233.1:11381     ESTABLISHED
8422/java
tcp6       0    308 192.168.233.128:18899   192.168.233.1:11374     ESTABLISHED
8422/java
tcp6       0      0 192.168.233.128:18899   192.168.233.1:11367     ESTABLISHED
8422/java
tcp6       0      0 192.168.233.128:18899   192.168.233.1:11378     ESTABLISHED
8422/java
tcp6       0      0 192.168.233.128:18899   192.168.233.1:11376     ESTABLISHED
8422/java
tcp6       0      0 192.168.233.128:18899   192.168.233.1:11349     ESTABLISHED
8422/java
tcp6       0      0 192.168.233.128:18899   192.168.233.1:11379     ESTABLISHED
8422/java
tcp6       0      0 192.168.233.128:18899   192.168.233.1:11382     ESTABLISHED
8422/java
tcp6       0    308 192.168.233.128:18899   192.168.233.1:11369     ESTABLISHED
8422/java
tcp6       0      0 192.168.233.128:18899   192.168.233.1:11373     ESTABLISHED
8422/java
```

本小节的案例所呈现的是使用 JDK 自带的 HttpURLConnection 进行的短连接实验。尽管服务端的 HTTP Echo 服务是支持长连接的，但是由于客户端完成请求之后关闭了连接，因此通信过程中仍然是一次性的 HTTP 短连接。

在客户端如果要使用长连接，还需要有一个活跃连接的管理和复用组件，这些组件一般为开源的或者自制的 TCP 连接池，其原理和数据库连接池类似。

10.6.3 Apache HttpClient 客户端的 HTTP 长连接技术

前面介绍到，在架构 Java 应用的过程中，涉及 HTTP 连接复用的高并发场景大致有以下几种：

（1）反向代理 Nginx 到 Java Web 应用服务之间的 HTTP 高并发通信。

（2）微服务网关与微服务 Provider 实例之间的 HTTP 高并发通信。

（3）微服务 Provider 实例之间的 HTTP 高并发通信。

（4）Java 通过 HTTP 客户端访问 Java REST 接口服务的高并发通信。

以上 4 种场景中，除了第 1 种场景之外，后面的 3 种场景都需要 Java 客户端高性能访问远程 HTTP 接口，都需要 Java 客户端具备 HTTP 长连接管理和复用的能力。

比如，在以上第 3 种场景中，Spring Cloud 微服务 Provider 实例的客户端 RPC 组件为 Feign，通过合理配置，Feign 可以使用 Apache HttpClient 组件或 Google 的 OkHttp 组件进行 HTTP 连接的高效复用，其原理可以参考笔者的《Java 高并发核心编程 卷 3（加强版）：亿级用户 Web 应用架构与实战》一书。

再比如，随着服务粒度越来越细化，Java 应用之间的 REST API 调用也就越来越频繁，这些 REST 远程调用属于以上第 4 种场景。第 4 种场景还可以细分为两小类：Java 应用之间的 REST API 之间的调用、通过 REST API 网关（或 ESB）进行 REST API 的间接调用。

一个 Java 应用之间的 REST API 直接调用的示例如图 10-19 所示。

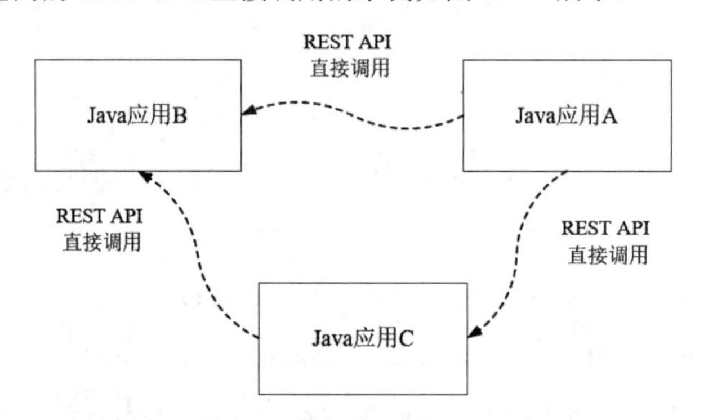

图 10-19 Java 应用之间的 REST API 直接调用示例

通常情况下，企业内部的 Java 应用的对外 REST API 都会统一注册在 API 网关或者 ESB（企业服务总线），其他的 Java 应用如果有需要，可以通过访问网关或 ESB 进行 REST API 的间接调用。

一个 Java 应用通过 API 网关（或者 ESB）进行 REST API 间接调用的示例如图 10-20 所示。

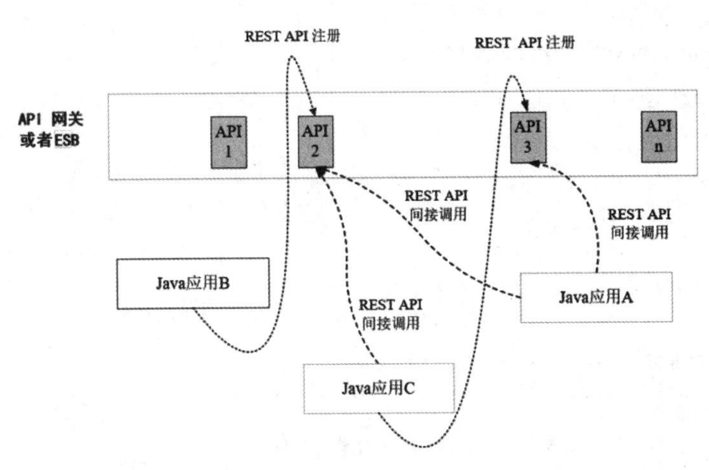

图 10-20　Java 应用通过 API 网关进行 REST API 的间接调用示例

对于 Java 应用来说，无论是直接 REST API 调用还是间接 REST API 调用，在客户端这一侧，都需要借助高性能的 HTTP 客户端组件进行 REST API 远程访问。在高并发场景下，需要 HTTP 客户端组件具备长连接管理和复用的能力。

带连接池的、具备长连接管理和复用能力的 HTTP 客户端开源组件有很多，著名的有 Apache 的 HttpClient 组件和 Google 的 OkHttp 组件。这里以 Apache HttpClient 组件为例为读者介绍 Java 客户端的 HTTP 长连接使用技术。

前面讲到，在客户端使用长连接还需要有一个活跃连接的管理和复用组件，该组件一般为开源的或者自制的 TCP 连接池，其原理和数据库连接池类似。而 JDK 自带的 HttpURLConnection 连接类就是缺少一个有效的连接管理组件（如连接池），尽管其底层通过 Map 类型的内存映射组件实现了非常简单的 TCP 连接的缓存和复用，但是实际上复用效率很低。

HttpClient 中使用连接池来管理持有连接，在原理上，无论是数据库连接池还是 HTTP 连接池，连接的池化管理技术是一种通用的设计，其原理并不复杂：

（1）在请求连接时，如果池中没有连接，则建立一条新的连接。

（2）在归还连接时，连接不直接关闭，而是归还到池中。

（3）在请求连接时，如果池中有可用连接，则可从池中获取一个可用连接。

（4）定期清理过期连接。

Apache HttpClient 客户端组件实现了自己的连接池组件，该连接池组件负责长连接的创建、监控和释放，其具体的类为 PoolingHttpClientConnectionManager。

Apache HttpClient 的连接池组件的原理如图 10-21 所示。

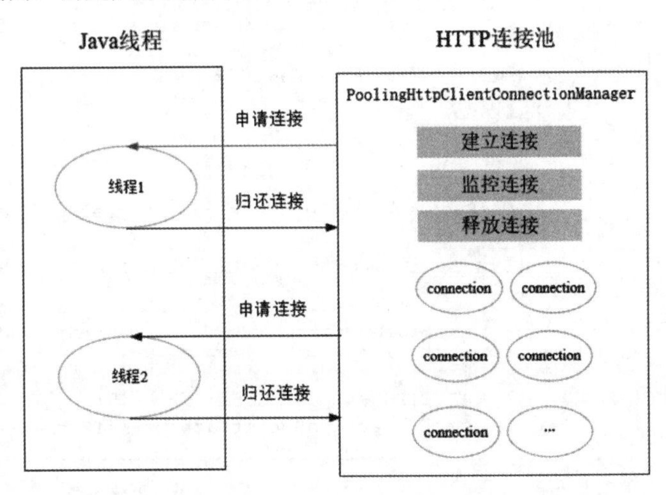

图 10-21　Apache HttpClient 的连接池组件的原理

在随书源码的 HTTP 处理帮助类 HttpClientHelper 中，实现了一个 Apache HttpClient 的全局实例，其连接池的创建方法 createHttpClientConnectionManager()的代码如下：

```
package com.crazymakercircle.util;

//省略 import
//HTTP 处理帮助类
@Slf4j
public class HttpClientHelper
{
    //长连接的保持时长，单位为 ms（毫秒）
    private static final long KEEP_ALIVE_DURATION = 600000;

    //客户端和服务器建立连接的超时时长，单位为 ms
    private static final int CONNECT_TIMEOUT = 2000;

    //建立连接后，客户端从服务器读取数据的超时时长，单位为 ms
    private static final int SOCKET_TIMEOUT = 2000;

    //从连接池获取连接的超时时长，单位为 ms
    private static final int REQUEST_TIMEOUT = 2000;

    //无效长连接的清理间隔，单位为 ms
    private static final int EXPIRED_CHECK_GAP = 6000;

    //连接池内对不活跃连接的检查间隔，单位为 ms
    private static final int VALIDATE_AFTER_INACTIVITY = 2000;

    //最大的连接数
    private static final int POOL_MAXTOTAL = 500;

    //每一个路由(可以理解为 IP+端口)的最大连接数
    private static final int MAX_PER_ROUTE = 500;

    //单例：HTTP 长连接管理器，也就是连接池
    private static PoolingHttpClientConnectionManager
            httpClientConnectionManager;

    //单例：全局的池化 HTTP 客户端实例
    private static CloseableHttpClient pooledHttpClient;

    //线程池：负责 HTTP 连接池的无效连接清理
    private static ScheduledExecutorService monitorExecutor = null;

    //创建全局连接池：HTTP 连接管理器
    public static void createHttpClientConnectionManager()
    {

        //DNS 解析器
        DnsResolver dnsResolver = SystemDefaultDnsResolver.INSTANCE;


        //负责 HTTP 传输的 Socket 套接字工厂
        ConnectionSocketFactory plainSocketFactory =
                PlainConnectionSocketFactory.getSocketFactory();


        //负责 HTTPS 传输的安全 Socket 套接字工厂
        LayeredConnectionSocketFactory sslSocketFactory =
                SSLConnectionSocketFactory.getSocketFactory();


        //根据应用层协议为其注册传输层的套接字工厂
```

```
        Registry<ConnectionSocketFactory> registry =
              RegistryBuilder.<ConnectionSocketFactory>create()
                    .register("http", plainSocketFactory)
                    .register("https", sslSocketFactory)
                    .build();

        //创建连接管理器
        httpClientConnectionManager =
              new PoolingHttpClientConnectionManager(
                    registry, //传输层套接字注册器
                    null,
                    null,
                    dnsResolver,            //DNS 解析器
                    KEEP_ALIVE_DURATION,    //长连接的连接保持时长
                    TimeUnit.MILLISECONDS); //保持时长的时间单位

        //连接池内，连接不活跃多长时间后，需要进行一次验证
        //默认为 2 秒，TimeUnit.MILLISECONDS
        httpClientConnectionManager.setValidateAfterInactivity(
              VALIDATE_AFTER_INACTIVITY);
        //最大连接数，高于这个值时的新连接请求需要阻塞和排队等待
        httpClientConnectionManager.setMaxTotal(POOL_MAXTOTAL);
        //设置每个 route 默认的最大连接数，路由是对 MaxTotal 的细分
        //每个路由实际最大连接数默认值是由 DefaultMaxPerRoute 控制的
        //MaxPerRoute 设置得过小，无法支持高并发
        httpClientConnectionManager.setDefaultMaxPerRoute(MAX_PER_ROUTE);
    }
    //省略其他方法
}
```

通常，服务端一般不会允许无限期的长连接存在，会通过设置 keepalive_timeout 选项或者其他的类似选项关闭超过保持时长的空闲连接。但是，长连接在被服务端关闭之后，客户端不一定能收到通知，很可能没有及时从客户端的连接池中清理出去。

在客户端，如果将服务端已经关闭的 HTTP 连接提供给 Java 线程，则会导致 Java 线程在发送请求和获取响应时发生异常。为此，客户端需要开启监控线程，每隔一段时间就检测一下连接池中长连接的情况，及时关闭异常连接。客户端关闭异常连接的定时执行代码大致如下：

```
package com.crazymakercircle.util;

//省略 import
//HTTP 处理帮助类
@Slf4j
public class HttpClientHelper
{
    //省略其他方法
    /**
     * 定时处理线程：对异常连接进行关闭
     */
    private static void startExpiredConnectionsMonitor()
    {
        //空闲监测，配置文件默认为 6 秒，生产环境建议稍微放大一点
        int idleCheckGap = IDLE_CHECK_GAP;

        //设置保持连接的时长，根据实际情况调整配置
        long keepAliveTimeout = KEEP_ALIVE_DURATION;


        //开启监控线程，对异常和空闲线程进行关闭
```

```
        monitorExecutor = Executors.newScheduledThreadPool(1);
        monitorExecutor.scheduleAtFixedRate(new TimerTask()
        {
            @Override
            public void run()
            {
                //关闭异常连接，包括被服务端关闭的长连接
                httpClientConnectionManager.closeExpiredConnections();

                //关闭 keepAliveTimeout（保持连接时长）超时的不活跃连接
                httpClientConnectionManager.closeIdleConnections(
                        keepAliveTimeout, TimeUnit.MILLISECONDS);

                //获取连接池的状态
                PoolStats status =
                        httpClientConnectionManager.getTotalStats();
                //输出连接池的状态，仅供测试使用
                /*
                log.info(" manager.getRoutes().size():" +
                                               manager.getRoutes().size());
                log.info(" status.getAvailable():" +
                                                       status.getAvailable());
                log.info(" status.getPending():" + status.getPending());
                log.info(" status.getLeased():" + status.getLeased());
                log.info(" status.getMax():" + status.getMax());
                */
            }
        }, idleCheckGap, idleCheckGap, TimeUnit.MILLISECONDS);
    }
}
```

一般来说，在 Java 程序中，可以维护一个全局静态的带连接池的 HttpClient 客户端实例，如果需要使用 HTTP 长连接，只需通过全局静态的实例获取即可，不必每一次请求都去创建新的带连接池的 HttpClient 客户端实例。下面是一段创建带连接池的全局客户端实例 pooledHttpClient 的代码，大致如下：

```
package com.crazymakercircle.util;

//省略 import
//HTTP 处理帮助类
@Slf4j
public class HttpClientHelper
{
    //省略其他方法

    /**
     * 创建带连接池的 pooledHttpClient 全局客户端实例
     */
    public static CloseableHttpClient pooledHttpClient()
    {
        if (null != pooledHttpClient)
        {
            return pooledHttpClient;
        }
        createHttpClientConnectionManager();
        log.info(" Apache httpclient 初始化 HTTP 连接池  starting===");

        //请求配置实例
        RequestConfig.Builder requestConfigBuilder =
```

```
            RequestConfig.custom();
    //读取数据的超时设置
    requestConfigBuilder.setSocketTimeout(SOCKET_TIMEOUT);
    //建立连接的超时设置
    requestConfigBuilder.setConnectTimeout(CONNECT_TIMEOUT);
    //从连接池获取连接的等待超时时间设置
    requestConfigBuilder.setConnectionRequestTimeout(
                                                    REQUEST_TIMEOUT);
    RequestConfig config = requestConfigBuilder.build();

    //httpclient 建造者实例
    HttpClientBuilder httpClientBuilder = HttpClientBuilder.create();
    //设置连接池管理器
    httpClientBuilder.setConnectionManager(
                            httpClientConnectionManager);
    //设置 HTTP 请求配置信息
    httpClientBuilder.setDefaultRequestConfig(config);

    //httpclient 默认提供了一个 Keep-Alive 策略
    //这里进行定制：确保客户端与服务端在长连接的保持时长一致
    httpClientBuilder.setKeepAliveStrategy(
                                new ConnectionKeepAliveStrategy()
    {
        @Override
        public long getKeepAliveDuration(
                        HttpResponse response, HttpContext context)
        {
            //获取响应头中 HTTP.CONN_KEEP_ALIVE 中的 Keep-Alive 部分值
            //如服务端响应 Keep-Alive: timeout=60，表示保持时长为 60 秒
            //则客户端也设置连接的保持时长为 60 秒
            //目的：确保客户端与服务端在长连接的保持时长一致
            HeaderElementIterator it = new BasicHeaderElementIterator
                  (response.headerIterator(HTTP.CONN_KEEP_ALIVE));
            while (it.hasNext())
            {
                HeaderElement he = it.nextElement();
                String param = he.getName();
                String value = he.getValue();
                if (value != null && param.equalsIgnoreCase
                        ("timeout"))
                {
                    try
                    {
                        return Long.parseLong(value) * 1000;
                    } catch (final NumberFormatException ignore)
                    {
                    }
                }
            }
            //如果服务端响应头中没有设置保持时长，则使用客户端统一定义时长为 600 秒
            return KEEP_ALIVE_DURATION;
        }
    });
    //实例化：全局的池化 HTTP 客户端实例
    pooledHttpClient = httpClientBuilder.build();
    log.info(" Apache httpclient 初始化 HTTP 连接池  finished===");
    //启动定时处理线程：对异常和空闲连接进行关闭
    startExpiredConnectionsMonitor();
    return pooledHttpClient;
  }
}
```

对于同一条 HTTP 长连接，服务端会设置一个保持时长，客户端也会有一个保持时长，因此需要尽量保证双方的保持时长一致。在创建长连接时，有的服务端（如 Nginx）可以通过设置将自己的保持时长值返回给客户端。所以，客户端在设置保持时长时，可以优先获取服务端返回的保持时长，如果没有，此时可以退而求其次，使用自己配置的保持时长。上面的代码中，Apache HttpClient 通过定制 Keep-Alive 策略实现类，在长连接建立时，优先获取服务端响应头中的保持时长来作为客户端的连接保持时长。

如果服务端和客户端都可以自己配置，则尽量将双方的 HTTP 长连接的保持时长配置成同一个值。

在创建 HttpClient 客户端实例，进行 requestConfigBuilder（请求建造者）实例配置时，其中大致可以设置 3 个超时时长，分别为：

（1）CONNECT_TIMEOUT：该选项表示 TCP 连接的建立时间，也就是三次握手完成的最长时间，超时后一般会抛出 ConnectionTimeOutException。

（2）SOCKET_TIMEOUT：指客户端从服务器读取数据的时间长度，相当于数据传输过程中数据包之间间隔的最大时间，超时后一般会抛出 SocketTimeOutException。

（3）REQUEST_TIMEOUT：设置从连接池获取一个连接的请求超时时间，主要指连接池中连接不够用的时候，阻塞等待的超时时间。

10.6.4 Apache HttpClient 客户端长连接实验

通过从连接池中获取连接然后发送 HTTP 请求，与前面介绍的单独创建 HTTP 连接发送请求相比，在代码编写逻辑上并没有太大不同，大致有以下 3 步：

（1）获取带连接池的 HttpClient 客户端实例。此步骤的前提是存在一个提前创建、初始化过了的静态 HttpClient 客户端实例或者 Spring IOC 容器化的 HttpClient 客户端实例，该实例一般使用单例模式。

（2）创建一个 HTTP 请求实例。这一步所创建的 HTTP 请求实例一般可以为 HttpGet、HttpPost、HttpHead、HttpPut、HttpDelete 等类型，具体类型需要根据请求头的 METHOD 方法类型而定。

（3）发送请求，然后获取响应结果。使用带连接池的 HTTP 客户端发送请求，在完成发送请求之后，可以通过 response 响应实例读取最终内容，一般会以字符串返回给调用者。

通过带连接池的 HttpClient 客户端实例发送请求和获取响应的代码大致如下：

```
package com.crazymakercircle.util;
//省略 import
//HTTP 处理帮助类
@Slf4j
public class HttpClientHelper
{
     /**
      * 使用带连接池的 HTTP 客户端发送 GET 请求
      * @param url 连接地址
      * @return 请求字符串
      */
     public static String get(String url)
     {
          //1. 取得带连接池的客户端
```

```
        CloseableHttpClient client = pooledHttpClient();
        //2. 创建一个 HTTP 请求实例
        HttpGet httpGet = new HttpGet(url);
        //3. 使用带连接池的 HTTP 客户端发送请求，并且获取结果
        return poolRequestData(url, client, httpGet);
    }

    /**
     * 使用带连接池的 HTTP 客户端发送请求
     * @param url      连接地址
     * @param client  客户端
     * @param request post、get 或者其他请求
     * @return 响应字符串
     */
    private static String poolRequestData(
            String url, CloseableHttpClient client, HttpRequest request)
    {
        CloseableHttpResponse response = null;
        InputStream in = null;
        String result = null;
        try
        {
            //从 url 中获取 HttpHost 实例，含主机和端口
            HttpHost httpHost = getHost(url);
            //执行 HTTP 请求
            response = client.execute(
                    httpHost, request, HttpClientContext.create());
            //获取 HTTP 响应
            HttpEntity entity = response.getEntity();
            if (entity != null)
            {
                in = entity.getContent();
                result = IOUtils.toString(in, "utf-8");
            }
        } catch (IOException e)
        {
            e.printStackTrace();
        } finally
        {
            quietlyClose(in);
            quietlyClose(response);
            //无论执行成功或出现异常，HttpClient 都会自动处理并保证释放连接
        }
        return result;
    }
   //省略其他代码
}
```

接下来，通过调用以上帮助类中的 get(String url)方法进行 HTTP 长连接实验。

这里访问的服务端应用仍然是上一章所编写的 HTTP Echo 服务，为了在服务端查看连接的状态和信息，将 HTTP Echo 服务部署在虚拟机上。只有这样，在实验的过程中，才能通过 netstat 指令很方便地在虚拟机查看 HTTP 长连接的信息和状态。

调用 get(String url)方法访问 HTTP Echo 服务的实验用例代码如下：

```
package com.crazymakercircle;
//省略 import
public class HTTPKeepAliveTester
{
    /**
```

```
     * 测试用例：使用带连接池的 Apache HttpClient 提交的 HTTP 请求
     */
    @Test
    public void pooledGet() throws IOException, InterruptedException
    {
        int index = 1000000;
        while (--index > 0)
        {
            String target = url + index;
            //使用固定 10 个线程的线程池发起请求
            pool.submit(() ->
            {
                //使用 Apache HttpClient 提交的 HTTP 请求
                String out = HttpClientHelper.get(target);
                System.out.println("out = " + out);
            });
        }
        Thread.sleep(Integer.MAX_VALUE);
    }
    ...
}
```

在 Linux 虚拟机上，可以通过 netstat 指令看到具体的 TCP 连接信息。通过仔细观察可以看到，上面实验中 HTTP 通信所建立的传输层 TCP 连接都进行了复用，所以这些 HTTP 连接都是 HTTP 长连接，而不是短连接。为什么呢？因为这些 TCP 连接的端口每一轮循环的输出都是相同的。通过观察实验结果可以看到，netstat 指令程序每隔 1 秒输出一批 ESTABLISHED 状态的连接（10 个），其端口都是相同的。

使用 netstat 指令所看到的连接信息部分节选如下：

```
[root@localhost ~]# while [ 1 -eq 1 ] ; do  netstat -antp|grep 18899  ; sleep 2; echo ;
done
tcp6       0      0 :::18899                :::*                    LISTEN      8422/java
......
tcp6       0    339 192.168.233.128:18899   192.168.233.1:45363     ESTABLISHED 8422/java
tcp6       0    339 192.168.233.128:18899   192.168.233.1:45368     ESTABLISHED 8422/java
tcp6       0    339 192.168.233.128:18899   192.168.233.1:45364     ESTABLISHED 8422/java
tcp6       0    339 192.168.233.128:18899   192.168.233.1:45362     ESTABLISHED 8422/java
tcp6       0    339 192.168.233.128:18899   192.168.233.1:45366     ESTABLISHED 8422/java
tcp6       0    339 192.168.233.128:18899   192.168.233.1:45359     ESTABLISHED 8422/java
tcp6       0    339 192.168.233.128:18899   192.168.233.1:45361     ESTABLISHED 8422/java
tcp6       0    339 192.168.233.128:18899   192.168.233.1:45360     ESTABLISHED 8422/java
tcp6       0    339 192.168.233.128:18899   192.168.233.1:45365     ESTABLISHED 8422/java
tcp6       0    339 192.168.233.128:18899   192.168.233.1:45367     ESTABLISHED 8422/java

tcp6       0      0 :::18899                :::*                    LISTEN      8422/java
tcp6       0      0 192.168.233.128:18899   192.168.233.1:45363     ESTABLISHED 8422/java
tcp6       0      0 192.168.233.128:18899   192.168.233.1:45368     ESTABLISHED 8422/java
tcp6       0      0 192.168.233.128:18899   192.168.233.1:45364     ESTABLISHED 8422/java
tcp6       0      0 192.168.233.128:18899   192.168.233.1:45362     ESTABLISHED 8422/java
tcp6       0      0 192.168.233.128:18899   192.168.233.1:45366     ESTABLISHED 8422/java
tcp6       0      0 192.168.233.128:18899   192.168.233.1:45359     ESTABLISHED 8422/java
tcp6       0      0 192.168.233.128:18899   192.168.233.1:45361     ESTABLISHED 8422/java
tcp6       0      0 192.168.233.128:18899   192.168.233.1:45360     ESTABLISHED 8422/java
tcp6       0      0 192.168.233.128:18899   192.168.233.1:45365     ESTABLISHED 8422/java
tcp6       0      0 192.168.233.128:18899   192.168.233.1:45367     ESTABLISHED 8422/java

tcp6       0      0 :::18899                :::*                    LISTEN      8422/java
tcp6       0      0 192.168.233.128:18899   192.168.233.1:45363     ESTABLISHED 8422/java
```

```
tcp6       0      0 192.168.233.128:18899   192.168.233.1:45368     ESTABLISHED 8422/java
tcp6       0      0 192.168.233.128:18899   192.168.233.1:45364     ESTABLISHED 8422/java
tcp6       0      0 192.168.233.128:18899   192.168.233.1:45362     ESTABLISHED 8422/java
tcp6       0      0 192.168.233.128:18899   192.168.233.1:45366     ESTABLISHED 8422/java
tcp6       0      0 192.168.233.128:18899   192.168.233.1:45359     ESTABLISHED 8422/java
tcp6       0      0 192.168.233.128:18899   192.168.233.1:45361     ESTABLISHED 8422/java
tcp6       0      0 192.168.233.128:18899   192.168.233.1:45360     ESTABLISHED 8422/java
tcp6       0      0 192.168.233.128:18899   192.168.233.1:45365     ESTABLISHED 8422/java
tcp6       0      0 192.168.233.128:18899   192.168.233.1:45367     ESTABLISHED 8422/java
```

10.6.5 Nginx承担客户端角色时的长连接技术

无论是在传统的Nginx+Tomcat架构中还是在当前主流的Nginx+SpringCloud架构中，反向代理Nginx都承担了两种角色：对于终端用户（或者下游代理）来说Nginx承担了服务端角色，对于上游的RS真实服务器（如Web服务器）来说Nginx承担了客户端角色。

在反向代理和上游服务器之间，Nginx承担了客户端角色，此时在Nginx一端使用短连接肯定是不合适的。为什么呢？如果Nginx服务器使用短连接去请求上游服务器，当请求完成后，Nginx主动断开连接，就会造成Nginx所在的服务器产生大量的TIME_WAIT连接，压力增大时很可能导致Nginx服务器无法提供新的连接。所以，在反向代理和上游服务器之间，一定需要使用HTTP长连接进行通信。

针对上面的问题，需要调整Nginx的参数，在Nginx与上游服务器都保持一定数据量的长连接，这样就能有效地避免连接的频繁创建与释放。与Apache HttpClient类似，Nginx也有自己的类似客户端TCP连接池的连接管理组件。对于池中单个TCP连接的保持配置，可以通过在upstream区块中使用keepalive指令完成，该指令的具体格式如下：

```
语法: keepalive connections;
默认值: —
上下文: upstream
```

keepalive指令的connections参数用于设置和上游服务器之间保持的长连接的最大数量，这些连接保留在每个Worker工作进程的连接池中。池化的TCP连接超过此数目时，最近使用的最少的TCP长连接将关闭。

> **说明** 在Nginx承担客户端角色时，keepalive指令用于设置长连接的参数，所以只能用于upstream区块中，不能用于http、server、location区块中。有关upstream区块的原理和具体介绍，请参考笔者的另一本书《Java高并发核心编程 卷3（加强版）：亿级用户Web应用架构与实战》。

keepalive指令的使用示例如下：

```
upstream memcached_backend {
   server 127.0.0.1:11211;
   server 10.0.0.2:11211;
        //可以理解为：连接池可以缓存32个连接
   keepalive 32;
}
```

需要特别注意的是：当反向代理Nginx承担客户端角色时，keepalive指令并没有限制可以打开的和上游服务器之间的连接总数。该指令的connections参数不能设置为一个太大的值，如果这个值太大，Nginx 与上游服务器将保持太多长连接，可能导致上游服务器的连接耗尽，将没法处理新传入的连接。

要想 keepalive 指令生效，还需要两个必要的条件：

（1）需要强制 Nginx 与后端上游服务器之间使用 1.1 版本的 HTTP，因为该版本的 HTTP 连接默认是长连接。

（2）反向代理对于下游来说是透明的，下游可能发送 Connection:close 头部关闭 TCP 连接。如果下游客户端传过来 Connection:close 头部，直接被 Nginx 转发到了上游的后端服务器，后端服务器会以为 Nginx 要求关闭连接，此时后端服务器将主动关闭 TCP 连接，Nginx 与后端服务器之间的 TCP 连接也就无法保持了。所以，为了保证反向代理到其上游之间的 TCP 连接能复用，需要将下游客户端发送过来的 HTTP 请求头 Connection:close 重置，可将其值重置成空白字符串。

综合以上两点，在 Nginx 上负责下游 HTTP 请求路由和转发的 location 配置区块中，需要使用 proxy_http_version 指令和 proxy_set_header 指令完成 HTTP 请求头的配置优化，具体代码如下：

```
server {
      listen 8080 default_server;
      server_name "";
      ...
      //处理下游客户端请求转发的 location 配置区块
      location /  {
         proxy_pass http://memcached_backend;

             //转发之前进行请求头重置，重置 HTTP 的版本为 1.1
         proxy_http_version 1.1;

            //转发之前进行请求头重置，重置请求 Connection:close 头部值
         proxy_set_header Connection "";
      }
   }
}
```

经过以上调整就能在 Nginx 作为客户端角色时实现与上游服务器使用长连接进行 HTTP 通信，从而最大限度地实现其下层的 TCP 连接复用。

第 11 章 WebSocket 原理与实战

WebSocket 是一种全双工通信的协议，其通信在 TCP 连接上进行，所以属于应用层协议。WebSocket 使得客户端和服务器之间的数据交换变得更加简单，允许服务端主动向客户端推送数据。在 WebSocket 编程中，浏览器和服务器只需要完成一次升级握手，两者之间就可以直接创建持久性的连接，并进行双向数据传输。

对于 WebSocket 的 Java 开发，Java 官方发布了 JSR-356 规范，该规范全称为 Java API for WebSocket。不少 Web 容器（如 Tomcat、Jetty 等）都支持 JSR-356 规范，提供了 WebSocket 应用开发 API。Tomcat 从 7.0.27 开始支持 WebSocket，从 7.0.47 开始支持 JSR-356 规范。

无论是 Tomcat 还是 Jetty，其性能在高并发场景下的表现都不是非常理想。而 Netty 是一款高性能的 NIO 网络编程框架，在通信连接数与信息量激增时，其表现依然出色。所以编写 WebSocket 服务端程序时，一般基于 Netty 框架编写。

> **说明** 本章将介绍一个小的 WebSocket 服务端演示程序——WebSocket Echo 回显服务器。如果能够顺利掌握此程序，则可以开启下一个进阶实验：参考“疯狂创客圈”的 Netty+WebSocket 开源项目，完成一个具备在线聊天、在线推送功能的综合性的 WebSocket 实战练习。

11.1 WebSocket 协议简介

WebSocket 协议的目标是在一个独立的持久连接上提供全双工通信。客户端和服务器可以向对方主动发送和接收数据。WebSocket 通信协议于 2011 年被 IETF 发布为 RFC6455 标准，后又发布了 RFC7936 标准补充规范。WebSocket API 也被 W3C（World Wide Web Consortium，万维网联盟）定为标准。

11.1.1 Ajax 短轮询和长轮询的原理

在 WebSocket 双向通信技术之前，浏览器与服务器之间的双向通信大致有两种方式：Ajax 短轮询和长轮询。

1. Ajax 短轮询

Ajax 短轮询即浏览器周期性地向服务器发起 HTTP 请求，无论服务器是否真正获取到数据，都会向浏览器返回响应。浏览器通过 HTTP1.1 的持久连接（建立一次 TCP 连接，发送多个请求）可以在建立一次 TCP 连接之后发起多个异步请求，如图 11-1 所示。

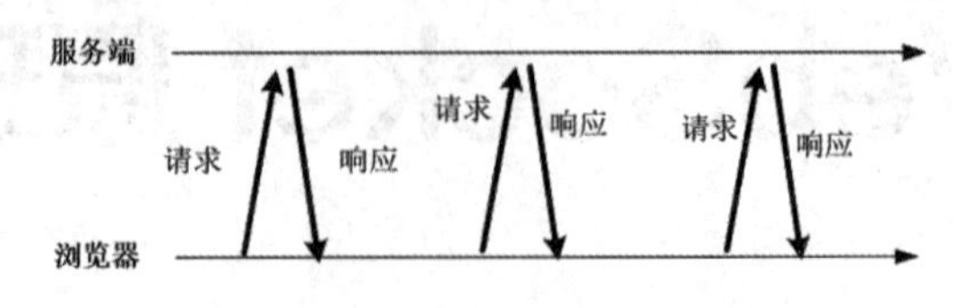

图 11-1 Ajax 短轮询示意图

Ajax 短轮询的原理非常简单，让浏览器隔几秒就发送一次请求，询问服务器是否有新信息。在 Ajax 短轮询中，每个请求对应一个响应，这种模式有很明显的缺点，即浏览器需要不断地向服务器发出请求，然而 HTTP 请求在每次发送时都会带上很长的请求头部字段，其中真正有效的数据可能只是很小的一部分（如 Cookie 字段），显然会浪费服务器带宽和 CPU 资源。

是否可以通过加大 Ajax 的轮询间隔时间来降低资源的浪费比例呢？比如，将轮询间隔改为 10 秒或者更长。问题是，如果轮询时间长了，对于实时性要求比较高的项目来说，客户端页面更新数据的速度也会太慢，从而违背双向通信的初衷。

2. 长轮询

长轮询的原理跟 Ajax 短轮询差不多，都是采用轮询的方式，不过采取的是服务端阻塞模型。在轮询过程中，服务端在收到浏览器的请求后，如果暂时没有消息需要推送给浏览器，服务端就会一直阻塞，不会立即返回响应。直到服务端有消息，才会返回响应给客户端。客户端收到响应之后，开始发送下一轮的轮询请求，如此周而复始。

无论是 Ajax 短轮询还是长轮询，都不是最好的双向通信方式，都需要很多资源。而 WebSocket 则不同，该协议只需要经过一次 HTTP 请求，就可以做到源源不断的信息传送，当传输协议完成 HTTP 到 WebSocket 协议的升级后，服务端就可以主动推送信息给客户端，高效率地实现双向通信。

11.1.2 WebSocket 与 HTTP 之间的关系

WebSocket 的最大特点就是全双工通信，服务器可以主动向客户端发送信息，客户端也可以主动向服务器发送信息。WebSocket 与 HTTP 之间的关系是：WebSocket 其实是一个新协议，通信过程与跟 HTTP 基本没有关系，只是为了兼容现有浏览器，所以在握手阶段使用了 HTTP。WebSocket 协议的握手和通信过程如图 11-2 所示。

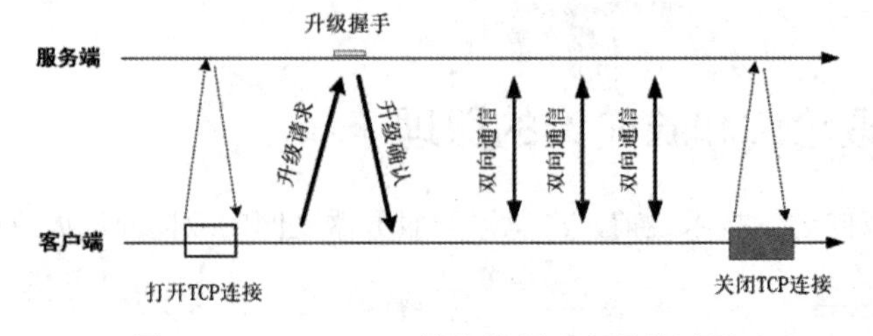

图 11-2 WebSocket 协议的握手和通信过程

WebSocket 协议与 HTTP 一样，处于 TCP/IP 协议栈的应用层，都是 TCP/IP 的子集。WebSocket 协议和 HTTP 的一个显著不同是：HTTP 是单向通信协议，只有客户端发起 HTTP 请求，服务端才会返回数据；而 WebSocket 协议是双向通信协议，在建立连接之后，客户端和服务器都可以主动向对方发送或接收数据。

WebSocket 协议和 HTTP 还是有关系的：WebSocket 的通信连接建立的前提是借助 HTTP，完成通信连接建立之后，通信连接上的双向通信就与 HTTP 无关了。

11.2 WebSocket 回显演示程序开发

本节通过一个 WebSocket 回显程序开发实战，介绍如何使用 JavaScript 开发 WebSocket 客户端程序，如何使用 Netty 开发 WebSocket 服务端程序。

该 WebSocket 回显演示程序的功能：客户端通过 WebSocket 向服务器发送任意一段字符串消息，服务器将该消息通过 WebSocket 写回到客户端，最后客户端将回显消息展现到网页上。

11.2.1 WebSocket 回显程序的客户端代码

WebSocket 回显程序客户端通过 JavaScript 完成以下操作：

（1）建立 WebSocket 连接。
（2）监听 WebSocket 接收到的消息，并且展示在网页上。
（3）通过 WebSocket 连接发送消息给服务端。

WebSocket 回显演示客户端的效果大致如图 11-3 所示。

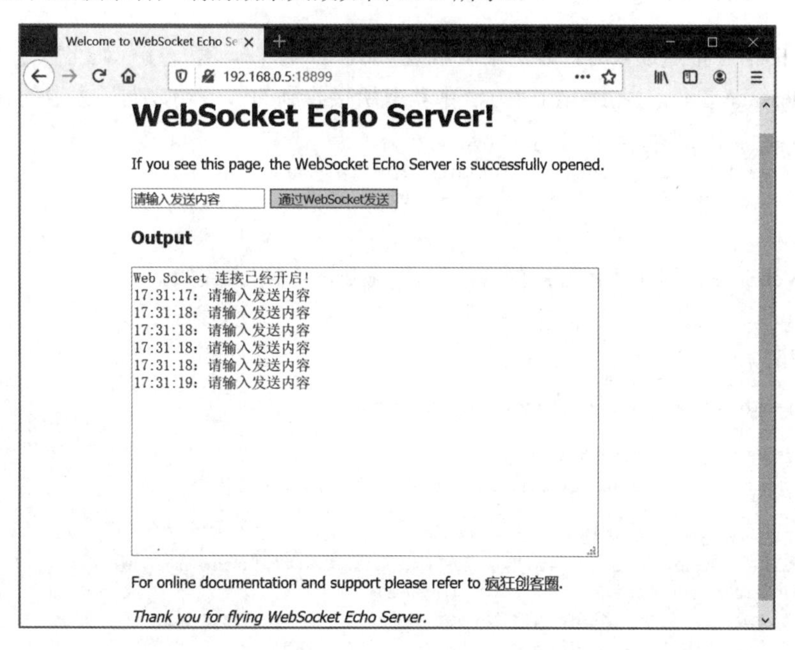

图 11-3 WebSocket 回显演示客户端的效果

使用 JavaScript 实现 WebSocket 协议通信相对简单，这里分为 3 个步骤进行介绍。

1. 建立 WebSocket 连接

使用 JavaScript 建立 WebSocket 连接的代码大致如下：

```
socket = new WebSocket("ws://192.168.0.5:18899/ws","echo");
```

以上用到的 WebSocket()方法的第一个参数为服务端的 WebSocket 监听 URL 地址，第二个参数为服务端配置的 WebSocket 子协议（业务协议），子协议为应用程序自己使用的某个标识或者命名，客户端与服务端保持一致即可。

WebSocket 有自己的协议规范，其 URL 规则与 HTTP 的 URL 规则不同。WebSocket 中未加密的 URL Schema 为 ws://，而不是 http://。WebSocket 中加密的 URL Schema 为 wss://，而不是 https://。

建立 WebSocket 连接时，传递的 URL 参数没有同源策略的限制。什么是同源策略呢？如果两个通信协议的 URL、主机名（域名或者 IP）和端口都相同，则两个 URL 是同源的。同源策略是浏览器的一个安全功能，不同源的客户端脚本在没有明确授权的情况下，不能读写对方的资源。而 WebSocket 并不受同源策略的限制，可以向不同源的 URL 发起 WebSocket 连接请求。

2. 监听 WebSocket 连接的 open 事件

在成功建立 WebSocket 连接后，客户端可以通过 onopen(…)方法监听连接的 open 事件，在成功连接之后，可以进行后续的业务处理。大致代码如下：

```
socket.onopen = function (event) {
    var target = document.getElementById('responseText');
    target.value = "Web Socket 连接已经开启!";
};
```

3. 监听 WebSocket 连接的 message 事件

当服务端的消息推送过来时，客户端会触发 message 事件，客户端代码可以通过 onmessage()方法监听该 message 事件，然后在监听方法中获取所接收到的服务端数据。大致的代码如下：

```
socket.onmessage = function (event) {
    var ta = document.getElementById('responseText');
    ta.value = ta.value + '\n' + event.data
};
```

完整的 WebSocket 回显演示程序的客户端 JavaScript 脚本大致如下：

```
<script type="text/javascript">
   var socket;
   if (!window.WebSocket) {
      window.WebSocket = window.MozWebSocket;
   }
   //获取浏览器上 URL 中的主机名称
    var domain = window.location.host;
    if (window.WebSocket) {
      //建立 WebSocket 连接
      socket = new WebSocket("ws://"+domain+"/ws","echo");
      socket.onmessage = function (event) {
         var ta = document.getElementById('responseText');
         ta.value = ta.value + '\n' + event.data
      };

     //连接打开事件
```

```
        socket.onopen = function (event) {
            var target = document.getElementById('responseText');
            target.value = "Web Socket 连接已经开启!";
        };
        //连接关闭事件
        socket.onclose = function (event) {
            var target = document.getElementById('responseText');
            target.value = ta.value + "Web Socket 连接已经断开";
        };
    } else {
        alert("Your browser does not support Web Socket.");
}

    //发送 WebSocket 消息，在 JavaScript 发送 WebSocket 消息时调用
    function send(message) {
        if (!window.WebSocket) {
            return;
        }
        if (socket.readyState == WebSocket.OPEN) {
            //通过套接字，发送消息
            socket.send(message);
        } else {
            alert("The socket is not open.");
        }
    }
</script>
```

以上代码处于演示工程的 NettyWebSocketServerDemo 子模块的 resources 资源目录的 index.html 文件中，读者可以通过随书源码查看。

11.2.2　WebSocket 相关的 Netty 内置处理类

接下来介绍基于 Netty 进行 WebSocket 服务端的开发。WebSocket 协议中大致包含 5 种类型的数据帧，与这 5 种数据帧相对应，Netty 包含 5 种 WebSocket 数据帧的封装类型，这些类型都是 WebSocketFrame 类的子类，具体如表 11-1 所示。

表11-1　WebSocketFrame数据帧的子类

WebSocket 数据帧名称	功能
BinaryWebSocketFrame	封装二进制数据的 WebSocketFrame 数据帧
TextWebSocketFrame	封装文本数据的 WebSocketFrame 数据帧
CloseWebSocketFrame	表示一个结束请求，数据帧中包含结束的状态和结束的原因，此帧属于控制帧
ContinuationWebSocketFrame	当发送的内容多于一个数据帧时，消息将被拆分为多个 WebSocketFrame 数据帧发送，而此类型的数据帧专用于发送剩余的内容。ContinuationWebSocketFrame 可以发送后续的文本或者二进制数据帧
PingWebSocketFrame	Ping 和 Pong 是 WebSocket 通信中的心跳帧，用来保证客户端是在线的,一般来说只有服务端给客户端发送 Ping，然后客户端发送 Pong 来回应，表明自己仍然在线。PingWebSocketFrame 属于控制帧，其对应的协议报文中的操作码 opcode 值为 0x9
PongWebSocketFrame	此帧是对 PingWebSocketFrame 请求的响应帧，也属于控制帧，其对应的协议报文中的操作码 opcode 值为 0xA

与服务端 WebSocket 通信相关的 Netty 内置 Handler 处理器如表 11-2 所示。

表11-2 与服务端WebSocket相关的Netty内置Handler处理器

处理器名称	功能
WebSocketServerProtocolHandler	负责协议开始升级时的请求处理，也就是开启握手处理。另外，在协议升级握手完成后的 WebSocket 通信过程中，此处理器还负责对 WebSocket 协议的 3 个控制帧 Close、Ping、Pong 进行处理
WebSocketServerProtocolHandshakeHandler	此处理器负责进行协议升级握手处理；在握手完成后，此处理器会触发 HANDSHAKE_COMPLETE 用户事件，表示握手完成
WebSocketFrameEncoder	WebSocketFrame 数据帧编码器负责 WebSocket 数据帧编码。在握手时，针对不同的 WebSocket 协议版本，握手处理器会在流水线上装配对应的编码器子类
WebSocketFrameDecoder	WebSocketFrame 数据帧解码器负责 WebSocket 数据帧解码。在握手时，针对不同的 WebSocket 协议版本，握手处理器会在流水线上装配对应的解码器子类

以上 4 个内置处理器中，WebSocketServerProtocolHandler 是非常关键的处理器，负责开始升级握手和控制帧的处理，可以理解为握手处理器。握手完成后，双方的通信协议会从 HTTP 升级到 WebSocket，旧的 HTTP 处理器会被该握手处理器替换掉，新的与 WebSocket 协议相关的解码器会被成功地添加到流水线上。

以 WebSocket 回显演示程序为例，在协议升级之前，通道 Pipeline 流水线的状态如图 11-4 所示。

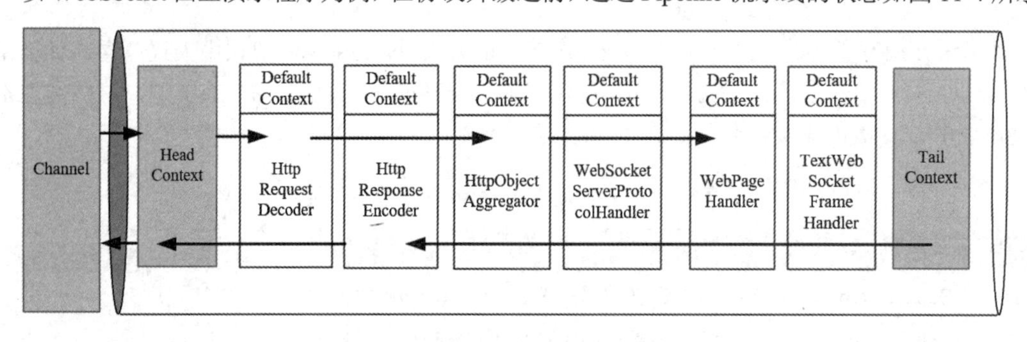

图 11-4 WebSocket 协议升级之前的通道 Pipeline 流水线

在握手升级的过程中，握手处理器 WebSocketServerProtocolHandshakeHandler 会被加入 Pipeline 流水线上，负责进行协议的升级握手。握手完成之后，握手处理器会将解码器 HttpRequestDecoder 替换为 WebSocketFrameDecoder 对应 WebSocket 版本的子类实例，也会将编码器 HttpResponseEncoder 替换为 WebSocketFrameEncoder 对应版本的子类实例。

为了最大化地提高性能，在业务处理器中，用户程序也可以通过监听 WebSocket 的握手完成事件，将后续 WebSocket 通信过程中不需要用到的处理器移除，比如本演示实例中的网页处理器 WebPageHandler，该处理器在 WebSocket 握手之前需要用到，在完成了 WebSocket 握手之后，就不再需要了。

以 WebSocket 回显演示程序为例，在握手完成协议升级之后，通道 Pipeline 流水线的状态如图 11-5 所示。

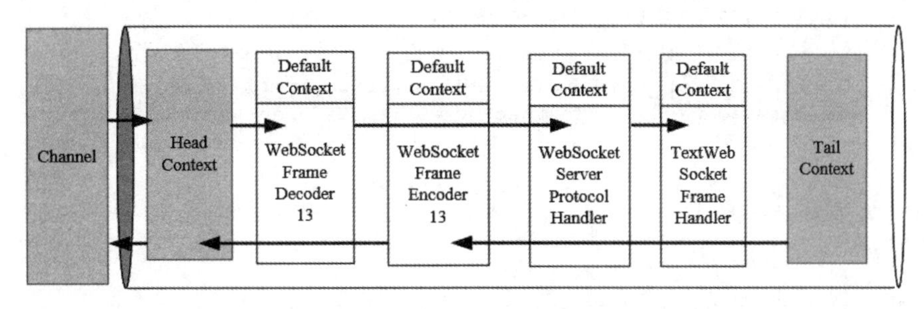

图 11-5 WebSocket 协议升级之后的通道 Pipeline 流水线

WebSocket 的解码器 WebSocketFrameDecoder 和编码器 WebSocketFrameEncoder 有多个版本，具体使用哪个版本是由握手处理过程中服务端根据客户端在握手请求中所发送的支持 WebSocket 协议的版本确定的。例如，在演示程序的执行过程中，客户端发送的协议版本是 13，则服务端使用 WebSocketFrameEncoder13 和 WebSocketFrameDecoder13 这组编解码器。

目前 Netty 4.1 版本可以处理的 WebSocket 协议版本包括 00、07、08、13 四种，每种版本都有配套的编码器、解码器、握手处理类。在协议升级的时候，Netty 会根据握手请求的 Sec-WebSocket-Version 头部的协议版本值来决定使用哪个版本的 WebSocket 协议。比如 Sec-WebSocket-Version 头部的版本值为 13，则装配到流水线的 WebSocket 编解码器分别为 WebSocketFrameEncoder13 和 WebSocketFrameDecoder13。

说明 Sec-WebSocket-Version 头部是 WebSocket 协议的一个重要的请求头，有关 WebSocket 协议的内容，请查看稍后的章节。

11.2.3 WebSocket 回显服务器

WebSocket 回显服务器的代码大致如下：

```
package com.crazymakercircle.netty.Websocket;
//省略 import
@Slf4j
public final class WebSocketEchoServer
{
    //流水线装配器
    static class EchoInitializer extends
                                    ChannelInitializer<SocketChannel>       {
        @Override
        public void initChannel(SocketChannel ch)
        {
            ChannelPipeline pipeline = ch.pipeline();
            //HTTP 请求解码器
            pipeline.addLast(new HttpRequestDecoder());
            //HTTP 响应编码器
            pipeline.addLast(new HttpResponseEncoder());
            // HttpObjectAggregator 将 HTTP 消息的多个部分合成一条完整的 HTTP 消息
            pipeline.addLast(new HttpObjectAggregator(65535));
            //WebSocket 协议处理器，配置 WebSocket 的监听 URI、协议包长度限制
            pipeline.addLast(
```

```
                    new WebSocketServerProtocolHandler("/ws", "echo",
                                                        true, 10 * 1024));
            //增加网页的处理逻辑
            pipeline.addLast(new WebPageHandler());

            //TextWebSocketFrameHandler 是自定义 WebSocket 业务处理器
            pipeline.addLast(new TextWebSocketFrameHandler());
        }
    }

    /**
     * 启动
     */
    public static void start(String ip) throws Exception
    {
        //创建连接监听 reactor 轮询组
        EventLoopGroup bossGroup = new NioEventLoopGroup(1);
        //创建连接处理 reactor 轮询组
        EventLoopGroup workerGroup = new NioEventLoopGroup();
        try
        {
            //服务端启动引导实例
            ServerBootstrap b = new ServerBootstrap();
            b.group(bossGroup, workerGroup)
                    .channel(NioServerSocketChannel.class)
                    .handler(new LoggingHandler(LogLevel.DEBUG))
                    .childHandler(new EchoInitializer());

            //监听端口，返回同步通道
            Channel ch = b.bind(18899).sync().channel();
            log.info("WebSocket 服务已经启动 http://{}:{}/",ip,18899);
            ch.closeFuture().sync();
        } finally
        {
            bossGroup.shutdownGracefully();
            workerGroup.shutdownGracefully();
        }
    }
}
```

以上演示程序构造了一个 Netty 内置的握手处理器 WebSocketServerProtocolHandler 实例，并且为握手处理器实例设置了 WebSocket 的 URL 和子协议，以及最大的 WebSocket 传输帧的大小。当客户端通过 HTTP 对握手处理器配置的 URL 和子协议发起请求时，服务端开始 WebSocket 的握手处理和协议升级。

在上面的代码中，演示程序所设置的 WebSocket 服务监听的 URL 为/ws，子协议为 echo。这就要求客户端在发起 WebSocket 连接时，需要使用同样的 URL 和子协议，否则会连接失败。所以，当服务端收到客户端的 URL 为/ws、子协议为 echo 的 HTTP 请求时，握手处理器 WebSocketServerProtocolHandler 将启动协议升级机制，着手将 HTTP 升级为 WebSocket 协议，握手完成之后，双方正式进入 WebSocket 双向通信阶段。

11.2.4 WebSocket 业务处理器

在握手处理之前，握手处理器 WebSocketServerProtocolHandshakeHandler 会被加入 Pipeline 流水线上，负责升级握手。握手完成之后，会触发 HANDSHAKE_COMPLETE 握手完成事件，该事件可以被业务处理器监听和处理。

WebSocket 回显服务器的业务处理器为 TextWebSocketFrameHandler，在监听到握手完成事件之后，将 WebSocket 通信中不需要的 WebPageHandler 网页处理器移除掉。

演示程序的业务处理器 TextWebSocketFrameHandler 的代码如下：

```
package com.crazymakercircle.netty.Websocket;
//省略 import
@Slf4j
public class TextWebSocketFrameHandler extends
                                SimpleChannelInboundHandler<WebSocketFrame>
{
    @Override
    protected void channelRead0(ChannelHandlerContext ctx,
                                    WebSocketFrame frame) throws Exception
    {
        //Ping 和 Pong 帧已经被前面的 WebSocketServerProtocolHandler 处理器处理过了
        if (frame instanceof TextWebSocketFrame)
        {
            //取得 WebSocket 的通信内容
            String request = ((TextWebSocketFrame) frame).text();
            log.debug("服务端收到: " + request);
            //回显字符串
            String echo = Dateutil.getTime() + ": " + request;

          //构造 TextWebSocketFrame 文本帧，用于回复
            TextWebSocketFrame echoFrame = new TextWebSocketFrame(echo);
            //发送回显字符串
            ctx.channel().writeAndFlush(echoFrame);
        } else
        {
            //如果不是文本消息，则抛出异常
            //本演示不支持二进制消息
            String message = "unsupported frame type: " +
                                            frame.getClass().getName();
            throw new UnsupportedOperationException(message);
        }
    }

     //处理用户事件
    @Override
    public void userEventTriggered(ChannelHandlerContext ctx,
                                            Object evt) throws Exception
    {
        //判断是否为握手成功事件，该事件表明通信协议已经升级为 WebSocket 协议
        if (evt instanceof
                        WebSocketServerProtocolHandler.HandshakeComplete)
        {
            //握手成功，移除 WebPageHandler，因此将不会接收到任何 HTTP 请求
            ctx.pipeline().remove(WebPageHandler.class);
            log.debug("WebSocket HandshakeComplete 握手成功");
            log.debug("新的 WebSocket 客户端加入，通道为: " + ctx.channel());
        } else
        {
            super.userEventTriggered(ctx, evt);
        }
    }
}
```

当和客户端的 WebSocket 握手成功完成之后，流水线上的握手处理器实例会触发一个 WebSocketServerProtocolHandler.HandshakeComplete 事件，在业务处理器中可以进行监听。监听到该事件之后，业务处理器可以通过 instanceof 运算符进行判断，如果接收到的事件为握手完成事件，说明通信协议已经完成从 HTTP 到 WebSocket 的升级，接下来双方开始 WebSocket 的通信，HTTP 的请求将不再被服务端处理。

客户端发送过来的 WebSocket 数据帧在解码后，会被 TextWebSocketFrameHandler（自定义的业务处理器）的 channelRead0()方法读取到。在该方法中，程序将对 WebSocket 数据帧进行判断，如果接收到的是 TextWebSocketFrame 数据帧，则通过其 text()方法取得数据帧中的文本内容，然后构建一个新的 TextWebSocketFrame 文本帧，并写回客户端。

由于 Netty 的 WebSocketServerProtocolHandler 协议处理器已经帮助处理诸如升级握手、Close、Ping、Pong 控制帧等基础性工作，只有 Text 和 Binary 两种消息数据帧会被发送到其后面的业务处理器，因此业务处理可以不用理会 Close、Ping、Pong 等这些控制帧，这样也简化了业务处理器的处理逻辑。

Netty 在进行 WebSocket 解码时，WebSocketFrameDecoder13 解码处理器会通过请求数据帧中的 Opcode 标志来判断读取的数据帧是 Text 文本类型，还是 Binary 二进制类型，然后相对应地解析成文本 TextWebSocketFrame 帧实例或二进制 BinaryWebSocketFrame 帧实例，再发送给流水线后面的业务处理器。

数据帧的类型包含在 WebSocket 数据帧的操作码 Opcode 中，一个 WebSocket 请求数据帧抓包示意图大致如图 11-6 所示。

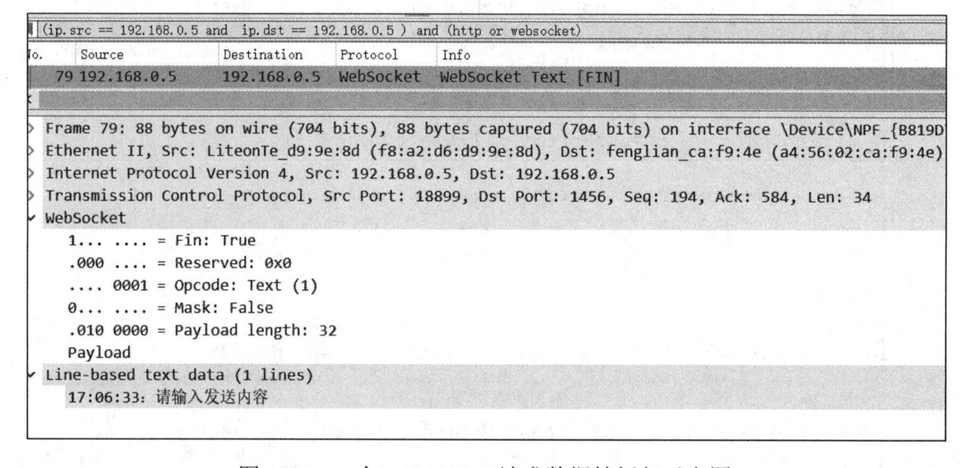

图 11-6　一个 WebSocket 请求数据帧抓包示意图

11.3　WebSocket 协议通信的原理

接下来结合 WebSocket 协议的通信数据包，为读者介绍 WebSocket 协议通信的原理。

11.3.1 抓取 WebSocket 协议的本机数据包

WebSocket 回显演示程序的用例在本地开发机器（localhost）执行，而浏览器发出的 WebSocket 请求也是发向本地 localhost 或者 127.0.01。默认情况下，WireShark 是抓取不到通信报文的，需要进行特殊的设置才可以。具体的抓包准备请参考测试用例中的注释说明。WebSocket 回显演示程序的测试用例代码如下：

```
package com.crazymakercircle.NettyTest;
    //省略 import
    /**
     * WebSocket 回显服务器的测试用例
     **/
    @Slf4j
    public class WebSocketEchoTester
    {
        @Test
        public void startServer() throws Exception
        {
            //抓包说明：由于 WireShark 只能抓取经过所监控的网卡的数据包
            //因此请求到 localhost 的本地包，默认是不能抓取到的
            //如果要抓取本地的调试包，则需要通过 route 指令增加服务器 IP 的路由表项配置
            //只有这样，发往本地 localhost 的报文才会经过路由网关所绑定的网卡
            //从而，发往 localhost 的本地包就能被抓包工具从监控网卡抓取到
            //具体的办法是通过增加路由表项完成，其命令为 route add，下面是一个例子
            //route add 192.168.0.5 mask 255.255.255.255 192.168.0.1
            //以上命令表示：目标为 192.168.0.5 报文，经过 192.168.0.1 网关绑定的网卡
            //该路由项在使用完毕后，建议删除，其删除指令如下
            //route delete 192.168.0.5 mask 255.255.255.255 192.168.0.1 删除
            //如果没有删除，则所有本机报文都经过网卡到达路由器
            //然后，绕一圈后回来，会很耗性能
            //不过，如果该路由表项并没有保存，会在计算机重启后失效
            //注意：以上用到的本地 IP 和网关 IP 需要结合自己的计算机网卡和网关去更改

            //启动 WebSocket 回显服务器
            WebSocketEchoServer.start("192.168.0.5");
        }
    }
```

在抓包准备工作完成之后，启动 WireShark 抓包工具，监控通信网卡。准备工作完成之后，可以通过以上测试用例去启动 WebSocket 回显服务端程序，然后在浏览器打开回显服务的客户端网页，通过该网页对服务器发起 WebSocket 连接。

11.3.2 WebSocket 握手过程

前面讲到，WebSocket 是基于 HTTP 来完成握手和协议升级的。通过 WireShark 抓包工具抓取数据包，可以清晰地看到这一点。通过 WireShark 抓包工具抓取到的 WebSocket 回显演示程序的数据帧大致如图 11-7 所示。

*WLAN

文件(F) 编辑(E) 视图(V) 跳转(G) 捕获(C) 分析(A) 统计(S) 电话(Y) 无线(W) 工具(T) 帮助(H)

(ip.src == 192.168.0.5 and ip.dst == 192.168.0.5) and (http or websocket)

No.	Source	Destination	Protocol	Info
35	192.168.0.5	192.168.0.5	HTTP	GET / HTTP/1.1
41	192.168.0.5	192.168.0.5	HTTP	HTTP/1.1 200 OK (text/html)
73	192.168.0.5	192.168.0.5	HTTP	GET /favicon.ico HTTP/1.1
79	192.168.0.5	192.168.0.5	HTTP	HTTP/1.1 200 OK (text/html)
83	192.168.0.5	192.168.0.5	HTTP	GET /ws HTTP/1.1
92	192.168.0.5	192.168.0.5	HTTP	HTTP/1.1 101 Switching Protocols
1…	192.168.0.5	192.168.0.5	WebSocket	WebSocket Text [FIN] [MASKED]
1…	192.168.0.5	192.168.0.5	WebSocket	WebSocket Text [FIN]
1…	192.168.0.5	192.168.0.5	WebSocket	WebSocket Text [FIN] [MASKED]
1…	192.168.0.5	192.168.0.5	WebSocket	WebSocket Text [FIN]
1…	192.168.0.5	192.168.0.5	WebSocket	WebSocket Text [FIN] [MASKED]
1…	192.168.0.5	192.168.0.5	WebSocket	WebSocket Text [FIN]
1…	192.168.0.5	192.168.0.5	WebSocket	WebSocket Text [FIN] [MASKED]
1…	192.168.0.5	192.168.0.5	WebSocket	WebSocket Text [FIN]
1…	192.168.0.5	192.168.0.5	WebSocket	WebSocket Text [FIN] [MASKED]
1…	192.168.0.5	192.168.0.5	WebSocket	WebSocket Text [FIN]

图 11-7 WebSocket 回显演示程序通信数据帧列表

WebSocket 是应用层协议，是 TCP/IP 的子集，该协议是通过 HTTP 1.1 的 101 状态码完成握手的。也就是说，WebSocket 协议的建立需要先借助 HTTP，在服务器返回 101 状态码之后，才可以进行 WebSocket 全双工的双向通信，协议切换（或者升级）之后的通信与 HTTP 没有任何关系。

客户端创建 WebSocket 连接的握手请求是通过 HTTP 完成的。具体来说，客户端发起握手时，需要向服务端 WebSocket 的监控 URL（本节的 Echo 演示程序该 URL 为/ws）发送 GET 请求，其握手请求报文如图 11-8 所示。

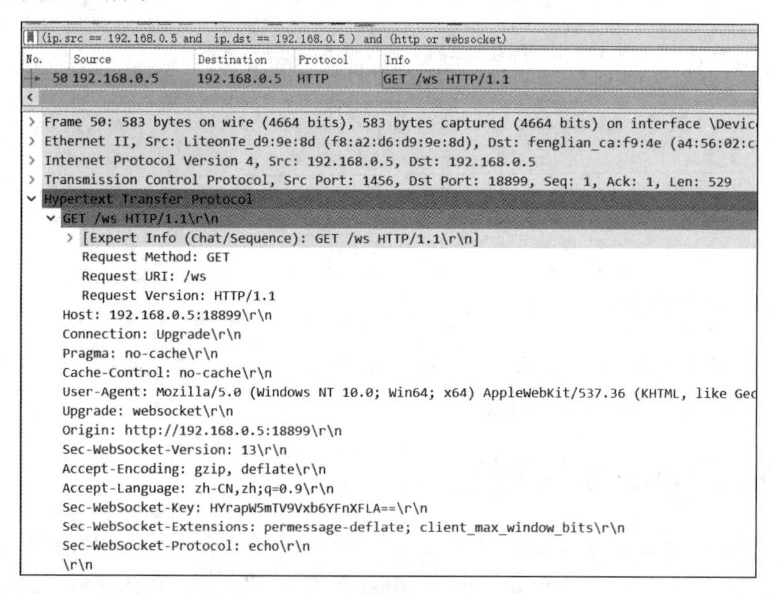

图 11-8 客户端创建 WebSocket 连接的 HTTP 握手请求报文

可以发现，以上报文和一个一般的 HTTP 报文没什么区别。但是，根据 WebSocket 协议规范，创建 WebSocket 连接的握手请求必须是一个 HTTP 请求，请求的方法必须是 GET，并且 HTTP 版本不可以低于 1.1。

握手请求 HTTP 报文需要携带一些 WebSocket 协议规范约定的请求头，主要有如下几个：

（1）Sec-WebSocket-Key 请求头：该请求头的值是一个 Base64 编码的值，这是客户端浏览器随机生成的，服务端从请求（HTTP 的请求头）信息中提取 Sec-WebSocket-Key，服务端会对此值进行加密，之后会将加密结果响应给客户端。WebSocket 协议规范约定，握手报文必须包含 Sec-WebSocket-Key 请求头。

（2）Upgrade 请求头：WebSocket 协议规范约定，握手请求报文必须包含 Upgrade 请求头，并且此请求头的值必须包含"WebSocket"。

（3）Connection 请求头：WebSocket 协议规范约定，握手报文必须包含 Connection 请求头，并且此请求头的值必须包含"Upgrade"。

（4）Sec-WebSocket-Version 请求头：WebSocket 协议规范约定，握手报文必须包含 Sec-WebSocket-Version 请求头，其值若为 13，表示客户端支持 WebSocket 的协议版本号为 13，该版本为目前最为常用的协议版本，其余版本号包括 00、07、08 等。

（5）Sec-WebSocket-Protocol 请求头：Sec-WebSocket-Protocol 表示通信使用的子协议，这属于用户自定义的协议名称，只要与服务端的子协议名称保持一致即可，否则会握手失败。

其他的握手请求 HTTP 报文头部字段大部分与 HTTP 头部字段含义相同，具体可以参见 WebSocket 标准规范 RFC6455，这里不再赘述。

服务端在收到客户端的 URL 为/ws、子协议为 echo 的握手请求后，握手处理器 WebSocketServerProtocolHandler 将启动服务端升级握手的机制，进行握手检查，如果客户端能够满足 WebSocket 通信的要求，握手处理器会向客户端发送转换协议（Switching Protocols）HTTP 响应报文，具体如图 11-9 所示。

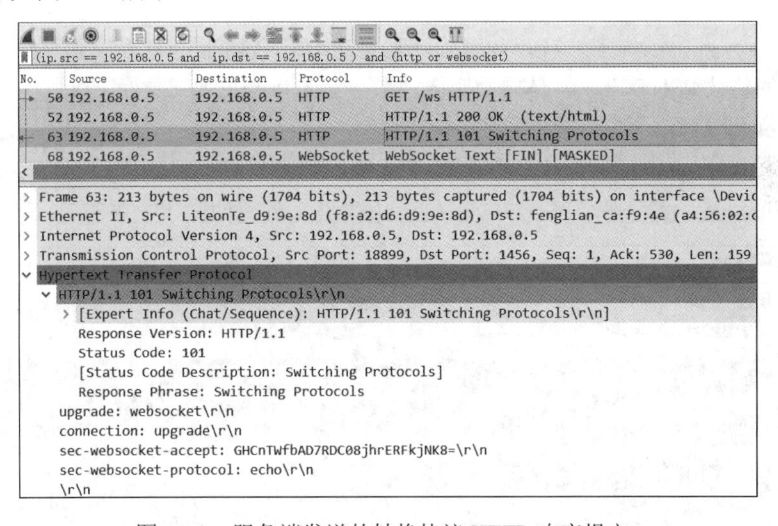

图 11-9　服务端发送的转换协议 HTTP 响应报文

首先，该响应报文的响应状态码为 101，表示服务端同意客户端协议升级请求，并将协议从 HTTP 转换为 WebSocket。

响应报文中所涉及的比较重要的响应头包含如下几项：

（1）Upgrade 响应头：响应报文中 Upgrade 头值为 WebSocket，服务端通过该头告诉客户端即将升级的通信协议是 WebSocket 协议，而不是其他的协议。

（2）Sec-WebSocket-Accept 响应头：服务端通过 Sec-WebSocket-Accept 响应头去确认客户端的 Sec-WebSocket-Key，该响应头的值为加密过后的、客户端握手请求中的 Sec-WebSocket-Key 值。

客户端收到报文后，会对该值进行校验，只有当握手请求的 Sec-WebSocket-Key 值经过固定算法加密后的结果和响应头中的 Sec-WebSocket-Accept 的值保持一致，该连接才会被认可建立。

（3）Sec-WebSocket-Protocol 请求头：Sec-WebSocket-Protocol 表示最终使用的子协议，这属于应用程序的自定义协议。

总体来说，WebSocket 服务端的响应报文与普通 Web 服务的 HTTP 响应报文有以下几点不同：

（1）该报文的响应码为 101。

（2）响应头 Upgrade 和 Connection 头与值都是 WebSocket 协议规定好的。

（3）响应头 Sec-WebSocket-Accept 与 Sec-WebSocket-Key 请求头是成对使用的，用于进行安全性校验。

客户端收到服务端响应之后，如果校验通过，则握手成功，WebSocket 连接建立，双向通信便可以开始了。

说明 以上握手报文的头部字段在 IETF 所发布的 WebSocket 标准规范 RFC6455 中有更加详细的定义，具体可以参考标准规范。

11.3.3 WebSocket 通信报文格式

在 WebSocket 握手过程中，客户端首先发起一个 HTTP 请求，服务端会有一个 HTTP 响应，握手过程使用的协议是 HTTP。但是握手完成之后，客户端与服务端之间的通信不再使用 HTTP，而是 WebSocket 协议。

具体来说，WebSocket 协议还是基于 TCP 传输层的协议，也属于应用层协议，所以也可以通过抓包工具 WireShark 抓取到，一个 WebSocket 通信报文截图如图 11-10 所示。

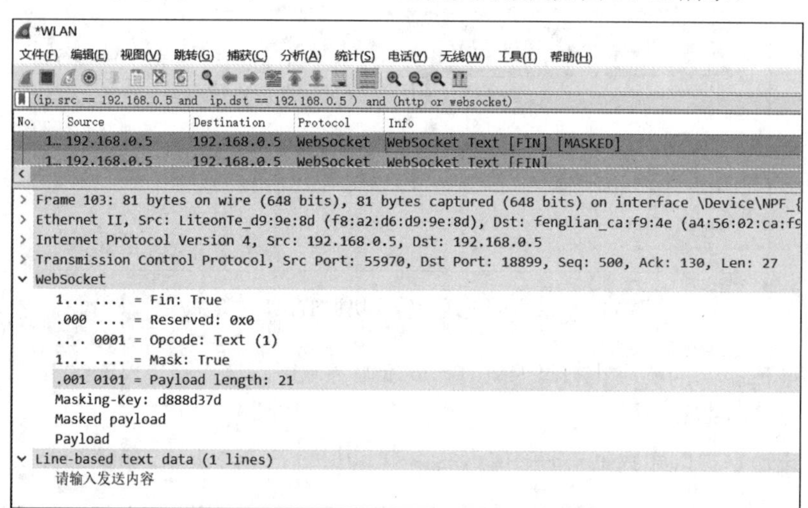

图 11-10 WebSocket 通信报文截图

WebSocket 协议的通信报文是二进制格式的，大致包含以下字段：

（1）FIN：占用一位。如果其值是 1（抓包工具显示为 true），则表示该帧是消息的最后一个数据帧；如果其值是 0（抓包工具显示为 false），则表示该帧不是消息的最后一个数据帧。

（2）opcode：WebSocket 帧的操作码，占用 4 位。操作码 opcode 的值决定了应该如何解析后续的数据载荷（Data Payload）。如果操作码是不认识的，那么接收端应该断开连接。WebSocket 协议的操作码取值说明如表 11-3 所示。

表11-3 WebSocket协议操作码的取值说明

操作码	码值含义
0x0	表示一个延续帧。当 opcode 为 0 时，表示本次数据传输采用了多个数据分片，当前收到的数据帧为其中一个数据分片
0x01	表示这是一个文本帧
0x02	表示这是一个二进制帧
0x03-07	保留的操作代码，用于后续定义的非控制帧
0x08	表示连接断开的控制帧
0x09	表示这是一个 Ping 操作，是心跳控制帧之一
0x0A	表示这是一个 Pong 操作，是心跳控制帧之一，是 Ping 的响应帧
0xB-F	保留的操作代码，用于后续定义的控制帧

WebSocket 控制帧有 3 种：Close、Ping 以及 Pong。控制帧的 opcode 操作码定义为 0x08（关闭帧）、0x09（Ping 帧）、0x0A（Pong 帧）。Close 帧很容易理解，客户端如果接收到关闭帧，就关闭连接；当然，客户端也可以发送关闭帧给服务端，服务端收到该帧之后也会关闭连接。

Ping 和 Pong 是 WebSocket 的心跳帧，用来保证客户端维持正常在线状态。WebSocket 为了保持客户端、服务端的实时双向通信，需要确保客户端和服务端之间的 TCP 通道保持连接没有断开。然而，对于长时间没有数据往来的连接，如果依旧保持着双向连接，则可能会浪费服务端的连接资源，所以需要关闭这些长时间空闲的连接。

有一些场景需要保持那些长时间空闲的连接，这时可以采用 Ping 和 Pong 两个心跳帧来完成。一般来说只有服务端给客户端发送 Ping，然后客户端发送 Pong 来回应，表明自己仍然在线。

（3）Mask：一位（值为 1 时抓包工具会显示为 true），表示是否要对数据载荷进行掩码操作。从客户端向服务端发送数据时，需要对数据进行掩码操作；从服务端向客户端发送数据时，不需要对数据进行掩码操作。如果服务端接收到的数据没有进行掩码操作，服务器需要断开连接。所有的客户端发送到服务端的数据帧，Mask 值都是 1。

（4）Masking-Key：掩码键，如果 Mask 值为 1，则需要用这个掩码键来对数据进行反掩码，才能获取到真实的通信数据。为了避免被网络代理服务器误认为是 HTTP 请求，从而招致代理服务器被恶意脚本的攻击，WebSocket 客户端必须掩码所有送给服务器的数据帧。

客户端必须为发送的每一个数据帧选择新的不同掩码值，并要求这个掩码值是无序的、无法预测的。在掩码算法的选择上，为了保证随机性，可以借助密码学中的随机数生成器生成每一个新掩码值。

（5）Payload Length：通信报文中数据载荷的长度。

（6）Payload：通信报文中数据帧的有效数据载荷，也就是真正的通信消息内容。

说明 以上 WebSocket 通信报文字段在 IETF 所发布的 WebSocket 标准规范 RFC6455 中有更加详细的定义和说明，具体可以参考标准规范。

在掌握了 WebSocket Echo 回显服务器的开发之后，可以开启下一个进阶实验：参考“疯狂创客圈”的 Netty+WebSocket 开源项目，完成一个具备在线聊天、在线推送功能的综合性的 WebSocket 实战练习。有关该开源项目的实战交流，具体可以参见“疯狂创客圈”社群博客。

第 12 章 SSL/TLS 核心原理与实战

在 HTTP 中，信息是明文传输的，因此为了通信安全，就有了 HTTPS（Hyper Text Transfer Protocol over Secure Socket Layer）。HTTPS 也是一种超文本传送协议，在 HTTP 的基础上加入了 SSL/TLS 协议，SSL/TLS 依靠证书来验证服务端的身份，并为浏览器和服务端之间的通信加密。

HTTPS 是一种通过计算机网络进行安全通信的传输协议，使用 HTTP 进行通信，借助 SSL/TLS 建立安全通道和加密数据包。使用 HTTPS 的主要目的是提供对网站服务端的身份认证，同时保护交换数据的隐私与完整性。

TLS 是传输层加密协议，前身是 SSL 协议，由网景公司于 1995 年发布，有时候 TLS 和 SSL 两者不做太多区分。

12.1 什么是 SSL/TLS

SSL（Secure Sockets Layer，安全套接层）是 1994 年由网景公司为 Netscape Navigator 浏览器设计和研发的安全传输技术。Netscape Navigator 浏览器是著名的浏览器 Firefox（是继 Chrome 和 Safari 之后最受欢迎的浏览器）的前身。

12.1.1 SSL/TLS 协议的版本演进

TCP 是传输层的协议，但是它是明文传输的，是不安全的，所以 SSL 的诞生给 TCP 加了一层保险，为 TCP 通信提供安全及数据完整性保护。TLS（Transport Layer Security，传输层安全协议）只是 SSL 的升级版，它们的作用是一样的。TLS 由两层组成：TLS 记录协议（Record）和 TLS 握手协议（Handshake），TLS 协议是更新、更安全的 SSL 协议版本。

SSL/TLS 可以理解为安全传输层协议的不同发展阶段的版本。1999 年，SSL 应用广泛，已经成为互联网上的事实标准。IETF（The Internet Engineering Task Force，国际互联网工程任务组）在 1999 年把 SSL 标准化。完成标准化之后，SSL 被改为 TLS。

SSL/TLS 位于应用层和传输层之间，除了 HTTP 外，它可以为任何基于 TCP 传输层的应用层协议（如 WebSocket 协议）提供安全性保证。

理论上，SSL/TLS 协议属于传输层。从理论模型的维度来说，该协议在 TCP/IP 协议栈的分层结构中所处的层次位置大致如图 12-1 所示。但是，在具体的编码实现上，SSL/TLS 协议属于应用层。从实现的维度来说，该协议在 TCP/IP 协议栈的分层结构中所处的层次位置大致如图 12-2 所示。

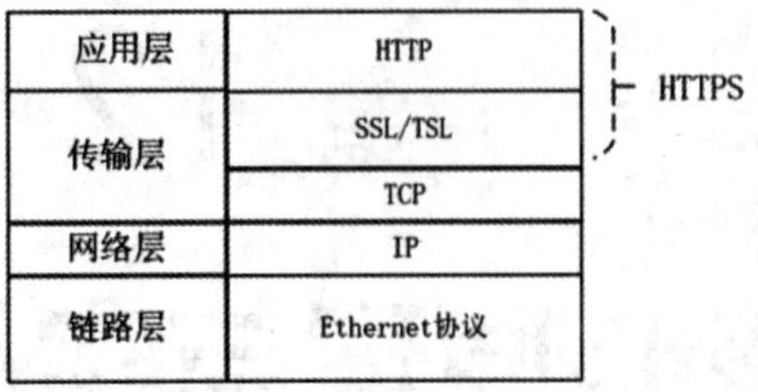

应用层	HTTP	HTTPS
传输层	SSL/TSL	HTTPS
传输层	TCP	
网络层	IP	
链路层	Ethernet协议	

图 12-1　理论上 SSL/TLS 协议所处的层次

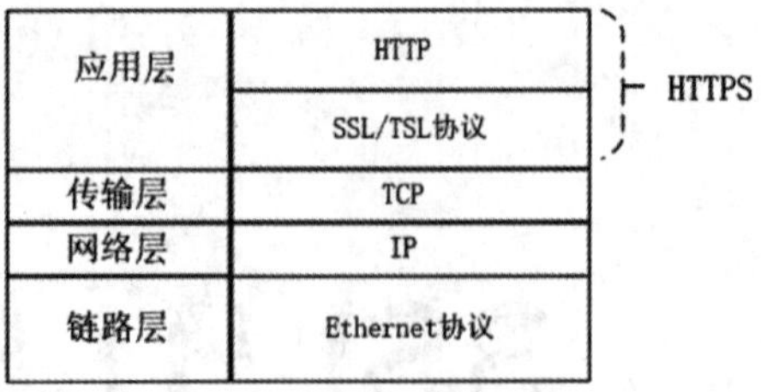

应用层	HTTP	HTTPS
应用层	SSL/TSL协议	HTTPS
传输层	TCP	
网络层	IP	
链路层	Ethernet协议	

图 12-2　实现维度的 SSL/TLS 协议的所处层次

综合起来可以表述为：理论上 SSL/TLS 协议属于传输层，却实现于应用层。

在客户端浏览器，目前应用最广泛的是 SSL 3.0、TLS 1.0（有时被标为 SSL 3.1）、TLS 1.1（有时被标为 SSL 3.2）、TLS 1.2（有时被标为 SSL 3.3）4 个版本的协议。比如，在 IE 浏览器上，用户可以设置是否使用 SSL/TLS 协议，还可以设置支持哪些版本的协议，具体如图 12-3 所示。

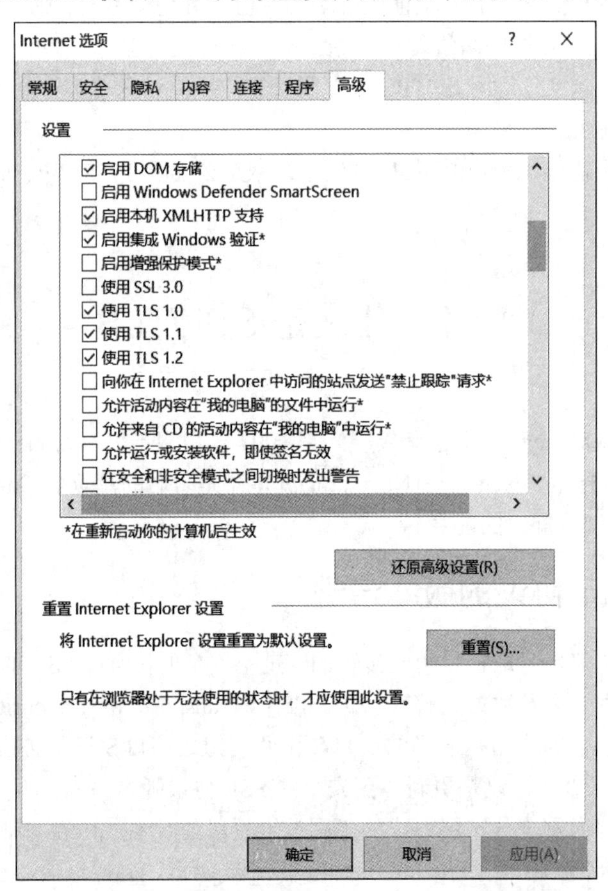

图 12-3　IE 浏览器的 SSL/TLS 协议设置

SSL/TLS 协议的版本演进过程如表 12-1 所示。

表12-1　SSL/TLS协议的版本演进

版　本	发布时间	说　明
SSL 1.0		1.0 版本存在严重的安全漏洞，未发布
SSL 2.0	1995 年	网景公司发布了 SSL 2.0 版本
SSL 3.0	1996 年	网景公司完全重新设计了 SSL 3.0 版本。作为历史文献，IETF 通过互联网标准 RFC6101 文件发表了 SSL 3.0 版本
TLS 1.0	1999 年	IETF 通过互联网标准 RFC2246 文件发表了 TLS 1.0，并将其命名为 TLS，TLS 1.0 与 SSL 3.0 的差异非常小
TLS 1.1	2006 年	IETF 通过互联网标准 RFC4346 文件发表了 TLS 1.2 版本
TLS 1.2	2008 年	IETF 通过互联网标准 RFC5246 文件发表了 TLS 1.2 版本
TLS 1.3	2018 年	IETF 通过互联网标准 RFC8446 文件发表了 TLS 1.3 版本

需要说明的是，每一次版本的演进升级，SSL/TLS 协议的安全性都增强了。

12.1.2　SSL/TLS 协议的分层结构

SSL/TLS 协议包括：握手协议（Handshake Protocol）、密码变化协议（Change Cipher Spec Protocol）、警告协议（Alert Protocol）、应用数据协议、记录协议（Record Protocol）。

（1）握手协议：是 SSL/TLS 协议非常重要的组成部分，用来协商通信过程中使用的加密套件（加密算法、密钥交换算法和 MAC 算法等），在服务端和客户端之间安全地交换密钥，实现服务端和客户端的身份验证。

（2）密码变化协议：客户端和服务端通过密码变化协议通知对端，随后的报文都将使用新协商的加密套件和密钥进行保护和传输。

（3）警告协议：用来向对端发送告警信息，消息中包含告警的严重级别和描述。

（4）应用数据协议：负责将 SSL/TLS 承载的应用数据传达给通信对端。

（5）记录协议：主要负责对上层的数据（SSL/TLS 握手协议、SSL/TLS 密码变化协议、SSL/TLS 警告协议和应用层协议报文）进行分块计算、添加 MAC 值、加密等处理，并把处理后的记录块传输给对端。

SSL/TLS 协议的分层结构如图 12-4 所示。

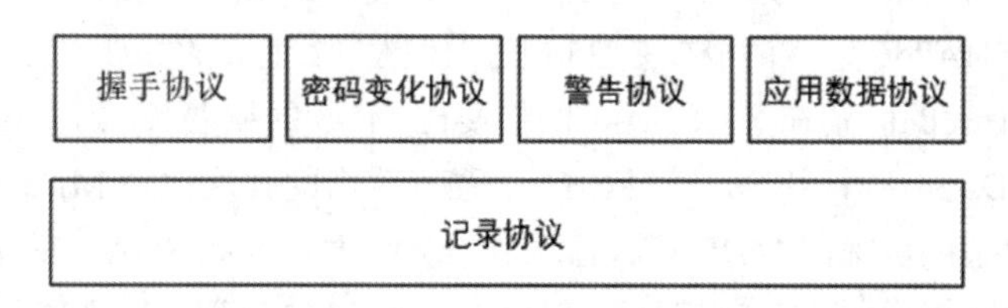

图 12-4　SSL/TLS 协议的分层结构

SSL/TLS 协议主要分为两层，上层是握手协议、密码变化协议、警告协议和应用数据协议，下层是记录协议，主要使用对称密码对消息进行加密。其中，握手协议是 SSL/TSL 通信最复杂的子协议，也是安全通信所涉及的第一个子协议。

12.2 加密算法原理与实战

为了理解 SSL/TLS 原理，读者需要掌握一些加密算法的基础知识。当然，这不是让读者成为密码学专家，所以只需对基础的加密算法有一些了解就行。基础的加密算法主要有哈希（Hash，或称为散列）、对称加密（Symmetric Cryptography）、非对称加密（Asymmetric Cryptography）、数字签名（Digital Signature）。

12.2.1 哈希单向加密算法原理与实战

哈希算法（或称为散列算法）比较简单，就是为待加密的任意大小的信息（如字符串）生成一个固定大小（比如通过 MD5 加密之后是 32 个字符）的字符串摘要。常用的哈希算法有 MD5、SHA1、SHA-512 等。哈希是不可逆的加密技术，一些数据通过散列一旦转换为其他形式，源数据将永远无法恢复。

在哪些场景下使用哈希加密呢？一般来说，在用户注册时，服务端保存用户密码的时候会将明文密码的哈希密码存储在数据库中，而不是直接存储用户的明文密码。当用户下次进行登录时，会对用户的登入密码（明文）使用相同的哈希算法进行处理，并将哈希结果与来自数据库的哈希密码进行匹配，如果是相同的，那么用户将登录成功，否则用户将登录失败。

哈希加密也称单向哈希加密，是通过对不同输入长度的信息进行哈希计算得到固定长度的输出，是单向、不可逆的。所以，即使保存用户密码的数据库被攻击，也不会造成用户密码泄漏。

最常见的哈希算法为 MD5（Message-Digest Algorithm 5，信息-摘要算法 5），也是计算机广泛使用的哈希算法之一。主流编程语言普遍都提供 MD5 实现，MD5 的前身有 MD2、MD3 和 MD4。

曾经，MD5 一度被广泛应用于安全领域。随着 MD5 的弱点被不断发现，以及计算机能力的不断提升，该算法不再适合当前的安全环境。目前，MD5 计算广泛应用于错误检查。例如在一些文件下载中，软件通过计算 MD5 检验所下载的文件的完整性。

MD5 将输入的不定长度信息经过程序流程生成 4 个 32 位数据，最后联合起来输出一个固定长度的 128 位的摘要，基本处理流程包括求余、取余、调整长度、与链接变量进行循环运算等，最终得出结果。

除了 MD5 外，Java 还提供了 SHA1、SHA256、SHA512 等散列摘要函数的实现。除了在算法上有些差异之外，这些散列函数的主要不同在于摘要长度，MD5 生成的摘要是 128 位，SHA1 生成的摘要是 160 位，SHA256 生成的摘要是 256 位，SHA512 生成的摘要是 512 位。

SHA-1 与 MD5 最大的区别在于：SHA-1 的摘要比 MD5 的摘要长 32 位（相当于长 4 字节，转换成十六进制后比 MD5 多 8 个字符）。对 SHA-1 强行攻击的强度比对 MD5 攻击的强度要大。但是 SHA-1 哈希过程的循环步骤比 MD5 多，且需要的缓存大，因此 SHA-1 的运行速度比 MD5 慢。

以下代码使用 Java 提供了 MD5、SHA1、SHA256、SHA512 等哈希摘要函数生成哈希摘要（哈希加密结果）并进行验证的案例：

```
package com.crazymakercircle.secure.crypto;
//省略 import
public class HashCrypto
{
    /**
```

```
 * 哈希单向加密测试用例
  */
public static String encrypt(String plain)
{
    StringBuffer md5Str = new StringBuffer(32);
    try
    {
        /**
         * MD5
         */
        // MessageDigest md = MessageDigest.getInstance("MD5");
        /**
         * SHA-1
         */
        // MessageDigest md = MessageDigest.getInstance("SHA-1");
        /**
         * SHA-256
         */
        // MessageDigest md = MessageDigest.getInstance("SHA-256");
        /**
         * SHA-512
         */
        MessageDigest md = MessageDigest.getInstance("SHA-512");

        String charset = "UTF-8";
        byte[] array = md.digest(plain.getBytes(charset));
        for (int i = 0; i < array.length; i++)
        {
            //转成十六进制字符串
            String hexString = Integer.toHexString(
                              (0x000000FF & array[i]) | 0xFFFFFF00);
            log.debug("hexString: {}, 第 6 位之后: {}",
                              hexString, hexString.substring(6));
            md5Str.append(hexString.substring(6));
        }
    } catch (Exception ex)
    {
        ex.printStackTrace();
    }
    return md5Str.toString();
}

public static void main(String[] args)
{
    //原始的明文字符串，也是需要加密的对象
    String plain = "123456";

    //使用散列函数加密
    String cryptoMessage = HashCrypto.encrypt(plain);
    log.info("cryptoMessage:{}", cryptoMessage);

    //验证
    String cryptoMessage2 = HashCrypto.encrypt(plain);
    log.info("验证 {},\n 是否一致: {}", cryptoMessage2,
                              cryptoMessage.equals(cryptoMessage2));

    //验证 2
    String plainOther = "654321";
    String cryptoMessage3 = HashCrypto.encrypt(plainOther);
    log.info("验证 {},\n 是否一致: {}", cryptoMessage3,
                              cryptoMessage.equals(cryptoMessage3));
```

```
    }
}
```

运行以上程序，部分结果大致如下：

```
10:38:12.740 [main] INFO HashCrypto - cryptoMessage:ba3253876.....
10:38:12.743 [main] INFO HashCrypto - 验证 ba3253876.....,
是否一致: true
10:38:12.747 [main] INFO HashCrypto - 验证 690437692d9.....,
是否一致: false
```

12.2.2 对称加密算法原理与实战

对称加密（Symmetric Cryptography）指的是客户端自己封装的一种加密算法，将给服务端发送的数据进行加密，并且将数据加密的方式即密钥发送给服务端，服务端收到密钥和数据，用密钥进行解密。

对称加密的典型处理流程大致如图 12-5 所示。

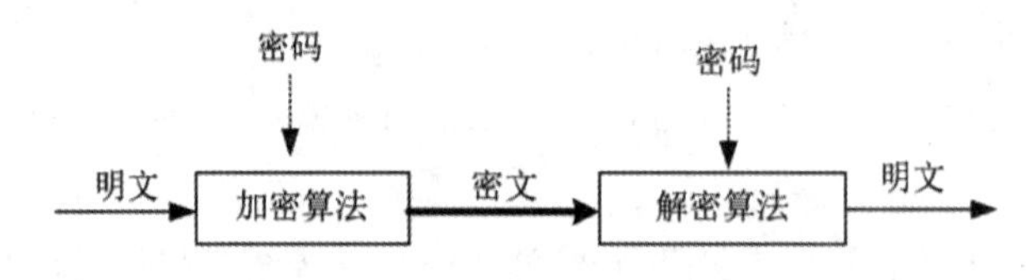

图 12-5 对称加密的典型处理流程

对称加密使用同一个密钥加密和解密，优点是速度快；但是它要求共享密钥，缺点是密钥管理不方便、容易泄漏。

常见的对称加密算法有 DES、AES 等。DES 加密算法出自 IBM 的数学研究，被美国政府正式采用之后开始广泛流传，但是近些年使用得越来越少，因为 DES 使用 56 位密钥，以现代的计算能力，24 小时内即可被破解。虽然如此，但是在对安全要求不高的应用中，还是可以使用 DES 加密算法。

下面是一段使用 Java 语言编写的进行 DES 加密的演示代码：

```
package com.crazymakercircle.secure.crypto;
//省略 import
public class DESCrypto
{
    /**
     * 对称加密
     */
    public static  byte[] encrypt(byte[] data, String password) {
        try{
            SecureRandom random = new SecureRandom();

          //使用密码创建一个密钥描述符
            DESKeySpec desKey = new DESKeySpec(password.getBytes());

            //创建一个密钥工厂，然后用它把 DESKeySpec 密钥描述符实例转换成密钥
            SecretKeyFactory keyFactory =
                                   SecretKeyFactory.getInstance("DES");

              //通过密钥工程生成密钥
```

```
            SecretKey secretKey = keyFactory.generateSecret(desKey);

            //Cipher 对象实际完成加密操作
            Cipher cipher = Cipher.getInstance("DES");
            //用密钥初始化 Cipher 对象
            cipher.init(Cipher.ENCRYPT_MODE, secretKey, random);
            //为数据执行加密操作
            return cipher.doFinal(data);
        }catch(Throwable e){
                e.printStackTrace();
        }
        return null;
    }
    /**
     * 对称解密
      */
    public static byte[] decrypt(byte[] cryptData,
                                 String password)...{

        //DES 算法要求有一个可信任的随机数据源
        SecureRandom random = new SecureRandom();
        //创建一个 DESKeySpec 密钥描述符对象
        DESKeySpec desKey = new DESKeySpec(password.getBytes());
        //创建一个密钥工厂
        SecretKeyFactory keyFactory =
                                        SecretKeyFactory.getInstance("DES");

        //将 DESKeySpec 对象转换成 SecretKey 对象
        SecretKey secretKey = keyFactory.generateSecret(desKey);
        //Cipher 对象实际完成解密操作
        Cipher cipher = Cipher.getInstance("DES");
        //用密钥初始化 Cipher 对象
        cipher.init(Cipher.DECRYPT_MODE, secretKey, random);
        //真正开始解密操作
        return cipher.doFinal(cryptData);
    }

    public static void main(String args[]) {
        //待加密内容
        String str = "123456";
        //密码，长度要是 8 的倍数
        String password = "12345678";

        byte[] result = DESCrypto.encrypt(str.getBytes(),password);
        log.info("str:{} 加密后：{}",str,new String(result));
        //直接将如上内容解密
        try {
            byte[] decryResult = DESCrypto.decrypt(result, password);
            log.info("解密后：{}",new String(decryResult));
        } catch (Exception e1) {
            e1.printStackTrace();
        }
    }
}
```

以上程序的运行结果非常简单，在这里不再赘述。需要注意的是，在 DES 加密和解密过程中，密钥长度必须是 8 的倍数。

12.2.3 非对称加密算法原理与实战

非对称加密算法（Asymmetric Cryptography）又称为公开密钥加密算法，需要两个密钥：一个称为公开密钥（公钥）；另一个称为私有密钥（私钥）。公钥与私钥需要配对使用，如果用公钥对数据加密，只有用对应的私钥才能解密；如果使用私钥对数据加密，那么需要用对应的公钥才能进行解密。由于加解密使用不同的密钥，因此这种算法为非对称加密算法。

非对称加密的典型处理流程大致如图 12-6 所示。

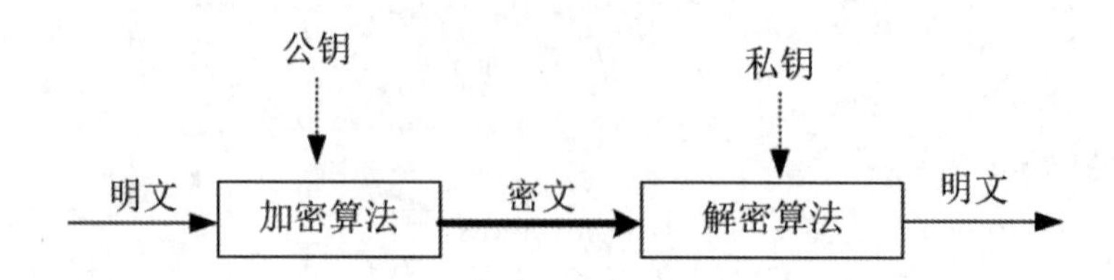

图 12-6 非对称加密的典型处理流程

非对称加密的优点是密钥管理很方便，缺点是速度慢。典型的非对称加密算法有 RSA、DSA 等。

下面是一段使用 Java 进行 RSA 加密的演示代码：

```
package com.crazymakercircle.secure.crypto;
//省略 import
/**
 * RSA 非对称加密算法
 */
@Slf4j
public class RSAEncrypt
{
    /**
     * 指定加密算法为 RSA
     */
    private static final String ALGORITHM = "RSA";
    /**
     * 常量，用来初始化密钥长度
     */
    private static final int KEY_SIZE = 1024;
    /**
     * 指定公钥存放文件
     */
    private static final String PUBLIC_KEY_FILE =
            SystemConfig.getKeystoreDir() + "/PublicKey";
    /**
     * 指定私钥存放文件
     */
    private static final String PRIVATE_KEY_FILE =
            SystemConfig.getKeystoreDir() + "/PrivateKey";

    /**
     * 生成密钥对
     */
    protected static void generateKeyPair() throws Exception
    {
```

```
    /**
     * 为RSA算法创建一个KeyPairGenerator对象
     */
    KeyPairGenerator keyPairGenerator =
                        KeyPairGenerator.getInstance(ALGORITHM);

    /**
     * 利用上面的密钥长度初始化这个KeyPairGenerator对象
     */
    keyPairGenerator.initialize(KEY_SIZE);

    /** 生成密钥对 */
    KeyPair keyPair = keyPairGenerator.generateKeyPair();

    /** 得到公钥 */
    PublicKey publicKey = keyPair.getPublic();

    /** 得到私钥 */
    PrivateKey privateKey = keyPair.getPrivate();

    ObjectOutputStream oos1 = null;
    ObjectOutputStream oos2 = null;
    try
    {
        log.info("生成公钥和私钥，并且写入对应的文件");

        File file = new File(PUBLIC_KEY_FILE);
        if (file.exists())
        {
            log.info("公钥和私钥已经生成，不需要重复生成，
                                          path:{}", PUBLIC_KEY_FILE);
            return;
        }
        /** 用对象流将生成的密钥写入文件 */
        log.info("PUBLIC_KEY_FILE 写入：{}", PUBLIC_KEY_FILE);
        oos1 = new ObjectOutputStream(
                        new FileOutputStream(PUBLIC_KEY_FILE));
        log.info("PRIVATE_KEY_FILE 写入：{}", PRIVATE_KEY_FILE);
        oos2 = new ObjectOutputStream(
                        new FileOutputStream(PRIVATE_KEY_FILE));
        oos1.writeObject(publicKey);
        oos2.writeObject(privateKey);
    } catch (Exception e)
    {
        throw e;
    } finally
    {
        /** 清空缓存，关闭文件输出流 */
       IOUtil.closeQuietly(oos1);
       IOUtil.closeQuietly(oos2);
    }
}
/**
 * 加密方法，使用公钥加密
 * @param plain 明文数据
 */
public static String encrypt(String plain) throws Exception
{
    //从文件加载公钥
    Key publicKey = loadPublicKey();
```

```
        /** 得到Cipher对象来实现对源数据的RSA加密 */
        Cipher cipher = Cipher.getInstance(ALGORITHM);
        cipher.init(Cipher.ENCRYPT_MODE, publicKey);
        byte[] b = plain.getBytes();
        /** 执行加密操作 */
        byte[] b1 = cipher.doFinal(b);
        BASE64Encoder encoder = new BASE64Encoder();
        return encoder.encode(b1);
    }

    /**
     * 从文件加载公钥
     */
    public static PublicKey loadPublicKey() throws Exception
    {
        PublicKey publicKey=null;
        ObjectInputStream ois = null;
        try
        {
            log.info("PUBLIC_KEY_FILE 读取: {}", PUBLIC_KEY_FILE);
            /** 读出文件中的公钥 */
            ois = new ObjectInputStream(
                                    new FileInputStream(PUBLIC_KEY_FILE));
            publicKey = (PublicKey) ois.readObject();
        } catch (Exception e)
        {
            throw e;
        } finally
        {
            IOUtil.closeQuietly(ois);
        }
        return publicKey;
    }

    // 方法: 对密文解密，使用私钥解密
    public static String decrypt(String crypto) throws Exception
    {
        PrivateKey privateKey = loadPrivateKey();

        /** 得到Cipher对象对已用公钥加密的数据进行RSA解密 */
        Cipher cipher = Cipher.getInstance(ALGORITHM);
        cipher.init(Cipher.DECRYPT_MODE, privateKey);
        BASE64Decoder decoder = new BASE64Decoder();
        byte[] b1 = decoder.decodeBuffer(crypto);

        /** 执行解密操作 */
        byte[] b = cipher.doFinal(b1);
        return new String(b);
    }

    /**
     * 从文件加载私钥
     * @throws Exception
     */
    public static PrivateKey loadPrivateKey() throws Exception
    {
        PrivateKey privateKey;
        ObjectInputStream ois = null;
        try
        {
            log.info("PRIVATE_KEY_FILE 读取: {}", PRIVATE_KEY_FILE);
```

```
            /** 读出文件中的私钥 */
            ois = new ObjectInputStream(
                                      new FileInputStream(PRIVATE_KEY_FILE));
            privateKey = (PrivateKey) ois.readObject();
        } catch (Exception e)
        {
            e.printStackTrace();
            throw e;
        } finally
        {
            IOUtil.closeQuietly(ois);
        }
        return privateKey;
    }

    public static void main(String[] args) throws Exception
    {
        //生成密钥对
        generateKeyPair();
        //待加密内容
        String plain = "疯狂创客圈 Java 高并发研习社群";

        //公钥加密
        String dest = encrypt(plain);
        log.info("{} 使用公钥加密后: \n{}", plain, dest);

        //私钥解密
        String decrypted = decrypt(dest);
        log.info(" 使用私钥解密后: \n{}", decrypted);
    }
}
```

执行以上 RSA 演示程序，运行的结果大致如下：

```
[main] INFO RSAEncrypt - 生成公钥和私钥，并且写入对应的文件
[main] INFO RSAEncrypt - PUBLIC_KEY_FILE 写入: F:/……… /PublicKey
[main] INFO RSAEncrypt - PRIVATE_KEY_FILE 写入: F:/……… /PrivateKey
[main] INFO RSAEncrypt - PUBLIC_KEY_FILE 读取: F:/……… /PublicKey
[main] INFO RSAEncrypt - 疯狂创客圈 Java 高并发研习社群 使用公钥加密后:
V1INyGwg97EvF1/xUT4x0rsrrkslzcm8ckvrxA1d8wTCR9rpElA69eRJTo+VCnOl4emJkK/urQb3WcwFiNLk
+PS5XnoVufV4IebH0FF5UjkOOkHEjTgvbqhTdNnY0pmLfhSmcoBSzif9Jgxez7hBIF7cJd7rsipbhSd1Dzr6iJI=
[main] INFO RSAEncrypt - PRIVATE_KEY_FILE 读取: F:/……… /PrivateKey
[main] INFO RSAEncrypt -  使用私钥解密后:
疯狂创客圈 Java 高并发研习社群
```

非对称加密算法包含两种密钥，其中的公钥本来是公开的，不需要像对称加密算法那样将私钥给对方，对方解密时使用公开的公钥即可，大大地提高了加密算法的安全性。退一步讲，即使不法之徒获知了非对称加密算法的公钥，甚至获知了加密算法的源码，只要没有获取公钥对应的私钥，也是无法进行解密的。

12.2.4　数字签名原理与实战

数字签名（Digital Signature）是确定消息的发送方身份的一种方案。在非对称加密算法中，发送方 A 通过接收方 B 的公钥将数据加密后的密文发送给接收方 B，B 利用私钥解密就得到了需要的数据。这里还存在一个问题，接收方 B 的公钥是公开的，接收方 B 收到的密文都是使用自己的

公钥加密的，那么如何检验发送方 A 的身份呢？

一种非常简单的检验发送方 A 身份的方法为：发送方 A 可以利用 A 自己的私钥进行消息加密，然后 B 再利用 A 的公钥来解密，由于私钥只有 A 知道，接收方只要解密成功，就可以确定消息来自 A 而不是其他的地方。

数字签名的原理就基于此，通常为了证明发送数据的真实性，利用发送方的私钥对待发送的数据生成数字签名。

数字签名的流程比较简单，具体地说，首先通过散列函数为待发数据生成较短的消息摘要，然后利用私钥加密该摘要，所得到的摘要密文基本上就是数字签名。发送方 A 将待发送数据以及数字签名一起发送给接收方 B，接收方 B 收到之后使用 A 的公钥校验数字签名，如果校验成功，则说明内容来自发送方 A，否则为非法内容。

数字签名的大致流程如图 12-7 所示。

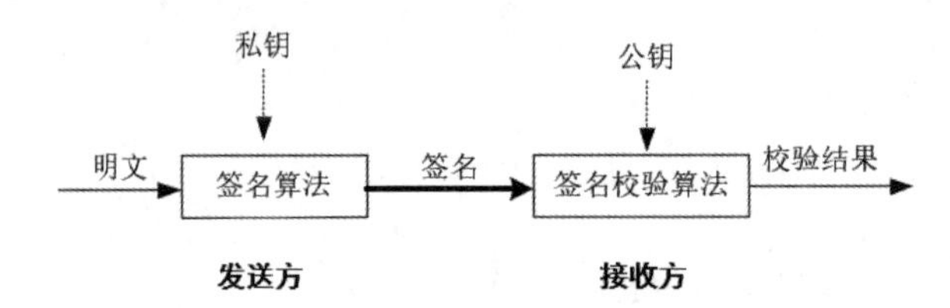

图 12-7　数字签名的大致流程

Java 中为数字签名提供了良好的支持，java.security.Signature 接口提供了数字签名的基本操作 API，Java 规范要求各 JDK 版本提供表 12-2 中所列出的数字签名实现。

表12-2　Java规范要求各JDK版本提供的数字签名实现

Java 规范要求的实现	说　明
SHA1withDSA	使用 SHA1 算法生成摘要，使用 DSA 算法进行摘要加密
SHA1withRSA	使用 SHA1 算法生成摘要，使用 RSA 算法进行摘要加密
SHA256withRSA	使用 SHA256 算法生成摘要，使用 RSA 算法进行摘要加密

下面是一段使用 JSHA512withRSA 算法实现进行数字签名的 Java 演示代码：

```
package com.crazymakercircle.secure.crypto;
//省略 import
/**
 * RSA 签名演示
 */
@Slf4j
public class RSASignDemo
{
    /**
     * RSA 签名
     *
     * @param data   待签名的字符串
     * @param priKey RSA 私钥字符串
     * @return 签名结果
     * @throws Exception 签名失败则抛出异常
     */
    public byte[] rsaSign(byte[] data, PrivateKey priKey)
            throws SignatureException
```

```
{
    try
    {
        Signature signature = Signature.getInstance("SHA512withRSA");
        signature.initSign(priKey);
        signature.update(data);

        byte[] signed = signature.sign();
        return signed;
    } catch (Exception e)
    {
        throw new SignatureException("RSAcontent = " + data
                + "; charset = ", e);
    }
}
/**
 * RSA 验签
 * @param data   被签名的内容
 * @param sign   签名后的结果
 * @param pubKey RSA 公钥
 * @return 验签结果
 */
public boolean verify(byte[] data, byte[] sign, PublicKey pubKey)
        throws SignatureException
{
    try
    {
        Signature signature = Signature.getInstance("SHA512withRSA");
        signature.initVerify(pubKey);
        signature.update(data);
        return signature.verify(sign);

    } catch (Exception e)
    {
        e.printStackTrace();
        throw new SignatureException("RSA 验证签名[content = " + data+
                "; charset = " + "; signature = " + sign + "]发生异常!", e);
    }
}

/**
 * 私钥
 */
private PrivateKey privateKey;

/**
 * 公钥
 */
private PublicKey publicKey;

/**
 * 加密过程
 * @param publicKey     公钥
 * @param plainTextData 明文数据
 * @throws Exception 加密过程中的异常信息
 */
public byte[] encrypt(PublicKey publicKey, byte[] plainTextData)
        throws Exception
{
    if (publicKey == null)
    {
```

```
            throw new Exception("加密公钥为空，请设置");
        }
        Cipher cipher = null;
        try
        {
            cipher = Cipher.getInstance("RSA");
            cipher.init(Cipher.ENCRYPT_MODE, publicKey);
            byte[] output = cipher.doFinal(plainTextData);
            return output;
        } catch (NoSuchAlgorithmException e)
        {
            throw new Exception("无此加密算法");
        }

    ...
    }

    /**
     * 解密过程
     * @param privateKey 私钥
     * @param cipherData 密文数据
     * @return 明文
     * @throws Exception 解密过程中的异常信息
     */
    public byte[] decrypt(PrivateKey privateKey, byte[] cipherData)…{
        if (privateKey == null)
        {
            throw new Exception("解密私钥为空，请设置");
        }
        Cipher cipher = null;
        try
        {
            cipher = Cipher.getInstance("RSA");
            cipher.init(Cipher.DECRYPT_MODE, privateKey);
            byte[] output = cipher.doFinal(cipherData);
            return output;
        } catch (NoSuchAlgorithmException e)
        {
            throw new Exception("无此解密算法");
        }

    ...
    }
    /**
     * Main 测试方法
     * @param args
     */
    public static void main(String[] args) throws Exception
    {
        RSASignDemo RSASignDemo = new RSASignDemo();
        //加载公钥
        RSASignDemo.publicKey = RSAEncrypt.loadPublicKey();
        //加载私钥
        RSASignDemo.privateKey = RSAEncrypt.loadPrivateKey();

        //测试字符串
        String sourceText = "疯狂创客圈  Java 高并发社群";
        try
        {
            log.info("加密前的字符串为：{}", sourceText);

            //公钥加密
```

```
            byte[] cipher = RSASignDemo.encrypt(
                                    RSASignDemo.publicKey, sourceText.getBytes());

                  //私钥解密
            byte[] decryptText = RSASignDemo.decrypt(
                                            RSASignDemo.privateKey, cipher);
            log.info("私钥解密的结果是：{}", new String(decryptText));

            //字符串生成签名
            byte[] rsaSign = RSASignDemo.rsaSign(
                                    sourceText.getBytes(), RSASignDemo.privateKey);
            //签名验证
            Boolean succeed = RSASignDemo.verify(sourceText.getBytes(),
                                                    rsaSign, RSASignDemo.publicKey);
            log.info("字符串签名为：\n{}", byteToHex(rsaSign));
            log.info("签名验证结果是：{}", succeed);

            String fileName =
                                    IOUtil.getResourcePath("/system.properties");
            byte[] fileBytes = readFileByBytes(fileName);
            //文件签名验证
            byte[] fileSign =
                         RSASignDemo.rsaSign(fileBytes, RSASignDemo.privateKey);
            log.info("文件签名为：\n{}" , byteToHex(fileSign));

            //文件签名保存
            String signPath =
                                SystemConfig.getKeystoreDir() + "/fileSign.sign";
            ByteUtil.saveFile(fileSign,signPath );
            Boolean verifyOK = RSASignDemo.verify(
                                    fileBytes, fileSign, RSASignDemo.publicKey);
            log.info("文件签名验证结果是：{}", verifyOK);

            //读取验证文件
            byte[] read = readFileByBytes(signPath);
            log.info("读取文件签名：\n{}" , byteToHex(read));
            verifyOK= RSASignDemo.verify(
                                        fileBytes, read, RSASignDemo.publicKey);
            log.info("读取文件签名验证结果是：{}", verifyOK);
        } catch (Exception e)
        {
            System.err.println(e.getMessage());
        }
    }
}
```

执行以上数字签名的Java演示程序，运行的结果大致如下：

```
[main] INFO RSAEncrypt - PUBLIC_KEY_FILE 读取：F:\....../PublicKey
[main] INFO RSAEncrypt - PRIVATE_KEY_FILE 读取：F:\....../PrivateKey
[main] INFO RSASignDemo - 加密前的字符串为：疯狂创客圈 Java 高并发社群
[main] INFO RSASignDemo - 私钥解密的结果是：疯狂创客圈 Java 高并发社群
[main] INFO RSASignDemo - 字符串签名为：
2f04c6d64a9184a1319301c0a9700a4e85be3b7b81c4d0d98fb9dc2763280728860d68cfd9bb9ec07612
2f930a64d979240ade21bfe01be57562ccf1fcb236a853aaf7945dbb1db4eed53107167e0cbb47b0fca5ef0a
52ff3f08200254429ab24c76b73eff494588306e8a461366f4fab486dcb1784c230b61c74b0df5b43534
[main] INFO RSASignDemo - 签名验证结果是：true
[main] INFO RSASignDemo - 文件签名为：
7bdc8faecc8bdd48e5500f7dbfbcee1cc3626dc322e5a6f540f003e496d0914638b706bcea2079c4243d
7ff070dedf6bcf30c19cd16b40d7640382954a8d5c17c420d7292873720209c97f333fe0c2aafb4735a150cd
afc1d02d7704599183b47bc5324ddfc1b69266e4b07b9f3c7715d3833af695fb6ec0fc35ddd6d963e2f9
```

```
[main] INFO RSASignDemo - 文件签名验证结果是: true
[main] INFO RSASignDemo - 读取文件签名:
7bdc8faecc8bdd48e5500f7dbfbcee1cc3626dc322e5a6f540f003e496d0914638b706bcea2079c4243d7ff070dedf6bcf30c19cd16b40d7640382954a8d5c17c420d7292873720209c97f333fe0c2aafb4735a150cdafc1d02d7704599183b47bc5324ddfc1b69266e4b07b9f3c7715d3833af695fb6ec0fc35ddd6d963e2f9
[main] INFO RSASignDemo - 读取文件签名验证结果是: true
```

12.3 SSL/TLS 运行过程

SSL/TLS 协议实现通信安全的基本思路是：消息发送之前，发送方 A 先向接收方 B 申请公钥，发送方 A 采用公钥加密法对发出去的通信内容进行加密，接收方 B 收到密文后，用自己的私钥对通信密文进行解密。

SSL/TLS 协议运行的基本流程如下：

（1）客户端向服务端索要并验证公钥。

（2）双方协商生成“对话密钥”。

（3）双方采用“对话密钥”进行加密通信。

前两步又称为握手阶段，每一个 TLS 连接都会以握手开始。握手阶段涉及 4 次通信，并且，握手阶段的所有通信都是明文的。在握手过程中，客户端和服务端有以下 4 个主要阶段：

（1）交换各自支持的加密套件和参数，经过协商后，双方就加密套件和参数达成一致。

（2）验证对方（主要指服务端）的证书，或使用其他方式进行服务端身份验证。

（3）对将用于保护会话的共享主密钥达成一致。

（4）验证握手消息是否被第三方修改。

12.3.1 SSL/TLS 第一阶段握手

客户端与服务端通过 TCP 三次握手建立传输层连接后，通信双方需要交换各自支持的加密套件和参数，经过协商后，其目标是通信双方的加密套件和参数达成一致。

SSL/TLS 握手的第一个阶段的工作为：由客户端发送一个 Client Hello 报文给服务端，并且这个阶段只有这一个数据帧（报文）。Client Hello 数据帧的内容大致包括以下信息：

（1）客户端支持的 SSL/TLS 协议版本，比如 TLS 1.2。

（2）一个客户端生成的随机数，这是握手过程中的第一个随机数，这里称为 Random_C。

（3）客户端支持的签名算法、加密方法、摘要算法（比如 RSA 公钥签名算法）。

（4）客户端支持的压缩方法。

使用 Wireshark 抓取的客户端发送的 Client Hello 请求报文大致如图 12-8 所示。

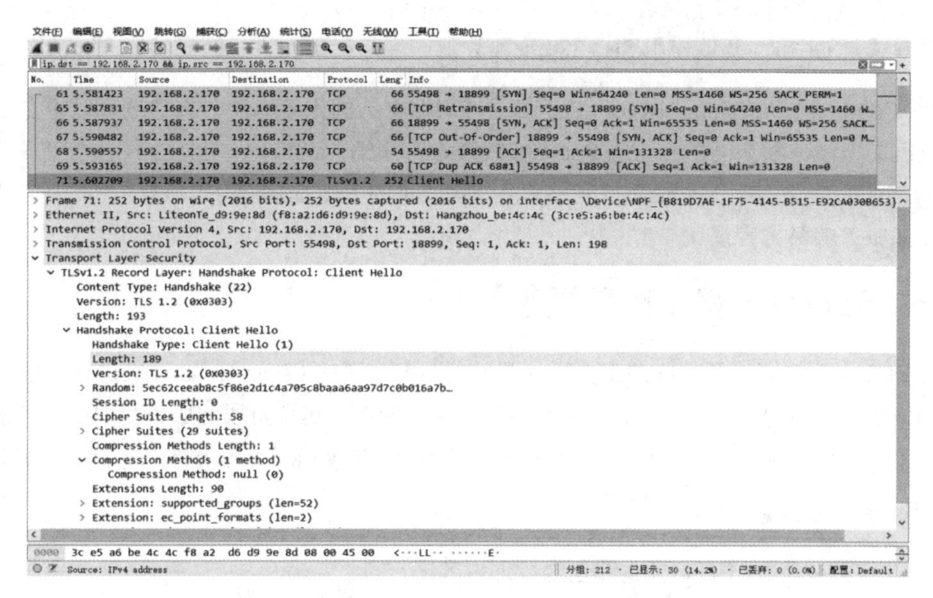

图 12-8　使用 Wireshark 抓取的客户端发送的 Client Hello 请求报文

从 Client Hello 请求报文的截图可以看出，Client Hello 请求报文是处于 TCP 层之上的应用层报文。Client Hello 请求报文所包含的字段大致如下：

（1）Handshake Type：此字段为握手协议的类型，这里为 Client Hello 类型，其值为 1，表示此报文为客户端发起的 TSL/SSL 握手请求的第一个报文。

（2）Version：此字段为 TSL/SSL 的协议版本，指示客户端支持的最佳协议版本，以上截图的示例报文中的版本为 TLS 1.2。

（3）Random：一个客户端生成的随机数，为握手过程中的第一个随机数，这里记为 Random_C，稍后用于生成对话密钥。Random 字段是在 1994 年 Netscape Navigator 浏览器中发现了一个严重故障之后，为了防御弱随机数生成器而引入的。在握手时，客户端和服务端都会提供随机数。这种随机数对每次握手都是独一无二的，在身份验证中起着举足轻重的作用，它可以防止重放攻击，并确认初始数据交换的完整性。Random 随机数字段包含 32 字节的数据。其中，只有 28 字节是随机生成的，剩余的 4 字节包含额外的信息，受客户端时钟的影响。最初，剩余的 4 字节为部分精确时间，但目前由于担心客户端时间可能被用于大规模浏览器指纹采集，因此一些浏览器会给它们的时间添加时钟扭曲，或者简单粗暴地发送随机的 4 字节。

（4）Session ID：在第一次连接时，Session（会话）ID 字段是空的，这表示客户端并不希望恢复某个已存在的会话，希望开始新的会话。在后续的连接中，这个字段可以存放会话 ID（唯一标识），服务端可以借助收到的会话 ID 在自己的缓存中找到对应的交互会话。

（5）Cipher Suites：此字段用于发送客户端支持的加密套件（Cipher Suite）列表，是由客户端支持的所有加密套件组成的列表，该列表是按优先级顺序排列的。一个加密套件一般由“密钥交换算法+签名算法+对称加密算法+摘要算法”4 部分组成，示例如下：

```
Cipher Suite: TLS_ECDHE_RSA_AES_256_GCM_SHA384
```

以上加密套件表示握手时使用的密钥交换算法为 ECDHE 算法，并且签名算法用 RSA 签名和身份认证算法，握手后使用 AES 对称加密算法进行通信加密和解密，并且 AES 的密钥长度为 256

位，分组模式是 GCM，套件使用 SHA384 摘要算法产生随机数和进行消息验证。

（6）Compression：Compression 字段表示客户端支持的压缩方法，客户端可以提交一个或多个支持压缩的方法，默认的压缩方法是 null，代表没有压缩。

（7）Extensions：Extensions（扩展块）由任意数量的 Extension 组成。这些扩展会携带额外的数据，比如服务端名称等。

12.3.2 SSL/TLS 第二阶段握手

SSL/TLS 握手的第二个阶段的工作为：服务端对客户端的 Client Hello 请求进行响应。在收到客户端的请求（Client Hello）后，服务端向客户端发出回应，这个阶段的服务端回应帧（报文）一般包含 4 个回复帧：Sever Hello 帧、Certificate 帧、Sever Key Exchange 帧和 Sever Hello Done 帧。

1．Sever Hello 帧

服务端回复的 Sever Hello 帧主要包含以下内容：

（1）回复服务端使用的加密通信协议版本，比如 TLS 1.2。

（2）一个服务端生成的随机数，是整个握手过程中的第二个随机数，记为 Random_S，稍后用于生成对话密钥。

（3）确认使用的加密方法，比如 RSA 公钥加密。

（4）服务端的证书。

如果浏览器与服务端支持的 SSL/TSL 通信协议版本不一致，那么服务端会关闭加密通信。使用 Wireshark 抓取服务端发送的 Sever Hello 帧实例如图 12-9 所示。

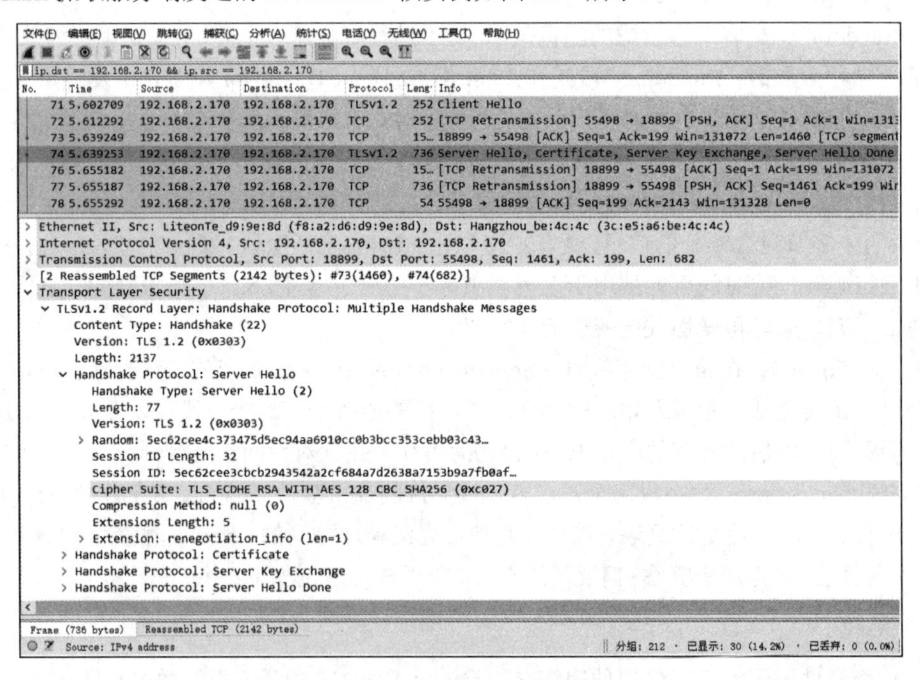

图 12-9 使用 Wireshark 抓取服务端发送的 Sever Hello 帧实例

服务端回应的 Sever Hello 报文包含如下字段：

（1）Handshake Type：此字段标识当前握手报文的类型，这里为 Server Hello 类型，其值为 2。

（2）Version：确认服务端使用的 SSL/TLS 通信协议版本，以上实例报文中 Version 的值为 TLS 1.2。服务端无须支持客户端支持的最佳版本。如果服务端不支持客户端发送的版本，可以提供某个其他版本以期待客户端能够接收。

（3）Random：一个服务端生成的随机数，稍后用于生成对话密钥。

（4）Session ID：服务端会创建新的会话，返回新会话的 Session（会话）ID。如果客户端之前发送的会话 ID 为已存在的会话 ID，那么服务会查找已经存在的会话，并返回其会话 ID。

（5）Cipher Suite：服务端选择的加密套件，以上示例中选择的加密套件为：

```
Cipher Suite: TLS_ECDHE_RSA_AES_256_GCM_SHA384
```

以上加密套件表示握手时使用的密钥交换算法为 ECDHE 算法，签名算法用 RSA，握手后使用 AES 对称加密算法进行通信加密和解密，并且 AES 的密钥长度为 256 位，分组模式是 GCM，套件使用 SHA384 摘要算法产生随机数和进行消息验证。

总之，服务端回复的 Server Hello 消息表示如何将服务端所选择的通信参数传送回客户端。这个消息的结构与 Client Hello 消息类似，只是每个字段只包含一个选项。服务端无须支持客户端支持的最佳版本，如果服务端不支持与客户端相同的版本，可以提供某个其他版本以期待客户端能够接受。

2. Certificate 帧

Certificate 帧用于返回服务端证书，该证书中含有服务端的证书清单（包括服务端公钥），用于身份验证和密钥协商。在多数电子商务应用中，客户端都需要进行服务端身份验证，服务端通过 Certificate 帧发送自己的证书给客户端。

使用 Wireshark 抓取服务端发送的 Certificate 帧实例如图 12-10 所示。

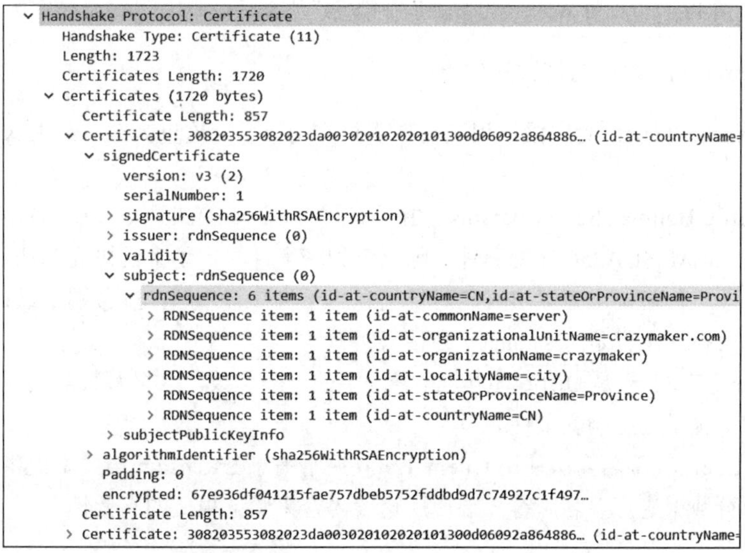

```
v Handshake Protocol: Certificate
    Handshake Type: Certificate (11)
    Length: 1723
    Certificates Length: 1720
  v Certificates (1720 bytes)
      Certificate Length: 857
    v Certificate: 308203553082023da003020102020101300d06092a864886… (id-at-countryName=
      v signedCertificate
          version: v3 (2)
          serialNumber: 1
        > signature (sha256WithRSAEncryption)
        > issuer: rdnSequence (0)
        > validity
        v subject: rdnSequence (0)
          v rdnSequence: 6 items (id-at-countryName=CN,id-at-stateOrProvinceName=Provi
            > RDNSequence item: 1 item (id-at-commonName=server)
            > RDNSequence item: 1 item (id-at-organizationalUnitName=crazymaker.com)
            > RDNSequence item: 1 item (id-at-organizationName=crazymaker)
            > RDNSequence item: 1 item (id-at-localityName=city)
            > RDNSequence item: 1 item (id-at-stateOrProvinceName=Province)
            > RDNSequence item: 1 item (id-at-countryName=CN)
        > subjectPublicKeyInfo
      > algorithmIdentifier (sha256WithRSAEncryption)
        Padding: 0
        encrypted: 67e936df041215fae757dbeb5752fddbd9d7c74927c1f497…
      Certificate Length: 857
    > Certificate: 308203553082023da003020102020101300d06092a864886… (id-at-countryName=
```

图 12-10　使用 Wireshark 抓取服务端发送的 Certificate 帧实例

服务端通过 Certificate 帧给客户端提供身份信息，那么客户端是否需要提供自己的身份证书给服务端呢？虽然大部分场景中服务器不需要验证客户端的身份，但是需要验证的情况还是存在的。只要服务端需要验证客户端的身份，服务端就会发送一个 Certificate Request 证书请求给客户端。服务端什么时候才需要客户提供身份证书呢？比如，在一些安全性要求较高的机构（如金融机构）往往需要验证客户端身份证书，这些机构只允许通过认证的客户连入自己的网络，并且这些机构会给正式客户提供 USB 密钥，里面就包含一张客户端身份证书，在通信握手时要求客户端提供证书。

3. Sever Key Exchange 帧

Sever Key Exchange 帧的目的是携带密钥交换的额外数据，其消息内容对于不同的协商算法套件存在差异。在某些场景中，服务端不需要发送 Server Key Exchange 握手消息。如果在 Server Hello 消息中使用 DHE/ECDHE 非对称密钥协商算法来进行 SSL 握手，将发送该类型的握手消息。对于使用 RSA 算法的 SSL 握手，不会发送该类型的握手消息，另外，使用 DH、ECDH 算法进行握手时也不会发送该类型的握手消息。

使用 Wireshark 抓取服务端发送的 Sever Key Exchange 帧实例如图 12-11 所示。

```
⌄ TLSv1.2 Record Layer: Handshake Protocol: Multiple Handshake Messages
    Content Type: Handshake (22)
    Version: TLS 1.2 (0x0303)
    Length: 2137
  > Handshake Protocol: Server Hello
  > Handshake Protocol: Certificate
  ⌄ Handshake Protocol: Server Key Exchange
      Handshake Type: Server Key Exchange (12)
      Length: 329
    ⌄ EC Diffie-Hellman Server Params
        Curve Type: named_curve (0x03)
        Named Curve: secp256r1 (0x0017)
        Pubkey Length: 65
        Pubkey: 0491366bf3fe3427ecc0b348cdf2ec836c5c328c601f6237…
      > Signature Algorithm: rsa_pkcs1_sha512 (0x0601)
        Signature Length: 256
        Signature: 3aa40959778c74bd01caab5ee380faa3921f063d4f946bb8…
  > Handshake Protocol: Server Hello Done
```

图 12-11　使用 Wireshark 抓取服务端发送的 Sever Key Exchange 帧实例

Sever Key Exchange 帧的内容大致如下：

（1）Handshake Type：此字段标识当前握手报文的类型，这里为 Server Key Exchange 类型，其值为 12。

（2）EC Diffie-Hellman Server Params：由于前面的 Server Hello 帧选择了 TLS_ECDHE_RSA_WITH_AES_128_GCM_SHA256 加密套件，因此该加密套件指定了密钥协商算法是 ECDHE（椭圆曲线协商算法）非对称密钥协商算法。此附件消息用于告知客户端，服务端是通过 Diffie-Hellman 算法来生成最终密钥（也就是 Sessionkey 会话密钥）的。

（3）Pubkey：Pubkey 是 Diffie-Hellman 算法中的一个参数，这个参数需要通过网络传给客户端，即使它被截取也不会影响安全性。

（4）Signature：其签名算法使用 Client Hello 握手消息 Extension 拓展中提供的签名算法，对服务端发送的部分数据进行签名。客户端使用这段内容来验证报文的有效性。

4．Sever Hello Done 帧

Sever Hello Done 帧是第二阶段的最后一个帧，标记服务端对客户端的 Client Hello 请求帧的所

有响应报文发送完毕，Sever Hello Done 帧的长度为 0。

使用 Wireshark 抓取服务端发送的 Sever Hello Done 帧实例大致如图 12-12 所示。

```
> Frame 74: 736 bytes on wire (5888 bits), 736 bytes captured (5888 bits) on interface \Device\NPF_
> Ethernet II, Src: LiteonTe_d9:9e:8d (f8:a2:d6:d9:9e:8d), Dst: Hangzhou_be:4c:4c (3c:e5:a6:be:4c:4
> Internet Protocol Version 4, Src: 192.168.2.170, Dst: 192.168.2.170
> Transmission Control Protocol, Src Port: 18899, Dst Port: 55498, Seq: 1461, Ack: 199, Len: 682
> [2 Reassembled TCP Segments (2142 bytes): #73(1460), #74(682)]
v Transport Layer Security
  v TLSv1.2 Record Layer: Handshake Protocol: Multiple Handshake Messages
      Content Type: Handshake (22)
      Version: TLS 1.2 (0x0303)
      Length: 2137
    > Handshake Protocol: Server Hello
    > Handshake Protocol: Certificate
    > Handshake Protocol: Server Key Exchange
    v Handshake Protocol: Server Hello Done
        Handshake Type: Server Hello Done (14)
        Length: 0
```

图 12-12　使用 Wireshark 抓取服务端发送的 Sever Hello Done 帧实例

客户端收到服务端证书后进行验证，如果证书不是可信机构颁发的或者域名不一致，或者证书已经过期，那么客户端会进行警告；如果证书没问题，那么继续进行通信。

12.3.3　SSL/TLS 第三阶段握手

SSL/TLS 握手的第三个阶段的工作为：客户端进行回应。在这个阶段，客户端大致会发送 Client Key Exchange、Change Cipher Spec、Encrypted Handshake Message 三个数据帧。

客户端收到第二阶段的服务端回应报文以后，首先验证服务端的证书。如果证书不是可信机构颁发的，证书中的域名与实际域名不一致，或者证书已经过期，就会向访问者进行警告，由访问者选择是否还要继续通信。

如果证书没有问题，客户端就会从证书中取出服务端的公钥，然后向服务端发送下面三项信息：

（1）一个随机数。该随机数用服务端公钥加密，防止被第三方窃听。

此随机数是整个握手阶段出现的第三个随机数，又称为 Pre-Master key。有了它以后，客户端和服务端就同时有了三个随机数，接着双方就用事先商定的加密方法各自生成本次会话所用的同一把会话密钥。

（2）编码改变通知，表示随后的信息都将用双方商定的加密方法和密钥加密后发送。

（3）客户端握手结束通知，表示客户端的握手阶段已经结束。这一项同时也是前面发送的所有内容的 Hash 值，用来供服务端校验。

服务端的证书信息包含 Public Key（公钥），稍后客户端进行证书验证（身份验证）的流程大致为：Client 随机生成一串数，然后用 Server 发送的 Public Key 加密（RSA 算法）后发给 Server；而 Server 会用其对应的 Private Key（私钥）解密后再返回给 Client；Client 将其与原文比较，如果一致，则说明 Server 拥有 Private Key，说明与自己通信的对端 Server 正是证书的拥有者，因为 Public Key 加密的数据只有 Private Key 才能解密。在实际通信过程中，这个认证过程会复杂很多，包含多次 Hash、伪随机等复杂运算。

1. Client Key Exchange 帧

服务端的身份证书验证通过后，客户端会生成整个握手过程中的第三个随机数，并且从证书中取出公钥，利用公钥以及双方实现商定的加密算法进行加密，生成 Pre-Master key，然后发送给服务端，如图 12-13 所示。

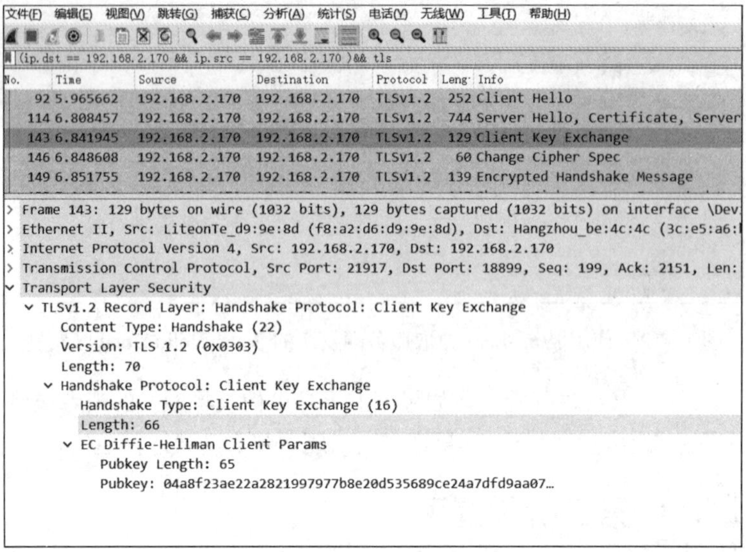

图 12-13 使用 Wireshark 抓取客户端发送的 Client Key Exchange 帧实例

Client Key Exchange 帧的内容大致如下：

（1）Handshake Type：此字段标识当前握手报文的类型，这里为 Client Key Exchange 类型，其值为 16。

（2）Pubkey：客户端将生产的随机数 Pre-Master key 通过利用服务端公钥以及双方前期商定的加密算法（这里为 DH 算法）计算得到 Pubkey，用于服务端计算生成解密私钥。服务端收到 Pubkey 后，利用私钥解密出第三个随机数 Pre-Master Key，此时，客户端和服务端同时拥有了三个随机数：Random_C、Random_S 和 Pre-master key，两端同时利用这三个随机数以及事先商定好的加密算法进行对称加密，生成最终的会话密钥，后续的通信都用该密钥进行加密。

在会话密钥的生成过程中，由于第三个随机数 Pre-Master Key 是通过非对称加密算法进行加密的，因此不容易泄漏，即会话密钥是安全的，后续的通信也就是安全的。那么，为什么一定要用三个随机数来生成会话密钥呢？一方面是能保证这样生成的密钥每次都不一样；另一个方面，由于 SSL 协议中的证书是静态的，因此十分有必要引入一种随机因素来保证协商出来的密钥的随机性。

客户端的随机数、服务端的随机数再加上 Pre-Master Key 一共三个随机数，一同生成的密钥的最大优势为：不容易被猜出来或者说预测出来，做到真正的没有规律。为什么呢？一个伪随机数可能不完全随机，三个伪随机数就十分接近真正的随机和没有规律了。

2. Change Cipher Spec 帧

编码改变通知，客户端通知服务端，随后的信息都是用商定好的加密算法和会话密钥加密发送的，如图 12-14 所示。

```
文件(F) 编辑(E) 视图(V) 跳转(G) 捕获(C) 分析(A) 统计(S) 电话(Y) 无线(W) 工具(T) 帮助(H)
(ip.dst == 192.168.2.170 && ip.src == 192.168.2.170 )&& tls
No.  Time      Source         Destination    Protocol Leng Info
 92 5.965662  192.168.2.170  192.168.2.170  TLSv1.2   252 Client Hello
114 6.808457  192.168.2.170  192.168.2.170  TLSv1.2   744 Server Hello, Certificate, Server Key E
143 6.841945  192.168.2.170  192.168.2.170  TLSv1.2   129 Client Key Exchange
146 6.848608  192.168.2.170  192.168.2.170  TLSv1.2    60 Change Cipher Spec
149 6.851755  192.168.2.170  192.168.2.170  TLSv1.2   139 Encrypted Handshake Message
> Frame 146: 60 bytes on wire (480 bits), 60 bytes captured (480 bits) on interface \Device\NPF_{B
> Ethernet II, Src: LiteonTe_d9:9e:8d (f8:a2:d6:d9:9e:8d), Dst: Hangzhou_be:4c:4c (3c:e5:a6:be:4c:
> Internet Protocol Version 4, Src: 192.168.2.170, Dst: 192.168.2.170
> Transmission Control Protocol, Src Port: 21917, Dst Port: 18899, Seq: 274, Ack: 2151, Len: 6
v Transport Layer Security
  v TLSv1.2 Record Layer: Change Cipher Spec Protocol: Change Cipher Spec
      Content Type: Change Cipher Spec (20)
      Version: TLS 1.2 (0x0303)
      Length: 1
      Change Cipher Spec Message
```

图 12-14　使用 Wireshark 抓取客户端发送的 Change Cipher Spec 帧实例

3. Encrypted Handshake Message 帧

客户端握手结束通知，表示客户端的握手阶段已经结束。这一项同时也是前面发送的所有内容的 Hash 值，用来供服务端进行安全校验，如图 12-15 所示。

```
文件(F) 编辑(E) 视图(V) 跳转(G) 捕获(C) 分析(A) 统计(S) 电话(Y) 无线(W) 工具(T) 帮助(H)
(ip.dst == 192.168.2.170 && ip.src == 192.168.2.170 )&& tls
No.  Time      Source         Destination    Protocol Leng Info
 92 5.965662  192.168.2.170  192.168.2.170  TLSv1.2   252 Client Hello
114 6.808457  192.168.2.170  192.168.2.170  TLSv1.2   744 Server Hello, Certificate, Server Key E
143 6.841945  192.168.2.170  192.168.2.170  TLSv1.2   129 Client Key Exchange
146 6.848608  192.168.2.170  192.168.2.170  TLSv1.2    60 Change Cipher Spec
149 6.851755  192.168.2.170  192.168.2.170  TLSv1.2   139 Encrypted Handshake Message
> Frame 149: 139 bytes on wire (1112 bits), 139 bytes captured (1112 bits) on interface \Device\NPF
> Ethernet II, Src: LiteonTe_d9:9e:8d (f8:a2:d6:d9:9e:8d), Dst: Hangzhou_be:4c:4c (3c:e5:a6:be:4c:
> Internet Protocol Version 4, Src: 192.168.2.170, Dst: 192.168.2.170
> Transmission Control Protocol, Src Port: 21917, Dst Port: 18899, Seq: 280, Ack: 2151, Len: 85
v Transport Layer Security
  v TLSv1.2 Record Layer: Handshake Protocol: Encrypted Handshake Message
      Content Type: Handshake (22)
      Version: TLS 1.2 (0x0303)
      Length: 80
      Handshake Protocol: Encrypted Handshake Message
```

图 12-15　使用 Wireshark 抓取客户端发送的 Encrypted Handshake Message 帧实例

12.3.4　SSL/TLS 第四阶段握手

SSL/TLS 握手的第四个阶段的工作为：服务端进行最后的回应。在收到客户端的第三个随机数 Pre-Master Key 之后，服务端计算并生成本次会话所用的会话密钥，然后向客户端最后发送下面的数据帧：

（1）Change Cipher Spec 帧：此帧为服务端的编码改变通知报文。

（2）Encrypted Handshake Message 帧：此帧为服务端的握手结束通知报文。

1. Change Cipher Spec 帧

此帧为编码改变通知报文，服务端通知客户端，随后的通信内容都是用商定好的加密算法和会话密钥加密后发送的，如图 12-16 所示。

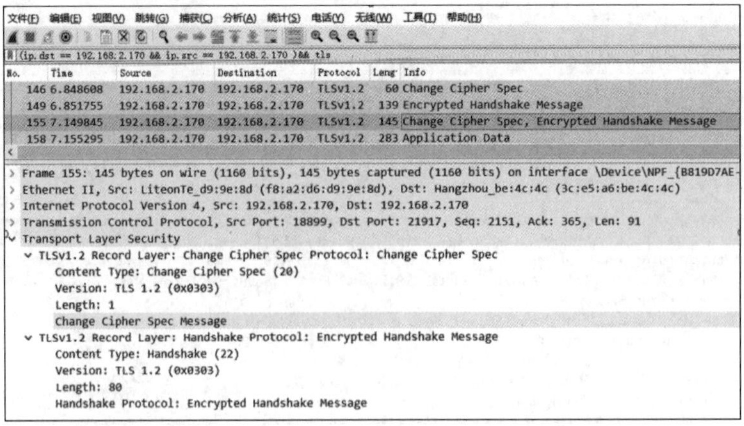

图 12-16　使用 Wireshark 抓取服务端发送的 Change Cipher Spec 帧实例

2. Encrypted Handshake Message 帧

服务端握手结束通知帧，表示服务端的握手阶段已经结束。这一报文同时包括前面发送的所有内容的 Hash 值，用来供客户端进行一次简单的安全校验，如图 12-17 所示。

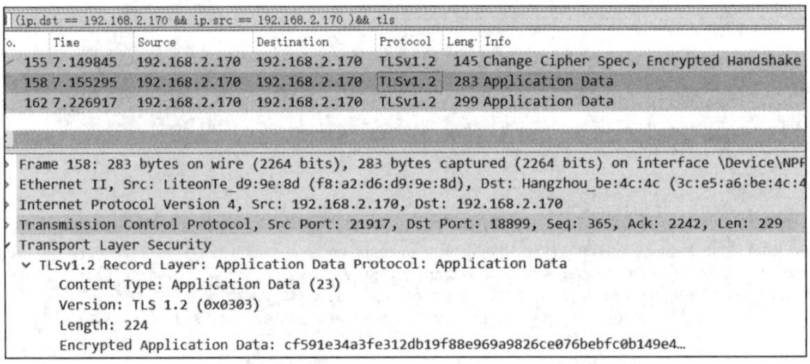

图 12-17　使用 Wireshark 抓取服务端发送的 Encrypted Handshake Message 帧实例

至此，整个握手阶段全部结束。接下来，客户端与服务端开始进入安全通信过程，此通信过程仍然使用普通的应用层协议（如 HTTP 或者 WebSocket 协议）完成，只不过应用层报文内容用会话密钥加密。

12.4　详解 Keytool 工具

SSL/TSL 在握手过程中，客户端需要服务端提供身份证书（也叫数字证书），有的场景下，甚至要求客户端也提供身份证书。安全数字证书主要包含自己的身份信息（如所有人的名称），以及对外的公钥。

12.4.1　数字证书与身份识别

在 SSL/TSL 加密传输开始的时候，客户端会通过 Client Hello 帧获得服务端的公钥，这个过程可能会被第三方劫持，具体如图 12-18 所示。

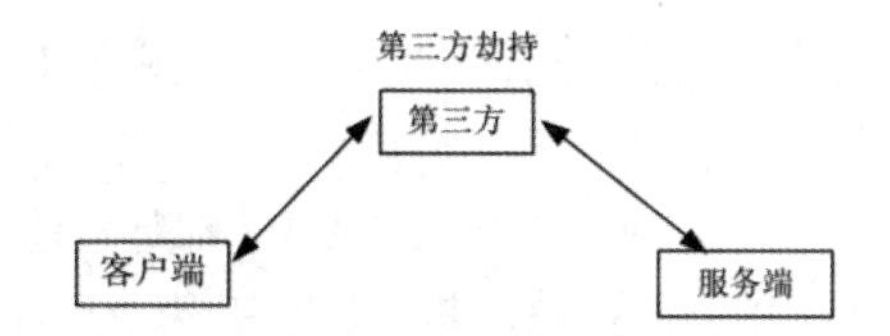

图 12-18　客户端的 Client Hello 请求被第三方劫持

当客户端的 Client Hello 帧被劫持时，服务端发送到客户端的公钥会被第三方截获，然后第三方自己会伪造一对密钥（包含公钥和私钥），并将伪造的公钥发送给客户端。当服务端发送数据给客户端的时候，第三方也会对信息进行劫持，用一开始截获的公钥进行解密后，使用自己的私钥将数据再次加密后发送给客户端，而客户端收到后使用第三方（劫持方）的公钥去解密。反过来也是如此，当客户端发送数据给服务端时，报文也会被劫持方截取和转发，并且整个截取和转发的过程对于客户端和服务端都是透明和不可见的，但信息却被悄然泄漏了。

数据帧被劫持的过程大致如图 12-19 所示。

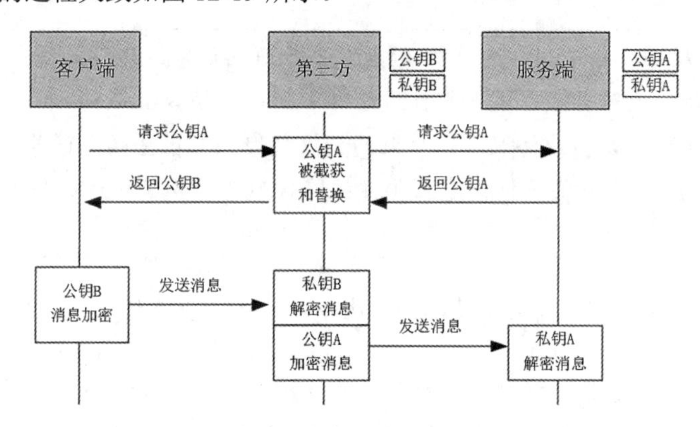

图 12-19　数据帧被劫持的过程

为了防止这种情况发生，数字证书就出现了。数字证书是互联网通信中标志通信各方身份信息的一串数字，它是由权威机构——CA 机构（Certificate Authority，认证中心）发行的，人们可以在网上用它来识别对方的身份。

数字证书颁发的过程一般为：用户首先产生自己的密钥对，并将公钥及身份信息提供给 CA 机构（认证中心）。认证中心在核实身份后，将执行一些必要的步骤，以确信请求确实是由用户提交的，然后认证中心发给用户一个数字证书。一个证书包含三部分：证书内容、散列算法和加密密文。该证书内包含服务端的个人信息和公钥信息；加密密文为证书内容通过散列算法计算出摘要之后，使用 CA 机构的私钥进行非对称加密后的密文，加密密文也可以理解为 CA 机构自己的数字签名。

当客户端发起请求时，服务端将该数字证书发送给客户端，客户端首先需要对证书进行验证，具体的方法为：通过 CA 机构提供的公钥对服务端的证书的数字签名（加密密文）进行解密，以获得服务端证书的内容摘要（散列值），同时将证书内容使用相同的散列算法获取摘要，比对两个摘要，如果两者相等，说明证书中的公钥仍然是服务端的原始公钥，没有被第三方篡改，同时说明服务端的证书没问题，服务端并没有被劫持。

数字证书的格式是什么样的呢？数字证书的格式普遍采用的是 X.509 国际标准，X.509 是一种进行身份认证的行业安全标准，在该标准中，用户可生成一段信息及其摘要（也称作信息指纹），并用专用密钥对摘要加密以形成签名，接收者用发送者的公共密钥对签名解密，并将之与收到的信息指纹进行比较，以确定其真实性。

X.509 标准有不同的版本，其中 X.509/V2 和 X.509/V3 都是目前比较新的版本，但是都在原有版本（X.509/V1）的基础上进行了功能的扩充，其中每一版的数字证书大致包含下列信息：

（1）证书的版本信息。

（2）证书的序列号，每个证书都有一个唯一的序列号。

（3）证书所使用的签名算法。

（4）证书的发行机构名称，命名规则一般采用 X.500 协议格式。

（5）证书的有效期，通用的证书一般采用 UTC 时间格式，它的计时范围为 1950~2049。

（6）证书所有人的名称，命名规则一般采用 X.500 协议格式。

（7）证书所有人的公开密钥。

（8）证书发行者对证书的数字签名。

说明 命名规则一般采用 X.500 协议格式，X.500 协议可以理解为用来查询有关人员的信息（如通信地址、电话号码、电子邮件地址等）的一种协议。X.500 协议是构成全球分布式的名录服务系统的协议，该协议组织起来的数据就像一个很全的电话号码簿。X.500 系统是一个分门别类的图书馆，某一机构建立和维护的 X.500 子数据库只是全球 X.500 协议名录数据库的一部分。

通过浏览器的管理证书入口，可以查看浏览器所缓存的服务端证书，图 12-20 是一个浏览器缓存的服务端证书的例子。

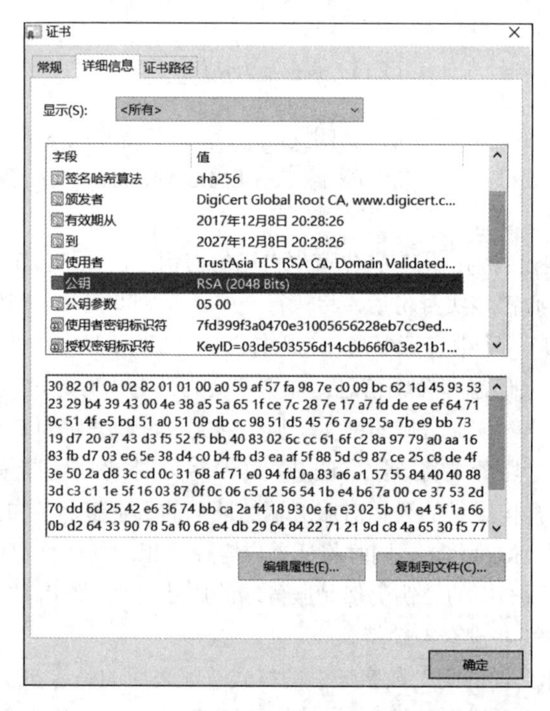

图 12-20 查看浏览器所缓存的服务端证书

在校验证书时，浏览器会用到 CA 机构的公钥。实际上，浏览器和操作系统都会维护一个权威、可行的第三方 CA 机构列表（包括它们的公钥）。客户端接收到的证书中也会写有颁发机构，客户端就是根据这个颁发机构找到其公钥，然后完成证书的校验。

12.4.2　存储密钥与证书文件格式

SSL/TLS 协议中存储密钥与证书的文件格式比较多，用户很容易搞混，这里做个简单的梳理。大致会用到的文件格式如下：

（1）.jks：.jks 格式文件表示 Java 密钥存储仓库（Java KeyStore），这种格式是 Java 的专利，表示一个密钥库，可以同时容纳多个公钥和私钥。Java 的 Keytool 工具能直接生成.jks 格式的文件，可以将.pfx 格式的文件转为.jks 格式。

（2）.keystore：.keystore 格式的文件其实与.jks 格式的文件基本是一样的，是默认生成的密钥存储库格式。

（3）.cer：.cer 格式的文件俗称数字证书文件，该数字证书文件中只包含公钥以及证书拥有者和颁发者的消息，数字证书文件肯定不会有私钥。.cer 格式的文件既可以是 Base 64 编码的文本文件，也可以是 DER 编码的二进制文件。

可以通过 Java 的 Keytool 工具将.cer 证书文件导入密钥存储仓库（如.jks 格式的文件），或者从密钥存储仓库导出证书文件，如图 12-21 所示。

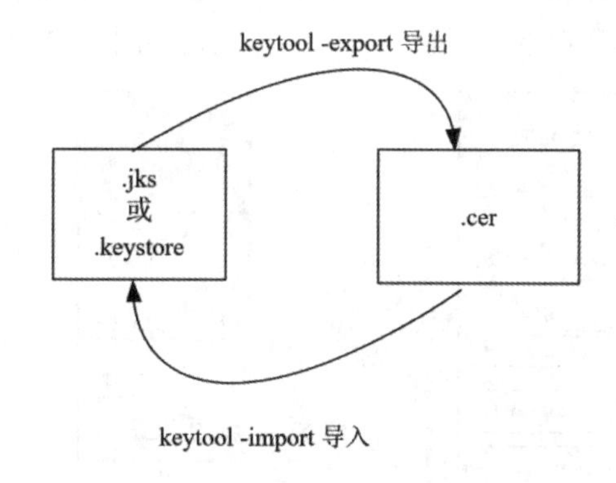

图 12-21　证书文件和密钥仓库之间的互导

（4）.truststore：.truststore 格式的文件表示信任证书存储库，仅仅包含被信任的通信对方的公钥。

（5）.pfx：.pfx 格式的文件也称为证书文件，是包含公钥和私钥的二进制格式的证书文件，一般供客户端浏览器使用。与.cer 格式的文件不同，.pfx 格式的数字证书是包含私钥的，而.cer 格式的数字证书只有公钥。当然，.pfx 格式的文件一般有密码保护，不输入密码是解不了密的。

有时需要把.pfx 转换为.jks 密钥仓库，以便于用 Java 进行安全通信，也可以通过浏览器，从.pfx 文件中导出包含公钥的.cer 证书文件，具体如图 12-22 所示。

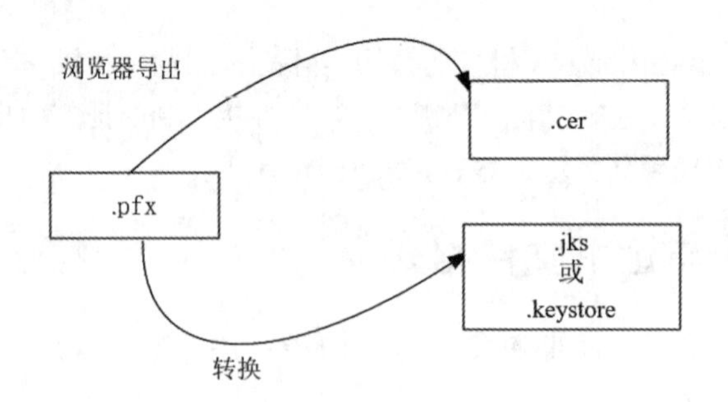

图 12-22 .pfx 转换为.jks 密钥仓库或导出证书

12.4.3 使用 Keytool 工具管理密钥和证书

除了从 CA 机构获取证书外，还可以通过工具生成自签名证书。CA 机构的证书是需要费用的，除非是很正式的项目或者生产需要（比如微信小程序不能使用自签名证书，而需要 CA 证书），否则使用自己签发的证书即可。

Java 中管理和生成自签名证书的工具为 Keytool。Keytool 是 Java 中自带的工具，该工具将密钥和证书保存在一个格式为.keystore（或.jks）的文件中，然后可以导出自签发的数字证书。在 JDK 安装过程中，Keytool 工具已经解压到对应的 JDK 的/bin 目录中，其可执行文件名称为 keytool.exe。

作为铺垫，首先介绍一下使用密钥的场景：假设客户端需要和服务端进行安全通信，客户端要用到服务端的公钥进行通信加密。在这种场景下，首先需要生成服务端和客户端的密钥仓库，然后导出服务端证书，并导入客户端密钥仓库中，具体流程如图 12-23 所示。

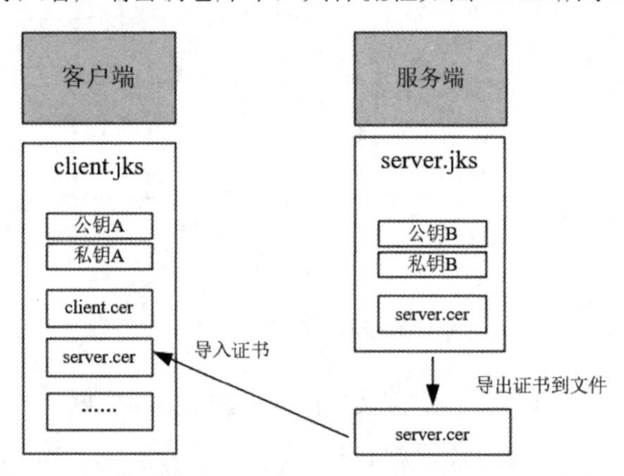

图 12-23 将服务端证书导入客户端仓库示意图

使用 Keytool 工具将服务端证书导入客户端大致有如下 4 步。

第一步：创建服务端（如 Netty 服务器）密钥并且保存到服务端密钥仓库文件中，使用 Keytool 工具的 genkey 选项完成，命令大致如下：

```
    keytool -genkey -alias server -keypass 123456 -keyalg RSA -keysize 2048 -validity 365
-keystore f:\server.jks -storepass 123456 -dname "CN=server"
```

对于以上 Keytool 命令常用的选项大致说明如下：

（1）-genkey：该选项主要用于创建密钥，并且保存到密钥仓库。

（2）-alias：该选项用于设置密钥别名，每个密钥都关联一个独一无二的别名，别名通常不区分字母大小写。

（3）-keypass：该选项用于设置指定密钥的访问密码，也就是私钥的原始密码。

（4）-keyalg：该选项用于指定密钥的加密算法，如 RSA、DSA 等，如果不指定，则默认采用 DSA 非对称加密算法，这里指定为 RSA 非对称加密算法。

（5）-keysize：该选项用于指定密钥长度，示例中设置的密钥长度为 2048 位，这个长度的密钥目前认为无法被暴力破解。

（6）-validity：该选项用于指定创建的密钥有效期为多少天。365 表示证书的有效期为 365 天。

（7）keystore：该选项用于指定生成的密钥仓库文件，示例中的仓库文件为 f:\server.jks，如果只指定文件名而不指定路径，那么会生成到当前的系统用户目录下。如果不指定，则会在当前的系统用户目录下创建一个.keystore 默认仓库文件，对于 2010 版本的 Windows 系统，则该文件处于 C:\Users\<UserName>\目录下。

如果密钥仓库文件已经存在，则不会创建新的仓库文件，而是直接将密钥加入现有的仓库文件中。

（8）storepass：该选项用于指定密钥仓库的访问密码。其实这个密码和密钥密码 keypass 可以设置得一样，通常也设置得一样，主要是为了方便记忆。

（9）dname：该选项用于指定 X.500 协议格式的证书拥有者信息。例如 CN=名字与姓氏，OU=组织单位名称，O=组织名称，L=城市或区域名称，ST=州或省份名称，C=单位的两字母国家代码。这里设置 CN=server 表示密钥拥有者的名称为 server。

生成密钥后，可以使用 Keytool 工具的 list 选项查看服务端（如 Netty 服务器）的密钥仓库，命令输出大致如下：

```
    C:\Users\UserName\.ssh>  keytool -list -v -keystore f:\server.jks
    输入密钥库口令: 123456

    密钥库类型: JKS
    密钥库提供方: SUN

    您的密钥库包含 1 个条目

    别名: server
    创建日期: 2020-5-23
    条目类型: PrivateKeyEntry
    证书链长度: 1
    证书[1]:
    所有者: CN=server
    发布者: CN=server
    序列号: 7cef8ac8
    有效期开始日期: Sat May 23 16:07:56 CST 2020, 截止日期: Sun May 23 16:07:56 CST 2021
    证书指纹:
             MD5: 4A:02:4F:DB:AD:69:68:39:A9:DC:78:E1:D8:9E:0F:F7
             SHA1: 04:14:63:D6:68:1C:14:FC:FE:AA:25:05:B2:65:36:47:4C:4D:9B:29
             SHA256:
8C:ED:B5:15:B5:5B:A5:1E:11:40:67:67:0E:A9:A0:A5:0E:C9:F8:3C:E4:B6:64:FE:01:1C:78:F7:4B:1
E:41:2C
             签名算法名称: SHA256withRSA
             版本: 3

    扩展:
```

```
#1: ObjectId: 2.5.29.14 Criticality=false
SubjectKeyIdentifier [
KeyIdentifier [
0000: C8 C5 19 3E F3 13 89 5C  3A 2A 84 44 BF 32 E3 FB  ...>...\:*.D.2..
0010: 5B 30 9F 75                                      [0.u
]
]
```

第二步：生成客户端的密钥到客户端的密钥仓库。还是使用 Keytool 工具的 genkey 选项完成，命令大致如下：

```
keytool -genkey -alias client -keysize 2048 -validity 365 -keyalg RSA -dname "CN=client"
-keypass 123456 -storepass 123456 -keystore f:/client.jks
```

第三步：需要将服务端的证书导出，然后导入客户端的授信证书仓库（这里使用客户端密钥仓库）中。首先通过 Keytool 工具的 export 选项完成服务端的数字证书 server.cer 文件的导出，命令大致如下：

```
keytool -export -alias server -keystore f:/server.jks -storepass 123456 -file server.cer
```

证书导出后，可以使用 Keytool 工具的 printcert 选项查看所导出的证书中的内容，具体的命令为：

```
C:\Users\UserName> keytool -printcert -file server.cer
所有者: CN=server
发布者: CN=server
序列号: 7cef8ac8
有效期开始日期: Sat May 23 16:07:56 CST 2020, 截止日期: Sun May 23 16:07:56 CST 2021
证书指纹:
        MD5: 4A:02:4F:DB:AD:69:68:39:A9:DC:78:E1:D8:9E:0F:F7
        SHA1: 04:14:63:D6:68:1C:14:FC:FE:AA:25:05:B2:65:36:47:4C:4D:9B:29
        SHA256:
8C:ED:B5:15:B5:5B:A5:1E:11:40:67:67:0E:A9:A0:A5:0E:C9:F8:3C:E4:B6:64:FE:01:1C:78:F7:4B:1
E:41:2C
        签名算法名称: SHA256withRSA
        版本: 3

扩展:

#1: ObjectId: 2.5.29.14 Criticality=false
SubjectKeyIdentifier [
KeyIdentifier [
0000: C8 C5 19 3E F3 13 89 5C  3A 2A 84 44 BF 32 E3 FB  ...>...\:*.D.2..
0010: 5B 30 9F 75                                      [0.u
]
]
```

第四步：将服务的证书导入客户端仓库（严格来说是信任仓库，只不过可以和密钥仓库合用）。使用 Keytool 工具的 import 选项完成，命令大致如下：

```
keytool -import -trustcacerts -alias server -file server.cer -keystore f:/client.jks
-storepass 123456
```

导入过程中，会提示是否信任该证书，在确认之后，证书就会被成功添加到密钥库中。客户端就可以和服务器进行安全通信了。

最后介绍一下 Keytool 工具的常用选项，大致说明如下：

（1）-list：该选项用于查看一个密钥存储仓库文件（如 Java KeyStore）中的密钥和证书。使用示例如下：

```
keytool -list -v -keystore f:\client.jks
```

（2）-export：该选项用于从密钥存储仓库文件中导出一个证书文件。使用示例如下：

```
keytool -export -alias server -keystore f:/server.jks -storepass 123456 -file server.cer
```

（3）-import：该选项用于添加一个信任证书到密钥存储仓库文件。使用示例如下：

```
keytool -import -trustcacerts -alias server -file server.cer -keystore f:/client.jks
```

（4）-delete：该选项用于根据别名从密钥存储仓库文件中删除一个证书或者密钥。使用示例如下：

```
keytool -delete -keystore server.jks -alias server
```

以上是通过 Keytool 工具管理密钥和证书，也是用户日常用得比较多的方式。除此之外，还可以通过 Java 程序完成密钥和证书的管理。

12.5　使用 Java 程序管理密钥和证书

作为铺垫，回顾一下上一节使用密钥的场景：假设客户端需要和服务端进行安全通信，客户端要用到服务端的公钥进行通信加密。在这种场景下，首先需要生成服务端和客户端的密钥仓库，然后导出服务端证书，并导入客户端密钥仓库中。上一节通过 Keytool 工具管理密钥和证书，本节通过 Java 程序完成同样的操作。

12.5.1　Java 操作数据证实所涉及的核心类

使用 Java 代码创建和管理密钥、密钥仓库、数字证书，大致会用到的核心类如表 12-3 所示。

表12-3　使用Java操作密钥和仓库涉及的核心类

Java 类	说　明
java.security.KeyStore	此类表示密钥和证书的存储设施，也就是密钥仓库
java.security.PrivateKey	私钥的超级接口，包括 DHPrivateKey、DSAPrivateKey、ECPrivateKey、RSAPrivateCrtKey、RSAPrivateKey 等子接口
java.security.PublicKey	公钥的超级接口
java.security.Signature	数字签名算法类，签名算法可以为 MD5withRSA 或 SHA1withRSA 等。获取数字签名时，没有默认的算法名称，所以必须指定名称
java.security.cert.Certificate	数字证书的抽象类。不同的证书类型（X.509、PGP 等）共享通用的证书功能（如编码和验证）和部分信息类型（如公钥等）
java.security.cert.X509Certificate	X.509 证书的抽象类。此类提供了一种访问 X.509 证书所有属性的标准方式

12.5.2 使用 Java 程序创建密钥和仓库

在前面的章节中，使用 Keytool 工具的 genkey 选项完成了服务端密钥的创建并且保存到密钥仓库文件 server.jks 中，命令大致如下：

```
    keytool -genkey -alias server -keypass 123456 -keyalg RSA -keysize 2048 -validity 365
-keystore f:\server.jks -storepass 123456 -dname "CN=server"
```

和使用 Keytool 工具类似，通过 Java 程序创建密钥和仓库时，也需要用到以下信息：密钥别名、私钥密码、密钥的加密算法、密钥的有效期、密钥仓库文件、证书拥有者信息等。

这里实现了一个 KeyStoreHelper 帮助类，用于帮助创建密钥和证书，并且保存到密钥仓库文件中，其代码节选如下：

```
package com.crazymakercircle.keystore;
//省略 import
public class KeyStoreHelper
{
    private static final byte[] CRLF = new byte[]{'\r', '\n'};
    /**
     * 存储密钥仓库的文件
     */
    private String keyStoreFile;

    /**
     * 获取 KeyStore 的信息所需的密码
     */
    private String storePass;
    /**
     * 设置指定别名条目的密码，也就是私钥原始密码
     */
    private String keyPass;

    /**
     * 每个 KeyStore 都关联这个独一无二的 alias 别名，这个 alias 通常不区分字母大小写
     */
    private String alias;

    /**
     * 指定证书拥有者信息。
     * 例如"CN=名字与姓氏,OU=组织单位名称,O=组织名称,L=城市或区域名称,ST=州或省份名称,C=单位的两
字母国家或地区代码"
     */
    private String dname ;
    KeyStore keyStore;

    private static String keyType = "JKS";

    public KeyStoreHelper(String keyStoreFile, String storePass,
                          String keyPass, String alias, String dname)
    {
        this.keyStoreFile = keyStoreFile;
        this.storePass = storePass;
        this.keyPass = keyPass;
        this.alias = alias;
        this.dname = dname;
    }
```

```
    /**
     * 创建密钥和证书并且保存到密钥仓库文件中
     */
    public void createKeyEntry() throws Exception
    {
        KeyStore keyStore = loadStore();
        CertHelper certHelper = new CertHelper(dname);
        /**
         * 生成证书
         */
        Certificate cert = certHelper.genCert();
        cert.verify(certHelper.getKeyPair().getPublic());
        PrivateKey privateKey = certHelper.getKeyPair().getPrivate();

          //访问仓库时需要用到仓库密码
        char[] caPasswordArray = storePass.toCharArray();
        /**
         * 设置密钥和证书到密钥仓库
         */
        keyStore.setKeyEntry(alias, privateKey,
                caPasswordArray, new Certificate[]{cert});

FileOutputStream fos = null;
        try
        {
            fos = new java.io.FileOutputStream(keyStoreFile);
            /**
             * 密钥仓库保存到文件
             */
            keyStore.store(fos, caPasswordArray);
        } finally
        {
            closeQuietly(fos);
        }
    }



    /**
     * 从文件加载KeyStore密钥仓库
     */
    public KeyStore loadStore() throws Exception
    {
        log.debug("keyStoreFile: {}", keyStoreFile);
        if (!new File(keyStoreFile).exists())
        {
            createEmptyStore();
        }
        KeyStore ks = KeyStore.getInstance(keyType);
        java.io.FileInputStream fis = null;
        try
        {
            fis = new java.io.FileInputStream(keyStoreFile);
            ks.load(fis, storePass.toCharArray());
        } finally
        {
            closeQuietly(fis);
        }
        return ks;
    }
```

```
    /**
     * 建立一个空的 KeyStore 仓库
     */
    private void createEmptyStore() throws Exception
    {
        KeyStore keyStore = KeyStore.getInstance(keyType);
        File parentFile = new File(keyStoreFile).getParentFile();
        if (!parentFile.exists())
        {
            parentFile.mkdirs();
        }
        java.io.FileOutputStream fos = null;
        keyStore.load(null, storePass.toCharArray());
        try
        {
            fos = new java.io.FileOutputStream(keyStoreFile);
            keyStore.store(fos, storePass.toCharArray());
        } finally
        {
            closeQuietly(fos);
        }
    }
    ...
}
```

使用此 KeyStoreHelper 类完成创建服务端（如 Netty 服务器）密钥并且保存到服务端密钥仓库文件中，其代码如下：

```
package com.crazymakercircle.secure.Test.keyStore;
//省略 import
public class ServerKeyStoreTester
{

    /**
     * 密钥存储的文件
     */
    private String keyStoreFile=
                      SystemConfig.getKeystoreDir() + "/server.jks";

    /**
     * 访问 KeyStore 时所需的密码
     */
    private String   storePass = "123456";
    /**
     * 设置指定别名条目的密码，也就是私钥密码
     */
    private String keyPass = "123456";

    /**
     * 每个 KeyStore 都关联这个独一无二的 alias，这个 alias 通常不区分字母大小写
     */
    private String alias= "server_cert";

    /**
     * 指定证书拥有者信息。
     * 例如"CN=名字与姓氏,OU=组织单位名称,O=组织名称,L=城市或区域名称,ST=州或省份名称,C=单位的两
字母国家或地区代码"
     */
    private String dname =
"C=CN,ST=Province,L=city,O=crazymaker,OU=crazymaker.com,CN=server";
```

```
        /**
         *  创建密钥和证书并且保存到密钥仓库文件中
         */
        @Test
        public void testCreateKey() throws Exception
        {

            KeyStoreHelper keyStoreHelper = new KeyStoreHelper(keyStoreFile,
                    storePass, keyPass, alias, dname);
            //创建密钥和证书
            keyStoreHelper.createKeyEntry();
        }

        /**
         * 在服务端仓库，打印仓库的所有证书
         */
        @Test
        public void testPrintEntries() throws Exception
        {
            String dir = SystemConfig.getKeystoreDir();
            log.debug(" client dir = " + dir);
            KeyStoreHelper keyStoreHelper = new KeyStoreHelper(
                    keyStoreFile, storePass, keyPass, alias, dname);
            //打印仓库的所有证书
            keyStoreHelper.doPrintEntries();
        }

        ...

    }
```

运行以上第一个测试用例代码，会在工程目录下创建一个server.jks密钥仓库文件；运行以上第二个测试用例代码，会打印仓库的所有证书。大致输出如下：

```
    [main] DEBUG ServerKeyStoreTester -  client dir = F:\....\SecureTransferDemo
    [main] DEBUG KeyStoreHelper - keyStoreFile: F:\.... \server.jks
    [main] INFO KeyStoreHelper - server_cert 别名的证书信息如下:
    [main] INFO KeyStoreHelper - Owner: C=CN, ST=Province, L=city, O=crazymaker,
OU=crazymaker.com, CN=server
    [main] INFO KeyStoreHelper - Issuer: C=CN, ST=Province, L=city, O=crazymaker,
OU=crazymaker.com, CN=server
    [main] INFO KeyStoreHelper - Serial number: 1
    [main] INFO KeyStoreHelper - Valid from: Sat May 23 21:21:18 CST 2020
    [main] INFO KeyStoreHelper - Valid until: Sun May 23 21:21:18 CST 2021
    [main] INFO KeyStoreHelper - Certificate fingerprints SHA1:
    [main] INFO KeyStoreHelper -
2C:5B:D7:64:4C:70:E6:36:1F:4C:A0:7E:24:05:60:4E:EB:6D:8C:D8
    [main] INFO KeyStoreHelper - Certificate fingerprints SHA256:
    [main] INFO KeyStoreHelper -
84:BB:D7:52:43:19:42:AD:29:D3:0C:B3:A3:A1:53:E9:68:73:80:54:F3:82:18:1F:9D:E5:40:1E:9A:2
C:9F:7A
    [main] INFO KeyStoreHelper - Signature algorithm name: SHA256withRSA
    [main] INFO KeyStoreHelper - Version: 3
```

12.5.3 使用Java程序导出证书文件

在前面的章节中，导出服务端的证书是使用Keytool工具的export选项完成的，命令大致如下：

```
keytool -export -alias server -keystore f:/server.jks -storepass 123456 -file server.cer
```

在帮助类 KeyStoreHelper 中使用 Java 代码实现数字证书文件（.cer 文件）导出的代码，其方法的名称为 exportCert，代码如下：

```
package com.crazymakercircle.keystore;
//省略 import
public class KeyStoreHelper
{
  //省略成员属性
    /**
     * 导出证书
     * @param outDir 导出的目标目录
     */
    public boolean exportCert(String outDir) throws Exception
    {
        assert (StringUtils.isNotEmpty(alias));
        assert (StringUtils.isNotEmpty(keyPass));
        KeyStore ks = loadStore();
        PasswordProtection protection =
                        new PasswordProtection(keyPass.toCharArray());
        if (ks.isKeyEntry(alias))
        {
          //根据别名获取密钥条目
            PrivateKeyEntry entry=
                            (PrivateKeyEntry) ks.getEntry(alias, protection);
          //从密钥条目中获取证书
            X509Certificate cert =
                            (X509Certificate) entry.getCertificate();


          //进行过期校验
            if (new Date().after(cert.getNotAfter()))
            {
                return false;

            } else
            {
                //导出到文件中
                String certPath = outDir + "/" + alias + ".cer";
                FileWriter wr =
                                new java.io.FileWriter(new File(certPath));
                String encode =
                               new BASE64Encoder().encode(cert.getEncoded());
                String strCertificate = "-----BEGIN CERTIFICATE-----\r\n"
                        + encode + "\r\n-----END CERTIFICATE-----\r\n";
                //写入证书的编码
                 wr.write(strCertificate);
                wr.flush();
                closeQuietly(wr);
                return true;
            }
        }
        return false;
    }
    ...
}
```

使用此 KeyStoreHelper 类的 exportCert 方法完成导出服务端（如 Netty 服务器）密钥的数字证书，其测试用例代码如下：

```
package com.crazymakercircle.secure.Test.keyStore;
//省略 import
@Slf4j
public class ServerKeyStoreTester
{

    /**
     * 服务端密钥仓库测试用例
     */
    @Test
    public void testExportCert() throws Exception
    {
        String dir = SystemConfig.getKeystoreDir();
        log.debug("dir = " + dir);
        KeyStoreHelper keyStoreHelper = new KeyStoreHelper(keyStoreFile,
                storePass, keyPass, alias, dname);
        boolean ok = keyStoreHelper.exportCert(dir);
        log.debug("Export Cert ok = " + ok);
    }
        ...
}
```

运行以上测试用例代码，会在工程目录下创建一个 server_cert.cer 数字证书。使用文本工具可以打开该证书文件，其内容如图 12-24 所示。

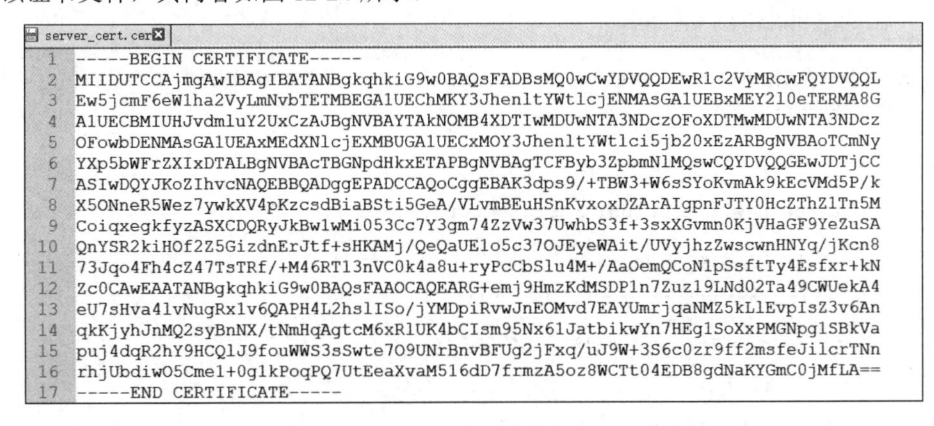
server_cert.cer

```
-----BEGIN CERTIFICATE-----
MIIDUTCCAjmgAwIBAgIBATANBgkqhkiG9w0BAQsFADBsMQ0wCwYDVQQDEwRlc2VyMRcwFQYDVQQL
Ew5jcmF6eW1ha2VyLmNvbTETMBEGA1UEChMKY3JhenltYWtlcjENMAsGA1UEBxMEY2l0eTERMA8G
A1UECBMIUHJvdmluY2UxCzAJBgNVBAYTAkNOMB4XDTIwMDUwNTA3NDczOFoXDTMwMDUwNTA3NDcz
OFowbDENMAsGA1UEAxMEdXNlcjEXMBUGA1UECxMOY3JhenltYWtlci5jb20xEzARBgNVBAoTCmNy
YXp5bWFrZXIxDTALBgNVBAcTBGNpdHkxETAPBgNVBAgTCFByb3ZpbmNlMQswCQYDVQQGEwJDTjCC
ASIwDQYJKoZIhvcNAQEBBQADggEPADCCAQoCggEBAK3dps9/+TBW3+W6sSYoKvmAk9kEcVMd5P/k
X5ONneR5Wez7ywkXV4pKzcsdBiaBSti5GeA/VLvmBEuHSnKvxoxDZArAIgpnFJTY0HcZThZlTn5M
CoiqxegkfyzASXCDQRyJkBw1wMi053Cc7Y3gm74ZzVw37UwhbS3f+3sxXGvmn0KjVHaGF9YeZuSA
QnYSR2kiHOf2Z5GizdnErJtf+sHKAMj/QeQaUE1o5c37OJEyeWAit/UVyjhzZwscwnHNYq/jKcn8
73Jqo4Fh4cZ47TsTRf/+M46RT13nVC0k4a8u+ryPcCbSlu4M+/AaOemQCoNlpSsftTy4Esfxr+kN
Zc0CAwEAATANBgkqhkiG9w0BAQsFAAOCAQEARG+emj9HmzKdMSDP1n7Zuz19LNd02Ta49CWUekA4
eU7sHva4lvNugRx1v6QAPH4L2hslISo/jYMDpiRvwJnEOMvd7EAYUmrjqaNMZ5kLlEvpIsZ3v6An
qkKjyhJnMQ2syBnNX/tNmHqAgtcM6xRlUK4bCIsm95Nx61JatbikwYn7HEg1SoXxPMGNpg1SBkVa
puj4dqR2hY9HCQlJ9fouWWS3sSwte7O9UNrBnvBFUg2jFxq/uJ9W+3S6c0zr9ff2msfeJilcrTNn
rhjUbdiwO5Cme1+0g1kPoqPQ7UtEeaXvaM516dD7frmzA5oz8WCTt04EDB8gdNaKYGmC0jMfLA==
-----END CERTIFICATE-----
```


图 12-24 Base 64 编码后的数字证书内容

12.5.4 使用 Java 程序将数字证书导入信任的仓库中

如果需要将服务的证书导入信任的仓库（如客户端仓库）中，则可使用 Keytool 工具的 import 选项完成，具体命令如下：

```
keytool -import -trustcacerts -alias server -file server.cer -keystore f:/client.jks
-storepass 123456
```

还是在 KeyStoreHelper 类中使用 Java 实现导入数字证书到信任的仓库，其方法的名称为 importCert，代码如下：

```
package com.crazymakercircle.keystore;
//省略 import
public class KeyStoreHelper
{
    //省略成员属性
```

```
/**
 * 导入数字证书到信任的仓库
 */
public void importCert(String importAlias, String certPath) …{
    if (null == keyStore)
    {
        keyStore = loadStore();
    }
    InputStream inStream = null;
    if (certPath != null)
    {
        inStream = new FileInputStream(certPath);
    }
    //将证书按照别名增加到仓库中
    boolean succeed = addTrustedCert(importAlias, inStream);
    if (succeed)
    {
        log.debug("导入成功");
    } else
    {
        log.error("导入失败");
    }
}

/**
 * 将证书按照别名增加到仓库中
 */
private boolean addTrustedCert(String alias, InputStream in)
        throws Exception
{
    if (alias == null)
    {
        throw new Exception("Must.specify.alias");
    }
    //如果别名已经存在，则抛出异常
    if (keyStore.containsAlias(alias))
    {
        throw new Exception("别名已经存在");
    }

    //从输入流中读取证书
    X509Certificate cert = null;
    try
    {
        cert = (X509Certificate) generateCertificate(in);
    } catch (ClassCastException | CertificateException ce)
    {
        throw new Exception("证书读取失败");
    }
    //根据别名进行设置
    keyStore.setCertificateEntry(alias, cert);
    //写回到仓库文件
    char[] caPasswordArray = storePass.toCharArray();
    java.io.FileOutputStream fos = null;
    try
    {
        fos = new java.io.FileOutputStream(keyStoreFile);
        keyStore.store(fos, caPasswordArray);
    } finally
    {
        closeQuietly(fos);
```

```
        }
        return true;
    }
  ...
}
```

调用此 KeyStoreHelper 类的 importCert()方法把服务端的数字证书导入客户端的密钥仓库，接下来进行一下自测，其测试用例代码如下：

```
package com.crazymakercircle.keystore;
//省略 import
/**
 * 客户端密钥仓库测试类
 **/
@Slf4j
@Data
public class ClientKeyStoreTester
{
  //省略成员属性
    /**
     * 在客户端仓库导入服务端的证书
     */
    @Test
    public void testImportServerCert() throws Exception
    {
        String dir = SystemConfig.getKeystoreDir();
        log.debug(" client dir = " + dir);
        KeyStoreHelper keyStoreHelper = new KeyStoreHelper(
                keyStoreFile, storePass, keyPass, alias, dname);
        /**
         * 服务端的证书文件
         */
        String importAlias = "server_cert";
        String certPath = SystemConfig.getKeystoreDir() +
                                              "/" + importAlias + ".cer";
        //导入服务端的证书
        keyStoreHelper.importCert(importAlias, certPath);
    }


    /**
     * 在客户端仓库打印所有证书
     */
    @Test
    public void testPrintEntries() throws Exception
    {
        String dir = SystemConfig.getKeystoreDir();
        log.debug(" client dir = " + dir);
        KeyStoreHelper keyStoreHelper = new KeyStoreHelper(
                keyStoreFile, storePass, keyPass, alias, dname);
        //打印仓库的所有证书
        keyStoreHelper.doPrintEntries( );
    }
  ...
}
```

运行以上测试用例代码之前，首先要创建客户端的密钥仓库，才能完成服务器证书的导入。运行以上第一个测试用例代码，会给客户端仓库导入服务端的证书。运行以上第二个测试用例代码，可以打印客户端仓库的所有证书，大致输出如下：

```
    KeyStoreHelper - keyStoreFile: F:/....../client.jks
    KeyStoreHelper - client_cert 别名的证书信息如下:
    KeyStoreHelper - Owner: C=CN, ST=Province, L=city, O=crazymaker, OU=crazymaker.com, CN=client
    KeyStoreHelper - Issuer: C=CN, ST=Province, L=city, O=crazymaker, OU=crazymaker.com, CN=client
    KeyStoreHelper - Serial number: 1
    KeyStoreHelper - Valid from: Sat May 23 21:58:00 CST 2020
    KeyStoreHelper - Valid until: Sun May 23 21:58:00 CST 2021
    KeyStoreHelper - Certificate fingerprints SHA1:
    KeyStoreHelper - B9:83:6A:75:F6:B5:4B:28:BA:0B:DE:15:CF:6D:33:A5:A9:9E:2A:DC
    KeyStoreHelper - Certificate fingerprints SHA256:
    KeyStoreHelper - BF:24:49:2E:52:71:79:30:EA:A8:C6:68:79:13:FC:90:63:88:7E:0D:9A:C0:
9E:81:C7:F0:D3:66:2C:4C:82:28
    KeyStoreHelper - Signature algorithm name: SHA256withRSA
    KeyStoreHelper - Version: 3
    KeyStoreHelper - server_cert 别名的证书信息如下:
    KeyStoreHelper - Owner: C=CN, ST=Province, L=city, O=crazymaker, OU=crazymaker.com, CN=server
    KeyStoreHelper - Issuer: C=CN, ST=Province, L=city, O=crazymaker, OU=crazymaker.com, CN=server
    KeyStoreHelper - Serial number: 1
    KeyStoreHelper - Valid from: Sat May 23 21:21:18 CST 2020
    KeyStoreHelper - Valid until: Sun May 23 21:21:18 CST 2021
    KeyStoreHelper - Certificate fingerprints SHA1:
    KeyStoreHelper - 2C:5B:D7:64:4C:70:E6:36:1F:4C:A0:7E:24:05:60:4E:EB:6D:8C:D8
    KeyStoreHelper - Certificate fingerprints SHA256:
    KeyStoreHelper - 84:BB:D7:52:43:19:42:AD:29:D3:0C:B3:A3:A1:53:E9:68:73:80:54:F3:82:
18:1F:9D:E5:40:1E:9A:2C:9F:7A
    KeyStoreHelper - Signature algorithm name: SHA256withRSA
    KeyStoreHelper - Version: 3
```

从客户端密钥仓库的证书清单中，可以看到两个数字证书：一个是通过 importCert 方法导入的服务端证书，别名为 server_cert；另一个是自己的数字证书，别名为 client_cert。

12.6 OIO 通信中 SSL/TLS 实战

SSL/TLS 协议是安全的通信模式。对于这些底层协议，如果每个开发者都要自己去实现，显然会带来不必要的麻烦。为了解决这个问题，Java 为广大开发者提供了 Java 安全套接字扩展（Java Secure Socket Extension，JSSE），包含实现互联网安全通信的一系列包的集合，是 SSL 和 TLS 的纯 Java 实现，同时它是一个开放的标准，每个公司都可以自己实现 JSSE，通过它可以透明地提供数据加密、服务器认证、信息完整性等功能，就像使用普通的套接字一样使用安全套接字，大大减轻了开发者的负担，使开发者可以很轻松地将 SSL 协议整合到程序中，并且 JSSE 能将安全隐患降到最低。

JSSE 扩展包括数据加密、服务器数字证书管理、消息完整性以及可选的客户数字证书管理等功能。借助 JSSE，开发者能够快速完成应用层协议（如 HTTP、Telnet、FTP）的安全数据通道。

在 JSSE 使用过程中，SSL/TSL 通信的握手过程日志是可以打印出来的。在实际编写程序的时候，可能会在这些环节遇到问题，导致无法通信，排查起来往往令人无从下手。这个时候我们可以将 SSL/TSL 通信的握手日志开关打开进行观察，打开该开关的 Java 命令选项为：

```
-Djavax.net.debug=ssl,handshake
```

当然，也可以调用 System.setProperty()方法在代码中打开该开关。打开日志开关后，可以搜索

ClientHello、ServerHello 等关键字，通过阅读日志来定位 SSL/TSL 通信问题。更详细的开关信息，可以使用以下 Java 命令的选项设置来查看和开启：

```
java -Djavax.net.debug=SSL,handshake,data,trustmanager
```

如果使用集成开发工具（如 IDEA），可以将该参数加入 VM options 中，具体如图 12-25 所示。

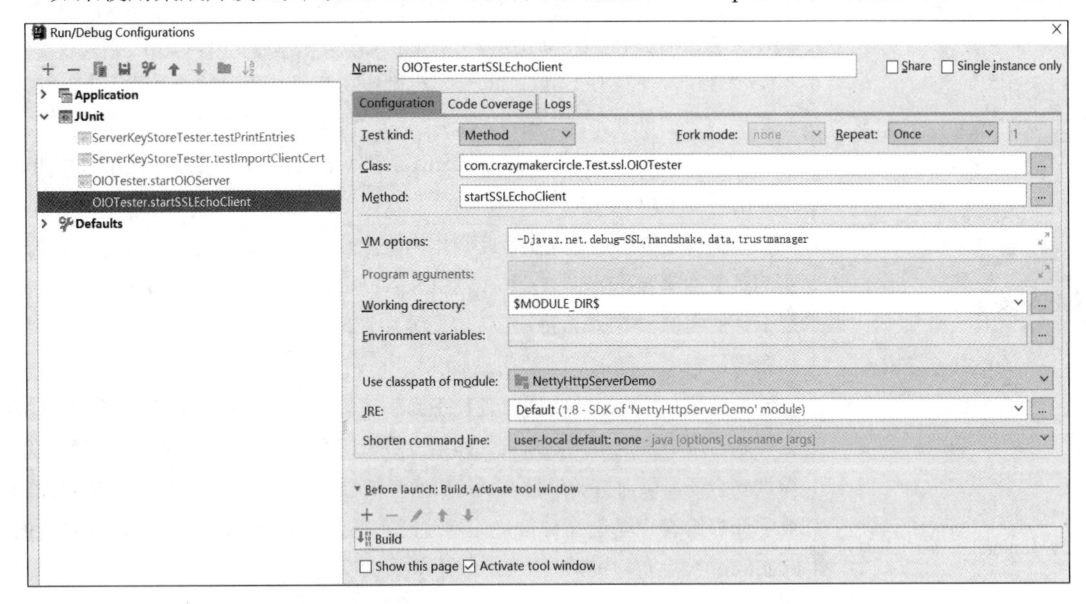

图 12-25 在 IDEA 中加入 VM options 选项 javax.net.debug

12.6.1 JSSE 安全套接字扩展核心类

在用 JSSE 实现 SSL/TLS 通信的过程中，会涉及加解密、密钥生成等安全运算的框架和实现，所以也会间接用到 JCE（Java Cryptography Extension）包的一些类（如加密、解密等）。

JSSE 安全通信的核心类如表 12-4 所示。

表12-4 JSSE安全通信库的核心类

核 心 类	说 明
SSLSocket	安全通信核心类，对应 TCP 通信的传输套接字 ServerSocket 类，该类是 Socket 类的子类，表示一种实现 SSL 协议的子类。SSLSocket 负责设置加密套件、管理 SSL 会话、处理握手结束时间、设置客户端模式或服务端模式
SSLServerSocket	安全通信核心类，对应 TCP 通信的服务端监听套接字 ServerSocket 类，SSLServerSocket 是实现了 SSL 协议的监听套接字，是 ServerSocket 类的子类。SSLServerSocket 的主要职责是通过接受连接来创建 SSLSocket。SSLServerSocket 包含一些状态参数，包括启用的加密套件和协议、客户端验证是否必需，以及创建 SSLSocket 套接字时是以客户端模式还是服务端模式开始握手等，这些状态参数在创建传输套接字 SSLSocket 实例时由新的套接字继承
SSLSocketFactory 和 SSLServerSocketFactory	这是一组客户端与服务端 Socket 套接字工厂类。这两个工厂类分别用于创建安全传输套接字 SSLSocket 实例、安全监听套接字 SSLServerSocket 实例

（续表）

核 心 类	说 明
SSLSession	SSL 安全套接字的通信会话。为了提高通信效率，SSL 协议允许多个 SSLSocket 共享同一个 SSL 会话，在同一个会话中，由第一个 SSLSocket 负责 SSL 握手、生成密钥及交换密钥，其余 SSLSocket 都共享密钥信息
SSLEngine	SSL 安全传输引擎。SSLEngine 从底层的 IO 传输机制中分离出了 SSL/TLS 抽象安全操作，并且将 SSL/TLS 安全机制应用在入站和出站的字节流上，使之与底层的传输机制无关。所以，SSLEngine 传输引擎可以被用于各种 IO 类型，包括 NIO、OIO、Input/Output Streams、本地 ByteBuffers 缓冲区或字节数组、未来的异步 IO 模型等
SSLContext	SSL 安全套接字的上下文类。此类作为安全套接字协议的重要实现类，该类的实例负责创建 SSLSocketFactory、SSLServerSocketFactory 和 SSLEngine 三大重要工厂的实例。SSLContext 还负责设置和管理安全通信过程中的各种信息，例如跟密钥仓库、证书相关的信息
KeyManager	密钥管理器。此接口的实例负责管理用于证实自己身份的安全证书和公钥，并在握手时用于发送给通信对端。如果没有密钥仓库可以使用，则套接字将不能提供安全证书供对方验证。在 JSSE 通信的握手程序中，一般服务端需要发送数字证书给客户端进行身份认证，此时可通过 KeyManager 实例从其管理的 keyStore 密钥仓库中获取自己的数字证书。反过来也同理，如果握手过程中需要客户端发送安全证书给服务端，则需要通过 KeyManager 实例从客户端的 keyStore 密钥仓库获取含公钥的数字证书。KeyManager 实例通过 KeyManagerFactory 工厂类实例创建
TrustManager	信任管理器 TrustManager 负责管理受到自己信任的数字证书。在对端证书发送过来时，JSSE 将通过 TrustManager 获取自己管理的外部信任证书，然后完成对端证书的信任校验。 TrustManager 实例由 TrustManagerFactory 工厂类生成

使用上面这些核心类基本就可以完成 Java 的 SSL/TLS 安全通信。在进行安全通信时，客户端跟服务端都必须支持 SSL/TLS 协议，不然将无法进行通信。客户端和服务端都可能要设置用于证实自己身份的安全证书，并且还要设置信任对方的哪些安全证书。

发起握手请求时，有一个名词叫客户端模式。一般情况下，由处于客户端模式的一方发起 SSL/TSL 的握手报文 Client Hello。使用传输套接字 SSLSocket 的 setUseClientMode(Boolean mode)方法可以设置本端处于客户端模式还是服务端模式。

说明 这里的客户端模式是 SSL/TSL 的专用概念，表示由这一方发起 Client Hello 握手请求，通信双方只能有一方为客户端模式。如果一方设置为客户端模式，则另一方不能设置为客户端模式。

在 JSSE 中，可以通过设置 SSLSocket.setNeedClientAuth(true)来启用是否需要对对方认证，以便要求对方提供数字证书。如果设置为 true，并且对方选择不提供自身的验证信息，则协商将会停止，SSLEngine 引擎将开始 SSLSocket 的关闭过程。

12.6.2　JSSE 安全套接字的创建过程

JSSE 扩展中提供了 javax.net.ssl.SSLSocket 和 javax.net.ssl.SSLServerSocket 安全套接字类用于支持在阻塞式 OIO 模式下套接字的安全传输，下面先介绍一下安全套接字的创建过程。

第一步：加载本地的密钥仓库，创建 KeyManager 密钥管理器。安全套接字在握手过程中可能需要发送代表自己的数字证书，该证书来自本地密钥仓库。并且，在验证对方的数字证书时，也需要使用本地信任证书仓库（一般也使用本地密钥仓库）查找对应的信任证书。

加载本地的密钥仓库需要用到仓库密码和仓库文件，大致的代码如下：

```
//仓库密钥
String pass = "123456";
String keyStoreFile = SystemConfig.getKeystoreDir() + "/server.jks";
char[] passArray = pass.toCharArray();
KeyStore keyStore = KeyStore.getInstance("JKS");
//加载 keyStoreFile 生成的密钥仓库
FileInputStream inputStream = new FileInputStream(keyStoreFile);
keyStore.load(inputStream, passArray);

//创建密钥管理器，并且初始化
String algorithm = KeyManagerFactory.getDefaultAlgorithm();
KeyManagerFactory kmf = KeyManagerFactory.getInstance(algorithm);
kmf.init(keyStore, passArray);
```

一般而言，服务端必须要有证书以证明身份，并且证书应该描述此服务器所有者的一些基本信息，例如公司名称、联系人名等。JSSE 中的密钥实体在创建的时候可能会有两类数字证书：自我签名的数字证书和 CA 机构签名的数字证书。自我签名的数字证书在创建密钥时已经保存在密钥仓库中了。

如果通过 CA 机构购买数字证书，数字签名由 CA 机构完成，所购买的证书也需要在服务端进行配置，加入服务端的密钥仓库 Java KeyStore 中。

前面介绍过，数字证书中的数字签名是证书摘要信息用签名机构的私钥加密后的数据，这条数据可以用签名机构的公共密钥解密，这里用到的核心算法是非对称加密算法。

对于客户端，如果服务端使用的是自我签名数字证书而不是 CA 机构的数字证书，则需要将该证书导入客户端的信任仓库（TrustStore）中。理论上，TrustStore 是由 TrustManager 进行管理的，在验证对端的数字证书的时候，需要获取本地 TrustStore 中的信任证书，进行证书的比对和校验。而 JSSE 程序为了方便，将本地 TrustStore 和本地 KeyStore 合二为一，所以可以直接从本地的 KeyStore 获取对方的数字证书，当然，在认证之前，需要提前将信任的数字证书导入 KeyStore。

理论上，KeyManager（密钥管理器）负责管理本地 KeyStore，TrustManager（信任管理器）负责管理本地 TrustStore。但是，对于信任管理器，在具体开发应用程序时会编写一个自己的实现类（如 X509TrustManagerFacade），直接从本地 KeyStore 中获取导入的信任数字证书。

第二步：创建 SSL 上下文实例。创建 SSLContext 上下文实例时会用到 KeyManager 和 TrustManager 实例，其代码大致如下：

```
//初始化 KeyManagerFactory 之后，创建 SSLContext 并初始化
SSLContext sslContext = SSLContext.getInstance("SSL");
//信任库
```

```
        //如果是单向认证，则服务端不需要验证客户端的合法性，此时 TrustManager 可以为空
        TrustManager[] trustManagers = createTrustManagers(keyStore);

        //安全随机数不需要设置
        sslContext.init(kmf.getKeyManagers(), trustManagers, null);
```

第三步：创建安全套接字。通过 SSL 上下文实例完成客户端 SSLSocketFactory 传输套接字工厂、服务端 SSLServerSocketFactory 监听套接字工厂实例的创建，再由两大工厂实例进一步创建安全套接字。服务端的监听套接字的创建代码大致如下：

```
        //创建服务端 SSL 上下文实例
        SSLContext serverSSLContext = createServerSSLContext();
        SSLServerSocketFactory sslServerSocketFactory =
                        serverSSLContext.getServerSocketFactory();
        //通过服务端 SSL 上下文实例创建服务端 SSL 监听套接字
        serverSocket = (SSLServerSocket)
            sslServerSocketFactory.createServerSocket(SOCKET_SERVER_PORT);
```

创建完安全套接字之后，就可以基于 SSL/TLS 进行安全传输了。

12.6.3 OIO 安全通信的 Echo 服务端实战

一个简单的基于 OIO（Java 阻塞式 IO）进行安全通信的 Echo 演示实战案例的服务端代码主要如下：

```
package com.crazymakercircle.secure.oio;
//省略 import
//服务端
public class SSLEchoServer
{
    //服务端 SSL 监听套接字
    static SSLServerSocket serverSocket;
    public static void start()
    {
        try
        {
            //创建服务端 SSL 上下文实例
            SSLContext serverSSLContext = createServerSSLContext();
            SSLServerSocketFactory sslServerSocketFactory =
                            serverSSLContext.getServerSocketFactory();
            //通过服务端 SSL 上下文实例创建服务端 SSL 监听套接字
            serverSocket = (SSLServerSocket)
sslServerSocketFactory.createServerSocket(SOCKET_SERVER_PORT);

            //单向认证：在服务端设置不需要验证对端身份，不需要客户端证实自己的数字证书
            serverSocket.setNeedClientAuth(true);
            //在握手的时候，使用服务端模式，由客户端发起 Client Hello 帧
            serverSocket.setUseClientMode(false);

            String[] supported = serverSocket.getEnabledCipherSuites();
            serverSocket.setEnabledCipherSuites(supported);


            log.info("SSL OIO ECHO 服务已经启动 {}:{}",
                  SystemConfig.SOCKET_SERVER_NAME,
                        SystemConfig.SOCKET_SERVER_PORT);

           //监听和接受客户端连接
            while (!Thread.interrupted())
```

```
            {
                Socket client = serverSocket.accept();
                System.out.println(client.getRemoteSocketAddress());
                //向客户端发送接收到的字节序列
                OutputStream output = client.getOutputStream();
                //当一个普通 Socket 连接上来时，这里会抛出异常
                InputStream input = client.getInputStream();
                byte[] buf = new byte[1024];
                int len = 0;
                StringBuffer buffer = new StringBuffer();
                while ((len = input.read(buf)) != -1)
                {
                    String sf = new String(buf, 0, len, "UTF-8");
                    log.info("服务端收到: {}", sf);
                    buffer.append(sf);
                    if (sf.contains("\r\n\r\n"))
                    {
                        break;
                    }
                }
                //发送消息到客户端
                output.write(buffer.toString().getBytes("UTF-8"));
                output.flush();
                //关闭 Socket 连接
                closeQuietly(input);
                closeQuietly(output);
                closeQuietly(client);
            }
        } catch (Exception e)
        {
            e.printStackTrace();
        } finally
        { //关闭 serverSocket 监听套接字
            closeQuietly(serverSocket);
        }
    }
}
```

服务端设置为单向认证模型：只是客户端对服务端进行认证，服务端不需要对客户端进行认证。也就是说，在服务端设置不需要验证对端身份，不需要客户端提供自己的数字证书，其关键代码如下：

```
serverSocket.setNeedClientAuth(true);
```

12.6.4 OIO 安全通信的 Echo 客户端实战

一个简单的基于 OIO（Java 阻塞式 IO）进行安全通信的 Echo 演示实战案例的客户端代码主要如下：

```
package com.crazymakercircle.secure.oio;
//省略 import
//客户端
@Slf4j
public class SSLEchoClient
{
    //安全套接字
    static SSLSocket sslSocket;
    static OutputStream output;
    static InputStream input;
```

```
    public static void connect()
    {
        try
        {
                //创建客户端 SSL 上下文
                SSLContext clientSSLContext = createClientSSLContext();
                SSLSocketFactory factory = clientSSLContext.getSocketFactory();
                sslSocket =  factory.createSocket("localhost", 18899);
                //在握手的时候，使用客户端模式，由客户端发起 Client Hello 帧
                sslSocket.setUseClientMode(true);
                //单向认证：设置需要验证对端身份，这里需要验证服务端身份
                sslSocket.setNeedClientAuth(true);


                log.info("连接服务器成功");
                output = sslSocket.getOutputStream();
                input = sslSocket.getInputStream();
                output.write("hello\r\n\r\n".getBytes());
                output.flush();
                log.info("sent hello finished!");
                byte[] buf = new byte[1024];
                int len = 0;
                while ((len = input.read(buf)) != -1)
                {
                    log.info("客户端收到: {}", new String(buf, 0, len, "UTF-8"));
                }

        } catch (Exception e)
        {
            e.printStackTrace();
        } finally
        {
            closeQuietly(output);
            closeQuietly(input);
            closeQuietly(sslSocket);
        }
    }
}
```

客户端也设置为单向认证模型：客户端对服务端进行认证，服务端不需要对客户端进行认证。也就是说，在客户端设置需要验证对端身份，需要服务端提供自己的数字证书，其关键代码如下：

```
//单向认证：设置需要验证对端身份，这里需要验证服务端身份
sslSocket.setNeedClientAuth(true);
```

12.7 单向认证与双向认证

单向认证和双向认证的具体含义如下：

（1）SSL/TLS 单向认证：客户端会认证服务端身份，服务端不对客户端身份进行认证。

（2）SSL/TLS 双向认证：客户端和服务端会互相认证，即双方都要发送数字证书给对端，并且对证书进行安全认证。

12.7.1 SSL/TLS 单向认证

前面介绍的SSL/TSL协议的握手过程的4个阶段是以单向认证的握手流程为蓝本进行介绍的。第一个阶段，客户端发起握手请求；第二个阶段，服务器收到握手请求后选择适合双方的协议版本和加密套件，然后将协商的结果和服务端的证书（含公钥）一起发送给客户端；第三个阶段，客户端利用服务端的公钥对要发送的数据（主要是第三个随机数）进行加密，并发送给服务端；第四个阶段，服务端收到第三个随机数后，用本地私钥对收到的客户端加密数据进行验证，验证通过后计算会话密钥，然后给客户端进行最后的回复确认。完成握手之后，通信双方都会使用生成的会话密钥，这样就可以开始安全通信过程了。

单向认证场景下，服务端 serverSocket 套接字的设置需要调用 setNeedClientAuth()成员方法，参数为 false，表示不要求客户端发送其数字证书，在服务端不进行客户端的数字证书校验。其核心代码如下：

```
public class SSLEchoServer
{
        ...
        //通过服务端 SSL 上下文实例创建服务端 SSL 监听套接字
        serverSocket =sfactory.createServerSocket(SOCKET_SERVER_PORT);

        //单向认证：不需要客户端证实自己的身份，无须验证客户端身份
        serverSocket.setNeedClientAuth(false);
        //在握手的时候，使用服务端模式
        serverSocket.setUseClientMode(false);
        ...
}
```

单向认证场景下，客户端 Socket 套接字需要调用 setNeedClientAuth(...)成员方法，不过这里的参数为 true，表示需要服务端发送数字证书，客户端也会对服务端进行证书的校验。其核心代码如下：

```
public class SSLEchoClient
{
        ...
        //创建客户端 SSL 上下文
        SSLContext clientSSLContext = createClientSSLContext();
        SSLSocketFactory cfactory = clientSSLContext.getSocketFactory();
        sslSocket = cfactory.createSocket("localhost", SOCKET_SERVER_PORT);
        //在握手的时候，使用客户端模式
        sslSocket.setUseClientMode(true);
        //设置需要验证对端身份，需要验证服务端身份
        sslSocket.setNeedClientAuth(true);
        ...
}
```

在上面的代码中，setNeedClientAuth()方法用于设置是否需要为对端进行身份证书的认证。但是，还存在一个与其名字类似的 setUseClientMode()方法，这两个方法容易混淆，这里对后者进行简单介绍。

setUseClientMode()方法用于设置安全通信双方是处于客户端模式还是服务端模式。每个 SSL/TLS 连接的两端都必须有一个角色，要么是客户端角色，要么是服务端角色，因此每一端必须决定担任哪种角色。在 SSL/TLS 握手过程中，由客户端角色负责开始握手的流程，发送 Client Hello 帧，后续每个角色都有各自明确的握手报文。客户端模式或服务端模式的设置决定了由谁开

始握手过程，以及应该发送哪种类型的报文。

对于同一个 SSL/TLS 连接的通信双方来说，只能有一方处于服务端模式，而另一方必须处于客户端模式。实质上，无论是客户端还是服务端，都可处于客户端模式或者服务端模式。

通常情况下，实际的客户端程序会调用 setUseClientMode(true)将自己设置为客户端模式，而实际的服务端程序会调用 setUseClientMode(false)将自己设置为服务端模式。所以，一般由客户端程序发送 Client Hello 帧。

单向认证场景下，只有服务端在第二阶段握手时发送其数字证书给客户端，客户端通过其信任管理器进行服务端证书的验证。其握手流程如图 12-26 所示。

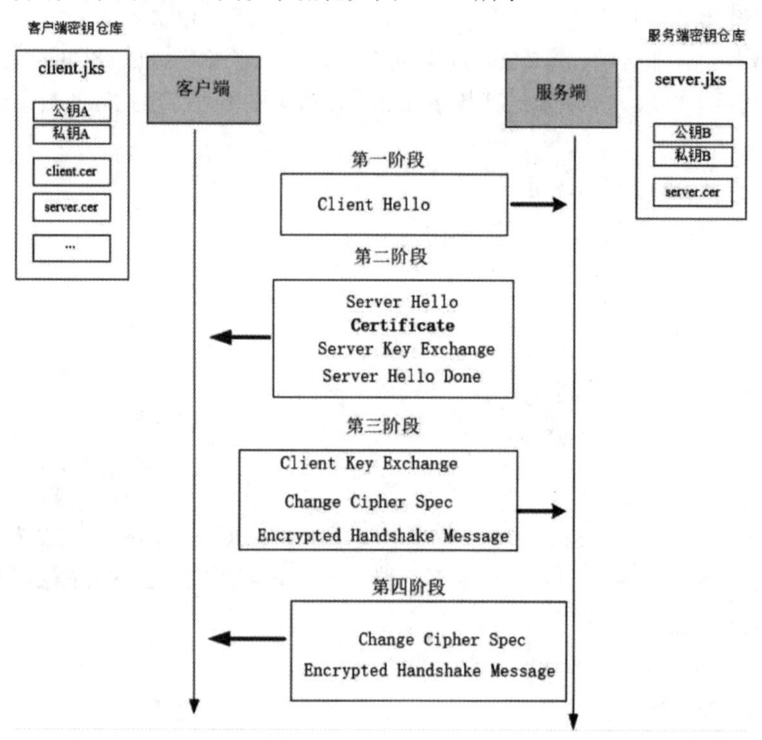

图 12-26 服务端在握手的第二阶段发送其数字证书给客户端

以上流程可以在 OIO 安全通信实例的双方通信过程中，通过 WireShark 工具抓取报文予以验证。抓包工具 WireShark 是通过监控网卡（网络接口）进行抓包的，只能抓取经过网卡的包，开发场景下本机客户端发往本机地址（localhost，127.0.0.1）的调试包并没有经过网卡，所以 WireShark 工具监控不到，也就是说默认情况下 WireShark 抓取不到本地的调试报文。如果要抓包，则需要通过 route 指令增加本地路由表中的路由配置，让发往本机的 IP 报文路由到监控网卡所指向的网关，这样发送到本机的报文才能被 WireShark 拦截到。假设本机调试的网卡地址为 192.168.0.5，为该 IP 增加路由项目的指令如下：

```
// route add 添加路由项目到本地路由表
route add 192.168.0.5 mask 255.255.255.255 192.168.0.1
```

启动 OIO 安全传输的服务端与客户端演示实例，然后在抓包工具 WireShark 上可以看到双方的 SSL/TLS 单向认证的握手过程的交互报文，大致如图 12-27 所示。

*WLAN

文件(F) 编辑(E) 视图(V) 跳转(G) 捕获(C) 分析(A) 统计(S) 电话(Y) 无线(W) 工具(T) 帮助(H)

(ip.src == 192.168.0.5)&& (ip.dst == 192.168.0.5)

No.	Source	Destination	Protocol	Info
37	192.168.0.5	192.168.0.5	TLSv1.2	Client Hello
39	192.168.0.5	192.168.0.5	TLSv1.2	Server Hello, Certificate, Server Key Exchange, Server Hello Done
41	192.168.0.5	192.168.0.5	TLSv1.2	Client Key Exchange
45	192.168.0.5	192.168.0.5	TLSv1.2	Change Cipher Spec, Encrypted Handshake Message
47	192.168.0.5	192.168.0.5	TLSv1.2	Change Cipher Spec
52	192.168.0.5	192.168.0.5	TLSv1.2	Encrypted Handshake Message
54	192.168.0.5	192.168.0.5	TLSv1.2	Application Data
56	192.168.0.5	192.168.0.5	TLSv1.2	Application Data

图 12-27　SSL/TLS 单向认证的握手过程的交互报文

这里有个问题，为什么使用 WireShark 而不能使用 Fiddler 作为抓包工具呢？原因是，Fiddler 是 Web 开发过程中的应用层抓包工具，只能抓取应用层（如 HTTP）的报文，抓取不到传输层或者 IP 层的报文，而 WireShark 可以抓取到传输层的报文。虽然 Fiddler 使用起来简单方便，但是在这里只能使用 WireShark。

在自签名证书认证（非 CA 机构颁发的证书认证）的场景下，单向认证必须在客户端密钥仓库导入服务端的数字证书，然后客户端还要能通过 TrustManager 读取到本地仓库的信任数字证书。接下来为读者介绍证书信任管理器的使用。

12.7.2　使用证书信任管理器

在 JSSE 的核心类中，TrustManager 接口用于对信任证书进行管理，负责管理受到自己信任的数字证书。在握手过程中，在对端证书发送过来时，JSSE 将通过 TrustManager 获取自己管理的证书，然后完成对端证书的校验。在进行对端证书校验时，如果对方的证书不在信任库中，则校验会失败。

JSSE 的核心信任证书管理器接口叫作 X509TrustManager 接口。我们可以自己实现该接口，X509TrustManager 接口有以下三个抽象方法以供实现。

1. void checkClientTrusted(X509Certificate[] chain, String authType)

该方法检查客户端的证书，若不信任该证书，则抛出异常。在单向认证场景中，由于不需要对客户端进行认证，因此我们只需要执行默认的信任管理器 TrustManager 的方法实现接口即可，其默认实现什么也不做，不对证书进行检查。

2. void checkServerTrusted(X509Certificate[] chain, String authType)

该方法用于检查服务端的证书，若不信任该证书，则抛出异常。通过自己实现该方法，可以使信任证书管理器信任我们指定的任何证书。如果不需要验证服务端的数字证书，也可以不做任何处理，即使用一个空的函数体，也就不会抛出异常，信任证书管理器会信任任何证书。

3. X509Certificate[] getAcceptedIssuers()

该方法返回受信任的 X509 证书数组，一般用于返回本地仓库受信任的数字证书。

在 JSSE 编程过程中，如果希望自定义信任管理器的一些行为，如需要从本地密钥仓库加载信任证书、自定义检验对方的证书等，可以实现 X509TrustManager 接口，通过定制自己的方法实现。

下面是一个简单的定制示例，通过本地密钥仓库初始化信任管理器工厂，然后获取其 X509 的数字证书库：

```
package com.crazymakercircle.ssl;
//省略 import
/**
 * 定制的信任管理器
 */
@Slf4j
public final class X509TrustManagerFacade implements X509TrustManager
{
    /**
     * 内部的 x509TrustManager 委托成员
     */
    private X509TrustManager x509TrustManager;

    /**
     * 使用密钥仓库初始化信任管理器
     * @param keyStore 密钥仓库
     */
    public void init(KeyStore keyStore) throws Exception
    {
TrustManagerFactory factory =
         TrustManagerFactory.getInstance(
                            TrustManagerFactory.getDefaultAlgorithm());
        //使用密钥仓库初始化信任管理器工厂
        factory.init(keyStore);
        //从信任管理器工厂的信任库中筛选出 X509 格式的证书库
        TrustManager[] trustManagers = factory.getTrustManagers();
        for (int i = 0; i < trustManagers.length; i++)
        {
            TrustManager trustManager = trustManagers[i];
            if (trustManager instanceof X509TrustManager)
            {
                this.x509TrustManager = (X509TrustManager) trustManager;
            }
        }
        if (this.x509TrustManager == null)
        {
            throw new Exception("Couldn't find X509TrustManager");
        }
    }

    //客户端证书检验
     public final void checkClientTrusted(
                            X509Certificate[] chain, String authType)… {
        log.info("checkClient {}, type is {}", chain, authType);
        X509TrustManager x509TrustManager = this.x509TrustManager;
        if (x509TrustManager != null)
        {
            x509TrustManager.checkClientTrusted(chain, authType);
        }
    }

    //服务端证书的校验
    public final void checkServerTrusted(
                            X509Certificate[] chain, String authType) …{
        log.info("checkServer {}, type is {}", chain, authType);
        if (this.x509TrustManager != null)
        {
```

```
            this.x509TrustManager.checkServerTrusted(chain, authType);
        }
    }

    //返回受信任的 X509 证书数组
    public final X509Certificate[] getAcceptedIssuers()
    {
        X509Certificate[] issuers = null;
        if (this.x509TrustManager != null)
        {
            issuers = x509TrustManager.getAcceptedIssuers();
        }
        if (null == issuers)
        {
            log.error("信任的 X509 证书数组 is null");
        }
        return issuers;
    }
}
```

假定客户端程序需要对服务端的证书进行校验，需要在 checkServerTrusted()方法中对服务端的证书进行验证；假定服务端程序需要对客户端的证书进行校验，需要在 checkClientTrusted()方法中对客户端的证书进行验证。

定义 TrustManager 实现类之后，如何使用呢？在创建 SSLContext 上下文实例的时候，其第二个参数需要一个 TrustManager 数组，该数组的作用是为 SSLContext 上下文提供信任证书管理器。使用 TrustManager 实现类的代码大致如下：

```
package com.crazymakercircle.ssl;
...
@Slf4j
public class SSLContextHelper
{...
 public static SSLContext createSslContext(
                                        char[] passArray, KeyStore keyStore) … {
        String algorithm = KeyManagerFactory.getDefaultAlgorithm();
        KeyManagerFactory kmf = KeyManagerFactory.getInstance(algorithm);
        kmf.init(keyStore, passArray);

        //初始化 KeyManagerFactory 之后，创建 SSLContext 上下文实例并初始化
        SSLContext sslContext = SSLContext.getInstance("SSL");
        //信任库
        X509TrustManagerFacade facade = new X509TrustManagerFacade();
        facade.init(keyStore);
        TrustManager[] trustManagers = new TrustManager[]{facade};

        //安全随机数不需要设置
        //如果是单向认证，则不需要验证对端的合法性，trustManagers 参数可以为空
        sslContext.init(kmf.getKeyManagers(), trustManagers, null);
        return sslContext;
    }
     ...
}
```

12.7.3　SSL/TLS 双向认证

SSL/TLS 双向认证就是双方会互相认证，也就是两者之间将会交换证书。双向认证的基本握

手过程和单向认证完全一样，只是在协商阶段多了几个步骤。

在握手的第二个阶段，服务端在将协商的结果和自己的数字证书一起发送给客户端后，服务端会请求客户端的证书。在握手的第三阶段，客户端会将自己的数字证书发送给服务端，服务端则会验证客户端数字证书的合法性。

双向认证场景的第一阶段握手、第四阶段握手以及建立握手之后的加密通信过程和单向认证完全保持一致。SSL/TLS 双向认证的握手流程如图 12-28 所示。

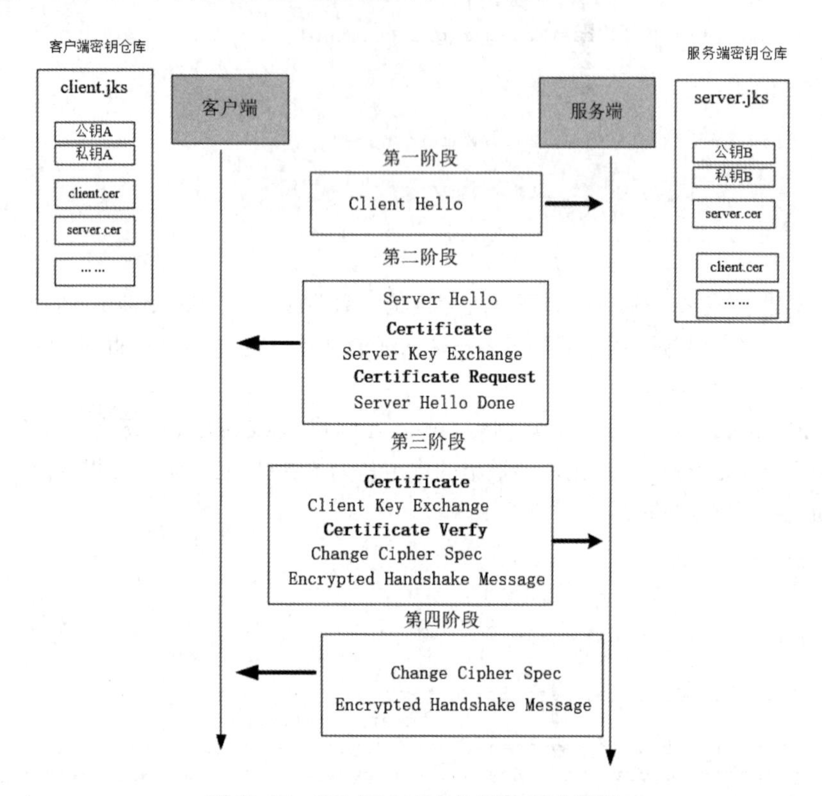

图 12-28 SSL/TLS 双向认证的握手流程

双向认证场景下，服务端 serverSocket 套接字的设置需要调用 setNeedClientAuth(…)成员方法，参数为 true 表示需要客户端发送其数字证书，并且在服务端进行客户端的数字证书校验。其核心代码如下：

```
public class SSLEchoServer
{
...
            //通过服务端 SSL 上下文实例创建服务端 SSL 监听套接字
            serverSocket = (SSLServerSocket)
                  sslServerSocketFactory.createServerSocket(18899);

            //双向认证：在服务端设置需要验证对端身份，需要客户端证实自己的身份
            serverSocket.setNeedClientAuth(true);
            //在握手的时候，使用服务端模式
            serverSocket.setUseClientMode(false);
...
}
```

双向认证的客户端设置与单向认证的客户端设置是相同的。客户端 Socket 套接字需要调用自己的 setNeedClientAuth()成员方法，参数为 true 表示需要服务端发送数字证书，也会对服务端进行证书的校验。客户端核心代码如下：

```
public class SSLEchoClient
{
    ...
                //创建客户端 SSL 上下文
                SSLContext clientSSLContext = createClientSSLContext();
                SSLSocketFactory factory = clientSSLContext.getSocketFactory();
                sslSocket =factory.createSocket("192.168.0.5", 18899);
                //在握手的时候，使用客户端模式
                sslSocket.setUseClientMode(true);
                //设置需要验证对端身份，需要验证服务端身份
                sslSocket.setNeedClientAuth(true);
    ...
}
```

在单向认证场景下，仅仅需要将服务端的数字证书导入客户端的密钥库（或者信任库）。而在双向认证场景下，还需要在服务端密钥库（或者信任库）导入客户端的数字证书，具体如图 12-29 所示。

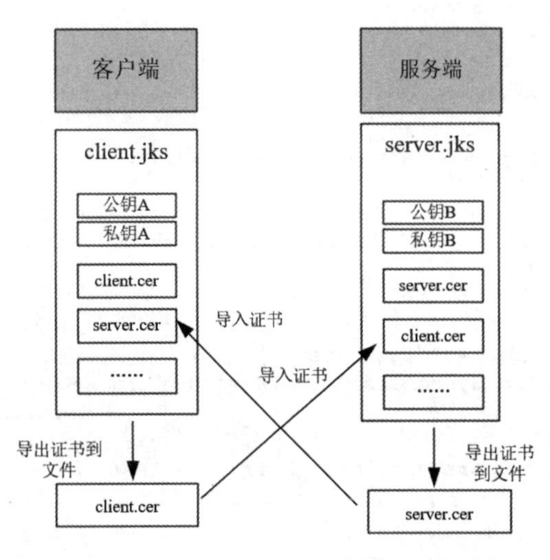

图 12-29　双向认证场景下的数字证书导入关系

可以通过 Java 代码或 Keytool 工具先从客户端的密钥仓库中导出客户端的数字证书，具体代码如下：

```
/**
 * 客户端密钥仓库操作的测试用例
 * create by 尼恩 @ 疯狂创客圈
 **/

@Slf4j
public class ClientKeyStoreTester
{
    /**
     * 导出客户端数字证书
     */
    @Test
```

```
    public void testExportCert() throws Exception
    {
        String dir = SystemConfig.getKeystoreDir();
        log.debug(" client dir = " + dir);
        KeyStoreHelper keyStoreHelper = new KeyStoreHelper(keyStoreFile,
                storePass, keyPass, alias, dname);
        boolean ok = keyStoreHelper.exportCert(dir);
        log.debug(" client ExportCert ok = " + ok);
    }
    ...
}
```

然后可以通过 Java 代码或 Keytool 工具将客户端数字证书导入服务端的密钥仓库或者信任仓库。该 Java 导入用例具体代码如下：

```
/**
 * 服务端密钥仓库操作的测试用例
 * create by 尼恩 @ 疯狂创客圈
 **/
@Slf4j
public class ServerKeyStoreTester
{
  /**
   * 在服务端密钥仓库导入客户端证书
   */
    @Test
    public void testImportClientCert() throws Exception
    {
        String dir = SystemConfig.getKeystoreDir();
        log.debug(" server dir = " + dir);
        KeyStoreHelper keyStoreHelper = new KeyStoreHelper(
                keyStoreFile, storePass, keyPass, alias, dname);
        /**
         * 服务端证书的文件
         */
        String importAlias = "client_cert";
        String certPath = SystemConfig.getKeystoreDir() +
                                                "/" + importAlias + ".cer";
        //导入服务端证书
        keyStoreHelper.importCert(importAlias, certPath);
    }
}
```

在以上准备工作完成后，启动 OIO 安全传输的服务端与客户端演示实例，然后在抓包工具上可以看到双方的 SSL/TLS 单向认证的握手过程的交互报文，如图 12-30 所示。

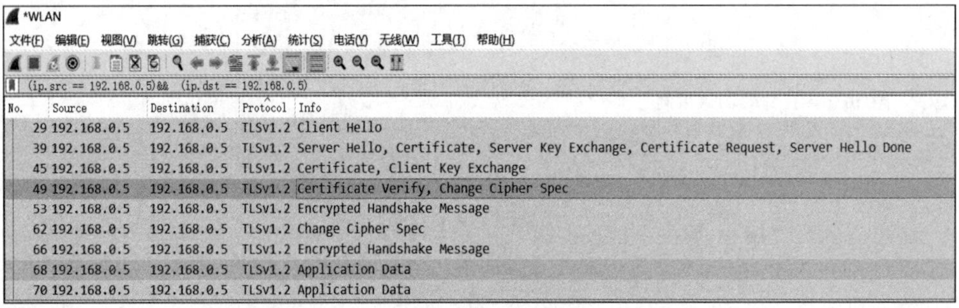

*WLAN

文件(F) 编辑(E) 视图(V) 跳转(G) 捕获(C) 分析(A) 统计(S) 电话(Y) 无线(W) 工具(T) 帮助(H)

(ip.src == 192.168.0.5)&& (ip.dst == 192.168.0.5)

No.	Source	Destination	Protocol	Info
29	192.168.0.5	192.168.0.5	TLSv1.2	Client Hello
39	192.168.0.5	192.168.0.5	TLSv1.2	Server Hello, Certificate, Server Key Exchange, Certificate Request, Server Hello Done
45	192.168.0.5	192.168.0.5	TLSv1.2	Certificate, Client Key Exchange
49	192.168.0.5	192.168.0.5	TLSv1.2	Certificate Verify, Change Cipher Spec
53	192.168.0.5	192.168.0.5	TLSv1.2	Encrypted Handshake Message
62	192.168.0.5	192.168.0.5	TLSv1.2	Change Cipher Spec
66	192.168.0.5	192.168.0.5	TLSv1.2	Encrypted Handshake Message
68	192.168.0.5	192.168.0.5	TLSv1.2	Application Data
70	192.168.0.5	192.168.0.5	TLSv1.2	Application Data

图 12-30　SSL/TLS 双向认证的握手过程的交互报文

JSSE 提供了 OIO 的开发基础类，但是对于非阻塞 NIO 通信，JSSE 并没有提供现成可用的类库去简化程序的开发。Netty 基于 JDK 的 SSLEngine 基础类提供了内置处理器 SslHandler，用于对 NIO 通信 SSL/TLS 安全传输予以支持。该处理器极大地简化了 NIO 非阻塞安全通信开发工作的工作量，降低了开发难度。接下来介绍基于 Netty 的 SSL/TLS 的使用。

12.8　Netty 通信中 SSL/TLS 的使用

这里通过一个 Netty 安全通信聊天演示示例介绍 Netty 安全通信处理器流水线的构成。

12.8.1　Netty 安全通信演示实例

本小节的演示示例是一个简单的 Netty 安全聊天器，使用 SSL/TLS 协议进行通信加密。聊天演示示例服务端的处理器流水线构成如图 12-31 所示。

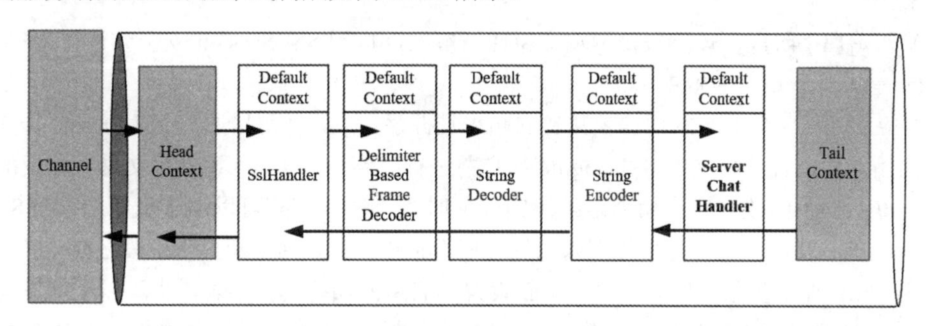

图 12-31　Netty 安全聊天器服务端的处理器流水线构成

聊天演示示例客户端的处理器流水线构成如图 12-32 所示。

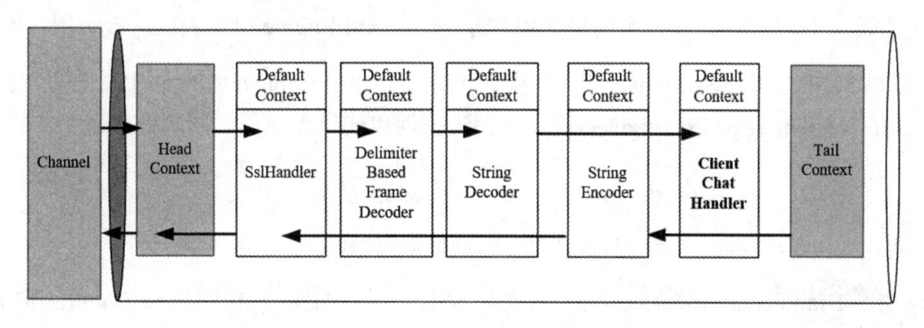

图 12-32　Netty 安全聊天器客户端的处理器流水线构成

为了简单，本演示示例的通信内容使用字符串直接通信，没有使用 JSON、Protobuf 等应用层协议，消息使用\r\n（回车换行符）作为结束标准，然后使用 DelimiterBasedFrameDecoder 分包处理器按照\r\n 进行分包处理。

由于需要安全通信，因此流水线加入了 Netty 内置的 SSLEngine 处理器，由它负责 SSL/TLS 协议的安全通信握手、传输的加密和解密处理。接下来详细介绍该安全处理器。

12.8.2 Netty 内置的 SSLEngine 处理器详解

为了支持 SSL/TLS，Java 中的 JSSE 提供了 SSLContext 和 SSLEngine 基础类，从而使得 SSL/TLS 的握手、解密和加密变得相当简单。而 Netty 内置的 SslHandler 处理器是基于 JSSE 的 SSLEngine 来完成安全传输的，SslHandler 使用 SSLEngine 完成入站和出站字节流的安全处理。

SSLEngine 是从底层的 IO 传输机制中分离出来的 SSL/TLS 抽象安全操作，并且将 SSL/TLS 安全机制应用在入站和出站的字节流上，使之与底层的传输机制无关。所以，SSLEngine 传输引擎可以被用于各种 IO 类型，包括 NIO、OIO、IO 流、ByteBuffer 缓冲区或字节数组、未来的异步 IO 模型等。

在介绍 SslHandler 之前，先介绍一下 JSSE 类库中 SSLEngine 的 5 种不同的阶段。

（1）创建阶段。该阶段的 SSLEngine 实例已经被创建和初始化，但尚未被使用和开启握手。在此阶段，应用程序可以修改 SSLEngine 实例的设置（如加密套件、握手时处于客户端还是服务端模式等）。一旦握手开始，任何新的设置将在下一次握手时才被启用，但是对客户端/服务端模式的设置除外。

（2）初始握手阶段。该阶段是两端交换通信参数，直到 SSLSession 安全会话完全建立为止。在该阶段不能发送应用程序数据。

（3）应用通信阶段。一旦通信参数建立起来且握手完成，就可以通过 SSLEngine 传输应用程序数据。出站的应用程序报文被 SSLEngine 加密并进行完整性保护，入站的报文进行相反的过程。

（4）重新握手阶段。在应用通信阶段的任何时刻，每一方都可以请求重新协商 SSLSession 安全会话。当然，新的握手消息可以混入应用程序数据中。在开始重新握手阶段之前，应用程序可以重置 SSL/TLS 通信参数。例如，可以重新设置已启用的加密套件列表，也可以重新设置是否对客户端（准确地说是对端）进行身份验证等。但是，重新握手时，不能更改客户端/服务端模式。如前所述，一旦重新握手开始，任何新的 SSLEngine 设置都将在下一次握手时才被使用。

（5）关闭阶段。当不再需要 SSLEngine 实例时，应用程序应该关闭 SSLEngine，并且在关闭底层传输机制之前，应该发送所有剩余的报文到对方。一旦 SSLEngine 引擎关闭，该实例将不可重用。

如何获取 JSSE 类库 SSLEngine 的实例呢？可以通过 SSLContext 实例创建一个 SSLEngine 实例，调用 SSLContext.createSSLEngine()即可。大致的创建代码如下：

```
//创建客户端SSL 上下文
SSLContext clientSSLContext = createClientSSLContext();
//创建客户端 SSL 引擎
SSLEngine sslEngine = clientSSLContext.createSSLEngine();
```

Netty 的 SslHandler 处理器使用了 JSSE 类库 SSLEngine 的实例。在创建 SslHandler 实例之前，需提前创建 SSLEngine 引擎实例，并且以 SSLEngine 实例作为输入，去实例化新建的 SslHandler 处理器实例，然后将新建的 SslHandler 实例作为第一个处理器加入通道流水线。

在安全聊天演示中，客户端流水线初始化的代码如下：

```
ChannelPipeline pipeline = ch.pipeline();
//创建客户端SSL 上下文
SSLContext clientSSLContext = createClientSSLContext();
//创建客户端 SSL 引擎
SSLEngine sslEngine = clientSSLContext.createSSLEngine();
//在握手的时候，使用客户端模式
sslEngine.setUseClientMode(true);
```

```
    //设置需要验证对端(服务端)身份，需要服务端证实自己的身份
    sslEngine.setNeedClientAuth(true);
    //创建 SSL 处理器，并加入流水线
    pipeline.addLast("ssl", new SslHandler(sslEngine));
```

客户端流水线初始化代码中有两个要点：

（1）设置了 SSLEngine 实例为客户端模式，是调用 setUseClientMode(true)完成的，表明第一个 SSL 握手报文 Client Hello 由本端发起。

（2）设置了需要对对端进行身份认证，需要对端提供数字证书。如果不需要对对端（服务端）进行身份认证，则 setNeedClientAuth(...)的参数可以设置为 false，或者不进行专门设置而使用默认值 false。这里调用了 setNeedClientAuth (true)，表示引擎 SSLEngine 需要对对端（服务端）进行身份认证。

在安全聊天演示中，服务端流水线初始化的代码如下：

```
ChannelPipeline pipeline = sc.pipeline();
    //创建服务端 SSL 上下文实例
    SSLContext serverSSLContext = createServerSSLContext();
    //通过上下文实例创建服务端的 SSL 引擎
    SSLEngine sslEngine =serverSSLContext.createSSLEngine();
    //单向认证：在服务端设置不需要验证对端身份，无须客户端证实自己的身份
    sslEngine.setNeedClientAuth(false);
    //在握手的时候，使用服务端模式
    sslEngine.setUseClientMode(false);
    //创建 SslHandler 处理器
    ChannelHandler sslHandler=new SslHandler(sslEngine);
    //将处理器加入流水线
    pipeline.addLast(sslHandler);
```

服务端流水线初始化代码中有两个要点：

（1）设置了 SSLEngine 实例为服务端模式，通过调用 setUseClientMode(false)完成。SSL/TSL 连接的两方，只能有一方为客户端，而另一方为服务端。

（2）这里调用了 setNeedClientAuth (false)，表示服务端引擎 SSLEngine 不需要对对端（客户端）进行身份认证，这种模式属于 SSL/TSL 单向认证模式。如果需要进行双向认证，则在服务端调用 setNeedClientAuth (true)，用于设置在握手阶段对客户端进行身份认证。

入站的加密安全传输数据包被 SslHandler 拦截后，交由 SSLEngine 解密后入站；普通的出站数据也会被 SslHandler 拦截，交由 SSLEngine 加密后成为安全传输数据包，之后再出站。SslHandler 既是一个入站处理器，也是一个出站处理器，如图 12-33 所示。

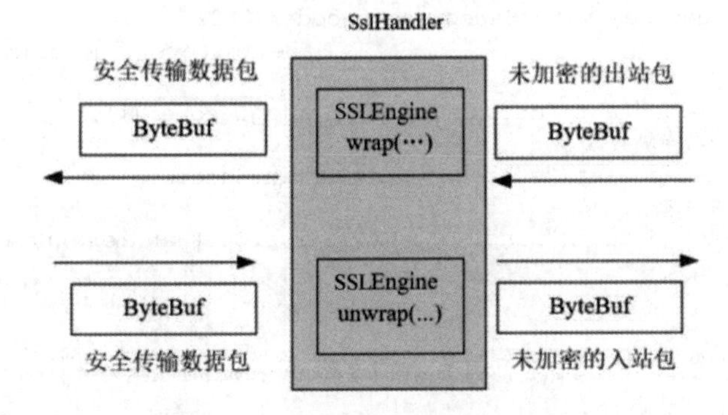

图 12-33 SslHandler 处理器示意图

Netty 的 SSLEngine 类有三个重要的方法，具体说明如下：

（1）beginHandshake()：在当前 SSLEngine 实例中发起握手。

（2）wrap()：尝试把应用出站数据包编码成 SSL/TLS 安全传输数据包。

（3）unwrap()：尝试把入站的 SSL/TLS 安全传输数据包解码成应用出站数据包。

12.8.3 Netty 的简单安全聊天器服务端程序

基于 Netty 的简单安全聊天器服务端程序，除了通道初始化时在其流水线上增加安全处理器 SslEngine 的实例之外，其他代码与普通的聊天器服务端程序没有任何区别。

服务端的代码大致如下：

```
package com.crazymakercircle.secure.netty.securechat;
//省略 import
/**基于 Netty 的简单安全聊天器服务端程序*/
public class SecureChatServer
{
    /**
     * 通道初始化处理器
     */
    static class SecureChatServerInitializer
                                 extends ChannelInitializer<SocketChannel>
    {
        @Override
        protected void initChannel(SocketChannel sc) throws Exception
        {
            ChannelPipeline pipeline = sc.pipeline();
            //创建服务端 SSL 上下文实例
            SSLContext serverSSLContext = createServerSSLContext();
            //通过上下文实例创建服务端的 SSL 引擎
            SSLEngine sslEngine =serverSSLContext.createSSLEngine();
            //单向认证：在服务端设置不需要验证对端身份，无须客户端证实自己的身份
            sslEngine.setNeedClientAuth(false);
            //在握手时，使用服务端模式
            sslEngine.setUseClientMode(false);
            //创建 SslHandler 处理器
            ChannelHandler sslHandler=new SslHandler(sslEngine);
            //将处理器加入流水线
            pipeline.addLast(sslHandler);

            //添加分包器
            pipeline.addLast("framer",
                    new DelimiterBasedFrameDecoder(8192,
                                           Delimiters.lineDelimiter()));
            //添加字符串解码器
            pipeline.addLast("decoder", new StringDecoder());
            //添加字符串编码器
            pipeline.addLast("encoder", new StringEncoder());
            //添加聊天处理器
            pipeline.addLast("handler", new ServerChatHandler());
        }
    }
```

客户端处理器流水线的装配流程与服务端流水线的装配流程基本相同，具体请参见“疯狂创客圈”社群源码，这里不再赘述。

在聊天的过程中，客户端通过控制台收集输入内容，然后发送给服务端。客户端相关代码大

致如下：

```
package com.crazymakercircle.secure.netty.securechat;
//省略 import
/**
 * 基于 Netty 的简单安全聊天器客户端程序
 */
public class SecureChatClient
{
    /**
     * 开始客户端
     */
    public void start(String host, int port) throws Exception
    {
        EventLoopGroup group = new NioEventLoopGroup();
        try
        {
            Bootstrap b = new Bootstrap();
            b.group(group).channel(NioSocketChannel.class)
                .handler(new SecureChatClientInitializer());
            //开始连接服务器
            Channel ch = b.connect(host, port).sync().channel();

            //从控制台获取输入的内容
            ChannelFuture writeFuture = null;
            BufferedReader reader =
                        new BufferedReader(new InputStreamReader(System.in));
            for (; ; )
            {
                String line = reader.readLine();
                if (line != null)
                {
                    //发送控制台输入的内容
                    writeFuture = ch.writeAndFlush(line + "\r\n");
                }
                //如果输入 bye，则表示终止连接
                if ("bye".equals(line.toLowerCase()))
                {
                    ch.closeFuture().sync();
                    break;
                }
            }
            //发送完成之后，再接收下一轮的输入
            if (writeFuture != null)
            {
                writeFuture.sync();
            }
        } finally
        {
            //优雅关闭
            group.shutdownGracefully();
        }
    }
}
```

安全聊天器服务端与客户端的测试用例具体如下：

```
package com.crazymakercircle.secure.test.SecureChat;
//省略 import
/**
 * 基于 Netty 的简单安全聊天器，测试用例
```

```
 * create by 尼恩 @ 疯狂创客圈
 **/
public class SecureChatTester
{
    /**
     * 启动安全聊天器服务端
     */
    @Test
    public void startSecureChatServer() throws Exception
    {
        new SecureChatServer().start(18899);
    }

    /**
     * 启动安全聊天器客户端
     */
    @Test
    public void startClient() throws Exception
    {
        new SecureChatClient().start("localhost", 18899);
    }
}
```

开发工具 IDEA 在执行 Junit 测试用例时，默认是不能控制输入的（Eclipse 好像不存在这个问题）。在 IDEA 如何为 Junit 测试用例开启控制台输入呢？需要为 IDEA 进行简单设置，需要在其 idea64.exe.vmoptions 配置文件中添加选项，具体如下：

```
-Deditable.java.test.console=true
```

具体的操作方法为：在 IDEA 中单击菜单栏最右侧的 Help 菜单，然后单击 Edit Custom VM Options 菜单项，打开其虚拟机选项配置文件，然后在该文件中添加上面的选项。以上操作过程如图 12-34 所示。

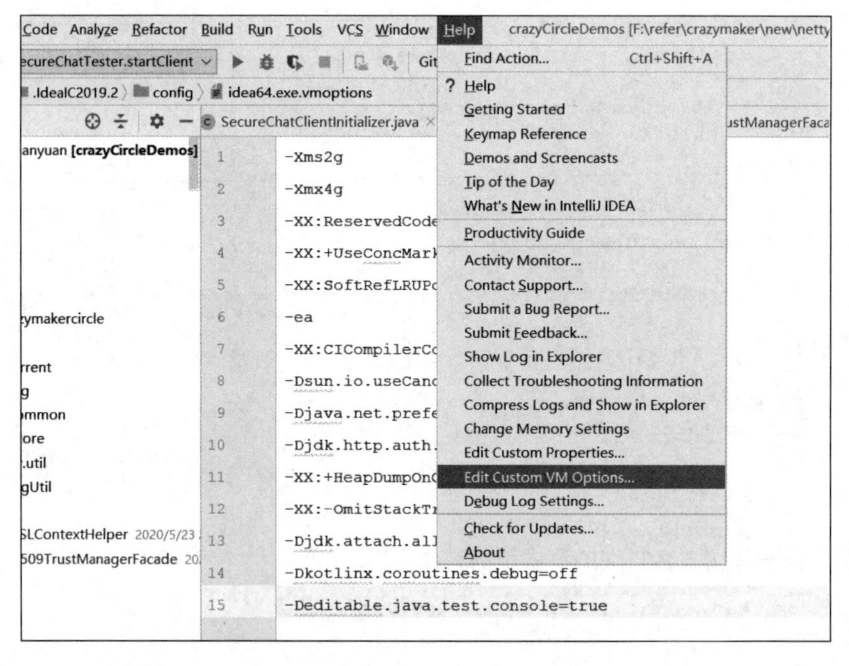

图 12-34　在 IDEA 中为 Junit 测试用例开启控制台输入

设置好之后重启 IDEA 开发工具，客户端程序就可以在控制台输入测试内容了。

说明　为了节省篇幅，以上安全聊天程序示例代码仅仅节选了部分工程代码，由于源码工程一直在迭代，完整的最新代码请从“疯狂创客圈”社群的 Git 仓库下载（具体地址请参见社群公告）。本书出版之后，由于代码持续更新、优化，工程代码后续可能会局部更新。强烈建议读者认真阅读、执行本示例的 Git 仓库源码。

12.9　HTTPS 安全通信实战

HTTPS 是以安全为目标的 HTTP 通信协议，简单地说，HTTPS 就是 HTTP 的安全版。Netty 默认提供 HTTP 协议，所以 Netty 内置的 SslHandler 处理器同样支持 HTTPS。

12.9.1　使用 Netty 实现 HTTPS 回显服务端程序

本节的演示实例是一个简单的基于 Netty 的 HTTPS 回显服务器，使用 SSL/TLS 协议进行 HTTP 通信加密。回显服务器的服务端处理器流水线构成如图 12-35 所示。

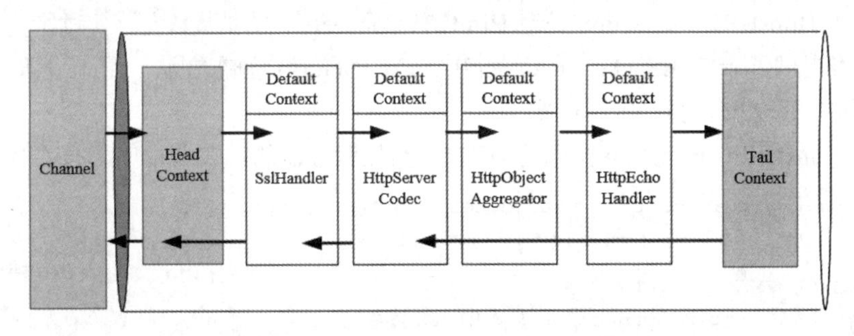

图 12-35　HTTPS 回显服务器的服务端处理器流水线构成

Netty 的 HTTPS 回显服务器的服务端处理器流水线的装配代码大致如下：

```
package com.crazymakercircle.secure.netty.https.server;
//省略 import
public class HttpsServerInitializer extends
                                    ChannelInitializer<SocketChannel>  {

    @Override
    protected void initChannel(SocketChannel ch) throws Exception
    {
        ChannelPipeline pipeline = ch.pipeline();
        //创建服务端 SSL 上下文实例
        SSLContext serverSSLContext = createServerSSLContext();
        //通过上下文实例创建服务端的 SSL 引擎
        SSLEngine sslEngine =serverSSLContext.createSSLEngine();
        //在握手的时候，使用服务端模式
        sslEngine.setUseClientMode(false);
        //单向认证：在服务端设置不需要验证对端身份，无须客户端证实自己的身份
        sslEngine.setNeedClientAuth(false);
        //创建 SslHandler 处理器，并加入流水线
```

```
        pipeline.addLast(new SslHandler(sslEngine));

        //请求解码器和响应编码器
         pipeline.addLast(new HttpServerCodec());
        //HttpObjectAggregator 将 HTTP 消息的多个部分合成一条完整的 HTTP 消息
         pipeline.addLast(new HttpObjectAggregator(65535));
        //自定义的业务 Handler，回显 HTTP 的请求 URI、请求方法、请求参数
        pipeline.addLast(new HttpEchoHandler());
    }
}
```

说明 以上代码中自定义的业务处理器 HttpEchoHandler 前面已经介绍过，主要用于用户向客户端回显发送 HTTP 的请求 URI、请求方法、请求参数等内容。具体的 HttpEchoHandler 代码请参见“疯狂创客圈”社群的 Git 仓库的工程源码。

12.9.2 通过 HttpsURLConnectionL 发送 HTTPS 请求

在没有性能要求的场景下，读者可以使用 JDK 内置的 HttpURLConnection 访问 HTTP 服务器，使用 JDK 内置的 HttpsURLConnection（注意多了个字母“s”）访问 HTTPS 服务器。在访问 HTTPS 服务器时，客户端同样会涉及服务器身份证书导入、客户端 SSLContext 上下文的创建等与安全相关的工作。

安全连接类 HttpsURLConnection 是对 HttpURLConnection 的扩展，支持各种特定于 HTTPS 的通信功能。该类提供了 setSSLSocketFactory(SSLSocketFactory) 静态方法，用于设置创建连接时用到的 SSLSocketFactory 安全套接字工厂实例。

这里使用 HttpsURLConnection 实现的 HTTPS 回显服务器的客户端程序，核心代码节选如下：

```
package com.crazymakercircle.secure.netty.https.client;
//省略 import
/**
 * HTTPS 回显服务器的客户端程序
 * 通过 JDK 自带的 HttpURLConnection 发送 HTTPS 请求
 */
@Slf4j
public class SecureHttpClient
{
    /**
     * 通过 JDK 自带的 HttpURLConnection 发送 HTTPS 请求
     * @param path 请求地址
     */
    public static void sentRequest(String path) throws Exception
    {
        //创建客户端 SSLContext 上下文
        SSLContext clientSSLContext = createClientSSLContext();
        //创建安全套接字工厂
        SSLSocketFactory factory = clientSSLContext.getSocketFactory();

        //主机名称校验
        HostnameVerifier hostnameVerifier = new HostnameVerifier()
        {
            public boolean verify(String hostname, SSLSession sslsession)
            {
                //验证请求的主机名称，这里假设只能请求服务端配置的主机名
                if (SystemConfig.SOCKET_SERVER_IP.equals(hostname))
                {
```

```
                    return true;
                } else
                {
                    log.error("主机名称校验失败");
                    return false;
                }
            }
        };

        //设置连接的主机名称校验
        HttpsURLConnection.setDefaultHostnameVerifier(hostnameVerifier);
        //设置连接的安全套接字工厂
        HttpsURLConnection.setDefaultSSLSocketFactory(factory);

        URL url = new URL(path);
        //打开连接
        HttpURLConnection conn = url.openConnection();

        //获取响应码
        int code = conn.getResponseCode();
        // log.info("收到消息", conn.getResponseMessage());
        if (code < 400)
        {
            //输入流
            BufferedInputStream bis =
                    new BufferedInputStream(conn.getInputStream());
            StringBuffer buffer = new StringBuffer();
            //累积完成的长度
            long finished = 0;
            int len = 0;
            byte[] buff = new byte[1024 * 8];
            while ((len = bis.read(buff)) != -1)
            {
                buffer.append(new String(buff, "UTF-8"));
                finished += len;
                log.info("共完成传输字节数 {}", finished);
            }
            System.out.println("echo = " + buffer.toString());
        }
    }
}
```

安全连接类 HttpsURLConnection 除了需要设置 SSL 安全套接字工厂实例外，还需要设置主机名称校验器，该校验器用于校验来自请求 URL 的主机名称是否为安全的主机名称。如果 URL 的主机名和服务器的标识主机名不匹配，则请求不能发送出去。

12.9.3　测试：HTTPS 服务端与客户端的测试用例

HTTPS 回显程序的服务端与客户端测试用例代码大致如下：

```
package com.crazymakercircle.secure.test.https;
//省略 import
/**
 * HTTPS 回显服务器的测试用例
 **/
@Slf4j
public class HttpsTester
{
    /**
```

```
     * HTTPS 回显服务器的服务端程序测试用例
     **/
    @Test
    public void startHttpsNettyServer() throws Exception
    {
        NettyHttpsServer.start();
}

    /**
     * HTTPS 回显服务器的客户端程序测试用例
     **/
    @Test
    public void startClient() throws Exception
    {
        //抓包说明：由于 WireShark 只能抓取经过网卡的包
        //如果要抓取本地的调试包，则需要通过 route 指令增加服务器 IP 的路由配置
        //让发往服务器的报文，首先发送到被抓包工具监控的网卡所指向的网关
        //route add 增加路由
        //表示发往 192.168.0.5（网卡 IP）的请求下一跳网关为 192.168.0.1
        //route add 192.168.0.5 mask 255.255.255.255 192.168.0.1
        SecureHttpClient.sentRequest(
                              "https://192.168.0.5:18899/?param1=value1");
    }
}
```

在测试的过程中，如果需要使用 WireShark 抓包工具查看 SSL/TSL 握手报文，就需要为网卡地址添加路由配置，具体配置命令请参见代码中的注释说明。

如果抓包成功，就会看到服务端和客户端之间是单向认证的，握手报文大致如图 12-36 所示。

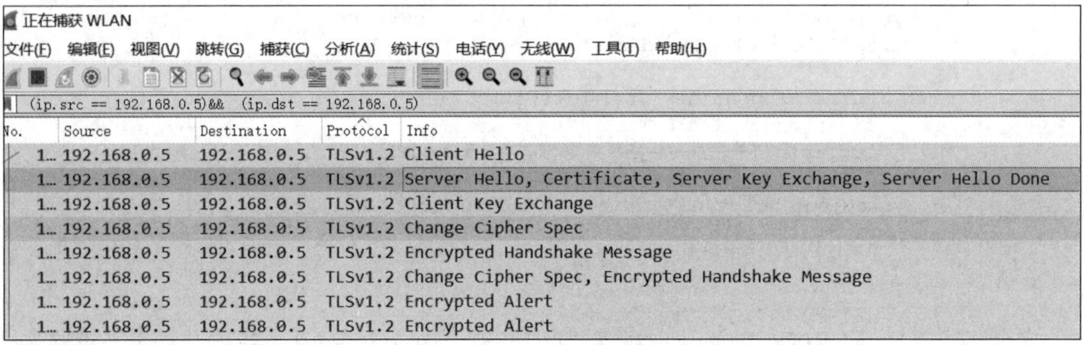

正在捕获 WLAN

文件(F) 编辑(E) 视图(V) 跳转(G) 捕获(C) 分析(A) 统计(S) 电话(Y) 无线(W) 工具(T) 帮助(H)

(ip.src == 192.168.0.5)&& (ip.dst == 192.168.0.5)

No.	Source	Destination	Protocol	Info
1...	192.168.0.5	192.168.0.5	TLSv1.2	Client Hello
1...	192.168.0.5	192.168.0.5	TLSv1.2	Server Hello, Certificate, Server Key Exchange, Server Hello Done
1...	192.168.0.5	192.168.0.5	TLSv1.2	Client Key Exchange
1...	192.168.0.5	192.168.0.5	TLSv1.2	Change Cipher Spec
1...	192.168.0.5	192.168.0.5	TLSv1.2	Encrypted Handshake Message
1...	192.168.0.5	192.168.0.5	TLSv1.2	Change Cipher Spec, Encrypted Handshake Message
1...	192.168.0.5	192.168.0.5	TLSv1.2	Encrypted Alert
1...	192.168.0.5	192.168.0.5	TLSv1.2	Encrypted Alert

图 12-36　HTTPS 回显程序服务端与客户端的握手报文

第 13 章 ZooKeeper 分布式协调

高并发系统为了应对流量增长需要进行节点的横向扩展，所以高并发系统往往都是分布式系统。高并发系统基本都需要进行节点与节点之间的配合协调，这就需要用到分布式协调中间件（如ZooKeeper）。

ZooKeeper（本书简称 ZK）是 Hadoop 的正式子项目，是一个针对大型分布式系统的可靠协调系统，提供的功能包括配置维护、名字服务、分布式同步、组服务等。

ZooKeeper 的目标是封装好复杂易出错的关键服务，将简单易用的接口和性能高效、功能稳定的系统提供给用户。

ZooKeeper 在实际生产环境中应用得非常广泛，比如 SOA 的服务监控系统，大数据基础平台 Hadoop、Spark 的分布式调度系统。

13.1 ZooKeeper 伪集群安装与配置

ZooKeeper 的运行一般是集群模式，而不是单节点模式，现在我们开始使用一台机器来搭建一个 ZooKeeper 学习集群。由于没有多余的服务器，因此这里将三个 ZooKeeper 节点都安装到一台机器上，故称之为“伪集群模式”。

> 说明 伪集群模式只是用于开发、单元测试，不能用于生产环境。实际上，生产环境下的安装和配置与伪集群模式下的安装和配置步骤是差不多的。

首先下载 ZooKeeper。在 Apache 的官方网站提供了很多镜像下载地址，找到对应的版本，比如 3.4.13。在 Windows 下安装，需要把下载的 ZooKeeper 文件解压到指定目录，比如：

```
C:\devtools\ZooKeeper-3.4.13\>
```

接下来将用以上目录作为默认安装目录。

13.1.1 创建数据目录和日志目录

安装 ZooKeeper 之前需要规划一下节点，ZooKeeper 节点数有以下要求。

1. ZooKeeper 集群节点数必须是基数

ZooKeeper 集群中需要一个主节点，称之为 Leader 节点，并且 Leader 节点是集群通过选举的规则从所有节点中选出来的，简称为选主。选主规则中很重要的一条是：要求可用节点数量 > 总节点数量/2。如果是偶数个节点，则会出现不满足这个规则的情况，比如可用节点数量=总节点数量/2 时，就不满足选主的规则。

> **说明** 为什么要求可用节点数量 > 总节点数量/2 呢？这是为了防止集群脑裂（Split-Brain）。脑裂是分布式系统的共性问题，ElasticSearch 集群也面临此问题。脑裂是一个形象的比喻，好比“大脑分裂”，也就是本来一个“大脑”被拆分成了两个或多个“大脑”。集群脑裂是由于网络断开的原因，一个集群被分成了两个集群。ZooKeeper 集群、ElasticSearch 集群都使用一种简单的节点数过半机制，确保集群被分裂后，还能否正常工作。过半机制就是可用节点数量 > 总节点数量/2，集群才是可用的，才可以对外服务；否则集群是不可用的，不可以提供服务。笔者在很多 Java 工程师、高级工程师甚至架构师的面试中，经常使用脑裂问题去考察候选人，有很多候选人答不上来。

2. ZooKeeper 集群至少有三个节点

一个节点的 ZooKeeper 服务可以正常启动和提供服务，但是一个节点的 ZooKeeper 服务不能叫作集群，其可靠性大打折扣，仅仅作为学习使用。正常情况下，搭建 ZooKeeper 集群至少需要三个节点。

作为学习案例，这里在本地机器（Windows 系统）上规划搭建一个三个节点的伪集群。安装集群的第一步是在安装目录下提前为每一个伪节点创建两个目录：日志目录和数据目录。

首先创建日志目录。为三个节点中的每一个伪节点创建一个日志目录，分别为 log/zoo-1、log/zoo-2 和 log/zoo-3，如图 13-1 所示。

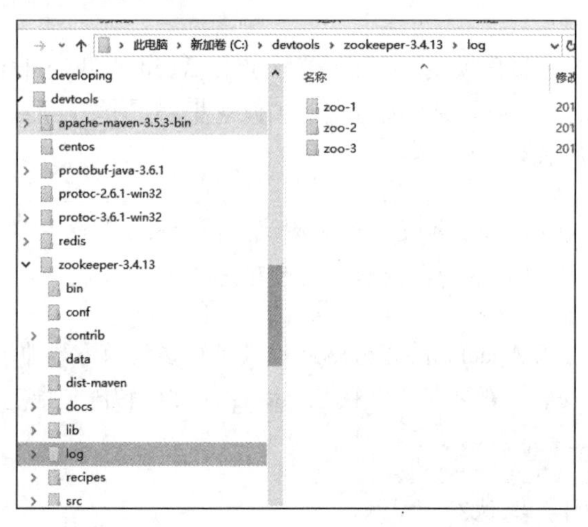

图 13-1 集群中三个伪节点的日志目录

接下来开始创建数据目录。在安装目录下为伪集群的 3 个节点中的每一个伪节点创建一个数据目录，分别为 data/zoo-1、data/zoo-2 和 data/zoo-3。

13.1.2 创建 myid 文本文件

安装集群的第二步是为每一个节点创建一个 id 文件。什么是 id 文件呢？每一个节点需要有一个存放节点 id 的文本文件，文件名为 myid。myid 文件的特点如下：

（1）myid 文件的唯一作用是存放（伪）节点的编号。
（2）myid 文件是一个文本文件，文件名为 myid。
（3）myid 文件内容为一个数字，表示节点的编号。
（4）myid 文件中只能有一个数字，不能有其他的内容。
（5）myid 文件默认存放在 data 目录下。

下面分别为三个节点创建三个 myid 文件：

（1）在第一个伪节点的数据目录 C:\devtools\ZooKeeper-3.4.13\data\zoo-1\文件夹下创建一个 myid 文件，文件的内容为"1"，表示第一个节点的编号为 1。

（2）在第二个伪节点的数据目录 C:\devtools\ZooKeeper-3.4.13\data\zoo-2\文件夹下创建一个 myid 文件，文件的内容为"2"，表示第二个节点的编号为 2。

（3）在第三个伪节点的数据目录 C:\devtools\ZooKeeper-3.4.13\data\zoo-3\文件夹下创建一个 myid 文件，文件的内容为"3"，表示第三个节点的编号为 3。

ZooKeeper 对 ID 的值有两点要求：

（1）myid 文件中 ID 的值只能是一个数字，即一个节点的编号 ID。
（2）id 的范围是 1~255，表示集群最多的节点个数为 255 个。

13.1.3　创建和修改配置文件

安装集群的第三步是为每一个节点创建一个配置文件。创建配置文件不需要从零开始，在 ZooKeeper 的配置目录 conf 下，官方有一个配置文件的样例——zoo_sample.cfg。复制这个样例，修改其中的某些配置项即可。

接下来分别为三个节点创建三个.cfg 配置文件，具体的步骤如下：

（1）将配置文件的样例 zoo_sample.cfg 文件复制三份，为每一个节点复制一份，分别命名为 zoo-1.cfg、zoo-2.cfg、zoo-3.cfg，这些名称对应三个节点。

（2）修改每一个节点的.cfg 配置文件，将前面准备的日志目录、数据目录配置到.cfg 文件的正确选项中。

```
dataDir = C:/devtools/ZooKeeper-3.4.13/data/zoo-1/
dataLogDir= C:/devtools/ZooKeeper-3.4.13/log/zoo-1/
```

这两个选项介绍如下：

① dataDir：数据目录选项，配置为前面准备的数据目录。非常关键的 myid 文件处于此目录下。

② dataLogDir：日志目录选项，配置为前面准备的日志目录。如果没有设置该参数，则默认将使用和 dataDir 相同的设置。

（3）配置集群中的端口信息、节点信息、时间选项等。

① 端口选项的配置示例如下：

```
clientPort = 2181
```

选项 clientPort 表示 Client 客户端程序连接 ZooKeeper 集群中的节点的端口号。在生产环境的集群中，不同的节点处于不同的机器，clientPort 端口号一般都相同，以便于记忆和使用。由于这里是伪集群模式，三个节点集中在一台机器上，因此三个端口号需要配置得不一样，以避免端口冲突。

选项 clientPort 的值一般设置为 2181。在伪集群下，不同的节点，clientPort 不能相同，可以按照编号进行累加：第一个节点为 2181，第二个节点为 2182，第三个节点为 2183。

② .cfg 配置文件的集群节点信息示例如下：

```
server.1=127.0.0.1:2888:3888
server.2=127.0.0.1:2889:3889
server.3=127.0.0.1:2890:3890
```

集群节点信息需要配置集群中所有节点的 ID 编号、IP、端口，每个节点的格式为：

```
server.id=host:port:port
```

在 ZooKeeper 集群中，每个节点都需要感知到整个集群是由哪些节点组成的，所以每个配置文件都需要配置全部的节点。在.cfg 配置文件中可以使用 server.id 格式进行节点的配置，每一行都代表一个节点。配置节点时注意以下几点：

- 不能有相同 ID 的节点。
- 每一行 server.id=host:port:port 中的 ID 值需要与所对应节点的数据目录下的 myid 中的 ID 值保持一致。
- 每一个配置文件都需要配置全部的节点信息。不仅仅是配置自己的那份，而是需要对所有节点的 ID、IP、端口进行配置。
- 在每一行 server.id=host:port:port 中需要配置两个端口。前一个端口（如示例中的 2888）用于节点之间的通信，为通信端口；后一个端口（如示例中的 3888）用于选举 Leader 节点，为选主端口。
- 在伪集群模式下，每一行记录相同的端口必须修改得不一样，主要是避免端口冲突。

在分布式集群模式下，由于不同节点的 IP 不同，因此在每一行的节点配置记录中，通信端口和选主端口都可以相同，例如：

```
server.1=10.10.10.1:2888:3888
server.2=10.10.10.2:2888:3888
server.3=10.10.10.3:2888:3888
```

③ 最后是时间相关选项配置，示例如下：

```
tickTime=4000
initLimit = 10
syncLimit = 5
```

对以上时间选项说明如下：

- tickTime: 配置单元时间。单元时间是 ZooKeeper 的时间计算单元，其他的时间间隔都是使用 tickTime 的倍数来表示的。如果不进行配置，则单元时间的默认值为 3000，单位是毫秒（ms）。
- initLimit: 节点的初始化时间。该参数用于 Follower 节点（从节点）启动，并完成从 Leader

节点（主节点）同步数据的时间。Follower 节点在启动过程中会与 Leader 节点建立连接并完成对数据的同步，从而确定自己的起始状态。Leader 节点允许 Follower 节点在 initLimit 时间内完成这个工作。该参数的默认值为 10，表示是参数 tickTime 值的 10 倍，此参数必须配置，且为正整数。

- syncLimit: 心跳最大延迟周期。该参数用于配置 Leader 服务器和 Follower 之间进行心跳检测的最大延迟时间。在 ZooKeeper 集群运行的过程中，Leader 服务器会通过心跳检测来确定 Follower 服务器是否存活。如果 Leader 服务器在 syncLimit 时间内无法获取到 Follower 的心跳检测响应，那么 Leader 就会认为该 Follower 已经脱离了和自己的同步。该参数的默认值为 5，表示是参数 tickTime 值的 5 倍。此参数必须配置，且为正整数。

13.1.4 配置文件示例

完成了伪集群的日志目录、数据目录、myid 文件、.cfg 配置文件的准备和配置之后，伪集群的安装工作基本完成了。

在伪集群配置过程中，.cfg 文件的配置是最为关键的环节。下面给出三份配置文件实际的代码。

第一个节点的配置文件 zoo-1.conf：

```
tickTime=4000
initLimit = 10
syncLimit = 5
dataDir = C:/devtools/ZooKeeper-3.4.13/data/zoo-1/
dataLogDir= C:/devtools/ZooKeeper-3.4.13/log/zoo-1/

clientPort = 2181
server.1 = 127.0.0.1:2888:3888
server.2 = 127.0.0.1:2889:3889
server.3 = 127.0.0.1:2890:3890
```

第二个节点的配置文件 zoo-2.conf：

```
tickTime=4000
initLimit = 10
syncLimit = 5
dataDir = C:/devtools/ZooKeeper-3.4.13/data/zoo-2/
dataLogDir= C:/devtools/ZooKeeper-3.4.13/log/zoo-2/

clientPort = 2182
server.1 = 127.0.0.1:2888:3888
server.2 = 127.0.0.1:2889:3889
server.3 = 127.0.0.1:2890:3890
```

第三个节点的配置文件 zoo-3.conf：

```
tickTime=4000
initLimit = 10
syncLimit = 5
dataDir = C:/devtools/ZooKeeper-3.4.13/data/zoo-3/
dataLogDir= C:/devtools/ZooKeeper-3.4.13/log/zoo-3/
clientPort = 2183
server.1 = 127.0.0.1:2888:3888
server.2 = 127.0.0.1:2889:3889
server.3 = 127.0.0.1:2890:3890
```

通过三个配置文件可以看出，对于不同的节点，.cfg 配置文件的配置项的内容大部分是相同的。

说明 每个节点的.cfg 配置文件中的集群节点信息都是全量的，不同的是每个节点的数据目录 dataDir、日志目录 dataLogDir 和对外服务端口 clientPort 仅仅配置自己的那份。

13.1.5 启动 ZooKeeper 伪集群

为了方便启动每一个节点，需要为每一个节点制作一份启动命令，在 Windows 平台上的启动命令为一份.cmd 文件。

在 ZooKeeper 的 bin 目录下，通过复制 zkServer.cmd 样本文件为每个伪节点创建一个启动的命令文件，分别为 zkServer-1.cmd、zkServer-2.cmd 和 zkServer-3.cmd。

修改复制后的.cmd 文件，主要为每一个节点增加.cfg 配置文件的选项，选项名称为 ZOOCFG。修改之后，第一个节点的启动命令 zkServer-1.cmd 代码如下：

```
setlocal
call "%~dp0zkEnv.cmd"

set ZOOCFG=C:\devtools\ZooKeeper-3.4.13\conf\zoo-1.cfg

set ZOOMAIN=org.apache.ZooKeeper.server.quorum.QuorumPeerMain
echo on
call %JAVA% "-DZooKeeper.log.dir=%ZOO_LOG_DIR%"
"-DZooKeeper.root.logger=%ZOO_LOG4J_PROP%" -cp "%CLASSPATH%" %ZOOMAIN% "%ZOOCFG%" %*

endlocal
```

另外两个节点的.cmd 启动文件 zkServer-1.cmd 进行同样的修改即可，这里不再赘述。

接下来打开一个 Windows 的命令控制台，进入 bin 目录，并且启动 zkServer-1.cmd，在这个脚本中会启动第一个节点的 Java 服务进程：

```
C:\devtools\ZooKeeper-3.4.13>cd bin
C:\devtools\ZooKeeper-3.4.13\bin>
C:\devtools\ZooKeeper-3.4.13\bin > zkServer-1.cmd
```

ZooKeeper 集群需要有 1/2 以上的节点启动才能完成集群的启动，对外提供服务。所以，至少需要再启动两个节点。

打开另一个 Windows 的命令控制台，进入 bin 目录，并且启动 zkServer-2.cmd，在这个脚本中会启动第二个节点的 Java 服务进程：

```
C:\devtools\ZooKeeper-3.4.13>cd bin
C:\devtools\ZooKeeper-3.4.13\bin>
C:\devtools\ZooKeeper-3.4.13\bin > zkServer-2.cmd
```

由于这里没有使用后台服务启动的模式，因此，这两个节点服务的命令窗口在服务期间不能关闭。启动之后，如何验证集群的启动是成功的呢？有两种方法：

方法一：可以通过 jps 命令查看 QuorumPeerMain 的进程的数量。

```
C:\devtools\ZooKeeper-3.4.13\bin > jps
1344 QuorumPeerMain
13380 QuorumPeerMain
9740 Jps
```

方法二：通过 ZooKeeper 客户端命令 zkCli.cmd 尝试连接 ZooKeeper 的服务，判断是否能连接集群。如果最后显示出 CONNECTED 连接状态，则表示已经成功连接，大致的输出如下：

```
PS C:\devtools\ZooKeeper-3.4.13\bin> .\zkCli.cmd -server 127.0.0.1:2181
Picked up JAVA_TOOL_OPTIONS: -Dfile.encoding=UTF-8
Connecting to 127.0.0.1:2181
//省略一些连接日志
WatchedEvent state:SyncConnected type:None path:null
[zk: 127.0.0.1:2181(CONNECTED) 0]
```

连接成功后，可以通过输入 ZooKeeper 的客户端命令操作 ZNode 树的节点。

> 说明　在 Windows 下，ZooKeeper 是通过.cmd 的批处理命令运行的，官方没有提供 Windows 后台服务方案。为了避免每次关闭后还需要使用 cmd 启动带来的不便，可以通过第三方工具 prunsrv 将 ZooKeeper 做成 Windows 后台服务。

一般情况下，ZooKeeper 都运行在 Linux 操作系统上，有关在 Linux 下的伪集群安装，可以查看“疯狂创客圈”的博客“Linux ZooKeeper 安装，带视频”，此文章的具体地址请参考“疯狂创客圈”社群博客首页。

13.2　使用 ZooKeeper 进行分布式存储

本节首先给读者介绍一下 ZooKeeper 的存储模型，然后介绍如何使用客户端命令操作 ZooKeeper 的存储模型。

13.2.1　详解 ZooKeeper 的存储模型

ZooKeeper 的存储模型非常简单，和 Linux 的文件系统非常类似。简单地说，ZooKeeper 的存储模型是一棵以"/"为根节点的树，存储模型中的每一个节点叫作 ZNode（ZooKeeper Node）。所有的 ZNode，通过树的目录结构按照层次关系组织在一起，构成一棵 ZNode 树。

每个 ZNode 都用一个完整路径来唯一标识，完整路径以"/"符号分隔，而且每个 ZNode 都有父节点（根节点除外）。例如，"/foo/bar"表示一个 ZNode，它的父节点为 "/foo"节点，祖父节点的路径为"/"。"/"节点是 ZNode 树的根节点，它没有父节点。

通过 ZNode 树，ZooKeeper 提供一个多层级的树状命名空间。该树状命名空间与文件的目录系统中的目录树有所不同，这些 ZNode 可以保存二进制负载数据（Payload）。而文件系统目录树中的目录只能存放路径信息，而不能存放负载数据。

一个节点的负载数据能存放多少二进制数据呢？ZooKeeper 为了保证高吞吐和低延迟，整个树状的目录结构全部都存放在内存中。与硬盘和其他的外存设备相比，机器的内存比较有限，使得 ZooKeeper 的目录结构不能用于存放大量的数据。ZooKeeper 官方的要求是，每个节点存放的负载数据的上限为 1MB。

13.2.2　zkCli 客户端指令清单

用客户端命令 zkCli.cmd（zkCli.sh）连接上 ZooKeeper 服务后，用 help 能列出所有命令，大致如表 13-1 所示。

表13-1　ZK的客户端常用命令介绍

ZK 的客户端常用命令	功能简介
Create	创建 ZNode 路径节点
Ls	查看路径下的所有节点
get	获得节点上的值
set	修改节点上的值
delete	删除节点
stat	节点状态信息

比如，使用 stat 指令可以查看 ZNode 树的根节点“/”的状态信息，大致的输出如下：

```
[zk: 127.0.0.1:2181(CONNECTED) 1] stat /
cZxid = 0x0
ctime = Thu Jan 01 08:00:00 CST 1970
mZxid = 0x0
mtime = Thu Jan 01 08:00:00 CST 1970
pZxid = 0x400000193
cversion = 1
dataVersion = 0
aclVersion = 0
ephemeralOwner = 0x0
dataLength = 0
numChildren = 3
```

stat 指令返回的节点信息主要有事务 ID、时间戳、版本号、数据长度、子节点数量等。 比较复杂的是事务 ID 和版本号。事务 ID 记录着节点的状态，ZooKeeper 状态的每一次改变都对应着一个递增的事务 ID（Transaction ID），该 ID 称为 Zxid，它是全局有序的，每次 ZooKeeper 的更新操作都会产生一个新的 Zxid。Zxid 不仅仅是一个唯一的事务 ID，还具有递增性。比如，有两个 Zxid 存在着 Zxid1< Zxid2，那么说明 Zxid1 变化事件发生在 Zxid2 变化之前。

一个 ZNode 的建立或者更新都会产生一个新的 Zxid 值，所以在节点信息中保存了 3 个 Zxid 事务 ID 值，分别如下：

（1）cZxid：ZNode 创建时的事务 ID。

（2）mZxid：ZNode 修改时的事务 ID，与子节点无关。

（3）pZxid：ZNode 的子节点的最后一次创建或者修改时间，与孙子节点无关。

stat 指令所返回的节点信息，包含的时间戳有两个：

（1）ctime：ZNode 创建时的时间戳。

（2）mtime：ZNode 最近一次更新发生时的时间戳。

stat 指令所返回的节点信息包含的版本号有三个：

（1）dataversion：数据版本号。

（2）cversion：子节点版本号。

（3）aclversion：节点的 ACL 权限修改版本号。

对节点的每次操作都会使节点的相应版本号增加。

ZNode 信息的主要属性如表 13-2 所示。

表13-2　ZNode信息的主要属性介绍

属性名称	说　明
cZxid	创建节点时的 Zxid 事务 ID
Ctime	创建节点时的时间
mZxid	最后修改节点时的事务 ID
Mtime	最后修改节点时的时间
pZxid	表示该节点的子节点列表最后一次修改的事务 ID，添加子节点或删除子节点就会影响 pZxid 的值，但是修改子节点的数据内容不影响该 ID
Cversion	子节点版本号，子节点每次修改版本号加 1
Dataversion	数据版本号，数据每次修改该版本号加 1
Aclversion	权限版本号，权限每次修改该版本号加 1
dataLength	该节点的数据长度
numChildren	该节点拥有子节点的数量

在实际开发过程中，使用 zkCli 客户端指令去查看 ZNode 的效率不是太高，可以借助一下开源客户端工具。笔者在“疯狂创客圈”的网盘上传了一个简单的图形化工具，该工具的名称为 ZooViewer，其连接 ZooKeeper 成功之后的界面如图 13-2 所示。

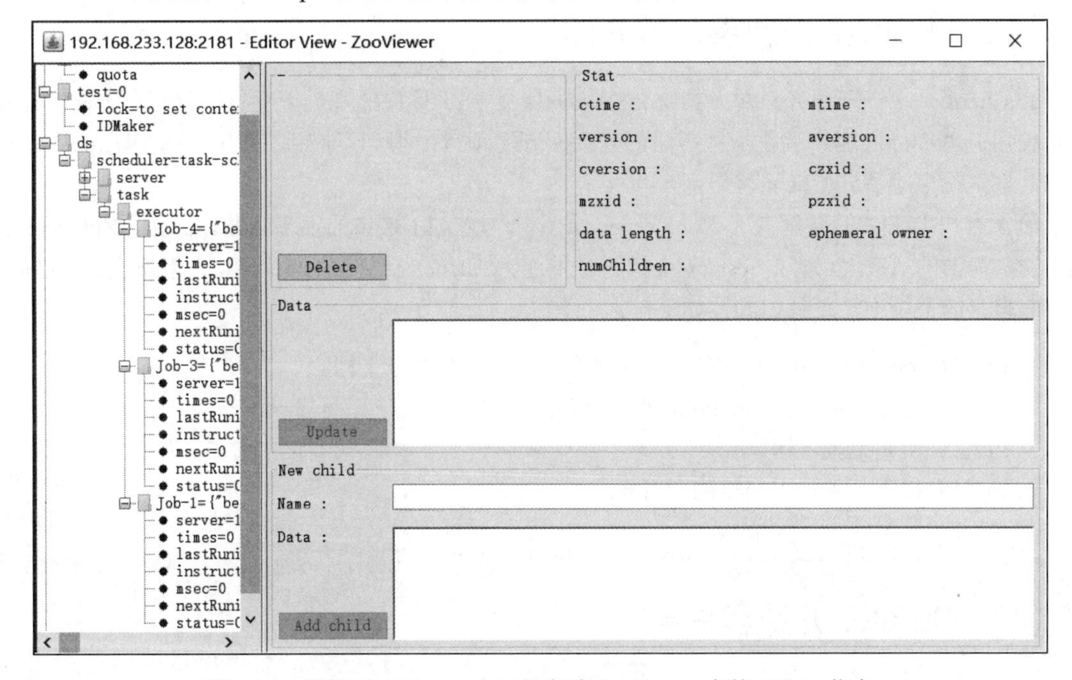

图 13-2　使用 ZooViewer 小工具查看 ZooKeeper 中的 ZNode 信息

13.3 ZooKeeper 应用开发实战

ZooKeeper 应用开发主要通过 Java 客户端 API 去连接和操作 ZooKeeper 集群。可供选择的 Java 客户端 API 有：

（1）ZooKeeper 官方的 Java 客户端 API。

（2）第三方的 Java 客户端 API。

ZooKeeper 官方的客户端 API 提供了基本的操作，比如创建会话、创建节点、读取节点、更新数据、删除节点和检查节点是否存在等。但对于实际开发来说，ZooKeeper 官方 API 有一些不足之处，具体如下：

（1）ZooKeeper 的 Watcher 监测是一次性的，每次触发之后都需要重新进行注册。

（2）Session 超时之后没有实现重连机制。

（3）异常处理烦琐，ZooKeeper 提供了很多异常，对于开发人员来说可能根本不知道该如何处理这些异常信息。

（4）只提供了简单的 byte[]数组类型的接口，没有提供 Java POJO 级别的序列化数据处理接口。

（5）创建节点时如果节点存在抛出异常，则需要自行检查节点是否存在。

（6）无法实现级联删除。

总之，ZooKeeper 官方 API 的功能比较简单，在实际开发过程中比较笨重，一般不推荐使用。可以使用的第三方开源客户端 API，主要有 ZkClient 和 Curator。

13.3.1 ZkClient 开源客户端介绍

ZkClient 是一个开源客户端，在 ZooKeeper 原生 API 接口的基础上进行了包装，更便于开发人员使用。ZkClient 客户端在一些著名的互联网开源项目中得到了应用，比如阿里巴巴的分布式 Dubbo 框架就集成了 ZkClient 客户端。

开源客户端 ZkClient 解决了 ZooKeeper 原生客户端 API 接口的很多问题。比如，ZkClient 提供了更加简洁的 API，实现了 Session 会话超时重连、Watcher 反复注册等问题。尽管如此，ZkClient 也有它自身的不少不足之处，具体如下：

（1）ZkClient 社区不活跃，文档不够完善，几乎没有参考文档。

（2）异常处理简化（抛出 RuntimeException）。

（3）重试机制比较难用。

（4）没有提供各种使用场景的参考实现。

介于 ZkClient 的以上不足，本书不对 ZkClient 的使用进行详细介绍。

13.3.2 Curator 开源客户端

Curator 是 Netflix 公司开源的一套 ZooKeeper 客户端框架。和 ZkClient 一样，Curator 提供了非常底层的细节开发工作，包括 Session 会话超时重连、掉线重连、反复注册 Watcher 和

NodeExistsException 异常等。

Curator 是 Apache 基金会的顶级项目之一，Curator 具有更加完善的文档，另外还提供了一套易用性和可读性更强的 Fluent 风格的客户端 API 框架。

Curator 还提供了 ZooKeeper 一些比较普遍的分布式开发的开箱即用的解决方案，比如 Recipes、共享锁服务、Master 选举机制和分布式计算器等，Java 应用开发时在这些小组件上可以不用重复“造轮子”了。

另外，Curator 还提供了一套非常优雅的链式调用 API。总之，与 ZkClient 客户端 API 相比，Curator 的 API 优雅太多，下面以创建 ZNode 为例对比一下。

使用 ZkClient 客户端创建 ZNode 的代码如下：

```
ZkClient client =
new ZkClient("192.168.1.105:2181",
                  10000, 10000, new SerializableSerializer());
//根节点路径
String PATH = "/test";
//判断是否存在
boolean rootExists = zkClient.exists(PATH);
//如果存在，则获取地址列表
if(!rootExists){
        zkClient.createPersistent(PATH);
}
String zkPath  = "/test/node-1";
boolean serviceExists = zkClient.exists(zkPath);
if(!serviceExists){
        zkClient.createPersistent(zkPath);
}
```

使用 Curator 客户端创建节点的代码如下：

```
CuratorFramework client =
CuratorFrameworkFactory.newClient(connectionString, retryPolicy);
String zkPath = "/test/node-1";
client.create().withMode(mode).forPath(zkPath);
```

总之，尽管 Curator 不是官方的客户端，但是由于 Curator 客户端的确非常优秀，就连 ZooKeeper 的作者 Patrick Hunt 都对 Curator 给予了高度评价，他的评语是：Guava is to Java that Curator to ZooKeeper。

在实际的开发场景中，使用 Curator 客户端就足可以应付日常的 ZooKeeper 集群操作需求。对于 ZooKeeper 的客户端，我们这里只学习和研究 Curator 的使用，最终的“疯狂创客圈”社群的大并发 CrazyIM 实战项目也是通过 Curator 客户端来操作 ZooKeeper 集群的。

13.3.3　准备 Curator 开发环境

打开 Curator 的官网，我们可以看到 Curator 包含以下几个包：

（1）curator-framework：对 ZooKeeper 的底层 API 的一些封装。

（2）curator-client：提供一些客户端的操作，例如重试策略等。

（3）curator-recipes：封装了一些高级特性，如 Cache 事件监听、选举、分布式锁、分布式计数器、分布式 Barrier 等。

以上三个包在使用之前，首先在 Maven 的 pom 文件中依赖坐标。这里使用 Curator 的版本为 4.0.0，与之对应的 ZooKeeper 的版本为 3.4.x。pom 文件的依赖代码如下：

```
<dependency>
    <groupId>org.apache.curator</groupId>
    <artifactId>curator-client</artifactId>
    <version>4.0.0</version>
    <exclusions>
        <exclusion>
            <groupId>org.apache.ZooKeeper</groupId>
            <artifactId>ZooKeeper</artifactId>
        </exclusion>
    </exclusions>
</dependency>

<dependency>
    <groupId>org.apache.curator</groupId>
    <artifactId>curator-framework</artifactId>
    <version>4.0.0</version>
    <exclusions>
        <exclusion>
            <groupId>org.apache.ZooKeeper</groupId>
            <artifactId>ZooKeeper</artifactId>
        </exclusion>
    </exclusions>
</dependency>
<dependency>
    <groupId>org.apache.curator</groupId>
    <artifactId>curator-recipes</artifactId>
    <version>4.0.0</version>
    <exclusions>
        <exclusion>
            <groupId>org.apache.ZooKeeper</groupId>
            <artifactId>ZooKeeper</artifactId>
        </exclusion>
    </exclusions>
</dependency>
```

说明 如果 Curator 与 ZooKeeper 的版本不是相互匹配的，就会有兼容性问题，很有可能导致节点操作失败。如何确保 Curator 与 ZooKeeper 的具体版本是匹配的呢？可以去 Curator 的官网查看具体的配套关系。

13.3.4 创建 Curator 客户端实例

在使用 Curator-Framework 组件操作 ZooKeeper 前，首先要创建一个客户端实例，这是一个 CuratorFramework 类型的对象。有两种方法创建该实例：

（1）使用工厂类 CuratorFrameworkFactory 的静态方法 newClient()。

（2）使用工厂类 CuratorFrameworkFactory 的静态构造者方法 builder()。

下面分别使用以上两种方法来创建 Curator 客户端实例，代码如下：

```
/**
 * create by 尼恩 @ 疯狂创客圈
 **/
public class ClientFactory
```

```
{
    /**方式一
     * @param connectionString ZK 的连接地址
     * @return CuratorFramework 实例
     */
    public static CuratorFramework  createSimple(
                                         String connectionString) {
        //重试策略：第一次重试等待 1 秒，第二次重试等待 2 秒，第三次重试等待 4 秒
        //第一个参数：等待时间的基础单位，单位为毫秒
        //第二个参数：最大重试次数
        ExponentialBackoffRetry retryPolicy =
                          new ExponentialBackoffRetry(1000, 3);

        //使用工厂类 CuratorFrameworkFactory 的静态方法 newClient()
        //第一个参数：ZK 的连接地址
        //第二个参数：重试策略
        return  CuratorFrameworkFactory.newClient(
                                            connectionString, retryPolicy);
    }

    /**方式二
     * @param connectionString      ZK 的连接地址
     * @param retryPolicy           重试策略
     * @param connectionTimeoutMs   连接超时时间
     * @param sessionTimeoutMs      会话超时时间
     * @return  CuratorFramework    实例
     */
    public static CuratorFramework  createWithOptions(
                                     String connectionString,
RetryPolicy retryPolicy,
                                    int connectionTimeoutMs,
int sessionTimeoutMs)
{
          //调用工厂类 CuratorFrameworkFactory 的静态构造者方法 builder()
         //调用 builder 模式创建 CuratorFramework 实例
        return  CuratorFrameworkFactory.builder()
                   .connectString(connectionString)
                   .retryPolicy(retryPolicy)
                   .connectionTimeoutMs(connectionTimeoutMs)
                   .sessionTimeoutMs(sessionTimeoutMs)
                   //其他的创建选项
                   .build();
    }
}
```

这里用到两种创建 CuratorFramework 客户端实例的方式，前一个是通过 newClient()函数去创建，相当于一个简化版本，只需要设置 ZK 集群的连接地址和重试策略；后一个是通过 CuratorFrameworkFactory.builder()函数去创建，相当于一个复杂的版本，可以设置连接超时 connectionTimeoutMs、会话超时 sessionTimeoutMs 等其他的会话创建选项。

这里将两种创建客户端的方式封装成了一个通用的 ClientFactory 连接工具类，读者可以直接使用。

13.3.5　通过 Curator 创建节点

通过 Curator 框架创建 ZNode，调用 create()方法即可。create()方法不需要传入 ZNode 的节点路径，所以并不会立即创建节点，仅仅返回一个 CreateBuilder 构造者实例。

通过该 CreateBuilder 构造者实例可以设置创建节点时的一些行为参数，最终通过构造者实例的 forPath(String znodePath, byte[] payload)方法去完成真正的节点创建工作。一般来说，可以使用链式调用完成节点的创建。在链式调用的最后，需要调用 forPath()方法带上需要创建的节点路径，具体的代码如下：

```
/**
 * 创建节点
 */
@Test
public void createNode() {
    //客户端实例
    CuratorFramework client = ClientFactory.createSimple(ZK_ADDRESS);

   try {
        //启动客户端实例，连接服务器
        client.start();

        //创建一个 ZNode
        //节点的数据为 payload

        String data = "hello";
        byte[] payload = data.getBytes("UTF-8");
        String zkPath = "/test/CRUD/node-1";
        client.create()
                .creatingParentsIfNeeded()
                .withMode(CreateMode.PERSISTENT)
                .forPath(zkPath, payload);

    } catch (Exception e) {
        e.printStackTrace();
    } finally {
        CloseableUtils.closeQuietly(client);
    }
}
```

在上面的代码中，在链式调用的 forPath()创建节点之前，通过该 CreateBuilder 构造者实例的 withMode()方法设置了节点的类型为 CreateMode.PERSISTENT，表示节点的类型为持久化节点。

ZooKeeper 节点有 4 种类型，具体的定义和联系如下：

（1）持久化节点（PERSISTENT）：所谓持久化节点，是指在节点创建后就一直存在，直到有删除操作来主动清除这个节点。持久化节点的生命周期是永久有效，不会因为创建该节点的客户端会话失效而消失。

（2）持久化顺序节点（PERSISTENT_SEQUENTIAL）：这类节点的生命周期和持久节点是一致的。额外的特性是，持久化顺序节点的每个父节点会为它的第一级子节点维护一次次序，会记录每个子节点创建的先后顺序。如果在创建子节点的时候设置这个属性，那么在创建节点过程中，ZK 会自动为给定节点名加上一个表示次序的数字后缀，作为新的节点名。这个次序后缀的最大值可以是整型的最大值。

比如，在创建持久化顺序节点的时候只需要传入节点“/test_”，这样之后，ZooKeeper 会自动在“test_”后面补充数字次序。

（3）临时节点（EPHEMERAL）：与持久节点不同的是，临时节点的生命周期和客户端会话绑定。也就是说，如果客户端会话失效，那么这个节点就会自动被清除。注意，这里提到的是会话失效，而非连接断开。这里还要注意一件事，就是当客户端会话失效后，所产生的临时节点不是一下子就消失了，要过一段时间，大概是 10 秒以内，可以试着在本机操作生成节点，在服务端用命令来查看当前的节点数目，当客户端已经停下来时，你会发现临时节点短时间之内还在。

另外，在临时节点下面不能创建子节点。

（4）临时顺序节点（EPHEMERAL_SEQUENTIAL）：此节点属于临时节点，不过带有顺序编号，客户端会话结束节点就会消失。

13.3.6 通过 Curator 读取节点

在 Curator 框架中，与节点读取有关的方法主要有三个：

（1）调用 checkExists()方法判断节点是否存在。

（2）调用 getData()方法获取节点的数据。

（3）调用 getChildren()方法获取子节点列表。

演示代码如下：

```
/**
 * 读取节点
 */
@Test
public void readNode() {
    //创建客户端
    CuratorFramework client = ClientFactory.createSimple(ZK_ADDRESS);
    try {
        //启动客户端实例，连接服务器
        client.start();
        String zkPath = "/test/CRUD/node-1";
        Stat stat = client.checkExists().forPath(zkPath);
        if (null != stat) {
            //读取节点的数据
            byte[] payload = client.getData().forPath(zkPath);
            String data = new String(payload, "UTF-8");
            log.info("read data:", data);

            String parentPath = "/test";
            List<String> children =
                                client.getChildren().forPath(parentPath);

            for (String child : children) {
                log.info("child:", child);
            }
        }
    } catch (Exception e) {
        e.printStackTrace();
    } finally {
        CloseableUtils.closeQuietly(client);
    }
}
```

checkExists()、getData()和 getChildren()方法有以下共同特点：

（1）这些方法返回的都是构造者实例，不会立即执行。

（2）通过构造者实例的链式调用为自己增加具体的操作，在调用末端调用 forPath(String znodePath)方法，在节点上执行实际的操作。

13.3.7 通过 Curator 更新节点

节点的更新操作可以分为同步更新与异步更新。同步更新就是更新线程是阻塞的，一直阻塞到更新操作执行完成。异步更新就是更新线程是非阻塞的，调用后立即返回，真正的更新操作异步去执行完成。

调用 setData()方法进行同步更新，代码如下：

```
/**
 * 同步更新节点
 */
@Test
public void updateNode() {
    //创建客户端
    CuratorFramework client = ClientFactory.createSimple(ZK_ADDRESS);
    try {
        //启动客户端实例，连接服务器
        client.start();
        String data = "hello world";
        byte[] payload = data.getBytes("UTF-8");
        String zkPath = "/test/CRUD/node-1";
        client.setData()
                .forPath(zkPath, payload);


    } catch (Exception e) {
        e.printStackTrace();
    } finally {
        CloseableUtils.closeQuietly(client);
    }
}
```

在上面的代码中，通过 setData()方法返回一个 SetDataBuilder 构造者实例，执行该实例的 forPath(zkPath, payload)方法，完成同步更新操作。

如果需要进行异步更新，如何处理呢？其实很简单，通过 SetDataBuilder 构造者实例的 inBackground(AsyncCallback callback)方法设置一个 AsyncCallback 回调实例。简简单单的一个函数就将更新数据的行为从同步执行变成了异步执行。异步执行完成后，SetDataBuilder 构造者实例会再执行 AsyncCallback 实例的 processResult()方法中的回调逻辑，完成更新后的其他操作。异步更新的代码如下：

```
package com.crazymakercircle.zk.basicOperate;
     //省略 import
public class CRUD {
    private static final String ZK_ADDRESS = "127.0.0.1:2181";

    //省略其他
    /**
     * 更新节点 - 异步模式
     */
    @Test
    public void updateNodeAsync() {
        //创建客户端
```

```
        CuratorFramework client = ClientFactory.createSimple(ZK_ADDRESS);
        try {

            //异步更新完成，回调此实例
            AsyncCallback.StringCallback callback =
                                        new AsyncCallback.StringCallback() {
               //回调方法
                @Override
                public void processResult(int i, String s,
                                                    Object o, String s1) {
                    System.out.println(
                            "i = " + i + " | " +
                                    "s = " + s + " | " +
                                    "o = " + o + " | " +
                                    "s1 = " + s1
                    );
                }
            };
            //启动客户端实例，连接服务器
            client.start();

            String data = "hello ,every body! ";
            byte[] payload = data.getBytes("UTF-8");
            String zkPath = "/test/CRUD/remoteNode-1";
            client.setData()
                    .inBackground(callback)  //设置回调实例
                    .forPath(zkPath, payload);

            Thread.sleep(10000);
        } catch (Exception e) {
            e.printStackTrace();
        } finally {
            CloseableUtils.closeQuietly(client);
        }
    }

}
```

13.3.8 通过 Curator 删除节点

删除节点非常简单，只需调用 delete()方法，实例代码如下：

```
package com.crazymakercircle.zk.basicOperate;
//省略 import
public class CRUD {
    private static final String ZK_ADDRESS = "127.0.0.1:2181";

    //省略其他
    @Test
    public void deleteNode() {
        //创建客户端
        CuratorFramework client = ClientFactory.createSimple(ZK_ADDRESS);
        try {
            //启动客户端实例，连接服务器
            client.start();
            //删除节点
            String zkPath = "/test/CRUD/remoteNode-1";
            client.delete().forPath(zkPath);

            //删除后查看结果
```

```
            String parentPath = "/test";
            List<String> children =
                                client.getChildren().forPath(parentPath);
            for (String child : children) {
                log.info("child:", child);
            }
        } catch (Exception e) {
            e.printStackTrace();
        } finally {
            CloseableUtils.closeQuietly(client);
        }
    }
}
```

在上面的代码中，通过 delete()方法返回一个执行删除操作的 DeleteBuilder 构造者实例，执行该实例的 forPath(zkPath, payload)方法完成同步删除操作。

删除和更新操作一样，也可以异步进行。那么如何异步删除呢？可以调用 DeleteBuilder 构造者实例的 inBackground(AsyncCallback asyncCallback)方法设置删除之后的回调实例，实际操作很简单，这里不再赘述。

至此，Curator 的 CRUD 操作已经介绍完成。下面介绍基于 Curator 的基本操作来完成一些基础的分布式应用。

13.4 分布式命名服务实战

命名服务是为系统中的资源提供标识能力。ZooKeeper 的命名服务主要是利用 ZooKeeper 节点的树型分层结构和子节点的次序维护能力为分布式系统中的资源命名。

哪些场景需要用到分布式命名服务呢？下面介绍 3 种典型的分布式命名服务场景。

1. 分布式 API 目录

为分布式系统中各种 API 接口服务的名称、链接地址提供类似 JNDI（Java 命名和目录接口）中的文件系统的能力。借助 ZooKeeper 的树形分层结构，就能提供分布式 API 调用的能力。

在典型的应用 Dubbo 分布式框架中，就应用了 ZooKeeper 的分布式 JNDI 能力。在 Dubbo 中，使用 ZooKeeper 维护全局的服务接口 API 地址列表。大致的思路为：

（1）服务提供者 provider 在启动的时候，向 ZK 的指定节点下写入自己的 API 地址，这个操作就相当于服务的公开。类似的 API 地址节点如下：

```
/dubbo/${serviceName}/providers
```

（2）服务消费者 Consumer 启动的时候，订阅节点/dubbo/{serviceName}/providers 下的 Provider 服务提供者 URL 地址，以获得所有访问提供者的 API。

2. 分布式 ID 生成器

在分布式系统中，为每一个数据资源提供唯一的 ID 标识能力。在单体服务环境下，通常来说，可以利用数据库的主键自增功能唯一标识一个数据资源。但是，在大量服务器集群的场景下，依赖单体服务的数据库主键自增生成唯一 ID 的方式，没有办法满足高并发和高负载的需求。这个时候，就需要使用分布式 ID 生成器，保障分布式场景下的 ID 的唯一性。

3. 分布式节点的命名

一个分布式系统通常由很多节点组成，而且节点的数量不是固定的，是不断动态变化的。比如，当业务不断膨胀和流量洪峰到来时，可能会动态加入大量节点到集群中。一旦流量洪峰过去，就需要下线大量节点。再比如，由于机器或者网络的原因，一些节点会主动离开集群。

如何为大量动态节点命名呢？一种简单的办法是，通过配置文件手动对每一个节点进行命名。如果节点数据量太大，或者说变动频繁，手动命名是不现实的，这时就需要用到分布式节点的命名服务。

“疯狂创客圈”的高并发 CrazyIM 实战项目也会使用分布式命名服务为每一个 IM 节点动态命名。

上面列举了三个分布式命名服务的场景，实际上需要用到分布式资源标识能力的场景远不止这些，这里只是抛砖引玉。

13.4.1 ID 生成器

在分布式系统中，分布式 ID 生成器的使用场景非常多：

（1）大量的数据记录，需要分布式 ID。

（2）大量的系统消息，需要分布式 ID。

（3）大量的请求日志，如 Restful 的操作记录，需要唯一标识，以便进行后续的用户行为分析和调用链路分析。

（4）分布式节点的命名服务，往往也需要分布式 ID。

传统的数据库自增主键，或者单体 Java 应用的自增主键，已经不能满足分布式 ID 生成器的需求。在分布式系统环境中，迫切需要一种全新的唯一 ID 系统，这种系统需要满足以下需求：

（1）全局唯一：不能出现重复 ID。

（2）高可用：ID 生成系统是非常基础的系统，被许多关键系统调用，一旦宕机，会造成严重影响。

分布式 ID 生成器的方案大致如下：

（1）Java 的 UUID。

（2）分布式缓存 Redis 生成 ID，利用 Redis 的原子操作 INCR 和 INCRBY，生成全局唯一的 ID。

（3）Twitter 的 Snowflake 算法。

（4）ZooKeeper 生成 ID，利用 ZooKeeper 的顺序节点生成全局唯一的 ID。

（5）MongoDB 的 ObjectId，MongoDB 是一个分布式的非结构化 NoSQL 数据库，每插入一条记录就会自动生成全局唯一的“_id”字段值，该值是一个 12 字节的字符串，可以作为分布式系统中全局唯一的 ID。

以上几种方案有哪些利弊呢？首先，分析一下 Java 语言中的 UUID（Universally Unique Identifier）方案。UUID 是在一定的范围内（从特定的名字空间到全球）唯一的机器生成的标识符，所以 UUID 在其他语言中也叫 GUID。

在 Java 中，生成 UUID 的代码很简单，代码如下：

```
String uuid = UUID.randomUUID().toString()
```

UUID 经由一定的算法机器生成，为了保证 UUID 的唯一性，规范定义了包括网卡 MAC 地址、时间戳、命名空间（Namespace）、随机或伪随机数、时序等元素，以及从这些元素生成 UUID 的算法。UUID 只能由计算机生成。

一个 UUID 是 16 字节长的数字，一共 128 位。转成字符串之后，会变成一个 36 字节的字符串，比如 3F2504E0-4F89-11D3-9A0C-0305E82C3301。使用的时候，可以把中间的 4 个中划线去掉，剩下 32 字节的字符串。

UUID 的优点：本地生成 ID，不需要进行远程调用，时延低，性能高。

UUID 的缺点：UUID 过长，有 16 字节，一共 128 位，通常以 36 位的字符串表示，很多场景不适用。比如，由于 UUID 没有排序，无法保证趋势递增，用作数据库索引字段的效率就很低，新增记录存储入库时性能差。

对于高并发和高数据量的系统，不建议使用 UUID。

13.4.2 ZooKeeper 分布式 ID 生成器的实战案例

ZooKeeper 的 4 种节点中有两种节点具备自动编号的能力：持久化顺序节点和临时顺序节点。

ZooKeeper 的每一个节点都会为它的第一级子节点维护一份顺序编号，会记录每个子节点创建的先后顺序，这个是分布式同步的，也是全局唯一的。

在创建子节点的时候，如果设置为上面的类型，ZooKeeper 会自动在创建后的节点路径末尾加上一个数字，用来表示次序。这个次序范围是整型的最大值。

比如，在创建节点的时候只需要传入节点 “/test_”，ZooKeeper 会自动在“test_”后面补充数字次序，比如“/test_0000000010”。

通过创建 ZK 临时顺序节点的方法生成全局唯一 ID 的演示代码大致如下：

```
package com.crazymakercircle.zk.NameService;
//省略 import
public class  IDMaker {
    //省略其他的方法
    /**
     * 创建临时顺序节点
     * @param pathPefix 节点路径
     * @return 创建后的完整路径名称
     */
    private String createSeqNode(String pathPefix) {
        try {
            //创建一个 ZNode 顺序节点
            //为了避免 ZooKeeper 的顺序节点暴增，建议创建后直接删除创建的节点
            String destPath = client.create()
                    .creatingParentsIfNeeded()
                    .withMode(CreateMode.EPHEMERAL_SEQUENTIAL)
                    .forPath(pathPefix);
            return destPath;
```

```
        } catch (Exception e) {
            e.printStackTrace();
        }
        return null;
    }

    //获取 ID 值
    public String makeId(String nodeName) {
        String str = createSeqNode(nodeName);
        if (null == str) {
            return null;
        }
        //取得 ZK 节点的末尾序号
        int index = str.lastIndexOf(nodeName);
        if (index >= 0) {
            index += nodeName.length();
            return index <= str.length() ? str.substring(index) : "";
        }
        return str;
    }
}
```

节点创建完成后，会返回节点的完整层次路径，所生成的序号处于路径的末尾，一般为 10 位数字字符，下面是一个实例：

```
/test/IDMaker/ID-0000000001
```

可以截取路径末尾的数字作为新生成的 ID。自制的 IDMaker 的单元测试用例代码如下：

```
@Slf4j
public class IDMakerTester {

    @Test
public void testMakeId() {

        IDMaker idMaker = new IDMaker();
        idMaker.init();
        String nodeName = "/test/IDMaker/ID-";

        for (int i = 0; i < 10; i++) {
            String id = idMaker.makeId(nodeName);
            log.info("第"+ i + "个创建的 id 为:" + id);
        }
        idMaker.destroy();
    }
    //省略其他的用例
}
```

下面是部分的运行输出：

```
第 0 个创建的 id 为: 0000000010
第 1 个创建的 id 为: 0000000011
//省略其他的输出
```

13.4.3 集群节点的命名服务的实战案例

前面讲到，在分布式集群中，可能需要部署大量的机器节点。在节点少的时候，节点的命名可以手工完成。在节点数量大的场景下，手工命名维护成本高，还需要考虑自动部署、运维等问题，手工命名不现实。总之，节点的命名最好由系统自动维护。

节点的命名主要是为节点进行唯一编号，其主要的诉求是，不同节点的编号绝对不能重复。一旦编号重复，就会导致有不同的节点碰撞，导致集群异常。

有以下两个方案可生成集群节点编号：

（1）使用数据库的自增 ID 特性，用数据表存储机器的 MAC 地址或者 IP 来维护。

（2）使用 ZooKeeper 持久顺序节点的次序特性来维护节点的 NodeId 编号。

这里介绍第二种方案。在第二种方案中，集群节点命名服务的基本流程如下：

（1）启动节点服务，连接 ZooKeeper，检查命名服务根节点是否存在，如果不存在，就创建系统根节点。

（2）在根节点下创建一个临时顺序 ZNode，取回 ZNode 的编号，作为分布式系统中的节点的 NodeId。

（3）如果临时节点太多，可以根据需要删除临时顺序 ZNode。

基于 ZooKeeper 的集群节点的命名服务的代码实现，主要的代码如下：

```
package com.crazymakercircle.zk.NameService;
//省略 import
public class SnowflakeIdWorker
{

    //ZooKeeper 客户端
    transient private CuratorFramework zkClient = null;

    //工作节点的路径
    private String pathPrefix = "/test/IDMaker/worker-";
    private String pathRegistered = null;
    //保持节点 ID，不需要每次计算
    private Long nodeId = null;

    public static SnowflakeIdWorker instance = new SnowflakeIdWorker();


    private SnowflakeIdWorker()
    {
        this.zkClient = ZKclient.instance.getClient();
        this.init();
    }

    //应用启动的时候，在 ZooKeeper 中创建顺序临时节点
    public void init()
    {
        //创建一个 ZNode，节点的 payload 为当前 worker 实例
        try
        {
            byte[] payload = pathPrefix.getBytes();
            //创建一个非持久化的临时节点，其前缀需要提前定义
            pathRegistered = zkClient.create()
                    .creatingParentsIfNeeded()
                    .withMode(CreateMode.EPHEMERAL_SEQUENTIAL)
                    .forPath(pathPrefix, payload);
        } catch (Exception e)
        {
            e.printStackTrace();
        }
```

```
    }

    /**
     * 获取节点 ID
     */
    public long getNodeId()
    {
        if (null != nodeId) return nodeId;
        String sid = null;
        if (null == pathRegistered)
        {
            throw new RuntimeException("节点注册失败");
        }
        int index = pathRegistered.lastIndexOf(pathPrefix);
        if (index >= 0)
        {
            index += pathPrefix.length();
            sid = index <= pathRegistered.length() ?
                                pathRegistered.substring(index) : null;
        }
        if (null == sid)
        {
            throw new RuntimeException("节点 ID 生成失败");
        }
        nodeId = Long.parseLong(sid);
        return nodeId;
    }
}
```

13.4.4　结合 ZooKeeper 实现 SnowFlake ID 算法

Twitter 的 SnowFlake 算法是一种著名的分布式服务器用户 ID 生成算法。首先介绍一下 SnowFlake ID 的组成。

1. SnowFlake ID 的组成

SnowFlake 算法所生成的 ID 是一个 64 位的长整型数字，被划分成 4 部分，其中后面 3 部分分别表示时间戳、机器编码和序列号，如图 13-3 所示。

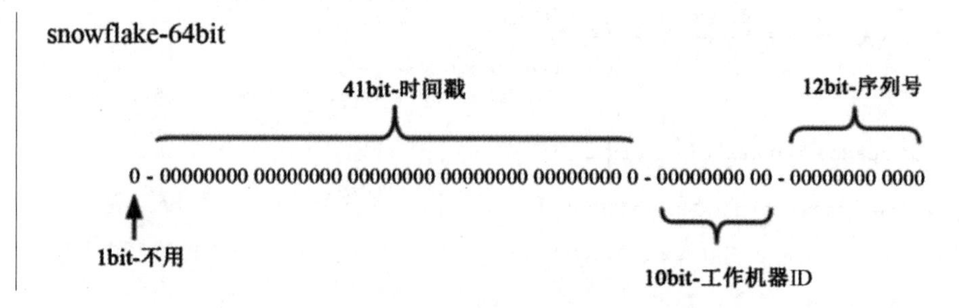

图 13-3　SnowFlake ID 的 4 部分

（1）第一位：占用 1 位，其值始终是 0，没有实际作用。

（2）时间戳：占用 41 位，精确到毫秒，总共可以容纳约 69 年的时间。

（3）工作机器 ID：占用 10 位，最多可以容纳 1024 个节点。

（4）序列号：占用 12 位，最多可以累加到 4095。这个值在同一毫秒同一节点上从 0 开始不断累加。

总体来说，在工作节点达到 1024 顶配的场景下，SnowFlake 算法在同一毫秒内最多可以生成多少个全局唯一 ID 呢？同一毫秒的 ID 数量大致为：1024×4096 =4194304，总计 400 多万个 ID。也就是说，在绝大多数并发场景下都是够用的。

SnowFlake ID 的第三部分是工作机器 ID，可以结合前面的命名方法，通过 ZooKeeper 管理 NodeId，免去手动频繁修改集群节点去配置机器 ID 的麻烦。

上面的 SnowFlake ID 的位数分配只是官方推荐的方案，实际使用时是可以微调的。例如，如果 1024 个节点不够用，则可以增加 3 位，扩大到 8192 个节点；如果每毫秒生成 4096 个 ID 比较多，则可以从 12 位减小到 10 位，则单个节点每毫秒生成 1024 个 ID，1 秒可以生成 1024×1000 个 ID，其数量也是巨大的；剩下的位数为剩余时间，还剩下 40 位时间戳，如果调整为比原来少 1 位，则可以持续 32 年。

2. SnowFlake ID 的实现

按照以上的 SnowFlake ID 组成规则实现 SnowFlake 算法，代码如下：

```
package com.crazymakercircle.zk.NameService;

/**
* snowflake ID 算法实现
 * create by 尼恩 @ 疯狂创客圈
 **/
public class SnowflakeIdGenerator {

    /**
     * 单例
     */
    public static SnowflakeIdGenerator instance =
                                          new SnowflakeIdGenerator();

    /**
     * 初始化单例
     */
    public synchronized void init(long workerId) {
        if (workerId > MAX_WORKER_ID) {
            // ZK 分配的 workerId 过大
            throw new IllegalArgumentException(
                                     "worker Id wrong: " + workerId);
        }
        instance.workerId = workerId;
    }
    private  SnowflakeIdGenerator() {
    }


    /**
     * 开始使用该算法的时间为：2017-01-01 00:00:00
     */
    private static final long START_TIME = 1483200000000L;

    /**
     * worker ID 的 bit 数，最多支持 8192 个节点
     */
    private static final int WORKER_ID_BITS = 13;
```

```
    /**
     * 序列号，支持单节点最高每毫秒的最大 ID 数为 1024
     */
    private final static int SEQUENCE_BITS = 10;

    /**
     * 最大的 worker ID , 8091
     * -1 的补码（二进制全 1）左移 13 位，然后取反，结果是：尾部的 13 位为 1，前面为 0
     */
    private final static long MAX_WORKER_ID = ~(-1L << WORKER_ID_BITS);

    /**
     * 最大的序列号，1023
     * -1 的补码（二进制全 1）左移 10 位，然后取反，结果是：尾部的 10 位为 1，前面为 0
     */
    private final static long MAX_SEQUENCE = ~(-1L << SEQUENCE_BITS);

    /**
     * worker 节点编号的移位，10 位
     */
    private final static long APP_HOST_ID_SHIFT = SEQUENCE_BITS;

    /**
     * 时间戳的移位，10+13=23 位
     */
private final static long TIMESTAMP_LEFT_SHIFT =
                                    WORKER_ID_BITS + APP_HOST_ID_SHIFT;

    /**
     * 该项目的 worker 节点 ID
     */
    private long workerId;

    /**
     * 上次生成 ID 的时间戳
     */
    private long lastTimestamp = -1L;

    /**
     * 当前毫秒生成的序列
     */
    private long sequence = 0L;

    /**
     * Next id long
     *
     * @return the nextId
     */
    public Long nextId() {
        return generateId();
    }

    /**
     * 生成唯一 ID 的具体实现
     */
    private  synchronized  long generateId() {
        long current = System.currentTimeMillis();

        if (current < lastTimestamp) {
            //如果当前时间小于上一次 ID 生成的时间戳
```

```
            //说明系统时钟回退过，出现问题返回-1，生成 ID 失败
            return -1;
        }

        if (current == lastTimestamp) {
            //如果当前生成 ID 的时间还是上次的时间，那么对 sequence 序列号加 1
            sequence = (sequence + 1) & MAX_SEQUENCE;
            if (sequence == MAX_SEQUENCE) {
                //当前毫秒生成的序列数已经大于最大值
                //那么阻塞到下一毫秒再获取新的时间戳
                current = this.nextMs(lastTimestamp);
            }
        } else {
            //当前的时间戳已经是下一毫秒
            sequence = 0L;
        }

        //更新上次生成 ID 的时间戳
        lastTimestamp = current;

        //进行移位操作生成 int64 的唯一 ID

        //时间戳左移 23 位
        long time = (current - START_TIME) << TIMESTAMP_LEFT_SHIFT;

        //workerId 左移 10 位
        long workerId = this.workerId << APP_HOST_ID_SHIFT;

        return time | workerId | sequence; //返回 ID
    }

    /**
     * 阻塞到下一毫秒
     */
    private long nextMs(long timeStamp) {
        long current = System.currentTimeMillis();
        while (current <= timeStamp) {
            current = System.currentTimeMillis();
        }
        return current;
    }
}
```

在上面的代码中，使用了大量位运算。如果对位运算不清楚，估计很难看懂上面的代码。这里需要特别说明一下：-1 的 8 位二进制编码为 1111 1111，也就是全 1。为什么呢？因为 8 位二进制的场景下，-1 的原码是 1000 0001，反码是 1111 1110（符号位为 1，数值部分按位取反），补码是反码加 1，最终，-1 编码计算后的结果是全 1。16 位、32 位、64 位的-1 与 8 位二进制相同，其二进制编码也是全 1。这就是从计算机基础课中学到的知识：负数的编码为其补码。另外，这里的二进制位移算法和二进制按位或算法都比较简单，如果不懂，可以去查看 Java 的基础书籍。

上面的代码是相对比较简单的 Snowflake 实现版本，对其中的关键算法解释如下：

（1）在单节点上获得下一个 ID，使用 Synchronized 控制并发，没有使用 CAS 的方式，是因为 CAS 不适合并发量非常高的场景。

（2）如果一台机器上当前毫秒所在的序列号已经增长到最大值 1023，则使用 while 循环等待直到下一毫秒。

（3）如果当前时间小于记录的上一个毫秒值，则说明这台机器的时间回拨了，于是阻塞，一直等到下一毫秒。

> 说明 在生产环境下，不建议读者使用自己实现的 Snowflake 算法，可以使用开源的 Snowflake 算法实现，如百度 uid-generator 开源项目、美团 ecp-uid 开源项目，这些开源项目已经经过了严酷的运行检验。自己实现仅仅是为了学习基础知识，掌握一些基础的原理。

编写一个测试用例，测试一下 SnowflakeIdGenerator，代码如下：

```
package com.crazymakercircle.zk.NameService;
//省略 import
@Slf4j
public class SnowflakeIdTest {
    @Test
    public void snowflakeIdTest() {
        //或者节点的 ID
        long workId = SnowflakeIdWorker.instance.getId();
        //初始化 ID 生产器
        SnowflakeIdGenerator.instance.init(workId);
        //创建一个线程池，并发生产 ID
        ExecutorService es = Executors.newFixedThreadPool(10);
        final HashSet idSet = new HashSet();
        Collections.synchronizedCollection(idSet);
        long start = System.currentTimeMillis();
        log.info(" 开始生产 *");
        for (int i = 0; i < 10; i++)
            es.execute(() -> {
                for (long j = 0; j < 5000000; j++) {
                    long id = SnowflakeIdGenerator.instance.nextId();
                    synchronized (idSet) {
                        idSet.add(id);
                    }
                }
            });

        //关闭线程池
        es.shutdown();
        try {
            es.awaitTermination(10, TimeUnit.SECONDS);
        } catch (InterruptedException e) {
            e.printStackTrace();
        }
        long end = System.currentTimeMillis();
        log.info(" 生产 ID 结束");
        log.info("* 耗费: " + (end - start) + " ms!");
    }
}
```

测试用例中用到了上一小节实现的 SnowflakeIdWorker 节点的命令服务，并且通过它取得了节点的 workerId。

SnowFlake 算法的优点是：

- 生成 ID 时不依赖于数据库，完全在内存中生成，高性能，高可用。
- 容量大，每秒可生成几百万 ID。
- ID 呈递增趋势，后续插入数据库的索引树的时候，性能较高。

SnowFlake 算法的缺点是：

- 依赖于系统时钟的一致性，如果某台机器的系统时钟回拨，就有可能造成 ID 冲突或者 ID 乱序。
- 在启动之前，如果这台机器的系统时间回拨过，那么有可能出现 ID 重复的危险。

13.5 分布式事件监听的重点

实现对 ZooKeeper 服务端节点操作的事件监听是客户端操作服务器的一项重点工作。在 Curator 的 API 中，事件监听有两种模式：第一种是标准的观察者模式，通过 Watcher 监听器来实现；第二种是缓存监听模式，通过引入一种本地缓存视图 Cache 机制来实现。第二种 Cache 事件监听机制，可以理解为一个本地缓存视图与远程 ZooKeeper 视图的对比过程，简单来说，Cache 在客户端缓存了 ZNode 的各种状态，当感知到 ZooKeeper 集群的 ZNode 状态变化会触发事件（event）时，注册在这些事件上的监听器就会处理这些事件。

虽然 Cache 是一种缓存机制，但是可以借助 Cache 实现事件的监听。另外，Cache 提供了事件监听器反复注册的能力，而观察模式的 Watcher 监听器只能监听一次。

在类型上，Watcher 监听器比较简单，只有一种。Cache 事件监听的种类有三种，包括 PathCache、NodeCache、TreeCache。

13.5.1 Watcher 标准的事件处理器

在 ZooKeeper 中，接口类型 Watcher 用于表示一个标准的事件处理器，用来定义收到事件通知后相关的回调处理逻辑。接口类型 Watcher 包含 KeeperState 和 EventType 两个内部枚举类，分别代表通知状态和事件类型。

定义回调处理逻辑需要使用 Watcher 接口的事件回调方法：

```
process (WatchedEvent event)
```

定义一个 Watcher 的回调实例很简单，代码如下：

```
//演示：定义一个监听器
Watcher w = new Watcher() {
   @Override
   public void process(WatchedEvent watchedEvent) {
      log.info("监听器 watchedEvent: " + watchedEvent);
   }
};
```

可以利用 GetDataBuilder、GetChildrenBuilder、ExistsBuilder 等实现 Watchable<T>接口的构造者实例，通过其 usingWatcher(Watcher)方法为构造者实例设置 Watcher 监听器实例。

在 Curator 中，Watchable<T>接口的源码如下：

```
package org.apache.curator.framework.api;
import org.apache.zookeeper.Watcher;
public  interface  Watchable<T> {
   T  watched();
```

```
    T  usingWatcher(Watcher  w);
    T  usingWatcher(CuratorWatcher  cw);
}
```

GetDataBuilder、GetChildrenBuilder、ExistsBuilder 构造者分别通过 getData()、getChildren()、checkExists()等方法返回，也就是说，至少在以上三个方法的调用链上可以通过加上 usingWatcher 方法来设置监听器，典型的代码如下：

```
//为 GetDataBuilder 实例设置监听器
byte[] content = client.getData() .usingWatcher(w).forPath(workerPath);
```

一个 Watcher 监听器在向服务端完成注册后，当服务端的一些事件触发了这个 Watcher 时，就会向注册过的客户端会话发送一个事件通知来实现分布式的通知功能。在 Curator 客户端收到服务器的通知后，会封装一个 WatchedEvent 事件实例，传递给监听器的 process(WatchedEvent)回调方法。

WatchedEvent 包含三个基本属性：通知状态（keeperState）、事件类型（EventType）和节点路径（path）。需要说明的是，WatchedEvent 并不是从 ZooKeeper 集群直接传递过来的事件实例，而是被 Curator 封装过的事件实例。WatchedEvent 类型没有实现序列化接口 java.io.Serializable，因此不能用于网络传输。那么，被封装的从 ZooKeeper 服务端直接通过网络传输过来的事件实例是什么呢？一个 WatcherEvent 类型的实例的名称与 Curator 的 WatchedEvent 封装实例只有一个字母之差，而且功能也是一样的，表示的是同一个服务端事件。

1. Watcher 接口定义的通知状态和事件类型

这里聚焦 Curator 封装过的 WatchedEvent 实例。WatchedEvent 中所用到的通知状态和事件类型定义在 Watcher 接口中，具体如表 13-3 所示。

表13-3　Watcher接口中定义的通知状态和事件类型

KeeperState	EventType	触发条件	说明
	None（-1）	客户端与服务端成功建立连接	
SyncConnected（0）	NodeCreated（1）	监听的对应数据节点被创建	
	NodeDeleted（2）	监听的对应数据节点被删除	此时客户端和服务器处于连接状态
	NodeDataChanged（3）	监听的对应数据节点的数据内容发生变更	
	NodeChildChanged（4）	监听的对应数据节点的子节点列表发生变更	
Disconnected（0）	None（-1）	客户端与 ZooKeeper 服务器断开连接	此时客户端和服务器处于断开连接状态
Expired（-112）	Node（-1）	会话超时	此时客户端会话失效，通常同时会收到 SessionExpiredException 异常
AuthFailed（4）	None（-1）	通常有两种情况：使用错误的 schema 进行权限检查；SASL 权限检查失败	通常同时会收到 AuthFailedException 异常

2. Watcher 使用实战

利用 Watcher 对节点事件进行监听，实例程序如下：

```
package com.crazymakercircle.zk.publishSubscribe;
//省略 import
import java.io.UnsupportedEncodingException;
/**
 * 客户端监听实战
 **/
public class ZkWatcherDemo {

    private String workerPath = "/test/listener/remoteNode";
    private String subWorkerPath = "/test/listener/remoteNode/id-";

    //利用 Watcher 来对节点进行监听操作
    @Test
    public void testWatcher() {
        CuratorFramework client = ZKclient.instance.getClient();

        //检查节点是否存在，若没有则创建
        boolean isExist = ZKclient.instance.isNodeExist(workerPath);
        if (!isExist) {
            ZKclient.instance.createNode(workerPath, null);
        }
        try {
            Watcher w = new Watcher() {
                @Override
                public void process(WatchedEvent watchedEvent) {
                    System.out.println("监听到的变化 watchedEvent = " +
                                                                watchedEvent);
                }
            };
            byte[] content = client.getData()
                    .usingWatcher(w).forPath(workerPath);
            log.info("监听节点内容：" + new String(content));
            //第一次变更节点数据
            client.setData().forPath(workerPath,
                                        "第 1 次更改内容".getBytes());
            //第二次变更节点数据
            client.setData().forPath(workerPath,
                                        "第 2 次更改内容".getBytes());
            Thread.sleep(Integer.MAX_VALUE);
        } catch (InterruptedException e) {
            e.printStackTrace();
        } catch (Exception e) {
            e.printStackTrace();
        }
    }
}
```

运行代码，输出的结果如下：

```
...
监听到的变化 watchedEvent = WatchedEvent state:SyncConnected type:NodeDataChanged
path:/test/listener/node
```

以上程序中，在节点路径/test/listener/node 注册了一个 Watcher 监听器实例，随后调用 setData

方法改变该节点的内容，虽然改变了两次，但是监听器仅仅监听到了一个事件。换句话说，监听器的注册是一次性的，当第二次改变节点内容时，注册已经失效，无法再次捕获节点变动事件。

既然 Watcher 监听器是一次性的，如果要反复使用，怎么办呢？需要反复通过构造者的 usingWatcher 方法提前进行注册。所以，Watcher 监听器不适用于节点的数据频繁变动或者节点频繁变动这样的业务场景，而是适用于一些特殊的、变动不频繁的场景，比如会话超时、授权失败等场景。

因为 Watcher 需要反复注册，比较烦琐，所以 Curator 引入了 Cache 来监听 ZooKeeper 服务端的事件。Cache 对 ZooKeeper 事件监听进行了封装，能够自动处理，反复注册监听。

13.5.2 NodeCache 节点缓存的监听

Curator 引入的 Cache 缓存实现拥有一个系列的类型，包括 NodeCache、PathCache、TreeCache 三组类：

（1）NodeCache 节点缓存用于 ZNode 节点的监听。

（2）PathCache 子节点缓存用于 ZNode 的子节点的监听。

（3）TreeCache 树缓存是 PathCache 的增强，不仅能监听子节点，也能监听 ZNode 自身。

1. NodeCache 的使用步骤

NodeCache 用于监控节点的新增、删除和更新。使用 NodeCache 的第一步是构造一个 NodeCache 缓存实例。有两个构造方法，具体如下：

```
NodeCache(CuratorFramework client, String path)
NodeCache(CuratorFramework client, String path, boolean dataIsCompressed)
```

第一个参数是传入创建的 Curator 的框架客户端实例，第二个参数是监听节点的路径，第三个重载参数 dataIsCompressed 表示是否对数据进行压缩。

使用 NodeCache 的第二步是构造一个 NodeCacheListener 监听器回调实例。该接口的定义如下：

```
package org.apache.curator.framework.recipes.cache;
public interface NodeCacheListener {
   void nodeChanged() throws Exception;
}
```

NodeCacheListener 监听器回调接口只定义了一个简单的方法 nodeChanged()，当节点变化时，这个方法就会被回调。大致的使用实例代码如下：

```
NodeCacheListener  listener = new NodeCacheListener() {
            @Override
            public void nodeChanged()...{
                ChildData data = nodeCache.getCurrentData();
                log.info("ZNode 节点状态改变, path={}", data.getPath());
                log.info("ZNode 节点状态改变, data={}",
                new String(data.getData(),"Utf-8"));
                log.info("ZNode 节点状态改变, stat={}", data.getStat());
            }
        };
```

第三步，在创建完 NodeCacheListener 的实例之后，需要将这个实例注册到 NodeCache 缓存实例，使用缓存实例的 addListener()方法。第四步，使用缓存实例 nodeCache 的 start()方法启动节点的事件监听。

```
//第三步，注册回调监听器
nodeCache.getListenable().addListener(listener);
//第四步，启动节点的事件监听
nodeCache.start();
```

第四步需要调用 nodeCache 的 start()方法进行缓存和事件监听，这个方法有两个版本：

```
void  start()//Start the cache.
void  start(boolean buildInitial)  //true 代表缓存当前节点
```

start()方法唯一的参数 buildInitial 代表着是否将该节点的数据立即进行缓存。如果设置为 true，则在 start 启动时立即调用 NodeCache 的 getCurrentData()方法就能够得到对应节点信息的实例，如果设置为 false，就得不到对应的信息。

2. NodeCache 事件监听的实战案例

使用 NodeCache 来监听节点的事件，完整的实例代码如下：

```
package com.crazymakercircle.zk.publishSubscribe;
//省略 import

/**
 * 客户端监听实战
 * create by 尼恩 @ 疯狂创客圈
 **/
@Slf4j
@Data
public class ZkWatcherDemo {

    private String workerPath = "/test/listener/remoteNode";
    private String subWorkerPath = "/test/listener/remoteNode/id-";

    /**
     * NodeCache 节点缓存的监听
     */
    @Test
    public void testNodeCache() {

        //检查节点是否存在，若没有则创建
        boolean isExist = ZKclient.instance.isNodeExist(workerPath);
        if (!isExist) {
            ZKclient.instance.createNode(workerPath, null);
        }

        CuratorFramework client = ZKclient.instance.getClient();
        try {
            NodeCache nodeCache =
                    new NodeCache(client, workerPath, false);
            NodeCacheListener listener = new NodeCacheListener() {
                @Override
                public void nodeChanged()...{
                    ChildData childData = nodeCache.getCurrentData();
                    log.info("ZNode 节点状态改变, path={}",
                                                    childData.getPath());
                    log.info("ZNode 节点状态改变, data={}",
                                new String(childData.getData(), "Utf-8"));
```

```
                log.info("ZNode 节点状态改变, stat={}",
                        childData.getStat());
            }
        };
        //启动节点的事件监听
        nodeCache.getListenable().addListener(listener);
        nodeCache.start();

        //第 1 次变更节点数据
        client.setData().forPath(workerPath,
                                    "第 1 次更改内容".getBytes());
        Thread.sleep(1000);

        //第 2 次变更节点数据
        client.setData().forPath(workerPath,
                                   "第 2 次更改内容".getBytes());

        Thread.sleep(1000);

        //第 3 次变更节点数据
        client.setData().forPath(workerPath,
                                   "第 3 次更改内容".getBytes());
        Thread.sleep(1000);

    } catch (Exception e) {
        log.error("创建 NodeCache 监听失败, path={}", workerPath);
    }
  }
}
```

通过运行的结果可以看到：NodeCache 节点缓存能够重复地进行事件节点的监听。代码中第三次监听的输出节选如下：

```
//省略前两次的输出
- ZNode 节点状态改变, path=/test/listener/node
- ZNode 节点状态改变, data=第 3 次更改内容
- ZNode 节点状态改变, stat=17179869191,
...
```

如果在监听的时候，NodeCache 监听的节点为空（也就是说 ZNode 路径不存在），也是可以的。之后，如果创建了对应的节点，也会触发事件，从而回调 nodeChanged()方法。

13.5.3　PathCache 子节点的监听

PathCache 子节点缓存用于子节点的监听，监控当前节点的子节点被创建、更新或者删除的过程。需要强调两点：

（1）只能监听子节点，监听不到当前节点。

（2）不能递归监听，子节点下的子节点不能递归监控。

1．PathCache 的使用步骤

第一步使用 PathChildrenCache 子节点缓存构造一个缓存实例。PathChildrenCache 有多个重载版本的构造方法，选择 4 个进行说明，具体如下：

```
//重载版本一
public  PathChildrenCache(CuratorFramework client,
```

```
                                    String path, boolean cacheData)
//重载版本二
public PathChildrenCache(CuratorFramework client,
                                        String path, boolean cacheData,
        boolean dataIsCompressed, final ExecutorService executorService)

//重载版本三
public PathChildrenCache(CuratorFramework client,
                    String path, boolean cacheData,
        boolean dataIsCompressed, ThreadFactory threadFactory)

//重载版本四
public PathChildrenCache(CuratorFramework client,
                        String path,boolean cacheData,
                            ThreadFactory threadFactory)
```

所有的 PathChildrenCache 构造方法前三个参数都是一样的，具体操作如下：

（1）第一个参数就是传入创建的 Curator 的框架客户端。

（2）第二个参数就是监听节点的路径。

（3）第三个重载参数 cacheData 表示是否把节点内容缓存起来，如果值为 true，那么接收到节点列表变更事件的同时将会获得节点内容。

除了上面的三个参数外，其他参数说明如下：

（1）dataIsCompressed，表示是否对节点数据进行压缩。

（2）threadFactory，表示线程池工厂，当 PathChildrenCache 内部需要开启新的线程异步执行时，使用该线程池工厂来创建线程。

（3）executorService 和 threadFactory 差不多，表示通过传入的线程池或者线程工厂来异步处理监听事件。

构造缓冲实例后，第二步使用 PathChildrenCache 缓存构造一个子节点缓存监听器 PathChildrenCacheListener 实例。PathChildrenCacheListener 监听器接口的定义如下：

```
package org.apache.curator.framework.recipes.cache;
import org.apache.curator.framework.CuratorFramework;
public interface PathChildrenCacheListener {
   void childEvent(CuratorFramework client, PathChildrenCacheEvent e) throws Exception;
}
```

PathChildrenCacheListener 监听器接口中只定义了一个简单的方法 childEvent()，当子节点有变化时，这个方法就会被回调。PathChildrenCacheListener 回调监听器的参考代码大致如下：

```
PathChildrenCacheListener listener = new PathChildrenCacheListener()
{
@Override
public void childEvent(CuratorFramework client,
                                        PathChildrenCacheEvent event) {
        try {
                ChildData data = event.getData();
                switch (event.getType()) {
                        case CHILD_ADDED:
                                log.info("子节点增加, path={}, data={}",
                                    data.getPath(),
                                    new String(data.getData(), "UTF-8"));
```

```
                        break;
                case CHILD_UPDATED:
                        log.info("子节点更新, path={}, data={}",
                            data.getPath(),
                            new String(data.getData(), "UTF-8"));
                        break;
                case CHILD_REMOVED:
                        log.info("子节点删除, path={}, data={}",
                            data.getPath(),
                            new String(data.getData(), "UTF-8"));
                        break;
                default:
                        break;
            }
        } catch (UnsupportedEncodingException e) {
            e.printStackTrace();
        }
    }
    };
```

创建 PathChildrenCacheListener 的实例之后，需要将这个回调监听器实例注册到 PathChildrenCache 缓存实例，具体是调用缓存实例的 addListener()方法。然后调用缓存实例 nodeCache 的 start()方法启动节点的事件监听。

启动节点的事件监听的 start()方法可以传入启动模式作为参数，启动模式定义在 StartMode 枚举中，具体如下：

（1）BUILD_INITIAL_CACHE 模式：启动时同步初始化 Cache，表示创建 Cache 后，从服务器拉取对应的数据。

（2）POST_INITIALIZED_EVENT 模式：启动时异步初始化 Cache，表示创建 Cache 后，从服务器拉取对应的数据，完成后触发 PathChildrenCacheEvent.Type#INITIALIZED 事件，Cache 中的 Listener 会收到该事件的通知。

（3）NORMAL 模式：启动时，异步初始化 Cache，完成后不会发出通知。

2. PathCache 事件监听的实战案例

使用 PathChildrenCache 来监听节点的事件，完整的实例代码如下：

```
package com.crazymakercircle.zk.publishSubscribe;
//省略 import
public class ZkWatcherDemo {
    private String workerPath = "/test/listener/remoteNode";
    private String subWorkerPath = "/test/listener/remoteNode/id-";

    /**
     * 子节点监听
     */
    @Test
    public void testPathChildrenCache() {

        //检查节点是否存在，若没有则创建
        boolean isExist = ZKclient.instance.isNodeExist(workerPath);
        if (!isExist) {
            ZKclient.instance.createNode(workerPath, null);
        }
        CuratorFramework client = ZKclient.instance.getClient();
```

```
        try {
            PathChildrenCache cache =
                    new PathChildrenCache(client, workerPath, true);
            PathChildrenCacheListener listener = ... 省略监听器实现代码
            //增加监听器
            cache.getListenable().addListener(listener);
            //设置启动模式
            cache.start(PathChildrenCache.StartMode.BUILD_INITIAL_CACHE);
            Thread.sleep(1000);

            //创建三个子节点
            for (int i = 0; i < 3; i++) {
                ZKclient.instance.createNode(subWorkerPath + i, null);
            }
            Thread.sleep(1000);

            //删除三个子节点
            for (int i = 0; i < 3; i++) {
                ZKclient.instance.deleteNode(subWorkerPath + i);
            }

        } catch (Exception e) {
            log.error("PathCache 监听失败, path=", workerPath);
        }
    }
}
```

运行的结果如下：

```
- 子节点增加, path=/test/listener/node/id-0, data=to set content
- 子节点增加, path=/test/listener/node/id-2, data=to set content
- 子节点增加, path=/test/listener/node/id-1, data=to set content
...
- 子节点删除, path=/test/listener/node/id-2, data=to set content
- 子节点删除, path=/test/listener/node/id-0, data=to set content
- 子节点删除, path=/test/listener/node/id-1, data=to set content
```

从执行结果可以看到，PathChildrenCache 能够反复监听节点的新增和删除。

至此，已经讲完了两个系列的缓存监听。简单回顾一下：

（1）NodeCache 用来观察 ZNode 自身，如果 ZooKeeper 上的 ZNode 被创建、更新或者删除，那么 NodeCache 会更新缓存，并触发事件给注册的监听器。NodeCache 是通过 NodeCache 类来实现的，监听器对应的事件回调接口为 NodeCacheListener。

（2）PathCache 子节点缓存用来观察 ZNode 的子节点，并缓存子节点的状态，如果 ZNode 的某个子节点被创建、更新或者删除，那么 PathCache 会更新缓存，并且触发事件给注册的监听器。PathCache 是通过 PathChildrenCache 类来实现的，监听器对应的事件回调接口为 PathChildrenCacheListener。

13.5.4 TreeCache 节点树的缓存

TreeCache 可以看作是 NodeCache、PathCache 的合体，TreeCache 不仅能监听子节点，还能监听节点自身。

1. TreeCache 的使用步骤

使用 TreeCache 的第一步是构造一个 TreeCache 缓存实例。TreeCache 类有两个构造方法，具体如下：

```
//TreeCache 构造器一
TreeCache(CuratorFramework client,  String path)

//TreeCache 构造器二
TreeCache(CuratorFramework client,  String path,
        boolean cacheData,  boolean dataIsCompressed,  int maxDepth,
          ExecutorService executorService,  boolean createParentNodes,
          TreeCacheSelector  selector)
```

第一个参数是传入创建的 Curator 的框架客户端，第二个参数是监听节点的路径，其他参数简单说明如下：

- dataIsCompressed：表示是否对数据进行压缩。
- maxDepth：表示缓存的层次深度，默认为整数最大值。
- executorService：表示监听的执行线程池，默认会创建一个单一线程的线程池。
- createParentNodes：表示是否创建父节点，默认为 false。

如果要监听一个 ZNode，一般情况下使用 TreeCache 的第一个构造函数即可。

使用 TreeCache 的第二步是构造一个 TreeCacheListener 监听器实例。该接口定义如下：

```
//TreeCache 事件监听器接口定义
package org.apache.curator.framework.recipes.cache;
import org.apache.curator.framework.CuratorFramework;
public interface TreeCacheListener {
   void childEvent(CuratorFramework var1, TreeCacheEvent var2) throws Exception;
}
```

TreeCacheListener 监听器接口中只定义了一个简单的方法 childEvent，当子节点有变化时，这个方法就会被回调。TreeCacheListener 事件回调监听器的参考实现代码大致如下：

```
TreeCacheListener listener =
     new TreeCacheListener() {
             @Override
             public void childEvent(CuratorFramework client, TreeCacheEvent event) {
             try {
                     ChildData data = event.getData();
                     if (data == null) {
                          log.info("数据为空");
                          return;
                     }
                 switch (event.getType()) {
                      case NODE_ADDED:
                      log.info("[TreeCache]节点增加, path={}, data={}",
                      data.getPath(), new String(data.getData(), "UTF-8"));
                          break;

                          case NODE_UPDATED:
                          log.info("[TreeCache]节点更新, path={}, data={}",
                     data.getPath(), new String(data.getData(), "UTF-8"));
                          break;
```

```
                    case NODE_REMOVED:
                        log.info("[TreeCache]节点删除, path={}, data={}",
                    data.getPath(), new String(data.getData(), "UTF-8"));
                        break;
                    default:
                        break;
                }
            } catch (UnsupportedEncodingException e) {
                    e.printStackTrace();
            }
        }
    };
```

在创建 TreeCacheListener 的实例之后，调用其 addListener()方法注册 TreeCacheListener 监听器实例，然后调用缓存实例 TreeCacheListener 的 start()方法启动节点的事件监听流程。

2. TreeCache 事件监听的实战案例

TreeCache 事件监听的实战案例的完整代码大致如下：

```
package com.crazymakercircle.zk.publishSubscribe;
//省略 import
/**
 * 客户端监听实战
 * create by 尼恩 @ 疯狂创客圈
 **/
@Slf4j
@Data
public class ZkWatcherDemo {

    private String workerPath = "/test/listener/remoteNode";
    private String subWorkerPath = "/test/listener/remoteNode/id-";

    /**
     * TreeCache 不仅能监听子节点，还能监听节点自身
     */
    @Test
    public void testTreeCache() {

        //检查节点是否存在，若没有则创建
        boolean isExist = ZKclient.instance.isNodeExist(workerPath);
        if (!isExist) {
            ZKclient.instance.createNode(workerPath, null);
        }
        CuratorFramework client = ZKclient.instance.getClient();
        try {
            TreeCache treeCache =  new TreeCache(client, workerPath);
            TreeCacheListener listener = ... 省略回调监听器实现代码

            //设置监听器
            treeCache.getListenable().addListener(listener);
            //启动缓存视图
            treeCache.start();
            Thread.sleep(1000);

            //创建三个子节点
            for (int i = 0; i < 3; i++) {
                ZKclient.instance.createNode(subWorkerPath + i, null);
            }
```

```
            Thread.sleep(1000);

            //删除三个子节点
            for (int i = 0; i < 3; i++) {
                ZKclient.instance.deleteNode(subWorkerPath + i);
            }
            Thread.sleep(1000);

            //删除当前节点
            ZKclient.instance.deleteNode(workerPath);

            Thread.sleep(Integer.MAX_VALUE);

        } catch (Exception e) {
            log.error("PathCache 监听失败, path=", workerPath);
        }
    }
}
```

运行的结果如下：

```
- [TreeCache]节点增加, path=/test/listener/node, data=to set content
- [TreeCache]节点增加, path=/test/listener/node/id-0, data=to set content
- [TreeCache]节点增加, path=/test/listener/node/id-1, data=to set content
- [TreeCache]节点增加, path=/test/listener/node/id-2, data=to set content
- [TreeCache]节点删除, path=/test/listener/node/id-2, data=to set content
- [TreeCache]节点删除, path=/test/listener/node/id-1, data=to set content
- [TreeCache]节点删除, path=/test/listener/node/id-0, data=to set content
- [TreeCache]节点删除, path=/test/listener/node, data=to set content
```

最后，补充说明 TreeCache 的事件类型：

（1）NODE_ADDED：对应节点的增加。

（2）NODE_UPDATED：对应节点的修改。

（3）NODE_REMOVED：对应节点的删除。

TreeCache 的事件类型与 PathCache 的事件类型是不同的。TreeCache 的事件类型如下：

（1）CHILD_ADDED：对应子节点的增加。

（2）CHILD_UPDATED：对应子节点的修改。

（3）CHILD_REMOVED：对应子节点的删除。

3. Curator 事件监听的原理

无论是 PathCache 还是 TreeCache，所谓的监听都是进行 Curator 本地缓存视图和 ZooKeeper 服务器远程的数据节点的对比，并且进行数据同步时会触发相应的事件。以 NODE_ADDED（节点新增事件）的触发为例进行简单说明。在本地缓存视图开始创建的时候，本地视图为空，从服务器进行数据同步时，本地的监听器就能监听到 NODE_ADDED 事件。为什么呢？刚开始本地缓存并没有内容，然后本地缓存和服务器缓存进行对比，发现 ZooKeeper 服务器是有节点数据的，这样才能将服务器的节点缓存到本地，触发本地缓存的 NODE_ADDED 事件。

13.6 分布式锁的原理与实战

在单体应用开发场景中涉及并发同步的时候，大家往往采用 Synchronized 或者 Lock 的方式来解决多线程间的同步问题。在分布式集群工作的开发场景中需要一种更加高级的锁机制来处理跨 JVM 进程的数据同步问题，这就是分布式锁。

13.6.1 公平锁和可重入锁的原理

最经典的分布式锁是可重入的公平锁。什么是可重入的公平锁呢？直接讲解概念和原理的话比较抽象难懂，这里用一个简单的故事来类比一下。

故事发生在没有自来水的古代，在一个村子中有一口井，水质非常好，村民们都抢着取井里的水。井只有一口，村里的人很多，村民为争抢取水打架斗殴，甚至头破血流。

问题总是要解决的，村长绞尽脑汁想出了一个凭号取水的方案。井边安排一个看井人，维护取水的秩序。取水秩序很简单：

（1）取水之前先取号。

（2）号排在前面的就可以先取水。

（3）先到的排在前面，后到的一个一个挨着在井边排成一队。

排队取水示意图如图 13-4 所示。

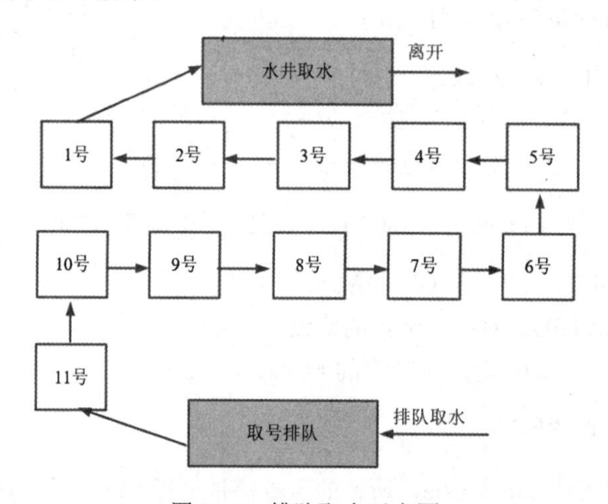

图 13-4 排队取水示意图

这种排队取水模型就是一种锁的模型。排在最前面的号拥有取水权，就是一种典型的独占锁。另外，先到先得，号排在前面的人先取到水，取水之后就轮到下一个号取水，挺公平的，说明它是一种公平锁。

什么是可重入锁呢？假定取水时以家庭为单位，家庭中的某人拿到号，其他的家庭成员过来打水，这个时候不用再取号，如图 13-5 所示。

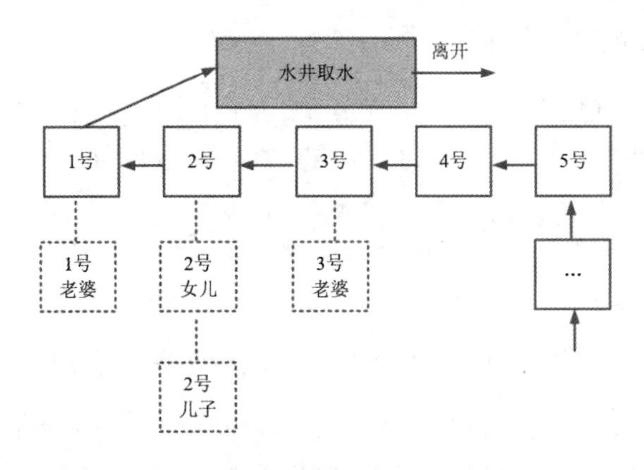

图 13-5　同一家庭的人不需要重复排队

在图 13-5 中，排在 1 号的家庭，老公取号，假设其老婆来了，直接排第一个。再看 2 号，父亲正在打水，假设其儿子和女儿也到井边了，直接排第二个。总之，如果取水时以家庭为单位，则同一个家庭可以直接复用排号，不用从后面排起重新取号。

在上面这个故事模型中，取号一次，可以多次取水，其原理为可重入锁的模型。在重入锁模型中，一把独占锁可以被多次锁定，这就叫作可重入锁。

13.6.2　ZooKeeper 分布式锁的原理

理解了经典的公平可重入锁的原理后，再来看在分布式场景下的公平可重入锁的原理。通过前面的分析，基本可以判定：ZooKeeper 的临时顺序节点天生就是实现分布式锁的胚子。为什么呢？

1. ZooKeeper 的每一个节点都是一个天然的顺序发号器

在每一个节点下面创建临时顺序节点（EPHEMERAL_SEQUENTIAL）类型，新的子节点后面会加上一个次序编号，而这个生成的次序编号是上一个生成的次序编号加 1。

例如，有一个用于发号的节点/test/lock 为父节点，可以在这个父节点下面创建相同前缀的临时顺序子节点，假定相同的前缀为 /test/lock/seq-。第一个创建的子节点基本上应该为 /test/lock/seq-0000000000，下一个节点则为/test/lock/seq-0000000001，以此类推，如图 13-6 所示。

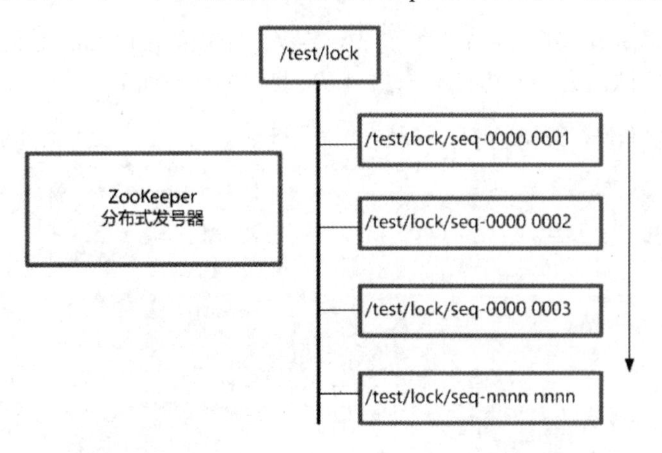

图 13-6　ZooKeeper 临时顺序节点的天然发号器

2. ZooKeeper 节点的递增有序性可以确保锁的公平

一个 ZooKeeper 分布式锁需要创建一个父节点，尽量是持久节点（PERSISTENT 类型），然后每个要获得锁的线程都在这个节点下创建一个临时顺序节点，因为 ZooKeeper 节点是按照创建的次序依次递增的。

为了确保公平，可以简单地规定：编号最小的那个节点表示获得了锁。所以，每个线程在尝试占用锁之前首先判断自己的排号是不是当前最小，如果是就获取锁。

3. ZooKeeper 的节点监听机制可以保障占有锁的传递有序且高效

每个线程抢占锁之前，先尝试创建自己的 ZNode。同样，释放锁的时候需要删除创建的 ZNode。创建成功后，如果不是排号最小的节点，就处于等待通知的状态。前一个 ZNode 删除的时候会触发 ZNode 事件，当前节点能监听到删除事件就是轮到了自己占有锁的时候。第一个通知第二个，第二个通知第三个，击鼓传花似地依次向后。

ZooKeeper 的节点监听机制能够非常完美地实现这种击鼓传花似的信息传递。具体的方法是，每一个等通知的 ZNode 只需要监听（Listen）或者监视（Watch）排号在自己前面的那个节点，而且紧挨在自己前面的那个节点能够收到其删除事件。只要上一个节点被删除了，就再次进行判断，看看自己是不是序号最小的那个节点，如果是，自己就获得锁。

另外，ZooKeeper 内部优越的机制能保证由于网络异常或者其他原因导致集群中占用锁的客户端失联时能够被有效释放。一旦占用 ZNode 锁的客户端与 ZooKeeper 集群服务器失去联系，这个临时 ZNode 也将自动删除。排在它后面的那个节点也能收到删除事件，从而获得锁。正是由于这个原因，在创建取号节点的时候尽量创建临时 ZNode。

4. ZooKeeper 的节点监听机制能避免羊群效应

ZooKeeper 这种首尾相接、后面监听前面的方式可以避免羊群效应。所谓羊群效应，就是一个节点挂掉，所有节点都去监听，然后做出反应，这样会给服务器带来巨大的压力，所以有了临时顺序节点，当一个节点挂掉时，只有它后面的那个节点才会做出反应。

13.6.3 分布式锁的基本流程

接下来基于 ZooKeeper 实现分布式锁。首先，定义一个锁的接口 Lock，很简单，仅有两个抽象方法：一个是加锁方法，另一个是解锁方法。Lock 接口的代码如下：

```
package com.crazymakercircle.zk.distributedLock;

/**
 * 锁的接口
 * create by 尼恩 @ 疯狂创客圈
 **/
public interface Lock {

    /**
     * 加锁方法
     *
     * @return 是否成功加锁
     */
    boolean lock();
```

```
    /**
     * 解锁方法
     *
     * @return 是否成功解锁
     */
    boolean unlock();
}
```

使用 ZooKeeper 实现分布式锁的算法有以下几个要点：

（1）一把分布式锁通常使用一个 ZNode 表示，如果锁对应的 ZNode 不存在，则首先创建 ZNode。这里假设为/test/lock，代表一把需要创建的分布式锁。

（2）抢占锁的所有客户端，使用锁的 ZNode 的子节点列表来表示，如果某个客户端需要占用锁，则在/test/lock 下创建一个临时有序的子节点。

这里所有临时有序的子节点尽量共用一个有意义的子节点前缀。

比如，如果子节点的前缀为/test/lock/seq-，则第一次抢锁对应的子节点为/test/lock/seq-000000000，第二次抢锁对应的子节点为/test/lock/seq-000000001，以此类推。

再比如，如果子节点的前缀为/test/lock/，则第一次抢锁对应的子节点为/test/lock/000000000，第二次抢锁对应的子节点为/test/lock/000000001，以此类推，也非常直观。

（3）如何判定客户端是否占有锁呢？很简单，客户端创建子节点后需要进行判断：自己创建的子节点是否为当前子节点列表中序号最小的子节点。如果是，则认为加锁成功；如果不是，则监听前一个 ZNode 子节点变更消息，等待前一个节点释放锁。

（4）一旦队列中后面的节点获得前一个子节点的变更通知，则开始进行判断，判断自己是否为当前子节点列表中序号最小的子节点：如果是，就认为加锁成功；如果不是，则持续监听，一直到获得锁。

（5）获取锁后，开始处理业务流程。完成业务流程后，删除自己对应的子节点，完成释放锁的工作，以方便后继节点能捕获到节点变更通知，获得分布式锁。

13.6.4　加锁的实现

Lock 接口中加锁的方法是 lock()。调用 lock()方法的大致流程是：首先尝试加锁，如果加锁失败，就去等待，然后重复。

1. lock()方法的实现代码

调用 lock()方法加锁的实现代码大致如下：

```
package com.crazymakercircle.zk.distributedLock;
//省略 import
public class ZkLock implements Lock {
    //ZKLock 的节点链接
    private static final String ZK_PATH = "/test/lock";
    private static final String LOCK_PREFIX = ZK_PATH + "/";
    private static final long WAIT_TIME = 1000;
    //ZK 客户端
    CuratorFramework client = null;
```

```
    private String locked_short_path = null;
    private String locked_path = null;
    private String prior_path = null;
    final AtomicInteger lockCount = new AtomicInteger(0);
    private Thread thread;

    public ZkLock() {
        ZKclient.instance.init();
        if (!ZKclient.instance.isNodeExist(ZK_PATH)) {
            ZKclient.instance.createNode(ZK_PATH, null);
        }
        client = ZKclient.instance.getClient();
    }

    /**
     * 加锁的实现
     *
     * @return 是否加锁成功
     */
    @Override
    public boolean lock() {

        //可重入，确保同一线程，可以重复加锁
        synchronized (this) {
            if (lockCount.get() == 0) {
                thread = Thread.currentThread();
                lockCount.incrementAndGet();
            } else {
                if (!thread.equals(Thread.currentThread())) {
                    return false;
                }
                lockCount.incrementAndGet();
                return true;
            }
        }

        try {
            boolean locked = false;

            //首先尝试加锁
            locked = tryLock();

            if (locked) {
                return true;
            }

            //如果加锁失败，就去等待
            while (!locked) {

                //等待
                await();

                // 获取等待的子节点列表
                List<String> waiters = getWaiters();

                //判断是否加锁成功
                if (checkLocked(waiters)) {
                    locked = true;
                }
            }
            return true;
```

```
        } catch (Exception e) {
            e.printStackTrace();
            unlock();
        }
        return false;
    }
    //省略其他的方法
}
```

2. tryLock()尝试加锁

尝试加锁的 tryLock()方法是关键，它做了两件重要的事情：

（1）创建临时顺序节点，并且保存自己的节点路径。

（2）判断是否是第一个，如果是第一个，则加锁成功；如果不是，就找到前一个 ZNode，并且保存其路径到 prior_path。

尝试加锁的 tryLock()方法，其实现代码如下：

```
package com.crazymakercircle.zk.distributedLock;
//省略 import
public class ZkLock implements Lock {
        ...
        /**
     * 尝试加锁
     *
     * @return 是否加锁成功
     * @throws Exception 异常
     */
    private boolean tryLock()...{
        //创建临时 ZNode
        locked_path =
                ZKclient.instance .createEphemeralSeqNode(LOCK_PREFIX);
        if (null == locked_path) {
            throw new Exception("zk error");
        }

        //取得加锁的排队编号
        locked_short_path = getShorPath(locked_path);

        //获取加锁的队列
        List<String> waiters = getWaiters();

        //获取等待的子节点列表，判断自己是否是第一个
        if (checkLocked(waiters)) {
            return true;
        }

        //判断自己排第几个
        int index = Collections.binarySearch(waiters, locked_short_path);
        if (index < 0) {
            //网络抖动，获取到的子节点列表里可能已经没有自己了
            throw new Exception("节点没有找到: " + locked_short_path);
        }

        //如果自己没有获得锁
        //保存前一个节点，稍候会监听前一个节点
        prior_path = ZK_PATH + "/" + waiters.get(index - 1);
```

```
            return false;
        }

        //省略其他的方法
    }
```

创建临时顺序节点后，其完整路径存放在 locked_path 成员中；另外，还截取了一个后缀路径放在 locked_short_path 成员中，后缀路径是一个短路径，只有完整路径的最后一层。为什么要单独保存短路径呢？因为在获取的远程子节点列表中的其他路径返回结果时，返回的都是短路径，都只有最后一层路径。所以，为了方便后续进行比较，也把自己的短路径保存下来。

创建了自己的临时节点后，调用 checkLocked()方法判断是否锁定成功。如果锁定成功，则返回 true；如果没有获得锁，则监听前一个节点，此时需要找出前一个节点的路径，并保存在 prior_path 成员中，供后面的 await()等待方法去监听使用。这里先介绍 checkLocked 锁定判断方法。

3. checkLocked()检查是否持有锁

在 checkLocked()方法中判断是否可以持有锁。判断规则很简单：当前创建的节点是否在上一步获取到的子节点列表的第一个位置：

- 如果是，则说明可以持有锁，返回 true，表示加锁成功。
- 如果不是，则说明有其他线程早已先持有了锁，返回 false。

checkLocked()方法的代码如下：

```
package com.crazymakercircle.zk.distributedLock;
//省略 import
public class ZkLock implements Lock {
        ...
    /**
     * 判断是否加锁成功
     * @param waiters 排队列表
     * @return 成功状态
     */
    private boolean checkLocked(List<String> waiters) {

        //节点按照编号升序排列
        Collections.sort(waiters);

        // 如果是第一个，则代表自己已经获得了锁
        if (locked_short_path.equals(waiters.get(0))) {
            log.info("成功的获取分布式锁,节点为{}", locked_short_path);
            return true;
        }
        return false;
    }
    //省略其他的方法
}
```

checkLocked()方法比较简单，将参与排队的所有子节点列表从小到大根据节点名称进行排序。排序主要依靠节点的编号，也就是 ZNode 路径的后 10 位数字，因为前缀都是一样的。排序之后进行判断：如果自己的 locked_short_path 编号排在第一个，则代表自己已经获得了锁；如果不是，则返回 false。

如果 checkLocked()为 false，那么外层一般来说会执行 await()等待方法，执行夺锁失败以后的

等待逻辑。

4. await()监听前一个节点释放锁

await()也很简单，就是监听前一个 ZNode（prior_path 成员）的删除事件，代码如下：

```
package com.crazymakercircle.zk.distributedLock;
//省略 import
public class ZkLock implements Lock {
      ...
   /**
    * 等待，监听前一个节点的删除事件
    */
   private void await()...{
       if (null == prior_path) {
           throw new Exception("prior_path error");
       }
       final CountDownLatch latch = new CountDownLatch(1);
       //监听方式一： Watcher 一次性订阅
       //订阅比自己次小顺序节点的删除事件
       Watcher w = new Watcher() {
           @Override
           public void process(WatchedEvent watchedEvent) {
               System.out.println("监听到的变化 watchedEvent = " +
                                                                    watchedEvent);
               log.info("[WatchedEvent]节点删除");
               latch.countDown();
           }
       };
       //开始监听
       client.getData().usingWatcher(w).forPath(prior_path);
       //限时等待，最长加锁时间为 3 秒
       latch.await(WAIT_TIME, TimeUnit.SECONDS);
   }
   //省略其他的方法
}
```

首先添加一个 Watcher 监听，而监听的节点正是前面保存在 prior_path 成员的前一个节点的路径。这里仅仅监听自己前一个节点的变动，而不是其他节点的变动，以提升效率。完成监听之后，调用 latch.await()，线程进入等待状态，一直到线程被监听回调代码中的 latch.countDown()唤醒，或者等待超时。

> **说明** 以上代码用到的 CountDownLatch 的核心原理和实战知识，请参阅本书的下一卷《Java 高并发核心编程 卷 2（加强版）：多线程、锁、JMM、JUC、高并发设计模式》。

在上面的代码中，监听前一个节点的删除可以使用两种监听方式：

- Watcher 订阅。
- TreeCache 订阅。

两种方式的效果差不多，但是这里的删除事件只需要监听一次即可，不需要反复监听，所以使用的是 Watcher 一次性订阅。而 TreeCache 订阅的代码在源码工程中已经被注释，仅供读者参考。

一旦前一个节点 prior_path 被删除，就将线程从等待状态唤醒，进行新一轮的锁争夺，直到获取锁，并且完成业务处理。

至此，分布式 Lock 加锁的算法还差一点就介绍完成，即实现锁的可重入。

5. 可重入的实现代码

什么是可重入呢？只需要保障同一个线程进入加锁的代码，可以重复加锁成功即可。修改前面的 lock()方法，在前面加上可重入的判断逻辑。代码如下：

```
@Override
public boolean lock() {
    //可重入的判断
    synchronized (this) {
        if (lockCount.get() == 0) {
            thread = Thread.currentThread();
            lockCount.incrementAndGet();
        } else {
            if (!thread.equals(Thread.currentThread())) {
                return false;
            }
            lockCount.incrementAndGet();
            return true;
        }
    }
...
}
```

为了变成可重入，在代码中增加了一个加锁的计数器 lockCount，计算重复加锁的次数。如果是同一个线程加锁，只需要增加次数，直接返回，就表示加锁成功。至此，lock()方法介绍完毕。接下来去释放锁。

13.6.5 释放锁的实现

Lock 接口中的 unLock()方法表示释放锁，释放锁主要有两项工作：

（1）减少重入锁的计数，如果最终的值不是 0，则直接返回，表示成功地释放了一次。

（2）如果计数器为 0，则移除 Watchers 监听器，并且删除创建的 ZNode 临时节点。

unlock()方法的代码如下：

```
package com.crazymakercircle.zk.distributedLock;
//省略 import
public class ZkLock implements Lock {
  ...
  /**
     * 释放锁
     *
     * @return 是否成功释放锁
     */
    @Override
    public boolean unlock() {

        //只有加锁的线程，能够解锁
        if (!thread.equals(Thread.currentThread())) {
            return false;
        }

        //减少可重入的计数
        int newLockCount = lockCount.decrementAndGet();
```

```
            //计数不能小于 0
            if (newLockCount < 0) {
                throw new IllegalMonitorStateException("计数不对: " +
                                                                     locked_path);
            }

            //如果计数不为 0，则直接返回
            if (newLockCount != 0) {
                return true;
            }
            try {
                //删除临时节点
                if (ZKclient.instance.isNodeExist(locked_path)) {
                    client.delete().forPath(locked_path);
                }
            } catch (Exception e) {
                e.printStackTrace();
                return false;
            }
            return true;
        }
        //省略其他的方法
    }
```

这里为了尽量保证线程安全，可重入计数器的类型使用的不是 int 类型，而是 Java 并发包中的原子类型——AtomicInteger。

13.6.6 分布式锁的使用

编写一个用例测试一下 ZLock（分布式锁）的使用，代码如下：

```
package com.crazymakercircle.zk.distributedLock;
//省略 import
@Slf4j
public class ZkLockTester {

    //需要锁来保护的公共资源
    //变量
    int count = 0;
    /**
     * 测试自制分布式锁
     *
     * @throws InterruptedException 异常
     */
    @Test
    public void testLock() throws InterruptedException {
        //10 个并发任务
        for (int i = 0; i < 10; i++) {
            FutureTaskScheduler.add(() -> {
                    //创建锁
                ZkLock lock = new ZkLock();
                lock.lock();
                //每条线程执行 10 次累加
                for (int j = 0; j < 10; j++) {

                    //公共的资源变量累加
                    count++;
                }
```

```
                try {
                    Thread.sleep(1000);
                } catch (InterruptedException e) {
                    e.printStackTrace();
                }
                log.info("count = " + count);
               //释放锁
                  lock.unlock();
            });
        }
        Thread.sleep(Integer.MAX_VALUE);
    }
}
```

以上代码是 10 个并发任务，每个任务累加 10 次。执行以上用例，就会发现结果是预期的 100，如果不使用锁，结果可能就不是 100，因为上面的 count 是一个普通的变量，不是线程安全的。

> 说明 有关线程安全的核心原理和实战知识，请参阅本书的下一卷《Java 高并发核心编程 卷 2（加强版）：多线程、锁、JMM、JUC、高并发设计模式》。

原理上一个 ZLock 实例代表一把锁，并且需要占用一个 ZNode 永久节点，如果需要很多分布式锁，则需要很多不同的 ZNode。以上代码如果要扩展为多个分布式锁的版本，那么还需要进行简单改造（自行实现）。

13.6.7 Curator 的 InterProcessMutex 可重入锁

分布式锁 ZLock 自主实现的主要价值：学习一下分布式锁的原理和基础开发，仅此而已。在实际开发中，如果需要用到分布式锁，建议直接使用 Curator 客户端各种官方实现的分布式锁，比如 InterProcessMutex 可重入锁。

这里提供一个简单的 InterProcessMutex 可重入锁的使用示例，代码如下：

```
package com.crazymakercircle.zk.distributedLock;
//省略 import
@Slf4j
public class ZkLockTester {
    //需要锁来保护的公共资源
     //变量
    int count = 0;
   /**
     * 测试 Curator 客户端自带的互斥锁
     *
     * @throws InterruptedException 异常
     */
    @Test
    public void testzkMutex() throws InterruptedException {
        CuratorFramework client = ZKclient.instance.getClient();
        //创建互斥锁
        final InterProcessMutex zkMutex =
                new InterProcessMutex(client, "/mutex");
        //每条线程执行 10 次累加
        for (int i = 0; i < 10; i++) {
            FutureTaskScheduler.add(() -> {
                try {
                    //获取互斥锁
```

```
                zkMutex.acquire();
                for (int j = 0; j < 10; j++) {
                    //公共的资源变量累加
                    count++;
                }
                try {
                    Thread.sleep(1000);
                } catch (InterruptedException e) {
                    e.printStackTrace();
                }
                log.info("count = " + count);
                //释放互斥锁
                zkMutex.release();
            } catch (Exception e) {
                e.printStackTrace();
            }
        });
    }
    Thread.sleep(Integer.MAX_VALUE);
  }
}
```

13.6.8 ZooKeeper分布式锁的优点和缺点

总结一下ZooKeeper分布式锁的优点和缺点：

- 优点：ZooKeeper分布式锁（如InterProcessMutex）能有效地解决分布式问题和不可重入问题，使用起来也较为简单。
- 缺点：ZooKeeper实现的分布式锁性能并不太高，因为每次在创建锁和释放锁的过程中都要动态创建、销毁瞬时节点来实现锁功能。读者应该知道，ZooKeeper中创建和删除节点只能通过Leader服务器来执行，Leader服务器还需要将数据同步到所有的Follower机器上，这样频繁的网络通信，性能的短板是非常突出的。

总之，在高性能、高并发的场景下，不建议使用ZooKeeper的分布式锁。由于ZooKeeper的高可用特性，因此在并发量不是太高的场景推荐使用ZooKeeper的分布式锁。

在目前分布式锁的实现方案中，比较成熟、主流的方案有两种：

（1）基于ZooKeeper的分布式锁，适用于高可靠（高可用）且而并发量不是很大的场景。

（2）基于Redis的分布式锁，适用于并发量很大、性能要求很高且可靠性问题可以通过其他方案去弥补的场景。

总之，这里没有谁好谁坏的问题，只有谁更合适的问题。

第 14 章 分布式缓存 Redis 实战

数据库的查询比较耗时，使用缓存能大大节省数据访问的时间。例如，表中有两千万个用户信息，在加载用户信息时，一次数据库查询大致的时间在数百毫秒级别。这仅仅是一次查询，如果是频繁多次的数据库查询，效率就会更低。

提升效率的通用做法是把数据加入缓存，每次加载数据之前先去缓存中加载，如果为空，那么再去查询数据库并将数据加入缓存。这样可以大大提高数据访问的效率。

从大的层面来说，在开发高并发系统时，有三把利器用来保护系统：缓存、降级和限流。其中的缓存是最为重要的一个应对高并发的方式。Redis 缓存中间件目前已经成为缓存的事实标准。

14.1 Redis 入门

本节主要介绍 Redis 的安装和配置，以及 Redis 的客户端操作。

14.1.1 Redis 的安装和配置

Redis 在 Windows 下的安装很简单，根据系统的实际情况选择 32 位或者 64 位的 Redis 安装版本，而后下载安装即可。

Redis 在 Linux 下的版本需要先编译再安装，下载较为稳定的版本即可，本教程使用的版本为 3.2.0。

无论是在 Linux 下还是在 Windows 下安装 Redis，具体安装过程都涉及很多烦琐细节，文字描述的效果不甚理想，本书使用视频的方式呈现。这部分的安装过程已经通过博客和视频的形式在“疯狂创客圈”的社群博客发布，读者可自行想看。

读者按照视频的说明在自己的机器上安装即可。在使用之前，可能需要查看和修改 Redis 的配置项，大致有两种方式：

（1）通过配置文件查看和修改。

（2）通过配置命令查看和修改。

第一种方式是通过配置文件修改 Redis 的配置项。Redis 在 Windows 中安装完成后，配置文件位于 Redis 安装目录下，文件名为 redis.windows.conf，可以复制它，保存一份自己的配置版本 redis.conf，以自己的这份文件作为运行时的配置文件。Redis 在 Linux 中安装完成后，redis.conf 是一个默认的配置文件。通过 redis.conf 文件可以查看和修改配置项的值。

第二种方式是通过命令修改 Redis 的配置项。启动 Redis 的命令客户端工具，连接上 Redis 服务，可以使用以下命令来查看和修改 Redis 配置项：

```
CONFIG GET CONFIG_SETTING_NAME
CONFIG SET CONFIG_SETTING_NAME NEW_CONFIG_VALUE
```

前一个命令 CONFIG GET 是配置项的查看命令，使用的时候在后面加上配置项的名称即可；后一个命令 CONFIG SET 是配置项的修改命令，使用的时候在后面加上配置项的名称和要设置的新值即可。其中，CONFIG GET 查看命令可以使用通配符，支持一次查看多个配置项。

说明 Redis 的客户端命令是不区分字母大小写的。

例如，查看 Redis 的服务端口可以使用 CONFIG GET port：

```
127.0.0.1:6379>CONFIG GET port
1) "port"
2) "6379"
```

通过控制台输出的结果可以看到，当前的 Redis 服务的端口为 6379。

Redis 的配置项比较多，大致的清单如下：

（1）port：端口，此配置项用于查看和设置 Redis 的监听端口，默认端口为 6379。

（2）bind：主机地址，此配置项用于查看绑定的主机地址，默认地址为 127.0.0.1。这个选项在单网卡的机器上一般不需要修改。

（3）timeout：连接空闲多长时间要关闭，表示客户端闲置一段时间后，要关闭连接。如果指定为 0，则表示连接的时长不限制。这个选项的默认值为 0，表示默认不限制连接的空闲时长。

（4）dbfilename：指定保存缓存数据的本地文件名，默认值为 dump.rdb。

（5）dir：指定保存缓存数据的本地文件所存放的目录，默认值为安装目录。

（6）rdbcompression：指定存储缓存数据至本地文件时是否压缩数据，默认为 yes，Redis 采用 LZF 压缩，为了节省 CPU 时间可以关闭该选项，但会导致本地文件变得很大。

（7）save：指定在多长时间内有多少次键-值对（Key-Value Pair）更新操作，就将缓存数据同步到本地文件。save 配置项的格式为：

```
save <seconds> <changes>
```

其中，seconds 表示时间段的长度，changes 表示变化的次数。如果在 seconds 时间段内变化了 changes 次，则将 Redis 缓存数据同步到文件。设置 900 秒（15 分钟）内有 1 个更改则同步到文件的命令为：

```
127.0.0.1:6379> config set save "900 1"
```

```
OK
127.0.0.1:6379> config get save
1) "save"
2) "jd 900"
```

设置 900 秒（15 分钟）内有 1 个更改、300 秒（5 分钟）内有 10 个更改以及 60 秒内有 10000 个更改则同步到文件的命令为：

```
127.0.0.1:6379> config set save "900 1 300 10 60 10000"
OK
127.0.0.1:6379> config get save
1) "save"
2) "jd 900 jd 300 jd 60"
```

（8）requirepass：设置 Redis 连接密码。如果配置了连接密码，则客户端在连接 Redis 时需要通过 AUTH <password>命令提供密码，默认这个选项是关闭的。

（9）slaveof：在主从复制模式下，设置当前节点为 Slave（从）节点时，设置 Master（主）节点的 IP 地址及端口，在 Redis 启动时，它会自动从 Master 节点进行数据同步。如果已经是 Slave 服务器，则会丢掉旧数据集，从新的 Master 服务器同步缓存数据。

设置为 Slave 节点的命令格式为：

```
slaveof <masterip> <masterport>
```

（10）masterauth：在主从复制模式下，当 Master 服务器节点设置了密码保护时，Slave 服务器用此命令设置连接 Master 服务器的密码。设置 Master 服务器节点密码的命令格式为：

```
masterauth  <master-password>
```

（11）databases：设置缓存数据库的数量，默认数据库数量为 16 个。这 16 个数据库的 ID 为 0~15，默认使用的数据库是第 0 个。可以使用 SELECT <dbid>命令在连接时通过数据库 ID 来指定要使用的数据库。

databases 配置选项可以设置多个缓存数据库，不同的数据库存放不同应用的缓存数据，类似于 MySQL 数据库中不同的应用程序数据存储在不同的数据库下。在 Redis 中，数据库的名称由一个整数索引来标识，而不是由一个字符串名称来标识。在默认情况下，一个客户端连接到数据库 0。可以通过 SELECT <dbid>命令来切换不同的数据库。例如，命令 select 2 将 Redis 操作库切换到第 3 个数据库，随后所有的 Redis 客户端命令将使用缓存数据库 3。

Redis 存储的形式是键-值对（Key-Value Pair），其中键不能发生冲突。每个数据库都有属于自己的空间，不必担心其间的键相冲突。在不同的数据库中，相同的键可以分别获取各自的值。

清除缓存数据时使用 flushdb 命令，但是只会清除当前数据库中的数据，而不会影响其他数据库；而 flushall 命令会清除这个 Redis 实例所有数据库（0~15）的缓存数据，因此在执行 flushall 命令前要格外小心。

在 Java 编程中，配置连接 Redis 的 URI 连接字符串时可以指定具体的数据库，格式为：

```
redis://用户名:密码@host:port/Redis 库名
```

例如：

```
redis://testRedis:foobared@119.254.166.136:6379/1
```

表示连接到第二个 Redis 缓存库，其中的用户名是可以随意填写的。

14.1.2 Redis 客户端命令

通过安装目录下的 redis-cli 客户端可以连接到 Redis 服务器。如果需要在远程 Redis 服务上执行命令，那么使用的也是 redis-cli 命令。Windows/Linux 命令的格式为：

```
redis-cli -h host -p port -a password
```

示例如下：

```
redis-cli -h 127.0.0.1 -p 6379 -a "123456"
```

此命令示例表示使用 Redis 命令客户端连接远程主机为 127.0.0.1、端口为 6379、密码为 123456 的 Redis 服务。

一旦连接上 Redis 本地服务或者远程服务，即可通过命令客户端完成 Redis 的命令执行，这些命令包括基础的 Key-Value 缓存操作。基础的 Key-Value 缓存操作大致有：

（1）set 命令：根据键设置值。

（2）get 命令：根据键获取值。当键不存在时返回空结果。

set、get 两个命令的使用很简单，与 Java 中 Map 数据类型的 Key-Value 设置与获取非常相似。例如 Key 为"foo"、Value 为"bar"，其设置和获取的示例如下：

```
127.0.0.1:6379>set foo  bar
OK
127.0.0.1:6379>get foo
"bar"
```

（3）keys 命令：查找所有符合给定模式（Pattern）的键。Key 的匹配模式支持多种通配符，如表 14-1 所示。

表14-1　Key的匹配模式支持的通配符

符　号	含　义
?	匹配一个字符
*	匹配任意个（包括 0 个）字符
[-]	匹配区间内的任一字符，如 a[b-d]可以匹配"ab","ac","ad"
\	转义符，使用“\?”可以匹配字符“?”

（4）exists 命令：判断一个 Key 是否存在。如果 Key 存在，则返回整数类型 1，否则返回 0。例如：

```
127.0.0.1:6379> exists foo
(integer) 1
127.0.0.1:6379> exists bar
(integer) 0
```

（5）expire 命令：指定 Key 的生存过期时间，以秒为单位。

（6）ttl 命令：获取指定 Key 的剩余生存时间（Time To Live，TTL），以秒为单位。

```
127.0.0.1:6379>set foo2 bar2
OK
127.0.0.1:6379>expire foo2  10000
```

```
(integer) 1
127.0.0.1:6379>ttl foo2
(integer) 9995
127.0.0.1:6379>ttl foo2
(integer) 9987
127.0.0.1:6379>ttl foo
(integer) -1
```

如果没有指定剩余生存时间，则默认的剩余生存时间为-1，表示永久存在。

（7）type 命令：返回 Key 所存储的 Value 值的类型。Redis 中有 5 种数据类型：String（字符串类型）、Hash（哈希类型）、List（列表类型）、Set（集合类型）和 ZSet（有序集合类型）。最简单的 Value 类型为 String 类型，后面会详细介绍。

（8）del 命令：删除键。可以删除一个或多个键，返回值是删除的键的个数。示例如下：

```
127.0.0.1:6379> del foo
(integer) 1
127.0.0.1:6379> del foo2
(integer) 1
```

（9）ping 命令：检查客户端是否连接成功，如果连接成功，就返回 pong。

14.1.3 Redis Key 的命名规范

在实际开发中，为了更好地进行命令空间的区分，键会有很多层次间隔，就像一棵目录树一样。例如疯狂创客圈的 CrazyIM 系统中既有用于缓存用户的键，也有用于缓存 IM 消息的键。为了以示区分，方便统计、更新、清除，可以将键的名称组织成一种目录树一样的层次关系。很多人习惯用英文句号（点号）作为层次关系的键的分隔符，例如：

```
superkey.subkey.subsubkey.subsubsubkey...
```

使用 Redis 的，建议使用冒号作为上级和下级之间的分隔符，具体如下：

```
superkey:subkey:subsubkey:subsubsubkey:...
```

例如，在疯狂创客圈的 CrazyIM 系统中有缓存用户的键，也有缓存 IM 消息的键，使用上面的规范进行命名的规则如下：

- 缓存用户的键，命名为 CrazyIMKey:User:0001。
- 缓存消息的键，命名为 CrazyIMKey:ImMessage:0001。

说明 在上面的例子中，缓存用户的键和缓存消息的键的最后部分（如 0001）表示的是业务 ID。

Key 的命名规范使用冒号分隔，大致的优势如下：

（1）方便分层展示。Redis 的很多客户端可视化管理工具（如 Redis Desktop Manager）是以冒号进行分类展示的，这样方便用户快速查到要查阅的 Redis 键对应的值。

（2）方便删除与维护。可以对于某一层次下面的键使用通配符进行批量查询和批量删除。

14.2　Redis数据类型

Redis中有5种数据类型：String（字符串类型）、Hash（哈希类型）、List（列表类型）、Set（集合类型）和ZSet（有序集合类型）。

14.2.1　String

String类型是Redis中最简单的数据结构。它既可以存储文字（例如"hello world"），又可以存储数字（例如整数10086和浮点数3.14），还可以存储二进制数据（例如10010100）。下面对String类型的主要操作进行简要介绍。

（1）设值：SET Key Value [EX seconds]。

SET 命令为键（Key）设置了指定的值（Value）。如果键已经存在，并且已经绑定了一个旧值，则旧值会被覆盖，不论旧值的类型是否为String，都会被忽略。如果键不存在，就会在数据库中添加一个键，保存的值就是刚刚设置的新值。

[EXseconds]选项表示键过期的时间，单位为秒。如果不进行设置，则表示键永不过期。另外，SET命令还有一些选项，使用较少，这里就不展开说明了。

（2）批量设值：MSET Key Value[Key Value ...]。

一次性设置多个键-值对，相当于同时调用多次SET命令。需要注意的是，这个操作是原子的。也就是说，所有的键都一次性设置的。如果同时运行两个MSET来设置相同的键，那么操作的结果也只会是两次MSET中后一次的结果，而不会是混杂的结果。

（3）批量添加：MSETNX Key Value [Key Value...]。

一次性添加多个键-值对。如果任何一个键已经存在，那么这个操作中全部的添加操作都不会执行。所以，当使用MSETNX时，要么键全部被添加，要么全部不被添加。这个命令是在MSET命令后面增加了一个后缀NX（ifNot eXist），表示只有键不存在的时候才会设置键的值。

（4）获取：GET Key。

使用GET命令可以取得单个键所绑定的值，可以是字符串、数字、二进制数据。

（5）批量获取：MGET Key[Key...]。

在GET命令的前面增加了一个前缀M，表示一次获取多个键的值。使用MGET命令一次性获取多个值，和多次使用GET命令取得单个值，有什么区别呢？MGET主要是减少了网络传输的次数，提升了性能。

（6）获取长度：STRLEN Key。

返回键对应的String的长度，如果键对应的不是String，则报错。如果键不存在，则返回0。

（7）为键对应的整数值增加1：INCR Key。

（8）为键对应的整数值减少1：DECR Key。

（9）为键对应的整数值增加increment：INCRBY Key increment。

（10）为键对应的整数值减少 decrement：DECRBY Key decrement。

（11）为键对应的浮点数值增加 increment：INCRBYFLOAT Key increment。

说明一下：Redis 并没有为浮点数值减少 decrement 的操作 DECRBYFLOAT。如果要为浮点数值减少 decrement，只需要把 INCRBYFLOAT 命令的 increment 设成负值即可。

```
127.0.0.1:6379>set foo 1.0
OK
127.0.0.1:6379>incrbyfloatfoo10.01
"11.01"
127.0.0.1:6379>incrbyfloatfoo -5.0
"6.01"
```

在以上例子中，首先为 foo 设置了一个浮点数；然后使用 INCRBYFLOAT 命令对为 foo 的值加上了 10.01；最后将 INCRBYFLOAT 命令的参数设置成负数，对 foo 的值减少了 5.0。

14.2.2 列表

Redis 的列表（List）类型是基于双向链表实现的，可以支持正向、反向查找和遍历。从用户角度来说，List 是简单的字符串列表，字符串按照添加的顺序排序。可以添加一个元素到列表的头部（左边）或者尾部（右边）。一个列表最多可以包含 $2^{32}-1$ 个元素（最多可超过 40 亿个元素）。

列表的典型应用场景：网络社区中最新的发帖列表、简单的消息队列、最新新闻分页列表、博客的评论列表、排队系统等。举一个具体的例子，在“双 11”秒杀、抢购这样的大型活动中，短时间内有大量的用户请求发向服务器，而后台的程序不可能立刻响应每一个用户的请求，有什么好的办法来解决这个问题呢？我们需要一个排队系统。根据用户的请求时间将用户的请求放入列表中，后台程序依次从队列中获取任务，处理并将结果返回到结果队列。换句话说，通过列表可以将并行的请求转换成串行的任务队列，之后依次处理。总体来说，列表的使用场景是非常多的。

下面对列表的主要操作进行简要介绍。

（1）右推入：RPUSH Key Value [Value ...]。

也叫后推入。将一个或多个值依次推入列表的尾部（右端）。如果键不存在，那么 RPUSH 之前会先自动创建一个空的列表。如果键的值不是列表类型的，则会返回一个错误。如果同时 RPUSH 多个值，则多个值会依次从尾部进入列表。RPUSH 命令的返回值为操作完成后列表包含的元素量。RPUSH 的时间复杂度为 O(*N*)，如果只推入一个值，那么命令的复杂度为 O(1)。

（2）左推入：LPUSH Key Value [Value ...]。

也叫前推入。这个命令和 RPUSH 几乎一样，只是推入元素的地点不同，是从列表的头部（左侧）推入的。

（3）左弹出：LPOP Key。

PUSH 用于增加元素，而 POP 操作则是获取元素并删除。LPOP 命令是从 List 队列的左边（前端）获取并移除一个元素，复杂度为 O(1)。如果列表为空，则返回 nil。

（4）右弹出：RPOP Key。

与 LPOP 的功能基本相同，是从列表的右边（后端）获取并移除一个元素，复杂度为 O(1)。

（5）获取列表的长度：LLEN Key。

（6）获取列表指定位置的元素：LINDEX Key index。

（7）获取指定索引范围内的所有元素：LRANGE Key start stop。

（8）设置指定索引的元素：LSET Key index Value。

下面是一个使用以上命令操作列表的例子：

```
127.0.0.1:6379> del foo
(integer) 1
127.0.0.1:6379>rpush foo a b c d e f g
(integer) 7
127.0.0.1:6379>llen foo
(integer) 7
127.0.0.1:6379>lrange foo 0 4
1) "a"
2) "b"
3) "c"
4) "d"
5) "e"
127.0.0.1:6379>lindex foo 3
"d"
127.0.0.1:6379>lindex foo -1
"g"
127.0.0.1:6379>lindex foo 6
"g"
```

列表的下标或索引是从 0 开始的，下标为负的时候是从后向前数。-1 表示最后一个元素。当下标超出边界时，会返回 nil。

14.2.3　哈希

Redis 中的哈希（Hash）表是一个 String 类型的字段（Field）和值（Value）之间的映射表，类似于 Java 中的 HashMap。一个哈希表由多个字段-值对（Field-Value Pair）组成，值可以是文字、整数、浮点数或者二进制数据。在同一个哈希表中，每个字段的名称必须是唯一的。下面对哈希表的主要操作进行简要介绍。

（1）设置字段-值：HSET Key Field Value。

在缓存键为 Key 的哈希表中，给字段设置值。如果字段之前没有设置值，那么命令返回 1；如果字段已经有关联值，那么命令用新值覆盖旧值，并返回 0。

（2）获取字段-值：HGET Key Field。

在缓存键为 Key 的哈希表中，返回字段所关联的值。如果字段没有关联值，那么返回 nil。

（3）检查字段是否存在：HEXISTS Key Field。

在缓存键为 Key 的哈希表中，查看指定字段是否存在：若存在，则返回 1；若不存在，则返回 0。

（4）删除指定的字段：HDEL Key Field [Field ...]。

在缓存键为 Key 的哈希表中，删除一个或多个指定的字段，以及那些字段所关联的值。不存在的字段将被忽略。该命令返回哈希表被成功删除的字段-值的数量。

（5）获取字段：HKEYS Key。

在缓存键为 Key 的哈希表中，获取所有的字段。

（6）获取所有的值：HVALS Key。

在缓存键为 Key 的哈希表中，获取所有的值。

下面使用一个哈希表来缓存系统的 IP、端口等配置信息，示例如下：

```
127.0.0.1:6379> del foo
(integer) 1
127.0.0.1:6379>hset config ip 127.0.0.1
(integer) 1
127.0.0.1:6379>hset config port 8080
(integer) 1
127.0.0.1:6379>hset config maxalive 5000
(integer) 1
127.0.0.1:6379>hkeys config
1) "ip"
2) "port"
3) "maxalive"
127.0.0.1:6379>hvals config
1) "127.0.0.1"
2) "8080"
3) "5000"
127.0.0.1:6379>hexists config  timeout
(integer) 0
```

使用哈希表的好处：

（1）将数据集中存放。通过哈希表可以将一些相关的信息存储在同一个缓存键中，不仅方便数据管理，还可以尽量避免误操作的发生。

（2）避免键名冲突。在介绍缓存键的命名规范时，可以使用冒号分隔符来避免命名冲突，但更好的避免冲突的办法是直接使用哈希键来存储字段-值对数据。

（3）减少键的内存占用。在一般情况下，保存相同数量的字段-值对信息，使用哈希键比使用字符串键更节约内存。因为 Redis 创建一个键带有很多附加管理信息（例如这个键的类型、最后一次被访问的时间等），所以缓存的键越多，耗费的内存就越多，花费在管理数据库键上的 CPU 也会越多。

应该尽量使用哈希表而不是字符串键来缓存字段-值对数据，其总体的优势为方便管理、能够避免键名冲突、能够节约内存。

14.2.4 集合

集合（Set）也是一个列表，其特殊之处在于可以自动去掉重复元素。集合类型的使用场景是：当需要存储一个列表，而又不希望有重复的元素（例如 ID 的集合）时，使用集合是一个很好的选择。并且集合类型拥有一个命令，它可用于判断某个元素是否存在，而列表类型并没有这种功能的命令。

通过集合类型的命令可以快速地向集合添加元素，或者从集合里面删除元素，也可以对多个集合进行运算，例如并集、交集、差集。

（1）添加元素：SADD Key member1 [member2 ...]。
可以向 Key 集合中添加一个或多个成员。

（2）移除元素：SREM Key member1[member2...]。
可以从 Key 集合中移除一个或多个成员。

（3）判断某个元素：SISMEMBER Key member。
判断 member 元素是否为 Key 集合的成员。
在下面的例子中，向 foo 集合中增加 5 个用户 ID，然后删除一个，具体操作如下：

```
127.0.0.1:6379> del foo
(integer) 0
127.0.0.1:6379>sadd foo user0001
(integer) 1
127.0.0.1:6379>sadd foo user0002 user0003 user0004 user0005
(integer) 4
127.0.0.1:6379>srem foo user0005
(integer) 1
127.0.0.1:6379>sismember foo user0005
(integer) 0
127.0.0.1:6379>sismember foo user0004
(integer) 1
```

（4）获取集合的成员数：SCARD Key。
（5）获取集合中的所有成员：SMEMBERS Key。

```
127.0.0.1:6379>scard foo
(integer) 4
127.0.0.1:6379>smembers foo
1) "user0004"
2) "user0001"
3) "user0003"
4) "user0002"
```

14.2.5　有序集合

有序集合（ZSet）和集合（Set）的使用场景类似，区别是有序集合会根据提供的 score 参数来进行自动排序。当需要一个不重复且有序的集合时，可以选择有序集合类型。常用案例是游戏中的排行榜。

有序集合和集合不同的是，有序集合的每个元素都关联着一个分值（Score），这是一个浮点数格式的关联值。有序集合会按照分值从小到大的顺序来排列各个元素。

（1）添加成员：ZADD Key Score1 member1 [ScoreN memberN...]。
向有序集合中添加一个或多个成员。如果 memberN 已经存在，则更新已存在成员的分数。

（2）移除元素：ZREM Key member1[memberN...]。
从有序集合 Key 中移除一个或多个成员。

（3）取得分数：ZSCORE Key member。
从有序集合 Key 中取得 member 成员的分数值。

（4）取得成员排序：ZRANK Key member。

从有序集合 Key 中取得 member 成员的分数值的排名。

（5）成员加分：ZINCRBY Key Score member。

在有序集合 Key 中对指定成员的分数加上增量 Score。

（6）区间获取：ZRANGEBYSCORE Key min max [WITHSCORES] [LIMIT]。

从有序集合 Key 中获取指定分数区间范围内的成员。WITHSCORES 表示带上分数值返回；LIMIT 选项可以用于翻页，功能类似于 MySQL 查询的 limit 选项，有 offset、count 两个参数值，表示返回的偏移量和成员数量。

在默认情况下，min 和 max 表示的范围是[min,max]，这组范围是闭区间范围，而不是开区间范围，即 min≤score≤max 内的成员将被返回，可以使用–inf（负无穷）和+inf（正无穷）分别表示分数范围的最小值和最大值。

（7）获取成员数：ZCARD Key。

（8）区间计数：ZCOUNT Key min max，在有序集合 Key 中计算指定分数区间的成员数。

下面以一个薪酬排序的有序集合为例演示上述命令的使用：

```
127.0.0.1:6379> del foo
(integer) 1
127.0.0.1:6379>zadd salary 1000 user0001
(integer) 1
127.0.0.1:6379>zadd salary 2000 user0002
(integer) 1
127.0.0.1:6379>zadd salary 3000 user0003
(integer) 1
127.0.0.1:6379>zadd salary 4000 user0004
(integer) 1
127.0.0.1:6379> type salary

127.0.0.1:6379>zrank salary user0004
(integer) 3
127.0.0.1:6379>zrank salary user0001
(integer) 0
127.0.0.1:6379>zrangebyscore salary 3000 +inf
1) "user0003"
2) "user0004"
```

14.3 Jedis 基础编程的实战案例

Jedis 是一个高性能的开源 Java 客户端，是 Redis 官方推荐的 Java 开发工具。如果要在 Java 开发中访问 Redis 缓存服务器，则必须对 Jedis 熟悉才能编写出“漂亮”的代码。

使用 Jedis 可以在 Maven 的 pom 文件中增加以下依赖：

```
<dependency>
    <groupId>redis.clients</groupId>
    <artifactId>jedis</artifactId>
    <version>${redis.version}</version>
```

```
</dependency>
```

本书演示案例所使用的依赖版本为 2.9.0。

Jedis 的使用十分简单，在使用时构建 Jedis 对象即可。一个 Jedis 对象代表一条和 Redis 服务进行连接的 Socket 通道。使用完 Jedis 对象之后，可以调用 Jedis.close()方法把连接关闭。创建 Jedis 对象时，可以指定 Redis 服务的 host、port 和 password。大致的伪代码如下：

```
Jedis jedis = new Jedis("localhost", 6379);  //指定 Redis 服务的主机和端口
jedis.auth("xxxx"); //如果 Redis 服务连接需要密码，就设置密码
//访问 Redis 服务
jedis.close(); //使用完，就关闭连接
```

14.3.1 Jedis 操作 String

Jedis 的 String 操作函数和 Redis 客户端操作 String 字符串的命令基本上可以一一对应。正因为如此，本小节不对 Jedis 的 String 操作函数进行清单式的说明，只设计了一个比较全面的 String 操作的示例程序，其目的是演示一下这些函数的使用。

Jedis 操作 String 的具体示例程序代码如下：

```
package com.crazymakercircle.redis.jedis;
//省略 import
public class StringDemo {
    /**
     * Jedis 字符串数据类型的相关命令
     */
    @Test
    public void operateString() {
        Jedis jedis = new Jedis("localhost", 6379);
        //如果返回 pong，则代表连接成功
        Logger.info("jedis.ping():" + jedis.ping());
        //设置 key0 的值为 123456
        jedis.set("key0", "123456");
        //返回数据类型 String
        Logger.info("jedis.type(key0): " + jedis.type("key0"));
        //取得值
        Logger.info("jedis.get(key0): " + jedis.get("key0"));
        //key 是否存在
        Logger.info("jedis.exists(key0):" + jedis.exists("key0"));
        //返回 key 的长度
        Logger.info("jedis.strlen(key0): " + jedis.strlen("key0"));
        //返回截取字符串，范围 0,-1 表示截取全部
        Logger.info("jedis.getrange(key0): " +
                                  jedis.getrange("key0", 0, -1));
        //返回截取字符串，范围 1,4 表示区间[1,4]
        Logger.info("jedis.getrange(key0): " +
                                     jedis.getrange("key0", 1, 4));
         //追加字符串
        Logger.info("jedis.append(key0): " +
                                     jedis.append("key0","appendStr"));
        Logger.info("jedis.get(key0): " + jedis.get("key0"));

        //重命名
        jedis.rename("key0", "key0_new");
        //判断 key 是否存在
        Logger.info("jedis.exists(key0): " + jedis.exists("key0"));
        //批量插入
        jedis.mset("key1", "val1", "key2", "val2", "key3", "100");
```

```
        //批量取出
        Logger.info("jedis.mget(key1,key2,key3): " +
                                            jedis.mget("key1", "key2", "key3"));
        //删除
        Logger.info("jedis.del(key1): " + jedis.del("key1"));
        Logger.info("jedis.exists(key1): " + jedis.exists("key1"));
        //取出旧值并设置新值
        Logger.info("jedis.getSet(key2): " +
                                            jedis.getSet("key2", "value3"));
        //自增1
        Logger.info("jedis.incr(key3): " + jedis.incr("key3"));
        //自增15
        Logger.info("jedis.incrBy(key3): " + jedis.incrBy("key3", 15));
        //自减1
        Logger.info("jedis.decr(key3): " + jedis.decr("key3"));
        //自减15
        Logger.info("jedis.decrBy(key3): " +
                                                jedis.decrBy("key3", 15));
        //浮点数加
        Logger.info("jedis.incrByFloat(key3): " +
                                            jedis.incrByFloat("key3",1.1));

        //返回0 只有在key不存在的时候才设置
        Logger.info("jedis.setnx(key3): " +
                                            jedis.setnx("key3", "existVal"));
        Logger.info("jedis.get(key3): " + jedis.get("key3"));// 3.1

        //只有key都不存在的时候才设置，这里返回 null
        Logger.info("jedis.msetnx(key2,key3): "
                + jedis.msetnx("key2", "exists1", "key3", "exists2"));
        Logger.info("jedis.mget(key2,key3): " +
                                            jedis.mget("key2", "key3"));

        //设置key，2 秒后失效
        jedis.setex("key4", 2, "2 seconds is invalid");
        try {
            Thread.sleep(3000);
        } catch (InterruptedException e) {
            e.printStackTrace();
        }
        //2 seconds is invalid
        Logger.info("jedis.get(key4): " + jedis.get("key4"));

        jedis.set("key6", "123456789");
        //下标从0开始，从第三位开始，用新值覆盖旧值
        jedis.setrange("key6", 3, "abcdefg");
        //返回123abcdefg
        Logger.info("jedis.get(key6): " + jedis.get("key6"));

        //返回所有匹配的key
        Logger.info("jedis.get(key*): " +
                                        jedis.keys("key*")); jedis.close();
    }
}
```

这个示例程序的运行结果篇幅较长，本小节就不给出了。建议读者运行源代码工程，查看并分析示例程序的运行结果。

14.3.2 Jedis 操作 List

Jedis 的 List 操作函数和 Redis 客户端操作 List 的命令基本上也是一一对应的。正因为如此，本小节也不对 Jedis 的 List 操作函数做清单式的说明，只设计了一个比较全面的 List 操作的示例程序。下面演示一下这些函数的使用，代码如下：

```
package com.crazymakercircle.redis.jedis;
...
public class ListDemo {
    /**
     * Redis 列表是简单的字符串列表，按照插入顺序排序
     */
    @Test
    public void operateList() {
        Jedis jedis = new Jedis("localhost");
        Logger.info("jedis.ping(): " +jedis.ping());
        jedis.del("list1");

        //在 list 尾部添加 3 个元素
        jedis.rpush("list1", "zhangsan", "lisi", "wangwu");

        //取得类型，list
        Logger.info("jedis.type(): " +jedis.type("list1"));

        //遍历区间[0,-1]，取得全部元素
        Logger.info("jedis.lrange(0,-1): " +
                                    jedis.lrange("list1", 0, -1));
        //遍历区间[1,2]，取得区间的元素
        Logger.info("jedis.lrange(1,2): " +
                                    jedis.lrange("list1", 1, 2));

        //获取 list 的长度
        Logger.info("jedis.llen(list1): " +jedis.llen("list1"));
        //获取下标为 1 的元素
        Logger.info("jedis.lindex(list1,1): " +jedis.lindex("list1", 1));
        //左侧弹出元素
        Logger.info("jedis.lpop(): " +jedis.lpop("list1"));
        //右侧弹出元素
        Logger.info("jedis.rpop(): " +jedis.rpop("list1"));
        //设置下标为 0 的元素 val
        jedis.lset("list1", 0, "lisi2");
        //最后，遍历区间[0,-1]，取得全部元素
        Logger.info("jedis.lrange(0,-1): " +
                                            jedis.lrange("list1", 0, -1));
        jedis.close();
    }
}
```

运行示例程序，结果如下：

```
[main|ListDemo.operateList] |>jedis.ping(): PONG
[main|ListDemo.operateList] |>jedis.type(): list
[main|ListDemo.operateList] |>jedis.lrange(0,-1): [zhangsan, lisi, wangwu]
[main|ListDemo.operateList] |>jedis.lrange(1,2): [lisi, wangwu]
[main|ListDemo.operateList] |>jedis.llen(list1): 3
[main|ListDemo.operateList] |>jedis.lindex(list1,1): lisi
[main|ListDemo.operateList] |>jedis.lpop(): zhangsan
[main|ListDemo.operateList] |>jedis.rpop(): wangwu
[main|ListDemo.operateList] |>jedis.lrange(0,-1): [lisi2]
```

建议读者运行源代码工程，查看并分析示例程序的运行结果，最后做到熟练地掌握这组函数。

14.3.3 Jedis 操作 Hash

Jedis 的 Hash 操作函数和 Redis 客户端操作 Hash 的命令也是一一对应的。所以，本小节不再罗列 Hash 操作函数，仅设计了一个比较全面的 Hash 操作的示例程序，演示一下这些函数的使用，代码如下：

```
package com.crazymakercircle.redis.jedis;
...
public class HashDemo {
     /**
      * Redis hash 哈希表是一个 field 字段（string 类型）和 value 值的映射表
      * hash 特别适合用于存储对象
      * Redis 中每个 hash 可以存储 2^32 - 1 （40 多亿）个字段-值对
      */
    @Test
    public void operateHash() {
        Jedis jedis = new Jedis("localhost");
        jedis.del("config");
        //设置 hash 的 field-value 对: ip=127.0.0.1
        jedis.hset("config", "ip", "127.0.0.1");
        //取得 hash 的 field 关联的 value 值
        Logger.info("jedis.hget(): " + jedis.hget("config", "ip"));

        //取得类型: hash
        Logger.info("jedis.type(): " + jedis.type("config"));

        //批量添加 field-value 对, 参数为 java map
        Map<String, String> configFields = new HashMap<String, String>();
        configFields.put("port", "8080");
        configFields.put("maxalive", "3600");
        configFields.put("weight", "1.0");
        //执行批量添加
        jedis.hmset("config", configFields);

        //批量获取: 取得全部 field-value 对, 返回 java map 映射表
        Logger.info("jedis.hgetAll(): " + jedis.hgetAll("config"));
        //批量获取: 取得部分 field 对应的 value, 返回 java map
        Logger.info("jedis.hmget(): " +
                             jedis.hmget("config", "ip", "port"));

        //浮点数加: 类似于 String 的 incrByFloat
        jedis.hincrByFloat("config", "weight", 1.2);
        Logger.info("jedis.hget(weight): " +
                                         jedis.hget("config", "weight"));
        //获取所有的 key
        Logger.info("jedis.hkeys(config): " + jedis.hkeys("config"));
        //获取所有的 val
        Logger.info("jedis.hvals(config): " + jedis.hvals("config"));

        //获取长度
        Logger.info("jedis.hlen(): " + jedis.hlen("config"));
        //判断 field 是否存在
        Logger.info("jedis.hexists(weight): " +
                                   jedis.hexists("config", "weight"));
        //删除一个 field
        jedis.hdel("config", "weight");
```

```
        Logger.info("jedis.hexists(weight): " +
                                    jedis.hexists("config", "weight"));
        jedis.close();
    }
}
```

运行示例程序，结果如下：

```
[main|HashDemo.operateHash] |>jedis.hget(): 127.0.0.1
[main|HashDemo.operateHash] |>jedis.type(): hash
[main|HashDemo.operateHash] |>jedis.hgetAll(): {port=8080, weight=1.0, maxalive=3600,
ip=127.0.0.1}
[main|HashDemo.operateHash] |>jedis.hmget(): [127.0.0.1, 8080]
[main|HashDemo.operateHash] |>jedis.hget(): 2.2
[main|HashDemo.operateHash] |>jedis.hkeys(): [weight, maxalive, port, ip]
[main|HashDemo.operateHash] |>jedis.hvals(): [127.0.0.1, 8080, 2.2, 3600]
[main|HashDemo.operateHash] |>jedis.hlen(): 4
[main|HashDemo.operateHash] |>jedis.hexists(weight): true
[main|HashDemo.operateHash] |>jedis.hexists(weight): false
```

建议读者运行源代码工程，查看并分析示例程序的运行结果，最后做到熟练地掌握这组 Hash 操作函数。

14.3.4　Jedis 操作 Set

Jedis 的 Set 操作函数和 Redis 客户端操作 Set 集合的命令可以一一对应。本小节不再罗列 Jedis 操作 Set 的函数，仅设计了一个比较简单的 Set 操作的示例程序来演示一下这些函数的使用，代码如下：

```
package com.crazymakercircle.redis.jedis;
//省略 import
public class SetDemo {
    /**
     * Redis 的 Set 是 String 类型的无序集合
     * 集合成员是唯一的，集合中不能出现重复的元素
     * Set 是通过哈希表实现的，添加、删除、查找的复杂度都是 O(1)
     */
    @Test
    public void operateSet() {
        Jedis jedis = new Jedis("localhost");
        jedis.del("set1");
        Logger.info("jedis.ping(): " + jedis.ping());
        Logger.info("jedis.type(): " + jedis.type("set1"));

        //sadd 函数：向集合添加元素
        jedis.sadd("set1", "user01", "user02", "user03");
        //smembers 函数：遍历所有元素
        Logger.info("jedis.smembers(): " + jedis.smembers("set1"));
        //scard 函数：获取集合元素个数
        Logger.info("jedis.scard(): " + jedis.scard("set1"));
        //sismember 判断是否是集合元素
        Logger.info("jedis.sismember(user04): " +
                                    jedis.sismember("set1","user04"));
        //srem 函数：移除元素
        Logger.info("jedis.srem(): " +
                            jedis.srem("set1", "user02", "user01"));
        //smembers 函数：遍历所有元素
        Logger.info("jedis.smembers(): " + jedis.smembers("set1"));
```

```
        jedis.close();
    }
}
```

运行示例程序，结果如下：

```
[main|SetDemo.operateSet] |>jedis.ping(): PONG
[main|SetDemo.operateSet] |>jedis.type(): none
[main|SetDemo.operateSet] |>jedis.smembers(): [user02, user03, user01]
[main|SetDemo.operateSet] |>jedis.scard(): 3
[main|SetDemo.operateSet] |>jedis.sismember(user04): false
[main|SetDemo.operateSet] |>jedis.srem(): 2
[main|SetDemo.operateSet] |>jedis.smembers(): [user03]
```

建议读者运行源代码工程，查看并分析示例的运行结果，最后做到熟练地掌握 Set 操作函数。

14.3.5 Jedis 操作 ZSet

Jedis 的 ZSet 操作函数和 Redis 客户端操作 ZSet 的命令基本可以一一对应。本小节不再罗列 Jedis 操作 ZSet 的函数，仅设计了一个比较简单的有序集合操作的示例程序来演示一下这些函数的使用，代码如下：

```
package com.crazymakercircle.redis.jedis;
...
public class ZSetDemo {
    /**
     *  ZSet 和 Set 都是 String 类型元素的集合，且不允许出现重复的元素
     * 不同的是 ZSet 的每个元素都会关联一个 double 类型的分数，用于从小到大进行排序
     * 集合中最大的成员数为 2^32 - 1 (4294967295，每个集合可存储 40 多亿个元素)
     */
    @Test
    public void operateZset() {
        Jedis jedis = new Jedis("localhost");
        Logger.info("jedis.ping (): " + jedis.ping());

        jedis.del("salary");
        Map<String, Double> members = new HashMap<String, Double>();
        members.put("u01", 1000.0);
        members.put("u02", 2000.0);
        members.put("u03", 3000.0);
        members.put("u04", 13000.0);
        members.put("u05", 23000.0);
        //批量添加元素，类型为 java map 映射表
        jedis.zadd("salary", members);
        //type 类型 ZSet
        Logger.info("jedis.type(): " + jedis.type("salary"));
        //获取集合元素的个数
        Logger.info("jedis.zcard(): " + jedis.zcard("salary"));
        //按照下标[起,止]遍历元素
        Logger.info("jedis.zrange(): " +
                                    jedis.zrange("salary", 0, -1));
        //按照下标[起,止]倒序遍历元素
        Logger.info("jedis.zrevrange(): " +
                                        jedis.zrevrange("salary", 0, -1));

        //按照分数（薪资）[起,止]遍历元素
        Logger.info("jedis.zrangeByScore(): " +
                            jedis.zrangeByScore("salary",1000, 10000));
        //按照薪资[起,止]遍历元素，带分数返回
```

```
        Set<Tuple> res0 = jedis.zrangeByScoreWithScores(
                                                "salary", 1000, 10000);
        for (Tuple temp : res0) {
           Logger.info("Tuple.get(): " + temp.getElement() + " -> " +
                       temp.getScore());
        }
        //按照分数[起,止]倒序遍历元素
        Logger.info("jedis.zrevrangeByScore(): "
                   + jedis.zrevrangeByScore("salary", 1000, 4000));
        //获取元素[起,止]分数区间的元素数量
        Logger.info("jedis.zcount(): " +
                                      jedis.zcount("salary", 1000, 4000));

        //获取元素 score 值: 薪资
        Logger.info("jedis.zscore(): " + jedis.zscore("salary", "u01"));
        //获取元素的下标
        Logger.info("jedis.zrank(u01): " + jedis.zrank("salary", "u01"));
        //倒序获取元素的下标
        Logger.info("jedis.zrevrank(u01): " + jedis.zrevrank("salary",
                   "u01"));
        //删除元素
        Logger.info("jedis.zrem(): " +
                                      jedis.zrem("salary", "u01", "u02"));
        //删除元素，通过下标范围
        Logger.info("jedis.zremrangeByRank(): " +
                   jedis.zremrangeByRank("salary", 0, 1));
        //删除元素，通过分数范围
        Logger.info("jedis.zremrangeByScore(): "
                + jedis.zremrangeByScore("salary", 20000, 30000));
        //按照下标[起,止]遍历元素
        Logger.info("jedis.zrange(): " + jedis.zrange("salary", 0, -1));

        Map<String, Double> members2 = new HashMap<String, Double>();
        members2.put("u11", 1136.0);
        members2.put("u12", 2212.0);
        members2.put("u13", 3324.0);
        //批量添加元素
        jedis.zadd("salary", members2);
        //增加指定分数
        Logger.info("jedis.zincrby(10000): " +
                                      jedis.zincrby("salary", 10000, "u13"));
        //按照下标[起,止]遍历元素
        Logger.info("jedis.zrange(): " + jedis.zrange("salary", 0, -1));

        jedis.close();
    }
}
```

在示例程序中，有一个 salary（薪资）的 ZSet，Zset 的键为用户 ID，ZSet 的 score（分数）值保存的是用户的薪资。运行这个示例程序，结果如下：

```
[main|ZSetDemo.operateZset] |>jedis.ping(): PONG
[main|ZSetDemo.operateZset] |>jedis.type(): zset
[main|ZSetDemo.operateZset] |>jedis.zcard(): 5
[main|ZSetDemo.operateZset] |>jedis.zrange(): [u01, u02, u03, u04, u05]
[main|ZSetDemo.operateZset] |>jedis.zrangeByScore(): [u01, u02, u03]
[main|ZSetDemo.operateZset] |>Tuple.get(): u01 -> 1000.0
[main|ZSetDemo.operateZset] |>Tuple.get(): u02 -> 2000.0
[main|ZSetDemo.operateZset] |>Tuple.get(): u03 -> 3000.0
[main|ZSetDemo.operateZset] |>jedis.zrevrange(): [u05, u04, u03, u02, u01]
```

```
[main|ZSetDemo.operateZset] |>jedis.zrevrangeByScore(): []
[main|ZSetDemo.operateZset] |>jedis.zscore(): 1000.0
[main|ZSetDemo.operateZset] |>jedis.zcount(): 3
[main|ZSetDemo.operateZset] |>jedis.zrank(u01): 0
[main|ZSetDemo.operateZset] |>jedis.zrevrank(u01): 4
[main|ZSetDemo.operateZset] |>jedis.zrem(): 2
[main|ZSetDemo.operateZset] |>jedis.zremrangeByRank(): 2
[main|ZSetDemo.operateZset] |>jedis.zremrangeByScore(): 1
[main|ZSetDemo.operateZset] |>jedis.zrange(): []
[main|ZSetDemo.operateZset] |>jedis.get(): 13324.0
[main|ZSetDemo.operateZset] |>jedis.zrange(): [u11, u12, u13]
```

建议读者运行源代码工程，查看并分析示例的运行结果，最后做到熟练地掌握这组 ZSet 的操作函数。

14.4 JedisPool 连接池的实战案例

使用 Jedis API 可以方便地在 Java 程序中操作 Redis，就像通过 JDBC API 操作数据库一样。但是，仅仅实现这一点是不够的。因为数据库连接的底层是一条 Socket 通道，其创建和销毁很耗时间，需要有三次握手和四次挥手。

在数据库连接过程中，为了防止数据库连接的频繁创建、销毁带来的性能损耗，常常会用到连接池（Connection Pool），例如淘宝的 Druid 连接池、Tomcat 的 DBCP 连接池。Jedis 连接和数据库连接一样，也需要使用连接池来管理。

Jedis 开源库提供了一个负责管理 Jedis 连接对象的池，名为 JedisPool 类，该类位于 redis.clients.jedis 包中。

14.4.1 JedisPool 的配置

在使用 JedisPool 类创建 Jedis 连接池之前，首先要了解其配置类——JedisPoolConfig，它也位于 redis.clients.jedis 包中。这个配置类负责配置 JedisPool 的参数。JedisPoolConfig 配置类涉及很多与连接管理和使用有关的参数。下面对它的一些重要参数进行说明。

（1）maxTotal：资源池中最大的连接数，默认值为 8。

（2）maxIdle：资源池允许最大空闲的连接数，默认值为 8。

（3）minIdle：资源池确保最少空闲的连接数，默认值为 0。如果 JedisPool 开启了空闲连接的有效性检测，而空闲连接无效，就销毁。销毁连接后，连接数量就少了，如果少于 minIdle 的数量，就新建连接，维护数量不少于 minIdle 的数量。minIdle 可以确保线程池中有最小的空闲 Jedis 实例的数量。

（4）blockWhenExhausted：当资源池用尽后，调用者是否要等待，默认值为 true。当为 true 时，maxWaitMillis 才会生效。

（5）maxWaitMillis：当资源池连接用尽后，调用者的最大等待时间（单位为毫秒）。默认值为-1，表示永不超时，不建议使用默认值。

（6）testOnBorrow：向资源池借用连接时，是否做有效性检测（ping 命令），如果是无效连接，则会被移除，默认值为 false，表示不做检测。如果为 true，则得到的 Jedis 实例均是可用的。在业务量小的应用场景，建议设置为 true，确保连接可用；在业务量很大的应用场景，建议设置为 false（默认值），少一次 ping 命令的开销，有助于提升性能。

（7）testOnReturn：向资源池归还连接时，是否做有效性检测（ping 命令），如果是无效连接，则会被移除，默认值为 false，表示不做检测。同样，在业务量很大的应用场景，建议设置为 false（默认值），少一次 ping 命令的开销。

（8）testWhileIdle：如果为 true，则表示用一个专门的线程对空闲的连接进行有效性的检测扫描，如果连接的有效性检测失败，即表示监测到无效连接，则会从资源池中移除。默认值为 true，表示进行空闲连接的检测。这个选项存在一个附加条件，需要空闲扫描间隔时间配置项 timeBetweenEvictionRunsMillis 的值大于 0；否则，testWhileIdle 不会生效。

（9）timeBetweenEvictionRunsMillis：表示两次空闲连接扫描的间隔时间，默认为 30000 毫秒，也就是 30 秒。

（10）minEvictableIdleTimeMillis：表示一个 Jedis 连接至少停留在空闲状态的最短时间，然后才能被空闲连接扫描线程进行有效性检测，默认值为 60000 毫秒，即 60 秒。也就是说，在默认情况下，一条 Jedis 连接只有在空闲 60 秒后，才会参与空闲线程的有效性检测。这个选项存在一个附加条件，在 timeBetweenEvictionRunsMillis 大于 0 时才会生效。也就是说，如果不启动空闲检测线程，这个参数也没有什么意义。

（11）numTestsPerEvictionRun：表示空闲检测线程每次最多扫描的 Jedis 连接数，默认值为-1，表示扫描全部的空闲连接。

空闲扫描的选项在 JedisPoolConfig 的构造器中都有默认值，具体如下：

```
package redis.clients.jedis;
import org.apache.commons.pool2.impl.GenericObjectPoolConfig;
public class JedisPoolConfig extends GenericObjectPoolConfig {
   public JedisPoolConfig() {
      this.setTestWhileIdle(true);
      this.setMinEvictableIdleTimeMillis(60000L);
      this.setTimeBetweenEvictionRunsMillis(30000L);
      this.setNumTestsPerEvictionRun(-1);
   }
}
```

（12）jmxEnabled：是否开启 JMX 监控，默认值为 true，建议开启。

有一个实际的问题：如何推算一个连接池的最大连接数 maxTotal 呢？实际上，这是一个很难精准回答的问题，主要是依赖的因素比较多。大致的推算方法是：业务 QPS/单连接的 QPS=最大连接数。

如何推算单个 Jedis 连接的 QPS 呢？假设一个 Jedis 命令操作的时间约为 5 毫秒（包含 borrow + return + Jedis 执行命令 + 网络延迟），那么单个 Jedis 连接的 QPS 大约是 1000/5 =200。如果业务期望的 QPS 是 100000，则需要的最大连接数为 100000/200 =500。

事实上，上面的估算仅仅是一个理论值。在实际的生产场景中，还要预留一些资源，通常来讲所配置的 maxTotal 要比理论值大一些。

如果连接数确实太多，可以考虑 Redis 集群，那么单个 Redis 节点的最大连接数的公式为：maxTotal = 预估的连接数/节点数。

说明 在并发量不大时，maxTotal 设置得过高会导致不必要的连接资源的浪费。可以根据实际总 QPS 和节点数合理评估每个节点所使用的最大连接数。

再看一个问题：如何推算连接池的最大空闲连接数 maxIdle 的值呢？

实际上，maxTotal 只是给出了一个连接数量的上限，maxIdle 实际上才是业务可用的最大连接数，从这个层面来说，maxIdle 不能设置得过小，否则会有创建、销毁连接的开销。使得连接池达到最佳性能的设置是 maxTotal = maxIdle，应尽可能避免由于频繁地创建和销毁 Jedis 连接所带来的连接池性能的下降。

14.4.2 JedisPool 的创建和预热

创建 JedisPool 连接池的一般步骤为：首先，创建一个 JedisPoolConfig 配置实例；然后，以 JedisPoolConfig 实例、Redis IP、Redis 端口和其他可选选项（如超时时间、Auth 密码）为参数，构造一个 JedisPool 连接池实例。

```
package com.crazymakercircle.redis.jedisPool;
...
public class JredisPoolBuilder {
    public static final int MAX_IDLE = 50;
    public static final int MAX_TOTAL = 50;
    private static JedisPool pool = null;
    //创建连接池
    private static JedisPoolbuildPool() {
        if (pool == null) {
            long start = System.currentTimeMillis();
            JedisPoolConfig config = new JedisPoolConfig();
            config.setMaxTotal(MAX_TOTAL);
            config.setMaxIdle(MAX_IDLE);
            config.setMaxWaitMillis(1000 * 10);
            //设置在 borrow 一个 Jedis 实例时是否提前进行有效检测操作
            //如果为 true，则得到的 Jedis 实例均是可用的
            config.setTestOnBorrow(true);
            pool = new JedisPool(config, "127.0.0.1", 6379, 10000);
            long end = System.currentTimeMillis();
            Logger.info("buildPool 毫秒数:", end - start);
        }
        return pool;
    }
...
}
```

虽然 JedisPool 定义了最大空闲资源数和最小空闲资源数，但是在创建的时候不会真的创建好 Jedis 连接并放到 JedisPool 池子里。这样会导致一个问题，刚创建好的连接池，池中没有 Jedis 连接资源在使用，在初次访问请求到来的时候，才开始创建新的连接，这样会造成一定的时间开销。为了提升初次访问的性能，可以考虑在 JedisPool 创建后为 JedisPool 提前进行预热，一般以最小空闲资源数作为预热数量。

```
package com.crazymakercircle.redis.jedisPool;
...
public class JredisPoolBuilder {
 //连接池的预热
    public static void hotPool() {
        long start = System.currentTimeMillis();
```

```
        List<Jedis> minIdleJedisList = new ArrayList<Jedis>(MAX_IDLE);
        Jedis jedis = null;
        for (int i = 0; i< MAX_IDLE; i++) {
            try {
                jedis = pool.getResource();
                minIdleJedisList.add(jedis);
               jedis.ping();
            } catch (Exception e) {
                Logger.error(e.getMessage());
            } finally {
            }
        }

        for (int i = 0; i< MAX_IDLE; i++) {
            try {
                jedis = minIdleJedisList.get(i);
                jedis.close();
            } catch (Exception e) {
                Logger.error(e.getMessage());
            } finally {
            }
        }
        long end = System.currentTimeMillis();
        Logger.info(" hotPool毫秒数:", end - start);
    }
}
```

在自己定义的 JredisPoolBuilder 连接池的 Builder 类中，创建好连接池实例，并且进行预热。然后，定义一个从连接池中获取 Jedis 连接的新方法——getJedis()，以供其他模块调用。

```
package com.crazymakercircle.redis.jedisPool;
...
public class JredisPoolBuilder {
...
    private static JedisPool pool = null;

    static {
        //创建连接池
        buildPool();
        //预热连接池
        hotPool();
    }
     //省略buildPool、hotPool

    //获取连接
    public static JedisgetJedis() {
        return pool.getResource();
    }
}
```

14.4.3　JedisPool 的使用

获取 JedisPool 中的连接可以使用自定义的 getJedis()方法，间接通过 pool.getResource()从连接池获取连接；也可以直接调用 pool.getResource()方法。另外，JedisPool 的池化连接在使用完后，一定要调用 close()方法关闭连接。这个关闭操作不是真正地关闭连接，而是归还给连接池。这一点和使用数据库连接池是一样的。一般来说，关闭操作放在 finally 代码段中，确保 Jedis 连接的关闭最终都会被执行到，使得连接挥手到连接池。

```
package com.crazymakercircle.redis.jedisPool;
...
public class JredisPoolTester {
    public static final int NUM = 200;
    public static final String ZSET_KEY = "zset1";
    //测试删除
    @Test
    public void testDel() {
        Jedis redis =null;
        try {
            redis = JredisPoolBuilder.getJedis();
            long start = System.currentTimeMillis();
            redis.del(ZSET_KEY);
            long end = System.currentTimeMillis();
            Logger.info("删除 zset1  毫秒数:", end - start);
        } finally {
            //使用后一定要关闭，还给连接池
            if (redis != null) {
                redis.close();
            }
        }
    }
...
}
```

由于 Jedis 类实现了 java.io.Closeable 接口，故而在 JDK 1.7 或者以上版本中可以使用 try-with-resources 语句，在其隐藏的 finally 部分自动调用 close()方法。

```
package com.crazymakercircle.redis.jedisPool;
...
public class JredisPoolTester {
    public static final int NUM = 200;
    public static final String ZSET_KEY = "zset1";
    //测试创建 ZSet
    @Test
    public void testSet() {
        testDel();//首先删除之前创建的 ZSet
        try (Jedis redis = JredisPoolBuilder.getJedis()) {
            int loop = 0;
            long start = System.currentTimeMillis();
            while (loop < NUM) {
                redis.zadd(ZSET_KEY, loop, "field-" + loop);
                loop++;
            }
            long end = System.currentTimeMillis();
            Logger.info("设置 ZSet :", loop, "次, 毫秒数:", end - start);
        }
    }
...
}
```

使用 try-with-resources 的效果和使用 try-finally 写法是一样的，只是它会默认调用 jedis.close()方法。这里优先推荐 try-with-resources 写法，因为比较简洁、干净。读者平时常用到的数据库连接、输入输出流的关闭，都可以使用这种方法。

14.5 使用 spring-data-redis 完成 CRUD 的实战案例

无论是 Jedis 还是 JedisPool，都只是完成对 Redis 操作极为基础的 API，在不依赖任何中间件的开发环境中可以使用。但是，一般的 Java 开发都会使用 Spring 框架，可以使用 spring-data-redis 开源库来简化 Redis 操作的代码逻辑，做到最大限度地聚焦业务。

下面从缓存的应用场景入手，介绍 spring-data-redis 开源库的使用。

14.5.1 CRUD 中应用缓存的场景

在普通 CRUD 应用场景中，很多情况下需要同步操作缓存，推荐使用 Spring 的 spring-data-redis 开源库。注：CRUD 是指 Create（创建）、Retrieve（查询）、Update（更新）和 Delete（删除）。

下面介绍在普通的 CRUD 场景中，大致涉及的缓存操作。

1. 创建缓存

在创建一个 POJO 实例的时候，对 POJO 实例进行分布式缓存，一般以“缓存前缀+ID”为缓存的键，POJO 对象为缓存的值，直接缓存 POJO 的二进制字节。前提是：POJO 必须可序列化，实现 java.io.Serializable 空接口。如果 POJO 不可序列化，也是可以缓存的，但是必须自己实现序列化，例如使用 JSON 方式序列化。

2. 查询缓存

在查询一个 POJO 实例时，首先应该根据 POJO 缓存的键从 Redis 缓存中返回结果。在不存在时再去查询数据库，并将数据库的结果缓存起来。

3. 更新缓存

在更新一个 POJO 实例时，既需要更新数据库的 POJO 数据记录，也需要更新 POJO 的缓存记录。

4. 删除缓存

在删除一个 POJO 实例时，既需要删除数据库的 POJO 数据记录，也需要删除 POJO 的缓存记录。

使用 spring-data-redis 开源库可以快速完成上述的缓存 CRUD 操作。

为了演示 CRUD 场景下 Redis 的缓存操作，首先定义一个简单的 POJO 实体类：聊天系统的用户类。此类拥有一些简单的属性，如 uid 和 nickName，且这些属性都具备基本的 getter 和 setter 方法。

```
package com.crazymakercircle.im.common.bean;
...
import java.io.Serializable;
@Slf4j
public class User implements Serializable {
    String uid;
    String devId;
```

```
    String token;
    String nickName;
   //省略 getter  setter  toString 等方法
}
```

然后定义一个完成 CRUD 操作的 Service 接口，可定义三个方法：

（1）saveUser 完成创建（C）、更新操作（U）。

（2）getUser 完成查询操作（R）。

（3）deleteUser 完成删除操作（D）。

Service 接口的代码如下：

```
package com.crazymakercircle.redis.springJedis;
import com.crazymakercircle.im.common.bean.User;
public interface UserService {
    /**
     * CRUD 的创建/更新
   * @param user 用户
     */
    User saveUser(final User user);

    /**
     * CRUD 的查询
     * @param id id
     * @return 用户
     */
    User getUser(long id);

    /**
     * CRUD 的删除
     * @param id id
     */
    void deleteUser(long id);
}
```

定义 Service 接口之后，接下来定义 Service 的具体实现。不过，这里聚焦的是如何通过 spring-data-redis 库使 Service 实现带缓存的功能。

14.5.2 配置 spring-redis.xml

使用 spring-data-redis 库的第一步是在 Maven 的 pom 文件中加上 spring-data-redis 库的依赖，具体如下：

```
<dependency>
    <groupId>org.springframework.data</groupId>
    <artifactId>spring-data-redis</artifactId>
    <version>${springboot}</version>
</dependency>
```

使用 spring-data-redis 库的第二步是配置 spring-data-redis 库的连接池实例和 RedisTemplate 模板实例。这是两个 Spring Bean，既可以配置在项目统一的 Spring XML 配置文件中，也可以编写一个独立的 spring-redis.xml 配置文件。这里使用的是第二种方式。

连接池实例和 RedisTemplate 模板实例的配置节选如下：

```
<!--加载配置文件 -->
```

```
<context:property-placeholder location="classpath:redis.properties"/>
<!--redis 数据源 -->
<bean id="poolConfig" class="redis.clients.jedis.JedisPoolConfig">
<!--最大空闲数 -->
<property name="maxIdle" value="${redis.maxIdle}"/>
<!--最大空连接数 -->
<property name="maxTotal" value="${redis.maxTotal}"/>
<!--最大等待时间 -->
<property name="maxWaitMillis" value="${redis.maxWaitMillis}"/>
<!--连接超时的时候是否阻塞，true 表示阻塞，直到超过 maxWaitMillis，默认为 true -->
<property name="blockWhenExhausted"
                     value="${redis.blockWhenExhausted}"/>
<!--获取连接时，检测连接是否成功 -->
<property name="testOnBorrow" value="${redis.testOnBorrow}"/>
</bean>

<!-- Spring-redis 连接池管理工厂 -->
<bean id="jedisConnectionFactory" class="org.springframework.data.redis
            .connection.jedis.JedisConnectionFactory">
<!-- IP 地址 -->
<property name="hostName" value="${redis.host}"/>
<!--端口号 -->
<property name="port" value="${redis.port}"/>
<!--连接池配置引用 -->
<property name="poolConfig" ref="poolConfig"/>
<!--usePool：是否使用连接池 -->
<property name="usePool" value="true"/>
</bean>

<!--redis template definition -->
<bean id="redisTemplate" class="org.springframework.data.redis
            .core.RedisTemplate">
<property name="connectionFactory" ref="jedisConnectionFactory"/>
<property name="keySerializer">
<bean class="org.springframework.data.redis.serializer
                .StringRedisSerializer"/>
</property>
<property name="valueSerializer">
<bean class="org.springframework.data.redis.serializer
                .JdkSerializationRedisSerializer"/>
</property>
<property name="hashKeySerializer">
<bean class="org.springframework.data.redis.serializer
                .StringRedisSerializer"/>
</property>
<property name="hashValueSerializer">
<bean class="org.springframework.data.redis.serializer
                .JdkSerializationRedisSerializer"/>
</property>
<!--开启事务  -->
<property name="enableTransactionSupport" value="true"></property>
</bean>

<!--将 redisTemplate 封装成通用服务-->
<bean id="springRedisService"
class="com.crazymakercircle.redis.springJedis.CacheOperationService">
<property name="redisTemplate" ref="redisTemplate"/>
</bean>
//省略其他的 spring-redis.xml 配置，具体参见源代码
```

说明 无论是使用 XML 配置 Spring IOC Bean，还是通过 Spring Boot 的 Properties、YAML 配置 Spring IOC Bean，其原理是类似的，只是表达方式不同。从学习的角度来说，最好是都有所了解。

spring-data-redis 库是在 JedisPool 连接池的基础上自己的连接池——RedisConnectionFactory 连接工厂，并且封装了一个短期、非线程安全的连接类，名为 RedisConnection 连接类。RedisConnection 类和 Jedis 库中的 Jedis 类的原理一样，提供了与 Redis 客户端命令一对一的 API 函数，用于操作远程 Redis 缓存数据。

RedisConnection 的 API 命令操作的对象都是字节级别的键和值。为了进一步减少开发的工作，spring-data-redis 库在 RedisConnection 连接类的基础上针对不同的缓存类型设计了 5 大数据类型的命令 API 集合，用于完成不同类型的数据缓存操作，并封装在 RedisTemplate 模板类中。

14.5.3 使用 RedisTemplate 模板 API

RedisTemplate 模板类位于核心包 org.springframework.data.redis.core 中，它封装了 5 大数据类型的 API 集合：

（1）ValueOperations：字符串类型的操作 API 集合。

（2）ListOperations：列表类型的操作 API 集合。

（3）SetOperations：集合类型的操作 API 集合。

（4）ZSetOperations：有序集合类型的操作 API 集合。

（5）HashOperations：哈希类型的操作 API 集合。

每一种类型的操作 API 基本上都和每一种类型的 Redis 客户端命令一一对应。但是在 API 的名称上，API 与 Redis 命令并不完全一致，RedisTemplate 的 API 名称更加人性化。例如，Redis 客户端命令 setNX 表示在键-值对不存在时才设置，不够直观；RedisTemplate 的 API 名称为 setIfAbsent，非常直观。显然，setIfAbsent 比 setNX 易懂多了。

除了名称存在略微的调整外，总体而言，RedisTemplate 模板类中的 API 函数和 Redis 客户端命令是一一对应的关系。所以，本小节不再一一赘述 RedisTemplate 模板类中的 API 函数，读者可以自行阅读 API 的源代码。

在实际开发中，为了尽可能减少对特定的第三方库的依赖，减少第三方库的“入侵”性，或者为了方便在不同的第三方库之间进行切换，一般来说要对第三方库进行封装。

下面将 RedisTemplate 模板类的大部分缓存操作封装成一个自己的缓存操作服务——CacheOperationService，部分源代码节选如下：

```
package com.crazymakercircle.redis.springJedis;
...
public class CacheOperationService {

    private RedisTemplateredisTemplate;
    public void setRedisTemplate(RedisTemplateredisTemplate) {
        this.redisTemplate = redisTemplate;
    }

     // --------------RedisTemplate 基础操作  --------------------
```

```
/**
 * 取得指定格式的所有的 key 键
 * @param patens 匹配的表达式
 * @return key 的集合
 */
public Set getKeys(Object patens) {
    try {
        return redisTemplate.keys(patens);
    } catch (Exception e) {
        e.printStackTrace();
        return null;
    }
}

/**
 * 指定缓存失效的时间
 *
 * @param key 键
 * @param time 时间(秒)
 * @return
 */
public Boolean expire(String key, long time) {
    try {
        if (time > 0) {
            redisTemplate.expire(key, time, TimeUnit.SECONDS);
        }
        return true;
    } catch (Exception e) {
        e.printStackTrace();
        return false;
    }
}
/**
 * 判断 key 是否存在
 * @param key 键
 * @return 若为 true 则存在，若为 false 则不存在
 */
public Boolean hasKey(String key) {
    try {
        return redisTemplate.hasKey(key);
    } catch (Exception e) {
        e.printStackTrace();
        return false;
    }
}

/**
 * 删除缓存
 * @param key 可以传一个值或多个
 * @return 删除的个数
 */
public void del(String... key) {
    if (key != null &&key.length> 0) {
        if (key.length == 1) {
            redisTemplate.delete(key[0]);
        } else {
            redisTemplate.delete(CollectionUtils.arrayToList(key));
        }
    }
}
// --------------RedisTemplate 操作 String 字符串 --------------------
```

```
    /**
     * 获取 String
     * @param key 键
     * @return 值
     */
    public Object get(String key) {
        return key == null ? null : redisTemplate.opsForValue().get(key);
    }
   //省略 String、Hash、Set、ZSet 类型的封装操作，请参见随书源代码
}
```

完整的源代码比较长，可以在源代码工程中查阅。在代码中，除了基本数据类型的 Redis 操作（如 keys、hasKey）直接使用 redisTemplate 实例完成外，其他的 API 命令都是在不同类型的命令集合类上完成的。

redisTemplate 提供了 5 个方法，取得不同类型的命令集合，具体为：

（1）redisTemplate.opsForValue()：取得 String 类型的命令 API 集合。

（2）redisTemplate.opsForList()：取得 List 类型的命令 API 集合。

（3）redisTemplate.opsForSet()：取得 Set 类型的命令 API 集合。

（4）redisTemplate.opsForHash()：取得 Hash 类型的命令 API 集合。

（5）redisTemplate.opsForZSet()：取得 ZSet 类型的命令 API 集合。

然后，在不同类型的命令 API 集合上使用各种数据类型特有的 API 函数，完成具体的 Redis API 操作。

14.5.4 使用 RedisTemplate 模板 API 完成 CRUD 的实战案例

封装自己的 CacheOperationService 缓存管理服务之后，可以注入 Spring 的业务 Service 中，就可以完成缓存的 CRUD 操作了。

这里的业务类是 UserServiceImplWithTemplate 类，用于完成 User 实例缓存的 CRUD。使用 CacheOperationService 后，就能非常方便地进行缓存的管理，同时在进行 POJO 的查询时能优先使用缓存数据，省去了数据库访问的时间。

```
package com.crazymakercircle.redis.springJedis;
import com.crazymakercircle.im.common.bean.User;
import com.crazymakercircle.util.Logger;
public class UserServiceImplWithTemplate implements UserService {
    public static final String USER_UID_PREFIX = "user:uid:";
    protected CacheOperationService cacheOperationService; //需提前赋值
    private static final long CASHE_LONG = 60 * 4;//4 分钟
   ...
    /**
     * CRUD 的创建/更新
     * @param user 用户
     */
    @Override
    public User saveUser(final User user) {
        //保存到缓存
        String key = USER_UID_PREFIX + user.getUid();
        Logger.info("user :", user);
        cacheOperationService.set(key, user, CASHE_LONG);
        //保存到数据库
```

```
        //如 MySQL
        return user;
    }

    /**
     * CRUD 的查询
     * @param id id
     * @return 用户
     */
    @Override
    public User getUser(final long id) {
        //首先从缓存中获取
        String key = USER_UID_PREFIX + id;
        User value = (User) cacheOperationService.get(key);
        if (null == value) {
            //如果缓存中没有，就从数据库中查询
            //如 MySQL
            //然后保存到缓存，供下一次查询使用
        }
        return value;
    }

    /**
     * CRUD 的删除
     * @param id id
     */
    @Override
    public void deleteUser(long id) {
        //从缓存删除
        String key = USER_UID_PREFIX + id;
        cacheOperationService.del(key);
        //从数据库删除
        //如 MySQL
        Logger.info("delete  User:", id);
    }
}
```

在业务 Service 类使用 CacheOperationService 缓存管理之前，还需要在配置文件（这里为 spring-redis.xml）中配置好依赖：

```
<!--将 redisTemplate 封装成缓存 service-->
<bean id="cacheOperationService"
class="com.crazymakercircle.redis.springJedis.CacheOperationService">
    <property name="redisTemplate" ref="redisTemplate"/>
</bean>
<!--业务 service，依赖缓存 service-->
<bean id="serviceImplWithTemplate"
    class="com.crazymakercircle.redis.springJedis
            .UserServiceImplWithTemplate">
    <property name="cacheOperationService" ref="cacheOperationService"/>
</bean>
```

编写一个用例，测试一下 UserServiceImplWithTemplate，运行之后，可以从 Redis 客户端输入命令来查看缓存的数据。至此，缓存机制已经成功生效，数据访问的时间可以从查询数据库时的百毫秒级别缩小到毫秒级别，性能提升了 100 倍。

```
package com.crazymakercircle.redis.springJedis;
//省略 import
public class SpringRedisTester {
    @Test
```

```
    public void testServiceImplWithTemplate() {
        ApplicationContext ac = new ClassPathXmlApplicationContext
                                ("classpath:spring-redis.xml");
        UserServiceuserService =
                    (UserService) ac.getBean("serviceImplWithTemplate");
        long userId = 1L;
        userService.deleteUser(userId);
        User userInredis = userService.getUser(userId);
        Logger.info("delete user", userInredis);
        User user = new User();
        user.setUid("1");
        user.setNickName("foo");
        userService.saveUser(user);
        Logger.info("save user:", user);
        userInredis = userService.getUser(userId);
        Logger.info("get user", userInredis);
    }
     //省略其他的测试用例
}
```

14.5.5　使用 RedisCallback 回调完成 CRUD 的实战案例

前面讲到，RedisConnection 连接类和 RedisTemplate 模板类都提供了整套 Redis 操作的 API，只不过它们的层次不同。RedisConnection 连接类更加底层，负责二进制层面的 Redis 操作，Key、Value 都是二进制字节数组。而 RedisTemplate 模板类在 RedisConnection 的基础上，使用在 spring-redis.xml 中配置的序列化、反序列化的工具类完成上层类型（如 String、Object、POJO 类等）的 Redis 操作。

如果不需要 RedisTemplate 配置的序列化、反序列化的工具类，或者由于其他的原因，需要直接使用 RedisConnection 去操作 Redis，怎么办呢？可以使用 RedisCallback 的 doInRedis 回调方法，在 doInRedis 回调方法中直接使用实参 RedisConnection 连接类实例来完成 Redis 的操作。

当然，完成 RedisCallback 回调业务逻辑后，还需要使用 RedisTemplate 模板实例去执行，调用的是 RedisTemplate.execute(RedisCallback)方法。

通过 RedisCallback 回调方法实现 CRUD 的实例代码如下：

```
package com.crazymakercircle.redis.springJedis;
//省略 import
public class UserServiceImplInTemplate implements UserService {
    public static final String USER_UID_PREFIX = "user:uid:";
    private RedisTemplateredisTemplate;
    public void setRedisTemplate(RedisTemplateredisTemplate) {
        this.redisTemplate = redisTemplate;
    }
    private static final long CASHE_LONG = 60 * 4;//4 分钟
    /**
     * CRUD 的创建/更新
    * @param user 用户
     */
    @Override
    public User saveUser(final User user) {
        //保存到缓存
        redisTemplate.execute(new RedisCallback<User>() {
            @Override
            public User doInRedis(RedisConnection connection)
                    throws DataAccessException {
```

```
            byte[] key =
                        serializeKey(USER_UID_PREFIX + user.getUid());
            connection.set(key, serializeValue(user));
            connection.expire(key, CASHE_LONG);
            return user;
        }
    });
    //保存到数据库
    //如 MySQL
    return user;
}

private byte[] serializeValue(User s) {
    return redisTemplate.getValueSerializer().serialize(s);
}
private byte[] serializeKey(String s) {
    return redisTemplate.getKeySerializer().serialize(s);
}
private User deSerializeValue(byte[] b) {
    return (User) redisTemplate.getValueSerializer().deserialize(b);
}

/**
 * CRUD 的查询
 * @param id id
 * @return 用户
 */
@Override
public User getUser(final long id) {
    //首先从缓存中获取
    User value =  (User) redisTemplate.execute(
                                    new RedisCallback<User>() {
        @Override
        public User doInRedis(RedisConnection connection)
                throws DataAccessException {
            byte[] key = serializeKey(USER_UID_PREFIX + id);
            if (connection.exists(key)) {
                byte[] value = connection.get(key);
                return deSerializeValue(value);
            }
            return null;
        }
    });
    if (null == value) {
        //如果缓存中没有，就从数据库中获取
        //如 MySQL
        //并且保存到缓存
    }
    return value;
}

/**
 * CRUD 的删除
 * @param id id
 */
@Override
public void deleteUser(long id) {
    //从缓存删除
    redisTemplate.execute(new RedisCallback<Boolean>() {
        @Override
```

```
            public Boolean doInRedis(RedisConnection connection)
                    throws DataAccessException {
                byte[] key = serializeKey(USER_UID_PREFIX + id);
                if (connection.exists(key)) {
                    connection.del(key);
                }
                return true;
            }
        });
        //从数据库删除
        //如 MySQL
    }
}
```

同样，在使用 UserServiceImplInTemplate 之前，也需要在配置文件（这里为 spring-redis.xml）中配置好依赖关系：

```
<bean id="serviceImplInTemplate"
    class="com.crazymakercircle.redis.springJedis
            .UserServiceImplInTemplate">
    <property name="redisTemplate" ref="redisTemplate"/>
</bean>
```

14.6 Spring 的 Redis 缓存注解

前面讲的 Redis 缓存实现都是基于 Java 代码实现的。在 Spring 中，通过合理地添加缓存注解，也能实现和前面示例程序中一样的缓存功能。

为了方便地提供缓存能力，Spring 提供了一组缓存注解。这组注解不仅仅是针对 Redis，本质上并不是一种具体的缓存实现方案（例如 Redis、EHCache 等），而是对缓存使用的统一抽象。通过这组缓存注解，以及与具体缓存相匹配的 Spring 配置，不用编码就可以快速达到缓存的效果。

下面先给读者展示一下 Spring 缓存注解的应用实例，然后对 Spring Cache 的几个注解进行详细介绍。

14.6.1 使用 Spring 缓存注解完成 CRUD 的实战案例

这里简单介绍一下 Spring 的三个缓存注解：@CachePut、@CacheEvict 和@Cacheable。这三个注解通常都加在方法的前面，作用如下：

（1）@CachePut 的作用是设置缓存。先执行方法，再将执行结果缓存起来。

（2）@CacheEvict 的作用是删除缓存。在执行方法前，删除缓存。

（3）@Cacheable 的作用更多是查询缓存。首先检查注解中的 Key 是否在缓存中，如果是，则返回 Key 的缓存值，不再执行方法；否则，执行方法并将方法结果缓存起来。从后半部分来看，@Cacheable 也具备@CachePut 的能力。

在展开介绍三个注解之前，先演示一下它们的使用：用它们实现一个带缓存功能的用户操作 UserService 实现类，名为 UserServiceImplWithAnno 类。其功能和前面介绍的 UserServiceImplWithTemplate 类是一样的，只是这里使用注解来实现缓存，代码如下：

```
package com.crazymakercircle.redis.springJedis;
//省略 import
@Service
@CacheConfig(cacheNames = "userCache")
public class UserServiceImplWithAnno implements UserService {

    public static final String USER_UID_PREFIX = "'userCache:'+";
    /**
     * CRUD 的创建/更新
     * @param user 用户
     */
    @CachePut(key = USER_UID_PREFIX + "T(String).valueOf(#user.uid)")
    @Override
    public User saveUser(final User user) {
        //保存到数据库
        //返回值将保存到缓存
        Logger.info("user : save to redis");
        return user;
    }

    /**
     * CRUD 的查询
     * @param id id
     * @return 用户
     */
    @Cacheable(key = USER_UID_PREFIX + "T(String).valueOf(#id)")
    @Override
    public User getUser(final long id) {
        //如果缓存没有，则从数据库中加载
        Logger.info("user : is null");
        return null;
    }

    /**
     * CRUD 的删除
     * @param id id
     */
    @CacheEvict(key = USER_UID_PREFIX + "T(String).valueOf(#id)")
    @Override
    public void deleteUser(long id) {
        //从数据库中删除
        Logger.info("delete  User:", id);
    }
}
```

在 UserServiceImplWithAnno 类中没有出现任何缓存操作 API，但是它的缓存功能和前面的 UserServiceImplWithTemplate 类使用 RedisTemplate 模板实现的缓存功能是一模一样的。可见，使用缓存注解@CachePut、@CacheEvict 和@Cacheable 能较大地减少代码量。

总之，通过这个实例可以发现，使用注解实现缓存和使用 API 实现缓存的功能相比，前者的代码简化太多了。另外，使用注解实现缓存功能还能方便地在不同的缓存服务之间实现切换。

14.6.2　spring-redis.xml 中配置的调整

在使用 Spring 缓存注解前，首先需要在配置文件中启用 Spring 对基于注解的 Cache 的支持：在 spring-redis.xml 中加上<cache:annotation-driven />配置项。

<cache:annotation-driven/>有一个 cache-manager 属性，用来指定需要用到的缓存管理器

（CacheManager）的 Spring Bean 的名称。如果不进行特别设置，则默认的名称是 CacheManager。也就是说，如果使用了<cache:annotation-driven />，还需要配置一个名为 CacheManager 的缓存管理器 Spring Bean，这个 Bean 要求实现 CacheManager 接口。而 CacheManager 接口是 Spring 定义的一个用来管理 Cache 缓存的通用接口。对应不同的缓存，需要使用不同的 CacheManager 实现。Spring 自身已经提供了一种 CacheManager 的实现，是基于 Java API 的 ConcurrentMap 简单的内存 Key-Value 缓存实现。但是，这里需要使用的缓存是 Redis，所以使用 spring-data-redis 包中的 RedisCacheManager 实现。

spring-redis.xml 增加的配置项具体如下：

```
<!--启用缓存注解功能，这个是必须的，否则注解不会生效 -->
<cache:annotation-driven/>

<!--自定义 Redis 工具类，在需要缓存的地方注入此类  -->
<bean id="cacheManager"  mode="proxy"
            class="org.springframework.data.redis.cache.RedisCacheManager">
<constructor-arg ref="redisTemplate"/>
<constructor-arg name="cacheNames">
   <set>
      <!--声明 userCache-->
      <value>userCache</value>
   </set>
</constructor-arg>
</bean>
```

<cache:annotation-driven/>还可以指定一个 mode 属性，可选值有 proxy 和 aspectj，默认使用 proxy。proxy 和 aspectj 两个值的作用类似于使用<tx:annotation-driven/>来配置事务时的其 mode 属性的 proxy 和 aspectj 两个值的作用。

当 mode 为 proxy 时，只有当被注解的方法被对象外部的方法调用时，Spring Cache 注解才会发生作用；反过来说，如果一个缓存方法被所在对象的内部方法调用时，Spring Cache 是不会发生作用的。另外，当 mode 为 proxy 模式时，只有加在 public 类型方法上的 Spring Cache 注解才会发生作用。

mode 为 aspectj 模式时，缓存注解的作用与代理模式下不同，Spring Cache 注解可以在方法被自身内部调用时生效，也可以在非 public 方法上生效。

<cache:annotation-driven/>还可以指定一个 proxy-target-class 属性，设置代理类的创建机制，有两个值：

（1）值为 true，表示使用 CGLib 创建代理类。

（2）值为 false，表示使用 JDK 的动态代理机制创建代理类，默认为 false。

JDK 的动态代理的原理是生成一个实现代理接口的匿名类（Class-Based Proxies），在调用具体方法前，通过调用 InvokeHandler 来调用实际的代理方法。

说明 有关该动态代理的原理性知识，具体请参考尼恩的另一本书《Java 高并发核心编程 卷 3（加强版）：亿级用户 Web 应用架构与实战》。

而使用 CGLib 创建代理类则不同。CGLib 底层采用 ASM 开源.class 字节码生成框架，生成字节码级别的代理类（Interface-Based Proxies）。对比来说，在实际运行时，CGLib 代理类比使用 Java

反射代理类的效率要高。

当 proxy-target-class 为 true 时，表示使用 CGLib 创建代理类，此时，@Cacheable 和@CacheInvalidate 等注解必须标记在具体类（Concrete Class）上，不能标记在接口上，否则不会发生作用。当 proxy-target-class 为 false 时，@Cacheable 和@CacheInvalidate 等标记在接口上也能发挥作用。

在配置 RedisCacheManager 缓存管理器 Bean 时，需要配置两个构造参数：

- redisTemplate：模板 Bean。
- cacheNames：缓存名称。

不同 spring-data-redis 版本的构造函数不同，这里使用的 spring-data-redis 版本是 1.4.3。对于 2.0 版本，在配置上发生了一些变化，但是原理大致相同。

14.6.3　@CachePut 和@Cacheable 注解

简单来说，@CachePut 和@Cacheable 两个注解都可以增加缓存，但是有细微的区别：@CachePut 负责增加缓存；@Cacheable 负责查询缓存，如果没有查到，才去执行被注解的方法，并将方法的结果增加到缓存。

1. @CachePut 注解

在支持 Spring Cache 的环境下，如果@CachePut 加在方法上，则每次执行方法后会将结果存入指定缓存的 Key 上，代码如下：

```
/**
 * CRUD 的创建/更新
 * @param user 用户
 */
@CachePut(key = USER_UID_PREFIX + "T(String).valueOf(#user.uid)")
@Override
public User saveUser(final User user) {
    //保存到数据库
    //返回值将保存到缓存
    Logger.info("user : save to redis");
    return user;
}
```

Redis 的缓存都是键-值对的形式。Redis 缓存中的键即为@CachePut 注解配置的 key 属性值，一般是一个字符串，或者是结果为字符串的一个 SpEL（Spring Expression Language，Spring 表达式语言）。Redis 缓存的值就是方法的返回结果经过序列化后所产生的序列化数据。

一般来说，可以给@CachePut 设置三个属性：value、key 和 condition。

（1）value 属性指定 Cache 缓存的名称。

value 属性的值表示当前键被缓存在哪个 Cache 上，对应 Spring 配置文件中 CacheManager 缓存管理器的 cacheNames 属性中配置的某个 Cache 名称，如 userCache。可以配置一个 Cache，也可以配置多个 Cache，当配置多个 Cache 时，value 是一个数组，如 value = { userCache，otherCache1，otherCache2…}。

说明 Value 属性值中的 Cache 名称相当于缓存键所属的命名空间。当使用@CacheEvict 注解清除缓存时，可以通过合理配置清除指定 Cache 名称下的所有键。

（2）key 属性指定 Redis 的键属性值。

key 属性是指定 Spring 缓存方法的键，该属性支持 SpEL。当没有指定该属性时，Spring 将使用默认策略生成键。有关 SpEL 的内容，后面会详细介绍。

（3）condition 属性指定缓存的条件。

并不是所有的函数结果都希望加入 Redis 缓存，可以通过 condition 属性来实现这一功能。condition 属性值默认为空，表示将缓存所有的结果。可以通过 SpEL 来设置，当表达式的值为 true 时，表示进行缓存处理；否则不进行缓存处理。如下示例程序表示只有当 user 的 id 大于 1000 时才会进行缓存：

```
@CachePut(key = "T(String).valueOf(#user.uid)",
                                        condition = "#user.uid>1000")
public User cacheUserWithCondition(final User user) {
    //保存到数据库
    //返回值将保存到缓存
    Logger.info("user : save to redis");
    return user;
}
```

2. @Cacheable 注解

Cacheable 注解主要用于查询缓存。对于加上了@Cacheable 注解的方法，Spring 在每次执行前都会检查 Redis 缓存中是否存在相同的键，如果存在，就不再执行该方法，而是直接从缓存中获取结果并返回。如果不存在，就会执行该方法，并将返回结果存入 Redis 缓存中。与@CachePut 注解一样，@Cacheable 也具备增加缓存的能力。

@Cacheable 与@CachePut 的不同之处是：@Cacheable 只有当键在 Redis 缓存中不存在的时候才执行方法，将方法的结果缓存起来；如果键在 Redis 缓存中存在，则直接返回缓存结果。而加了@CachePut 注解的方法则缺少了检查的环节：@CachePut 在方法执行前不进行缓存检查，无论之前是否有缓存都会将新的执行结果加入缓存中。

使用@Cacheable 注解一般能指定三个属性：value、key 和 condition。三个属性的配置方法和@CachePut 的三个属性的配置方法是一样的，这里不再赘述。

@CachePut 和@Cacheable 注解也可以标注在类上，表示所有的方法都具备缓存处理的功能。但是这种情况用得比较少。

14.6.4 详解@CacheEvict 注解

@CacheEvict 注解主要用来清除缓存，可以指定的属性有 value、key、condition、allEntries 和 beforeInvocation。其中 value、key 和 condition 的语义与@Cacheable 对应的属性类似。value 表示清除哪些 Cache（对应 Cache 的空间名称），key 表示清除哪个键，condition 表示清除的条件。下面主要看一下两个属性：allEntries 和 beforeInvocation。

（1）allEntries 属性：表示是否全部清空。

allEntries 表示是否需要清除缓存中的所有键，是 Boolean 类型的，默认为 false，表示不需要清除全部。当指定 allEntries 为 true 时，表示清空 value 名称属性所指向的 Cache 中的所有缓存，这个时候所配置的 key 属性值已经没有意义，将被忽略。allEntries 为 true 时，用于需要全部清空某个 Cache 的场景，这比一个一个清除键的效率更高。

在下面的例子中，一次清除 Cache 名称为 userCache 的场景中的所有 Redis 缓存，代码如下：

```
package com.crazymakercircle.redis.springJedis;
//省略 import
@Service
@CacheConfig(cacheNames = "userCache")
public class UserServiceImplWithAnno implements UserService {

    ...
    /**
     * 删除 userCache 名字空间的全部缓存
     */
     @CacheEvict(value = "userCache", allEntries = true)
          public void deleteAll() {
      }
}
```

（2）beforeInvocation 属性：表示是否在方法执行前操作缓存。

一般情况下，在对应方法成功执行之后才触发清除操作。如果方法执行过程中异常抛出，或者由于其他原因导致线程终止，就不会触发清除操作。所以，通过设置 beforeInvocation 属性来确保清理。

beforeInvocation 属性是 Boolean 类型的，当设置为 true 时，可以改变触发清除操作的次序，Spring 会在执行注解的方法之前完成缓存的清除工作。

另外，注解@CacheEvict 除了加在方法上外，还可以加在类上。当加在一个类上时，表示该类所有的方法都会触发缓存清除。一般情况下，很少这样使用。

14.6.5 @Caching 组合注解

@Caching 注解是一个缓存处理的组合注解。@Caching 可以一次指定多个 Spring Cache 注解的组合。@Caching 的组合能力，主要通过三个属性完成，具体如下：

（1）cacheable 属性：用于指定一个或者多个@Cacheable 注解的组合，可以指定一个，也可以指定多个。如果指定多个@Cacheable 注解，则直接使用数组的形式，即使用花括号，将多个@Cacheable 注解包围起来。用于查询一个或多个 key 的缓存，如果没有，则按照条件将结果加入缓存。

（2）put 属性：用于指定一个或者多个@CachePut 注解的组合，可以指定一个，也可以指定多个，用于设置一个或多个 key 的缓存。如果指定多个@CachePut 注解，则直接使用数组的形式。

（3）evict 属性：用于指定一个或者多个@CacheEvict 注解的组合，可以指定一个，也可以指定多个，用于删除一个或多个 key 的缓存。如果指定多个@CacheEvict 注解，则直接使用数组的形式。

在数据库中，往往需要进行外键的级联删除：在删除一个主键时，需要将一个主键的所有级联的外键通通都删除。如果外键都需要进行缓存，在级联删除时，则可以使用@Caching 注解组合多个@CacheEvict 注解，在删除主键缓存时删除所有的外键缓存。下面有一个简单的实例，模拟在更新一个用户时，需要删除与用户关联的多个缓存：用户信息、地址信息、用户的消息等。

使用@Caching 注解为各个方法加上一系列的缓存注解，具体如下：

```
/**
 *在一种方法上一次性加上三大类 Cache 处理
 */
@Caching(cacheable = @Cacheable(key = "'userCache:'+ #uid"),
              put = @CachePut(key = "'userCache:'+ #uid"),
         evict = {
              @CacheEvict(key = "'userCache:'+ #uid"),
              @CacheEvict(key = "'addressCache:'+ #uid"),
              @CacheEvict(key = "'messageCache:'+ #uid")
         }
)
public User updateRef(String uid) {
    //业务逻辑
    return null;
}
```

以上示例程序仅仅是一个组合注解的演示。@Caching 有 cacheable、put、evict 三大类型属性，在实际使用时，可以进行类型的灵活裁剪。例如，在实际开发场景中并不需要添加缓存，完全可以不给@Caching 注解配置 cacheable 属性。

至此，缓存注解已经介绍完毕。注解中需要用到的 SpEL 表达式将在下一节专门介绍。

14.7 详解 SpEL

SpEL 提供一种强大、简洁的 Spring Bean 的动态操作表达式。SpEL 可以在运行期间执行，其值可以动态装配到 Spring Bean 属性或构造函数中，表达式可以调用 Java 静态方法，可以访问 Properties 文件中的配置值等，SpEL 能与 Spring 的功能完美整合，给静态 Java 语言增加了动态功能。

JSP 页面的表达式使用${}进行声明，而 SpEL 使用#{}进行声明。SpEL 支持如下表达式：

（1）基本表达式：字面量表达式，关系、逻辑与算术运算表达式，字符串连接及截取表达式，三目表达式，正则表达式，括号优先级表达式。

（2）类型表达式：类型访问、静态方法/属性访问、实例访问、实例属性值存取、实例属性导航、instanceof、变量定义及引用、赋值表达式、自定义函数等。

（3）集合相关表达式：列表、内联数组、集合、字典、数组、集合投影、集合选择。集合相关表达式不支持多维内联数组初始化，也不支持内联字典定义。

（4）其他表达式：模板表达式。

14.7.1 SpEL 运算符

SpEL 是由各种基础运算符、常量、变量引用一起进行组合所构成的表达式。基础的运算符包括：算术运算符、关系运算符、逻辑运算符、字符串运算符、三目运算符、正则表达式匹配符、类型运算符、变量引用符等。

（1）算术运算符：加（+）、减（-）、乘（*）、除（/）、求余（%）、幂（^）、求余（MOD）和除（DIV）等。MOD 与“%”等价，DIV 与“/”等价，并且不区分大小写。例如，#{1+2*3/4-2}、#{2^3}、#{100 mod 9}都是算术运算 SpEL。

（2）关系运算符：等于（==）、不等于（!=）、大于（>）、大于或等于（>=）、小于（<）、小于或等于（<=）、区间（between）运算等。例如，#{2>3}值为 false。

（3）逻辑运算符：与（and）、或（or）、非（!或 NOT）。例如，#{2>3 or 4>3}值为 true。与 Java 逻辑运算不同，SpEL 不支持“&&”和“||”。

（4）字符串运算符：SpEL 提供了连接(+)和截取([ ])字符串运算符。例如，#{'Hello ' + 'World!'}的结果为“Hello World!”；#{'Hello World!'[0]} 截取第一个字符“H”，目前只支持获取一个字符。

（5）三目运算符：SpEL 提供了和 Java 一样的三目运算符，用法是“逻辑表达式？表达式 1：表达式 2”。例如，#{3>4? 'Hello': 'World'} 将返回'World'。

（6）正则表达式匹配符：SpEL 提供了字符串的正则表达式匹配符 matches。例如，#{'123' matches '\\d{3}' }返回 true。

（7）类型运算符：SpEL 提供了一个类型访问运算符 T(Type)。其中，Type 表示某个 Java 类型，实际上对应 Java 类 java.lang.Class 实例。Type 必须是类的全限定名（包括包名），但是核心包 java.lang 中的类除外。也就是说，java.lang 包下的类可以不用指定完整的包名。例如，T(String)表示访问的是 java.lang.String 类，#{T(String).valueOf(1)}表示将整数 1 转换成字符串。

（8）变量引用符：SpEL 提供了一个上下文变量引用符“#”，可以在表达式中使用#variableName 引用上下文变量。

SpEL 提供了一个定义变量的上下文接口 EvaluationContext，并且提供了标准的上下文实现 StandardEvaluationContext。通过上下文的 setVariable(variableName, value)方法可以定义上下文变量，这些变量在表达式中采用#variableName 的方式进行引用。在创建变量上下文 Context 实例时，还可以在构造器参数中设置一个 rootObject 作为根，可以使用#root 引用根对象，也可以使用#this 引用根对象。

下面使用前面介绍的运算符定义几个 SpEL，示例程序如下：

```
package com.crazymakercircle.redis.springJedis;
//省略 import
public class SpElBean {
    /**
     * 算术运算符
     */
    @Value("#{10+2*3/4-2}")
    private int algDemoValue;

    /**
     * 字符串运算符
     */
    @Value("#{'Hello ' + 'World!'}")
    private String stringConcatValue;

    /**
     * 类型运算符
     */
```

```
    @Value("#{ T(java.lang.Math).random() * 100.0 }")
    private int randomInt;

    /**
     * 展示 SpEL 上下文变量
     */
    public void showContextVar() {
        ExpressionParser parser = new SpelExpressionParser();
        EvaluationContext context = new StandardEvaluationContext();
        context.setVariable("foo", "bar");
        String foo = parser.parseExpression("#foo")
                            .getValue(context,String.class);
        Logger.info(" foo:=", foo);

        context = new StandardEvaluationContext("I am root");
        String root = parser.parseExpression("#root")
                            .getValue(context, String.class);
        Logger.info(" root:=", root);

        String result3 =parser.parseExpression("#this").
                                getValue(context, String.class);
        Logger.info(" this:=", result3 );
    }
}
```

以上示例程序代码的测试用例如下：

```
package com.crazymakercircle.redis.springJedis;
...
/**
 * create by 尼恩 @ 疯狂创客圈
 **/
public class SpringRedisTester {
    /**
     * 测试 SpEL
     */
    @Test
    public void testSpElBean() {
        ApplicationContext ac =
        new ClassPathXmlApplicationContext("classpath:spring-redis.xml");
        SpElBeanspElBean = (SpElBean) ac.getBean("spElBean");
        /**
         * 演示算术运算符
         */
        Logger.info(" spElBean.getAlgDemoValue():=",
                      spElBean.getAlgDemoValue());

        /**
         * 演示字符串运算符
         */
        Logger.info("spElBean.getStringConcatValue():=",
                     spElBean.getStringConcatValue());
        /**
         * 演示类型运算符
         */
        Logger.info(" spElBean.getRandomInt():=" ,
                                   spElBean.getRandomInt());
        /**
         * 展示 SpEL 上下文变量
         */
        spElBean.showContextVar();
```

```
        }
    }
```

说明 一般来说，SpEL 使用#{}进行声明。但是，不是所有注解中的 SpEL 都需要#{}进行声明。例如，@Value 注解中的 SpEL 需要#{}进行声明；而 ExpressionParser.parseExpression 实例方法中的 SpEL 不需要#{}进行声明；另外，@CachePut 和@Cacheable 等缓存注解中 key 属性值的 SpEL 也不需要#{}进行声明。

运行以上测试用例，输出的结果大致如下：

```
[...testSpElBean] |>  spElBean.getAlgDemoValue():= 9
[...testSpElBean] |>  spElBean.getStringConcatValue():= Hello World!
[...testSpElBean] |>  spElBean.getRandomInt():= 27
[..SpElBean.showContextVar] |>  foo:= bar
[..SpElBean.showContextVar] |>  root:= I am root
[..SpElBean.showContextVar] |>  this:= I am root
```

14.7.2　缓存注解中的 SpEL

对应加在方法上的缓存注解（如@CachePut 和@Cacheable），Spring 提供了专门的上下文类 CacheEvaluationContext，这个类继承于 MethodBasedEvaluationContext 类（基础的方法注解上下文类），而该类又继承于 StandardEvaluationContext（标准注解上下文类）。

CacheEvaluationContext 的构造器如下：

```
class CacheEvaluationContext extends MethodBasedEvaluationContext {
    //构造器
    CacheEvaluationContext(Object rootObject, //根对象
                           Methodmethod,      //当前方法
                             Object[] arguments,//当前方法的参数
                             ParameterNameDiscovererparameterNameDiscoverer)
    {
        super(rootObject, method, arguments, parameterNameDiscoverer);
    }
//省略其他 Spring 源代码
}
```

在配置缓存注解（如@CachePut）的 key 时，可以用到 CacheEvaluationContext 的 rootObject 根对象。通过该根对象可以获取如表 14-2 所示的属性。

表14-2　通过CacheEvaluationContext的rootObject根对象能获取的属性

属性名称	说　明	示　例
methodName	当前被调用的方法名	获取当前被调用的方法名 #root.methodName
Method	当前被调用的方法	获取当前被调用的方法 #root.method.name
Target	当前被调用的目标对象	当前被调用的目标对象：#root.target
targetClass	当前被调用的目标对象类	当前被调用的目标对象类：#root.targetClass
Args	当前被调用的方法的参数列表	当前被调用的方法的第 0 个参数：#root.args[0]
Caches	当前方法调用的 Cache（缓）存列表，如@Cacheable(value={"cache1","cache2"})，则有两个 Cache	当前被调用方法的第 0 个 Cache 名称： #root.caches[0].name

在配置键属性时，如果用到 SpEL root 对象的属性，可以将#root 省略，因为 Spring 默认使用的就是 root 对象的属性。例如：

```
@Cacheable(value={"cache1", "cache2"}, key="caches[1].name")
public User find(User user) {
    //省略：查询数据库的代码
}
```

在 SpEL 中，除了访问 SpEL 表达式 root 对象外，还可以访问当前方法的参数以及它们的属性，访问方法的参数有以下两种形式：

（1）使用“#p 参数 index”的形式访问方法的参数，p 为 parameter 参数的首字母。下面展示使用“#p 参数 index”的形式访问第 0 个参数：

```
//访问第 0 个参数，参数 id
@Cacheable(value="users", key="#p0")
 public User find(String id) {
   //省略查询数据库的代码
}
```

在下面的示例程序中访问参数的属性，这里是访问参数 user 的 id 属性，具体如下：

```
//访问参数 user 的 id 属性
@Cacheable(value="users", key="#p0.id")
public User find(User user) {
   //省略查询数据库的代码
}
```

（2）使用“#参数名”的形式访问方法的参数。

可以使用“#参数名”的形式直接访问方法的参数。例如，使用“#user.id”的形式访问参数 user 的 id 属性，代码如下：

```
//使用“#参数名”的形式访问参数的属性值，这里是 id
@Cacheable(value="users", key="#user.id")
public User find(User user) {
   //省略查询数据库的代码
}
```

通过对比可以看出，在访问方法的参数以及参数的属性时，使用“#参数名”的形式比“#p 参数 index”的形式更加直观。

第 15 章

亿级高并发 IM 架构与实战

本章结合分布式缓存 Redis、分布式协调 ZooKeeper、高性能通信 Netty，从架构的维度设计一套亿级用户 IM 的高并发架构方案，并从学习和实战的角度出发，联合疯狂创客圈社群的高性能发烧友一起持续进行一个支持亿级用户的 IM 项目开发与迭代，该项目暂时被命名为 CrazyIM。

15.1 支撑亿级用户的高并发 IM 架构的理论基础

支撑亿级用户的高并发 IM 通信需要用到 Netty 集群、ZooKeeper 集群、Redis 集群、MySQL 集群、Spring Cloud Web 服务集群、RocketMQ 消息队列集群等，具体如图 15-1 所示。

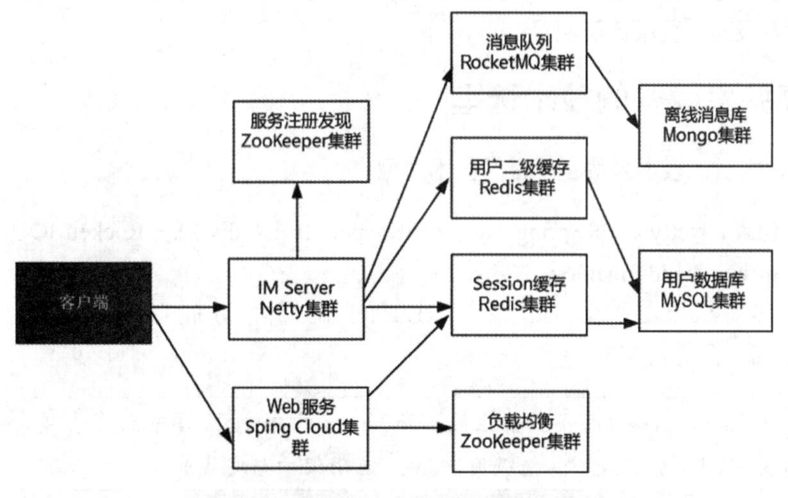

图 15-1 支撑亿级用户的高并发 IM 架构

15.1.1 支撑亿级用户的系统架构开发实践

支撑亿级用户的高并发 IM 通信的几大集群中，最为核心的是 Netty 集群、ZooKeeper 集群和

Redis 集群，它们是实现亿级用户通信功能不可缺少的集群。其次是 Spring Cloud Web 服务集群、MySQL 集群，用于完成海量用户的登录和存储，以及用户关系、群组关系的维护。最后是 RocketMQ 消息队列集群、Mongo 半结构化存储集群，用于离线消息的保存。

主要的集群介绍如下：

（1）Netty 集群：主要用来负责维持和客户端的 TCP 连接，完成消息的发送和转发。

（2）ZooKeeper 集群：负责 Netty Server 集群的管理，包括注册、路由、负载均衡。集群 IP 注册和节点 ID 分配，主要基于 ZooKeeper 集群提供底层服务。

（3）Redis 集群：负责用户、用户绑定关系、用户群组关系、用户远程会话等数据的缓存，以及缓存其他的配置数据或者临时数据，加快读取速度。

（4）MySQL 集群：保存用户、群组、离线消息等。

（5）RocketMQ 消息队列集群：主要将优先级不高的操作从高并发模式转成低并发模式。例如，可以将离线消息发向消息队列，然后通过低并发的异步任务保存到数据库。

说明 上面的架构是“疯狂创客圈”高性能社群的 CrazyIM 学习项目的架构，并且只涉及核心功能，并不是实践开发亿级用户系统架构的全部。从迭代的角度来看，还有很多待完善的空间，“疯狂创客圈”高性能社群将持续对 CrazyIM 高性能项目的架构和实现进行更新和迭代，所以最终的架构图和实现以最后的版本为准。

理论上来说，以上集群具备完全的扩展能力，进行合理的横向扩展和局部的优化后支撑亿级用户是没有问题的。单体的 Netty 服务器远远不止支持 10 万个并发，在 CPU、内存还不错的情况下，如果配置得当，甚至能支撑 100 万级别的并发。所以，通过合理的高并发架构能够让系统动态扩展到成百上千的 Netty 节点，支撑亿级用户是没有问题的。

至于如何通过配置让单体的 Netty 服务器支撑 100 万高并发，请查询“疯狂创客圈”社群的文章“Netty 100 万级高并发服务器配置”。

15.1.2 高并发架构的技术选型

明确了架构之后，接下来就是平台的技术选型。

（1）核心组件：Netty 4.x + Spring 4.x + ZooKeeper 3.x +Redis 3.x + RocketMQ 3.x+ MySQL 5.x + Mongo 3.x + Spring Cloud Finchley+ Nginx 15。

（2）短连接服务：Spring Cloud，基于 RESTful 短连接的分布式微服务架构，完成用户在线管理、单点登录系统。

说明 Spring Cloud 微服务集群往往都和 Nginx 结合使用，具体请参考笔者的《Java 高并发核心编程 卷 3（加强版）：亿级用户 Web 应用架构与实战》。

（3）长连接服务：Netty，主要用来负责维持和客户端的 TCP 连接，完成消息的发送和转发。

（4）消息队列：RocketMQ 高速消息队列。

（5）数据库：MySQL+MongoDB。MySQL 用来存储结构化数据，如用户数据；MongoDB 用来存储半结构化的离线消息。

（6）序列化协议：Protobuf + JSON。Protobuf 是最高效的二进制序列化协议，用于长连接；JSON 是最紧凑的文本协议，用于短连接。

15.1.3　详解 IM 消息的序列化协议选型

IM 系统的客户端和服务器节点之间需要按照同一种数据序列化协议进行数据的交换。简而言之，就是规定网络中的字节流数据如何与应用程序需要的结构化数据相互转换。

序列化协议主要的工作有两部分，即结构化数据到传输数据的序列化和反序列化，涉及的协议类型为文本协议和二进制协议。

- 常见的文本协议包括 XML 和 JSON。文本协议序列化之后，可读性好，便于调试，方便扩展。但文本协议的缺点在于解析效率一般，有很多冗余数据，这一点主要体现在 XML 格式上。
- 常见的二进制协议包括 Protobuf 和 Thrift，这些协议都自带了数据压缩，编解码效率高，同时兼具扩展性。二进制协议的优势很明显，但是劣势也非常突出。二进制协议和文本协议相反，序列化之后的二进制协议报文数据基本上没有什么可读性，很显然，这点不利于用户开发和调试。

因此，在协议的选择上给读者的建议是：

- 对于并发度不高的 IM 系统，建议使用文本协议，例如 JSON。
- 对于并发度非常高，QPS 在百万级、千万级的通信系统，尽量选择二进制协议。

在“疯狂创客圈”社群持续迭代的 CrazyIM 项目中，序列化协议选择的是 Protobuf 二进制协议，以便容易达成对亿级用户的支撑。

15.1.4　详解长连接和短连接

什么是长连接呢？客户端向服务器发起连接，服务器接收客户端的连接，双方建立连接。客户端与服务器完成一次读写之后，它们之间的连接并不会主动关闭，后续的读写操作会继续使用这个连接。

读者应该知道，TCP 的连接过程是比较烦琐的，建立连接需要三次握手，而释放则需要四次握手，所以说每个连接的建立都需要消耗资源和时间。

> 说明　TCP 的原理及其三次握手和四次挥手的过程，具体请参考 10.2 节。

在高并发的 IM 系统中，客户端和服务器之间需要大量发送通信的消息，如果每次发送消息都建立连接，客户端和服务器的连接建立和断开的开销是非常巨大的。所以，IM 消息的发送肯定需要长连接。

什么是短连接呢？客户端向服务器发起连接，服务器接受客户端的连接，在三次握手之后，双方建立连接。客户端与服务器完成一次读写，发送数据包并得到返回的结果之后，通过客户端和服务器的四次握手断开连接。

短连接适用于数据请求频度较低的应用场景，例如网站的浏览和普通的 Web 请求。短连接的优点是管理起来比较简单，存在的连接都是有用的连接，不需要额外的控制手段。

在高并发的 IM 系统中，客户端和服务器之间除了消息的通信外，还需要用户的登录与认证、好友的更新与获取等一些低频的请求，这些都使用短连接来实现。

在这个高并发 IM 系统中，存在两类后台服务：一类是短连接后台服务；另一类长连接后台服务。

短连接服务也叫 Web 服务，主要功能是实现用户的登录鉴权和拉取好友、群组、数据档案等相对低频的请求操作。

长连接服务也叫 IM 服务，主要作用是用来和客户端建立并维持长连接，实现消息的传递和即时的转发。分布式网络非常复杂，长连接管理是重中之重，需要考虑到连接保活、连接检测、自动重连等方方面面的工作。

短连接 Web 服务和长连接 IM 服务之间是相互配合的。在分布式集群的环境下，用户首先通过短连接登录 Web 服务器。Web 服务器在完成用户的账号/密码验证，返回 UID 和令牌（Token）时，还需要通过一定策略获取目标 IM 服务器的 IP 地址和端口号列表，并返回给客户端。客户端开始连接 IM 服务器，连接成功后，发送鉴权请求，若鉴权成功，则授权的长连接正式建立。

如果用户规模庞大，无论是短连接 Web 服务器，还是长连接 IM 服务器，都需要进行横向的扩展，需要扩展到十台、百台甚至上千台服务器。只有这样，才能有良好性能的用户体验。因此，需要引入一个新的角色，短连接 Web 网关（WebGate）。

WebGate 短连接网关的职责是代理大量的 Web 服务器，从而无感知地实现短连接的高并发。在客户端登录和进行其他短连接时，不直接连接 Web 服务器，而是连接 Web 网关。围绕 Web 网关和 Web 高并发的相关技术，可以使用 Spring Cloud+Nginx 架构，目前非常成熟，也很容易扩展。

除此之外，大量的 IM 服务器又如何协同和管理呢？基于 ZooKeeper 或者其他的分布式协调中间件，可以非常方便、轻松地实现一个 IM 服务器集群的管理，包括且不限于命名服务、服务注册、服务发现、负载均衡等管理。

当用户登录成功的时候，WebGate 短连接网关可以通过负载均衡技术从 ZooKeeper 集群中找出一个可用的 IM 服务器的地址，返回给用户，让用户来建立长连接。

15.2 分布式 IM 的命名服务的实战案例

前面提到，一个高并发系统是由很多节点组成的，而且节点的数量是不断动态变化的。在一个 IM 通信系统中，从 0 到 1 再到 N，用户量可能会越来越多，或者说由于某些活动影响会不断地出现流量洪峰。这时需要动态加入大量的节点。另外，由于服务器或者网络的原因，一些节点主动离开了集群。如何为大量的动态节点命名呢？最好的办法是使用分布式命名服务，按照一定的规则为动态上线和下线的工作节点命名。

“疯狂创客圈”的高并发 CrazyIM 实战学习项目基于 ZooKeeper 构建分布式命名服务，为每一个 IM 工作服务器节点动态命名。

15.2.1　IM 节点的 POJO 类

首先定义一个 POJO 类，保存 IM Worker 节点的基础信息，如 Netty 服务的 IP、Netty 服务的端口以及 Netty 的服务的连接数。具体如下：

```
package com.crazymakercircle.imServer.distributed;
//省略 import
public class ImNode implements Comparable<ImNode> {

    //worker 的 Id，ZooKeeper 负责生成
    private long id;

    //Netty 服务的连接数
    private AtomicInteger balance;

    //Netty 服务的 IP
    private String host;

    //Netty 服务的端口
    private String port;

    public ImNode(String host, String port) {
        this.host = host;
        this.port = port;
    }

    public static ImNode getLocalInstance() {
        return null;
    }

    @Override
    public Boolean equals(Object o) {
        if (this == o) return true;
        if (o == null || getClass() != o.getClass()) return false;
        ImNode node = (ImNode) o;
        return id == node.id && Objects.equals(host, node.host) &&
                      Objects.equals(port, node.port);
    }

    @Override
    public int hashCode() {
        return Objects.hash(id, host, port);
    }

    /**
     * 用来按照负载升序排列
     */
    public int compareTo(ImNode o) {
        int weight1 = this.getBalance().get();
        int weight2 = o.getBalance().get();
        if (weight1 > weight2) {
            return 1;
        } else if (weight1 < weight2) {
            return -1;
        }
        return 0;
    }
}
```

这个POJO类的IP、端口、负载均衡和每一个节点的Netty服务器相关。id属性则利用ZooKeeper中的ZNode子节点可以顺序编号的性质，由ZooKeeper生成。

15.2.2 IM 节点的 ImWorker 类

节点的命名服务的主要实现逻辑：所有的工作节点都在 ZooKeeper 的同一个父节点下创建顺序节点，然后从返回的临时路径上取得属于自己的那个后缀的编号。主要的代码如下：

```
package com.crazymakercircle.imServer.distributed;
//省略 import
public class ImWorker {

    //ZK Curator 客户端
    private CuratorFramework client = null;

    //保存当前 ZNode 的路径，创建后返回
    private String pathRegistered = null;

    private ImNode node = ImNode.getLocalInstance();

    private static ImWorkersingleInstance = null;

    //取得唯一的实例
    public static ImWorkergetInst() {
        if (null == singleInstance) {
            singleInstance = new ImWorker();
            singleInstance.client=  ZKclient.instance.getClient();
            singleInstance.init();
        }
        return singleInstance;
    }

    private ImWorker() {
    }

    //在 ZooKeeper 中创建临时节点
    public void init() {
            createParentIfNeeded(ServerConstants.MANAGE_PATH);

        //创建一个 ZNode
        //节点的 payload 为当前 Worker 实例
        try {
            byte[] payload = JsonUtil.Object2JsonBytes(node);

            pathRegistered = client.create()
                            .creatingParentsIfNeeded()
                            .withMode(CreateMode.EPHEMERAL_SEQUENTIAL)
                        .forPath(ServerConstants.PATH_PREFIX, payload);
            //为 node 设置 id
            node.setId(getId());
        } catch (Exception e) {
            e.printStackTrace();
        }
    }

    /**
     * 取得 IM 节点编号
     * @return  编号
```

```
 */
public long getId() {
    String sid = null;
    if (null == pathRegistered) {
        throw new RuntimeException("节点注册失败");
    }
    int index =
                  pathRegistered.lastIndexOf(ServerConstants.PATH_PREFIX);
    if (index >= 0) {
        index += ServerConstants.PATH_PREFIX.length();
    sid = index <= pathRegistered.length() ?
                pathRegistered.substring(index) : null;
    }

    if (null == sid) {
        throw new RuntimeException("节点 ID 生成失败");
    }
    return Long.parseLong(sid);
}


/**
 * 增加负载，表示有用户登录成功
 * @return 成功状态
 */
public BooleanincBalance() {
    if (null == node) {
        throw new RuntimeException("还没有设置 Node 节点");
    }
    //增加负载：增加负载，并写回 ZooKeeper
    while (true) {
        try {
            node.getBalance().getAndIncrement();
            byte[] payload = JsonUtil.Object2JsonBytes(this);
            client.setData().forPath(pathRegistered, payload);
            return true;
        } catch (Exception e) {
            return false;
        }
    }

}
/**
 * 减少负载，表示有用户下线
 * @return 成功状态
 */
public BooleandecrBalance() {
    if (null == node) {
        throw new RuntimeException("还没有设置 Node 节点");
    }
    //增加负载，并写回 ZooKeeper
    while (true) {
        try {
            int i = node.getBalance().decrementAndGet();
            if (i< 0) {
                node.getBalance().set(0);
            }
            byte[] payload = JsonUtil.Object2JsonBytes(this);
            client.setData().forPath(pathRegistered, payload);
            return true;
        } catch (Exception e) {
```

```java
                return false;
            }
        }

    }

    /**
     * 创建父节点
     * @param managePath 父节点路径
     */
    private void createParentIfNeeded(String managePath) {

        try {
            Stat stat = client.checkExists().forPath(managePath);
            if (null == stat) {
                client.create()
                       .creatingParentsIfNeeded()
                       .withProtection()
                       .withMode(CreateMode.PERSISTENT)
                       .forPath(managePath);
            }
        } catch (Exception e) {
            e.printStackTrace();
        }
    }
}
```

注意，这里有三个 ZNode 相关的路径：MANAGE_PATH、pathPrefix 和 pathRegistered。

第一个 MANAGE_PATH 是一个常量，值为"/im/nodes"，为所有 Worker 临时工作节点的父节点的路径，在创建 Worker 节点之前，首先要检查一下父节点 ZNode 是否存在，否则先创建父节点。"/im/nodes"父节点创建的是持久化节点，而不是临时节点。

第二路径 pathPrefix 是所有临时节点的前缀，值为"/im/nodes/"，是在工作路径后加上一个“/”分割符。也可在工作路径的后面加上其他的前缀字符，如"/im/nodes/id-"、"/im/nodes/seq-"等。

第三路径 pathRegistered 是临时节点创建成功之后，返回的完整路径，例如/im/nodes/0000000000、/im/nodes/0000000001 等。后面的编号是顺序的。

创建节点成功后，截取后面的编号数字，放在 POJO 对象 id 属性中供以后使用：

```java
//为 node 设置 id
node.setId(getId());
```

15.3 Worker 集群的负载均衡的实战案例

从理论上来说，负载均衡是一种手段，用来把对某种资源的访问分摊给不同的服务器，从而减轻单点的压力。在高并发的 IM 系统中，负载均衡就是将 IM 长连接分摊到不同的 Netty 服务器，防止单个 Netty 服务器负载过大，导致其不可用。

前面讲到，当用户登录成功的时候，短连接网关 WebGate 需要返回给用户一个可用的 Netty 服务器的地址，让用户来建立 Netty 长连接。而每台 Netty 工作服务器在启动时都会去 ZooKeeper 的/im/nodes 节点下注册临时节点。因此，短连接网关 WebGate 可以在用户登录成功之后，在

/im/nodes 节点下取得所有可用的Netty服务器列表，并通过一定的负载均衡算法计算得出一台Netty工作服务器，并返回给客户端。

15.3.1 ImLoadBalance 负载均衡器

短连接网关WebGate如何获得最佳的Netty服务器呢？需要通过查询ZooKeeper集群来实现。定义一个负载均衡器 ImLoadBalance 类，将计算最佳 Netty 服务器的算法，放在负载均衡器中，ImLoadBalance类的代码大致如下：

```
package com.crazymakercircle.Balance;
//省略 import
public class ImLoadBalance {

    //ZK 客户端
    private CuratorFramework client = null;

    //工作节点的路径
    private static String mangerPath = "/im/nodes";

    public ImLoadBalance() {
    }

    public ImLoadBalance(String mangerPath) {
        this.client = ZKclient.INSTANCE.getClient();
        this.mangerPath = mangerPath;
    }

    public static final ImLoadBalance INSTANCE =
                                        new ImLoadBalance(mangerPath);


    /**
     * 获取负载最小的 IM 节点
     *
     * @return
     */
    public ImNodegetBestWorker() {
        List<ImNode> workers = getWorkers();
        ImNode best = balance(workers);

        return best;
    }

    /**
     * 按照负载排序
     *
     * @param items 所有的节点
     * @return 负载最小的 IM 节点
     */
    protected ImNodebalance(List<ImNode> items) {
        if (items.size() > 0) {
            //根据 balance 值从小到大排序
            Collections.sort(items);

            //返回 balance 值最小的那个
            return items.get(0);
        } else {
            return null;
```

```
        }
    }


    /**
     * 从 ZooKeeper 中拿到所有 IM 节点
     */
    protected List<ImNode> getWorkers() {

        List<ImNode> workers = new ArrayList<ImNode>();
        List<String> children = null;
        try {
            children = client.getChildren().forPath(mangerPath);
        } catch (Exception e) {
             e.printStackTrace();
            return null;
        }

        for (String child : children) {
            log.info("child:", child);
            byte[] payload = null;
            try {
                payload = client.getData().forPath(child);

            } catch (Exception e) {
                e.printStackTrace();
            }
            if (null == payload) {
                continue;
            }
            ImNode worker = JsonUtil.JsonBytes2Object(payload,
                                  ImNode.class);
            workers.add(worker);
        }
        return workers;
    }
}
```

短连接网关 WebGate 会调用 getBestWorker()方法取得最佳的 IM 服务器。在这个方法中，有两个很重要的方法：一个是取得所有的 IM 服务器列表，注意是带负载的；另一个是通过负载信息计算最小负载的服务器。

代码中的 getWorkers()方法调用 Curator 的 getChildren()方法获取子节点，取得/im/nodes 目录下所有的临时节点。然后，调用 getData()方法取得每一个子节点的二进制负载。最后，将负载信息转成 POJO ImNode 对象。

获取工作节点的 POJO 列表之后，在 balance()方法中通过一个简单的排序算法计算出 balance 值最小的 ImNode 对象。

15.3.2 与 WebGate 的整合

短连接网关 WebGate 登录成功之后，需要通过负载均衡器 ImLoadBalance 类查询最佳的 Netty 服务器，并且返回给客户端，代码如下：

```
package com.crazymakercircle.controller;
//省略 import
@RequestMapping(value = "/user", produces =
```

```
                        MediaType.APPLICATION_JSON_UTF8_VALUE)
@Api("User 相关的 api")
public class UserAction extends BaseController {
    @Resource
    private UserService userService;
    /**
     * Web 短连接登录
     * @param username  用户名
     * @param password  命名
     * @return  登录结果
     */
    @ApiOperation(value = "登录", notes = "根据用户信息登录")
    @RequestMapping(value = "/login/{username}/{password}")
    public String loginAction(
            @PathVariable("username") String username,
            @PathVariable("password") String password) {
        User user = new User();
        user.setUserName(username);
        user.setPassWord(password);
        User loginUser = userService.login(user);
        LoginBack back = new LoginBack();
        /**
         * 取得最佳的 Netty 服务器
         */
        ImNodebestWorker = ImLoadBalance.INSTANCE.getBestWorker();
        back.setImNode(bestWorker);
        back.setUser(loginUser);
        back.setToken(loginUser.getUserId().toString());
        String r = super.getJsonResult(back);
        return r;
    }
    //省略其他的方法
}
```

说明　出于学习的目的，CrazyIM 在 WebGate 这块进行了极大的简化，使用一个非常简单的 Web 应用进行了替代。用户登录也是一个模拟的操作，没有真正地操作数据库。在生产场景项目中，WebGate 必须对应到 Spring Cloud+Nginx 架构中的 Nginx 接入网关，整个 WebGate 是一个非常复杂的分布式应用。具体可以参考笔者的《Java 高并发核心编程 卷 3（加强版）：亿级用户 Web 应用架构与实战》。

很多小伙伴在开始学习分布式 IM 时，往往不能启动 CrazyIM，这样的情况还不少。由于分布式系统依赖的组件非常多，因此启动起来确实很麻烦，这也算是分布式开发工程师、架构师比普通 Java 工程师、架构师“身价高”的原因。实际上，在顺利启动 CrazyIM 之前，在启动 ZooKeeper 集群、Redis 集群之后，必须启动 WebGate 服务。具体的启动过程请参考“疯狂创客圈”的社群博客。

15.4　即时通信消息的路由和转发的实战案例

如果连接在不同的 Netty Worker 工作节点的客户端之间需要相互进行消息的发送，就需要在不同的 Worker 节点之间进行路由和转发。Worker 节点的路由是指根据消息需要转发的目标用户找到用户的连接所在的 Worker 节点。由于节点之间有可能需要相互转发，因此节点之间的连接是一种网状结构。每一个节点都需要具备路由的能力。

15.4.1 IM 路由器 WorkerRouter

为每一个 Worker 节点增加一个 IM 路由器类，名为 WorkerRouter。为了能够转发到所有的节点，一是要订阅集群中所有的在线 Netty 服务器，并且保存起来；二是要与其他的 Netty 服务器建立一个长连接，用于转发消息。

WorkerRouter 初始化代码如下：

```
package com.crazymakercircle.imServer.distributed;
//省略 import
public class WorkerRouter {
    //ZK 客户端
    private CuratorFramework client = null;

    //唯一实例模式
    private static WorkerRouter singleInstance = null;
    //监听路径
    private static final String path = ServerConstants.MANAGE_PATH;
    //节点的容器
    private ConcurrentHashMap<Long, PeerSender> workerMap =
            new ConcurrentHashMap<>();


    public static WorkerRoutergetInst() {
        if (null == singleInstance) {
            singleInstance = new WorkerRouter();
            singleInstance.client = ZKclient.instance.getClient();
            singleInstance.init();
        }
        return singleInstance;
    }

    //WorkerRouter 初始化代码
    private void init() {
        try {

            //订阅节点的增加和删除事件
            TreeCachetreeCache = new TreeCache(client, path);
            TreeCacheListener l = new TreeCacheListener() {
                @Override
                public void childEvent(CuratorFramework client,
                        TreeCacheEvent event) throws Exception {
                    ChildData data = event.getData();
                    if (data != null) {
                        switch (event.getType()) {
                            case NODE_REMOVED:
                                processNodeRemoved(data);
                                break;

                            case NODE_ADDED:
                                processNodeAdded(data);
                                break;
                            default:
                                break;
                        }
                    } else {
                        log.info("[TreeCache]节点数据为空, path={}",
```

```
                                data.getPath());
                    }
                }
            };
            treeCache.getListenable().addListener(l);
            treeCache.start();
        } catch (Exception e) {
            e.printStackTrace();
        }
    }
  //省略其他方法
}
```

从上一小节中已经知道，一个节点上线时，首先要通过命名服务加入 Netty 集群中。在上面的代码中，WorkerRouter 路由器使用 Curator 的 TreeCache 缓存订阅了节点的 NODE_ADDED（节点添加）消息。当一个新的 Netty 节点加入时，调用 processNodeAdded(data)方法在本地保存一份节点的 POJO 信息，并且建立一个消息中转的 Netty 客户连接。

处理节点添加的方法 processNodeAdded(data)比较重要，代码如下：

```
/**
 * 节点增加的处理
 * @param data 新节点
 */
private void processNodeAdded(ChildData data) {
    byte[] payload = data.getData();
    ImNode n = ObjectUtil.JsonBytes2Object(payload, ImNode.class);

    long id = ImWorker.getInst().getIdByPath(data.getPath());
    n.setId(id);

    log.info("[TreeCache]节点更新端口, path={}, data={}",
            data.getPath(), JsonUtil.pojoToJson(n));

    if(n.equals(getLocalNode()))
    {
        log.info("[TreeCache]本地节点, path={}, data={}",
                data.getPath(), JsonUtil.pojoToJson(n));
        return;
    }
    PeerSender relaySender = workerMap.get(n.getId());
    //重复收到注册的事件
    if (null != relaySender && relaySender.getNode().equals(n)) {

        log.info("[TreeCache]节点重复增加, path={}, data={}",
                data.getPath(), JsonUtil.pojoToJson(n));
        return;
    }
    if (null != relaySender) {
        //关闭旧的连接
        relaySender.stopConnecting();
    }
    //创建一个消息转发器
    relaySender = new PeerSender(n);
    //建立转发的连接
    relaySender.doConnect();

    workerMap.put(n.getId(), relaySender);
}
```

WorkerRouter 路由器有一个容器成员 workerMap，用于封装和保存所有的在线节点。当一个节点添加时，WorkerRouter 取到添加的 ZNode 路径和负载。ZNode 路径的后缀中有新节点的 ID，而 ZNode 的 payload 负载中有新节点的 Netty 服务的 IP 地址和端口号，这三个信息共同构成新节点的 POJO 信息——ImNode 节点信息。WorkerRouter 在确定本地不存在该节点的转发器后，添加一个转发器 PeerSender，将新节点的转发器保存在自己的容器中。

这里有一个问题，为什么在 WorkerRouter 路由器中不简单地保存新节点的 POJO 信息呢？因为 WorkerRouter 路由器的主要作用除了路由节点外，还需要进行消息的转发，所以 WorkerRouter 路由器保存的是转发器 PeerSender，而添加的远程 Netty 节点的 POJO 信息被封装在转发器中。

15.4.2 IM 转发器 PeerSender

IM 转发器 PeerSender 封装了远程节点的 IP 地址、端口号以及 ID。另外，PeerSender 还维持了一个到远程节点的长连接。也就是说，它是一个 Netty 的 NIO 客户端，维护了一个到远程节点的 Netty 通道，通过这个通道将消息转发给远程的节点。

IM 转发器 PeerSender 的核心代码如下：

```
package com.crazymakercircle.imServer.distributed;
//省略 import
public class PeerSender {
    //连接远程节点的 Netty 通道
    private Channel channel;

    //连接远程节点的 POJO 信息
    private ImNode remoteNode;
    /**
     * 连接标记
     */
    private Boolean connectFlag = false;

    private Bootstrap b;
    private EventLoopGroup g;

    public PeerSender(ImNode n) {
        this.remoteNode = n;

        b = new Bootstrap();
        g = new NioEventLoopGroup();
    }

    /**
     * 连接和重连
     */
    public void doConnect() {

        // 服务器 IP 地址
        String host = remoteNode.getHost();
        // 服务端口
        int port = Integer.parseInt(remoteNode.getPort());

        try {
            if (b != null &&b.group() == null) {
                b.group(g);
                       b.channel(NioSocketChannel.class);
                      b.option(ChannelOption.SO_KEEPALIVE, true);
```

```
                b.option(ChannelOption.ALLOCATOR,
                        PooledByteBufAllocator.DEFAULT);
                 b.remoteAddress(host, port);

                //设置通道初始化
                b.handler(
                new ChannelInitializer<SocketChannel>() {
                      public void initChannel(SocketChannelch) {
                         ch.pipeline().addLast(new ProtobufEncoder());
                        }
                    }
            );
              log.info(new Date()
                     + "开始连接分布式节点", remoteNode.toString());

              ChannelFuture f = b.connect();
              f.addListener(connectedListener);

              //阻塞
              //f.channel().closeFuture().sync();
          } else if (b.group() != null) {
              log.info(new Date()
                  + "再一次开始连接分布式节点", remoteNode.toString());
              ChannelFuture f = b.connect();
              f.addListener(connectedListener);
           }
      } catch (Exception e) {
              log.info("客户端连接失败!" + e.getMessage());
         }
    }
       //省略其他方法
}
```

在 IM 转发器中，主体是与 Netty 通信相关的代码，所以比较简单。严格来说，IM 转发器仅仅是一个 Netty 的客户端，它比 Netty 服务器的代码简单一些。

转发器有一个消息转发的方法，直接通过 Netty 通道将消息发送到远程节点，代码如下：

```
 /**
   * 消息转发的方法
   * @param pkg  聊天消息
   */
  public void writeAndFlush(Object pkg) {
      if (connectFlag == false) {
          log.error("分布式节点未连接:", remoteNode.toString());
          return;
      }
      channel.writeAndFlush(pkg);
  }
```

15.5　分布式的在线用户统计的实战案例

计数器是用来计数的。在分布式环境中，常规的计数器是不能使用的，在此介绍 ZooKeeper 实现的分布式计数器。利用 ZooKeeper 可以实现一个集群共享的计数器，只要使用相同的 path 就可以得到最新的计数器值，这是由 ZooKeeper 的一致性保证的。

15.5.1 Curator 的分布式计数器

Curator 有两个计数器：一个是用 int 类型来计数（SharedCount），另一个用 long 类型来计数（DistributedAtomicLong）。下面使用 DistributedAtomicLong 来实现高并发 IM 系统中的在线用户统计，代码如下：

```
package com.crazymakercircle.imServer.distributed;
//省略 import
public class OnlineCounter {

    private static final int QTY = 5;
    private static final String PATH = ServerConstants.COUNTER_PATH;
    //ZK 客户端
    private CuratorFramework client = null;
    //唯一实例模式
    private static OnlineCounter singleInstance = null;
          //分布式计数器
    DistributedAtomicLong onlines = null;

    public static OnlineCountergetInst() {
        if (null == singleInstance) {
            singleInstance = new OnlineCounter();
            singleInstance.client = ZKclient.instance.getClient();
            singleInstance.init();
        }
        return singleInstance;
    }

    private void init() {

        //分布式计数器，失败时重试 10，每次间隔 30 毫秒
        onlines = new DistributedAtomicLong(client, PATH,
                           new RetryNTimes(10, 30));
    }

    private OnlineCounter() {
    }

    /**
     * 增加计数
     */
    public booleanincrement() {
        boolean result = false;
        AtomicValue<Long>val = null;
        try {
            val = onlines.increment();
            result = val.succeeded();
            System.out.println("old cnt: " + val.preValue()
                               + "   new cnt : " + val.postValue()
                               + "  result:" + val.succeeded());

        } catch (Exception e) {
            e.printStackTrace();
        }
        return result;
    }


    /**
```

```
     * 减少计数
     */
    public booleandecrement() {
        boolean result = false;
        AtomicValue<Long> val = null;
        try {
            val = onlines.decrement();
            result = val.succeeded();
            System.out.println("old cnt: " + val.preValue()
                                + "   new cnt : " + val.postValue()
                                + "  result:" + val.succeeded());
        } catch (Exception e) {
            e.printStackTrace();
        }
        return result;
    }
}
```

说明　此分布式计数器仅仅作为学习使用，让读者了解一下分布式计数器的概念和实现思路。使用 Zookeeper 分布式计数器的优势是高可用，劣势是低性能。在高并发场景下，分布式计数器需要基于 Redis 来实现，这块可以作为练手项目，自己去实战一下。

15.5.2　用户上线和下线的统计

当用户上线时，调用 increase()方法分布式地增加一次计数：

```
package com.crazymakercircle.imServer.server.session;
//省略 import
public class SessionManger {

    /**
     * 登录成功之后， 增加 session 对象
     */
    public void addLocalSession(LocalSession session) {
        String sessionId = session.getSessionId();
        localSessionMap.put(sessionId, session);


        String uid = session.getUser().getUserId();

        //增加用户数
        OnlineCounter.getInst().increment();
        log.info("本地 session 增加: {}, 在线总数:{} ",
                JsonUtil.pojoToJson(session.getUser()),
                OnlineCounter.getInst().getCurValue());
        ImWorker.getInst().incBalance();

        //增加用户的 session 信息到缓存
        userSessionsDAO.cacheUser(uid, sessionId);
        /**
         * 通知其他节点
         */
        notifyOtherImNode(session, Notification.SESSION_ON);

    }
}
```

本章的实例代码来自“疯狂创客圈”社群的高并发学习项目 CrazyIM。由于项目在不断迭代，

因此在读者读到本章时书中的代码可能已经过时，请参考社群最新版本的 CrazyIM 代码。不过，无论细节如何迭代，设计思路基本是一致的。CrazyIM 项目有两点要特别说明：

（1）此项目的架构和互联网大厂的主流分布式 Java 项目的架构基本类似，可以作为进阶 Java 核心架构或者入职互联网大厂的理想练习项目。

（2）此项目的架构和很多大数据开源项目的架构也基本类似，可以作为大数据工程师的基础练习项目。

本章的目的仅仅是抛砖引玉。寥寥数千字，无法彻底地将一个支持亿级用户的 IM 项目的架构及其实现剖析得非常清楚，后续“疯狂创客圈”会结合本书将内容更加全面地呈现给读者。

说明 要在生产场景下扛住高并发，就需要针对实际问题进行性能的专项优化，并且需要堆积大量的硬件资源。CrazyIM 项目的初衷仅仅是进行亿级流量的学习，只能在两个方面具备扛住亿级流量的潜力：一是提升单节点的高并发潜力，二是系统具备横向扩展的能力。生产场景的亿级流量项目与 CrazyIM 学习项目在架构思路上总体是相同的，所以 CrazyIM 一定是高并发实战的优秀学习项目。
